CAD/CAM

应用基础与进阶教程

王爱玲　王洪福　等编著

# Pro/ENGINEER Wildfire 4.0 模具设计、数控加工

## 基础与进阶

- 面向基础，轻松入门
- 实例引导，轻松上手
- 学以致用，轻松体验

DVD ROM

随书附赠时尚跑车的抄数建模视频

8小时超长内容

细致到每个设计环节

展现软件应用全貌

PPT

随书附赠PPT教学课件

教师可免费下载使用

机械工业出版社
CHINA MACHINE PRESS

本书从基础入手，循序渐进地引导读者学习 Pro/MOLDESIGN 模具设计过程，以及零件的加工编程，提供了一个完整的学习过程。由于篇幅有限，本书强调举一反三的启发式思路。在 Pro/ENGINEER 中有很多操作的过程是相通的，通过学习本书力求使读者对 Pro/ENGINEER 有全面的认识，并具备一定的自学能力，以便能够对本书未涉及的 Pro/ENGINEER 内容进行自学。

本书可作为用 Pro/ENGINEER 进行模具设计和加工的入门与提高书籍，也可作为工科院校机械设计制造及其自动化、材料成形与控制等专业 CAD/CAM 课程的教材或参考书。

**图书在版编目（CIP）数据**

Pro/ENGINEER Wildfire 4.0 模具设计、数控加工基础与进阶/王爱玲等编著.—北京：机械工业出版社，2009.9

（CAD/CAM 应用基础与进阶教程）

ISBN 978-7-111-28303-4

Ⅰ. P… Ⅱ. 王… Ⅲ. ①模具—计算机辅助设计—应用软件，Pro/ENGINEER Wildfire 4.0—教材 ②数控机床—加工—计算机辅助设计—应用软件，Pro/ENGINEER Wildfire 4.0—教材 Ⅳ. TG76-39 TG659-39

中国版本图书馆 CIP 数据核字（2009）第 164112 号

机械工业出版社（北京市百万庄大街 22 号 邮政编码 100037）

责任编辑：张晓娟　　责任印制：乔　宇

北京双青印刷厂印刷

2010 年 1 月第 1 版第 1 次印刷

184mm×260mm・21 印张・518 千字

0001-5000 册

标准书号：ISBN 978-7-111-28303-4

ISBN 978-7-89451-241-3（光盘）

定价：38.00 元（含 1DVD）

凡购本书，如有缺页、倒页、脱页，由本社发行部调换

电话服务

社服务中心：（010）88361066

销售一部：（010）68326294

销售二部：（010）88379649

读者服务部：（010）68993821

网络服务

门户网：http://www.cmpbook.com

教材网：http://www.cmpedu.com

# 前　言

Pro/ENGINEER 是美国 PTC（Parametric Technology Corporation）公司推出的大型工程技术软件。经过十余年的发展，Pro/ENGINEER 已经成为三维建模软件的领头羊。PTC的系列软件包括了在工业设计和机械设计等方面的多项功能，以及对大型装配体的管理、功能仿真、制造、产品数据管理等。另外，Pro/ENGINEER 还提供了目前所能达到的最全面、集成最紧密的产品开发环境，具有基于特征、全参数、全相关和单一数据库等特点，从而使得其功能更加强大。世界主要大型汽车制造厂以及空中客车、波音公司等飞机制造公司都是它的用户，Pro/ENGINEER 已经被广泛应用到汽车、航空和造船等领域。

在 Pro/ENGINEER 众多的模块中，Pro/MOLDESIGN 和 Pro/NC 两个模块属高级模块，需要在对 Pro/ENGINEER 基础模块、模具制造工艺、数控加工工艺 3 方面内容相对熟练的基础上进行学习。然而，要求初学者全面精通 3 个方面内容实属不易，通过一本书把一个完整的用 Pro/ENGINEER 进行模具设计和数控加工的过程阐述清楚难度也相当大。作者在教学的过程中常常遇到一些没有任何 Pro/ENGINEER 经历的初学者在学习 Pro/MOLDESIGN 和 Pro/NC 两个高级模块，所以本书从基础入手，引导读者从 Pro/MOLDESIGN 学习模具设计过程，循序渐进，最后到零件的加工编程，提供一个完整的学习过程。由于篇幅有限，本书强调举一反三的启发式思路。在 Pro/ENGINEER 中有很多操作的过程是相通的，通过学习本书，力求使读者对 Pro/ENGINEER 有全面的认识，并帮助读者提高自学能力，以便能够对本书未涉及的 Pro/ENGINEER 内容进行自学。最后，作者制作了精彩的视频光盘，随书免费赠送给读者，让更多的人掌握制造这门艺术。另外，为了方便教师教学，本书还提供 PPT 教学课件，教师可登录 www.cmpbook.com（机工门户网）或 www.cmpedu.com（教材服务网）免费下载。

本书是在 2007 年 1 月出版的《Pro/ENGINEER Wildfire 模具设计、数控加工基础与进阶》的基础上进一步更新的，加入更多的先进的实例，可作为使用 Pro/ENGINEER 进行模具设计和加工人员的入门指导与提高书籍，也可作为工科院校机械设计制造及其自动化、材料成形与控制等专业 CAD/CAM 课程的教材或参考书。

本书是在国家教学名师、中北大学博士生导师王爱玲教授指导下编写而成的，全书内容共分 13 章。其中，第 1、2、3 章由王爱玲编写，第 4、5、6 章由王洪福编写，第 7、8、9、10 章由贾亚鹏、罗涛和吴鋆编写，第 11、12、13 章由李勇、廖振华和胡亮亮编写。

由于作者水平有限，书中难免有不妥之处，恳请同行及广大读者批评指正。

编　者

# 目　录

# 第1章 Pro/ENGINEER Wildfire 4.0 基础与模具设计概述

本章导读

在工业领域中，无论是设计还是制造，要求都越来越高，因此对计算机辅助软件的功能要求也随之增高。Pro/ENGINEER（简称 Pro/E）作为出色的CAD/CAM/CAE 软件，必须跟上时代的节奏。于是 Pro/ENGINEER Wildfire 4.0 应运而生，它提供了更加强大的功能，界面相对于以前的版本更加人性化，而且功能更加丰富，并能更加出色地完成复杂的工程。本章主要介绍 Pro/ENGINEER Wildfire 4.0 的基础知识，通过学习本章的内容，读者对 Pro/ENGINEER Wildfire 4.0 会有一个基本的感性认识。

通过本章的学习，读者应实现如下目标：

- ❑ 熟悉 Pro/ENGINEER Wildfire 4.0 的主要界面
- ❑ 了解 Pro/ENGINEER Wildfire 4.0 的系统配置的设置
- ❑ 了解 Pro/ENGINEER Wildfire 4.0 的基本模块
- ❑ 熟悉 Pro/ENGINEER Wildfire 4.0 的基本操作技能

## 1.1 Pro/ENGINEER Wildfire 4.0 的启动与退出

在成功安装好 Pro/ENGINEER Wildfire 4.0 中文版后，即可进行绘图设计等相关工作。下面先介绍 Pro/ENGINEER Wildfire 4.0 的启动和退出。

### 1．Pro/ENGINEER Wildfire 4.0 的启动

启动 Pro/ENGINEER Wildfire 4.0 最常用的两种方法介绍如下。

- 当 Pro/ENGINEER Wildfire 4.0 成功安装后，会在桌面上自动创建 Pro/ENGINEER Wildfire 4.0 的图标，双击该图标。
- 选择“开始”→“所有程序”→“PTC”→“Pro/ENGINEER”命令。

通过以上任意一种方法启动 Pro/ENGINEER Wildfire 4.0 界面，如图 1-1 所示。再经过若干秒后，会出现 Pro/ENGINEER Wildfire 4.0 的工作界面，如图 1-2 所示。

图 1-1 Pro/ENGINEER Wildfire 4.0 启动界面

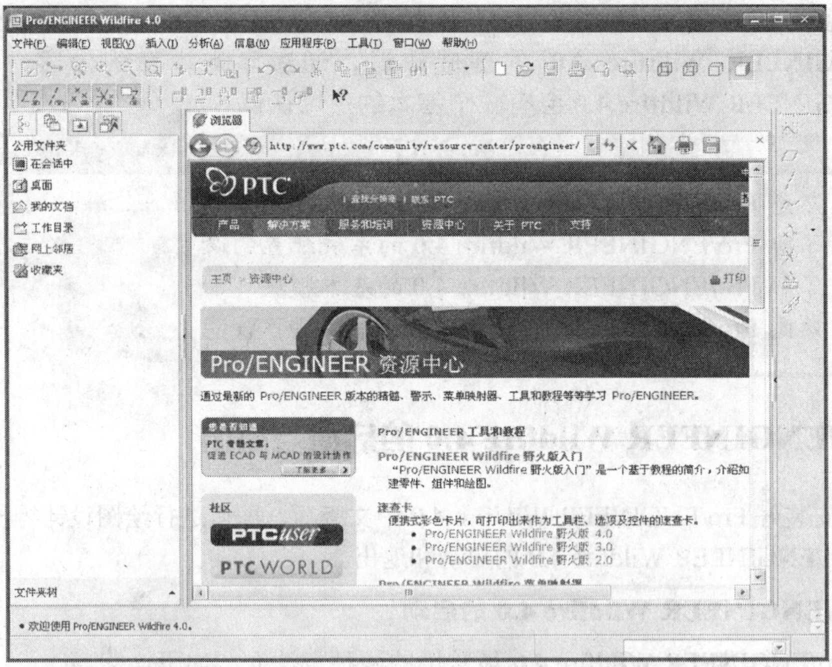

图 1-2 Pro/ENGINEER Wildfire 4.0 工作界面

**2．Pro/ENGINEER Wildfire 4.0 的退出**

同样，在这里也介绍两种退出 Pro/ENGINEER Wildfire 4.0 的方法。

- 选择主菜单中的“文件”→“退出”命令。

❍　直接单击 Pro/ENGINEER Wildfire 4.0 工作界面右上角的“关闭”按钮 ✕ 。

通过以上的两种方法，就可以成功退出 Pro/ENGINEER Wildfire 4.0。但是由于 Pro/ENGINEER Wildfire 4.0 默认并没有自动保存的功能，所以在退出前会提示是否退出 Pro/ENGINEER Wildfire 4.0，如图 1-3 所示。如果没有必要保存，直接单击“是”按钮退出；如果需要保存，则单击“否”按钮，存盘再退出，如图 1-4 所示。

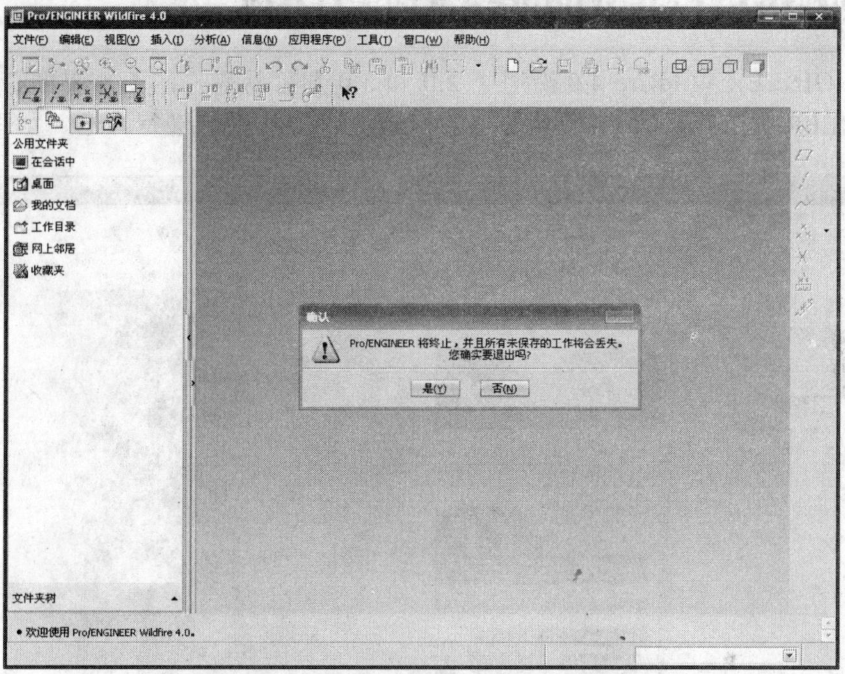


图 1-3　Pro/ENGINEER Wildfire 4.0 的退出

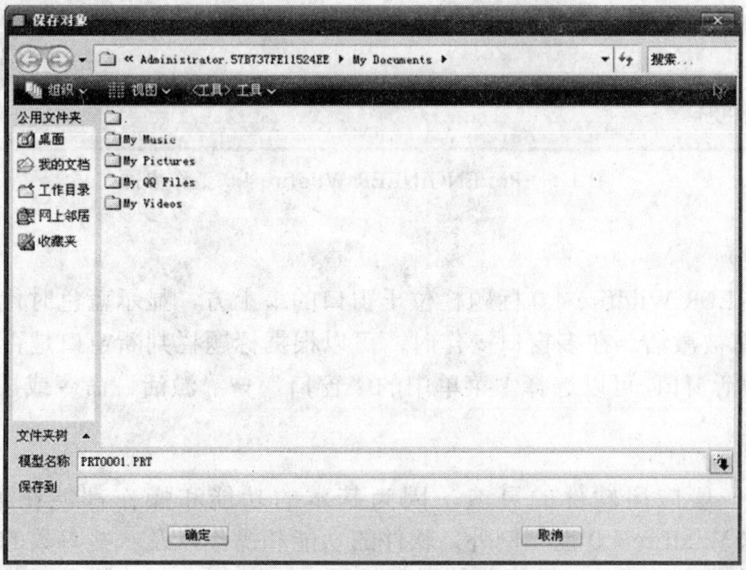


图 1-4　保存对象

提示 只有在 Pro/ENGINEER Wildfire 4.0 成功安装的情况下才能正常启动，否则无法进行绘图设计的工作。

## 1.2 Pro/ENGINEER Wildfire 4.0 的主要界面

Pro/ENGINEER Wildfire 4.0 沿用了 2.0 和 3.0 友善易操作的工作界面，下面分别对 Pro/ENGINEER Wildfire 4.0 工作界面中的标题栏、工具栏等进行介绍，如图 1-5 所示。

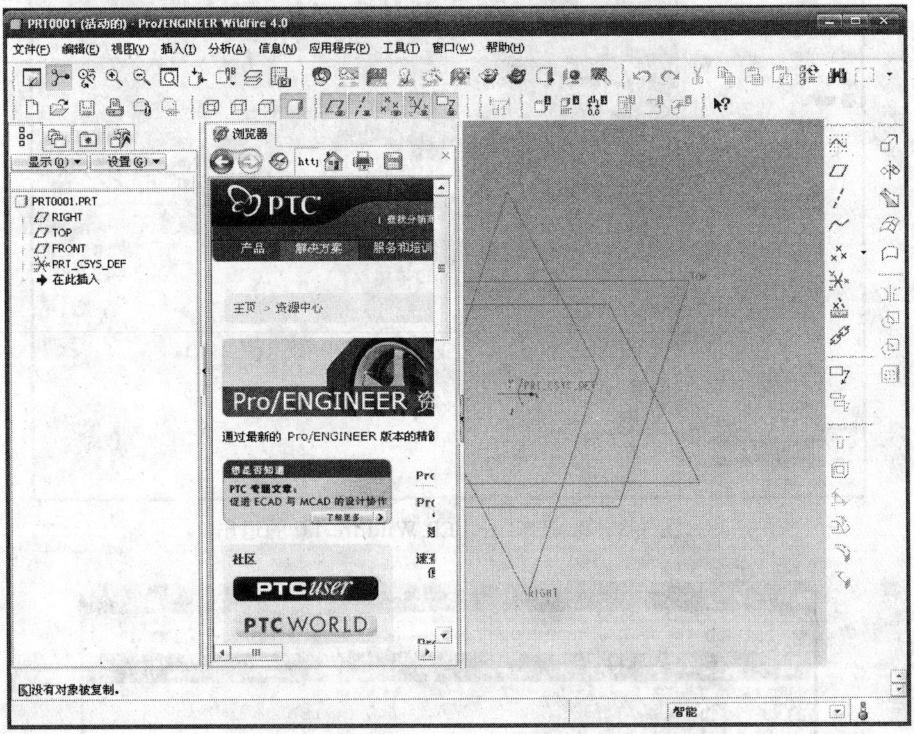

图 1-5 Pro/ENGINEER Wildfire 4.0 工作界面

### 1. 标题栏

Pro/ENGINEER Wildfire 4.0 标题栏位于窗口的最上方，显示蓝色时代表窗口被激活；反之，窗口没有被激活。在多窗口操作时，可以根据标题栏判断窗口是否被激活，这样更便于操作。要激活窗口，可以选择主菜单中的“窗口”→“激活”命令或按 Ctrl+A 组合键。

### 2. 菜单栏

菜单栏是一般应用软件的灵魂，因为基本的功能和操作都能在菜单栏中找到。Pro/ENGINEER Wildfire 4.0 也不例外，软件的功能和操作以及一些参数的设置都能通过菜单栏中的指令来实现。因此，熟悉菜单栏是精通 Pro/ENGINEER Wildfire 4.0 的前提。在以后的章节中会结合菜单栏和图标来操作。

**3．工具栏**

Pro/ENGINEER Wildfire 4.0 的工具栏位于软件窗口的上侧和右侧，其相关的含义如表 1-1 所示。

表 1-1 常用工具栏命令

| 工具栏按钮 | 功　　能 | 工具栏按钮 | 功　　能 |
|---|---|---|---|
| | 新建文件，进行各种类型文件创建 | | 模型局部缩小 |
| | 打开文件 | | 模型与窗口匹配，最优化显示 |
| | 快速保存当前文件 | | 定制模型视窗 |
| | 打印当前文件中的图形 | | 保存的模型视图列表 |
| | 把当前文件以电子邮件的方式发送 | | 设置层，层项目和显示状态 |
| | 作为链接发给收件人 | | 视图管理器 |
| | 撤销 | | 以线框状态显示模型 |
| | 重做 | | 以虚线显示模型 |
| | 剪切 | | 以消隐形式显示模型 |
| | 复制 | | 以着色方式显示模型 |
| | 粘贴 | | 基准面显示开关 |
| | 选择性粘贴 | | 基准轴显示开关 |
| | 再生模型树 | | 基准点显示开关 |
| | 在模型树单击规律搜索、过滤、选择 | | 注释显示开关 |
| | 框选方式 | | 帮助按钮 |
| | 模型局部放大 | | 定向模式开关 |
| | 旋转中心开关切换按钮 | | 刷新当前工作界面 |

**4．图形窗口**

图形窗口又称为工作窗口，因为在绘图过程中，绘图人员的操作将会动态地显示在图形窗口中，这样即可以及时地观察效果，也可以配合旋转、平移和放大缩小等操作来观察。这也是三维设计优于平面二维设计的原因。

**5．模型树**

Pro/ENGINEER Wildfire 4.0 的模型树在图形窗口的左边，借助模型树可以一边设计，一边观察模型的特征步骤，发现问题可以尽早进行修改；还可以使用模型树对特征进行显示/隐藏等操作。模型树在绘图设计过程中的作用非常大，因此必须掌握它的使用方法。

**6．状态栏**

状态栏相当于解析工具，当不清楚某些功能或指令的使用方法时，只需要将鼠标移到相应的位置，在状态栏就会提示该功能或指令的作用。通过解析，用户可以了解该功能或指令的作用。

**7．消息提示区**

消息提示区能指导绘图人员进行正确的操作。当使用某个功能或指令时，在消息提示区会显示该功能或指令的操作步骤。在读入或更新图档时，消息提示区也会显示出相关的提示，包括一些错误提示或警告等。当感到迷惑时，参考消息提示区中的内容，问题即可迎刃而解，读者可以在以后的使用过程中慢慢体会。

**8．过滤器**

过滤器也称为智能选择器，在简单的工程中，过滤器的作用不是很大，但在大型的装配或者复杂的零件设计中，过滤器的作用就显得非常重要了。因为特征多的时候，图形窗口一般比较复杂，所以很难选择到想选的特征。有了过滤器，就可以单独选择曲面、曲线、注释等。这样可大大减少错选的几率，从而提高工作的效率。

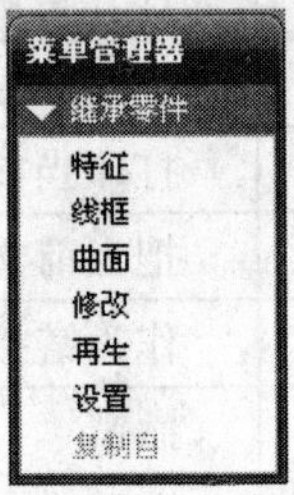


图 1-6 “继承零件”菜单管理器

**9．菜单管理器**

自 Pro/ENGINEER 升级为野火版后，在操作上相对于 Pro/ENGINEER 2001 有了很大的变化。在 Pro/ENGINEER 2001 版本中，命令的操作基本上都能通过菜单管理器来实现，称为“瀑布式”菜单。PTC 公司考虑老用户的使用习惯，所以保留了这种操作方式，使老用户既能分享 Pro/ENGINEER Wildfire 的强大功能，也不用改变多年的操作习惯。在 Pro/ENGINEER Wildfire 4.0 默认的情况下，菜单管理器是不会显示的，可以通过选择主菜单中的“应用程序”→“继承”命令，将“继承零件”菜单管理器调出来，如图 1-6 所示。

## 1.3 Pro/ENGINEER Wildfire 4.0 二维草绘

Pro/ENGINEER Wildfire 4.0 草绘功能相对于以前的版本有所提升，例如诊断草绘的功能使设计人员检查草绘的工作量大大减少。草绘是三维建模的基础，贯穿整个零件的建模过程，通常是零件造型的第一步。下面分别介绍草绘的绘图功能、编辑功能和约束功能。Pro/ENGINEER Wildfire 4.0 草绘功能与市面上大多数软件的草绘功能大同小异，通过学习会发现 Pro/ENGINEER Wildfire 4.0 的草绘非常容易上手。

### 1.3.1 草绘界面设置

在 Pro/ENGINEER Wildfire 4.0 中有两种进入草绘的方法。第一种是直接新建草绘，单击“新建”按钮□或者按 Ctrl+N 组合键，弹出“新建”对话框，如图 1-7 所示。在“类型”选项组中选中“草绘”单选按钮.，并定义草绘的名称，单击“确定”按钮进入草绘界面，如图 1-8 所示。第二种是在零件建模时进入草绘界面。

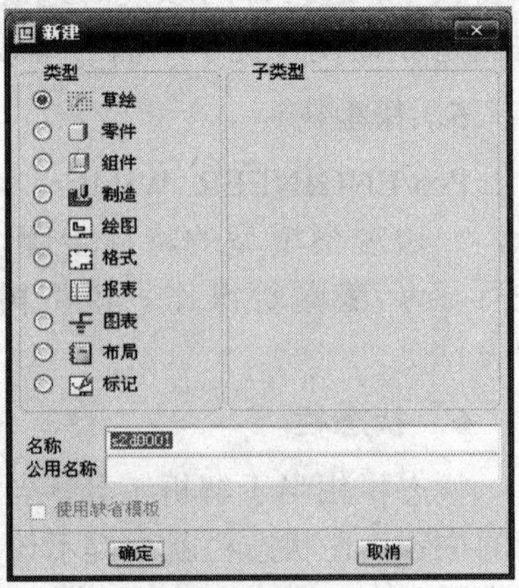


图 1-7 “新建”对话框

草绘可以设置用户界面，除了定义用户界面之外，还可以设置“草绘器优先选项”。选择主菜单中的“草绘”→“选项”命令，弹出“草绘器优先选项”对话框。其中包括“杂项”、“约束”和“参数”3 个选项卡，如图 1-9 所示。

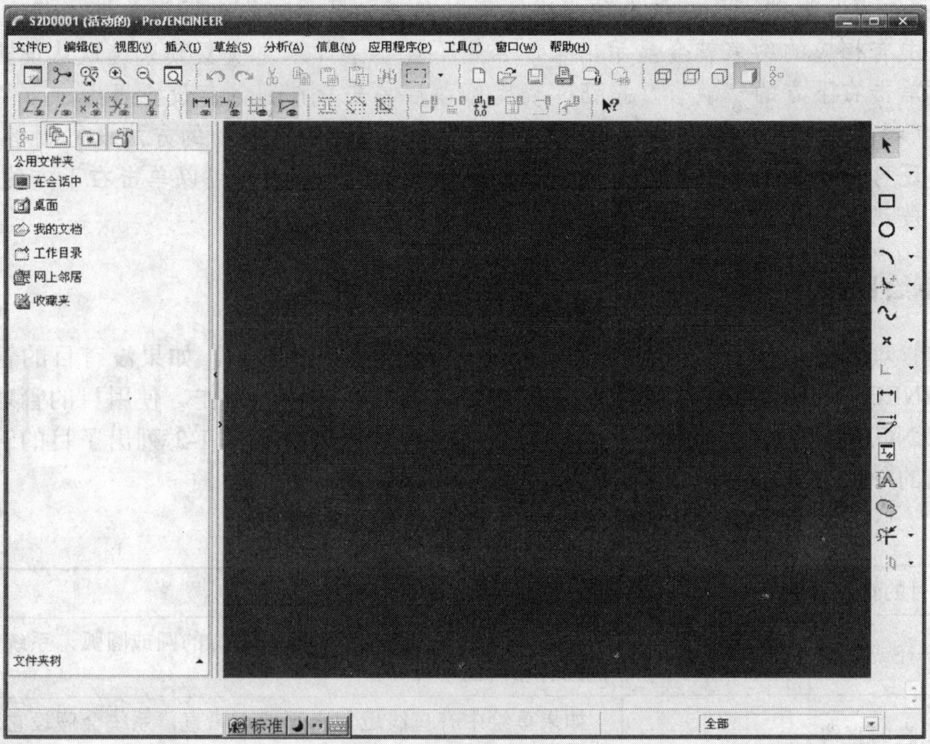


图 1-8　草绘界面

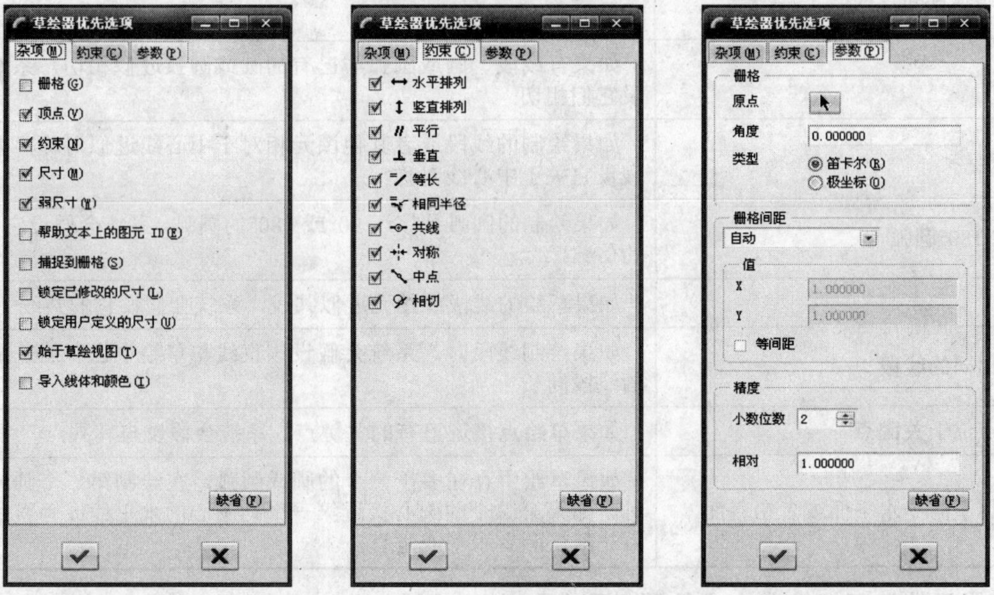


图 1-9　“草绘器优先选项”对话框

❍　“杂项”选项卡：在该选项卡中，可以在需要显示的项目前打“√”，否则不显示。

如果想恢复到系统默认设置，可以单击右下方的“缺省”按钮。确定修改后单击✔按钮保存设置退出。

- “约束”选项卡：在该选项卡中，可以在需要显示的约束标识前打“√”，当草绘中有相应的约束就会显示出来，否则不显示。如果想恢复到系统默认设置，可以单击右下方的“缺省”按钮。确定修改后单击✔按钮保存设置退出。
- “参数”选项卡：在该选项卡中，可以通过自动或者手动的方法设置栅格的参数，还可以设置小数的精度。如果想恢复到系统默认设置，可以单击右下方的“缺省”按钮。确定修改后单击✔按钮保存设置退出。

### 1.3.2 草绘目的管理器的使用

目的管理器是 Pro/ENGINEER 草绘中一个非常重要的工具。如果没有目的管理器，Pro/ENGINEER 的草绘就会变得非常麻烦，甚至不能完成某些工作。使用目的管理器绘图时，Pro/ENGINEER 会作出一些假设以猜测用户的绘图意向，表 1-2 列出了目的管理器对用户意图的一些假设。

表 1-2 目的管理器对用户意图的假设

| 目的管理器的假设 | 说 明 |
| --- | --- |
| 相等的半径或直径 | 如果草绘中有多个半径或直径相似的圆或圆弧，系统会假设它们拥有相同的半径 |
| 水平与铅直的直线 | 如果草绘中有直线近似水平或者铅直，系统会假设它水平或者铅直 |
| 平行或垂直的直线 | 如果草绘中两直线近似于平行或者垂直，系统会假设它们平行或者垂直 |
| 相切 | 如果有线段、圆或圆弧与已有的圆或圆弧近似相切，系统会假设它们相切 |
| 对称 | 如果绘制的线段或者其他图元相对于中心线近似对称，系统会假设它关于中心线对称 |
| 90°或 180°圆弧 | 如果绘制的圆弧是接近 90°或 180°的圆弧，系统会假设它为 90°的倍数 |
| 共线 | 如果草绘的线段或图元近似共线，系统会假设它们共线 |
| 长度相同的线段 | 如果绘制线段时，系统会假设该直线与草绘中已有的且最接近的线段同长 |
| 草绘点位于关键点 | 如果草绘点接近已有的关键点，系统会假设与其共点 |
| 圆心位于同一水平面或者铅直面 | 如果草绘中存在多于一个的圆或圆弧，在绘制第二个圆或圆弧时，如果第二个的圆心接近第一个的圆心的水平线或垂直线时，系统默认两者水平或垂直 |

使用目的管理器绘制完成的图元都会自动标注出位置尺寸和形状尺寸，还会显示“草绘器优先选项”对话框的“约束”选项卡中所需要显示的约束。

为了方便建模，在本书中的所有例子都是在打开目的管理器的基础上进行介绍的。

下面先介绍一下目的管理器工具栏上的各个按钮，如表 1-3 所示。只要掌握了这些工具的使用方法，就基本上掌握了 Pro/ENGINEER 的草绘功能。

表 1-3　目的管理器工具列表

| 工具栏按钮 | 说　明 |
| --- | --- |
|  | 选择图元，可以按住 Ctrl 键多选，还可框选区域图元 |
|  | 绘制矩形 |
|  | 绘制线段、与两圆或圆弧相切线段和中心线 |
|  | 绘制草绘圆角和椭圆圆角 |
|  | 创建样条曲线 |
| 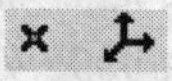 | 创建点和平面坐标 |
|  | 提取图元和偏移图元 |
| 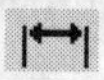 | 标注尺寸 |
|  | 修改尺寸 |
|  | 草绘约束 |
|  | 创建文本 |
|  | 调色板 |
| 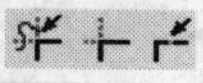 | 动态删除、拐角剪切和分割图元 |
|  | 镜像、旋转缩放和平移旋转缩放 |

## 1.4　Pro/ENGINEER Wildfire 4.0 三维建模

随着时代的发展、科学技术的进步，手工绘图已经慢慢退出历史的舞台，甚至计算机二维绘图的地位也渐渐降低。因为近几年来，三维设计软件的发展很快，随着版本的提升、功能的不断强大，使之可以更轻松地完成更复杂的工作。相对于二维建模，三维建模的优点十分明显，它能在建模过程中从不同的角度观察模型，更接近人类视觉的观察方式。三维建模功能非常丰富。本节介绍 Pro/ENGINEER Wildfire 4.0 三维建模的基础功能。

### 1.4.1　三维建模的特点

三维建模，顾名思义是应用三维视觉的方式进行模型的创建。在创建型过程中可以动态地观察模型，使设计的产品在计算机上虚拟出来，然后再配合其他 CAD/CAM 技术生产出产品。所以三维建模的特点就是产品虚拟化，在没有生产出产品的情况下及时观察产品的外观，配合仿真技术对三维模型进行仿真，提前发现产品设计不合理的地方并进行修改。因此三维建模不但能提高产品开发的效率，还能提高产品的质量和降低生产成本。

三维建模包括以下 3 种方式。

- 线框建模：三维实体仅通过顶点和棱边来描述形体的几何形状。该方式的特点是数据结构简单，信息量少，占用的内存空间小，对操作的响应速度快，通过对投影变换可以快速生成三视图及任意视点和方向的视图和轴侧图，并能保证各视图正确的投影关系。
- 曲面建模：能够对物体各个表面或曲面进行描述的一种三维建模方法。该方式的特点是表面模型增加了面、边的拓扑关系，因此可以进行消隐处理、剖面图的生成、渲染、求交计算、数控刀具轨迹的生成以及有限元网格划分等作业。但表面模型仍省略体的信息以及体、面间的拓扑关系，无法区分面的一侧是体内或体外，仍不能进行物性计算和分析。
- 实体建模：不仅描述了实体全部的几何信息，而且定义了所有的点、线、面、体的拓扑信息。该方式的特点是可以对实体信息进行全面完整的描述，能够实现消隐、剖切、有限元分析、数控加工、对实体着色、光照及纹处理以及外形计算等各种处理和操作。

### 1.4.2 三维建模基础特征

在 Pro/ENGINEER Wildfire 4.0 三维建模基础特征中包括了拉伸、旋转、扫描等特征创建方法，下面将逐一进行介绍。

**1. 拉伸特征**

拉伸特征是将草绘沿着给定的方向和给定拉伸深度生成的三维特征。

单击绘图区右侧的“拉伸”按钮，或者选择主菜单中的“插入”→“拉伸”命令，弹出如图 1-10 所示的“拉伸”特征操作面板。如果图中已定义了草绘，可以按照提示区选取该草绘，然后选择拉伸的类型、方式以及深度，即可完成拉伸特征的创建。如果没有定义草绘，可以单击“拉伸”特征操作面板上的“放置”按钮，再单击弹出的上滑面板中的“定义”按钮，如图 1-11 所示。弹出“草绘”对话框，如图 1-12 所示。然后在绘图区选取需要的基准面或平面作为草绘平面和定义草绘方向的参照平面以及方向，定义完成后可以单击对话框中的“草绘”按钮进入草绘界面。

图 1-10 “拉伸”特征操作面板

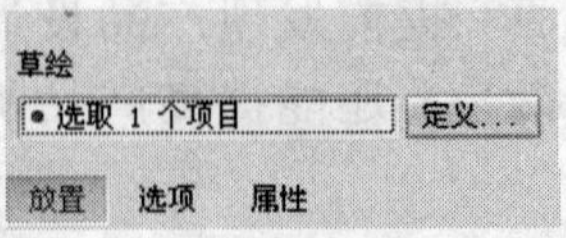


图 1-11 “放置”上滑面板

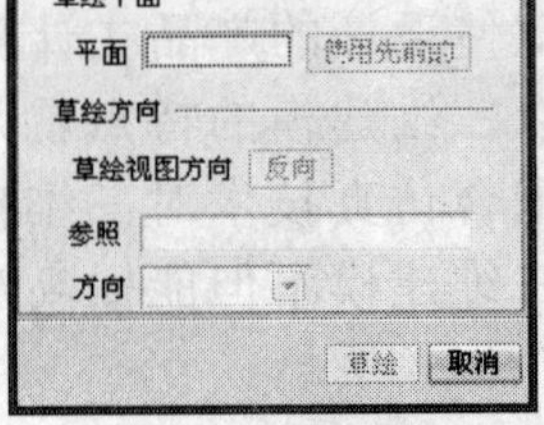


图 1-12 “草绘”对话框

**2．旋转特征**

旋转特征是由特征截面绕旋转中心线旋转而成的三维特征。

单击绘图区右侧的“旋转”按钮，或者选择主菜单中的“插入”→“旋转”命令，弹出如图 1-13 所示的“旋转”特征操作面板。如果图中已定义了草绘，可以按照提示区选取该草绘，然后选取旋转轴（旋转轴可以是该草绘中的直线或基准轴），再输入指定旋转角度，即可完成旋转特征的创建。如果没有定义草绘，同样可以与拉伸特征一样通过单击“位置”按钮弹出的上滑面板定义草绘进入草绘界面。这里需要注意的是进入草绘截面后，可以在草绘中创建一条中心线作为旋转轴，确认完成草绘的绘制后直接输入旋转角度为 360°，即可完成旋转特征的创建。旋转特征完成后的效果如图 1-14 所示。

图 1-13 “旋转”特征操作面板

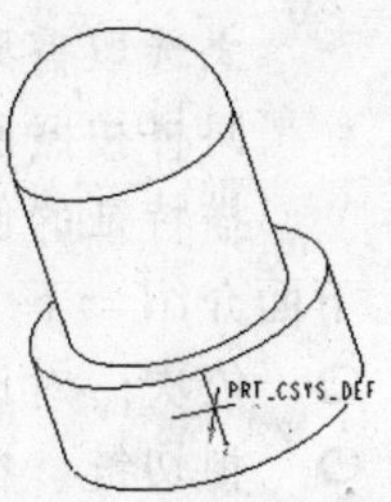


图 1-14 旋转特征

其中，“旋转”特征操作面板上的按钮与“拉伸”特征操作面板上的意义和用法是一样的。读者可以通过练习体会。

**3．扫描特征**

扫描特征是将二维截面沿着指定的轨迹线扫描生成的三维特征。

选择主菜单中的“插入”→“扫描”→“伸出项”命令，弹出“扫描轨迹”菜单，如图 1-15 所示。

图 1-15 “扫描轨迹”菜单

- 草绘轨迹：在草绘中绘制扫描轨迹。选择“草绘轨迹”命令，弹出“设置草绘平面”菜单，如图 1-16 所示。选取绘图平面进入草绘界面，绘制如图 1-17 所示的草绘作为扫描轨迹；单击✔按钮，再次进入草绘界面，绘制如图 1-18 所示的草绘作为扫描特征的截面；单击✔按钮完成草绘的绘制，再单击鼠标中键，完成扫描特征的创建，如图 1-19 所示。

图 1-16 “设置草绘平面”菜单

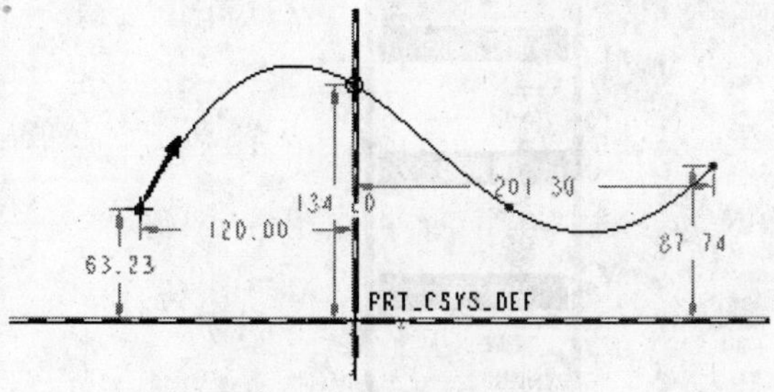


图 1-17 扫描轨迹

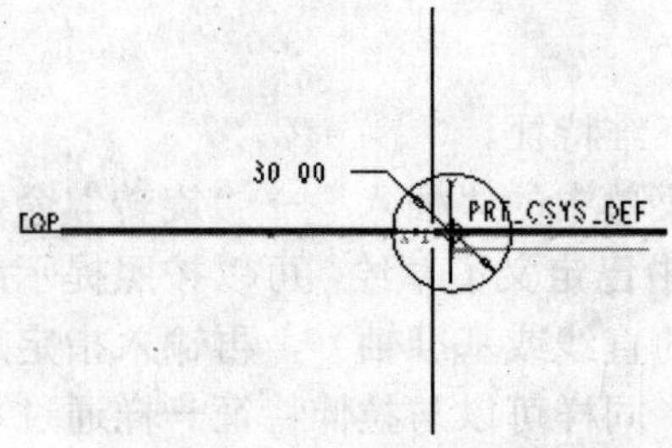


图 1-18　扫描截面

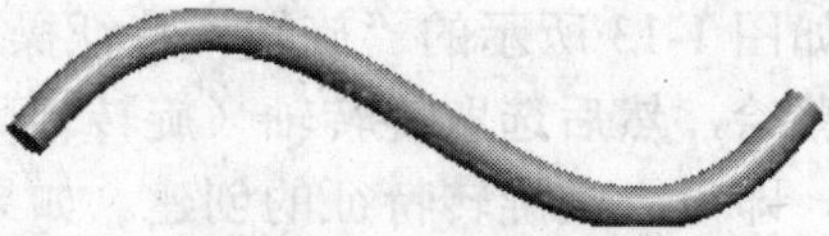

图 1-19　扫描特征

- 选取轨迹：选取已有的曲线作为扫描轨迹线。选择“选取轨迹”命令，弹出“链”菜单，可以通过不同的方式选取需要作为扫描轨迹线的曲线，进入草绘截面。同样按照图 1-20 中的方式绘制草绘截面，即可完成扫描特征的创建。

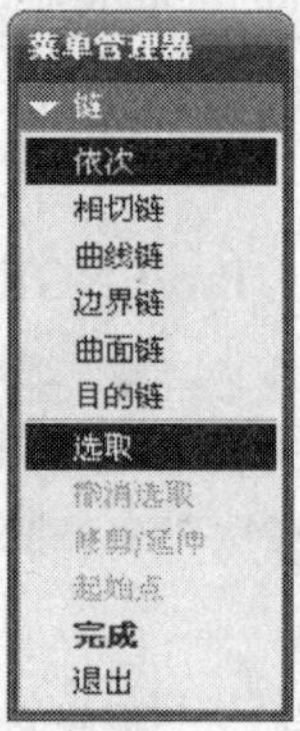


图 1-20 “链”菜单

下面介绍一下“链”菜单中不同选择方式的用法。

- 依次：对已有的边线进行逐一选取作为扫描轨迹。
- 相切链：在一条曲线链中单击一条边，所有从它出发的边线，只要链接点是切点，其相切边线自动被选中，直到该链接点不是切点为止。
- 曲线链：选取曲线链中的边作为扫描轨迹。
- 边界链：通过选取一个曲面，并选取其单侧边来定义轨迹；如果曲面是多个环，可以选取一个特征环来定义。
- 曲面链：通过选取一个平面，并使用该面的边来定义轨迹。
- 目的链：通过选取模型中预先定义的边来定义。

**4．混合特征**

混合特征是由数个截面混合而成的三维特征。按照混合方式的不同，可以分为平行混合、旋转混合和一般混合 3 种形式。由于 3 种混合方式中平行混合比较常用，所以只对平行混合做详细的介绍，其他两种只做简单的介绍。

选择主菜单中的“插入”→“混合”→“伸出项”命令，弹出“混合选项”菜单，如图 1-21 所示。确定混合方式后选择“完成”命令，弹出“属性”菜单，如图 1-22 所示。

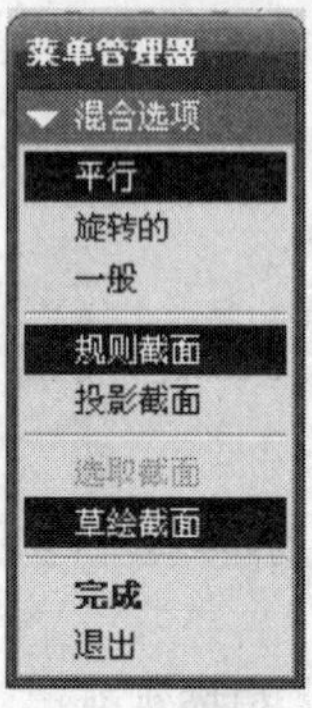


图 1-21 “混合选项”菜单

图 1-22 “属性”菜单

“混合选项”菜单中各命令的含义如下。

- 平行：选择此命令为平行混合方式，所有截面相互平行。
- 旋转的：选择此命令为旋转混合方式，截面绕 Y 轴旋转。
- 一般：选择此命令为一般混合方式，截面可以沿 X、Y、Z 轴旋转或平移。
- 规则截面：以草绘平面所绘制的面，或由现有零件选取的面作为混合截面。
- 投影截面：以草绘平面所绘制的面，或选取现有零件在投影后所得的面作为混合截面。
- 选取截面：选取已有的截面作为混合截面。
- 草绘截面：在草绘图中绘制混合的截面。

## 1.5 Pro/ENGINEER Wildfire 4.0 模具分模

由于 Pro/ENGINEER Wildfire 4.0 建模的方法比较丰富，设计人员可以灵活地针对不同产品使用不同的方法进行模具的设计。一般分为 3 种方法：体积块法、分型面法、组件法。3 种设计方法各有特色，正确选择设计方法能提高模具设计的效率和质量。

### 1.5.1 体积块法分模

体积块是一个没有质量但却占有空间的三维封闭特征，它是由一组可以被填充而形成一个实体的封闭曲面组成的。由于曲面或曲面组能够用来执行分割的分型面，因此体积块也能够用来作为分型面。

在模具元件的设计过程中，主要是利用分型面将工件切割成数个模具体积块，然后再将体积块抽取成模具元件。因此，体积块的产生只是从模块和参考模型的几何到最后抽取模具元件的一个中间步骤。

**1．通过聚合得到体积块**

“聚合”命令允许复制设计模型上的曲面和参考模型上的边线。建立一个聚合体积块的第一步是从参考模型中选取一些曲面，这些曲面是定义体积块的基本形状。此方法的步骤如下。

（1）选取要定义体积块的主要曲面组的一些参考曲面。

（2）修改主要曲面组，包括排除和填充两个步骤。

（3）利用指定体积块的末端环来封闭此体积块。

**2．通过特征创建体积块**

除了通过聚合方式创建体积块之外，还可以通过草绘剖面，然后通过拉伸、旋转等常用特征来创建体积块。在工具栏中单击“将型腔嵌入添加为模具体积块和/或进行编辑”按钮，进入体积块创建模式。此时在工具栏和“插入”菜单中有许多命令可以创建体积块，如图 1-23 所示。

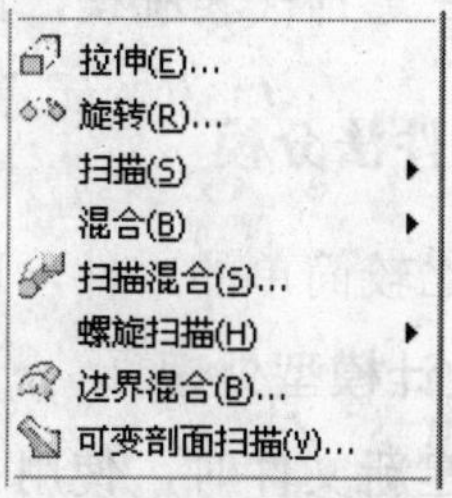


图 1-23 用于创建体积块的命令

### 1.5.2 分型面法分模

为使产品能从模腔内取出，模具必须分成型和型芯两部分，此分接口称之为分型面。分型面的形式有很多种，如水平、阶梯、斜面、垂直和曲面等。它有分模和排气的作用，但由于模具精度和成型之差异，易产生毛边、结线，影响产品外观及精度。

分型面的选择是一个比较复杂的问题，因为它受到塑料机和形状、壁厚、尺寸精度、嵌件位置以及模具内的几何形状、顶出方式、浇注系统等方面的影响。分型面的常见形式如图 1-24 所示。

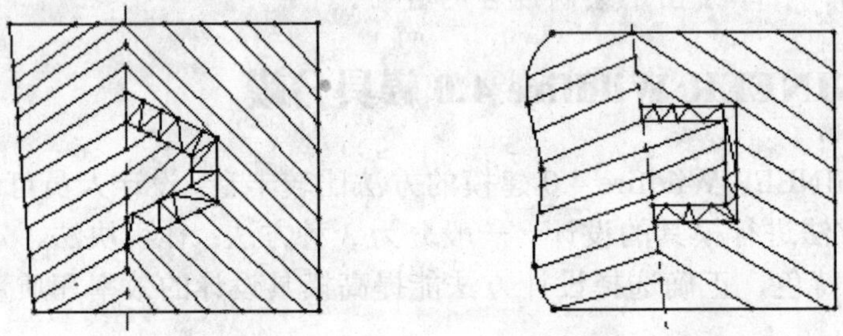


图 1-24 分型面的常见形式

选择分型面时应注意以下几个方面。

- 不可位于明显位置而影响产品外观。
- 开模时应使产品留在有脱模机构的一侧。
- 位于模具加工和产品后加工容易处。
- 对于同轴度要求高的产品，尽可能将型腔设计在同一侧。
- 避免长抽芯，考虑将其放在公模开方向，如一定要有，应将抽芯机构尽量设在公模侧。
- 一般不采用圆弧部分模，这样会影响产品外观。
- 对于流动性好、易溢边的塑料，应采用插破方式分型，可防止毛边产生。
- 对于高度高、脱模斜度小的产品，可取中间分模、型腔分两边，以利于脱模。

一套模具的分模面可能有一个或多个，在确定分模面时，还应考虑以下因素。

- 对产品的形状、尺寸、壁厚应仔细研究分析，寻找最佳方向来分模，俗称“拆模”。
- 了解塑料性能成型性以及浇注系统的布局。
- 注意排气和脱模，简化模具结构，操作方便，加工容易。

### 1.5.3 组件法分模

对于比较简单的零件，可以在组件设计模式中进行分模操作。

**1. 设计模型处理**

在创建新文件时，使用“组件”类型中的“设计”子类型，进入组件设计模式。在工具栏中单击“将元件添加到组件”按钮，打开设计模型后通过装配操控板将模型定位，如图 1-25 所示。

图 1-25　对模型进行装配

如果需要设置模型的收缩，可以打开设计模型，然后在菜单栏中选择“编辑”→“设置”命令，在弹出的“零件设置”菜单中选择“收缩”命令，指定收缩方式后，即可打开对话框设置收缩率，如图 1-26 所示。

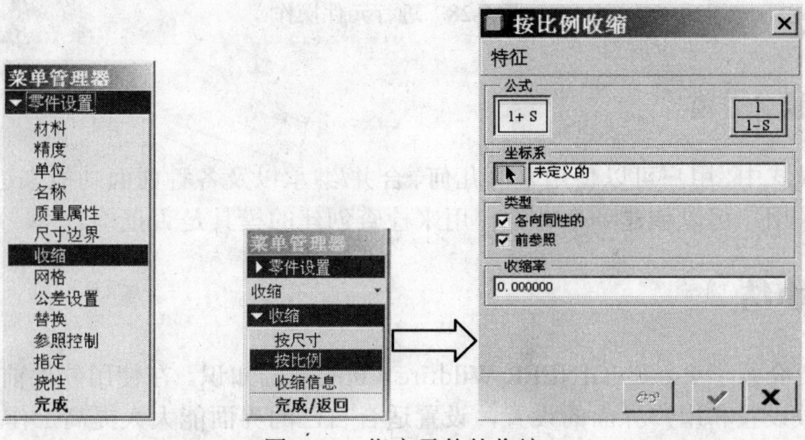


图 1-26　指定零件的收缩

**2．模具元件的创建**

在工具栏中单击“在组件模式下创建元件”按钮，将弹出“元件创建”对话框，新建零件文件，然后再通过创建特征的方法来生成元件，如图 1-27 所示。

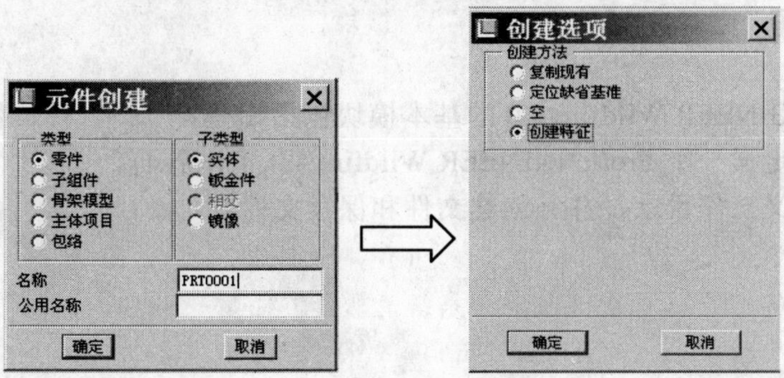


图 1-27　新建元件

**3．型腔的生成**

新建的元件需要生成型腔的形状。可以通过测量尺寸来创建与设计模型贴合的合适特征，复杂的模型可以通过元件操作来得到需要的形状。在菜单栏中选择“编辑”→“元件操作”命令，在“元件”菜单中可以使用“合并”和“切除”命令来进行操作，如图 1-28 所示。

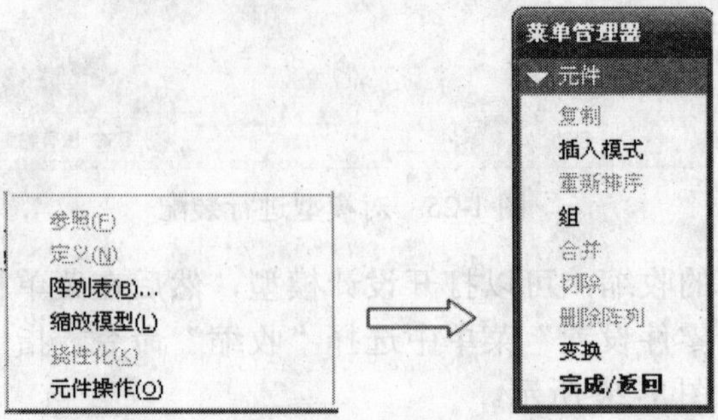


图 1-28　进行元件操作

### 1.5.4　零件模式分模

在零件模式中，用户可以使用复制几何、合并/继承以及各种曲面功能来进行分模操作。在此模式中，用户可以创建一个铸件，用来检查创建的模具是否正确。

## 1.6　本章小结

本章主要介绍了 Pro/ENGINEER Wildfire 4.0 的基础知识。在使用软件前，必须先学习它的一些参数设置和用户界面的设置，设置适合自己的界面能大大提高工作的效率。本章还介绍了 Pro/ENGINEER Wildfire 4.0 的部分基准创建方法，因为绘图的第一步是定义参照，所以要掌握 Pro/ENGINEER Wildfire 4.0 的基准创建方法。介绍完基础知识后，为了让读者对 Pro/ENGINEER 的操作有一个感性认识，因此结合了实例介绍了 Pro/ENGINEER 中的一些简单功能，在后面的章节中将会介绍 Pro/ENGINEER 更多的功能。

## 1.7　课后习题

（1）Pro/ENGINEER Wildfire 4.0 的基本模块包括哪些？
（2）给自己定义一个 Pro/ENGINEER Wildfire 4.0 工作界面。
（3）尝试定义工作目录，并且创建文件和保存文件。

# 第2章 Pro/MOLDESIGN 模具设计

本章导读

本章将介绍 Pro/MOLDESIGN 模块的基本功能，以及协同操作功能在模具设计中的应用。在学习分模方法之前，需要对软件、设计流程、分模法、菜单结构和操作的注意事项等进行全面的了解，为后面的学习打下良好的基础。

通过本章的学习，读者应实现如下目标：

- ❑ 了解软件中的专业术语
- ❑ 理解和掌握参照模型布局
- ❑ 掌握流道的设计方法

## 2.1 Pro/MOLDESIGN 模块简介

不论是压铸成型还是注射成型都需要使用模具，而我们要做的就是在 Pro/E 中根据制品图和结构图设计出这些模具。Pro/MOLDESIGN 是 Pro/E 的模块之一，它提供了模具设计常用的功能，允许用户创建、修改和分析模具组件，并可以根据设计模型中的变化对它们进行快速更新。它可以完成如下任务。

- ❍ 产品模型的输入与数据诊断，设置模型的收缩率。
- ❍ 对产品模型进行拔模检测与厚度检测。
- ❍ 自动创建分型线或侧面影像曲线。
- ❍ 自动创建要从中分割出型芯、型腔和嵌件的坯件。
- ❍ 创建各种分型面或分型用的几何体。
- ❍ 自动分割坯件，创建模具的各种型芯、型腔和嵌件。
- ❍ 自动创建浇注系统，冷却水道与模具标准组合。
- ❍ 定义和模拟模具开模并检测模具元件之间的干涉。
- ❍ 型腔的自动填充与模型的流动分析。

### 2.1.1 Pro/MOLDESIGN 的操作界面

打开 Pro/E 之后，新建一个文件，在“新建”对话框中选择文件类型为“制造”，子类型为“模具型腔”，输入文件名称，不使用缺省模板，单击“确定”按钮，如图 2-1 所示。在“新文件选项”对话框中根据工件的单位选择合适的单位模板，最后单击“确定”按钮，如图 2-2 所示。

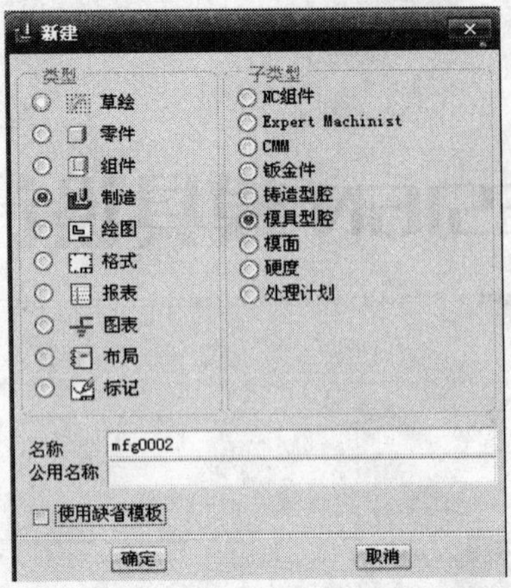


图 2-1 选择文件类型

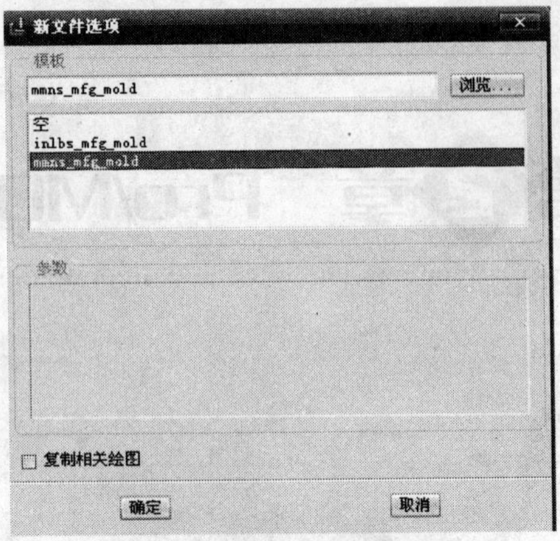


图 2-2 选择单位模板

此时程序将进入 MOLDESIGN 模块的设计环境，同时将弹出“菜单管理器”和专用工具栏，如图 2-3 所示。

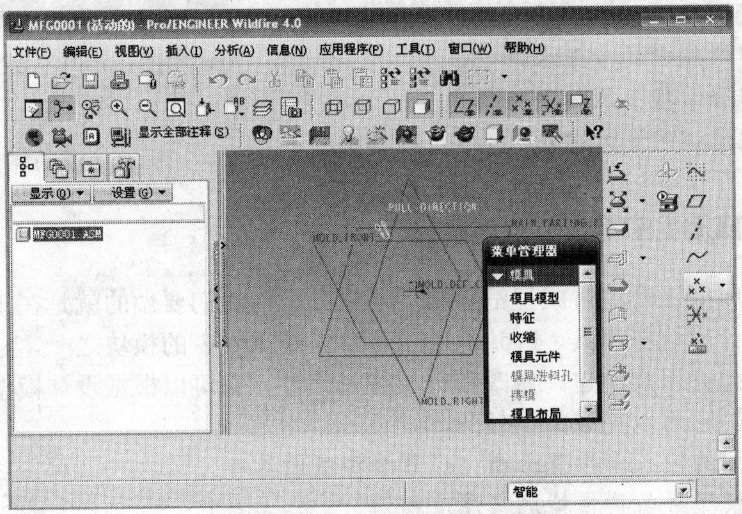


图 2-3 MOLDESIGH 模块的界面

在进行模具设计时，常用的工具栏是“模具/铸件制造”工具栏，如图 2-4 所示。其中主要选项介绍如下。

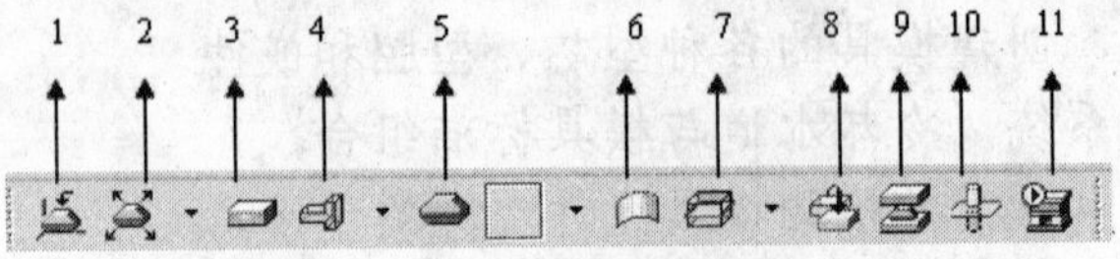


图 2-4 “模具/铸件制造”工具栏

- 1：选取零件并定义其在模具中的放置和方向。
- 2：指定零件的收缩率。
- 3：根据与铸模零件的偏移距离和/或整体尺寸来创建工件。
- 4：将模具型腔嵌入件添加为模具体积块或进行编辑。
- 5：创建自动分型线（即侧面影像曲线）。

- 6：用裙边特征创建自动分模面。
- 7：分割为模具体积块。
- 8：从模具体积中创建型腔嵌入件。
- 9：执行模具开模分析。
- 10：通过其他零件、面组或平面的第一和最后一个曲面来修剪零件。
- 11：转到模具布局。

### 2.1.2 菜单与命令按钮

在 Pro/MOLDESIGN 中可以通过菜单管理器中的“模具”菜单或专用工具栏来使用设计命令，“模具”菜单及其级联菜单如图 2-5 所示。

另外，在菜单管理器中的命令和工具栏中的命令按钮有一部分是相同的，如图 2-6 所示。工具栏中的命令表达了模具设计的基本流程，只要掌握了设计顺序就可以方便地操作。

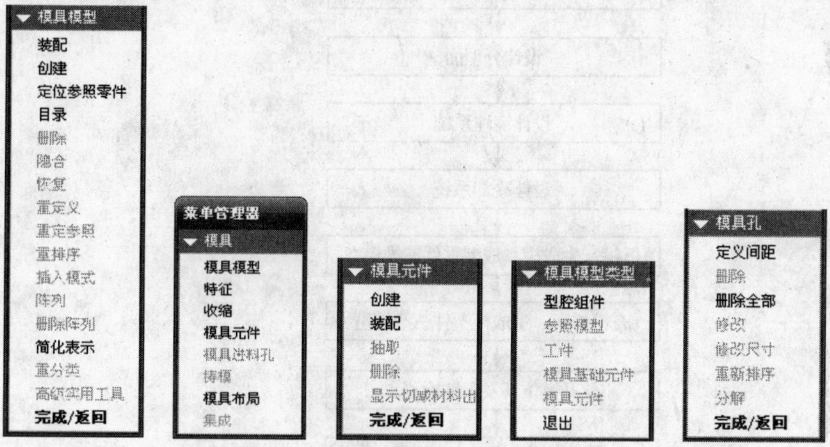


图 2-5 “模具”菜单及其级联菜单

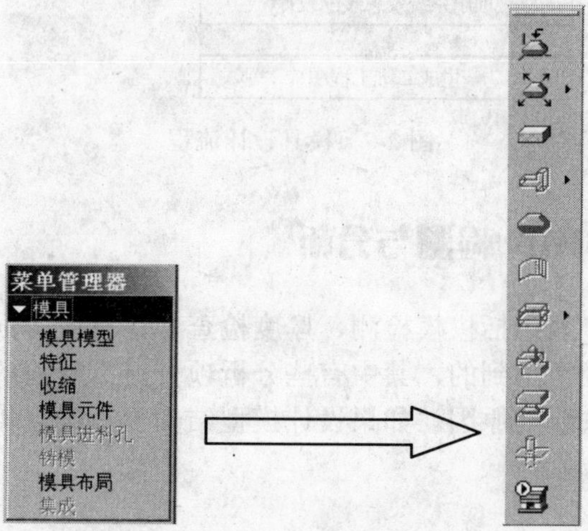


图 2-6 “模具”菜单与工具栏的命令对照

## 2.2 Pro/MOLDESIGN 模具设计流程

Pro/E 对于塑料模具的设计流程如图 2-7 所示，首先通过零件设计得到设计模型，由设计模型创建出型腔组件，然后通过 EMX 或其他方法建立模架。整个模具设计完成后，即可通过 NC 模拟进行加工和编程。

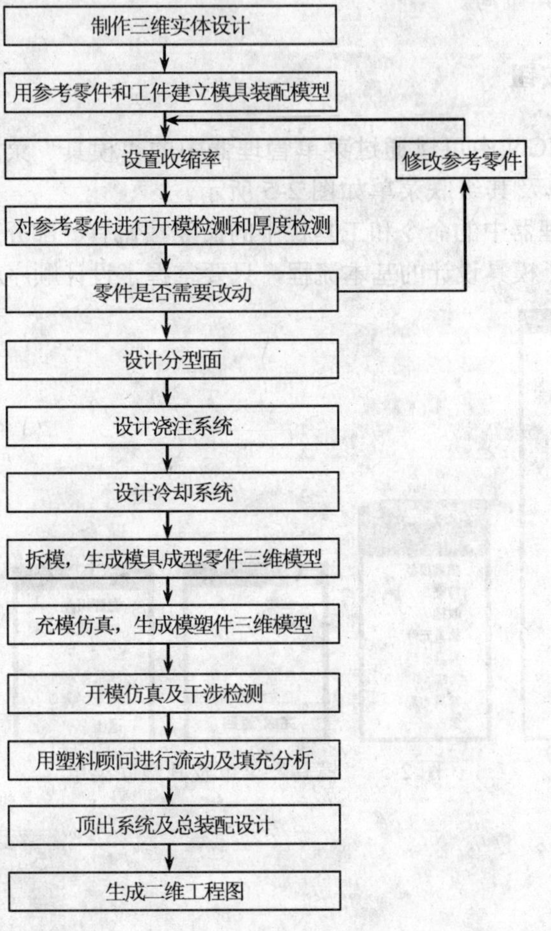


图 2-7　模具设计流程

## 2.3 Pro/MOLDESIGN 检测与分析

模型的检测与分析一般包括拔模检测、厚度检查、计算投影面积和检测分型面。这些分析项目是模具设计中经常用到的，其中有些分析项目是拆模前的准备工作，有些则用于分析和检查拆模或浇注失败的原因。如果设计模型结构不正确，也是无法进行分模的。

### 2.3.1 拔模检测

使用拔模斜度检测可以确定制品是否被适当拔模，以使塑料制件能够干净彻底地取出。

拔模斜度检测基于用户定义的拔模角度和拖动方向，为了确定所选制品的曲面是否经过拔模修改，程序会检测垂直于制品曲面的平面和拖动方向间的角度。该命令操作方式如下：选择主菜单中的“分析”→“模具分析”命令，在弹出的对话框中选择“拔模检测”选项。

**1．分析操作**

执行拔模检测必须要指定一个拔模角度和开模方向（模具打开的方向）。为了测定所选取零件上的所有曲面是否必须配合拔模来进行修改，系统将检测零件曲面的法线与模具拖动方向之间的夹角，而此夹角必须介于±90°之间。也就是说，系统计算每一个曲面相对于所指定方向的拔模。

**2．选项设置**

单击 ▶计算设置 按钮，展开“计算设置”选项面板，可以调整计算方式，如图 2-8 所示。选中“结果修整”复选框可以提高分析结果的准确性，选中“动态更新”复选框可以让结果随参数值的变化而自动更新。

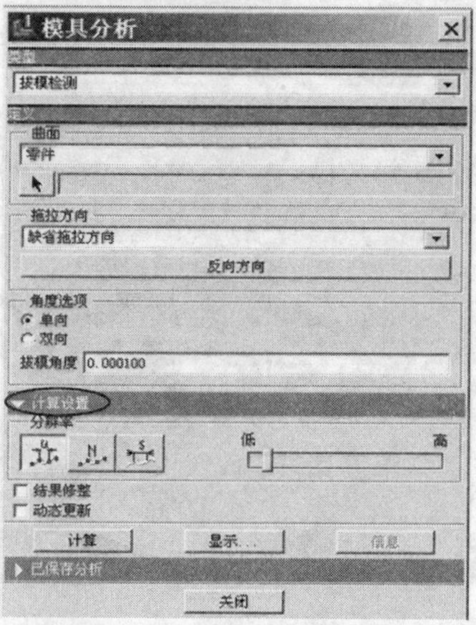


图 2-8 “计算设置”选项面板

“分辨率”选项组中各按钮的含义如下。

- 质量：通过设置点的密度来定义分辨率。可拖动滑块提高分析质量。
- 点数：可设置用于处理分析的准确点数来定义解决方法。
- 步长：可以通过设置以模型单位表示的两个相邻点间的距离来定义解决方法。

在“模具分析”对话框中单击“显示”按钮，将打开“拔模检测-显示设置”对话框，在此对话框中可以调整色块的显示方式，如图 2-9 所示。

“显示设置”组中选项的含义如下。

- 线性比例：设置线性比例颜色的显示结果。
- 对数比例：调协对数比例颜色的显示结果。
- 双色着色：设置两种颜色的显示结果。
- 色彩数目：选项用于设置“线性比例”和“对数比例”两种类型的颜色显示数量。

在“模具分析”对话框中单击 已保存分析 按钮，展开“已保存分析”选项面板，输入新的名称后单击“保存模型时保存当前分析”按钮，即可进行分析结果的保存。选中已保存的分析结果后单击“显示/遮蔽所选分析”按钮，即可控制该结果是否显示，最终分析结果显示如图 2-10 所示。

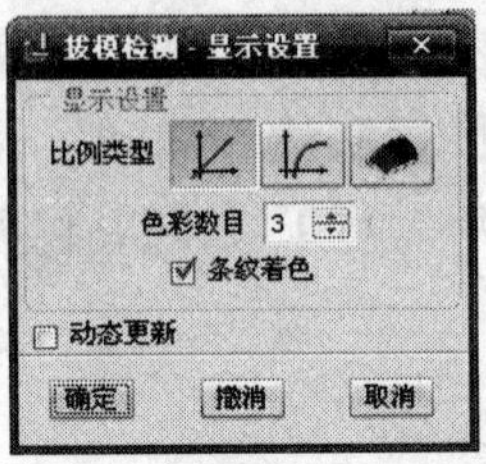


图 2-9 “拔模检测-显示设置”对话框

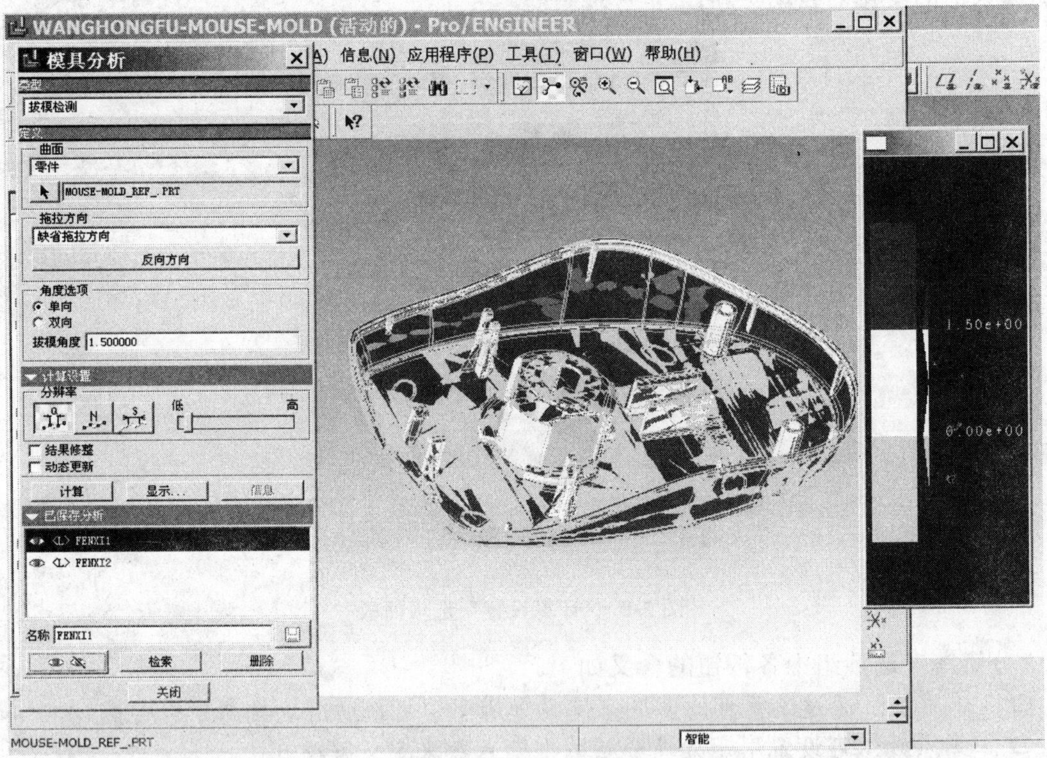


图 2-10 最终分析结果

### 3. 关于拖动方向

参考一个具有角度的基准面来设置拔模检测时的模具拖动方向是很有用的，因为能够利用修改此参考角度并反复执行相对应的拔模检测来获得最佳的模具拖动方向。当拔模检测的结果显示模型中所有的曲面并不需要增加拔模位置，而当成型品可以从模具中干净彻底地取出时，表示已达到最佳的模具拖动方向。一个复杂的模具有时候需要使用多个模具拖动方向。

默认的模具拖动方向是以双黄色箭头显示在模型上的，它可以被用来作为所有特定的特征，以及一些与模具拖动方向有关分析的默认方向。例如，当使用“侧面影像曲线”对话框时，一个代表光源方向的红色箭头才会以可见的方式显示，默认光源方向与模具拖动方向相反，如图2-11所示。

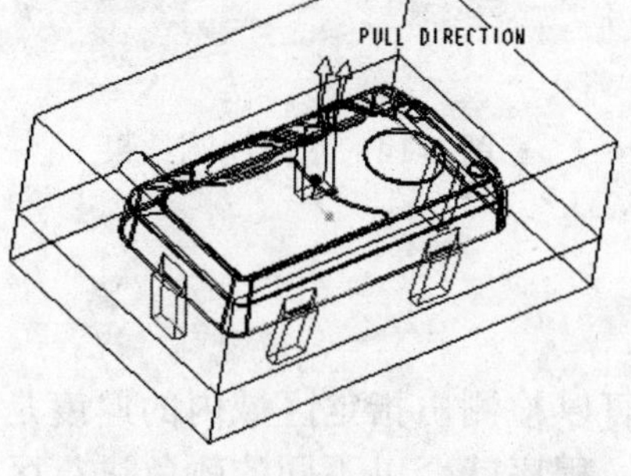


图2-11 检测的拖动方向

模具拖动方向不是参数值，这意味着在重设模具拖动方向之前所建立的特征是使用先前的方向值。当重设模具拖动方向时，这些特征并不会被更新。

### 2.3.2 水线检测

在Pro/MOLDESIGN模块中可以对水线特征进行检测，以避免干涉和薄壁的情况出现。根据用户输入的检测参数，系统在检测完成后通过不同的颜色显示出检测结果。

选择文件打开模型，如图2-12所示，选择菜单栏中的“分析”→“模具分析”命令进行模具分析，在弹出的“模具分析”对话框中分析的类型已经是“吃水线”，选取含有水线特征的元件（此处为工件），然后输入最小间隙值为1.5，如图2-13所示。

单击“计算”按钮后，系统将分析结果通过颜色显示在模型中，红色表示小于最小间隙值，绿色表示大于最小间隙值，如图2-14所示。

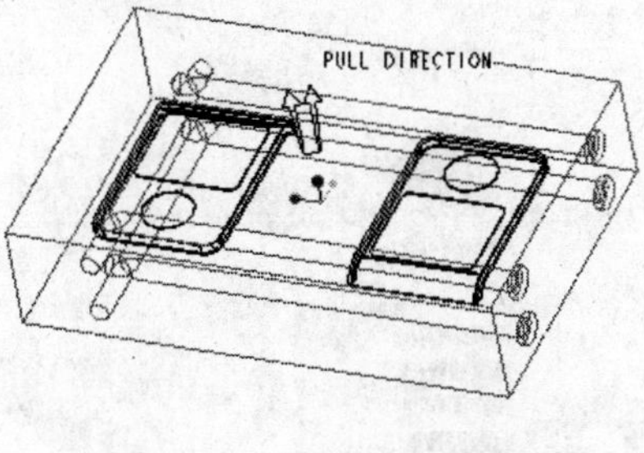


图2-12 打开的文件

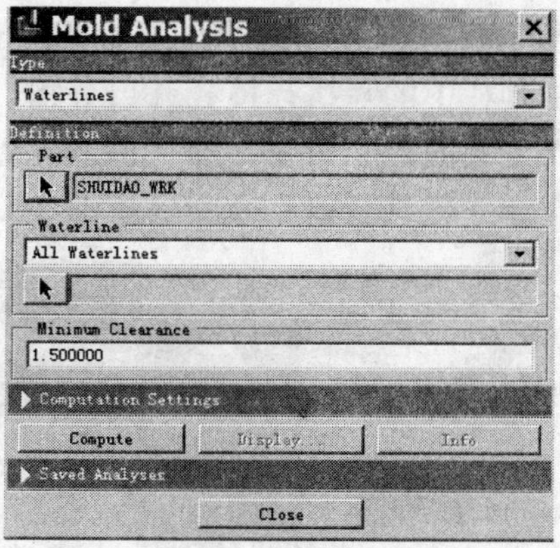


图2-13 吃水线检测

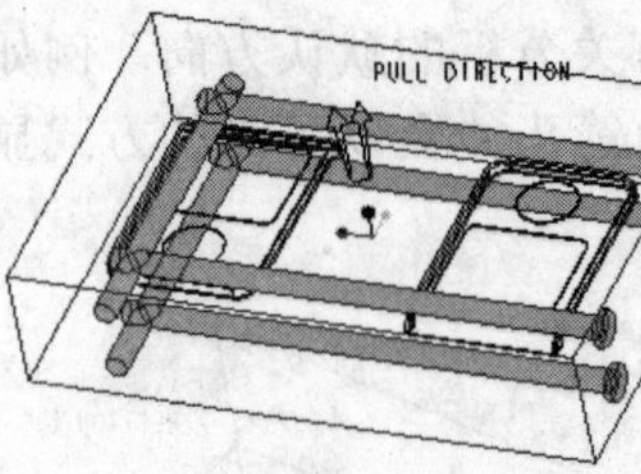


图 2-14　水线检测结果

### 2.3.3　厚度检查

通过对模型厚度的检查可以检测出指定区域内的厚度是否大于或小于指定的最大和最小值，如果超过指定的范围，程序就会以不同的颜色进行区分，以提示设计人员该厚度是否符合要求。

**1．平面检查**

此方法可以检查指定平面截面处的模型厚度。要检测所选平面的厚度，只需拾取要检测其厚度的平面，并输入最大和最小值，系统将通过每一个所选并创建的平面检测这些截面的厚度。

**2．平行层切面检查**

使用平行层切面检测厚度，需要在模型中选取层切面的起点和终点，还需要指定一个与层切面平行的平面，最后指定层切面偏距尺寸和要检测的最小和最大厚度，系统将创建通过此两点的横截面并检测这些模型截面的厚度。

### 2.3.4　模具开口分析

Pro/MOLDESIGN 模块提供了一套相当方便的模拟打开型腔组件的工具。开模动作是由一连串的步骤所组成，每个步骤中都包含有元件的移动。

单击工具栏中的“执行模具开口分析”按钮，或在菜单管理器中依次选择“模具进料孔”→“定义间距”命令，即可选取元件对其进行开模操作。用户也可以在菜单栏中选择“分析”→“模具开模”命令，如图 2-15 所示。

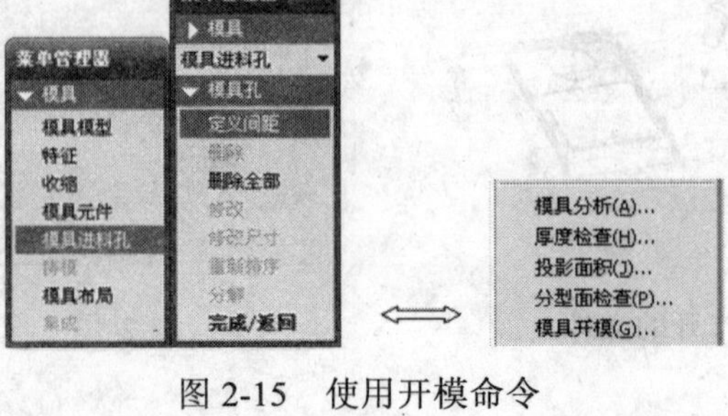


图 2-15　使用开模命令

## 2.4　Pro/MOLDESIGN 模具工件

工件是直接参与塑料或铸件成型的模具元件的总体积块，即毛坯。在 Pro/E 中，可以在模具组件中直接创建工件，也可以在零件模式中创建，然后将其装配到模具组件中。

**1．自动工件**

在 Pro/MOLDESIGN 模块中提供了自动创建工件功能，用于根据参照模型的大小生成工件。工件的初始大小是由参照模型的边界框大小决定的。对于有多个参照模型的情况，系统用包括所有参照模型的单个边界框来创建工件。

工件的位置取决于参照模型的 X、Y、Z 轴坐标，矩形工件使用其边界框的中心定位，而圆柱形工件使用所选的坐标系的中心定位。工件的方向是由模具模型或模具组件的坐标来决定的。

在工具栏中单击“根据与铸模零件的偏移距离和/或整体尺寸来创建工件”按钮，将弹出“自动工件”对话框，首先选取模具坐标系作为工件的位置中心点，如图 2-16 所示。

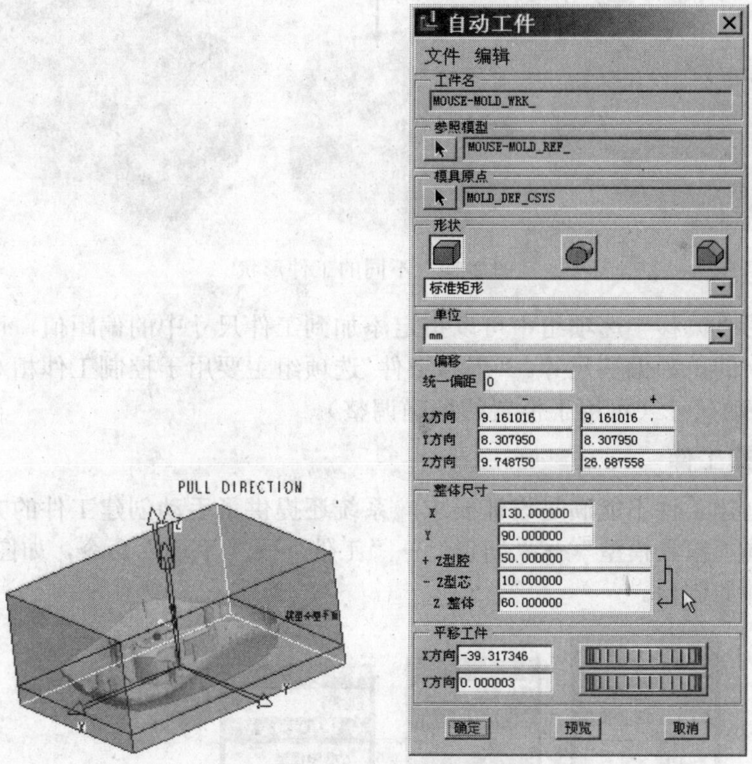


图 2-16　创建自动工件

在选取了坐标系之后，系统将根据参照模型的轮廓大小生成默认的矩形边框，同时在“整体尺寸”选项组中显示出参照模型轮廓大小，根据实际需要的毛坯大小来输入新的尺寸，如图 2-17 所示。

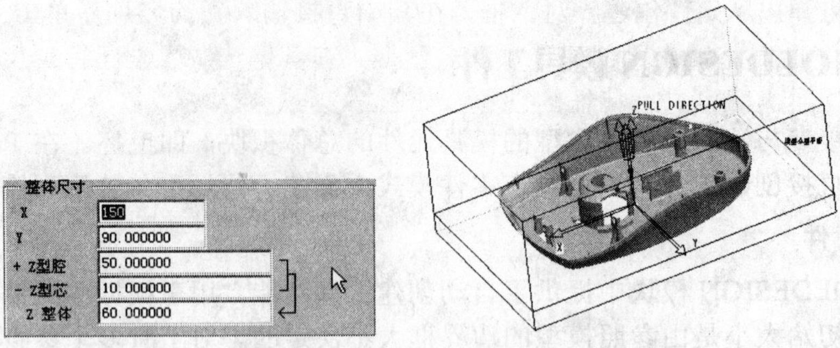

图 2-17　修改工件的轮廓大小

在对话框的“形状”选项组中可以根据需要设定工件的基础形状，有直角、倒圆角和定制 3 种类型可供选择，如图 2-18 所示。

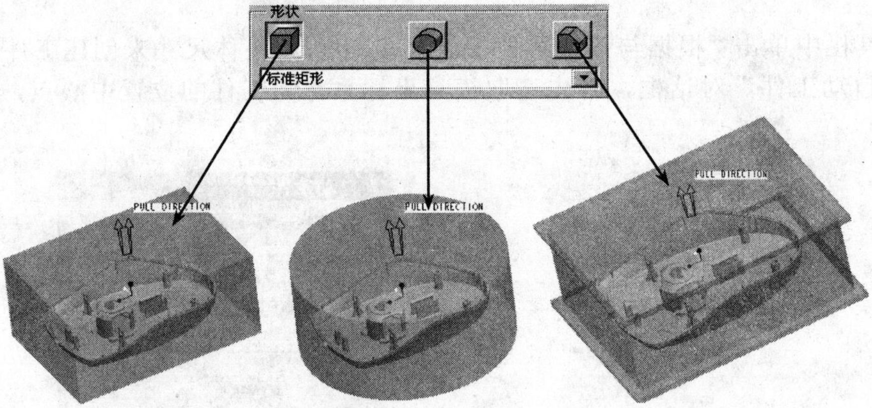

图 2-18　不同的工件形状

在对话框的“偏移”选项组中可以指定添加到工件尺寸中的偏距值，可以指定统一的偏距值和各方向的单独偏移尺寸。“平移工件”选项组主要用于控制工件相对于模具坐标系 X、Y 方向的移动尺寸（可用于位置的精确调整）。

**2．手动创建工件**

如果自动创建工件不能满足设计要求，系统还提供了手动创建工件的方法。在菜单管理器中依次选择“模具模型”→“创建”→“工件”→“手动”命令，如图 2-19 所示，即可手动进行工件的创建。

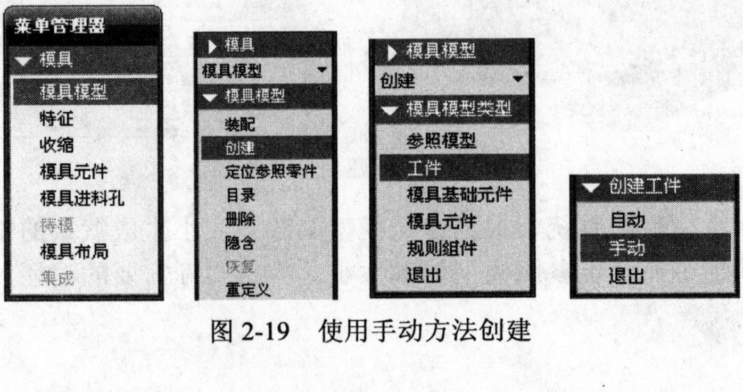

图 2-19　使用手动方法创建

此时系统将弹出“元件创建”对话框，在其中直接输入新的名称后单击“确定”按钮，如图 2-20 所示。此时将弹出“创建选项”对话框，在其中选中“创建特征”单选按钮，再单击“确定”按钮，即可进行特征的创建，如图 2-21 所示。

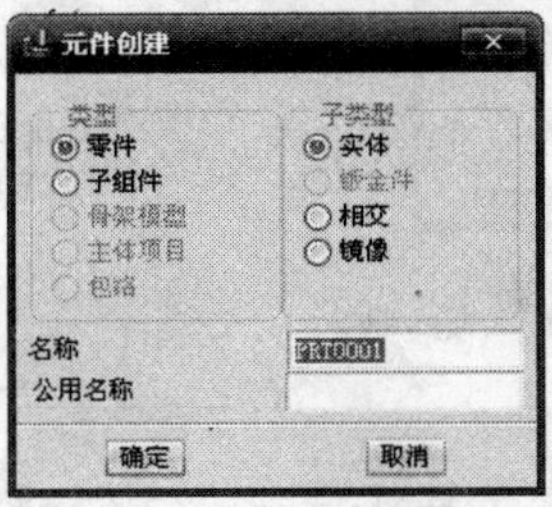


图 2-20 “元件创建”对话框

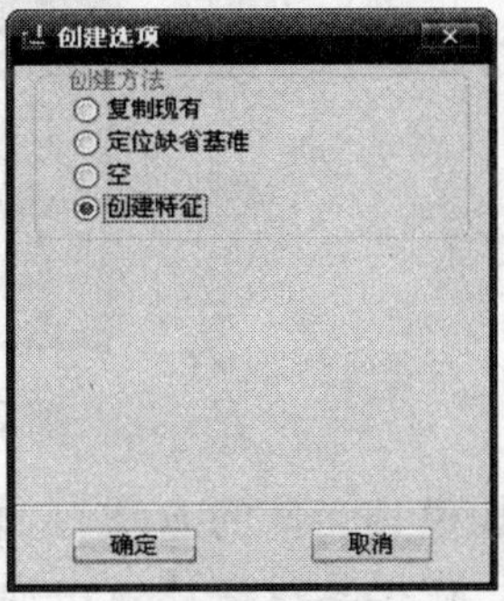


图 2-21 “创建选项”对话框

新建元件后，该元件将被激活，如图 2-22 所示，此时创建的所有特征都将属于该元件。同时菜单管理器将弹出“实体”菜单，用户还可以使用菜单栏的“插入”菜单中的命令来创建实体特征，如图 2-23 所示。

在使用常用的建模方法创建出元件特征后，只需要选中组件，使用右键快捷菜单中的“激活”命令返回组件模式（也可以选择“特征操作”菜单中的“完成/返回”命令），则新的元件将自动转换为工件，如图 2-24 所示。

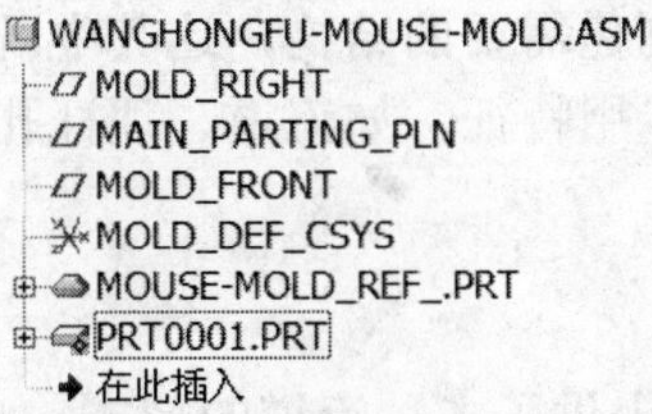


图 2-22　新建元件已激活

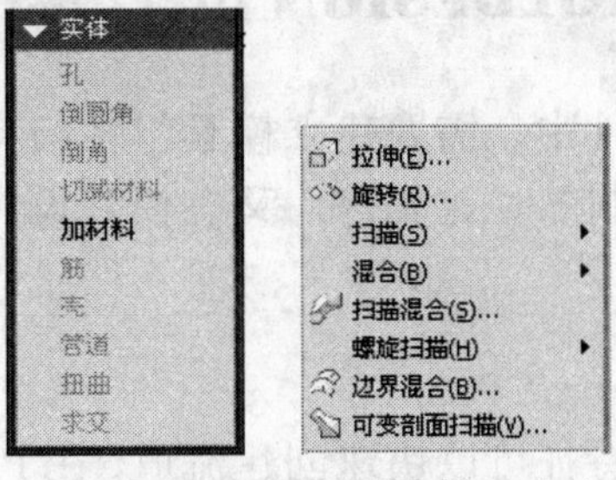


图 2-23　可以使用的特征命令

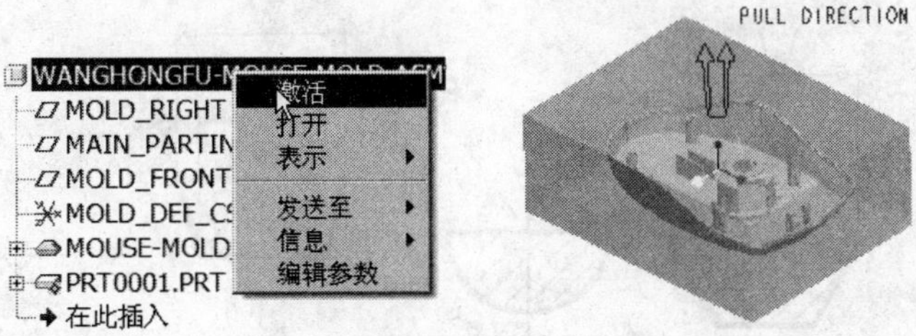


图 2-24　创建出工件

## 2.5　Pro/MOLDESIGN 模具元件

模具元件是在装配文件中独立存在的单个文件，属于零件级。若干个模具元件装配起来就成为一副模具。在工具栏中单击“将型腔嵌入件添加为模具元件和/或进行编辑”按钮或在“模具”菜单中选择“模具元件”命令，将弹出“模具元件”菜单，如图 2-25 所示。

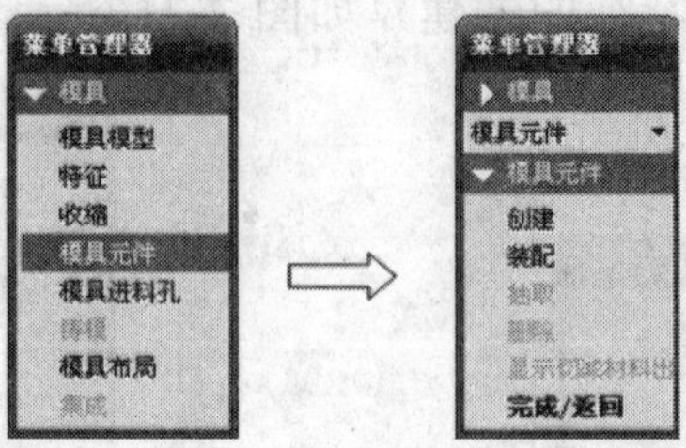


图 2-25 “模具元件”菜单

其中可添加模具元件的方法有如下 3 种。

- 创建：在模具组件环境中通过建立特征来创建模具元件。
- 装配：将已有的零件文件装配入模具组件中，从而转化为模具元件。
- 抽取：从已有的模具体积块中抽取出模具元件。

**提示** 执行了模具元件的抽取后，产生的模具元件只是保存在内存中，因此在完成抽取操作后应进行文件保存，这些模具元件才会以零件文件的形式保存于磁盘中。另外，在 Pro/ENGINEER Wildfire 4.0 中抽取元件后，元件的分割面颜色将变为深蓝色，这是一个新特点，便于用户了解模型分割情况。

## 2.6 Pro/MOLDESIGN 组件级特征

在模具组件中，需要建立模具组件级特征以创建需要的结构，这其中既有标准的组件特征，如切除材料、打孔等，又有模具设计中的专用特征，如流道、顶杆孔等。

### 2.6.1 流道

使用流道特征可以快速创建流道，在 Pro/E 中提供了多种流道的形式，如图 2-26 所示，常用的是圆形和梯形。

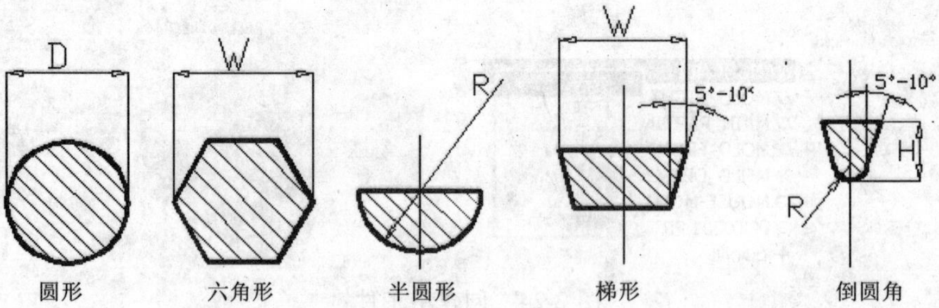


图 2-26 系统提供的流道形式

**1. 主流道**

主流道是塑料熔体最先到达的部位，它将熔体导入分流道或型腔。主流道通常的形状为圆锥形，便于在开模时其中的塑料凝固后能顺利地拉出来。主流道的尺寸直接影响到塑料熔体的流动速度和填充时间。

由于通常的主流道都是用圆锥表示的，而系统没有提供此种形状的自动创建方法，因此要通过普通的特征切割出主流道。在菜单栏中选择“插入”→“旋转”命令来创建主流道特征，如图2-27所示。根据需要创建的位置选取草绘平面，主流道的形状通常采用如图2-28所示的旋转轮廓。

图2-27 选择“旋转”命令

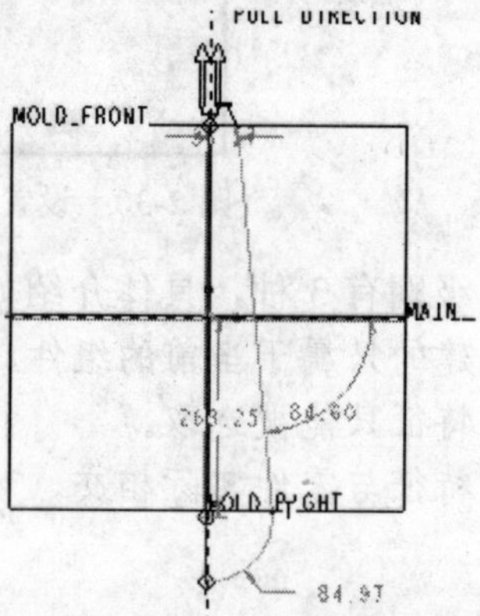


图2-28 常用的主流道轮廓

旋转轮廓绘制完成后，对已有的元件进行切除操作，即可得到主流道。

**2．分流道与次流道**

分流道是介于主流道与型腔之间的一段流道。它是熔体由主流道流入型腔的过渡通道，也是使浇注系统的截面变化和熔体流动转向的过渡通道。

在Pro/E中提供了多种流道的形式，在“插入”菜单中选择“流道”命令，将弹出“形状”菜单，其中有多种形状可供用户选择，如图2-29所示。分流道通常使用的是圆形和梯形。

图2-29 选择“流道”命令

**3．浇口**

浇口是分流道与型腔之间最狭窄的部分，也是浇注系统中最短小的部分。这一狭窄短小的浇口既能使由分流道流进的融体产生加速，形成理想的流动状态而充满型腔，又便于注射成型后的制品与浇口分离。

在Pro/E中创建浇口，可以使用流道特征来创建，根据需要使用不同的形状。如果没有合适的形状，用户可以通过创建普通切除特征的方法来创建浇口。常用的浇口有侧浇口、点浇口和潜伏浇口。

另外，在使用切除方式创建型腔组件特征时，在操控板中打开“相交”选项面板，取消选中“自动更新”复选框，即可定义相交的元件，如图 2-30 所示。

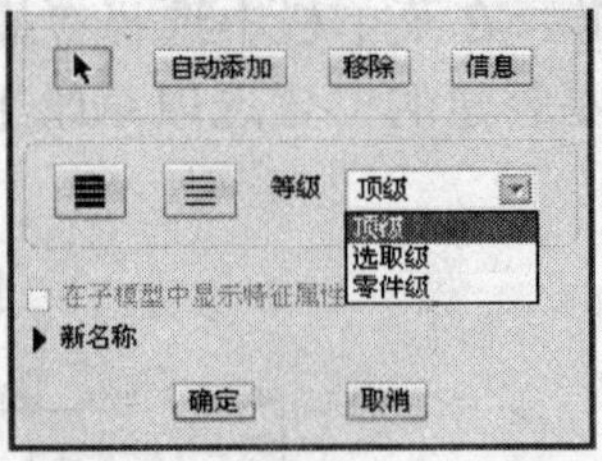


图 2-30　设置显示相交选项

其中相交显示的级别有 3 种，具体介绍如下。

- 顶级：所创建的只属于当前的组件，不能在其他文件中显示。
- 选取级：该特征只能被选取。
- 零件级：该特征与零件实际相交，可以在零件文件中看到。

### 2.6.2　顶杆孔

顶杆孔特征是 Pro/MOLDESIGN 模块提供的特殊孔特征，它与通常的孔特征类似。如果顶出销已经装配在型腔组件中，则可以利用同轴放置方式快速创建顶针孔。在菜单栏中选择“插入”→“顶杆孔”命令，将弹出“推钉孔：竖直的”对话框，如图 2-31 所示。其中各选项的含义如下。

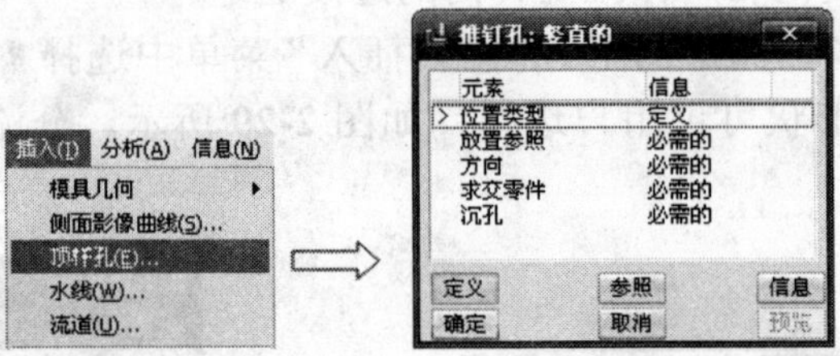


图 2-31　选择“顶杆孔”命令

- 位置类型：指定顶杆孔的放置类型，如线性、同轴等。
- 放置参照：指定顶杆孔的放置参照对象。
- 方向：指定创建顶杆孔特征的方向。
- 求交零件：指定要与顶杆孔相交的元件。
- 沉孔：指定沉孔的直径和深度。

### 2.6.3　冷却水道

对于热塑性塑料模具，为了缩短成型周期，需要对模具进行冷却，常用的冷却介质为水。在注塑完成后通过循环冷却水迅速冷却模具，保证模具的温度稳定。冷却水线特征是

Pro/MOLDESIGN 模块所提供的一种组件层次的特征，它的功能是用来安排穿透在模具组件间的水道。

通过指定回路的直径，绘制冷却水线回路的路径和指定末端条件，便可以利用冷却水线特征快速创建所需要的冷却水线回路。冷却水线回路系统可以视为标准的组件特征，利用一些构建特征所使用的工具来创建。

在菜单栏中选择“插入”→“水线”命令，将弹出“水线”对话框，如图 2-32 所示。其中各选项的含义如下。

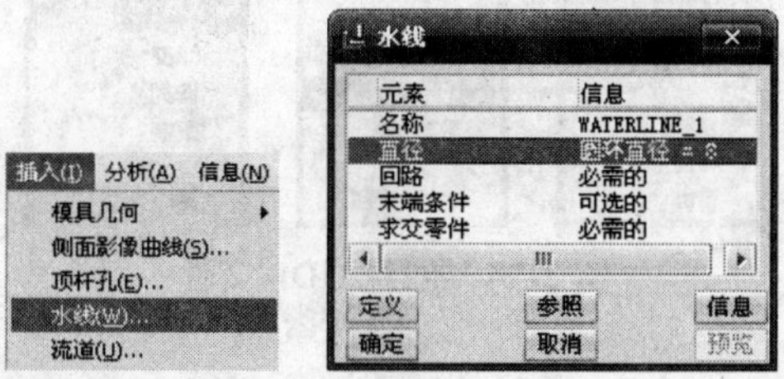


图 2-32　选择“水线”命令

- 名称：指定冷却水线的名称，系统默认的名称为 WATERLINE_2。
- 直径：指定冷却水线回路的直径尺寸。
- 回路：绘制冷却水线的路径，路径只能是直线图元。
- 末端条件：指定水路的末端条件，可以指定水线末端类型和相关尺寸。
- 求交零件：可以手动或自动选取要与水线相交的元件。

在“水线”对话框中定义“末端条件”时，选取水线的末端，将弹出“规定端部”菜单，如图 2-33 所示。

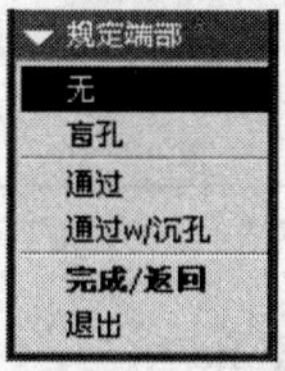


图 2-33 “规定端部”菜单

菜单中各命令的含义如下。

- 无：冷却水线在指定的回路末端停止。
- 盲孔：冷却水线在指定回路末端处向外延伸一个盲孔，必须指定盲孔的延伸距离。
- 通过：水线贯穿整个回路至相交元件的边界轮廓面。
- 通过 w/沉孔：冷却水线在指定的回路末端处延伸至元件轮廓面，并在端部产生一个沉孔。此端点条件必须指定沉孔的直径和深度。

### 2.6.4 UDF 操作

UDF 特征表示用户自定义的特征，它可以集合多个特征及其各自的尺寸或参照，并且保存为文件。在模具设计中，用户可以使用它来创建一些具有相同形状、只是个别尺寸不同的特征，例如浇口和螺钉孔等。

要使用 UDF，首先必须有已经建立的 UDF 文件，在模具组件模式中依次选择菜单管理器中的“特征”→“型腔组件”→“特征操作”→“UDF 库”→“创建”命令，如图 2-34 所示，即可进行 UDF 文件的创建。

图 2-34　创建 UDF 文件

## 2.7　Pro/MOLDESIGN 配置选项

用户可以在配置文件中修改所需的设置，以此进行预设环境选项和其他全局设置。选择菜单栏中的“工具”→“选项”命令，打开“选项”窗口，可以根据表 2-1 所列内容对模具设计模式进行环境配置。

表 2-1　模具设计环境配置参照表

| 序　号 | 设 置 项 目 | 可设置内容 | 简 要 说 明 |
|---|---|---|---|
| 1 | Default_abs_accuracy | <用户定义> | 定义默认的绝对零件或组件精度。在“模具设计”或“铸造”中工作时，只有对所有模型都使用相同的标准精度时，才推荐使用该选项。否则，请勿设置此选项 |
| 2 | Allow_shrink_dim_before | yes、no | 确定“计算顺序”选项是否在“按尺寸收缩”对话框中显示。计算顺序是一种顺序，该顺序确定是在计算尺寸设置的关系定额之后应用收缩，还是在计算这些关系之前应用收缩 |
| 3 | Default_mold_base_vendor | futaba_mm、dme、hasco、dme_mm、hasco_mm | 设置 EMX 中的模架供货商，“模具基体”供货商的默认值为 futaba_mm |
| 4 | Default_shrink_formula | simple、asme | 确定默认情况使用的收缩公式。simple：将（1+S）设置为默认情况下使用的收缩公式。asme：将（1-S）设置为默认情况下使用的收缩公式 |
| 5 | Enable_absolute_accuracy | yes、no | 通常，如果设置为 yes，允许从零件或组件的相对精度切换到绝对精度，在模具设计中，将该项设置为 yes 有助保持参照模型、工件模具或铸造组件精度的一致性。在“模具设计”或“铸造”中工作时，强烈建议将该项设置为 yes |

（续）

| 序　号 | 设 置 项 目 | 可设置内容 | 简 要 说 明 |
|---|---|---|---|
| 6 | Show_all_mold_layout_buttons | yes、no | 为拥有 EMX 许可证的用户控制“模具布局”工具栏和菜单配置。默认情况下，如果检测到 EMX 许可证，“模具布局”工具栏和菜单都将仅显示与 EMX 不重复的功能，以避免混淆。如果要查看所有模具工具栏图标和菜单选项，可将此配置选项设置为 yes |
| 7 | Shrinkage_value_display | final_value、percent_shrink | 确定在对模型应用收缩时尺寸的显示方式。如果它被设置为 percent_shrink，则尺寸文本以 nom_falue（shr%）形式显示；如果将其设置为 final_value，则尺寸仅显示收缩后的值 |

## 2.8 Pro/MOLDESIGN 的实例——塑料盖的分模

如图 2-35 所示，根据设计模型的形状，可对其进行对称布局，做成一模两腔的形式。光盘文件：光盘\素材\第 2 章\2-8\cover.asm。

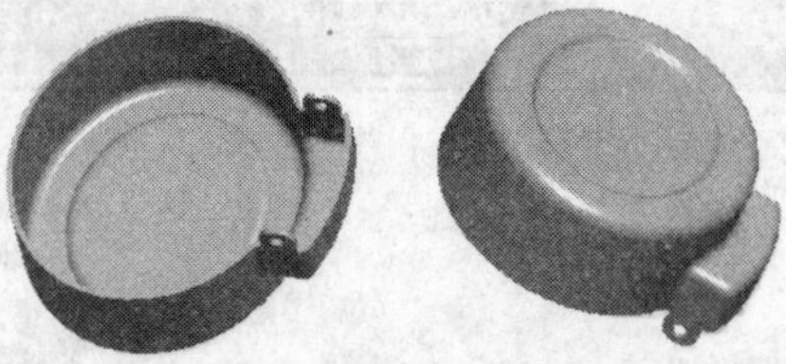

图 2-35　塑料盖的设计模型

### 2.8.1 装配参照模型

在进行装配之前，需要新建文件。打开 Pro/E 之后，在工具栏中单击“创建新对象”按钮 ，在弹出的对话框中选中“组件”单选按钮，然后单击“确定”按钮。在弹出的“新文件选项”对话框中选择 mmns_asm_design 选项，在“名称”文本框内输入“gai-mold”，然后单击“确定”按钮，如图 2-36 所示，即可新建一个组件文件。

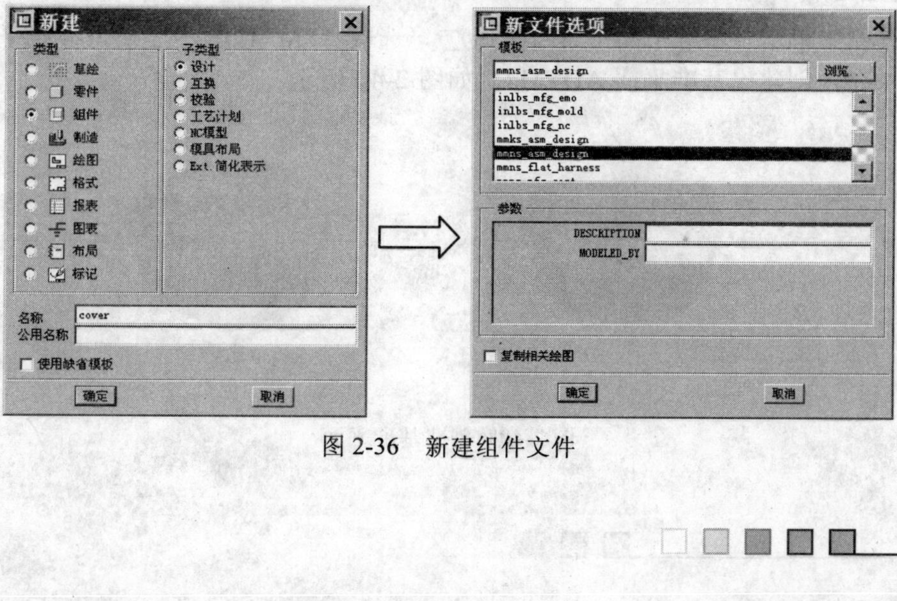


图 2-36　新建组件文件

**1．装配参照模型**

在工具栏中单击“将元件添加到组件”按钮，然后在弹出的对话框中打开 cover.prt 文件，如图 2-37 所示。在弹出操控板后打开约束下拉列表框，在其中选择“坐标系”选项，如图 2-38 所示。

在绘图区中依次选取组件坐标系和参照模型坐标系进行装配，系统随即进行自动装配，在操控板中单击“应用”按钮，完成装配操作，如图 2-39 所示。

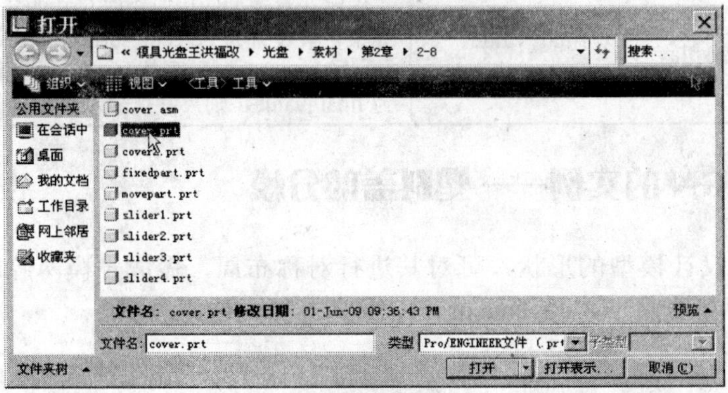


图 2-37　打开文件

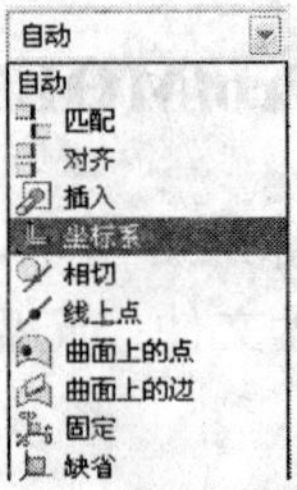


图 2-38　设置约束方式

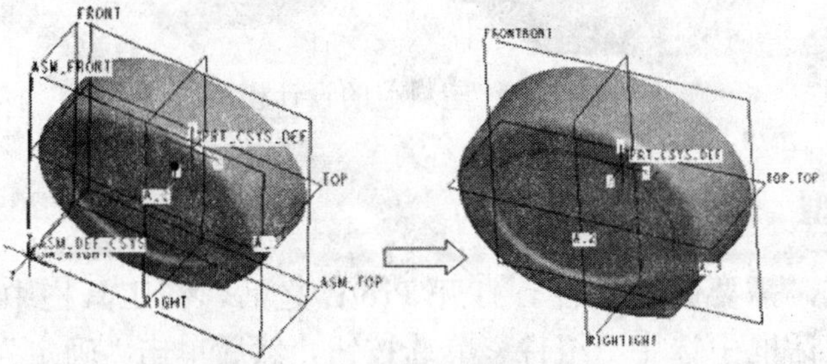


图 2-39　完成参照模型的装配

**2．创建基准平面**

在工具栏中单击“基准平面工具”按钮，选取 ASM_TOP 平面作为参照平面，然后将其平移 45.0，创建出基准平面 ADTM2，如图 2-40 所示。

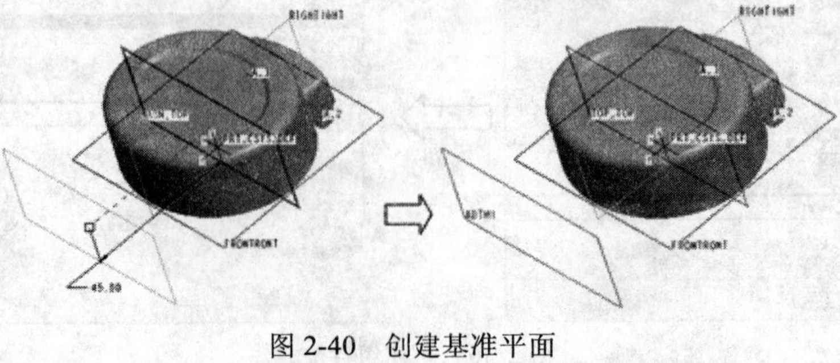


图 2-40　创建基准平面

**3．参照模型布局**

在工具栏中单击“在组件模式下创建元件”按钮，在弹出的对话框中选中“镜像”子类型，然后输入新元件的名称，再单击“确定”按钮，开始新元件的创建，如图 2-41 所示。

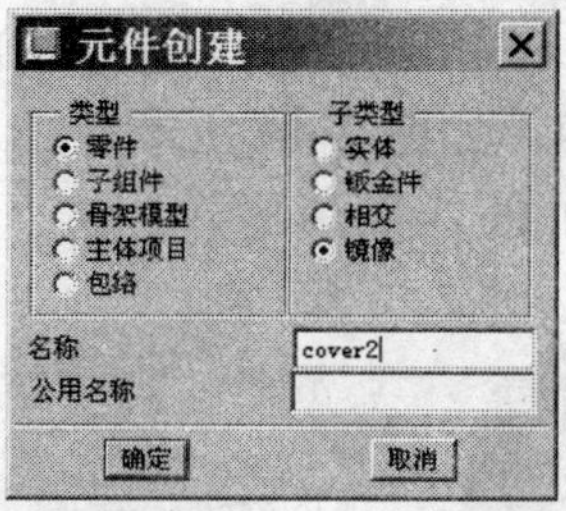


图 2-41 设置元件创建方式

在弹出的“镜像零件”对话框中使用默认的设置，选取参照零件为刚才装配的零件，然后选取参照平面为 ADTM2，如图 2-42 所示。

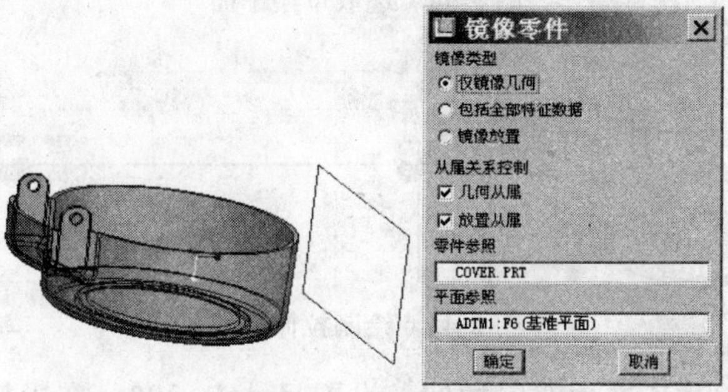


图 2-42 选取镜像参照对象

在“镜像零件”对话框中单击“确定”按钮，系统随即对零件进行镜像，得到两个相同的参照模型，如图 2-43 所示。

图 2-43 完成镜像操作

**提 示** 在装配模型前后均可以设置参照模型的收缩。由于此处设计模型即是参照模型，因此应对设计模型进行备份，以确保在发生错误时也不会影响到源文件。

### 2.8.2 创建分型面

由于是在组件模式中操作，因此需要手动创建分型面。操作步骤如下。

**1．创建主分型面**

在工具栏中单击“拉伸工具”按钮，然后定义内部草绘。选取 ASM_RIGHT 平面作为草绘平面，使用默认的草绘参照，如图 2-44 所示。进入草绘模式后，抽取模型复杂处的轮廓，然后绘制直线向外延伸，如图 2-45 所示。

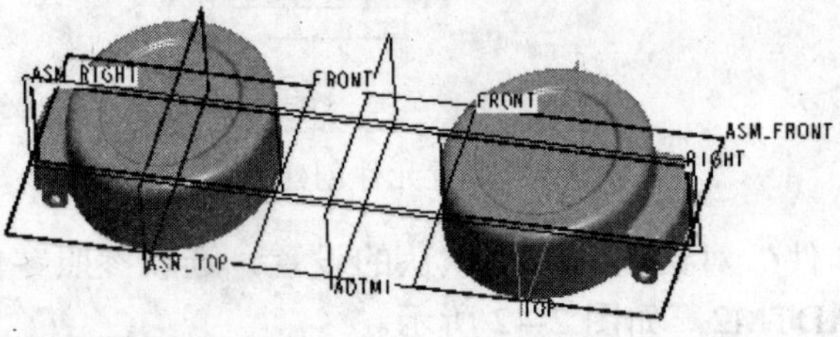


图 2-44　选取草绘平面

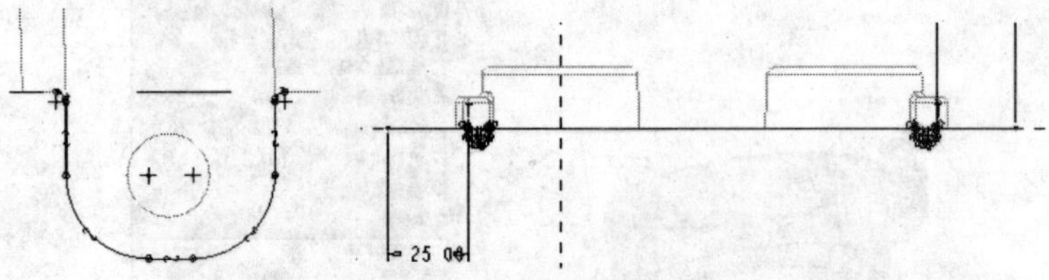

图 2-45　绘制拉伸草图

草图绘制完成后，对其进行双向拉伸，设置尺寸为 200，在操控板中单击“应用”按钮，得到主分型面，如图 2-46 所示。

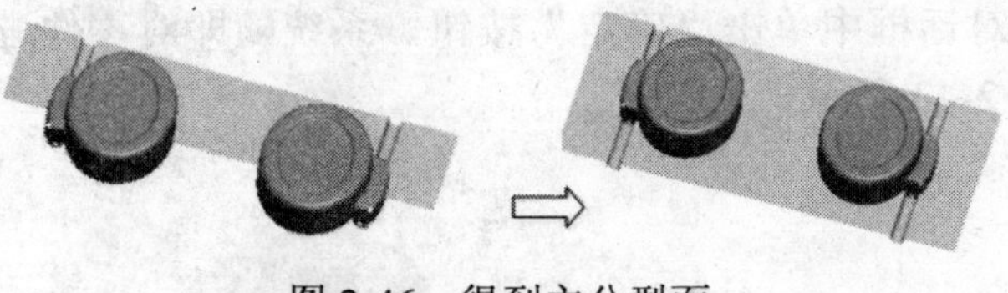

图 2-46　得到主分型面

**2．复制轮廓线**

将选取过滤器的选取方式设置为“几何”，然后选取模型外侧一个边缘，再按住 Shift 键依次选取其他的边缘，如图 2-47 所示。

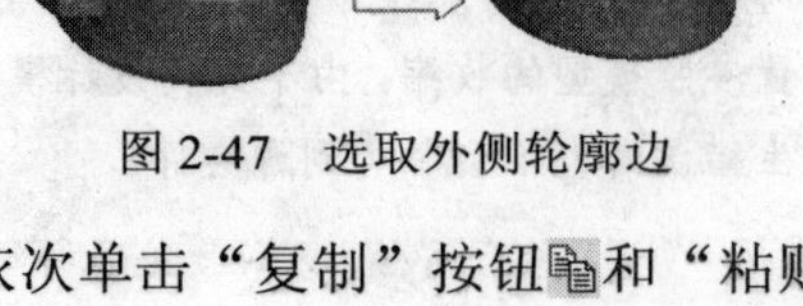

图 2-47　选取外侧轮廓边

选取完成后在工具栏中依次单击“复制”按钮和“粘贴”按钮，使用默认的复制方式，在操控板中确认后即可得到复制曲线，如图 2-48 所示。使用同样的方法在另一个参照模型上复制出曲线。

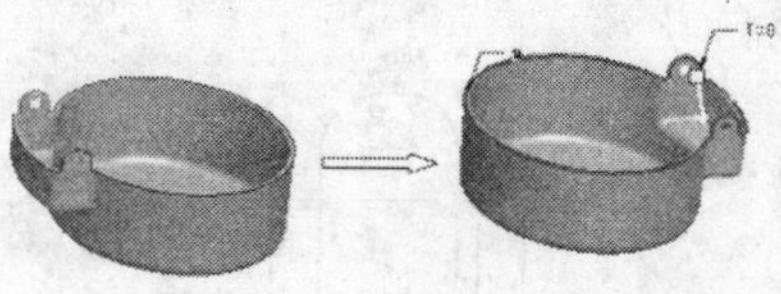

图 2-48 创建出复制曲线

**3．修剪曲面**

选取拉伸曲面，然后在菜单栏中选择“编辑”→“修剪”命令，在弹出操控板后系统要求选取修剪参照，选取复制曲线作为参照，曲面的内侧作为去除侧，如图 2-49 所示。

在操控板中确认后，即可看到参照模型内的曲面被修剪掉了，如图 2-50 所示。使用同样的方法，对另一个参照模型的曲面进行修剪，得到如图 2-51 所示的结果。

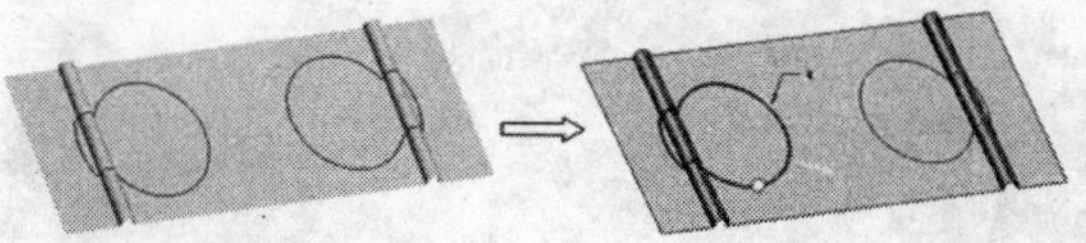

图 2-49 选取修剪参照

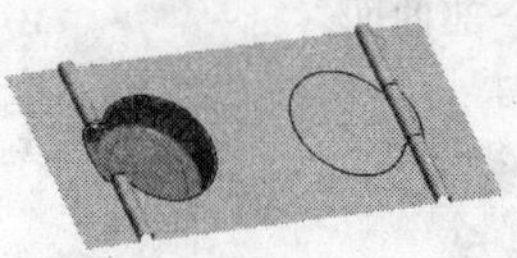

图 2-50 修剪第一处　　图 2-51 修剪第二处

**4．复制轮廓曲面**

按住 Ctrl 键依次选取参照模型内侧和分型方向的曲面，在工具栏中单击“复制”按钮和“粘贴”按钮，使用默认的设置进行曲面的复制，如图 2-52 所示。使用同样的方法，在另一个参照模型上复制出同样的曲面。

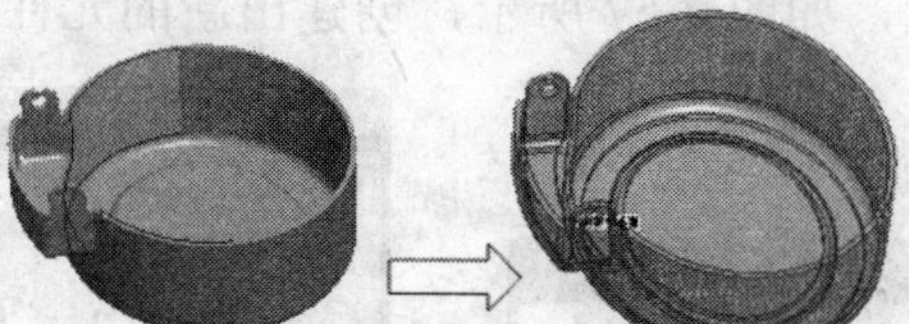

图 2-52 复制内侧曲面

**5．创建填充曲面**

在菜单栏中选择“编辑”→“平整”命令，然后定义内部草绘平面。选取模型内侧面凸台处的平面作为草绘平面，如图 2-53 所示。进入草绘模式后，抽取两个模型的小圆的轮廓作为草图曲线，如图 2-54 所示。

草图绘制完成后，在操控板中确认，即可对小孔进行封闭，如图 2-55 所示。同样地，模型另一侧的小孔也使用平整曲面进行填补。

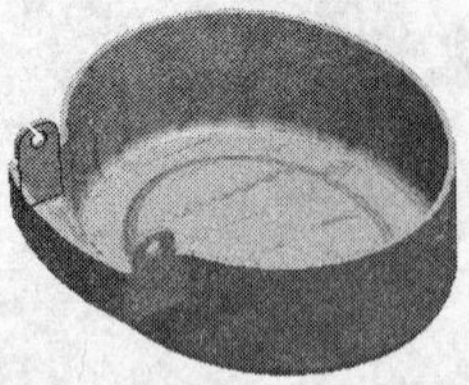
图 2-53　选取草绘平面

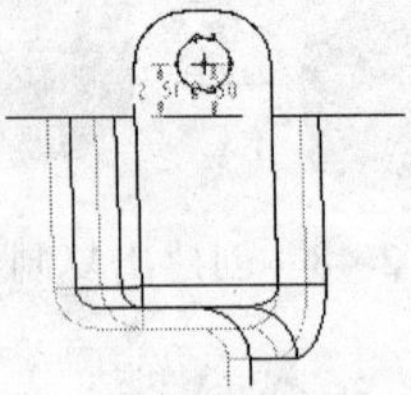
图 2-54　抽取内侧轮廓

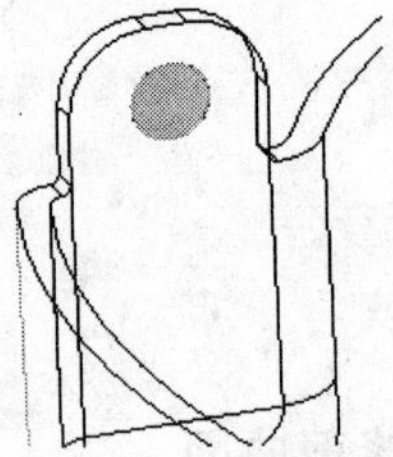
图 2-55　对小圆孔进行填补

**6．合并曲面**

填充曲面创建完成后，按住 Ctrl 键依次选取刚才创建的所有曲面，在工具栏中单击“合并工具”按钮，使用默认的设置，在操控板中确认后完成操作，如图 2-56 所示。

图 2-56　合并全部曲面

## 2.8.3　创建成型零件

分型面创建完成后，即可进行成型零件的设计。操作步骤如下。

**1．创建型芯元件**

（1）新建元件。型芯元件为独立的元件，需要新建元件。在工具栏中单击“在组件模式下创建元件”按钮，在弹出的“元件创建”对话框中选中“实体”子类型，然后输入元件名称并单击“确定”按钮。在弹出的“创建选项”对话框中选中“创建特征”单选按钮，最后单击“确定”按钮，如图 2-57 所示，创建出新的元件。

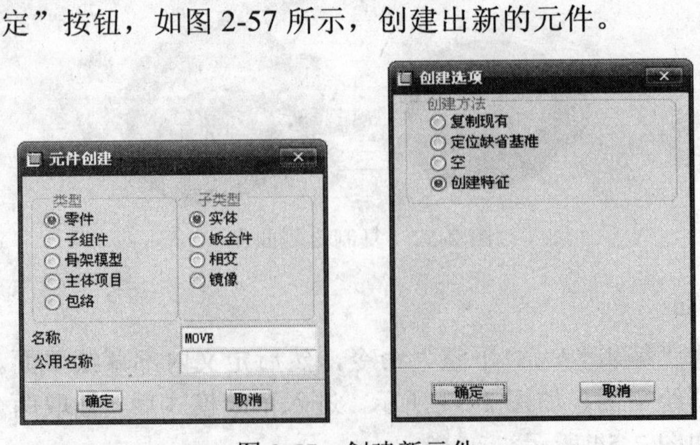

图 2-57　创建新元件

（2）创建主体特征。此时新建的元件已经激活。在工具栏中单击“拉伸工具”按钮，然后定义内部草绘。选取 ASM_FRONT 平面作为草绘平面，如图 2-58 所示。完成拉伸特征，绘制一个矩形，如图 2-59 所示。

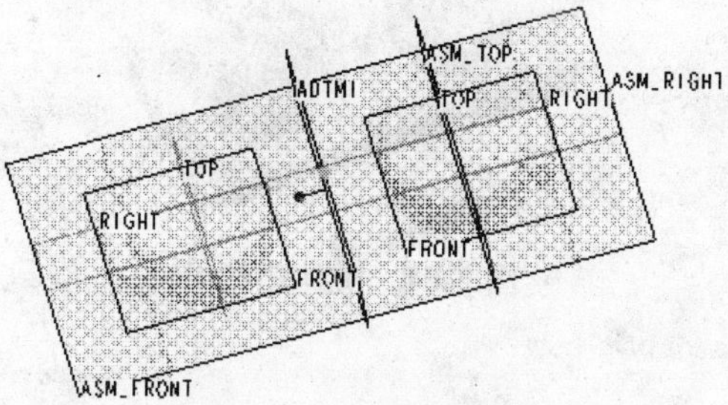


图 2-58　选取草绘平面

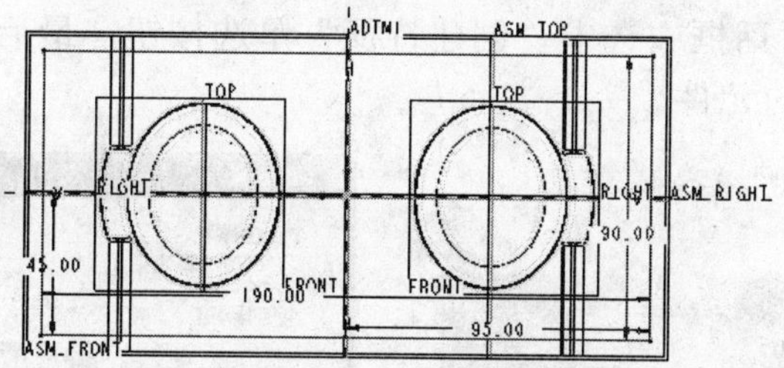


图 2-59　绘制矩形

草图绘制完成后，打开操控板中的“选项”选项面板，然后对第一和第二侧均进行拉伸，尺寸设置如图 2-60 所示。最后在操控板中单击“应用”按钮，完成拉伸特征，如图 2-61 所示。

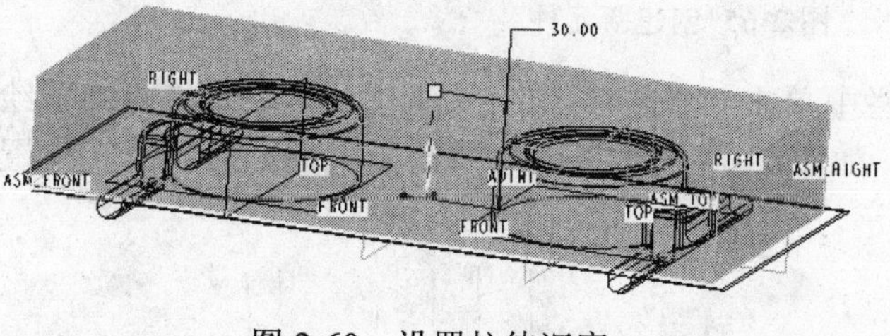


图 2-60　设置拉伸深度

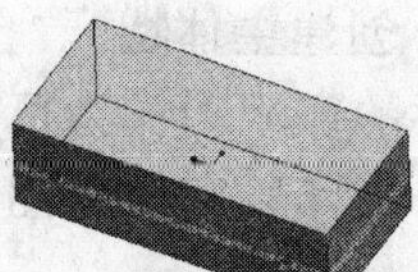

图 2-61　完成拉伸特征

（3）实体化操作。将选取过滤器设置为“面组”，然后选中刚才的合并面组，如图 2-62 所示。在菜单栏中选择“编辑”→“实体化”命令，打开操控板后将实体化方向调整为向上，如图 2-63 所示。

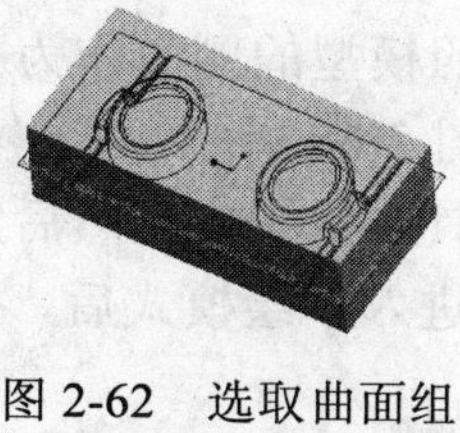

图 2-62　选取曲面组

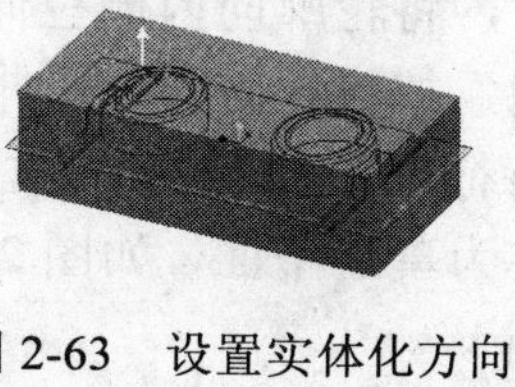

图 2-63　设置实体化方向

在操控板中单击◪按钮，然后再单击“应用”按钮✔，得到型芯元件，如图 2-64 所示。返回组件模式。

图 2-64　实体化结果

**2．创建抽芯针**

（1）新建元件。在工具栏中单击“在组件模式下创建元件”按钮，在弹出的“元件创建”对话框中选中“实体”子类型，然后输入元件名称为 slider1，并单击“确定”按钮。在弹出的“创建选项”对话框中选中“创建特征”单选按钮，最后单击“确定”按钮，如图 2-65 所示，创建出新的元件。

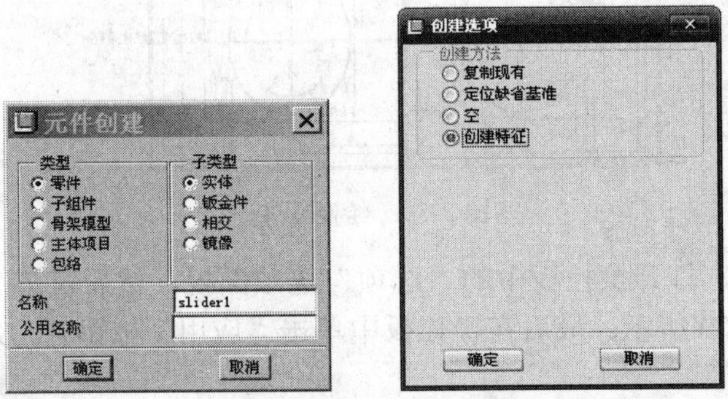


图 2-65 创建新元件

（2）创建主体特征。在工具栏中单击“拉伸工具”按钮，然后定义内部草绘。选取型芯元件的侧平面作为草绘平面，如图 2-66 所示。进入草绘模式后，抽取圆孔位置的曲线绘制一个封闭轮廓，如图 2-67 所示。

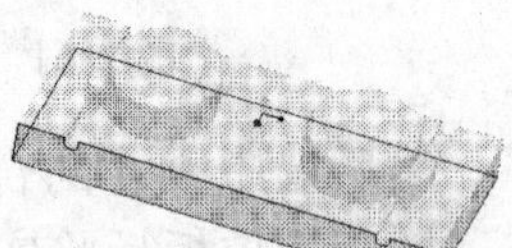

图 2-66　选取草绘平面

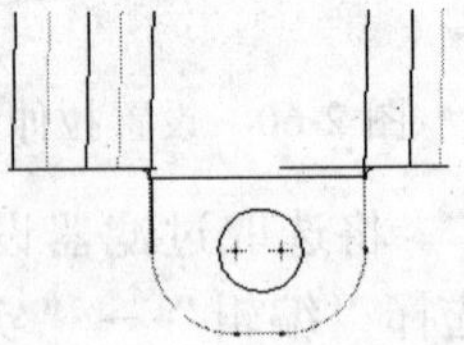

图 2-67　抽取轮廓曲线

草图绘制完成后，将轮廓向内侧拉伸，选取参照模型的侧面作为拉伸终止面，最后在操控板中单击“应用”按钮✔，得到拉伸特征，如图 2-68 所示。

（3）创建细节特征。在工具栏中单击“拉伸工具”按钮，然后定义内部草绘。选取参照模型的侧平面作为草绘平面，如图 2-69 所示。进入草绘模式后，抽取圆孔轮廓为草图曲线，如图 2-70 所示。

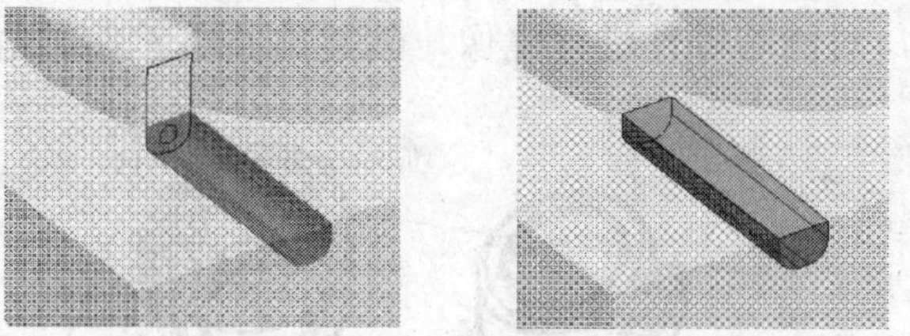

图 2-68　得到拉伸特征

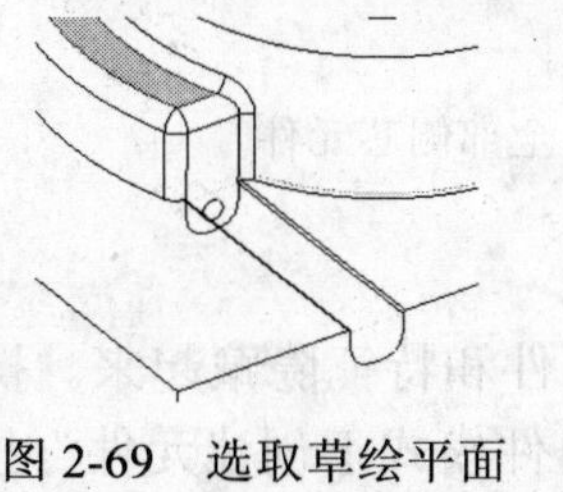

图 2-69　选取草绘平面

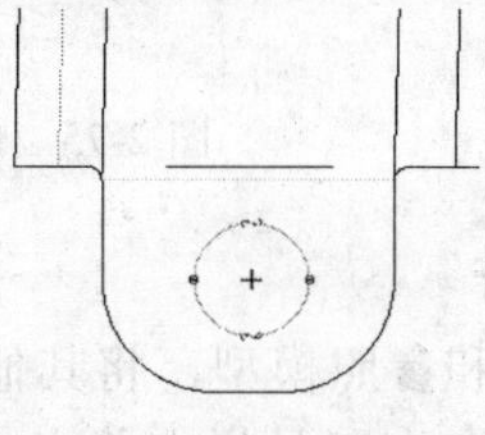

图 2-70　抽取轮廓曲线

草图绘制完成后，使用查询选取的方法选取参照模型的内侧面作为拉伸终止面，如图 2-71 所示。在操控板中确认，即完成了一个侧芯的创建，将其他的元件隐藏后即可观察到效果，如图 2-72 所示。返回组件模式。

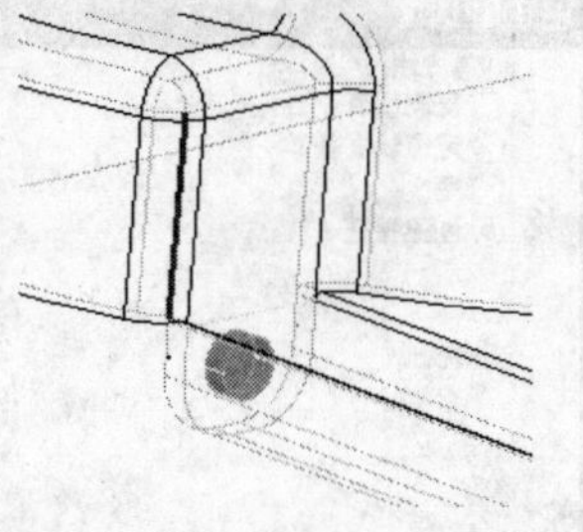

图 2-71　选取拉伸终止面

图 2-72　创建的侧芯

（4）创建其他侧芯。在工具栏中单击“在组件模式下创建元件”按钮，在弹出的“元件创建”对话框中选中“镜像”子类型，然后输入元件名称为 slider2，并单击“确定”按钮，如图 2-73 所示，进行新元件的创建。

在弹出的“镜像零件”对话框中的“零件参照”搜集器已激活，选取刚才创建的零件 slider1 作为镜像零件，再选取 ASM_RIGHT 平面作为镜像中心面，单击“确定”按钮，创建出新的元件，如图 2-74 所示。

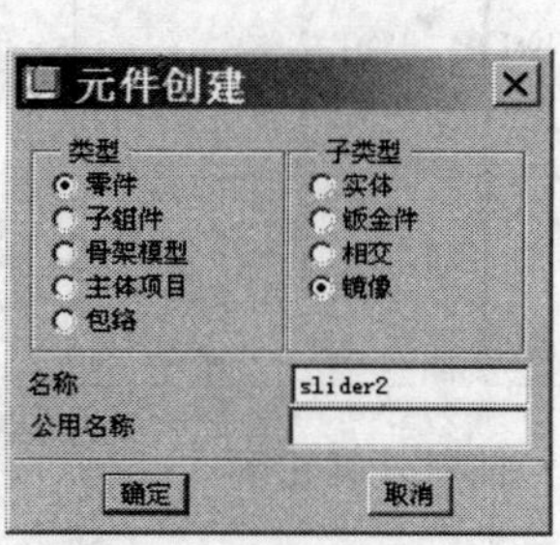


图 2-73　设置创建方式

图 2-74　设置镜像参照

使用同样的方法，对侧芯零件进行镜像，创建出 4 个元件，结果如图 2-75 所示。

图 2-75　创建出全部侧芯元件

**3．创建型腔元件**

只显示型芯元件和参照模型，将其他的元件和特征隐藏起来。操作步骤如下。

（1）创建新元件。在工具栏中单击“在组件模式下创建元件”按钮，在弹出的“元件创建”对话框中选中“实体”子类型，然后输入元件名称为 fixed，单击“确定”按钮。在弹出的“创建选项”对话框中选中“创建特征”单选按钮，最后单击“确定”按钮，创建出新的元件，如图 2-76 所示。

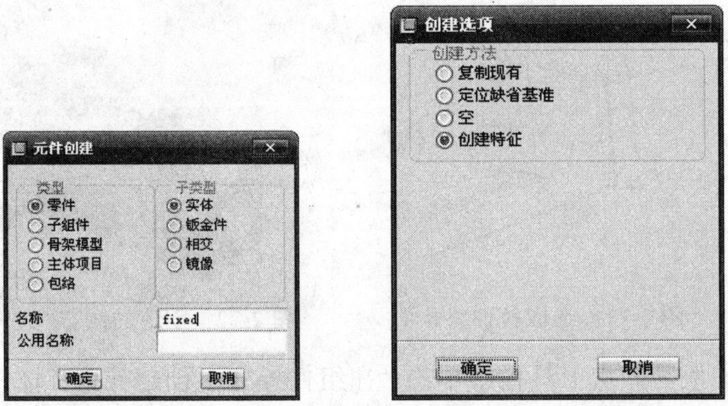


图 2-76　创建新元件

（2）创建主体特征。在工具栏中单击“拉伸工具”按钮，然后定义内部草绘。选取 ASM_FRONT 平面作为草绘平面，如图 2-77 所示。进入草绘模式后，抽取型芯元件轮廓曲线作为拉伸轮廓，如图 2-78 所示。

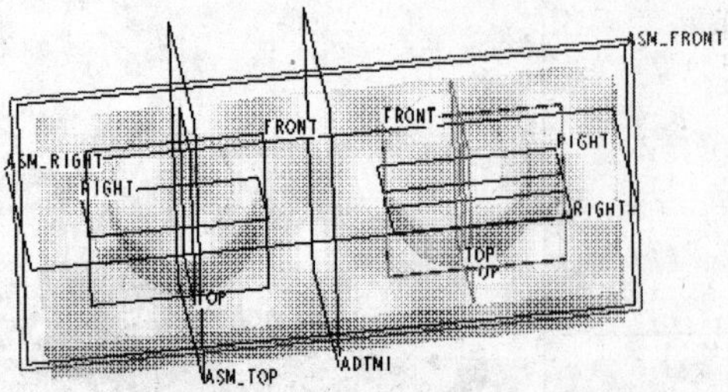


图 2-77　选取草绘平面

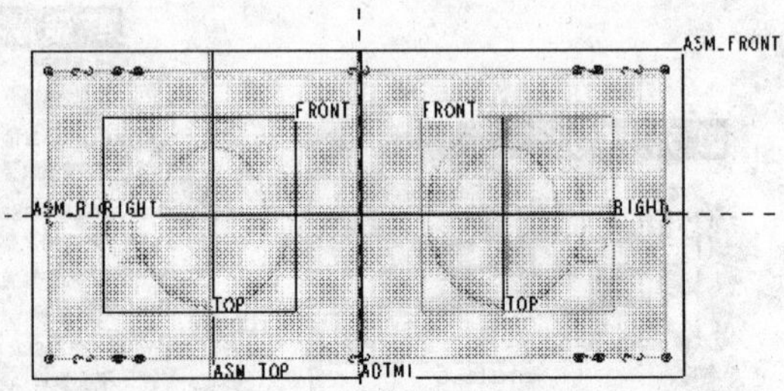


图 2-78　抽取外侧轮廓

草图绘制完成后，打开操控板中的“选项”选项面板，然后设置双向拉伸，尺寸参数如图 2-79 所示，在操控板中单击“应用”按钮，得到拉伸特征。

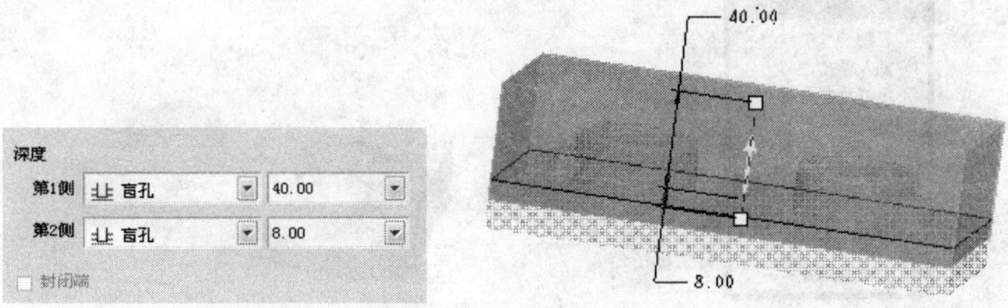


图 2-79　设置拉伸深度

（3）实体化操作。将型芯元件隐藏起来，将选取过滤器设置为“面组”，然后选中合并的分型面组，如图 2-80 所示。在菜单栏中选择“编辑”→“实体化”命令，打开操控板后单击“更改刀具操作方向”按钮，将实体化方向调整为向上，如图 2-81 所示。

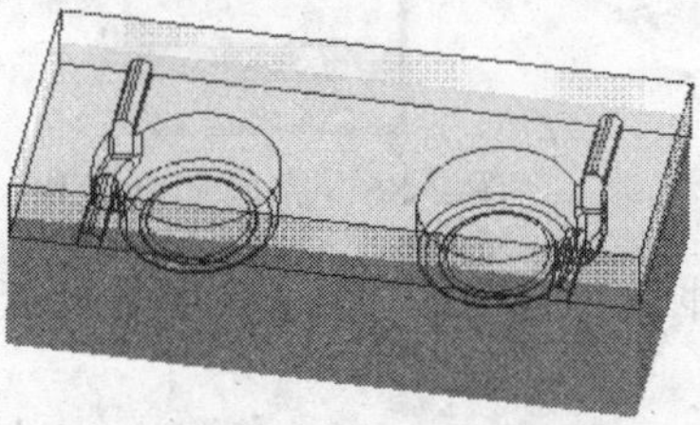

图 2-80　选取曲面组

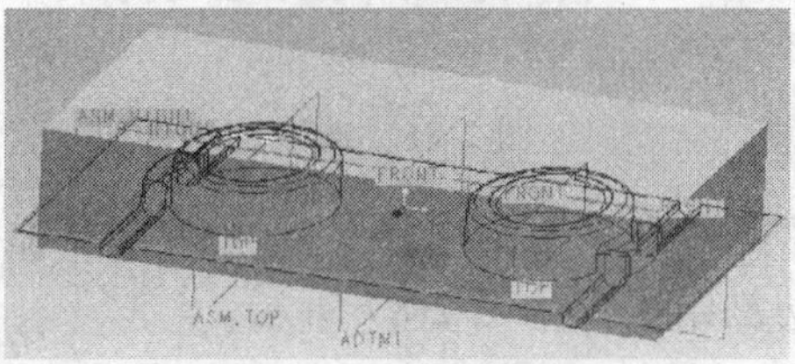

图 2-81　设置实体化方向

在操控板中单击按钮，然后在操控板中单击“应用”按钮，得到主分型面，如图 2-82 所示。在模型树中激活组件，返回组件模式，隐藏分型面，即可观察到型腔元件大致形状已经切割出来了，但是由于分型面只是在模型内侧，因此还需要再进行切割。

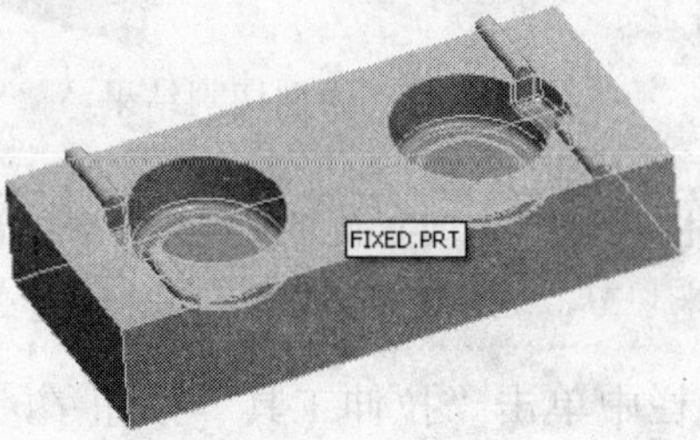


图 2-82　实体化结果

（4）元件切剪。在菜单栏中选择“编辑”→“元件操作”命令，在弹出的“元件”菜单中选择“切除”命令，进行切除操作，如图 2-83 所示。此时系统要求选取要切除的零件，选取刚才创建的元件作为切除元件，单击鼠标中键确认，如图 2-84 所示。

此时系统要求选取切除参照对象，在绘图区中按住 Ctrl 键选取两个参照模型，然后单击鼠标中键确认，如图 2-85 所示。在“选项”菜单中选择两次“完成”命令，对型芯元件进行切割操作，如图 2-86 所示。

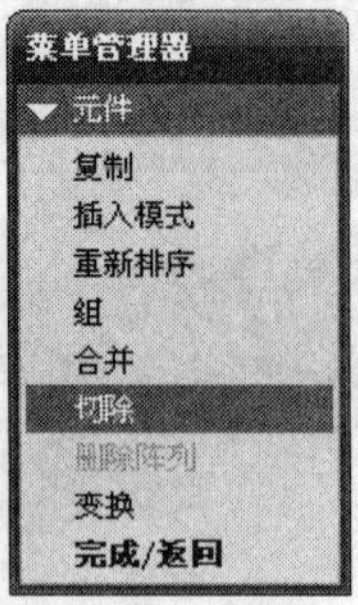


图 2-83　选择“切除”命令

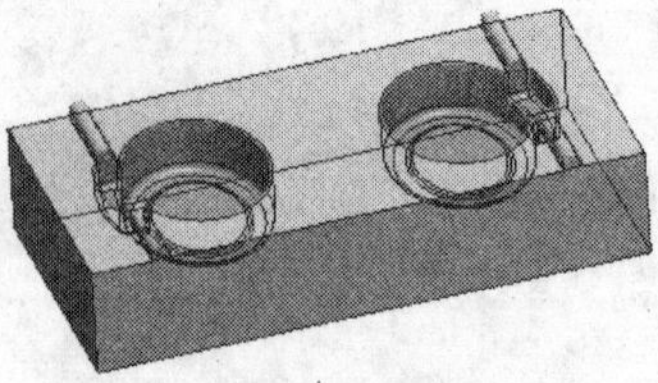

图 2-84　选取要切除的对象

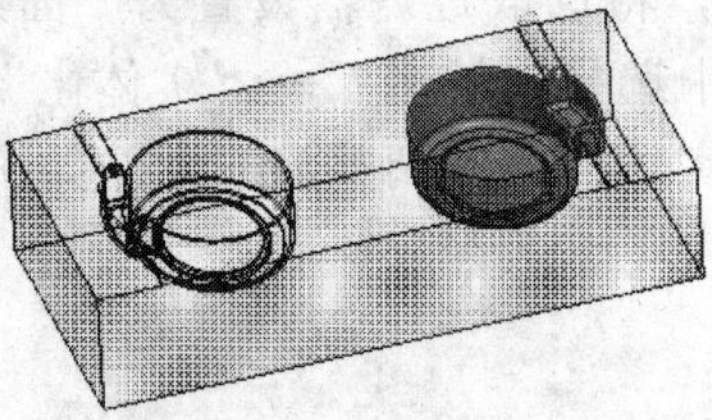

图 2-85　选取切除参照

图 2-86　完成切割操作

在“元件”菜单中选择“完成/返回”命令，返回组件模式。隐藏参照模型后即可看到刚才的切割结果，如图 2-87 所示。

图 2-87　模型切割结果

**提示**　在创建型腔元件的过程中，用户仍然可以使用复制外轮廓曲面的方法来进行元件切割，也可以直接使用元件操作的方法来切剪，这样能提高效率。

（5）切割凸台。在工具栏中单击“拉伸工具”按钮，然后定义内部草绘。选取型腔元件的侧面作为草绘平面，如图 2-88 所示。进入草绘模式后，选取凸台根部的圆角连接点作为参照，然后绘制矩形，如图 2-89 所示。

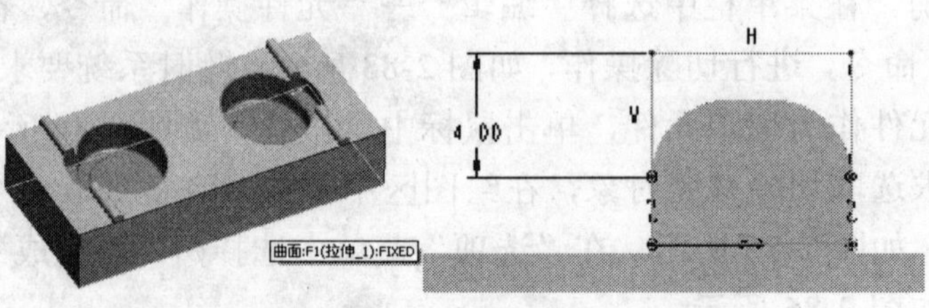


图 2-88　选取草绘平面

图 2-89 绘制矩形

在操控面板中打开“相交”选项面板，然后取消选中“自动更新”复选框，移除多余的相交元件，只保留型腔，如图 2-90 所示。将拉伸的长度设置为 100，超过型腔的宽度，如图 2-91 所示。

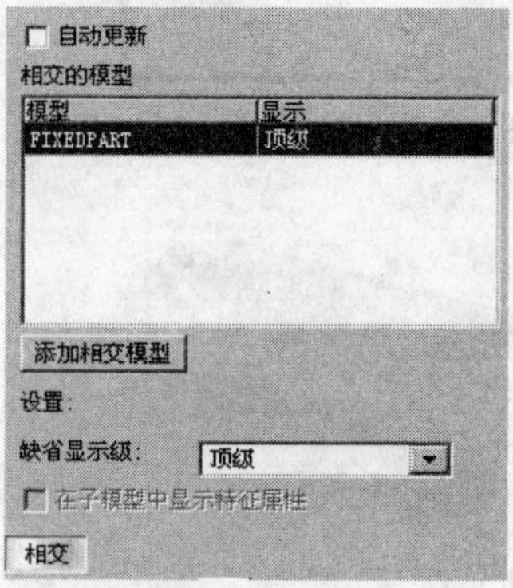


图 2-90 设置相交元件

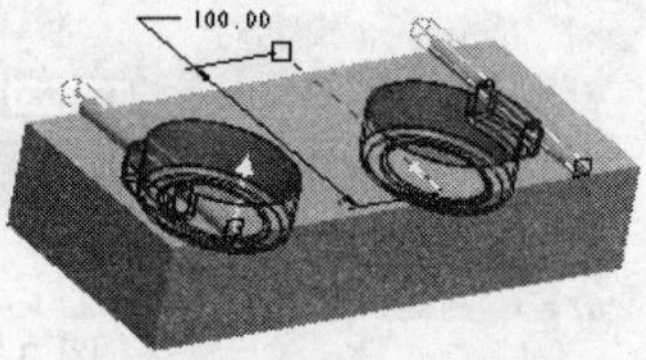


图 2-91 设置拉伸长度

（6）完成操作。最后在操控板中单击“应用”按钮✔，得到型腔元件，如图 2-92 所示。

图 2-92 得到型腔元件

### 2.8.4 模具分解

创建成型零件后，即可对模型进行分解。操作步骤如下。

（1）设置移动参照。使用菜单栏中的“视图”→“分解”→“编辑位置”命令，此时将弹出“分解位置”对话框，系统要求选取参照边，选取开模方向的一条边作为移动参照，如图 2-93 所示。在“运动增量”选项组中设置平移为 5.0，随后系统要求选取要移动的元件，如图 2-94 所示。

在绘图区中选取一个元件后移动鼠标，到合适的位置后再单击，对其进行定位，如图 2-95 所示。

图 2-93　选取参照边

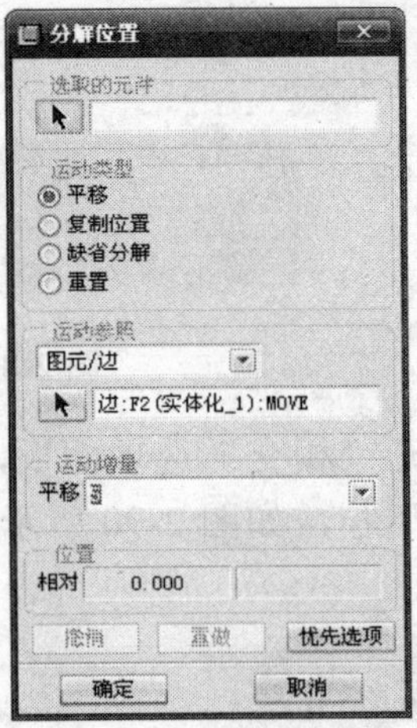


图 2-94　设置运动增量

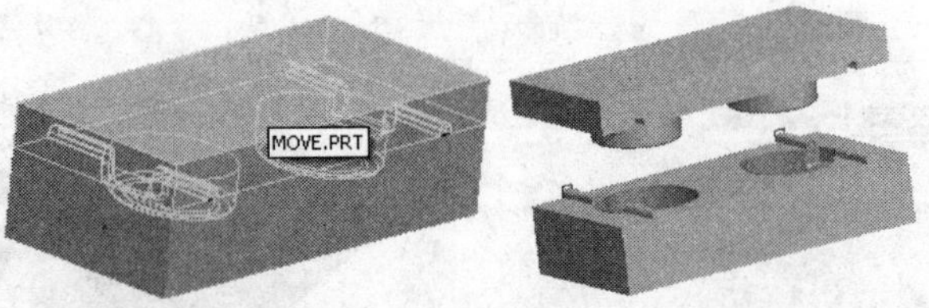


图 2-95　移动元件

（2）完成分解操作。使用同样的方法对其他元件进行分解，得到如图 2-96 所示的分解视图。

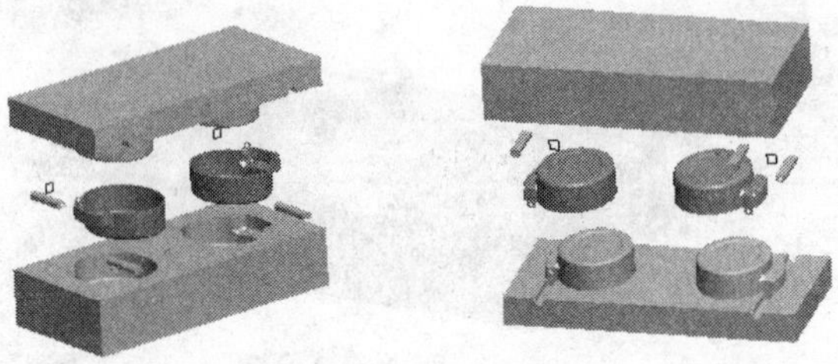

图 2-96　模具分解视图

## 2.9　本章小结

本章主要介绍了 Pro/E 分模的基础知识，包括 Pro/MOLDESIGN 模块、模具设计流程、检测分析、参照模型、模具工件等。为了更好地学习以后的章节，读者必须掌握好这些基本知识。

## 2.10　课后习题

（1）Pro/MOLDESIGN 模块可以完成哪些工作？

（2）Pro/MOLDESIGN 组件级特征有哪些？

# 第3章 Pro/MOLDESIGN 体积块法分模

本章导读

本章主要介绍体积块法分模的技术。多数情况下，当我们做好分型面后进行分模时才发现分不开，并且出现了许多绿线和红点，这时我们可以选择切割法进行操作。在组件模式下进行曲面分模，从理论上来说这种分模方法是万能的，只是操作比较繁琐。本章将通过两个实例来进行讲解。

通过本章的学习，读者应实现如下目标：

- ❑ 掌握曲面的复制方法
- ❑ 掌握曲面的实体操作方法
- ❑ 掌握元件切除的操作方法

## 3.1 相机面板的分模

本例将通过相同面板的分模来讲解体积块分模的方法，该设计模型如图 3-1 所示。分析设计模型的形状，在内侧有卡钩形状，需要设计斜顶结构，对模型进行单件布局。

光盘文件：光盘\素材\第 3 章\3-1\camera.asm。

图 3-1 相机面板的设计模型

### 3.1.1 导入参照模型

打开 Pro/E，在菜单栏中选择“文件”→“新建”命令，在弹出的“新建”对话框中选中“制造”类型中的“模具型腔”子类型，然后输入文件名称为 camera，取消选中“使用缺省模板”复选框，单击“确定”按钮。在弹出的“新文件选项”对话框中选择公制模板（mmns_mfg_mold），单击“确定”按钮完成文件的新建。

### 1. 参照模型布局

（1）设置参照类型。在工具栏中单击“选取零件/定义零件在模具中的放置和方向”按钮，在弹出的“打开”对话框中打开 camera.prt 文件。在“创建参照模型”对话框中使用默认的设置，单击“确定”按钮，如图 3-2 所示。在“布局”对话框中单击“预览”按钮，即可观察到开模的方向是不正确的，如图 3-3 所示。

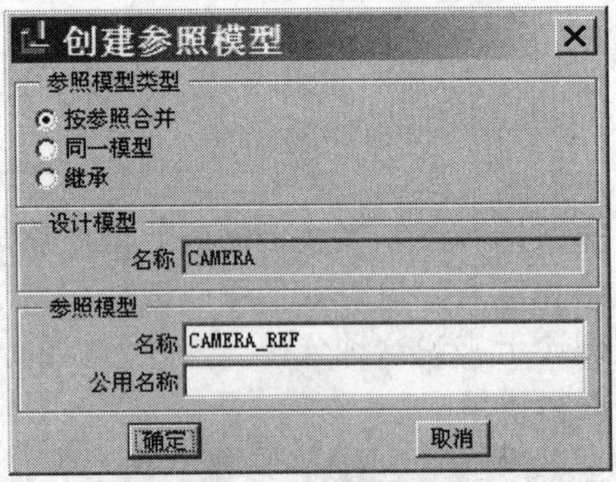


图 3-2　确定参照方式

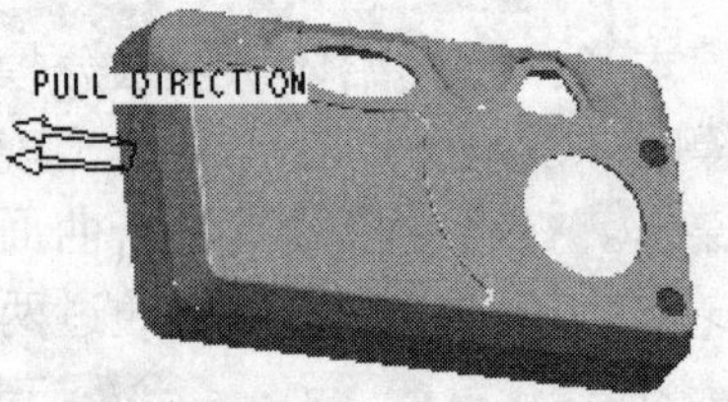


图 3-3　预览模型布局

（2）调整坐标系方向。在“参照模型起点与定向”选项组中单击按钮，将弹出“坐标系类型”菜单和元件窗口，选择“动态”命令，在“参照模型方向”对话框中可以调整参照模型坐标系的方向，设置旋转轴为 Y 轴，输入旋转角度为−90°，按 Enter 键后可以观察到 Z 轴方向（开模方向）已经改变，如图 3-4 所示。

在“参照模型方向”对话框中单击“确定”按钮，返回“布局”对话框。

图 3-4　重新调整坐标方向

（3）完成布局。在“布局”对话框中单击“确定”按钮，完成布局，如图 3-5 所示。

再在“菜单管理器”中选择“完成/返回”命令。

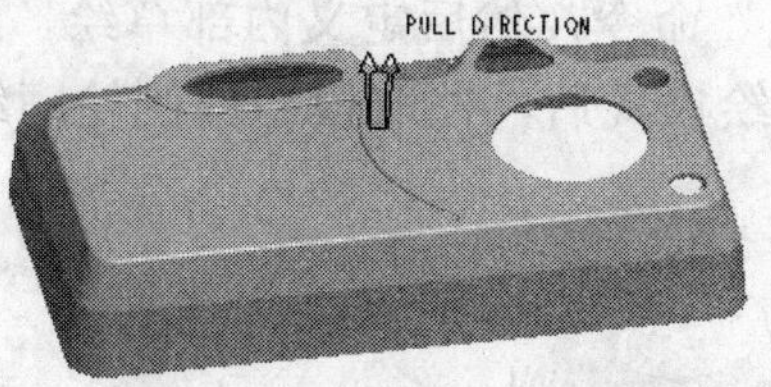


图 3-5 完成布局操作

**2．设置收缩率**

在工具栏中单击“按比例指定零件收缩”按钮，将弹出“按比例收缩”对话框，再选取参照模型的坐标系，如图 3-6 所示。在“按比例收缩”对话框中输入收缩率为 0.005，然后单击“应用”按钮 ✔ 完成操作，如图 3-7 所示。

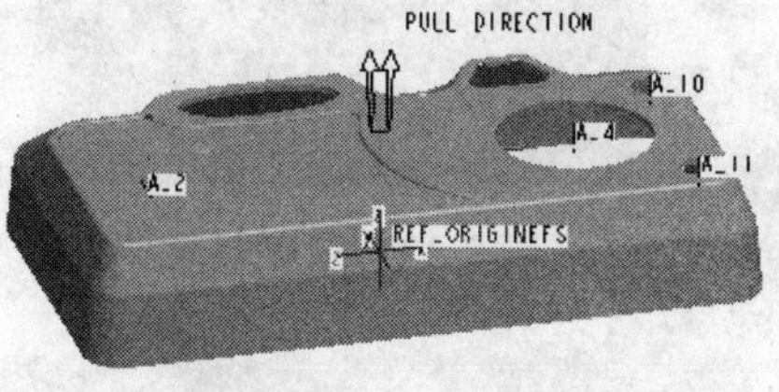


图 3-6 选取坐标系

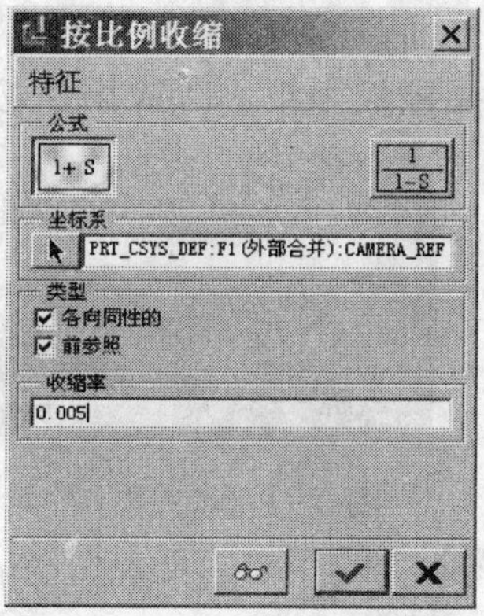


图 3-7 设置收缩率

**3．创建工件**

在工具栏中单击“根据与铸模零件的偏移距离和/或整体尺寸来创建工件”按钮，将弹出“自动工件”对话框。首先选取模具坐标系作为工件的位置中心点，在“整体尺寸”选项区域中输入工件的尺寸，最后在“自动工件”对话框中单击“确定”按钮，即可得到工件，如图 3-8 所示。

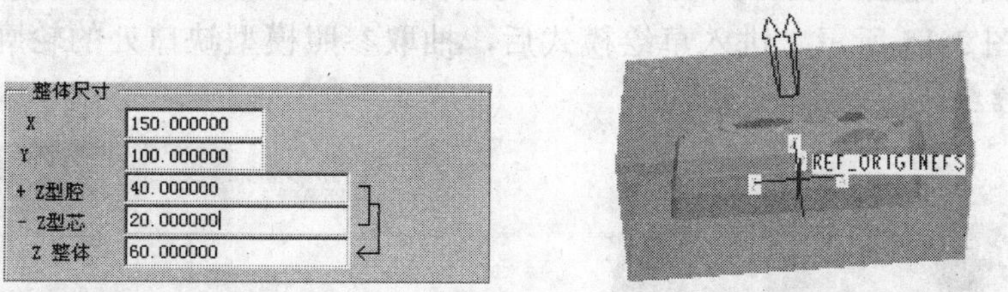


图 3-8 创建工件

## 3.1.2 创建分型面

工件创建完成后，接下来要做的就是设计分型面，先将工件遮蔽起来。操作步骤如下。

（1）创建填充面。在工具栏中单击“分型曲面工具”按钮，进入分型面模式。在菜单栏中选择“编辑”→“填充”命令，然后定义内部草绘，选取参照模型上平面作为草绘平面，如图 3-9 所示。进入草绘模式后，抽取模型内侧轮廓线，如图 3-10 所示。

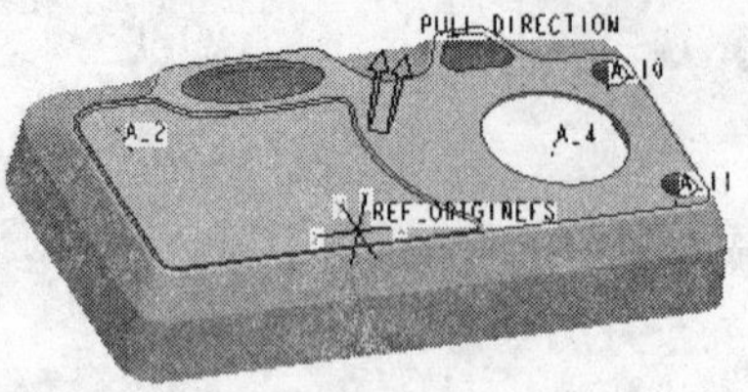


图 3-9　选取草绘平面

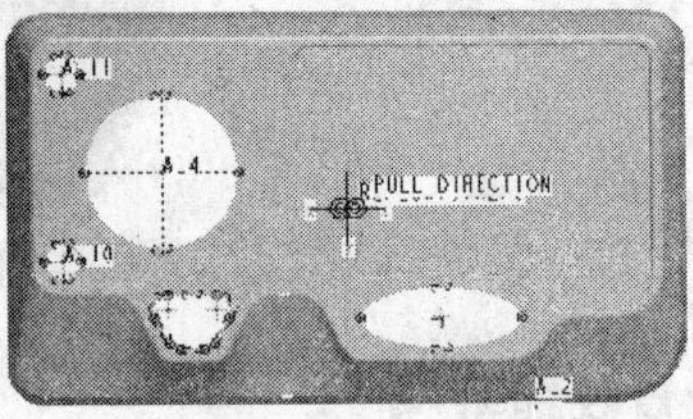


图 3-10　抽取内侧轮廓

草图绘制完成后，在操控板中单击“应用”按钮，得到填充曲面，如图 3-11 所示。

（2）创建主分型面。取消对工件的遮蔽。继续使用填充命令，选取参照模型边缘平面作为草绘平面，如图 3-12 所示。进入草绘模式后，抽取工件和参照模型轮廓，如图 3-13 所示。在操控板中单击“应用”按钮，得到主分型面，如图 3-14 所示。

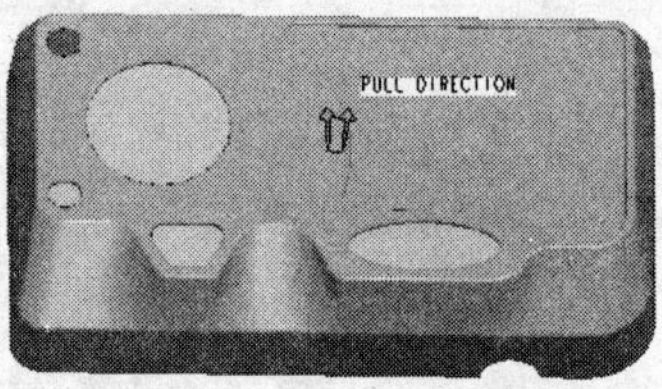


图 3-11　填充面图

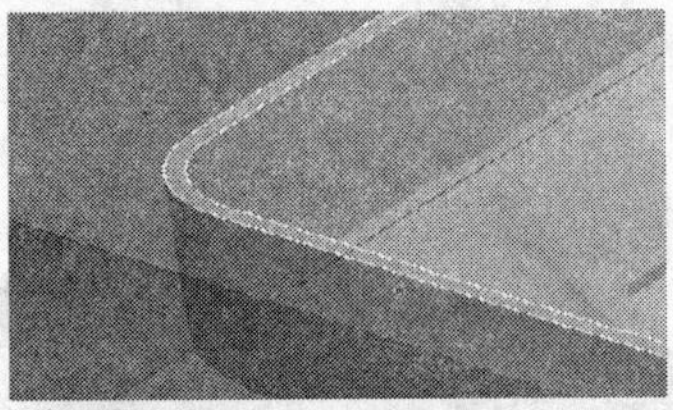

图 3-12　选取草绘平面

图 3-13　抽取工件和参照模型轮廓

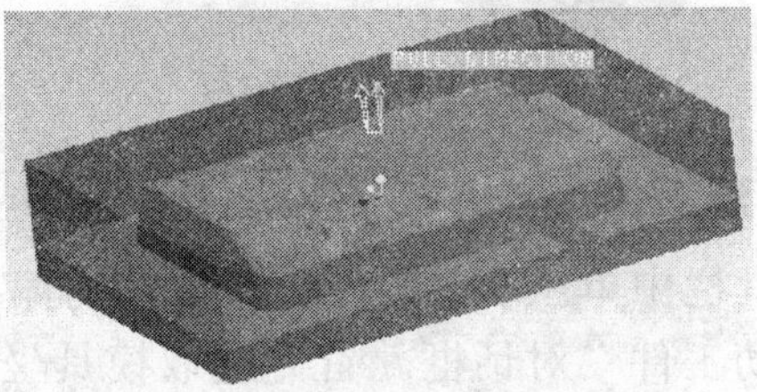

图 3-14　得到主分型面

（3）创建拉伸曲面。在工具栏中单击“拉伸工具”按钮，然后选取工件的侧面作为草绘平面，如图 3-15 所示。进入草绘模式后，抽取参照模型缺口处的轮廓作为草图曲线，如图 3-16 所示。

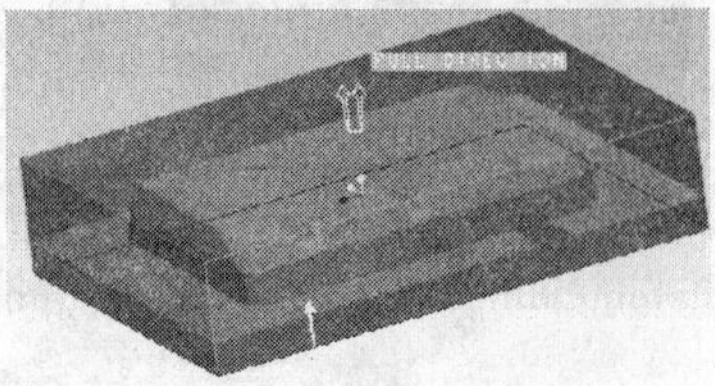

图 3-15　选取草绘平面

图 3-16　抽取拉伸轮廓

草图绘制完成后，将其向内侧拉伸，设置尺寸为 18.5，在操控板中单击“应用”按钮✔，得到拉伸曲面，如图 3-17 所示。

图 3-17　得到拉伸曲面

**提 示**　在创建分型面时，分型面可以不与参照模型的边界完全连接，只要与参照模型轮廓面形状相同即可，分型面的边界是可以在参照模型的轮廓面中的。

### 3.1.3　体积块分割

分型面创建完成后，即可通过工件进行体积块的分割。操作步骤如下。

（1）选取分型面。在工具栏中单击“分割为新的模具体积块”按钮，将弹出“分割体积块”菜单，使用默认的设置，选择“完成”命令，如图 3-18 所示。此时系统要求选取分型面，按住 Ctrl 键选取刚才创建的两个填充曲面，如图 3-19 所示。

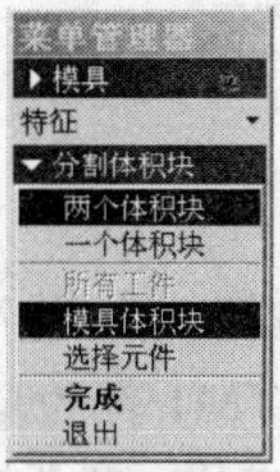


图 3-18　设置分割方式

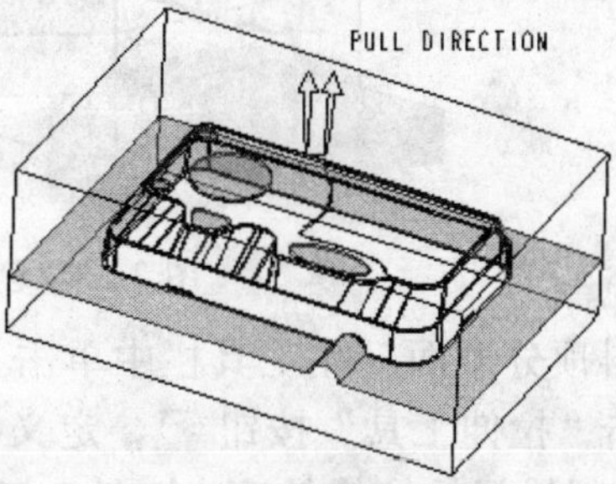


图 3-19　选取分型面

（2）得到型芯体积块。在“分割”对话框中单击“确定”按钮，系统随即进行分割操作。在弹出的“属性”对话框中输入体积块名称，单击“着色”按钮即可观察到结果，首先得到的是型芯体积块，单击“确定”按钮确认，如图 3-20 所示。

图 3-20　得到型芯体积块

（3）得到型腔体积块。继续进行分割操作，此时得到的是型腔体积块，如图 3-21 所示。

图 3-21　得到型腔体积块

### 3.1.4　分割斜顶体积块

型腔体积块创建完成后，接下来需要创建斜顶体积块。操作步骤如下。

**1．创建分型面**

（1）创建基准平面。在工具栏中单击“基准平面工具”按钮，然后选取 MOLD_RIGHT 平面作为参照平面，将其向外平移 28.13，创建基准平面 ADTM1，如图 3-22 所示。

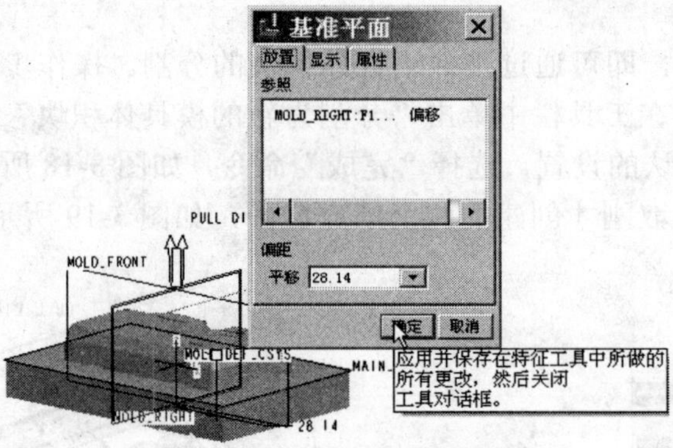


图 3-22　创建基准平面

（2）创建斜顶分型面。在工具栏中单击“分型曲面工具”按钮，进入分型面模式。在工具栏中单击“拉伸工具”按钮，定义内部草绘，选取 ADTM1 作为草绘平面。进入草绘模式后，绘制封闭的拉伸轮廓，如图 3-23 所示。草图绘制完成后，打开操控板中的“选项”选项面板，然后将拉伸方式设置为“对称”，尺寸设置为 12.0，选中“封闭端”复选框，如图 3-24 所示。

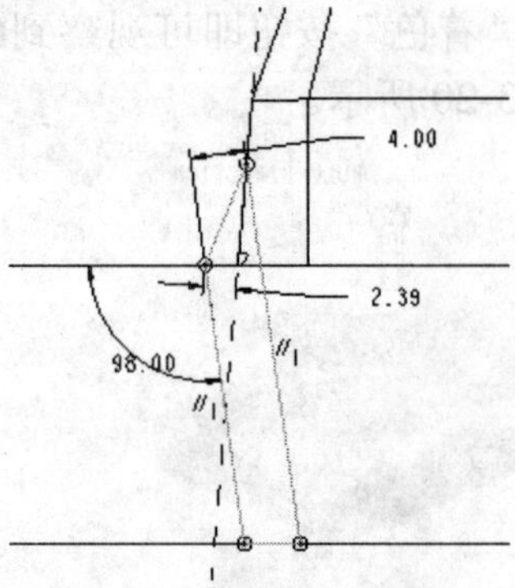


图 3-23　绘制拉伸轮廓

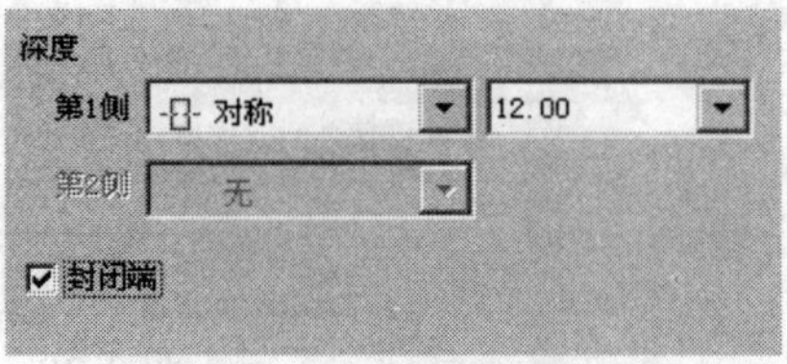


图 3-24　设置拉伸选项

在操控板中单击“应用”按钮✔，得到拉伸曲面，如图 3-25 所示。在工具栏中单击“应用”按钮✔，退出分型面模式。

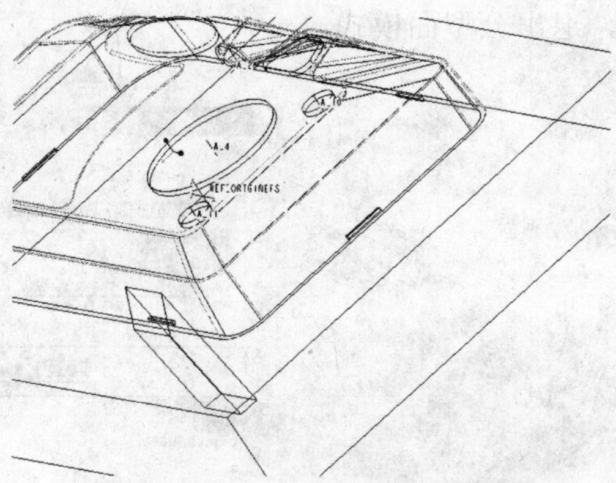


图 3-25 得到拉伸曲面

（3）镜像分型面 1。选中刚才创建的拉伸分型面，然后在菜单栏中选择“编辑”→“镜像”命令，选取 MOLD_FRONT 平面作为镜像中心面，在操控板中单击“应用”按钮✔，得到另一个分型曲面，如图 3-26 所示。

（4）镜像分型面 2。继续使用“镜像”命令，将第一个分型面以 MOLD_RIGHT 平面为镜像中心面镜像到另一侧，得到第二个分型面，如图 3-27 所示。

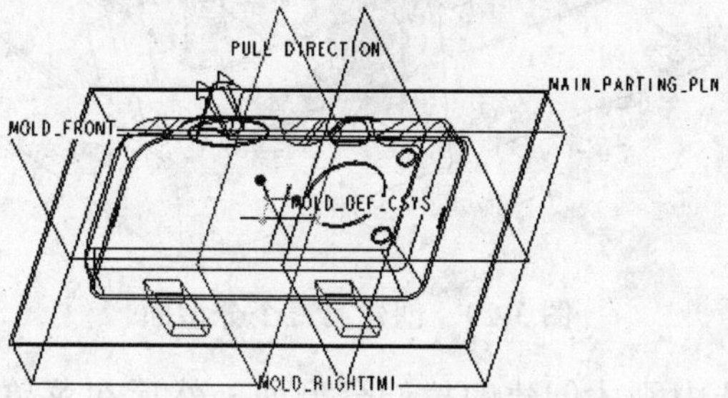


图 3-26 镜像出第一个分型面

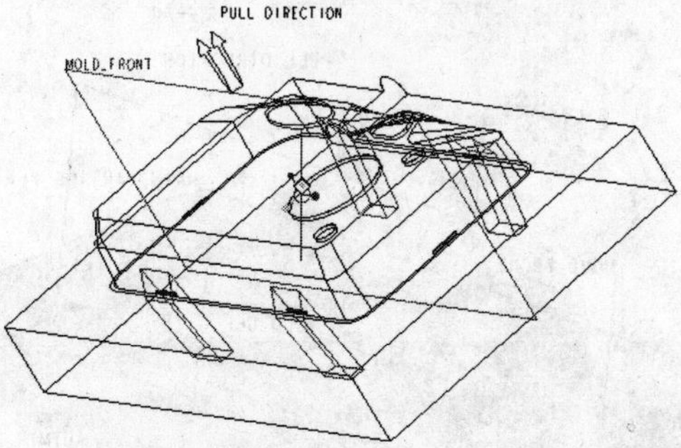


图 3-27 镜像出第二个分型面

（5）创建另一侧分型面。在工具栏中单击“分型曲面工具”按钮，进入分型面模式。在工具栏中单击“拉伸工具”按钮，以 MOLD_FRONT 平面为草绘平面绘制拉伸轮廓，如图 3-28 所示。进入草绘模式后，绘制与前面创建的斜顶分型面相同的轮廓，使用相同的拉伸设置，预览图形如图 3-29 所示。在操控板中单击“应用”按钮✓，完成操作。在工具栏中单击“应用”按钮✓，退出分型面模式。

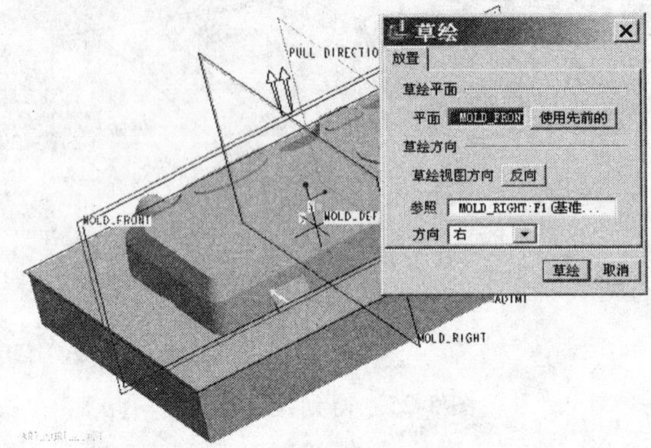


图 3-28　选取草绘平面

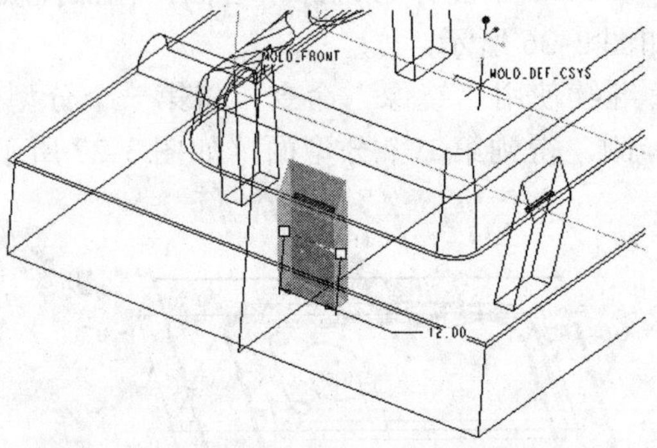


图 3-29　创建第三个分型面

（6）镜像分型面。选中刚才创建的拉伸分型面，然后在菜单栏中选择“编辑”→“镜像”命令，选取 MOLD_RIGHT 平面作为镜像中心面，在操控板中单击“应用”按钮✓，得到另一个分型面，如图 3-30 所示。

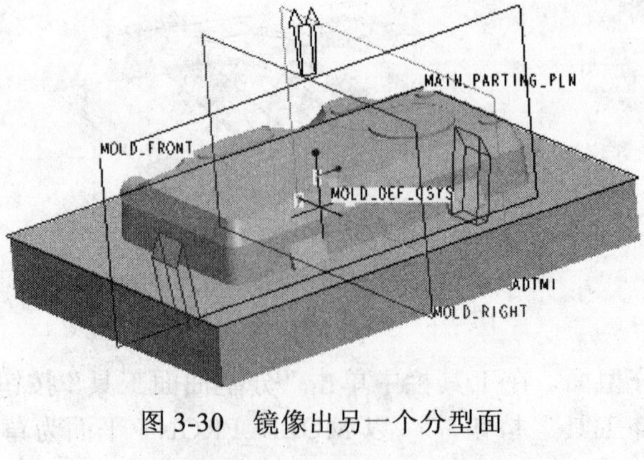


图 3-30　镜像出另一个分型面

**2．分割体积块**

（1）选取分型面。在工具栏中单击“分割为新的模具体积块”按钮，将弹出“分割体积块”菜单，依次选择“一个体积块”→“模具体积块”→“完成”命令。

此时将弹出“搜索工具”对话框，在左侧的列表框中显示有两个体积块，选取型芯体积块，再单击>>按钮，将其作为分割对象，如图 3-31 所示，最后单击“关闭”按钮。系统要求选取分型面，在绘图区中选取刚才创建的拉伸分型面，再单击鼠标中键确认，如图 3-32 所示。

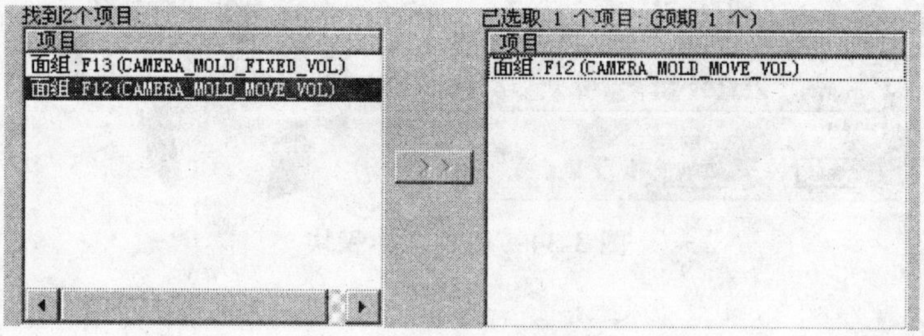


图 3-31　选取分割对象

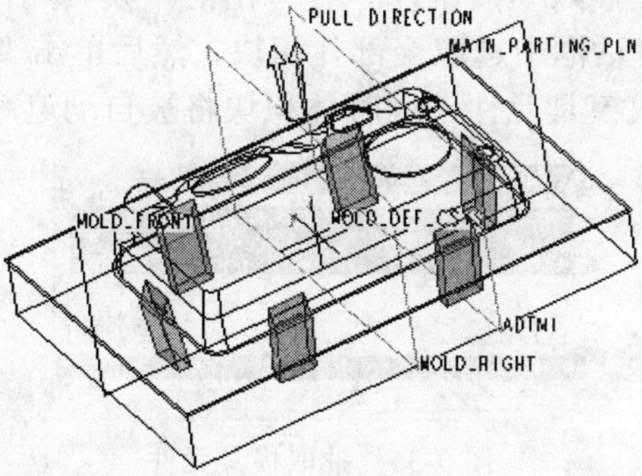


图 3-32　选取分型面

此时系统要求确认新体积块的对象，在“岛列表”菜单中选中“岛 2”～“岛 6”复选框（分型面部分）作为新体积块的内容，然后选择“完成选取”命令，如图 3-33 所示。

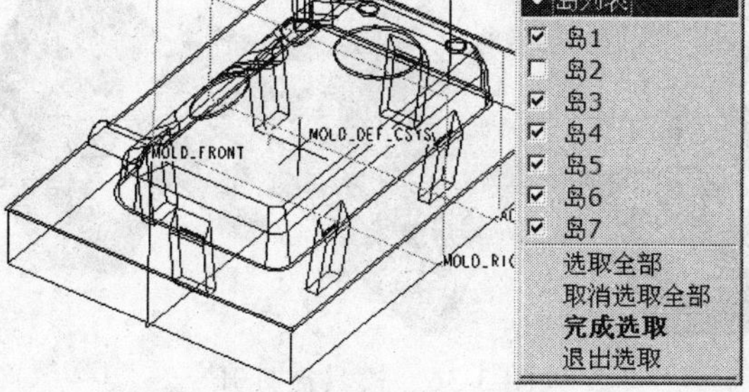


图 3-33　确定新体积块的对象

（2）分割出斜顶。在“分割”对话框中单击“确定”按钮，系统随即进行分割。在“属性”对话框中输入体积块名称，然后单击“确定”按钮，随即生成新的体积块，如图 3-34 所示。选中刚才创建的全部分型面，使用右键快捷菜单中的“遮蔽”命令，将其遮蔽起来。

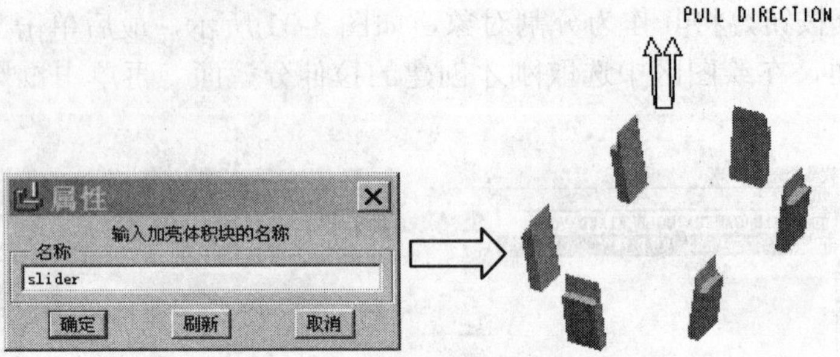


图 3-34　得到新体积块

### 3.1.5　抽取模具元件

在工具栏中单击“型腔插入”按钮，在弹出的“模具元件”菜单中选择“抽取”命令，在“创建模具元件”对话框中选取全部体积块，然后单击“确定”按钮，如图 3-35 所示。此时将通过体积块生成模具元件，同时体积块将被自动遮蔽。

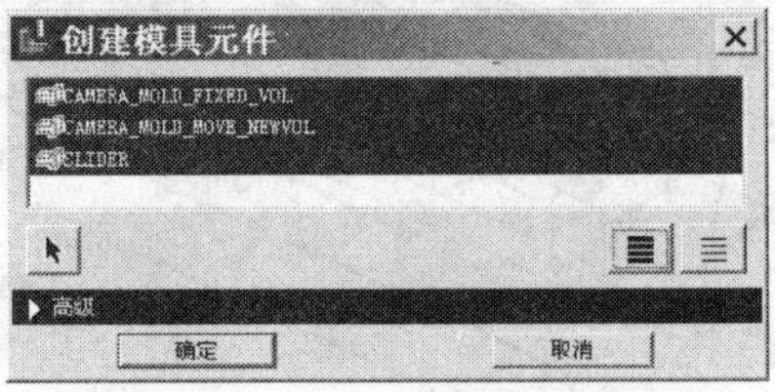


图 3-35　抽取模具元件

### 3.1.6　模具打开

单击工具栏中的“执行模具开口分析”按钮，然后在菜单管理器中选择“定义间距”→“定义移动”命令，对各元件进行移动，模具打开的结果如图 3-36 所示。

图 3-36　模具被打开

## 3.2 连接杆的分模

本例将通过连接杆的分模来讲解体积块分模的方法，该设计模型如图 3-37 所示。

光盘文件：光盘\素材\第 3 章\3-2\joint.asm。

图 3-37 连接杆的设计模型

### 3.2.1 导入参照模型

打开 Pro/E 后，在菜单栏中选择“文件”→“新建”命令，在弹出的“新建”对话框中选中“制造”类型中的“模具型腔”子类型，然后输入文件名称为 joint，取消选中“使用缺省模板”复选框，单击“确定”按钮。在弹出的“新文件选项”对话框中选择公制模板（mmns_mfg_mold），单击“确定”按钮，完成文件的新建。

**1. 参照模型布局**

（1）设置参照类型。在工具栏中单击“选取零件/定义零件在模具中的放置和方向”按钮，在弹出的“打开”对话框中打开 joint.prt 文件。在“创建参照模型”对话框中使用默认的设置，单击“确定”按钮，如图 3-38 所示。在“布局”对话框中单击“预览”按钮，即可观察到开模的方向是不正确的，如图 3-39 所示。

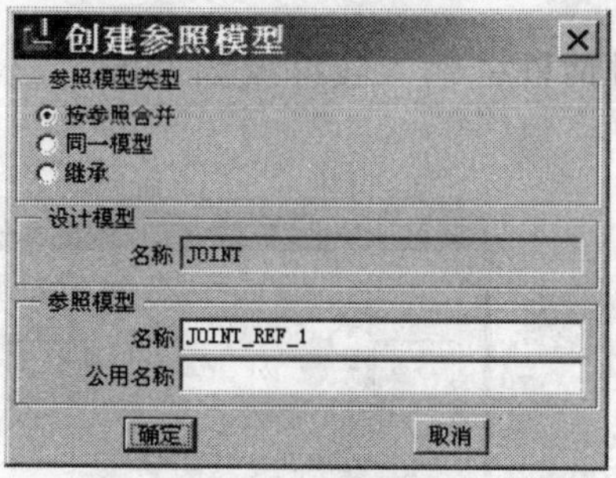


图 3-38 确定参照方式

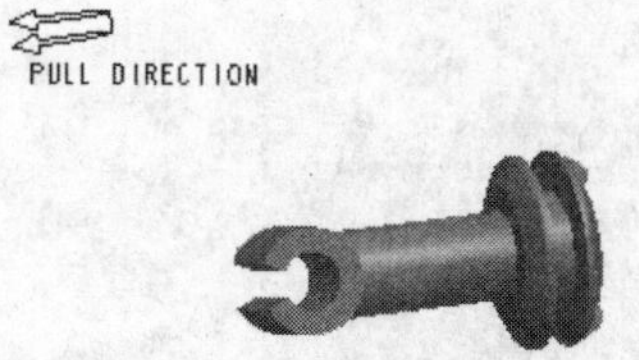


图 3-39 预览模型布局

（2）调整坐标系方向。在“参照模型起点与定向”选项组中单击按钮，将弹出“坐标系类型”菜单和元件窗口，选择“动态”命令。在“参照模型方向”对话框中可以调整参照模型坐标系的方向，设置旋转轴为 X 轴，输入旋转角度为 90°，按 Enter 键后可以观察到 Z 轴方向（开模方向）已经改变，如图 3-40 所示。在“参照模型方向”对话框中单击“确定”按钮，返回“布局”对话框。

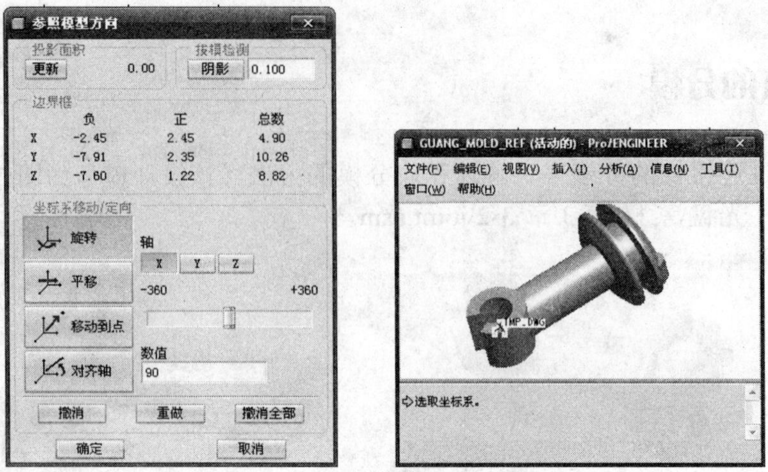


图 3-40　重新调整坐标方向

（3）完成布局。在“布局”选项区域中选中“矩形”单选按钮，在“定向”选项组中选中“X 对称”单选按钮，输入 X 方向数量为 2，增量为 10，输入 Y 方向的数量为 2，增量为 20，再单击“预览”按钮，系统随即显示出布局的预览图形，最后单击“确定”按钮完成操作，如图 3-41 所示。

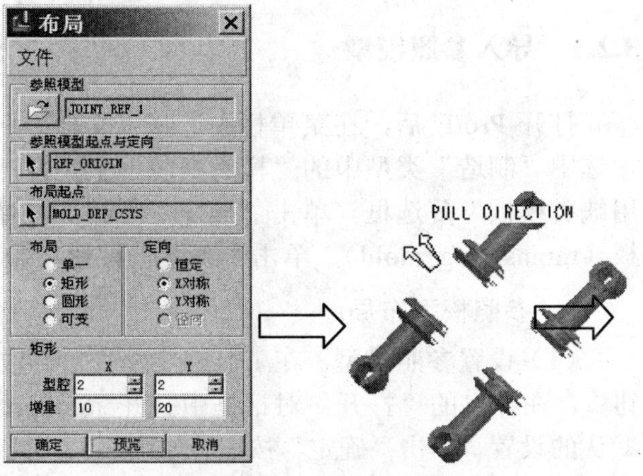


图 3-41　完成布局操作

### 2．设置收缩率

在工具栏中单击“按比例指定零件收缩”按钮，将弹出“按比例收缩”对话框，选取一个参照模型，然后选取其坐标系，如图 3-42 所示。在“按比例收缩”对话框中输入收缩率为 0.003，然后单击“应用”按钮完成操作，如图 3-43 所示。

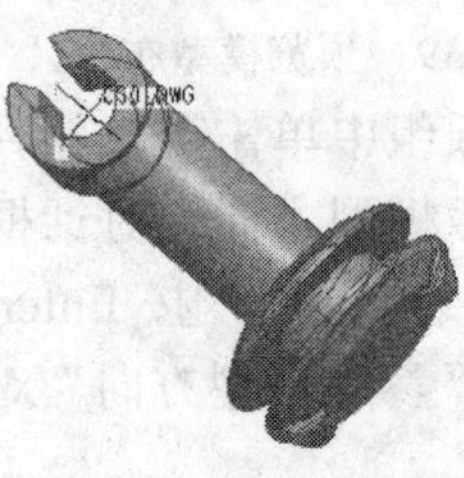

图 3-42　选取参照模型及坐标系

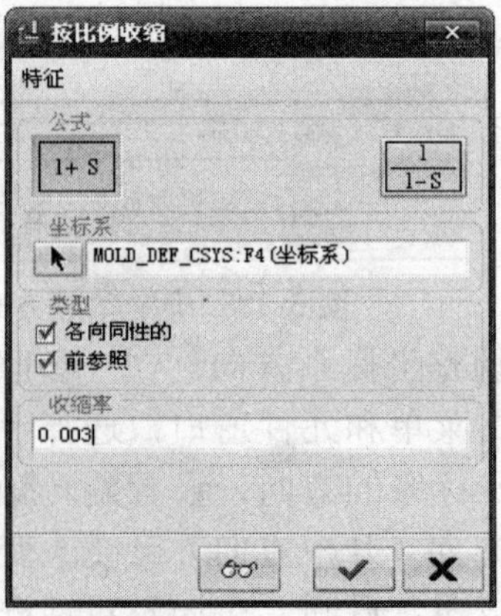


图 3-43　设置收缩率

### 3.2.2 创建分型体积块

模型收缩设置完成后，可以直接进行体积块的创建。操作步骤如下。

（1）创建体积块1。在工具栏中单击“将型腔嵌入件添加为模具体积块和/或进行编辑”按钮，进入体积块创建模式。在工具栏中单击“拉伸工具”按钮，然后选取MOLD_RIGHT平面作为草绘平面，如图3-44所示。进入草绘模式后，绘制一个矩形作为拉伸轮廓，如图3-45所示。

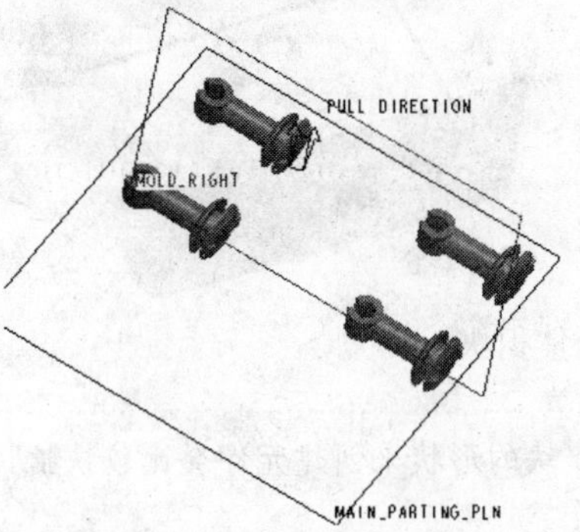


图3-44 选取草绘平面

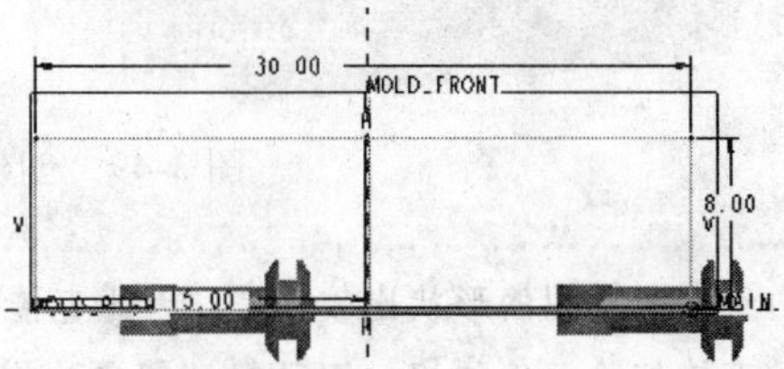


图3-45 绘制矩形

草图绘制完成后，对轮廓进行双向拉伸，设置尺寸为23.0，在操控板中单击“应用”按钮完成操作，如图3-46所示。最后在工具栏中单击“应用”按钮，退出体积块创建模式，得到一个体积块。

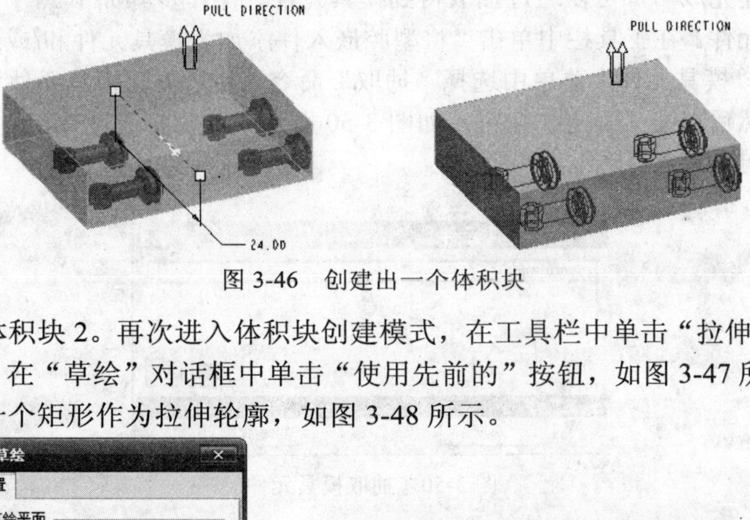


图3-46 创建出一个体积块

（2）创建体积块2。再次进入体积块创建模式，在工具栏中单击“拉伸工具”按钮，定义内部草绘，在“草绘”对话框中单击“使用先前的”按钮，如图3-47所示。进入草绘模式后，绘制一个矩形作为拉伸轮廓，如图3-48所示。

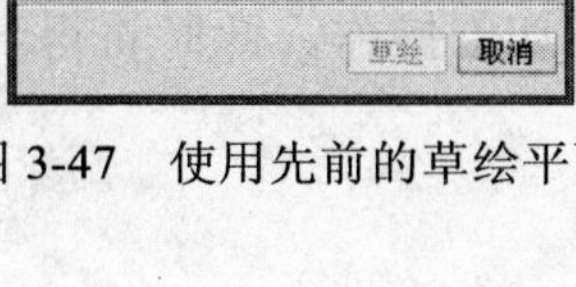


图3-47 使用先前的草绘平面

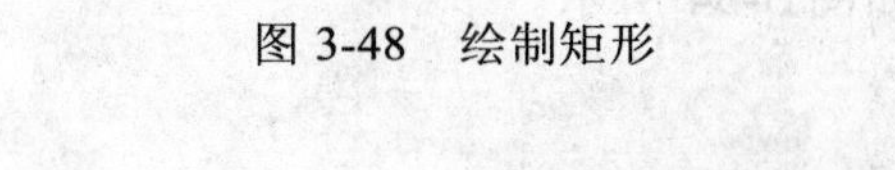


图3-48 绘制矩形

草图绘制完成后，对轮廓进行双向拉伸，设置尺寸为 23.0，在操控板中单击“应用”按钮✔完成操作，如图 3-49 所示。最后在工具栏中单击“应用”按钮✔，退出体积块创建模式，得到一个体积块。

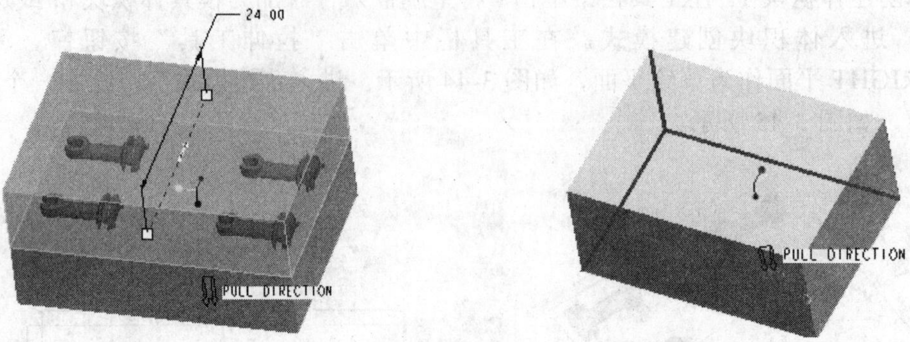


图 3-49　创建出第二个体积块

**提示** 由于参照模型的形状比较简单，因此直接拉伸出体积块的形状来创建元件会比较快捷，生成元件后直接切除元件体积，即可得到需要的模具元件。

### 3.2.3　处理模具元件

体积块创建完成后，可以通过抽取得到模具元件。操作步骤如下。

（1）抽取元件。在工具栏中单击“将型腔嵌入件添加为模具元件和/或进行编辑”按钮，在弹出的“模具元件”菜单中选择“抽取”命令。在“创建模具元件”对话框中选取全部体积块，然后单击“确定”按钮，如图 3-50 所示。此时将通过体积块生成模具元件，同时体积块将自动遮蔽。

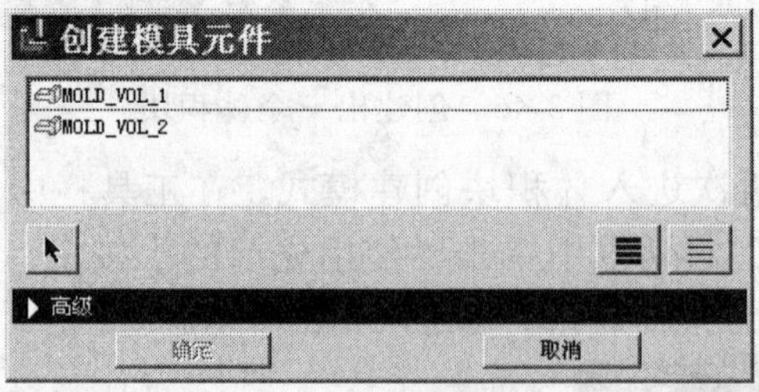


图 3-50　抽取模具元件

（2）切除元件。在菜单管理器中依次选择“模具模型”→“高级实用工具”→“切除”命令，进行元件操作，如图 3-51 所示。在绘图区选取两个型腔元件作为要进行切除的元件，并单击鼠标中键确认，如图 3-52 所示。

在模型树中按住 Ctrl 键选取 3 个参照模型作为切除参照，单击鼠标中键确认，如图 3-53 所示。在“选项”菜单中选择 8 次“完成”命令，完成切割操作。此时将得到两个相同的型腔元件，如图 3-54 所示。

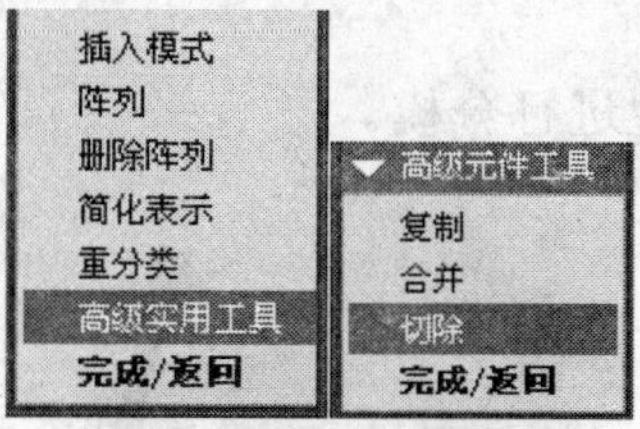


图 3-51 选取操作命令

图 3-52 选取要切除的元件

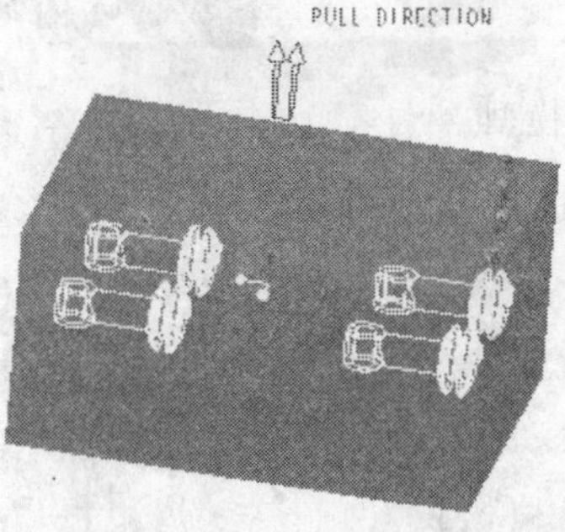


图 3-53 选取切除参照元件

图 3-54 切除后的型腔元件

### 3.2.4 模具打开

单击工具栏中的“执行模具开口分析”按钮，然后在菜单管理器中选择“定义间距”→“定义移动”命令，对各元件进行移动。模具打开的结果如图 3-55 所示。

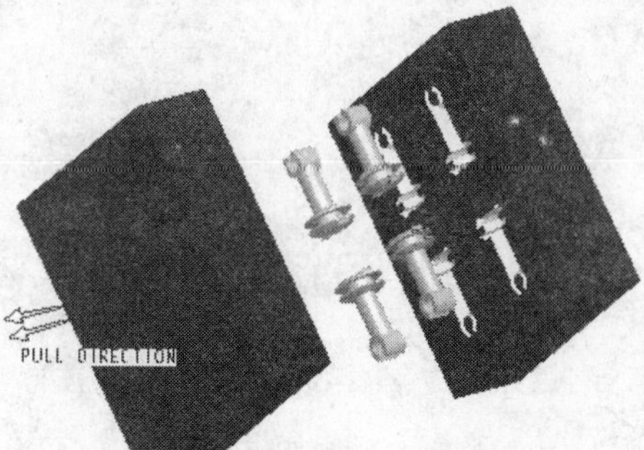


图 3-55 模具被打开

## 3.3 本章小结

本章主要介绍通过生成体积块的方法进行分模操作。在参照模型布局完成后，就可以通过直接做体积块的方法完成分模。通过本章的学习要学会怎样去创建体积块以达到分模的目的。

## 3.4 课后习题

用体积块法对如图 3-56 所示的面板盖设计模型进行分模。

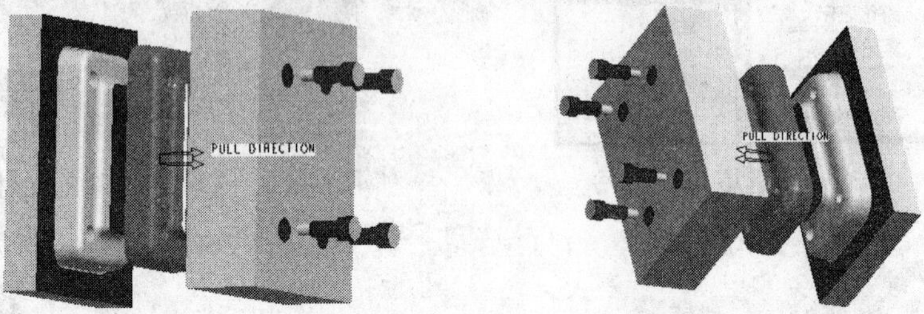


图 3-56 面板盖的设计模型

# 第4章　曲面法分模

本章导读

Pro/ENGINEER 提供了功能强大的自动分模技术，本章讲解其中两种重要的通过曲面法自动分模，即阴影曲面自动分模和裙边曲面自动分模。

阴影曲面是利用一个指定方向的光源照射在参考模型上所创建的分型面。当一个光源照射在参照模型上时，系统会利用参照模型被光源照射到的曲面部分，产生一个覆盖型阴影分型面。

裙边曲面是通过分型线向工作延伸形成裙状曲面。分型线是通过侧面影像曲线获得，其原理是在参照模型的最大轮廓处投影出曲线。

通过本章的学习，读者应实现如下目标：

- ❑ 理解和掌握创建阴影分型面的条件
- ❑ 掌握裙边曲面的延伸方向定义
- ❑ 掌握参照模型的合理布局操作

## 4.1　阴影曲面分模

本例将通过手机后盖的分模来讲解阴影曲面分模的方法，打开 battery.prt 文件，该设计模型如图 4-1 所示。根据设计模型的形状，为提高生产质量，对其进行一模一腔的布局。该模型的一端有内凹，需要设计滑块或推出机构，内侧没有不规则结构。

光盘文件：光盘 \ 素材 \第 4 章\ 4-1。

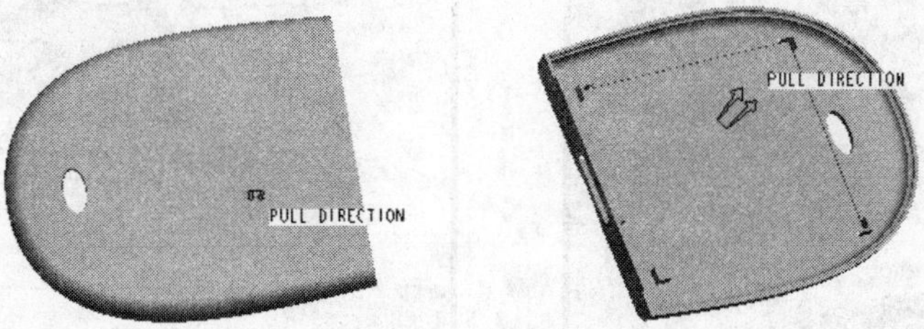


图 4-1　手机后盖的设计模型

### 4.1.1　导入参照模型

打开 Pro/E 后，在菜单栏中选择“文件”→“新建”命令，在弹出的“新建”对话框中选中“制造”类型中的“模具型腔”子类型，然后输入文件名称为 battery，取消选中“使用缺省模板”复选框，单击“确定”按钮。在弹出的“新文件选项”对话框中选择公制模板（mmns_mfg_mold），单击“确定”按钮完成文件的新建。

**1．参照模型布局**

（1）设置参照方式。在工具栏中单击“选取零件/定义零件在模具中的放置和方向”按钮，在弹出的“打开”对话框中打开 battery.prt 文件。在“创建参照模型”对话框中使用默认的设置，单击“确定”按钮，如图 4-2 所示。在“布局”对话框中单击“预览”按钮，即可观察到开模方向是错误的，如图 4-3 所示。

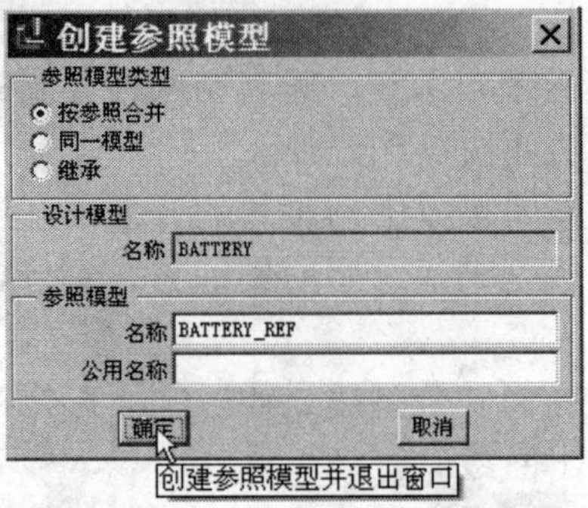


图 4-2　确定参照方式

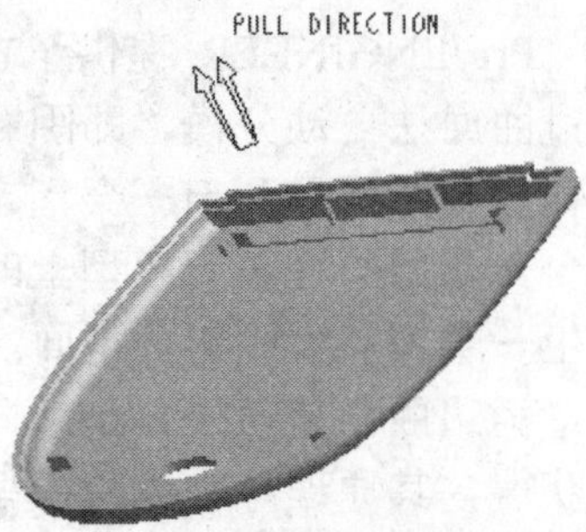


图 4-3　预览开模方向

（2）调整坐标系方向。在“参照模型起点与定向”选项组中单击按钮，将弹出“坐标系类型”菜单和元件窗口，选择“动态”命令。

在“参照模型方向”对话框中可以调整参照模型坐标系的方向，使用默认的设置，直接输入 X 轴的旋转角度为 180°，按 Enter 键后可以观察到 Z 轴方向（开模方向）已经改变，如图 4-4 所示。单击“确定”按钮完成调整。

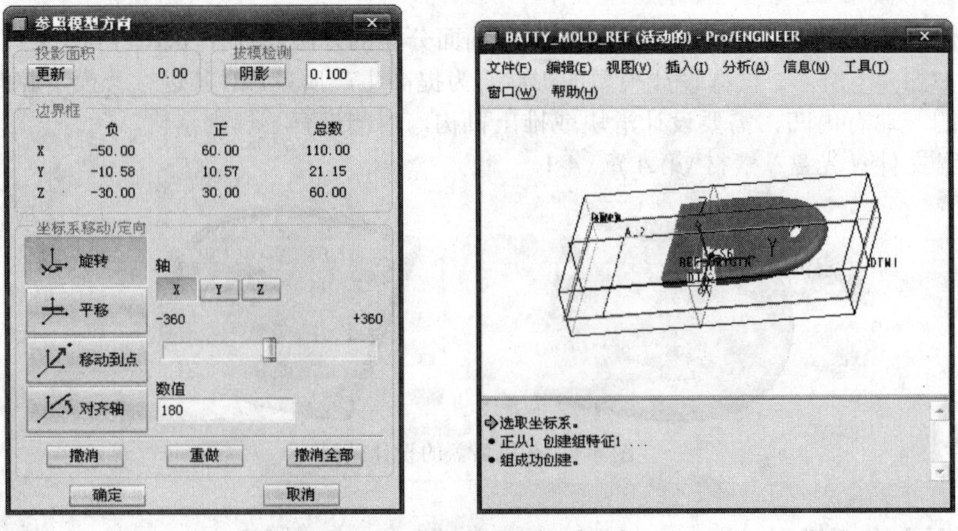


图 4-4　重新调整坐标系方向

（3）完成布局。在“布局”对话框中单击“预览”按钮，系统随即显示出布局的预览图形。确认预览结果符合要求后，单击“确定”按钮完成布局，如图 4-5 所示。再在菜单管理器中选择“完成/返回”命令。

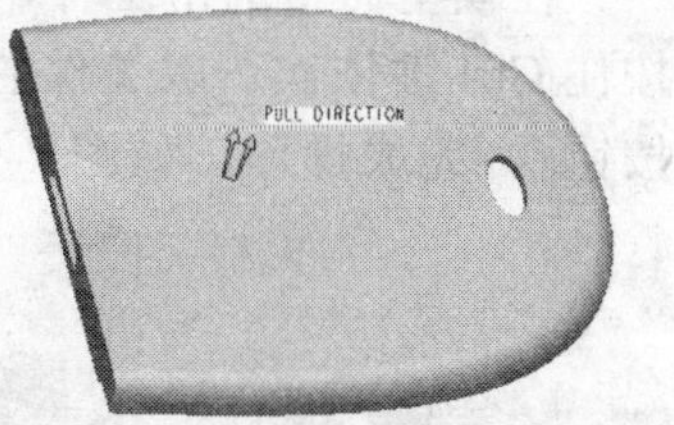


图 4-5　完成模型布局

**2．设置收缩率**

在工具栏中单击“按比例指定零件收缩”按钮，将弹出“按比例收缩”对话框，选取模型的坐标系，如图 4-6 所示。在“按比例收缩”对话框中输入收缩率为 0.003，然后单击“应用”按钮完成操作，如图 4-7 所示。

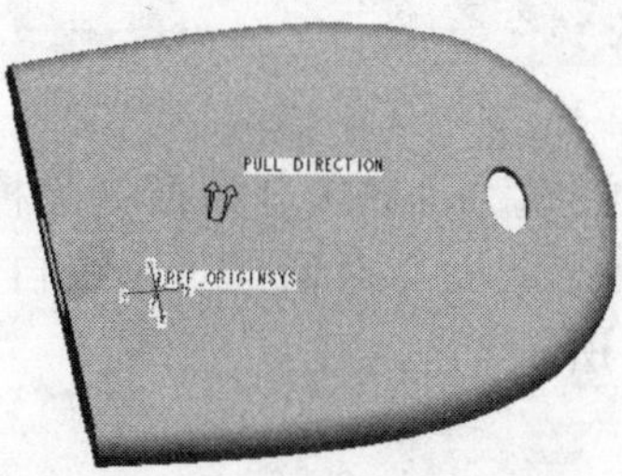


图 4-6　选取坐标系

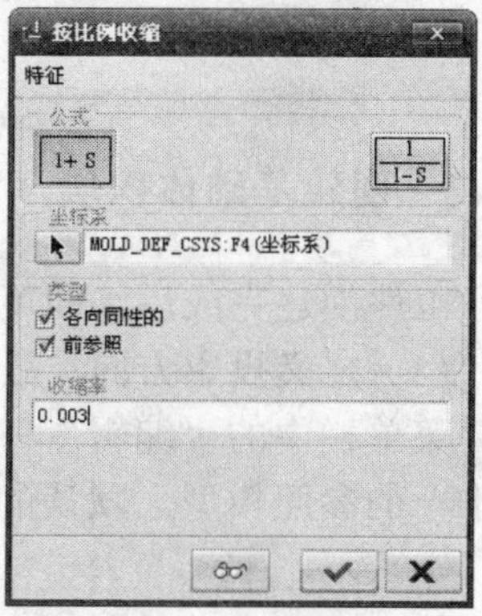


图 4-7　设置收缩率

**3．创建工件**

在工具栏中单击“根据与铸模零件的偏移距离和/或整体尺寸来创建工件”按钮，将弹出“自动工件”对话框，首先选取模具坐标系作为工件的位置中心点，然后使用默认的矩形形状，在“整体尺寸”选项组中输入工件的尺寸，单击“确定”按钮后即可得到工件，如图 4-8 所示。

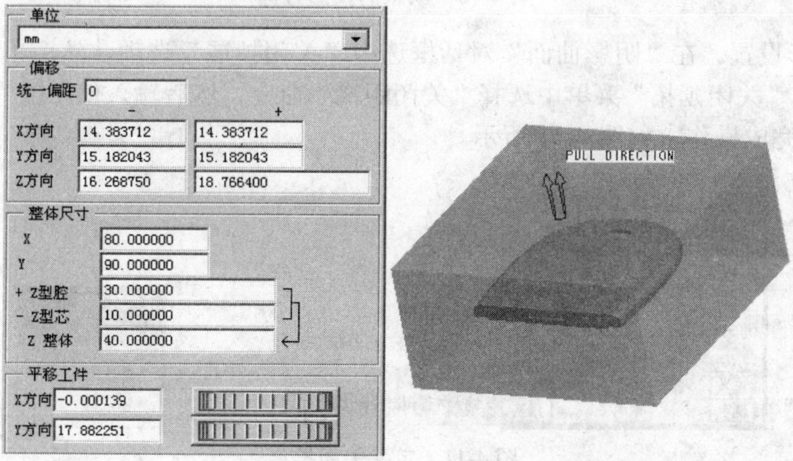


图 4-8　创建自动工件

在模型树中选中工件，然后将其激活。在菜单栏中选择“插入”→“倒圆角”命令，按住 Ctrl 键依次选取工件的 4 个边进行倒圆角，输入尺寸为 10.0，在操控板中单击“应用”按钮 ✔ 完成操作，如图 4-9 所示。返回组件模式。

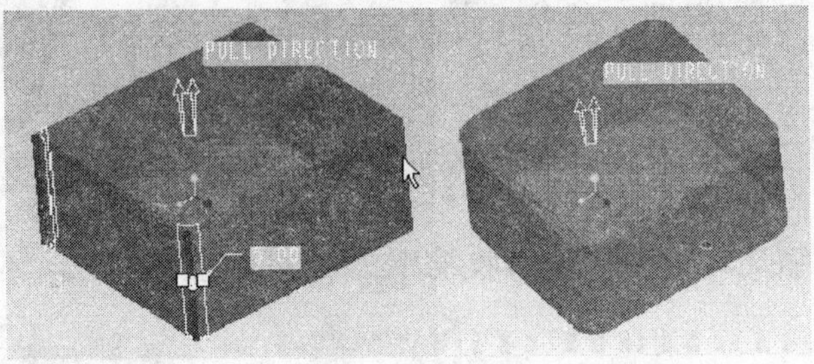


图 4-9　工件倒圆角

### 4.1.2　创建基础体积块

工件创建完成后，即可进行分型面的创建。操作步骤如下。

（1）定义投影方向。在工具栏中单击“分型曲面工具”按钮，进入分型面创建模式。选择菜单栏中的“编辑”→“阴影曲面”命令，将弹出“阴影曲面”对话框。系统自动使用唯一的参照模型，默认的投影方向为–Z 方向，如图 4-10 所示。

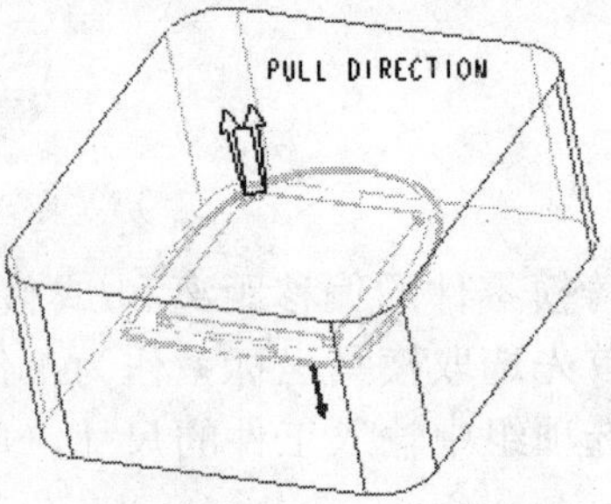


图 4-10　默认的投影方向

（2）投影设置。在“阴影曲面”对话框选中“关闭扩展”选项，然后单击“定义”按钮，在弹出的“关闭延拓”菜单中选择“关闭距离”命令，然后输入偏距值为 5，单击“应用”按钮 ✔ 完成操作，如图 4-11 所示。

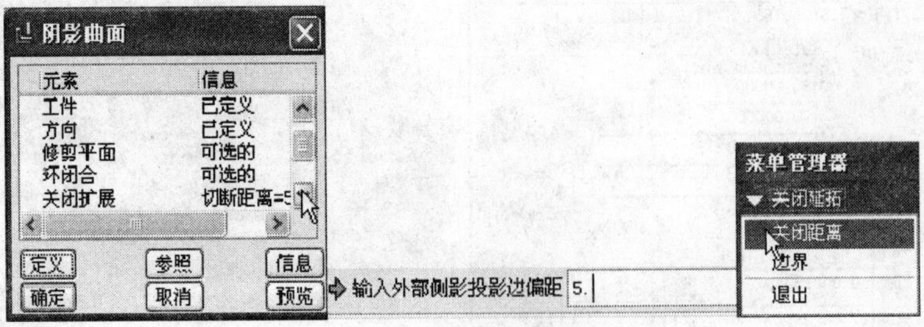


图 4-11　定义关闭扩展

在“阴影曲面”对话框选中“拔模角度”选项，然后单击“定义”按钮，在文本框中输入拔模角度为 2°，然后单击“应用”按钮 ✔，如图 4-12 所示。

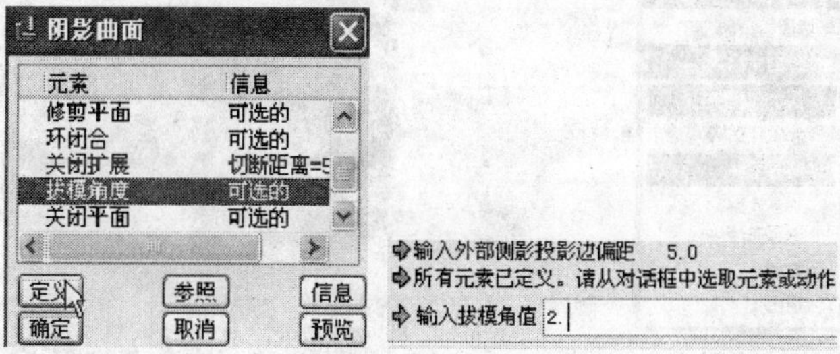


图 4-12　设置拔模角度

在“阴影曲面”对话框中选中“关闭平面”选项，然后单击“定义”按钮，选取 MAIN_PARTING_PLN 平面作为关闭平面，选择“完成/返回”命令，如图 4-13 所示。

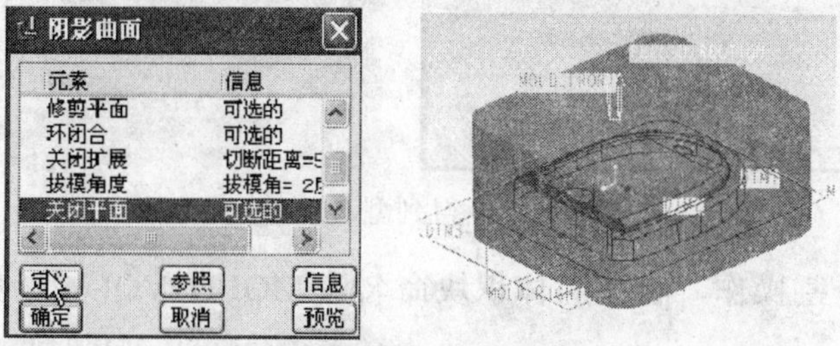


图 4-13　定义关闭平面

（3）得到分型面。在“阴影曲面”对话框中单击“确定”按钮，得到阴影分型面。将其他元件隐藏后即可观察到结果，如图 4-14 所示。在工具栏中单击“应用”按钮 ✔，退出分型面模式。

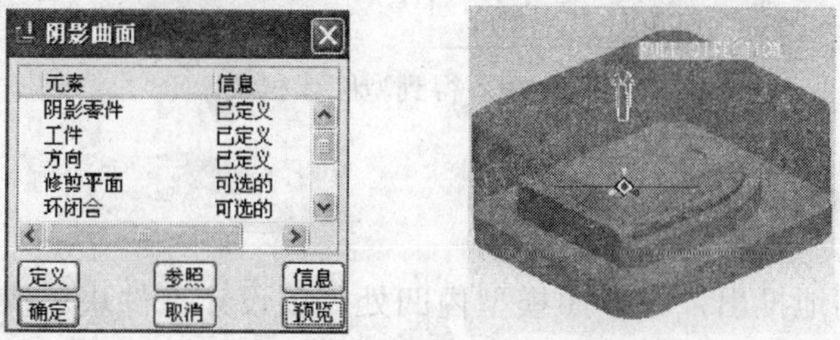


图 4-14　得到阴影曲面

**提示**　在创建具有倒圆角孔的阴影曲面时，需要注意孔也必须具有拔模斜度，这是因为倒圆角边无法形成投影边，在模型布局前可以通过拔模检测进行分析。

（4）分割设置。在工具栏中单击“分割为新的模具体积块”按钮，在“分割体积块”菜单中使用默认的设置，直接选择“完成”命令，如图 4-15 所示。在绘图区选取刚才创建的阴影分型面作为分割界面，如图 4-16 所示。

（5）分割出体积块。在“分割”对话框中单击“确定”按钮，系统随即进行分割操作。在“属性”对话框中单击“着色”按钮，根据显示结果输入名称 MOLD_VOL_1，然后单击“确定”按钮，得到型芯体积块，如图 4-17 所示。

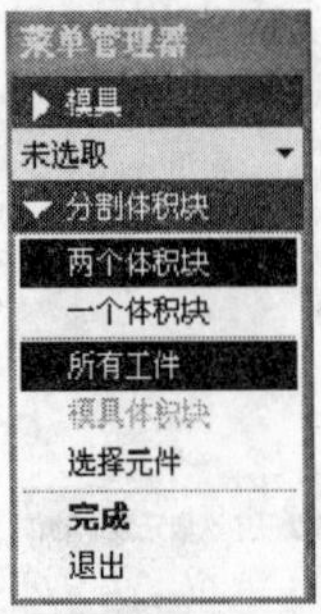


图 4-15　设置分割方式

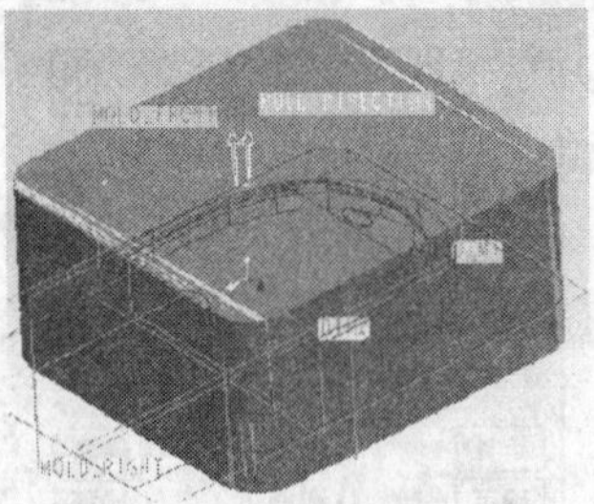


图 4-16　选取分型面

图 4-17　得到型芯体积块

系统继续进行分割操作，将型腔体积块命名为 MOLD_VOL_2，如图 4-18 所示。

图 4-18　得到型腔体积块

### 4.1.3　创建推块体积块

为了将制品顺利地推出，在参照模型内凹处需要设计推件块。操作步骤如下。

（1）创建分型面。只显示型芯体积块。在工具栏中单击“分型曲面工具”按钮，进入分型面创建模式。在工具栏中单击“拉伸工具”按钮，然后选取如图 4-19 所示的平面作为草绘平面。进入草绘模式后，在参照模型平整端位置上绘制一个矩形，如图 4-20 所示。

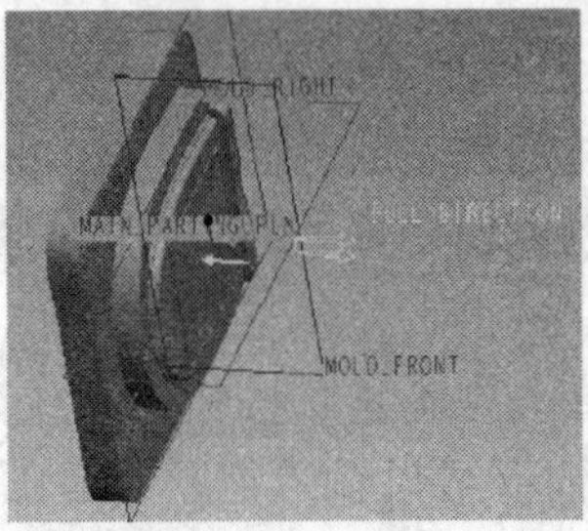


图 4-19　选取草绘平面

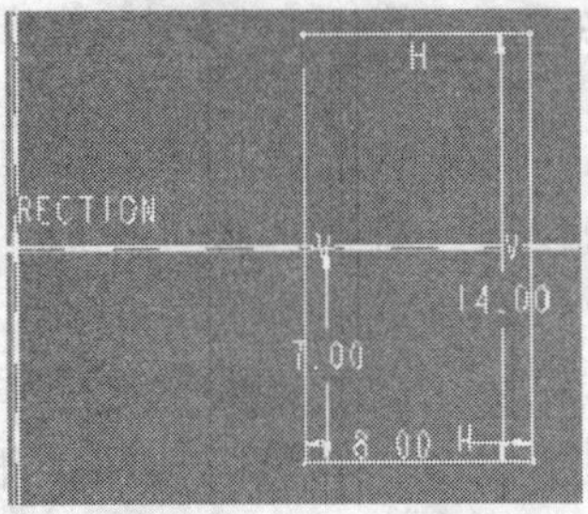


图 4-20　绘制矩形轮廓

草图绘制完成后，将其向内侧拉伸，选取型芯体积块的另一面作为拉伸终止面，在操控板中单击“应用”按钮✔，完成操作，如图 4-21 所示。在工具栏中单击“应用”按钮，退出分型面创建模式。

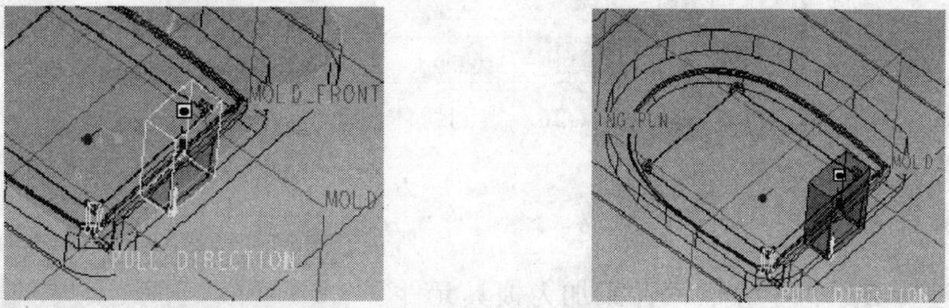


图 4-21　得到拉伸曲面

（2）分割设置。在工具栏中单击“分割为新的模具体积块”按钮，在“分割体积块”菜单中依次选择“一个体积块”→“模具体积块”→“完成”命令，如图 4-22 所示。系统要求选取分割的元件，选取型芯体积块作为分割的对象，如图 4-23 所示，然后单击“关闭”按钮。

图 4-22　设置分割方式

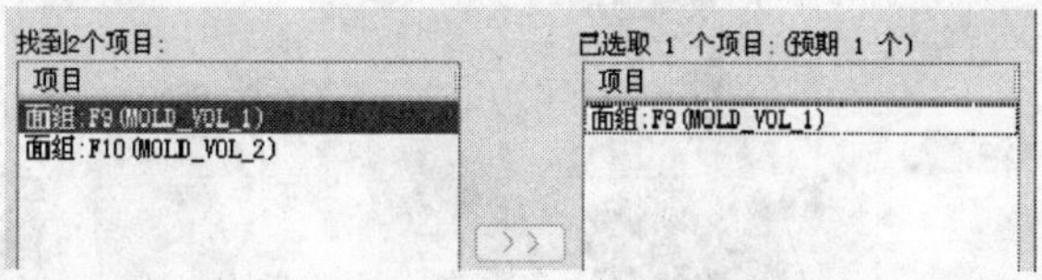


图 4-23　选取要分割的元件

此时系统要求选取分型面，选取刚才创建的拉伸分型面，并单击鼠标中键确认，如图 4-24 所示。在“岛列表”菜单中选中“岛 2”复选框作为新体积块对象，再选择“完成选取”命令，如图 4-25 所示。

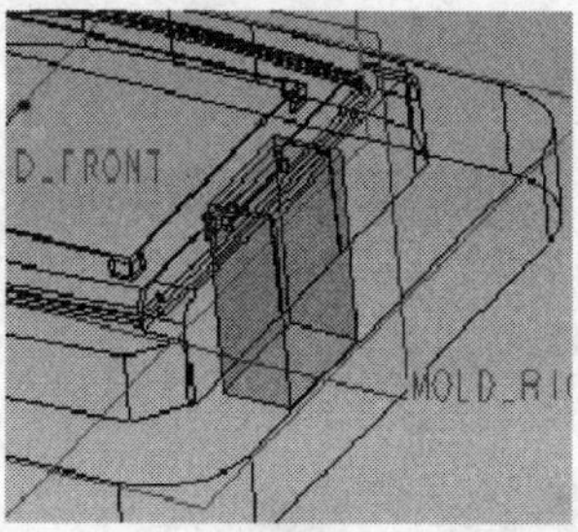

图 4-24　选取分型面

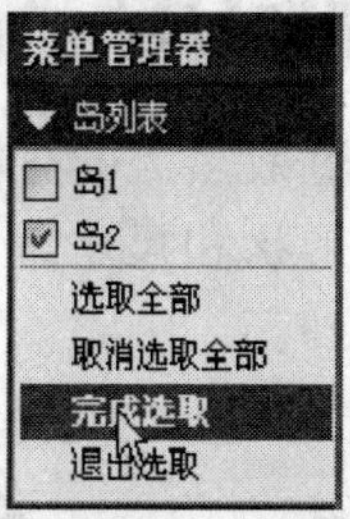


图 4-25　选取新体积对象

（3）得到体积块。在“分割”对话框中单击“确定”按钮，系统随即进行分割操作。在“属性”对话框中输入新体积块的名称为 MOLD_VOL_3，单击“确定”按钮完成操作，如图 4-26 所示。

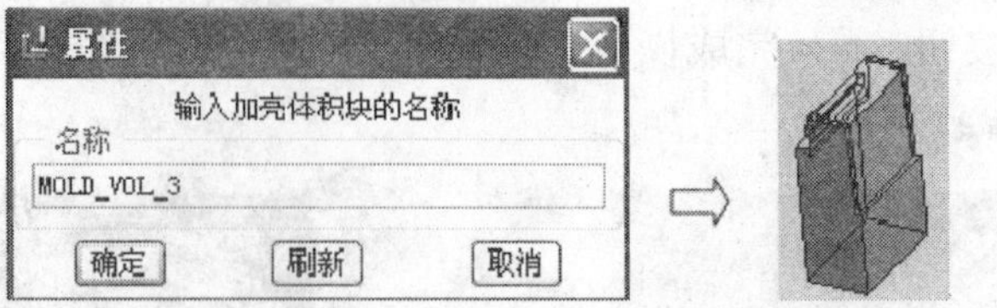


图 4-26　得到新体积块

### 4.1.4　抽取模具元件

在工具栏中单击“将型腔嵌入件添加为模具元件和/或进行编辑”按钮，在弹出的“模具元件”菜单中选择“抽取”命令。在“创建模具元件”对话框中选取全部体积块，然后单击“确定”按钮，如图 4-27 所示。此时将通过体积块生成模具元件，同时体积块将被自动遮蔽。

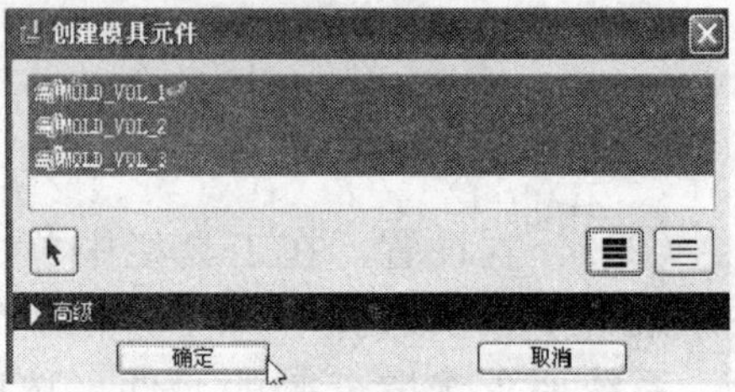


图 4-27　抽取模具元件

### 4.1.5　模具打开

单击工具栏中的“执行模具开口分析”按钮，然后在菜单管理器中选择“定义间距”→“定义移动”命令，对各元件进行移动。模具打开的结果如图 4-28 所示。

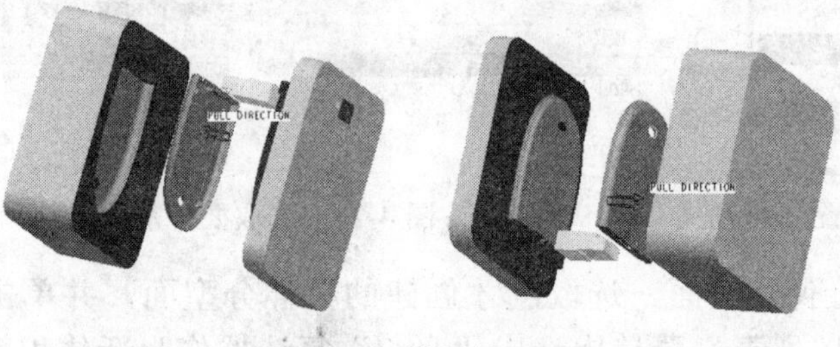


图 4-28　模具被打开

## 4.2　裙边曲面分模

本例将通过散热盖的分模来讲解裙边曲面分模的方法，该设计模型如图 4-29 所示。根据设计模型的形状和尺寸，可以对其进行一模一腔的布局。在参照模型的侧面有一个孔，需要进行侧向抽芯。

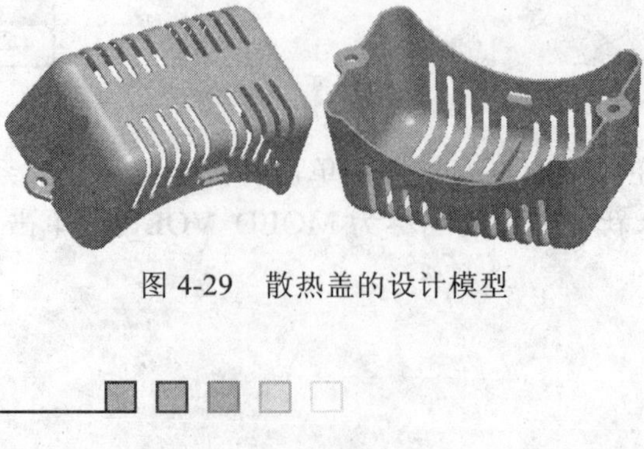

图 4-29　散热盖的设计模型

### 4.2.1 导入参照模型

打开 Pro/E 后，选择菜单栏中的“文件”→“新建”命令，弹出“新建”对话框。选中“制造”类型的“模具型腔”子类型，然后输入文件名称为 cooler，取消选中“使用缺省模板”复选框，单击“确定”按钮。弹出“新文件选项”对话框，选择公制模板（mmns mfg mold），单击“确定”按钮完成文件的新建。

**1．参照模型布局**

在工具栏中单击“选取零件/定义零件在模具中的放置和方向”按钮，在弹出的“打开”对话框中打开 cooler.prt 文件，在“创建参照模型”对话框使用默认的设置，单击“确定”按钮，如图 4-30 所示。

在“布局”对话框中单击“预览”按钮，即可观察到开模方向是正确的，如图 4-31 所示。单击“确定”按钮，完成布局操作，在菜单管理器中选择“完成/返回”命令。

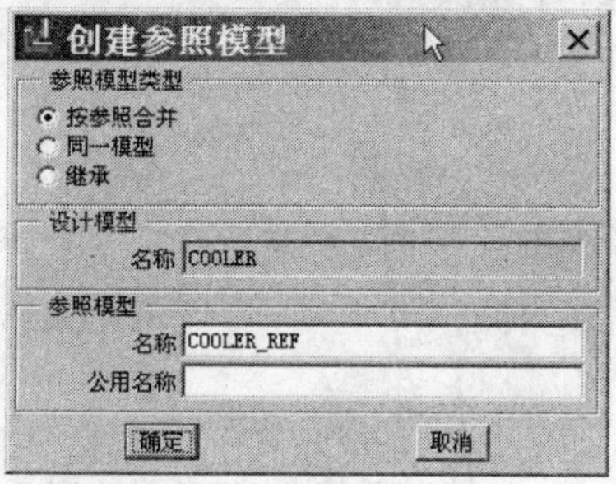


图 4-30 确定参照方式

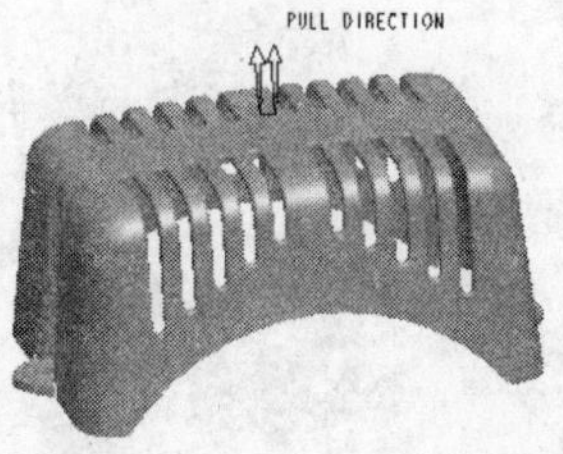


图 4-31 确认开模方向

**2．设置收缩率**

在工具栏中单击“按比例指定零件收缩”按钮，弹出“按比例收缩”对话框，在绘图区中选取参照模型的坐标系，如图 4-32 所示。在“按比例收缩”对话框中输入收缩率为 0.005，然后单击“应用”按钮完成操作，如图 4-33 所示。

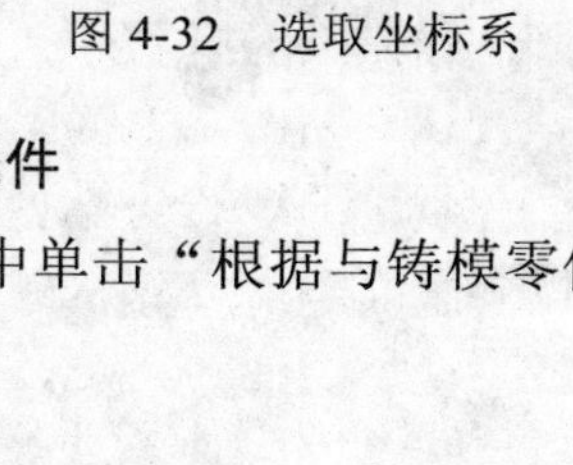


图 4-32 选取坐标系

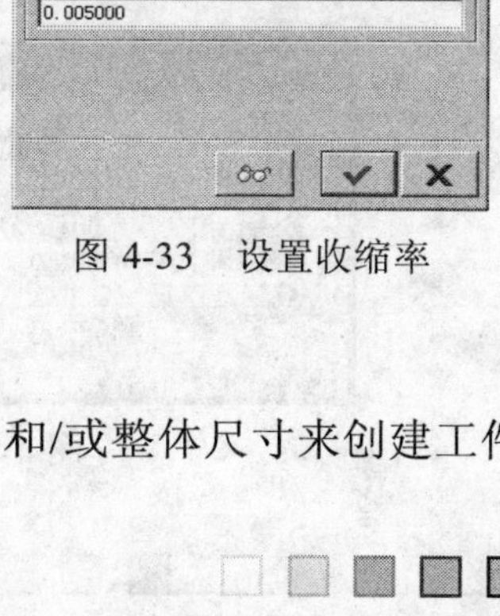


图 4-33 设置收缩率

**3．创建工件**

在工具栏中单击“根据与铸模零件的偏移距离和/或整体尺寸来创建工件”按钮，

将弹出“自动工件”对话框。首先选取模具坐标系作为工件的位置中心点，然后使用默认的矩形形状，在“整体尺寸”选项组中输入工件的尺寸，单击“确定”按钮，即可得到工件，如图 4-34 所示。

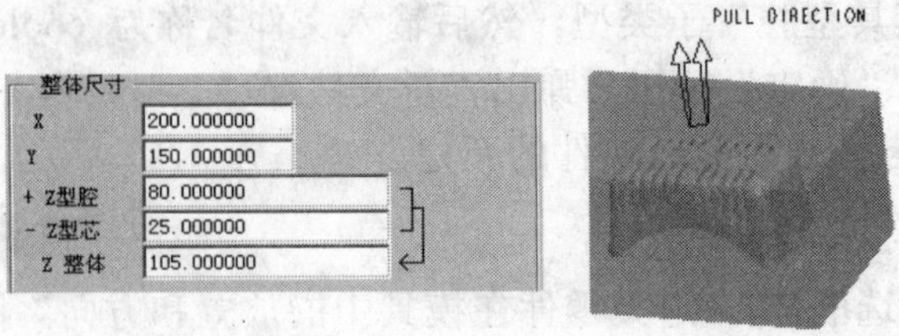


图 4-34　创建自动工件

在模型树中选中工件，然后将其激活。在菜单栏中执行“插入”→“倒圆角”命令，然后按住 Crtl 键依次选取工件的 4 个边进行倒圆角，输入尺寸为 10.0，在操控板中单击“应用”按钮 ✔ 完成操作，如图 4-35 所示。返回组件模式。

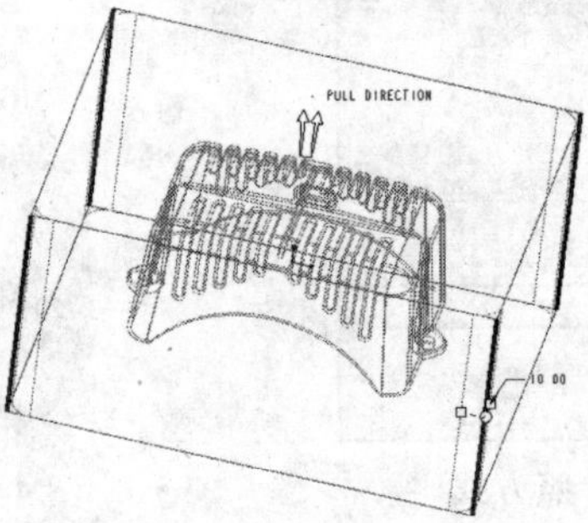


图 4-35　工件倒圆角

## 4.2.2　创建分型面

在创建了工件之后，即可进行分型面的设计。

**1．创建影像曲线 1**

（1）预览影像曲线。将工件隐藏起来。在工具栏中单击“创建自动分型线”按钮，将弹出“侧面影像曲线”对话框，同时系统默认参照模型的全部曲面作为投影参照曲面，显示出投影方向为–Z 方向。单击“预览”按钮，系统随即显示出投影曲线，如图 4-36 所示。

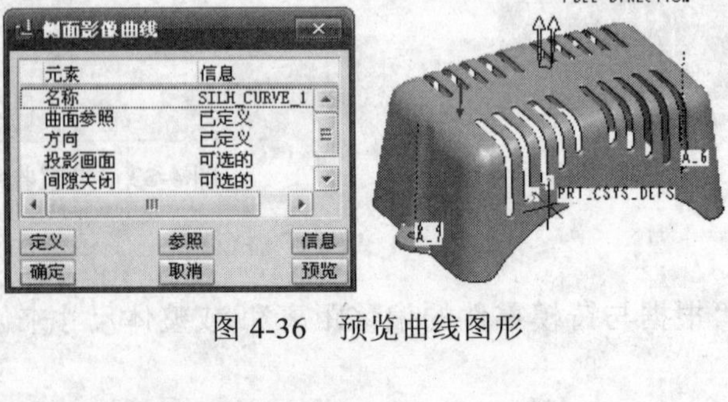


图 4-36　预览曲线图形

将参照模型放大后观察，可以发现在条状孔的圆角处出现了错误曲线，这是由于投影方向不正确造成的，同时在侧孔位置上也有需要排除的曲线。

（2）设置投影方向。在“侧面影像曲线”对话框中选中“方向”选项，然后单击“定义”按钮，在弹出的“选取方向”菜单中选择“平面”命令，如图4-37所示。

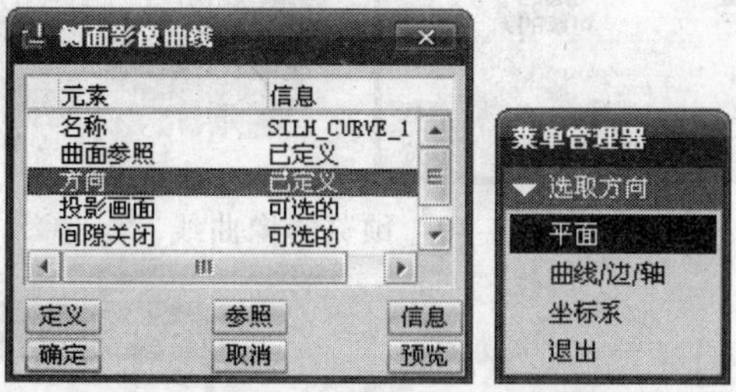


图4-37　定义投影方向

在绘图区选取MAIN_PARTING_PLN平面作为方向参照平面，如图4-38所示。

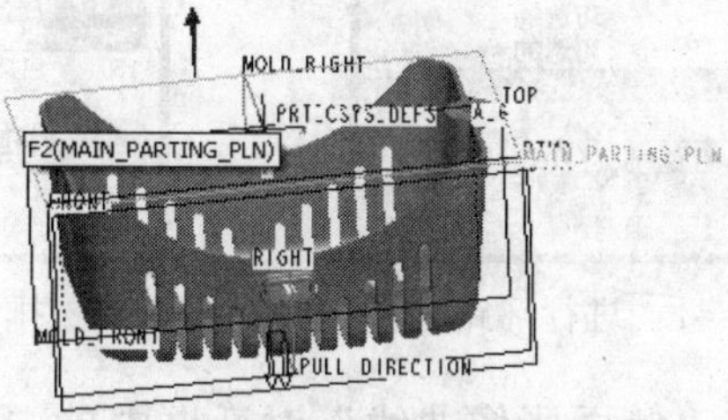


图4-38　选取方向参照平面

在绘图区选中MOLD_FRONT平面作为方向参照面，系统提示的方向为该面的法向，在“方向”菜单中选择“反向”命令，调整方向为+Z方向，再选择“正向”命令，完成方向的定义，如图4-39所示。

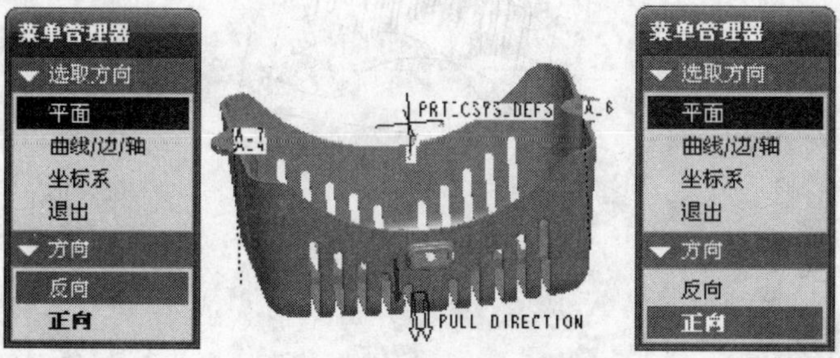


图4-39　调整投影方向

（3）预览调整后的曲线。在“侧面影像曲线”对话框中单击“预览”按钮，系统随即按照设置的方向生成正确的影像曲线，如图4-40所示。

（4）定义排除环路。在“侧面影像曲线”对话框中选中“环路选择”选项，然后单击“定义”按钮，进行环路的定义，如图4-41所示。在弹出的“环选取”对话框中选取不需要的环（侧孔位置的环），然后单击“排除”按钮，将其排除出环，具体的设置如图4-42所示。完成后单击“确定”按钮，完成操作。

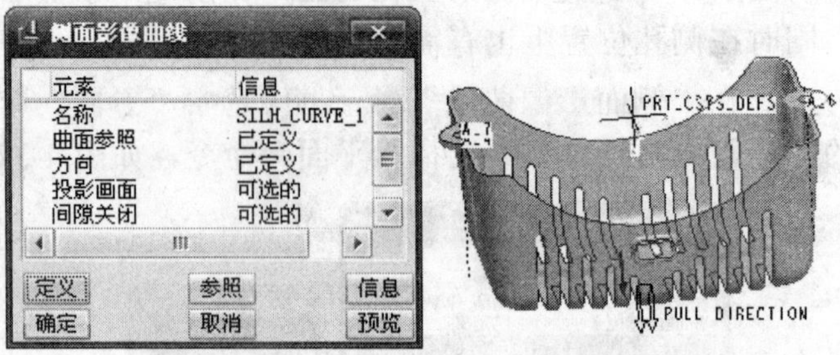


图 4-40 预览影像曲线

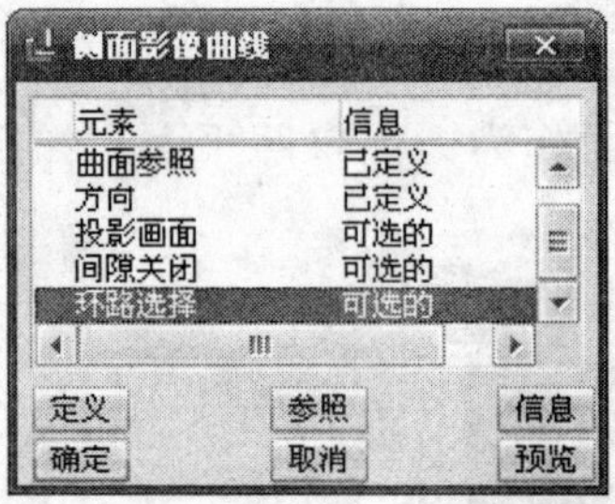


图 4-41 进行环路定义

图 4-42 排除曲线环

（5）得到影像曲线。在“侧面影像曲线”对话框中单击“确定”按钮，系统随即生成侧面影像曲线，将参照模型隐藏起来后即可观察到结果，如图 4-43 所示。

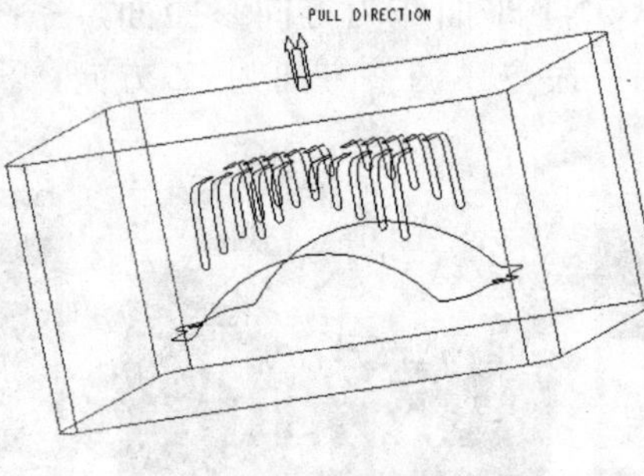


图 4-43 生成影像曲线

**2．创建影像曲线 2**

（1）选取参照曲面。将第一个影像曲线隐藏起来。在工具栏中单击“创建自动分型线”按钮，在弹出的“侧面影像曲线”对话框中选中“曲面参照”选项，然后单击“定义”按钮，在绘图区中按住 Ctrl 键选取侧孔的内侧面和孔的前后端面，单击鼠标中键确认，如图 4-44 所示。

**提 示** 在定义影像曲线的参照曲面时，不仅需要选取孔的内侧面，还需要选取孔的前后端面。在只有一个参照模型的情况下，系统默认的参照曲面是整个参照模型的实体曲面。

（2）定义投影方向。在“侧面影像曲线”对话框选中“方向”选项，然后单击“定义”按钮，在弹出的“选取方向”菜单中选择“平面”命令，如图 4-45 所示。

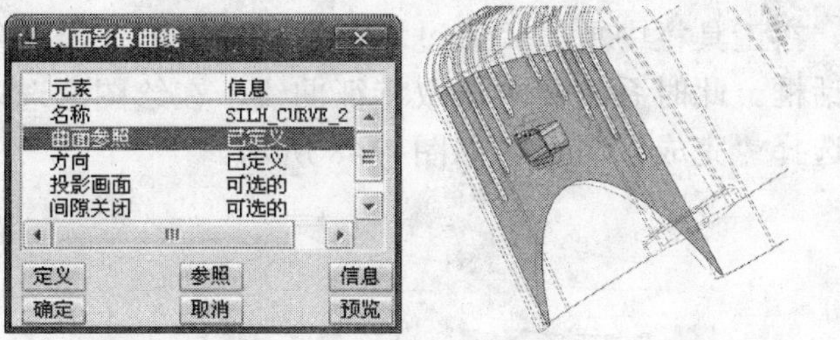


图 4-44 选取参照曲面

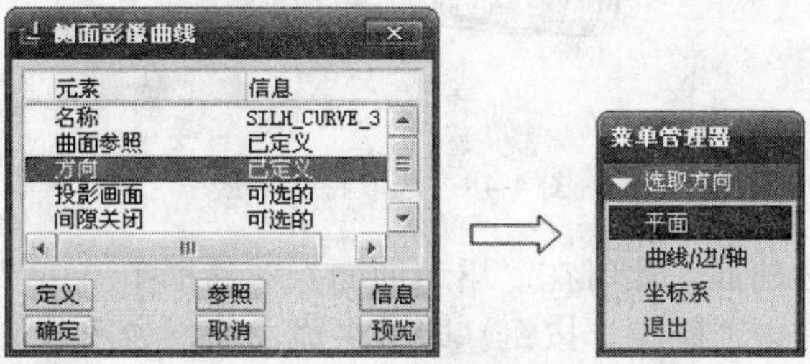


图 4-45 定义投影方向

在绘图区选中 MOLD_FRONT 平面作为方向参照面，系统提示的方向为该面的法向，在“方向”菜单中选择“正向”命令，完成方向的定义，如图 4-46 所示。

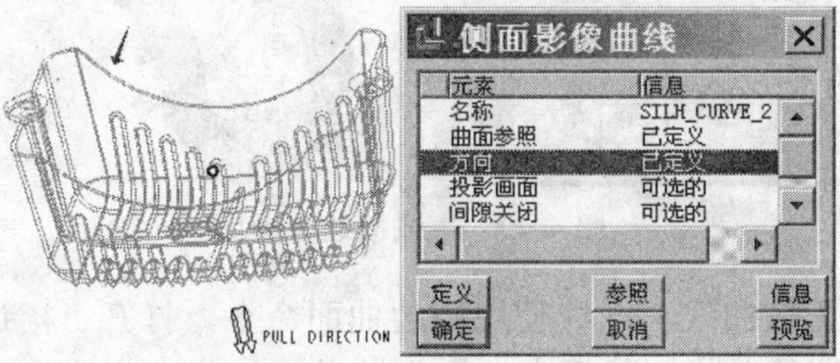


图 4-46 完成方向的定义

（3）得到影像曲线。在“侧面影像曲线”对话框中单击“确定”按钮，系统随即在侧孔的内侧生成侧面影像曲线，如图 4-47 所示。

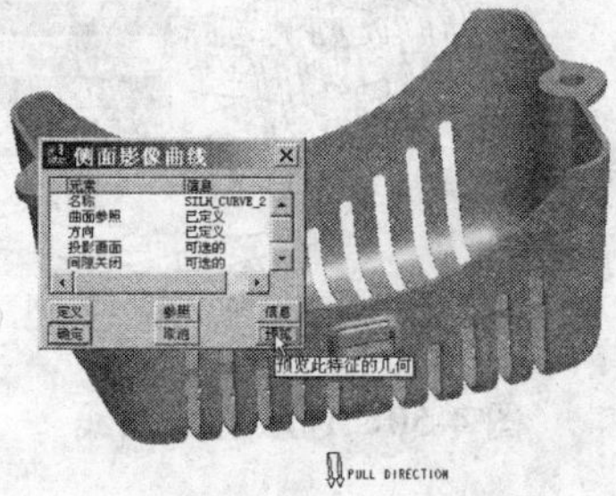


图 4-47 生成影像曲线

### 3．创建裙边曲面

（1）选取特征曲线。将工件取消隐藏。在工具栏中单击“分型曲面工具”按钮，进入分型面创建模式。在工具栏中单击“通过填充回路和扩展边界产生曲面”按钮，将弹出“裙边曲面”对话框。此时系统要求选取特征曲线，在绘图区选取第一个影像曲线，然后在“链”菜单中选择“完成”命令，如图 4-48 所示。

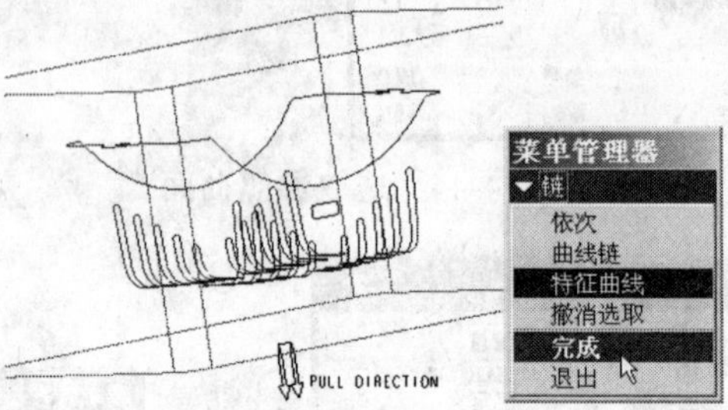


图 4-48　选取特征曲线

（2）得到一个裙边曲面。此时在“裙边曲面”对话框中单击“预览”按钮，即可观察到新的分型面形状，单击“确定”按钮，即可生成曲面，如图 4-49 所示。

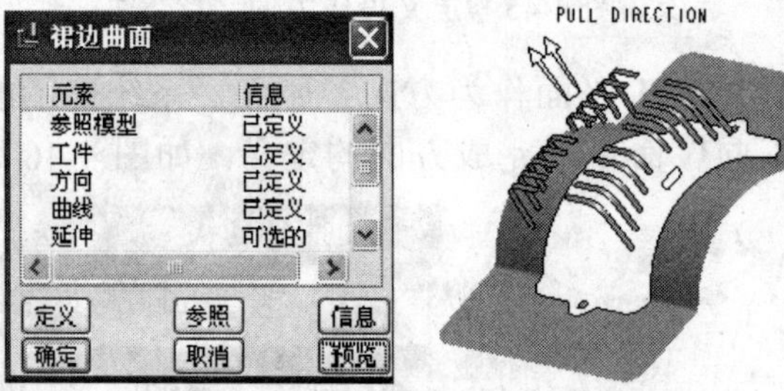


图 4-49　生成裙边分型面

（3）选取第二个影像曲线。继续使用裙边曲面命令，打开“裙边曲面”对话框后，在绘图区中选取侧孔位置的曲线，然后在“链”菜单中选择“完成”命令，如图 4-50 所示。

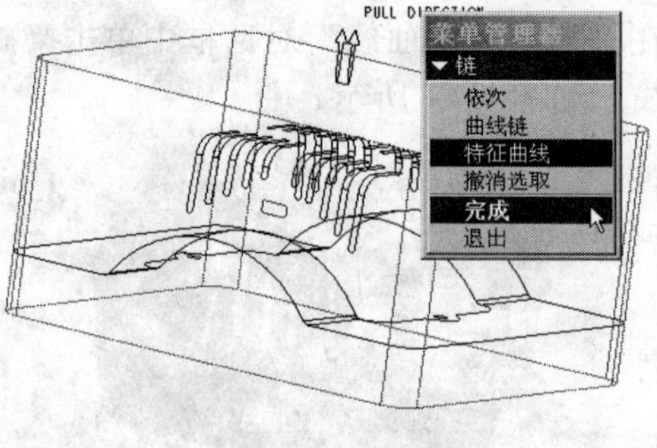


图 4-50　选取影像曲线

（4）得到第二个影像曲面。此时将弹出“环分类”菜单，选择“内侧”命令，然后在“裙边曲面”对话框中单击“确定”按钮，系统随即生成裙边曲面，如图 4-51 所示，在工具栏中单击“应用”按钮，退出分型面模式。

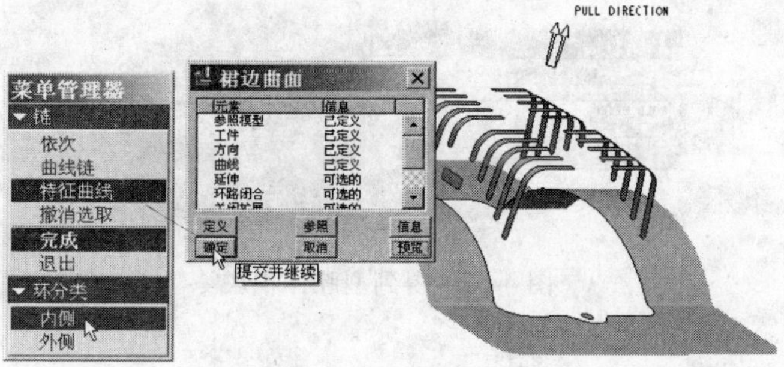


图 4-51 生成裙边曲面

### 4.2.3 创建基础体积块

分型面创建完成后，接下来就是进行基础体积块的分割。操作步骤如下。

（1）选取分型曲面。在工具栏中单击“分割为新的模具体积块”按钮，在弹出的“分割体积块”菜单中使用默认的设置，直接选择“完成”命令，如图 4-52 所示。此时系统要求选取分型面，在绘图区选取两个裙边分型面，单击鼠标中键确认，如图 4-53 所示。

图 4-52 使用默认的设置

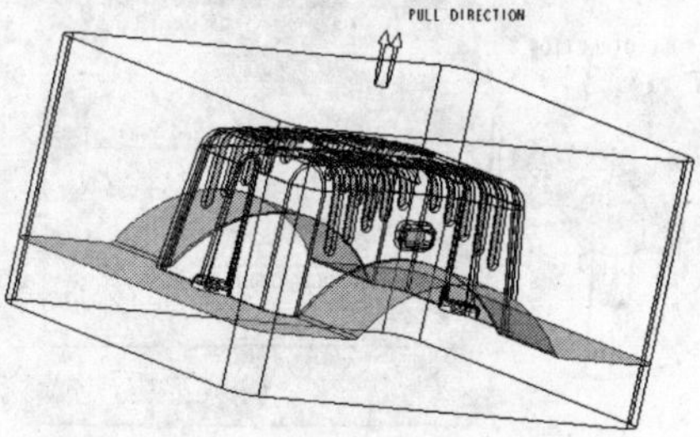


图 4-53 选取分型面组

（2）分割出体积块。在“分割”对话框中单击“确定”按钮，系统随即进行分割操作。在“属性”对话框中单击“着色”按钮，根据显示结果输入名称 MOLD_MOVE，然后单击“确定”按钮，得到型芯体积块，如图 4-54 所示。

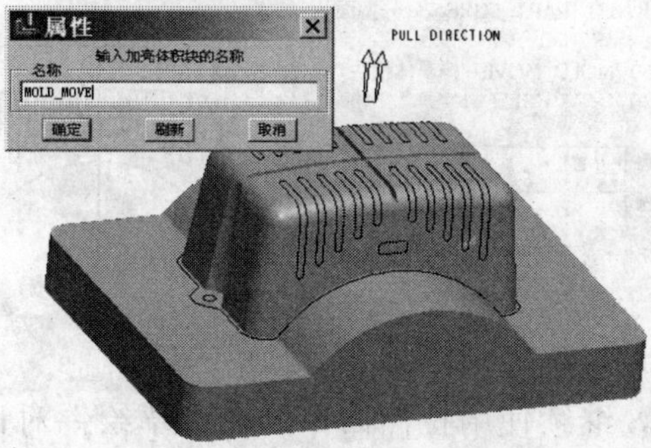


图 4-54 得到型芯体积块

系统继续进行分割操作，将型腔体积块命名为 MOLD_FIXED，如图 4-55 所示。

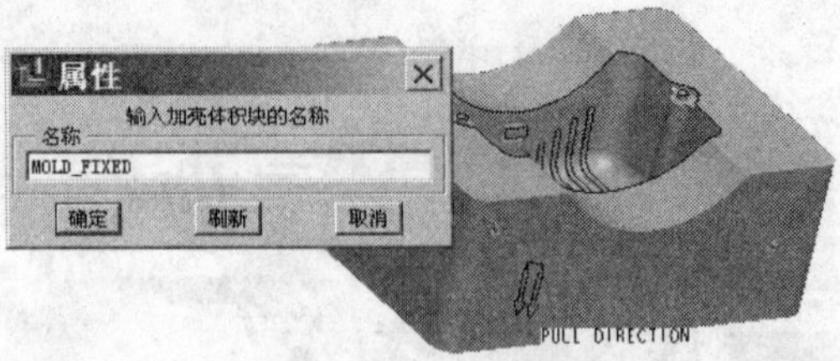


图 4-55　得到型腔体积块

### 4.2.4　创建型腔镶针体积块

分割出基础体积块后，可以发现有两个圆柱，需要设计为镶针结构。

**1．创建镶针分型面**

（1）创建拉伸曲面 1。只显示型腔元件。在工具栏中单击“分型曲面工具”按钮，进入分型面创建模式。在工具栏中单击“拉伸工具”按钮，然后选取如图 4-56 所示的型腔体积块底平面作为草绘平面。进入草绘模式后，抽取两个圆柱的轮廓线，如图 4-57 所示。

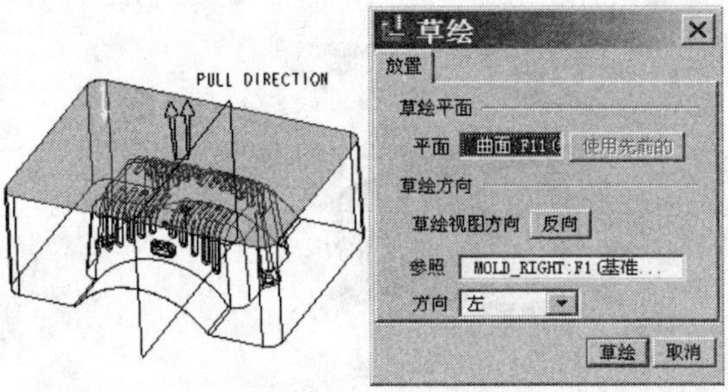


图 4-56　选取草绘平面

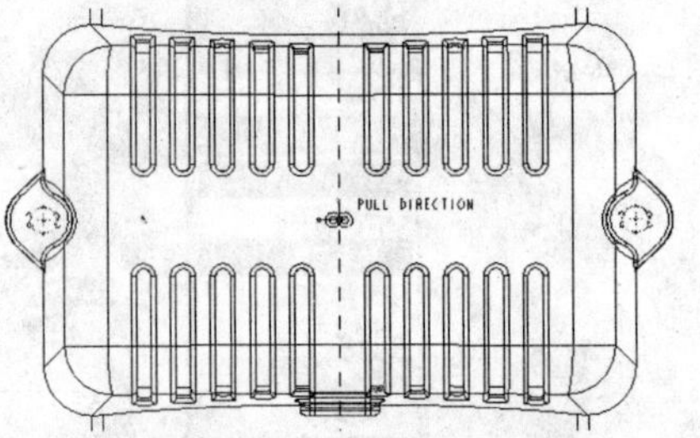


图 4-57　抽取圆柱轮廓线

草图绘制完成后，将其向内侧拉伸，设置拉伸深度为 84.0，在操控板中单击“应用”按钮完成操作，如图 4-58 所示。

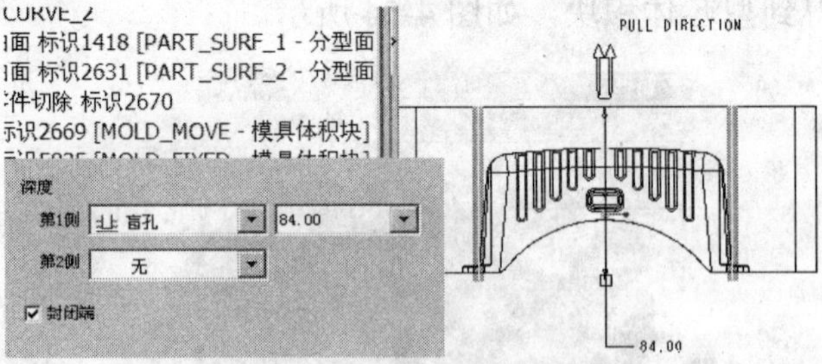


图 4-58　得到拉伸曲面

（2）创建拉伸曲面 2。继续使用拉伸命令，在“草绘”对话框中单击“使用先前的”按钮，如图 4-59 所示。进入草绘模式后，选取刚才的拉伸曲面作为参照，再绘制两个相同的小圆，如图 4-60 所示。

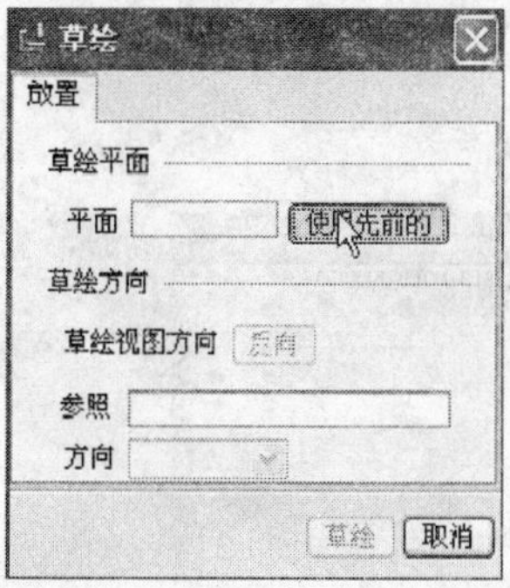


图 4-59 使用先前的草绘平面

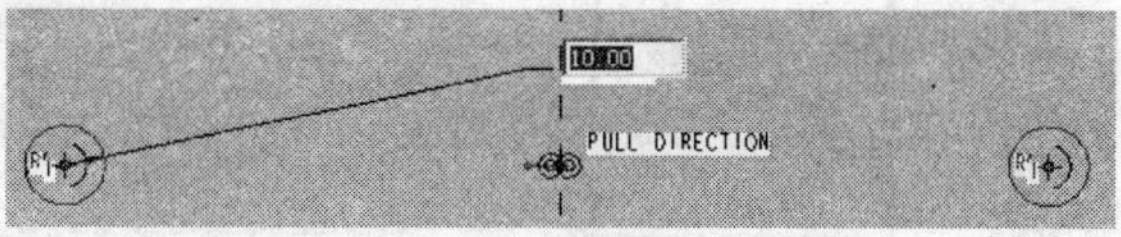


图 4-60 绘制小圆

草图绘制完成后，打开操控板中的“选项”选项面板，然后设置拉伸深度为 3.0，选中“封闭端”复选框。得到预览图形，如图 4-61 所示。在操控板中单击“应用”按钮 ，完成操作。

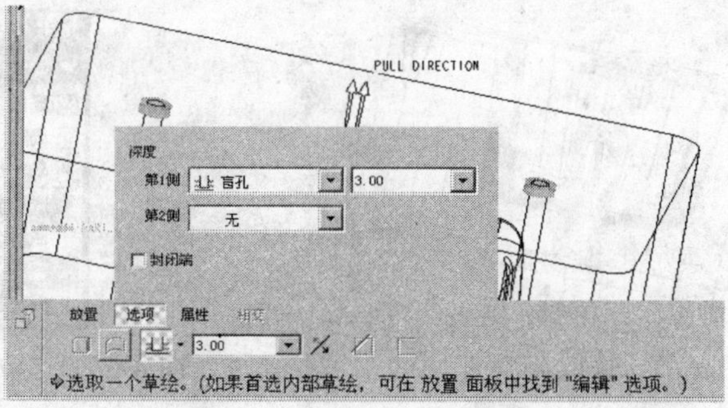


图 4-61 完成拉伸操作

（3）合并曲面单击。按住 Ctrl 键选取两个拉伸曲面，然后在工具栏中单击“合并工具”按钮，将合并方向设置为向外，在操控板中单击“应用”按钮 ，完成合并操作，如图 4-62 所示。在工具栏中单击“应用”按钮 ，退出分型面模式。

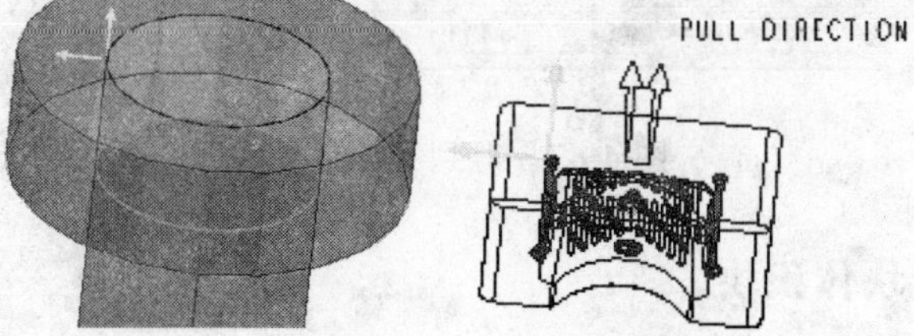


图 4-62 合并分型面

**2．分割镶针体积块**

（1）分割设置。在工具栏中单击“分割为新的模具体积块”按钮，在“分割体积块”菜单中依次选择“一个体积块”→“模具体积块”→“完成”命令，如图 4-63 所示。系统要求选取分割的元件，选取型腔体积块作为分割的对象，如图 4-64 所示，然后单击“关闭”按钮。

图 4-63　设置分割方式

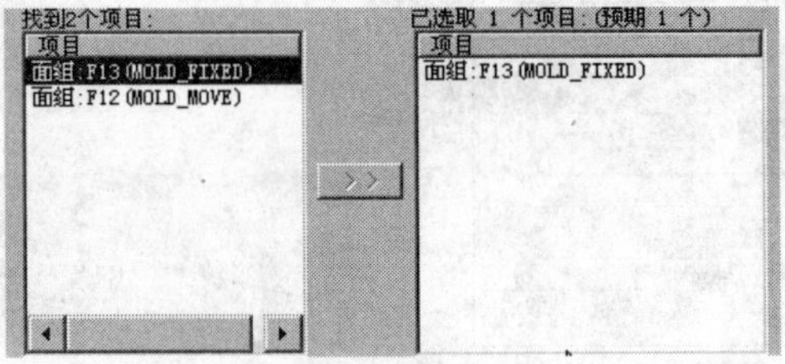


图 4-64　选取分割元件

此时系统要求选取分型面，选取刚才创建的合并分型面组，并单击鼠标中键确认，如图 4-65 所示。在“岛列表”菜单中选中“岛 2”和“岛 3”复选框作为新体积块对象，选择“完成选取”命令，如图 4-66 所示。

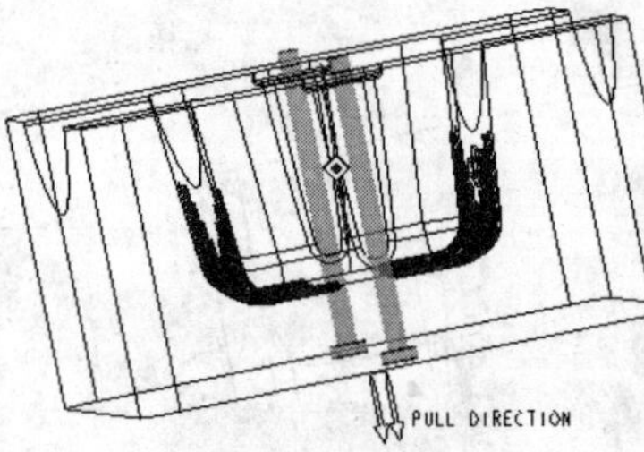


图 4-65　选取分型面

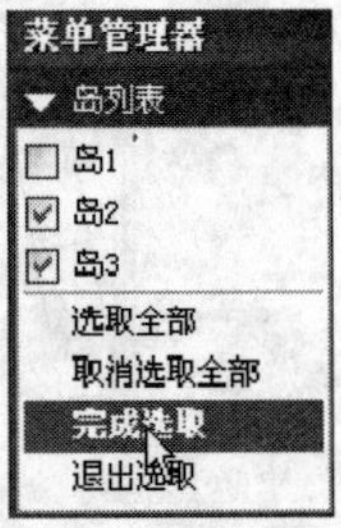


图 4-66　选取新体积块对象

（2）得到体积块。在“分割”对话框中单击“确定”按钮，系统随即进行分割操作，单击“确定”按钮完成操作，如图 4-67 所示。

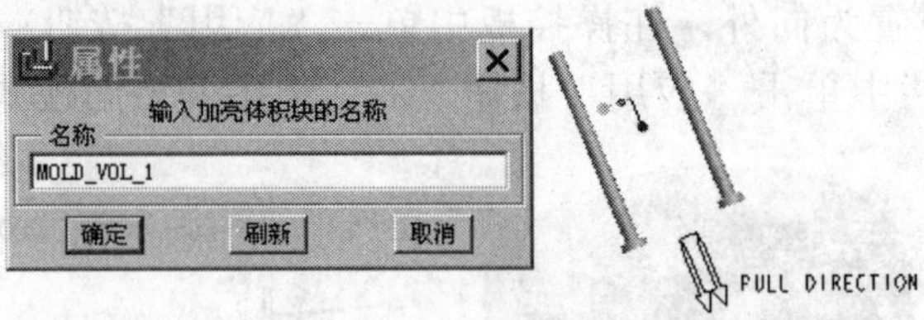


图 4-67　得到镶针体积块

### 4.2.5　创建型腔侧滑块体积块

在型腔体积块上有一个内凹部分，需要设计侧滑块元件。

**1．创建分型面**

只显示型腔体积块，隐藏其他体积块各元件。在工具栏中单击“分型曲面工具”按钮，进入分型面创建模式。在工具栏中单击“拉伸工具”按钮，然后选取如图 4-68 所示的平面作为草绘平面。进入草绘模式后，绘制一个圆角矩形作为拉伸轮廓，如图 4-69 所示。

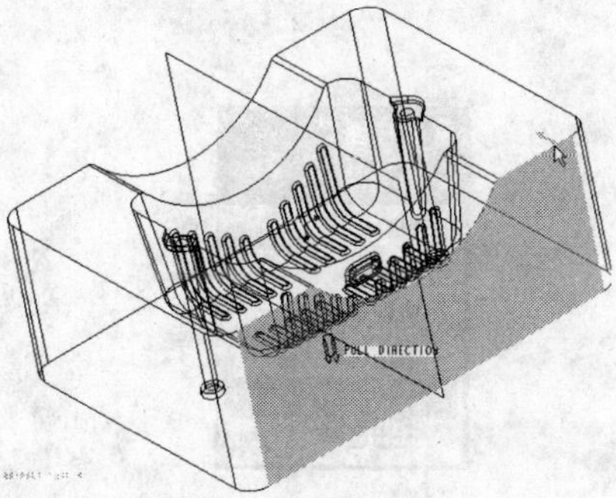

图 4-68 选取草绘平面

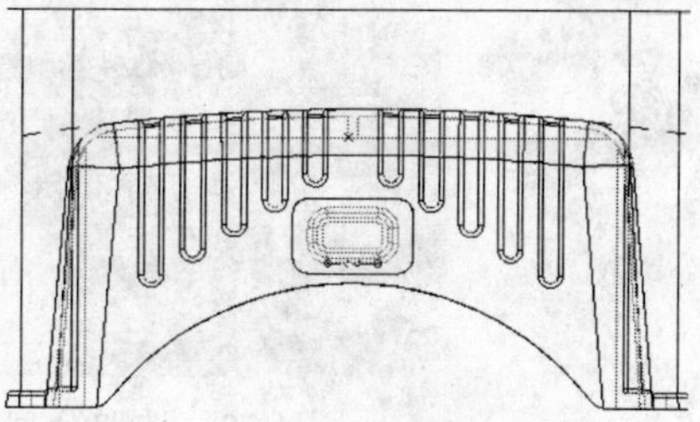

图 4-69 绘制拉伸轮廓

草图绘制完成后，将轮廓向内侧拉伸，设置尺寸为 44.0，在操控板中单击“应用”按钮✔完成操作，如图 4-70 所示。在工具栏中单击“应用”按钮✔，退出分型面模式。

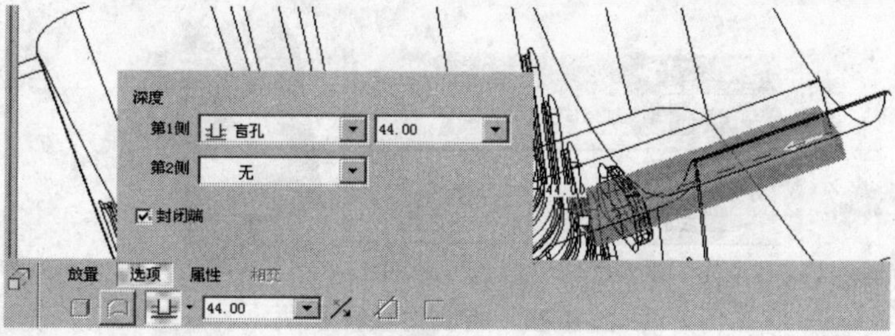


图 4-70 得到拉伸特征

**提示** 在创建侧抽芯体积块时，分型曲面的设计应该将整个结构轮廓包括在里面，这样才能使侧芯彻底地脱离模型，也便于加工制造。

### 2. 分割镶针体积块

（1）分割设置。在工具栏中单击“分割为新的模具体积块”按钮，在“分割体积块”菜单中依次选择“一个体积块”→“模具体积块”→“完成”命令。系统要求选取分割的元件，选取型腔体积块作为分割的对象，如图 4-71 所示，然后单击“关闭”按钮。

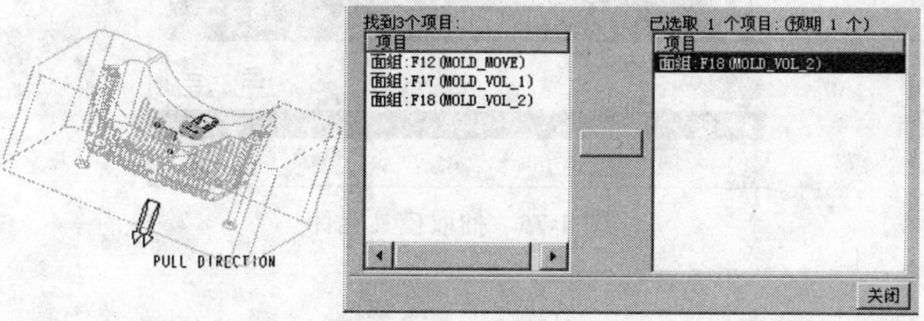


图 4-71 选取分割元件

此时系统要求选取分型面，选取刚才创建的拉伸分型面组，并单击鼠标中键确认，如图 4-72 所示。在“岛列表”菜单中选中“岛 2”复选框作为新体积块对象，然后选择“完成选取”命令，如图 4-73 所示。

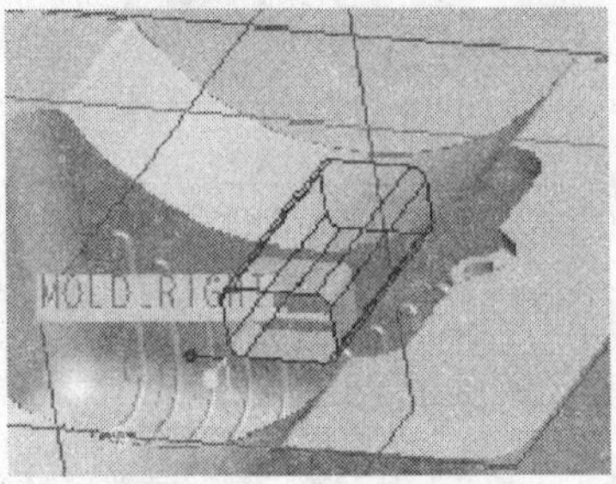


图 4-72　选取分型面组

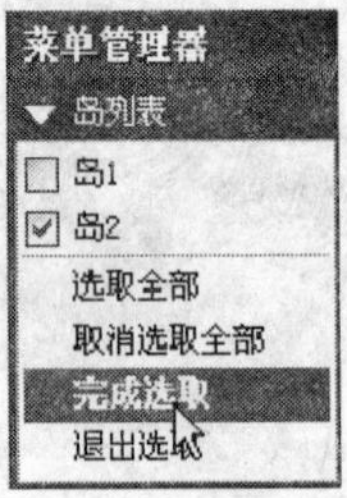


图 4-73　选取新体积块对象

（2）得到体积块。在“分割”对话框中单击“确定”按钮，系统随即进行分割操作。单击“确定”按钮完成操作，如图 4-74 所示。

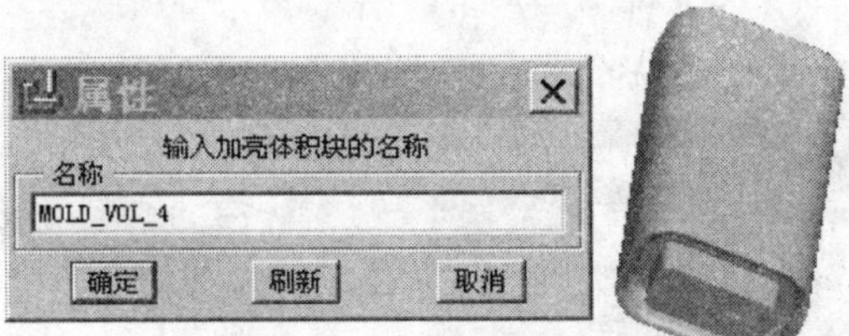


图 4-74　得到滑块体积块

### 4.2.6　抽取模具元件

在工具栏中单击“将型腔嵌入件添加为模具元件和/或进行编辑”按钮，在弹出的“模具元件”菜单中选择“抽取”命令。在“创建模具元件”对话框中选取全部体积块，然后单击“确定”按钮，如图 4-75 所示。此时将通过体积块生成模具元件，同时体积块将被自动遮蔽。

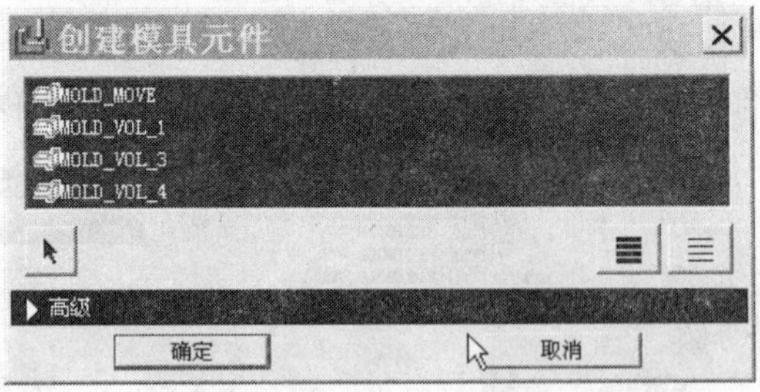


图 4-75　抽取模具元件

### 4.2.7　模具打开

单击工具栏中的“执行模具开口分析”按钮，然后在菜单管理器中选择“定义间距”→“定义移动”命令，对各元件进行移动。模具打开的结果如图 4-76 所示。

图 4-76 模具被打开

## 4.3 本章小结

本章主要介绍阴影曲面分模和裙边曲面分模。对用户来说能灵活使用这些工具对提高工作效率具有极大的意义。对于大部分的壳体类产品，建议使用阴影和裙边来制作分型面，这样不仅易分模，而且做出来的分型面也比较美观。所以，读者有必要掌握以上两种分模的方法。

## 4.4 课后习题

（1）用阴影曲面分模的方法对如图 4-77 所示的上端盖分模。

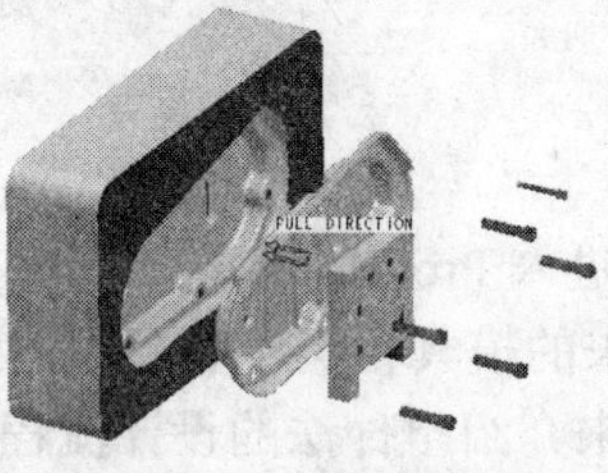


图 4-77 上端盖分模

（2）用裙边曲面分模的方法对如图 4-78 所示的 LCD 屏后盖分模。

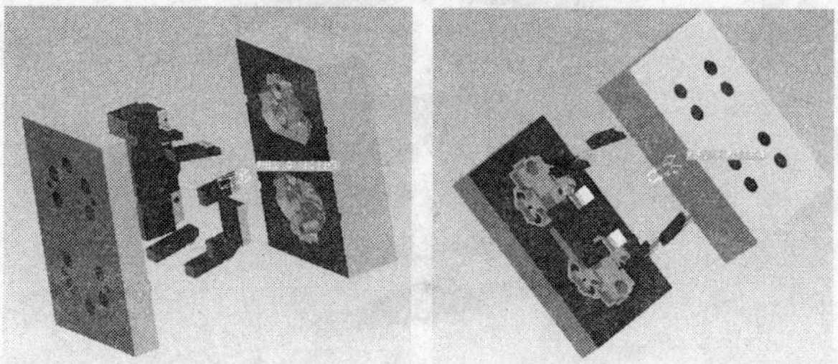

图 4-78 LCD 屏后盖分模

# 第5章 模具分模简介及ASM法

本章导读

Pro/ENGINEER Wildfire 4.0 模具设计的核心就是分模，熟练地分模是模具设计人员的必备技能。正如本书在第 1 章的 1.5 节所述，Pro/ENGINEER Wildfire 4.0 提供了 3 种进行模具设计的方法，即组件法、分型面法、体积块法。3 种设计方法各有特色，熟练地掌握这 3 种方法是 Pro/ENGINEER Wildfire 4.0 模具设计的核心。为了让读者对这 3 种方法有深刻体会，本章对同一个零件运用 3 种方法进行分模，从而让读者体会到 3 种方法各自的优缺点，以备将来在设计中熟练使用。

通过本章的学习，读者应实现如下目标：

- ❑ 掌握 Pro/ENGINEER Wildfire 4.0 模具设计的 3 种方法
- ❑ 通过实例掌握模具设计的流程

## 5.1 组件法

组件法又名 ASM 法。它是不进入 Pro/MoldDesign 的工作环境下，直接在 Pro/ENGINEER 的装配模式下设计模具，设计出来的模具相当于装配中的一个装配件。这种方法能快速地设计出简单的模具。下面通过实例来介绍组件法的设计流程，实例的最终效果如图 5-1 所示。

光盘文件：光盘\素材\第 5 章\5-1\shell.asm。

图 5-1 最终效果

### 5.1.1 装配阶段

（1）新建一个名为 5-1 的文件夹，将文件 shell.prt 复制到该文件夹中。选择主菜单中的“文件”→“设置工作目录”命令，在弹出的“选择工作目录”对话框中指定工作目录为5-1文件夹，单击“确定”按钮。

（2）单击“新建”按钮，弹出“新建”对话框。在“类型”选项组中选中“组件”单选按钮，在右边的“子类型”选项组中选中“设计”单选按钮，在“名称”文本框中输入模具名称shell，完成“新建”对话框的设置，如图5-2所示。取消选中“使用缺省模板”复选框，单击“确定”按钮，选择mmns_asm_design模板，单击“确定”按钮进入装配设计主界面。

其中主界面中包含3个装配基准平面：ASM_TOP、ASM_FRONT、ASM_RIGHT，以及装配基准坐标系ASM_DEF_CSYS，如图5-3所示。

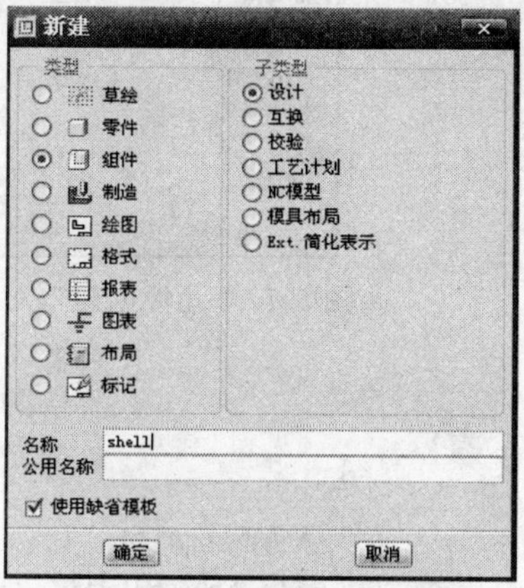


图5-2 “新建”对话框的设置

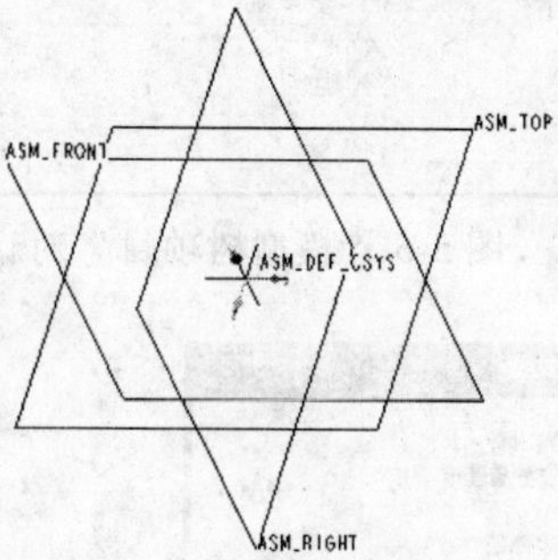


图5-3 装配基准

（3）单击绘图区右侧工具栏上的“装配”按钮，弹出“打开”对话框。选择shell.prt零件模型，单击“打开”按钮，系统将参照模型显示在绘图区，如图5-4所示。

（4）弹出“装配”操作面板，单击操作面板上的下拉三角按钮，选择“默认”方式进行装配，如图5-5所示。单击按钮，完成零件的装配。

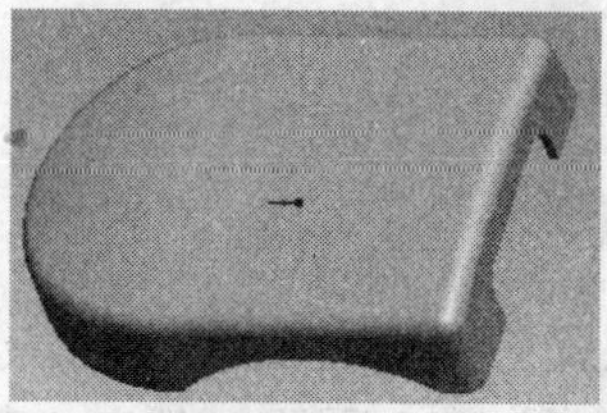

图5-4 参照模型

图5-5 “装配”操作面板

（5）单击模型树上方的“设置”按钮，在弹出的快捷菜单中选择“树过滤器”命令，弹出“模型树项目”对话框，再选中“特征”复选框，如图5-6所示。这样，零件的特征将在模型树上显示。

（6）单击绘图区右侧工具栏上的“创建”按钮，弹出“元件创建”对话框，在“名称”文本框中输入工件名称workpiece，如图5-7所示。单击该对话框中的“确定”按钮，弹出“创建选项”对话框，在“创建方法”选项组中选中“定位缺省基准”单选按钮，在“定位基准的方法”选项组中选中“对齐坐标系与坐标系”单选按钮，如图5-8所示。单击该对话框中的“确定”按钮，系统提示选择装配图中与零件坐标系对齐的装配参考坐标系，在绘图区或者模型树上选择 ASM_DEF_CSYS，完成装配图中零件的创建，在模型树上会显示出该零件，如图 5-9 所示。

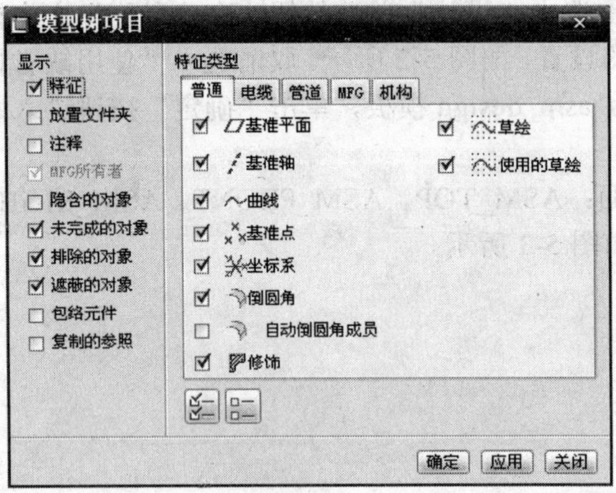


图 5-6 “模型树项目”对话框

图 5-7 “元件创建”对话框

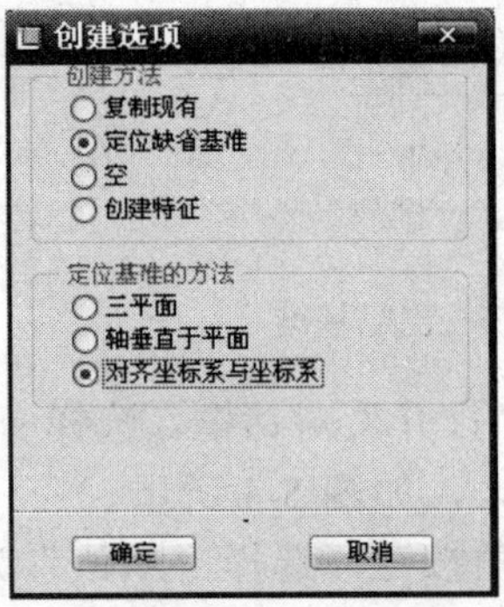


图 5-8 “创建选项”对话框

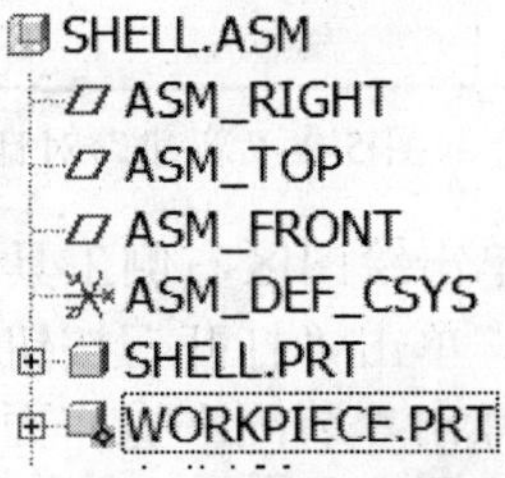


图 5-9 新建零件

### 5.1.2 创建模具胚料并生成型腔阶段

（1）单击“拉伸”按钮，再单击操作面板上的“放置”→“定义”按钮，选择 DTM3 为绘图平面，DTM1 为草绘参照平面，方向为“右”，如图 5-10 所示。单击“草绘”按钮进入草绘界面，绘制如图 5-11 所示的草绘。选择拉伸方式为，拉伸深度为 500，如图 5-12 所示。单击按钮完成拉伸，拉伸效果如图 5-13 所示。

（2）选择主菜单中的“窗口”→SHELL.ASM 命令，将装配图作为当前的工作窗口。选择主菜单中的“编辑”→“元件操作”命令，弹出“元件”菜单，如图 5-14 所示。选择菜单上的“切除”命令，再选择要对其执行切除处理的零件，即 workpiece，单击该零件后单击鼠标中键；再选择用于切除的参照模型，即 SHELL，单击该零件，单击鼠标中键；再单击鼠标中键，完成“切除”操作。在 workpiece 的模型树上增加了一个“切出”特征，如图 5-15 所示。

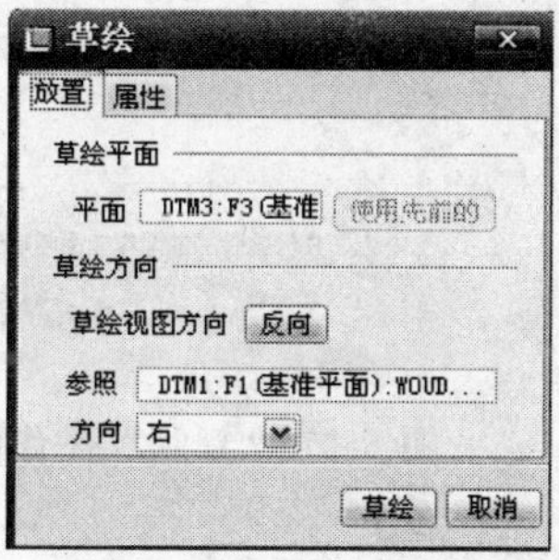


图 5-10 定义草绘平面

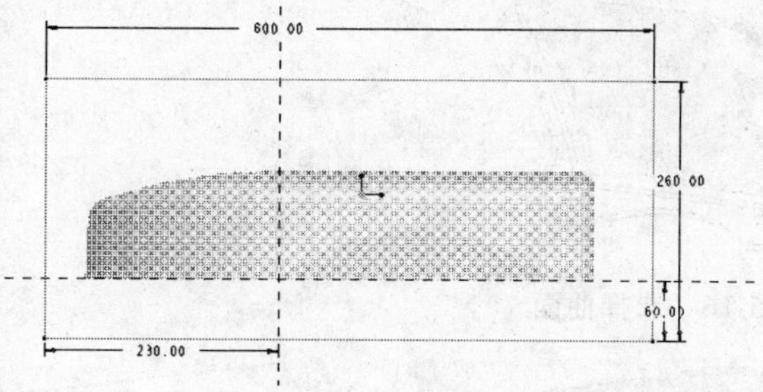


图 5-11 定义草绘

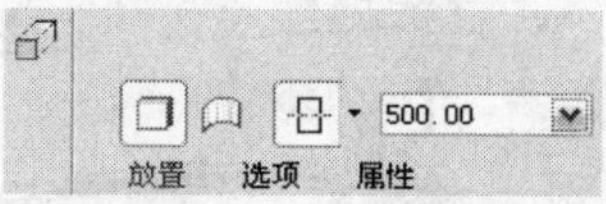


图 5-12 定义拉伸方式与深度

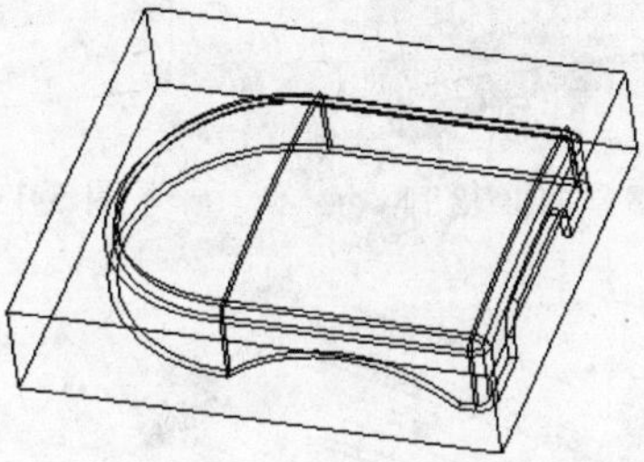

图 5-13 拉伸效果

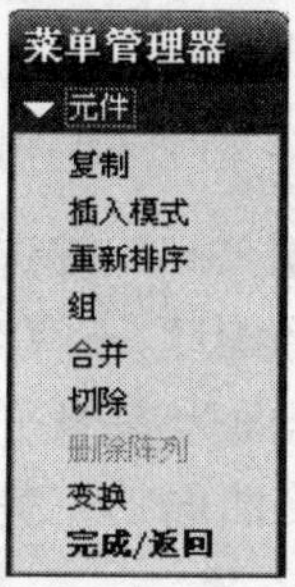


图 5-14 “元件”菜单

图 5-15 “切出”特征

### 5.1.3 创建分型面阶段

（1）为了方便复制曲面，先在模型树 workpiece.prt 的位置上单击鼠标右键，在弹出的快捷菜单中选择“隐藏”命令，将 workpiece 零件隐藏。选择参照模型中外表面的一个曲面，如图 5-16 所示选择主菜单中的“编辑”→“复制”命令，再选择主菜单中的“编辑”→“粘贴”命令，弹出“复制”操作面板，如图 5-17 所示。按住 Ctrl 键选择整个模型的外表面，如图 5-18 所示。单击✔按钮，完成曲面的复制。

（2）取消隐藏 workpiece 零件，隐藏 shell 零件。使用过滤器以“面组”方式选择刚才复制的曲面，再使用过滤器以“智能”方式选择曲面的边，如图 5-19 所示。选择主菜单中的“编辑”→“延伸”命令，弹出“延伸”操作面板，选择“将曲面延伸到参照平面”方式进行延伸，如图 5-20 所示。选取长方体的外侧面为参照平面，如图 5-21 所示。单击✔按钮，完成曲面的延伸。使用同样的方法延伸曲面另一侧，如图 5-22 所示。

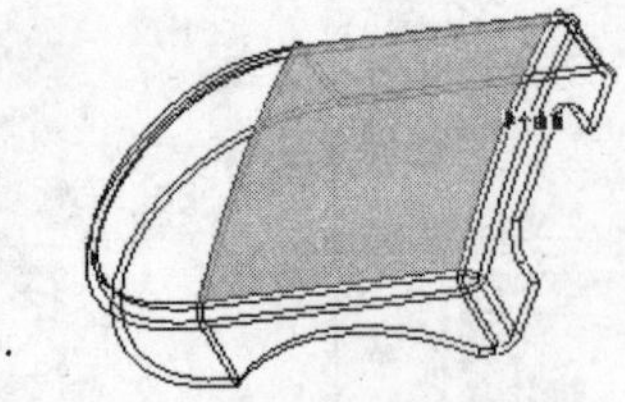

图 5-16　选择曲面

图 5-17 “复制”操作面板

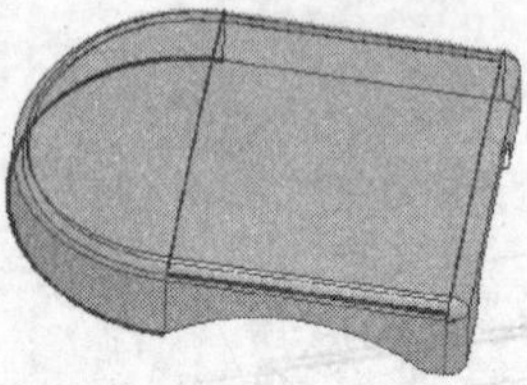

图 5-18　曲面复制

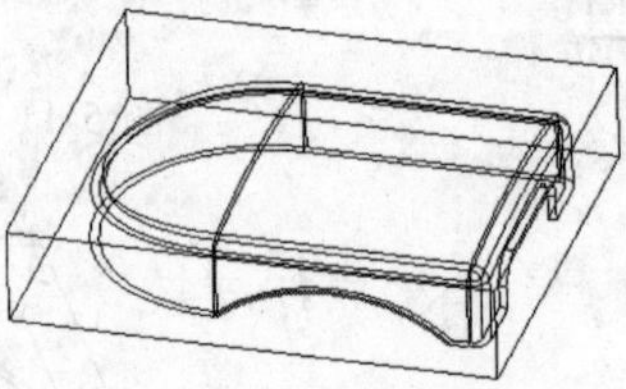

图 5-19　选择延伸的边

图 5-20　选择延伸方式

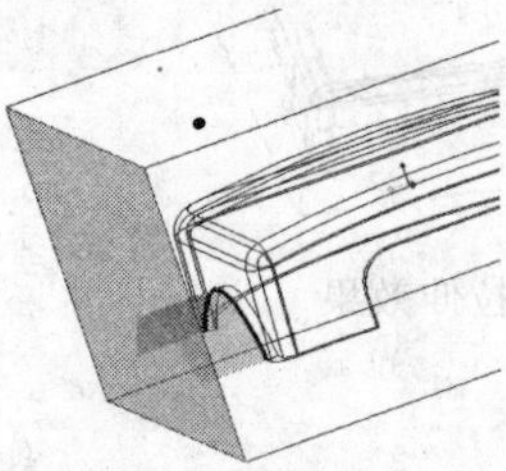

图 5-21　选择参照平面

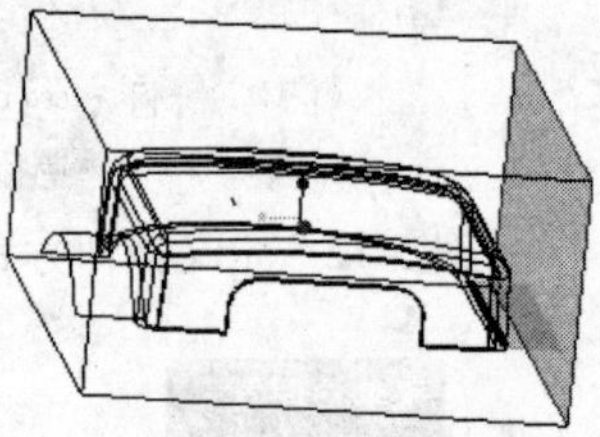

图 5-22　两侧延伸曲面

（3）用步骤 2 的方法选择延伸曲面的边，如图 5-23 所示。按住 Shift 键选择另一个延伸曲面的边，可以选择整条边，如图 5-24 所示。选择主菜单中的“编辑”→“延伸”命令，选择“将曲面延伸到参照平面”方式进行延伸，选择长方体的右侧面为参照平面，单击✔按钮，完成曲面的延伸，如图 5-25 所示。用同样的方法延伸左侧的曲面边，完成分型面的创建，如图 5-26 所示。

图 5-23　选择延伸边

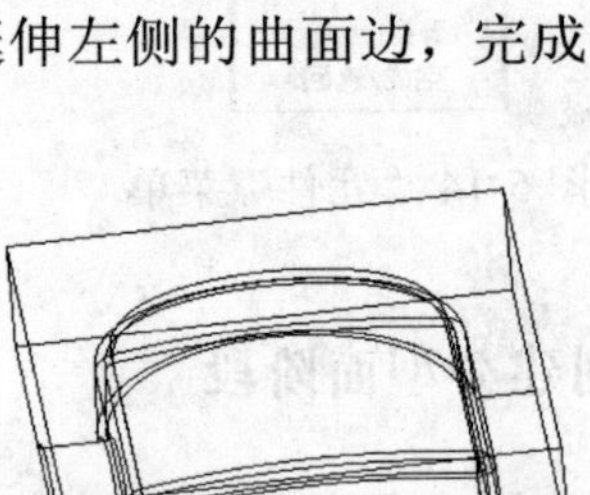

图 5-24　选择整条延伸边

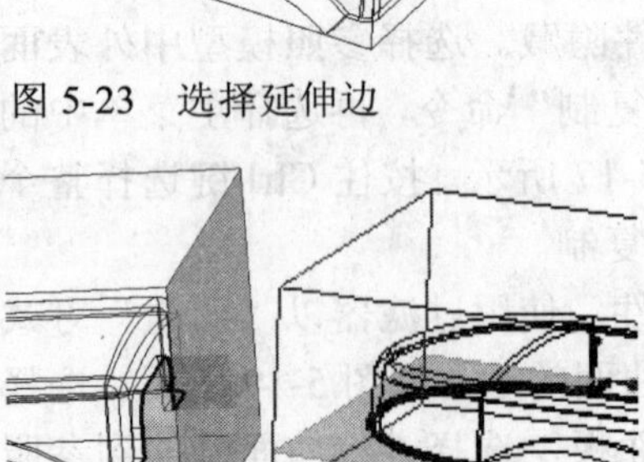

图 5-25　延伸曲面

图 5-26　分型面效果

### 5.1.4　拆模阶段

（1）在模型树 workpiece 零件的位置上单击鼠标右键，在弹出快捷菜单中选择“打开”命令，如图 5-27 所示。系统切换到 workpiece 零件模式。

（2）使用过滤器以“面组”方式选择整个分型面，如图 5-28 所示。选择主菜单中的“编辑”→“实体化”命令，弹出“实体化”操作面板，如图 5-29 所示。单击✔按钮，完成实体化特征，效果如图 5-30 所示。选择主菜单中的“文件”→“保存副本”命令，将零件以 shell_mould_move.prt 文件名保存。

图 5-27　切换为零件模式

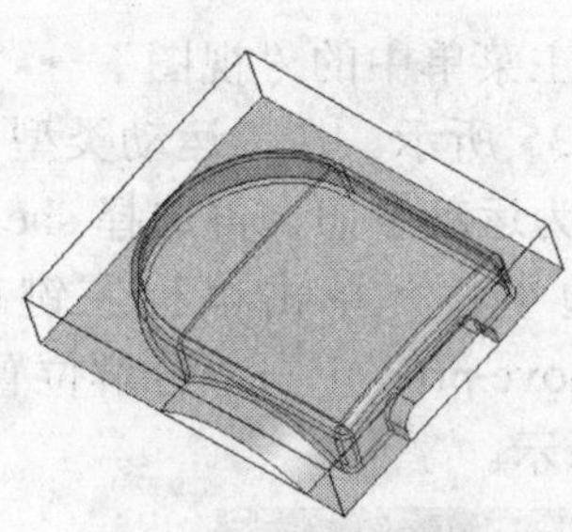

图 5-28　选择分型面

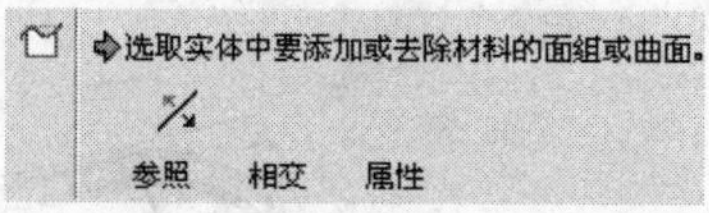


图 5-29 “实体化”操作面板

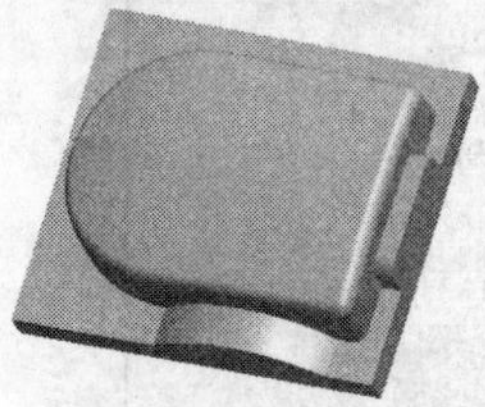

图 5-30　模具凸模

（3）在模型树上实体化特征位置单击鼠标右键，在弹出快捷菜单中选择“编辑定义”命令，如图 5-31 所示。单击“实体化”操作面板上的按钮改变保留的方向，单击✔按钮，完成实体化特征，效果如图 5-32 所示。

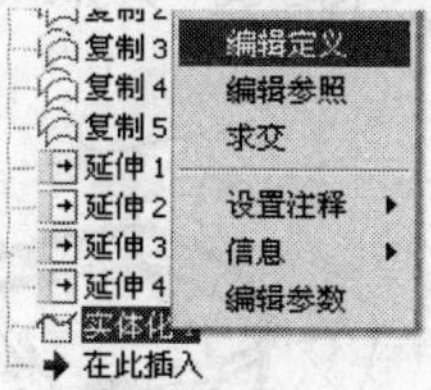


图 5-31　编辑定义特征

图 5-32　模具凹模

### 5.1.5　开模阶段

（1）在菜单栏的“窗口”中选择 shell.asm 作为活动窗口。隐藏 workpiece 零件，取消 shell 零件的隐藏。单击绘图区右侧工具栏上的“装配”按钮，弹出“打开”对话框。选择 shell_mould_fixed.prt 零件模型，单击“打开”按钮，在操作面板上选择“默认”方式进行装配，如图 5-33 所示。用同样的方式装配零件 shell_mould_move.prt，装配效果如图 5-34 所示。

图 5-33 “装配”操作面板

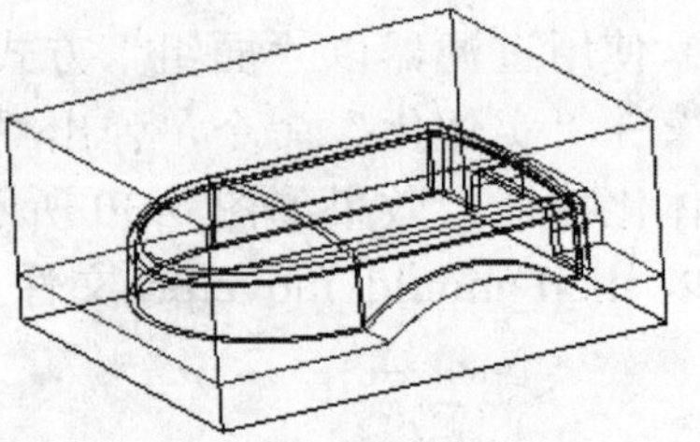
图 5-34 装配效果

（2）选择主菜单中的“视图”→“分解”→“编辑位置”命令，弹出“分解位置”对话框，如图 5-35 所示。在“运动类型”选项组中选中“平移”单选按钮，选择图 5-36 中鼠标所指的边为运动参照，再选择 shell_mould_fixed.prt，然后移动鼠标，可以带动所选的零件沿参照边平移，单击鼠标左键确定，如图 5-37 所示。用同样的方法向下移动 shell_mould_move.prt，单击“分解位置”对话框中的“确定”按钮完成分解编辑。最终效果如图 5-38 所示。

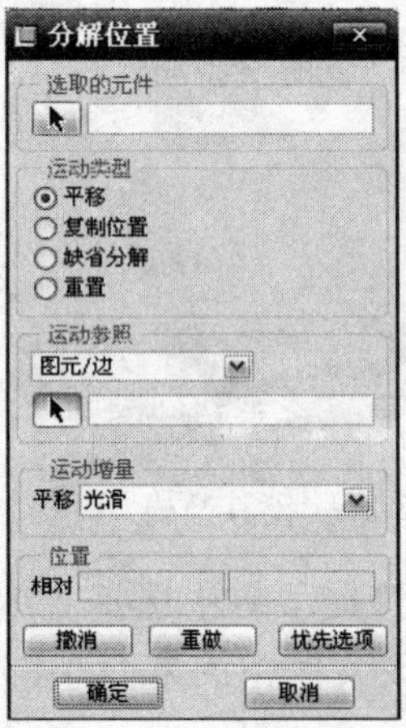

图 5-35 “分解位置”对话框

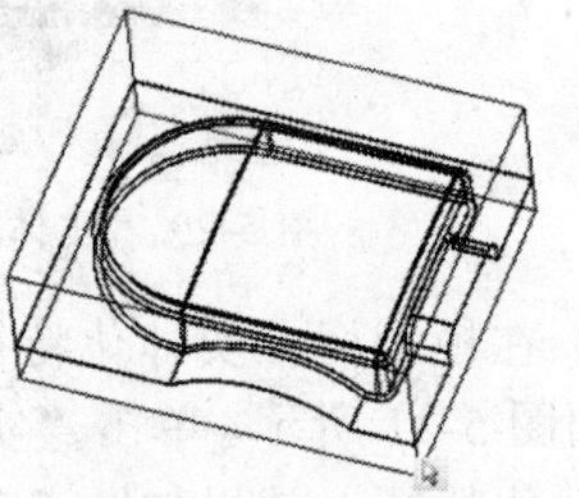
图 5-36 选择运动参照

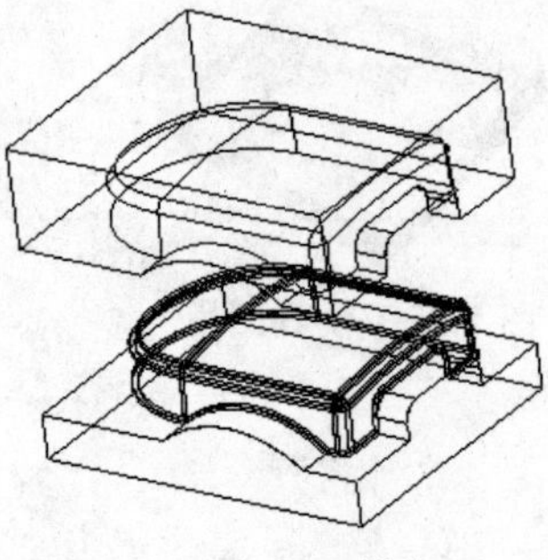
图 5-37 定义凹模位置

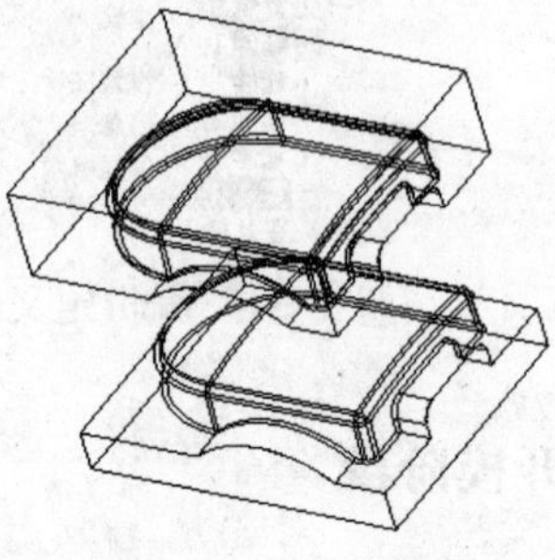
图 5-38 开模效果

**提示** 本范例是针对一个外壳零件利用组件法进行模具设计。在设计中用到的知识基本上都是前面章节所介绍的三维建模功能，相对比较简单。虽然例子比较简单，但也包含了一般使用组件法设计模具的流程。

在使用组件法设计模具时必须注意以下几个要点。

- 工作环境是 Pro/ENGINEER 的装配环境，而不是 Pro/MoldDesign 模具设计环境。
- 结合参照模型的大小、形状创建工件的大小和形状，并利用装配环境下的“特征操作”→“切除”命令切除型腔。
- 在 Pro/ENGINEER 中选择曲线链（连续的曲线）时，可以先选择曲线链的开始部分，按住 Shift 键，再选择结束部分。例如在图 5-24 中选择曲面延伸的边时就要用到曲线链的选择方法，这样能准确地选择曲线链。
- 组件法是通过工件作为参照模型，结合分型面创建出模具的上下模，各自保存为新的零件，再装配到装配图中。
- 组件法的开模是利用装配图中“分解”的功能完成的，也就是经常说的爆炸图。把装配的零件按一定的位置炸开，炸开的位置可以通过“视图”→“分解”→“编辑位置”命令编辑。

总体来说，组件法操作方法比较接近零件设计，所以对于初学者应该比较容易接受。

## 5.2 分型面法

分型面法是在 Pro/MoldDesign 环境下，先创建模型分型面，再用分型面分割工件得到模具体积块，经抽取后得到模具原件。同样使用 5.1 节中的参照模型来介绍分型面法的设计流程，实例的最终效果如图 5-39 所示。

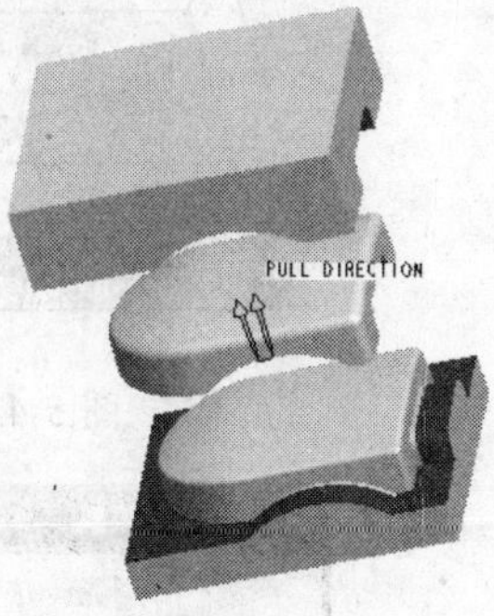

图 5-39　最终效果

光盘文件：光盘\素材\第 5 章\5-2\shell.mfg。

### 5.2.1 装配阶段

（1）新建一个名为 5-2 的文件夹，将配套光盘中的文件 shell.prt 复制到该文件夹中。选择主菜单中的“文件”→“设置工作目录”命令，在弹出的“选择工作目录”对话框中指定工作目录为 5-2 文件夹，单击“确定”按钮。

（2）单击“新建”按钮 🗋，弹出“新建”对话框。在“类型”选项组中选中“制造”单选按钮，在右边的“子类型”选项组中选中“模具型腔”单选按钮，在“名称”文本框中输入模具名称 shell，完成“新建”对话框的设置，如图 5-40 所示。取消“使用缺省模板”复选框，单击“确定”按钮，选择 mmns_mfg_mold 模板，单击“确定”按钮进入模具设计主界面。

其中主界面中包含 3 个基准平面：MAIN_PARTING_PLN、MOLD_FRONT、MOLD_RIGHT，以及装配基准坐标系 MOLD_DEF_CSYS 和开模方向箭头 PULL DIRECTION，如图 5-41 所示。

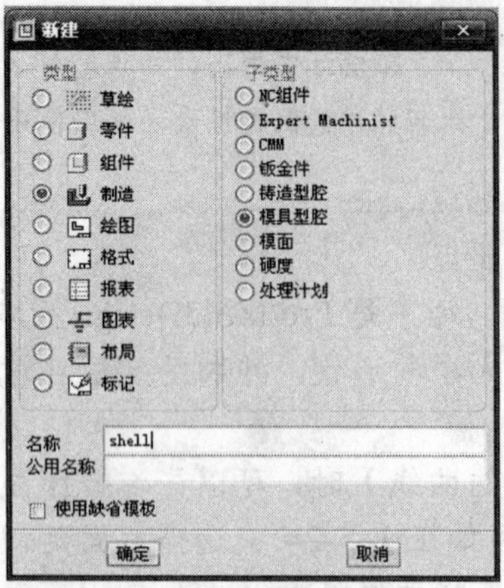


图 5-40 “新建”对话框的设置

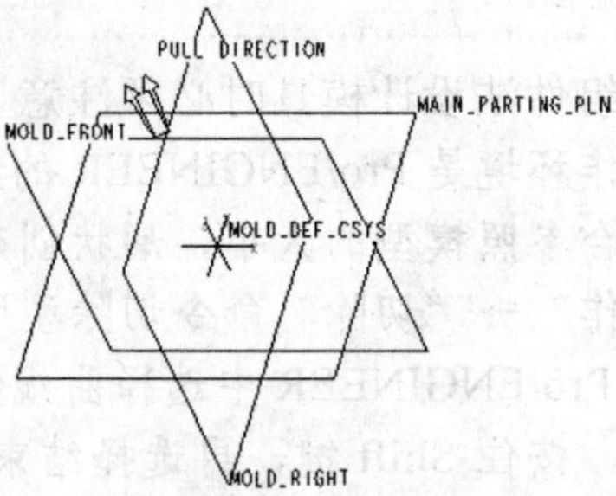


图 5-41 基准

（3）选择软件窗口右侧的“模具”菜单中的“模具模型”→“装配”→“参照模型”命令。在弹出的“打开”对话框中选择 shell.prt 零件模型，单击“打开”按钮，系统将参照模型显示在绘图区，如图 5-42 所示。

（4）弹出“装配”操作面板，单击操作面板上的下拉三角按钮，选择“默认”方式进行装配，如图 5-43 所示。单击✔按钮，弹出“创建参照模型”对话框，如图 5-44 所示。在“参照模型类型”选项组中选中“按参照合并”单选按钮，单击“确定”按钮完成参照模型的装配。效果如图 5-45 所示。

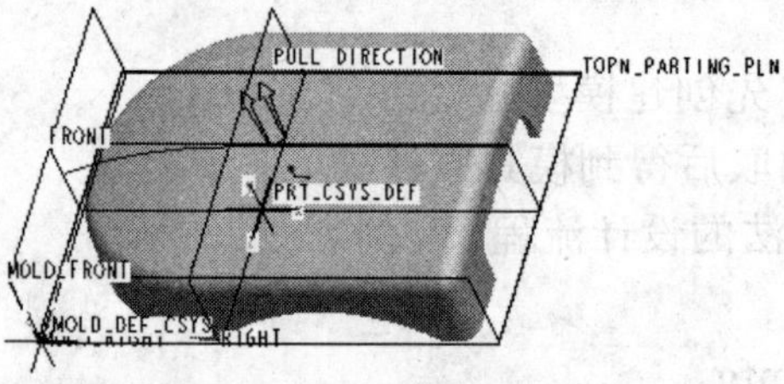


图 5-42 参照模型

图 5-43 选择装配方式

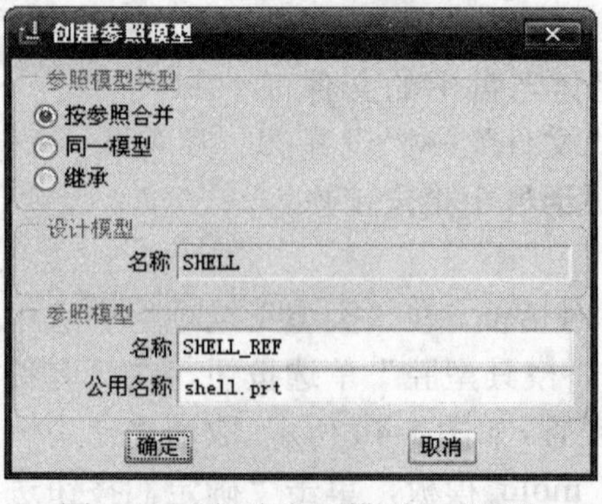


图 5-44 “创建参照模型”对话框

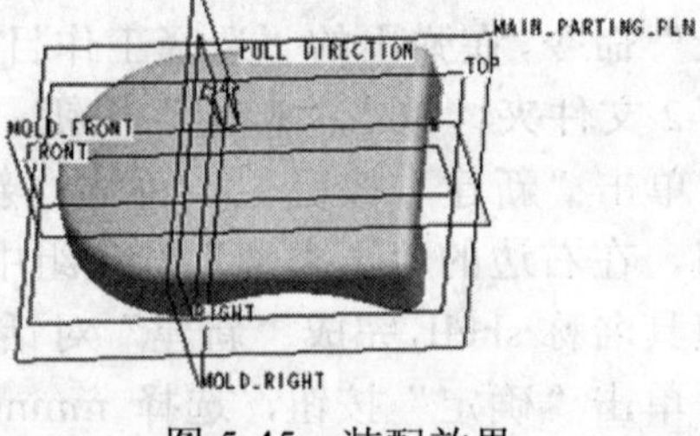


图 5-45 装配效果

### 5.2.2 创建工件阶段

（1）选择“模具”菜单中的“模具模型”→“创建”→“工件”→“手动”命令，弹出如图 5-46 所示“元件创建”对话框。在“类型”选项组中选中“零件”单选按钮，在“子类型”选项组中选中“实体”单选按钮，在“名称”文本框中输入工件名称 workpiece。单击“确定”按钮，弹出如图 5-47 所示的“创建选项”对话框。选中“创建特征”单选按钮，单击“确定”按钮，回到“特征操作”菜单管理器。

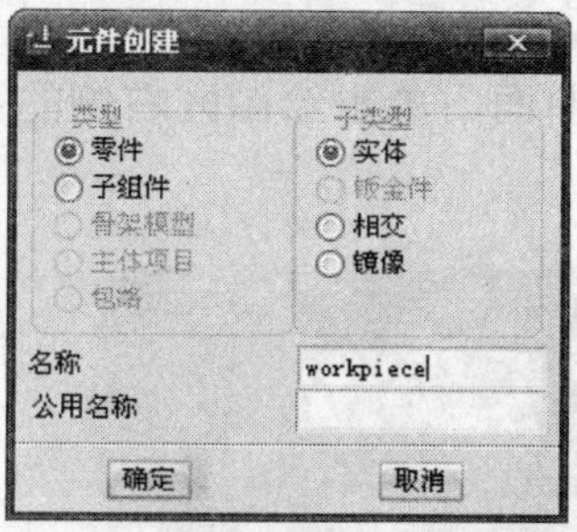


图 5-46 “元件创建”对话框

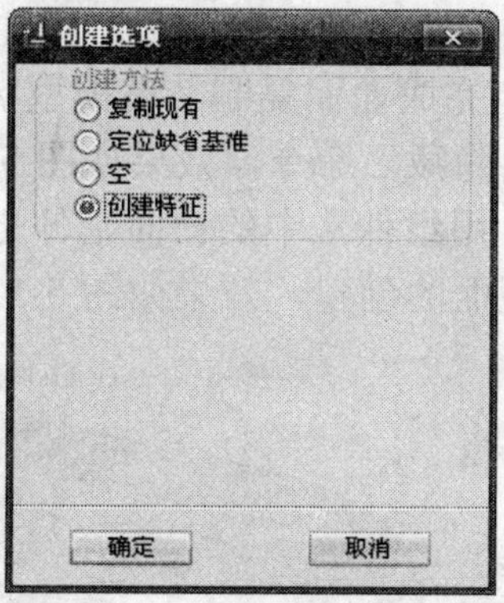


图 5-47 “创建选项”对话框

（2）选择“特征操作”菜单中的“实体”→“加材料”命令，在弹出的“实体选项”菜单中选择“拉伸”和“实体”两个命令后选择“完成”命令，弹出“拉伸”操作面板。单击操作面板上的“放置”→“定义”按钮，以 MOLD_FRONT 基准平面为绘图平面，MOLD_RIGHT 为参照平面，方向为“右”，进入草绘，如图 5-48 所示。选择“草绘”→“参照”命令，弹出“参照”对话框，选择 MOLD_RIGHT 和 MAIN_PARTING_PLN 为参照，绘制如图 5-49 所示的草绘。单击✔按钮完成草绘的绘制。选择拉伸方式为⊟，拉伸深度为 500，单击✔按钮完成拉伸，拉伸效果如图 5-50 所示。

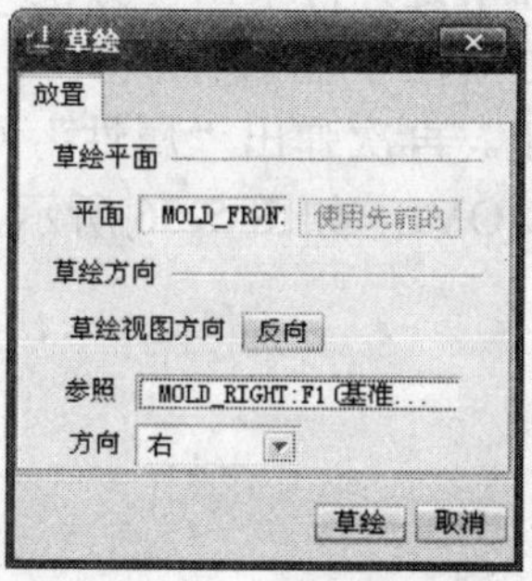


图 5-48　定义草绘平面

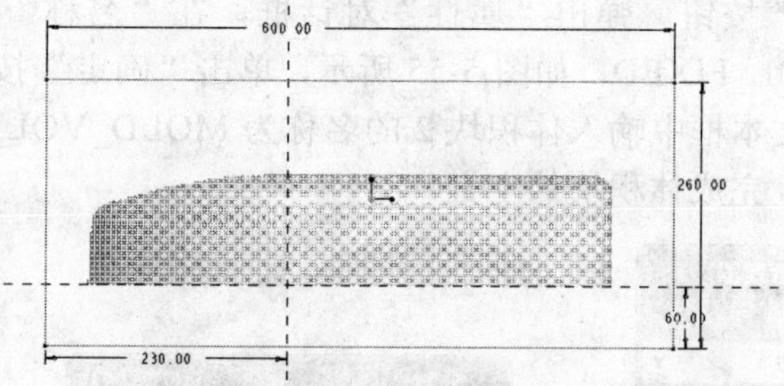


图 5-49　绘制草绘

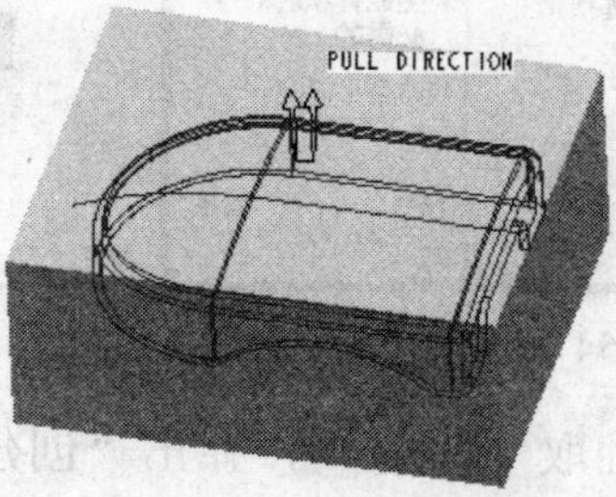


图 5-50　拉伸效果

### 5.2.3 创建分型阶段

（1）单击绘图区右侧的“分型曲面”按钮，复制参考零件 shell 的外表面。选择参考零件外表面的其中一个曲面片，按 Ctrl+C（复制）组合键，再按 Ctrl+V（粘贴）组合键，弹出“曲面复制”操作面板。按住 Ctrl 键选择参考零件的其他曲面片，单击操作面板上的按钮，完成曲面复制。在模型树零件 shell 的位置上单击鼠标右键，在弹出的快捷菜单中选择“隐藏”命令，效果如图 5-51 所示。

（2）用组件法中的曲面延伸方法延伸步骤 1 复制的曲面，单击绘图区右侧的按钮，完成分型面的创建，效果如图 5-52 所示。

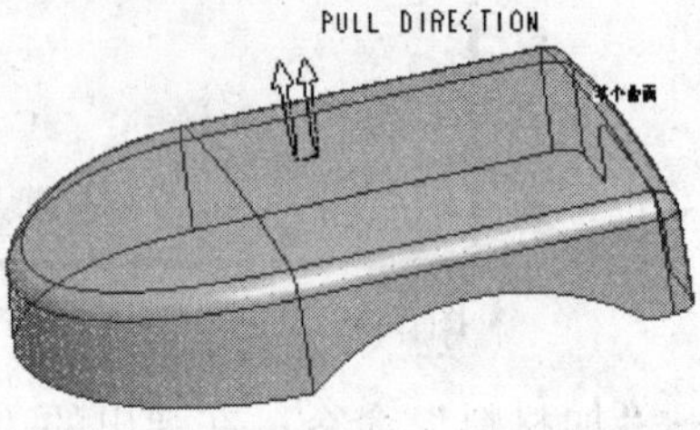


图 5-51 复制曲面

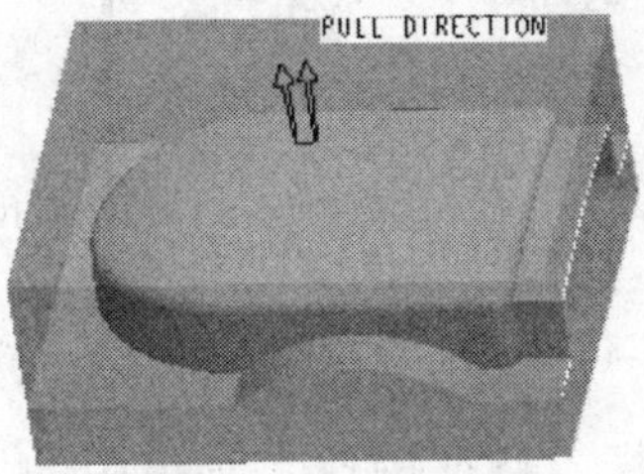


图 5-52 延伸曲面

### 5.2.4 拆模阶段

（1）单击绘图区右侧的“分割为新的模具体积块”按钮，弹出如图 5-53 所示的“分割体积块”菜单，选择“两个体积块”→“所有工件”→“完成”命令，弹出“分割”对话框，如图 5-54 所示。在绘图区中选择分型面，单击鼠标中键，再单击“分割”对话框中的“确定”按钮。弹出“属性”对话框，在“名称”文本框中输入体积块 1 的名称为 MOLD_VOL_FIXED，如图 5-55 所示，单击“确定”按钮。再次弹出“属性”对话框，在“名称”文本框中输入体积块 2 的名称为 MOLD_VOL_MOVE，如图 5-56 所示，单击“确定”按钮，完成体积块的定义。

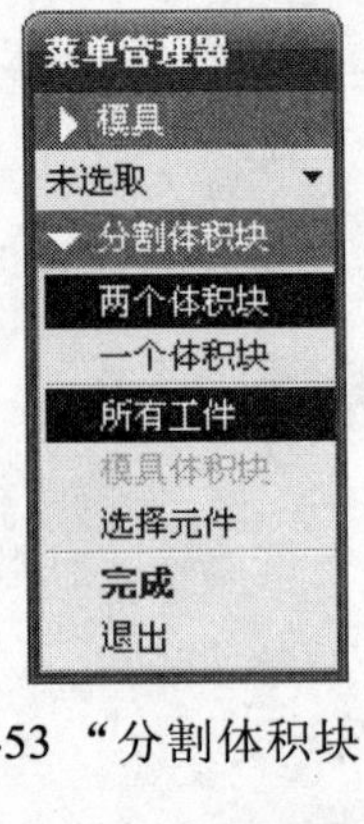


图 5-53 “分割体积块”菜单

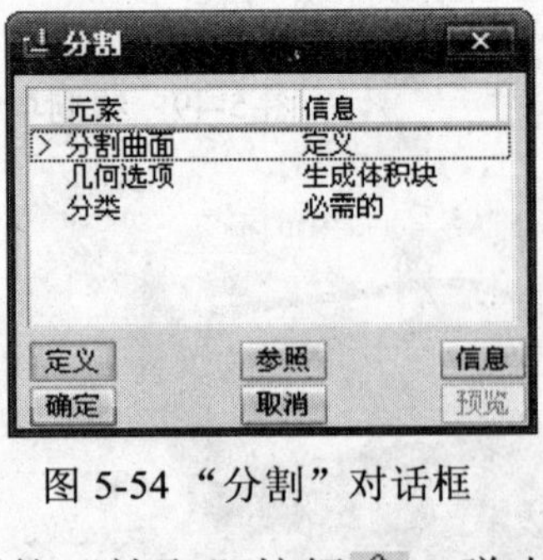


图 5-54 “分割”对话框

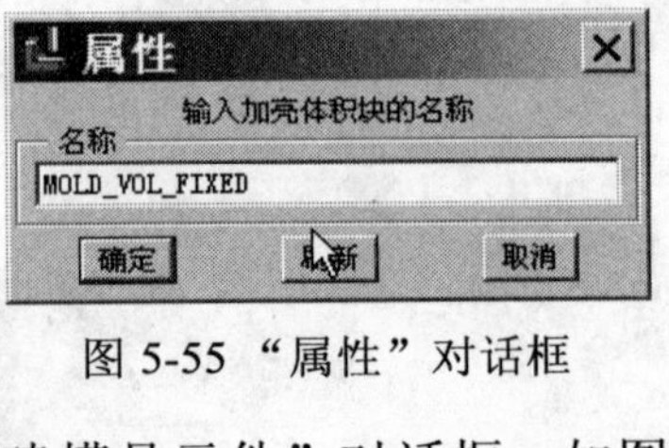


图 5-55 “属性”对话框

（2）单击绘图区右侧的“抽取”按钮，弹出“创建模具元件”对话框，如图 5-57 所示。单击该对话框中的按钮，选择对话框中的两个体积块作为元件抽取对象，单击“确定”按钮，完成模具元件的创建。

图 5-56 “属性”对话框

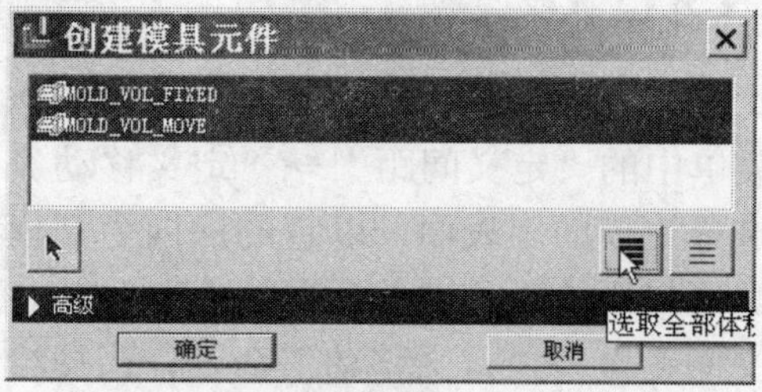


图 5-57 “创建模具元件”对话框

（3）单击绘图区顶部的“显示/隐藏”按钮，弹出“遮蔽-取消遮蔽”对话框，如图 5-58 所示。选择“可见元件”列表中的 SHELL_REF 和 WORKPIECE 两个零件，单击“遮蔽”按钮，以上两个零件在绘图区中被隐藏。使用同样的方法隐藏分型面。单击“过滤”选项组中的“分型面”按钮，选择可见图元列表中的“PRAT_SURF_1”曲面，单击“遮蔽”按钮隐藏分型面。然后单击“关闭”按钮，绘图区域中显示的只有两个抽取得到的模具元件，如图 5-59 所示。

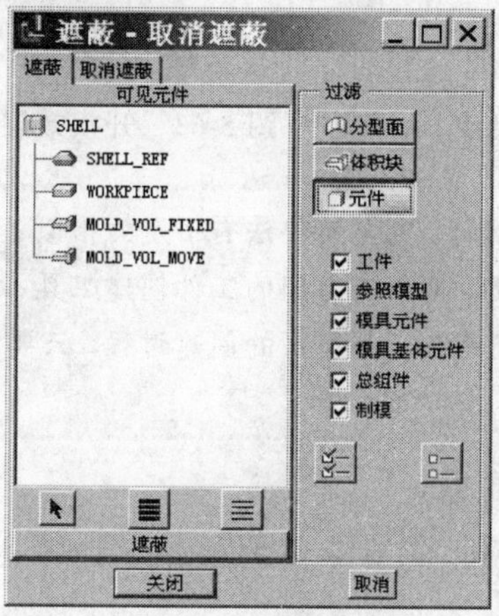


图 5-58 “遮蔽-取消遮蔽”对话框

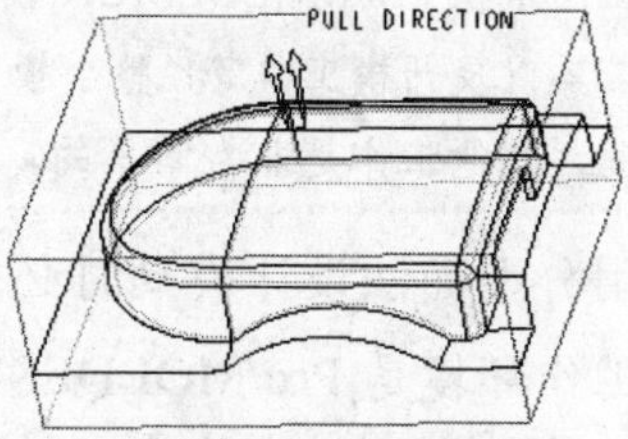


图 5-59 模具元件

## 5.2.5 生成成品阶段

选择“铸模”菜单中的“铸模”→“创建”命令，系统信息区提示输入零件名称，单击按钮，默认的名称 PRT0001 作为铸模零件的名称，如图 5-60 所示。

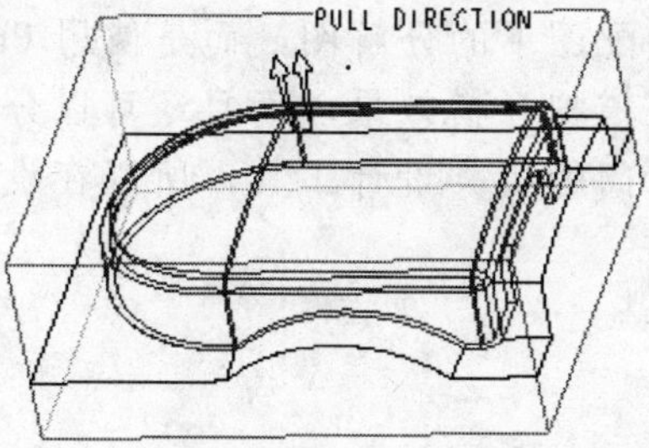


图 5-60 铸模零件

### 5.2.6 定义开模阶段

单击绘图区右侧的“执行模具开口分析”按钮，弹出如图 5-61 所示的“模具孔”菜单。选择菜单中的“定义间距”→“定义移动”命令，再选择绘图区中的上模，单击鼠标中键。然后选择上模的上表面，以它的法向为开模方向，图 5-62 中出现的箭头方向为正方向，在系统信息区提示输入移动的距离为 350，完成上模的开模定义。用同样的方法，选择菜单中的“定义间距”→“定义移动”命令，选择绘图区中的下模，单击鼠标中键。再选择下模的下表面，以它的法向为开模方向，在系统信息区提示输入移动的距离为 200，完成下模的开模定义。选择“模具孔”菜单中的“完成”命令，完成开模定义，效果如图 5-63 所示。

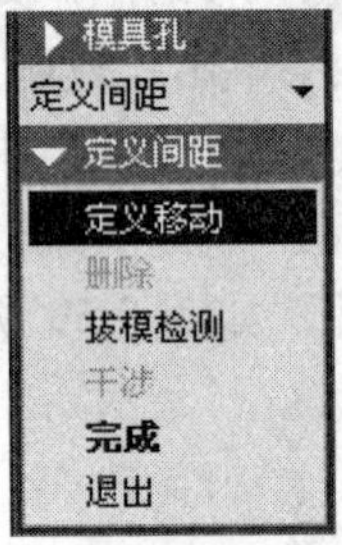

图 5-61 “模具孔”菜单

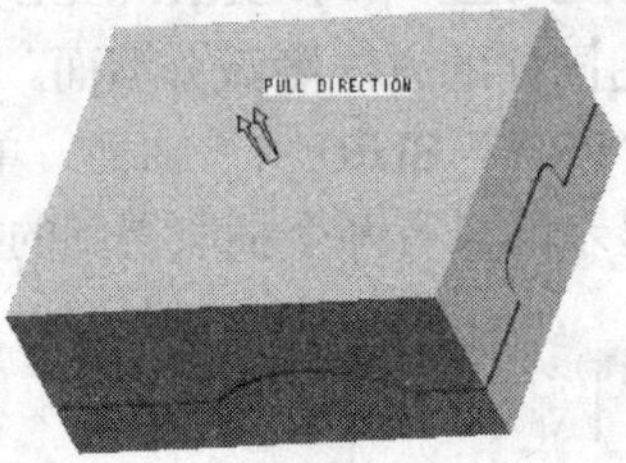

图 5-62 定义开模方向和尺寸

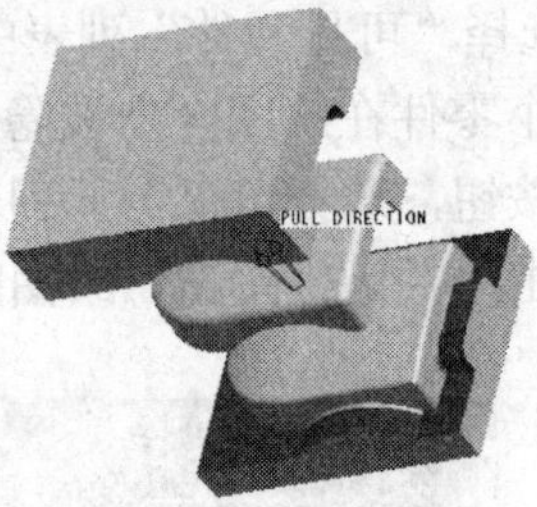

图 5-63 开模效果

**提示**

本范例是使用分型面法对同一个参照零件进行模具设计。它与组件法有一定的相似之处，只是分型面法是在 Pro/MOLDESIGN 模具设计环境中进行的，所以有专门的工件创建工具、模具元件创建工具以及开模工具等。整个模具设计的过程重点还是在于分型面的创建过程，只要分型面设计合理，其他工作是非常简单的。

在使用分型面法设计模具时必须注意以下几个要点。

- 工作环境是 Pro/MOLDESIGN 模具设计环境，它有专门的模具设计工具，模具设计的效率相对比较高。
- 创建分型面后可以直接抽取体积块，因为在 Pro/MOLDESIGN 模具设计环境下，不用像组件法一样手动切除模腔，它在生成体积块时会结合分型面和参照模型创建体积块。
- 创建的体积块并不是真正的实体，必须经过抽取才能成为模具元件。
- 抽取了模具元件后，凹凸模已经生成，在 Pro/MOLDESIGN 模具设计环境中可以通过凹凸模生成铸模，接着生成成品。
- 模具开模不再使用装配图下的分解图，而是使用 Pro/MOLDESIGN 模具设计环境中专门的开模命令来模拟开模效果，而且还可以分析动态开模效果。总体来说，分型面法由于有着专门的模具设计工具，所以在设计一些如多控模具等复杂模具时有一定优势。

## 5.3 体积块法

体积块的方法结合了组件法和分型面法的特点。在 Pro/MOLDESIGN 模具设计环境下利用零件建模的方法和一些在 Pro/MOLDESIGN 环境下对体积块的一些操作创建体积块，再用创建出的体积块分割出其他的体积块，最后抽取成模具元件，完成模具设计的过程。实例的最终效果如图 5-64 所示。

光盘文件：光盘\素材\第 5 章\5-3\shell.mfg。

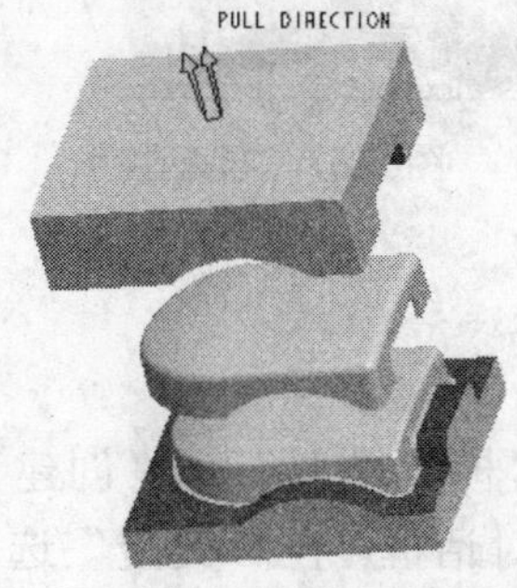


图 5-64　最终效果

### 5.3.1　装配阶段

（1）新建一个名为 5-3 的文件夹，将配套光盘中的文件 shell.prt 复制到该文件夹中。选择主菜单中的“文件”→“设置工作目录”命令，在弹出的“选择工作目录”对话框中指定工作目录为 5-3 文件夹，单击“确定”按钮。

（2）单击“新建”按钮，弹出“新建”对话框，在“类型”选项组中选中“制造”单选按钮，在右边的“子类型”选项组中选中“模具型腔”单选按钮，在“名称”文本框中输入模具名称 shell，完成“新建”对话框的设置。取消选中“使用缺省模板”复选框，单击“确定”按钮，选择 mmns_mfg_mold 模板，单击“确定”按钮进入模具设计主界面。

（3）选择软件窗口右侧的“模具”菜单中的“模具模型”→“装配”→“参照模型”命令。在弹出的“打开”对话框中选择 shell.prt 零件模型，单击“打开”按钮，系统将参照模型显示在绘图区。

（4）弹出“装配”操作面板，单击操作面板上的下拉三角按钮，选择“默认”方式进行装配，如图 5-65 所示。单击✔按钮，弹出“创建参照模型”对话框，如图 5-66 所示。在“参照模型类型”选项组中选中“按参照合并”单选按钮，单击“确定”按钮完成参照模型的装配，效果如图 5-67 所示。

图 5-65　选择装配方式

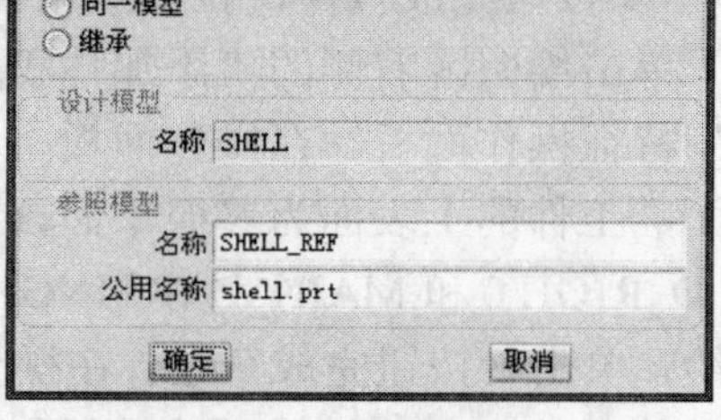


图 5-66 “创建参照模型”对话框

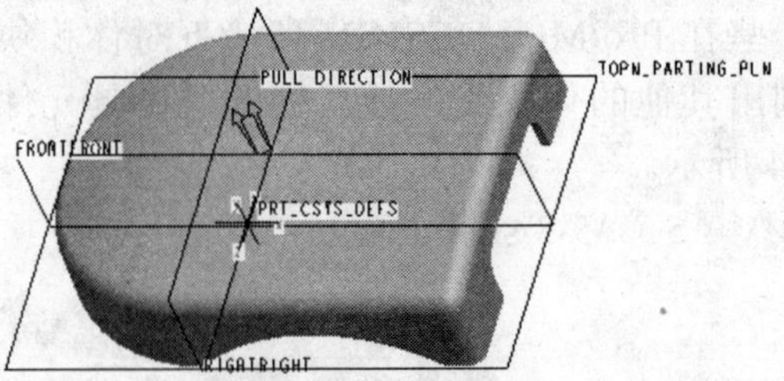


图 5-67 装配效果

### 5.3.2 创建模具体积块拆模阶段

（1）选择“模具”菜单中的“模具模型”→“创建”→“工件”→“手动”命令，弹出如图 5-68 所示的“元件创建”对话框。在“类型”选项组中选中“零件”单选按钮，在“子类型”选项组中选中“实体”单选按钮，在“名称”文本框中输入工件名称 workpiece。单击“确定”按钮，弹出如图 5-69 所示的“创建选项”对话框。选中“创建特征”单选按钮，单击“确定”按钮，回到“特征操作”菜单管理器。

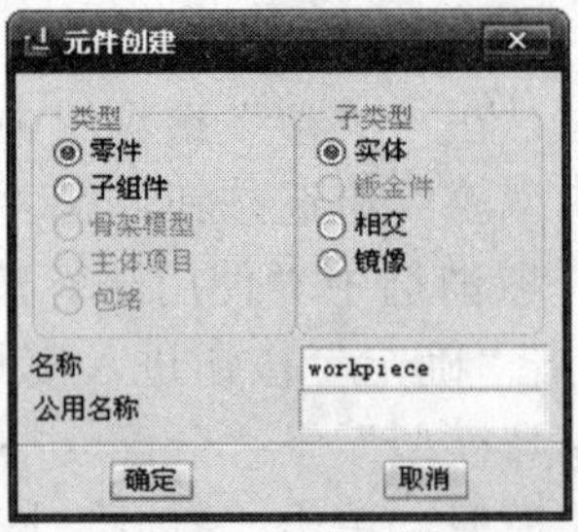


图 5-68 “元件创建”对话框

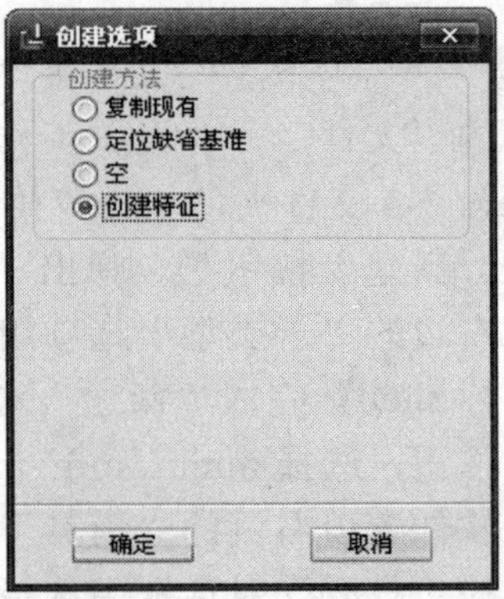


图 5-69 “创建选项”对话框

（2）选择“特征操作”菜单中的“实体”→“加材料”命令，在弹出的“实体选项”菜单中选择“拉伸”和“实体”两个后选择“完成”命令，弹出“拉伸”操作面板。单击操作面板上的“放置”→“定义”按钮，以 MOLD_FRONT 基准平面为绘图平面，MOLD_RIGHT 为参照平面进入草绘，方向为“右”，如图 5-70 所示。选择“草绘”→“参照”命令，弹出“参照”对话框，选择 MOLD_RIGHT 和 MAIN_PARTING_PLN 为参照，绘制如图 5-71 所示的草绘，单击✔按钮完成草绘的绘制。选择拉伸方式为⊟，拉伸深度为 500，单击✔按钮完成拉伸，拉伸效果如图 5-72 所示。

（3）单击绘图区右侧的“添加体积块”按钮，开始创建体积块。单击按钮，弹出“拉伸”特征操作面板。在操作面板上单击“放置”→“定义”按钮，以工件的前侧面为绘图平面，工件的上表面为参照平面，方向为“顶”，进入草绘。在“参照”对话框中选择 MOLD_RIGHT 和 MAIN_PARTING_PLN 作为参照，如图 5-73 所示。绘制如图 5-74 所示的草绘，单击✔按钮完成草绘。在操作面板上选择拉伸方式为，选择指定曲面为绘图平面相对的工件平面，拉伸预览效果如图 5-75 所示。

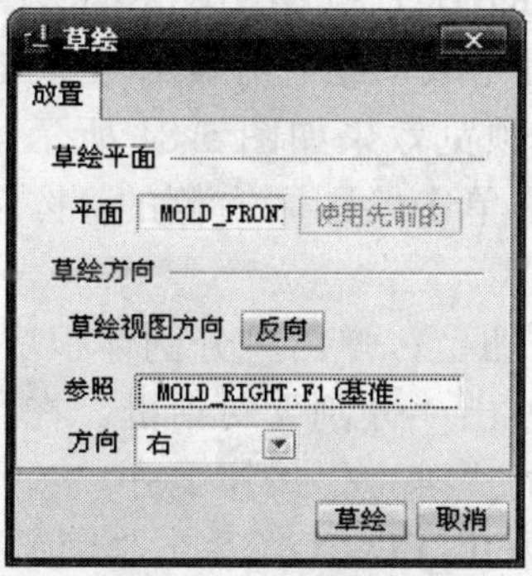

图 5-70　定义草绘平面

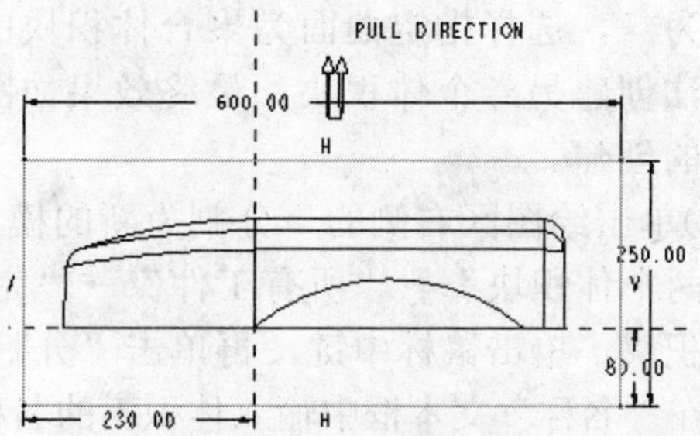

图 5-71　绘制草绘

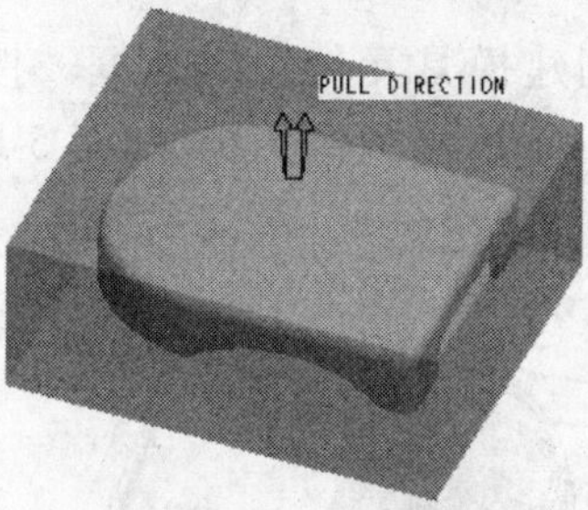

图 5-72　创建工件

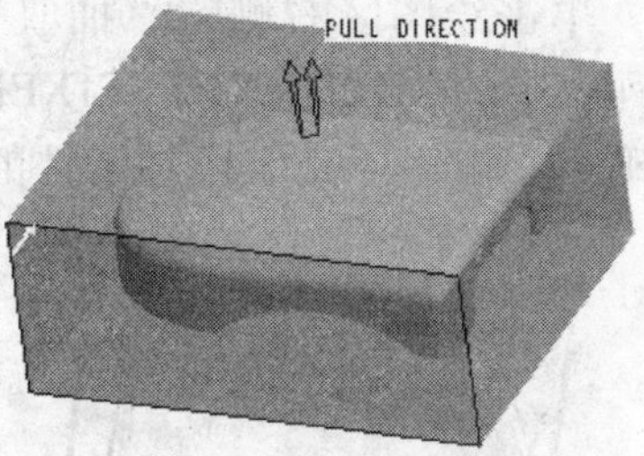

图 5-73　定义绘图平面

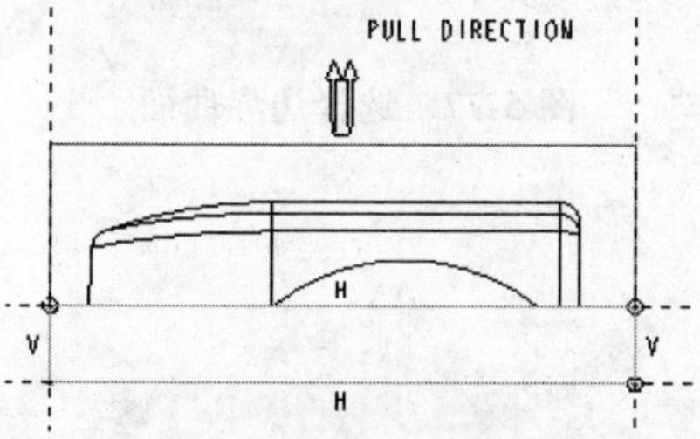

图 5-74　绘制草绘

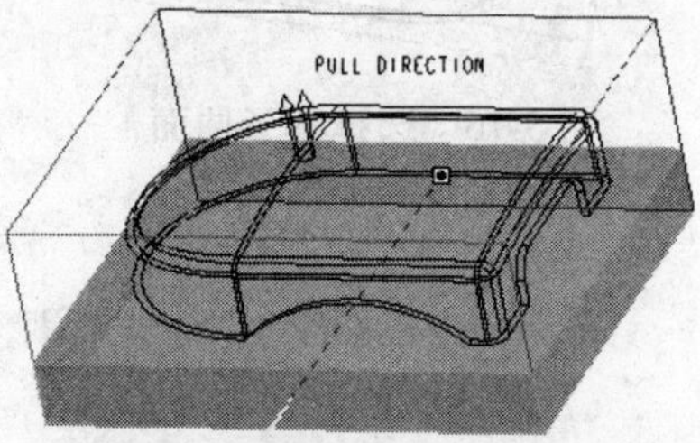

图 5-75　拉伸预览效果

（4）在模型树上隐藏 workpiece 零件。选择主菜单中的“编辑”→“收集体积块”命令，弹出“聚合体积块”菜单，选择“选取”和“封闭”命令，然后选择“完成”命令，在弹出的“聚合选项”菜单中选择“曲面和边界”→“完成”命令，选择参照模型的内侧半圆曲面为种子曲面，如图 5-76 所示。选择参照模型曲面作为边界曲面，如图 5-77 所示单击鼠标中键。选择“特征参考”菜单中的“完成参考”命令。选择“曲面边界”菜单中的“完成”命令。在弹出的“封合”菜单上选择“顶平面”和“全部环”命令，选择“完成”命令。选择“封合”菜单上的“完成”命令，选取步骤 3 创建的体积块的下表面，如图 5-78 所示。选择“封闭环”菜单上的“效果完成/返回”命令，再选择“聚合体积块”菜单上的“完成”命令，完成体积块的聚合，如图 5-79 所示。

（5）取消 workpiece 零件的隐藏。单击“拉伸”按钮，弹出“拉伸”特征操作面板。在操作面板上单击“放置”→“定义”按钮，在弹出的“草绘”对话框中单击“使用先前的”按钮，进入草绘。在“参照”对话框中选择 MOLD_RIGHT 和 MAIN_PARTING_PLN 作为参照，绘制如图 5-80 所示的草绘界面，单击✔按钮完成草绘。在操作面板上选择拉伸方式为⊒，选择指定曲面为聚合体积块的平面，拉伸预览效果如图 5-81 所示。使用同样的方法创建另一个体积块，最终效果如图 5-82 所示。单击绘图区右侧的✔按钮，完成体积块的创建。

（6）单击绘图区右侧的“分割为新的模具体积块”按钮，弹出“分割体积块”菜单。选择“两个体积块”→“所有工件”→“完成”命令，弹出“分割”对话框。在绘图区中选取体积块，单击鼠标中键，再单击“分割”对话框中的“确定”按钮。弹出“属性”对话框，在“名称”文本框中输入体积 1 的名称为 MOLD_VOL_FIXED，单击“确定”按钮。再次弹出“属性”对话框，在“名称”文本框中输入体积块 2 的名称为 MOLD_VOL_MOVE，单击“确定”按钮，完成体积块的定义。

（7）单击绘图区右侧的“抽取”按钮，弹出“创建模具元件”对话框。按住 Ctrl 键选取列表中的 MOLD_VOL_FIXED 和 MOLD_VOL_MOVE 两个体积块，如图 5-83 所示。单击“确定”按钮，完成模具元件的抽取。

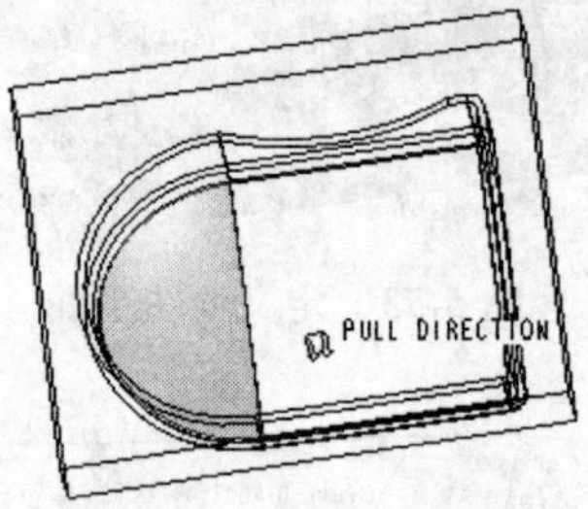


图 5-76　选择种子曲面

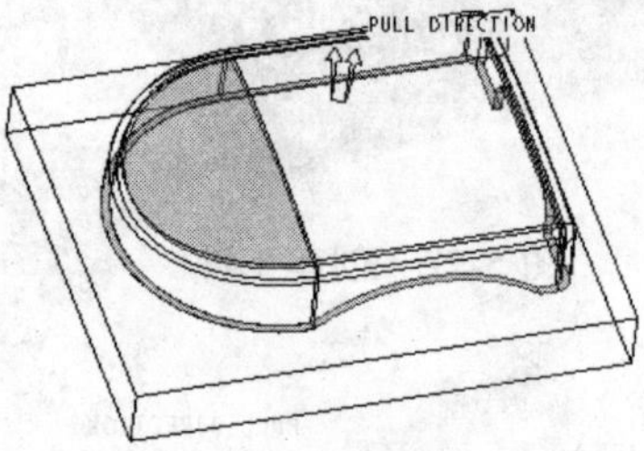


图 5-77　选择边界曲面

图 5-78　选择聚合封闭平面

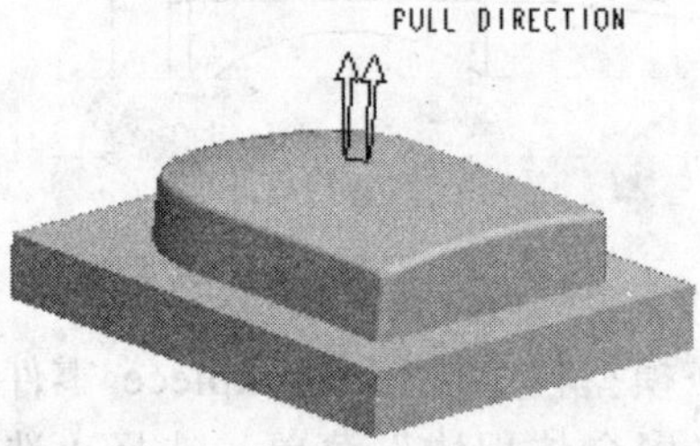


图 5-79　体积块聚合效果

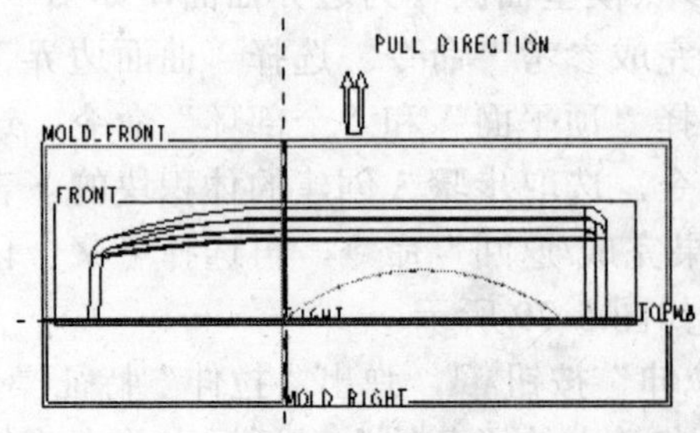


图 5-80　绘制草绘

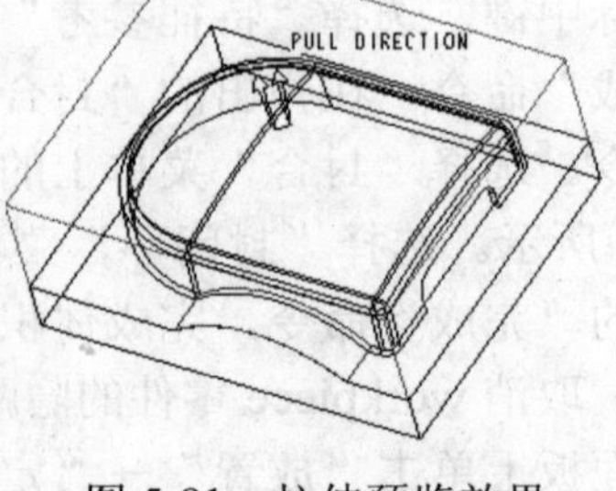


图 5-81　拉伸预览效果

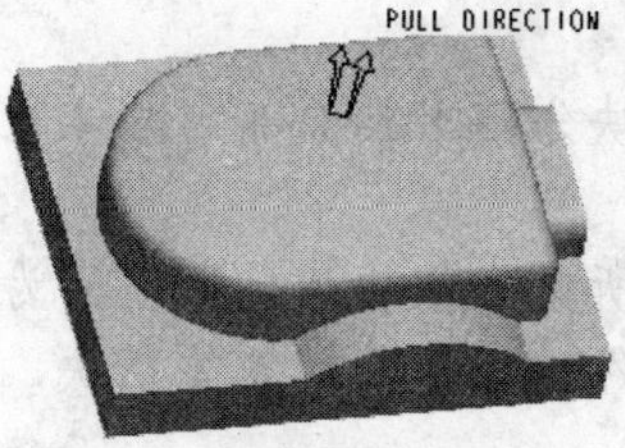


图 5-82　体积块效果

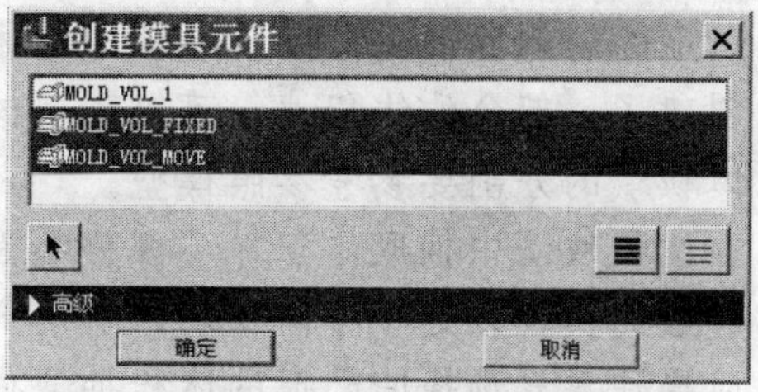


图 5-83 “创建模具元件”对话框

### 5.3.3　生成样品定义开模阶段

（1）单击绘图区顶部的“显示/隐藏”按钮，弹出“遮蔽-取消遮蔽”对话框。除了 MOLD_VOL_FIXED.PRT 和 MOLD_VOL_MOVE.PRT 两个零件外，将其他的项目隐藏。

（2）选择“铸模”菜单中的“铸模”→“创建”命令，系统信息区提示输入零件名称。单击按钮，默认的名称 PRT0001 将作为铸模零件的名称，效果如图 5-84 所示。

（3）单击绘图区右侧的“执行模具开口分析”按钮，弹出“模具孔”菜单。选择“定义间距”→“定义移动”命令，选择绘图区中的上模，单击鼠标中键。再选择上模的上表面，以它的法向为开模方向，出现的箭头方向为正方向，在系统信息区提示输入移动的距离为 350，完成上模的开模定义。用同样的方法，选择“定义间距”→“定义移动”命令，选择绘图区中的下模，单击鼠标中键。再选择下模的下表面，以它的法向为开模方向，在系统信息区提示输入移动的距离为 200，完成下模的开模定义。选择“模具孔”菜单中的“完成”命令，完成开模定义，效果如图 5-85 所示。

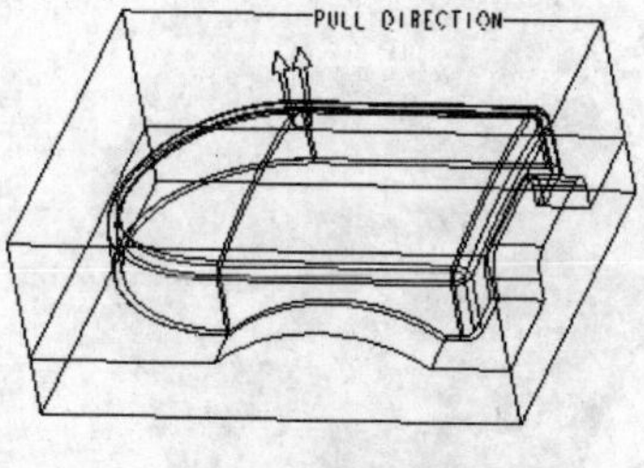


图 5-84　铸模零件

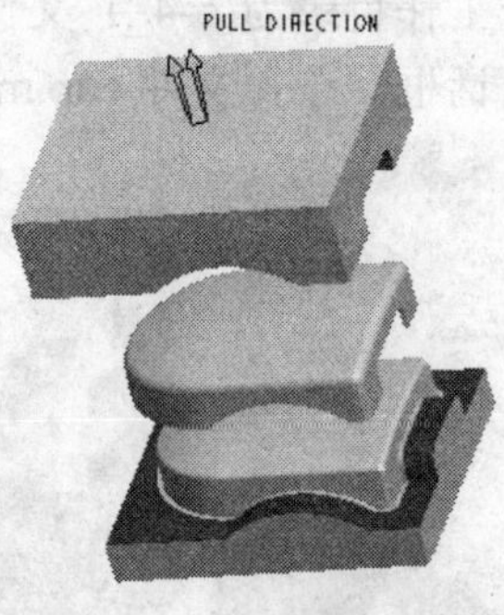


图 5-85　开模效果

**提示**　本范例是使用体积块法对同一个参照零件进行模具设计。这种设计方法也是在 Pro/MoldDesign 模具设计环境下进行的，但它与分型面法不同的是在使用体积块法进行模具设计时并不需要设计分型曲面，而是直接设计体积块。如果产品分型面不规则，可以尝试用体积块法进行模具设计。

在使用体积块法设计模具时必须注意以下几个要点。

- 工作环境是 Pro/MOLDESIGN 模具设计环境，但操作步骤比较繁琐，效率不高。
- 拆分模具并不需要设计分型面，直接用零件建模的方法创建体积块，其中 Pro/MOLDESIGN 环境下的“编辑”功能中还提供了“收集体积块”命令，结合以上的功能能创建出模具设计中的体积块。

- 创建了一部分的体积块，可以利用该部分体积块分割出其他部分的体积块，其中体积块的分割要参考参照模型。
- 在体积块法中抽取体积并不像分型面法那样将所有体积块都抽取，因为第一步设计出的体积只是参考体积块，作用只是分割工件生成凹凸模的体积块，所以抽取时要注意只选择凹凸模的体积抽取模具元件。
- 生成样品的方法和开模阶段的步骤与分型面法是一样的。总体来说，体积块法操作起来比较繁琐，所以这种方法在模具设计中用得相对比较少，但如果遇到无法创建分型曲面的情况时，使用体积法能够解决问题。

## 5.4　综合范例——杯子造型的拆模

通过上面对一个参照模型应用 3 种设计方法进行讲解后，读者应该对模具设计有了初步的了解。为了让读者了解其他零件的模具设计，下面再以一个实例来介绍模具设计工作。内容不要求全部掌握，因为本章的例子只是想让读者有一个感性认识，同时让读者跟着实例的步骤以“依葫芦画瓢”的方式来设计模具，在后面的章节将会对模具设计的每一个步骤进行详细介绍。下面以一个洋酒杯为例子介绍包含型芯的模具设计。相对于上面的例子多了型芯设计这一部分，但方法与创建上下模的方法基本一样，实例最终效果如图 5-86 所示。

光盘文件：光盘\素材\第 5 章\5-4\cup.mfg。

（1）选择主菜单中的“文件”→“设置工作目录”命令，在弹出的“选择工作目录”对话框中指定工作目录为 5-4_1 文件夹，单击“确定”按钮。单击“打开”按钮，弹出“文件打开”对话框。选择文件 cup.mfg，单击“打开”按钮，如图 5-87 所示。

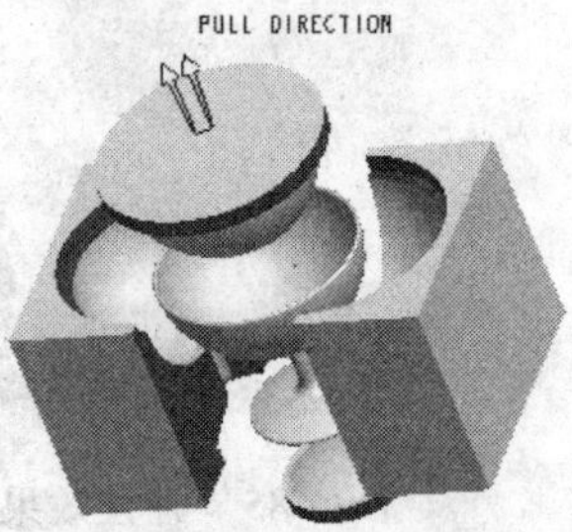

图 5-86　最终效果

图 5-87　杯子工件

（2）单击模型树上方的“设置”按钮，在弹出的菜单中选择“树过滤器”命令，弹出“模型树项目”对话框。选中“显示”选项组中的“特征”复选框，如图 5-88 所示，单击“确定”按钮完成设置。

（3）单击绘图区顶部的“层”按钮，绘图区右侧切换为层树，如图 5-89 所示。单击下拉三角按钮可以切换到不同零件的层，从而设置层的状态。本例中要求将 CUP_REF.PRT 和 CUP_WRK.PRT 层中所有的项目都隐藏，如图 5-90 和图 5-91 所示。

（4）再次单击“层”按钮，切换到模型树，在模型树上隐藏 CUP_WRK.PRT 零件。

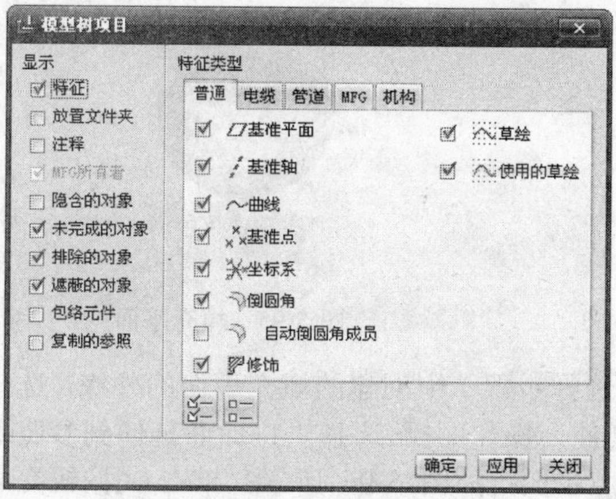


图 5-88 “模型树项目”对话框

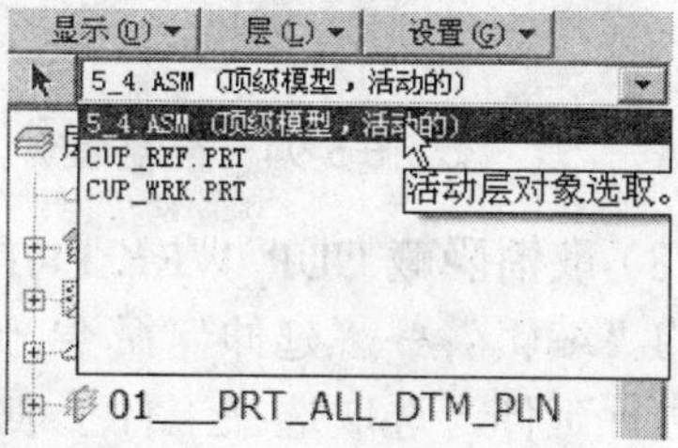


图 5-89　设置层树

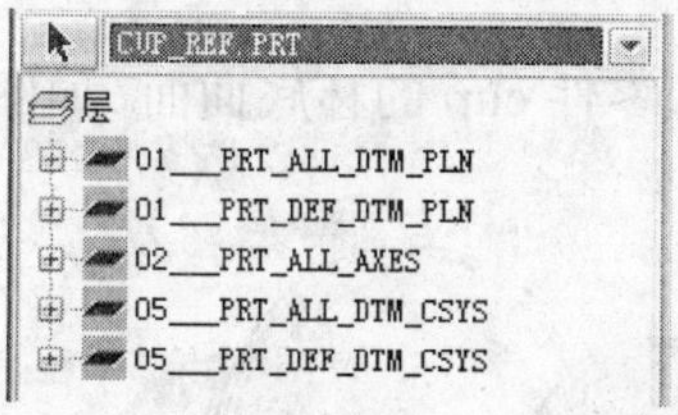


图 5-90　隐藏参照零件的基准

图 5-91　隐藏工件的基准

（5）单击绘图区右侧的“分型曲面”按钮，复制参考零件 cup 的杯身内表面和圆角面。选择参考零件外表面的其中一个曲面片，按 Ctrl+C（复制）组合键，再按 Ctrl+V（粘贴）组合键，弹出“曲面复制”操作面板。按住 Ctrl 键选择参考零件的其他曲面片，如图 5-92 所示。单击操作面板上的按钮，完成曲面复制。

（6）在模型树上隐藏 CUP_PEF.PRT 零件。单击绘图区右侧的“基准平面”按钮，选择步骤 5 复制圆角面的外缘，完成基准平面的创建，如图 5-93 所示。

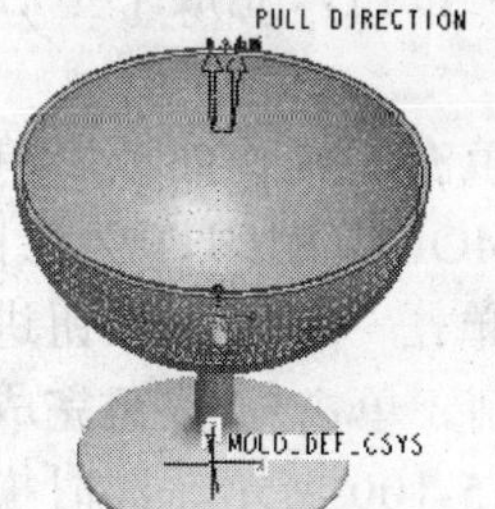


图 5-92　复制曲面

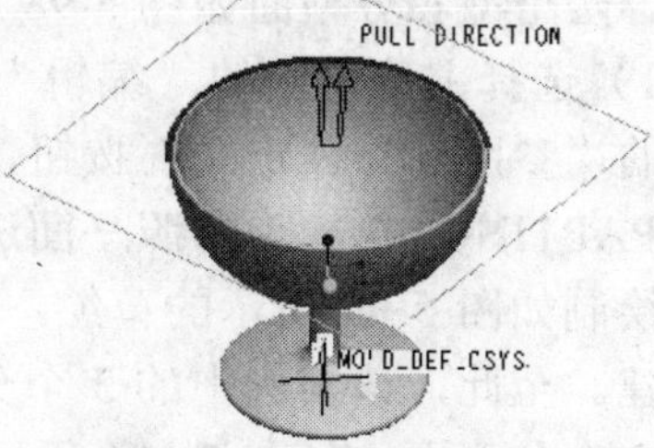


图 5-93　创建基准平面

（7）选择主菜单中的“编辑”→“填充”命令，弹出“填充”操作面板。单击操作面板上的“参照”→“定义”按钮，弹出“草绘”对话框。以步骤 6 创建的基准平面为绘图平面，MOLD_RIGHT 为参照平面进入草绘，方向为“顶”，单击“草绘”按钮进入草绘界面。绘制如图 5-94 所示的草绘，单击按钮完成草绘的绘制。单击按钮完成填充平面的创建。

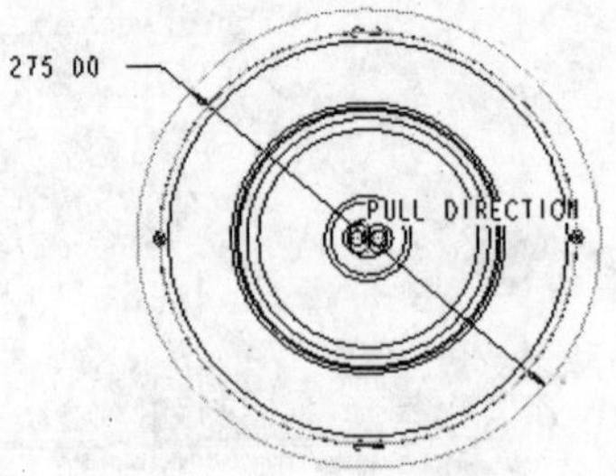


图 5-94　绘制草绘

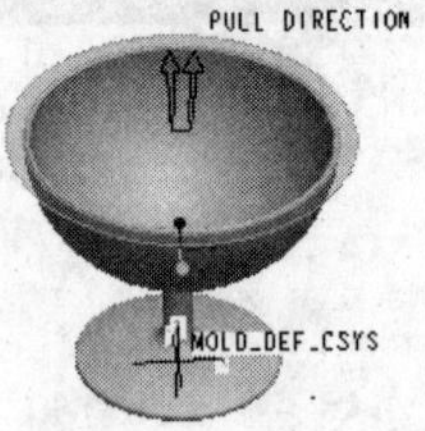


图 5-95　填充平面

（8）取消隐藏 CUP_WRK.PRT 零件。选择步骤 7 中创建的填充平面的外缘，选择主菜单中的“编辑”→“延伸”命令，弹出“延伸”操作面板。选择“将曲面延伸到参照平面”方式进行延伸，选取选择工件上表面为参照平面，如图 5-96 所示。单击✔按钮完成曲面延伸。按住 Ctrl 键选择刚才创建的曲面，单击“合并”按钮，合并分型面。单击绘图区右侧的✔按钮，完成上型芯分型面的创建。

（9）单击绘图区右侧的“分型曲面”按钮，复制参考零件 cup 的杯底曲面，如图 5-97 所示。单击操作面板上的✔按钮，完成曲面复制。

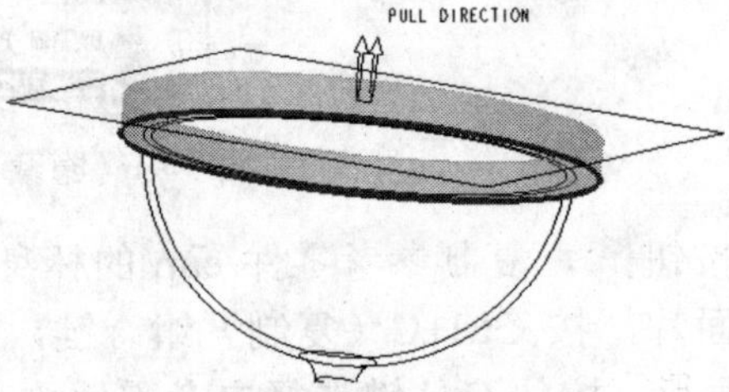


图 5-96　延伸预览效果

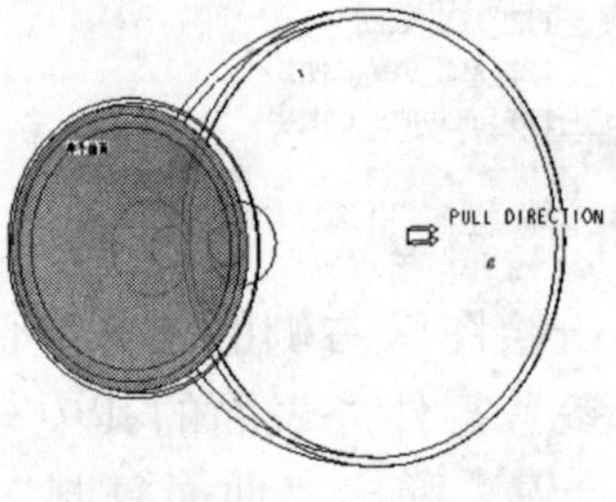


图 5-97　复制曲面

（10）选择步骤 7 中复制曲面的外缘，选择主菜单中的“编辑”→“延伸”命令，弹出“延伸”操作面板。选择“将曲面延伸到参照平面”方式进行延伸，选取工件下表面为参照平面，单击✔按钮完成曲面延伸。再单击绘图区右侧的✔按钮，完成下型芯分型面的创建。两个型芯分型面如图 5-98 所示。

（11）选择主菜单中的“编辑”→“填充”命令，弹出“填充”操作面板。单击操作面板上的“参照”→“定义”按钮，弹出“草绘”对话框。以 MOLD_RIGHT 为绘图平面，MAIN_PAPTING_PLN 为参照平面进入草绘，方向为“顶”，单击“草绘”按钮进入草绘界面。绘制如图 5-99 所示的草绘，单击✔按钮完成草绘的绘制。单击✔按钮完成填充平面的创建。至此，该实例中的 3 个分型面已经创建完毕，如图 5-100 所示。同时模型树上添加了 3 个分型面，如图 5-101 所示。

（12）单击绘图区右侧的“分割为新的模具体积块”按钮，弹出“分割体积块”菜单。选择“两个体积块”→“所有工件”→“完成”命令，弹出“分割”对话框。在绘图区中选取上型芯分型面，单击鼠标中键，再单击“分割”对话框中的“确定”按钮。弹出“属性”对话框，在“名称”文本框中输入体积块 1 的名称为 DOWN_1，单击“确定”按钮。再次弹出“属性”对话框，在“名称”文本框中输入体积块 2 的名称为 TOP，单击“确定”按钮。

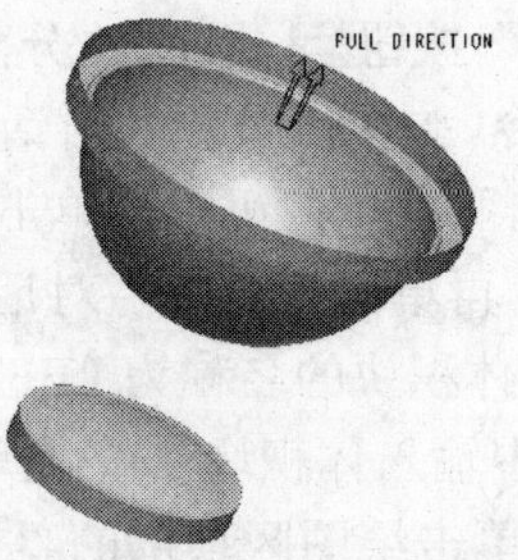


图 5-98 上下型芯效果

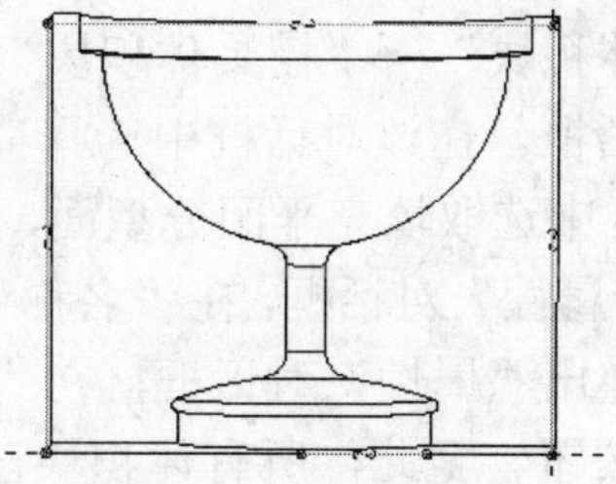

图 5-99 绘制草绘

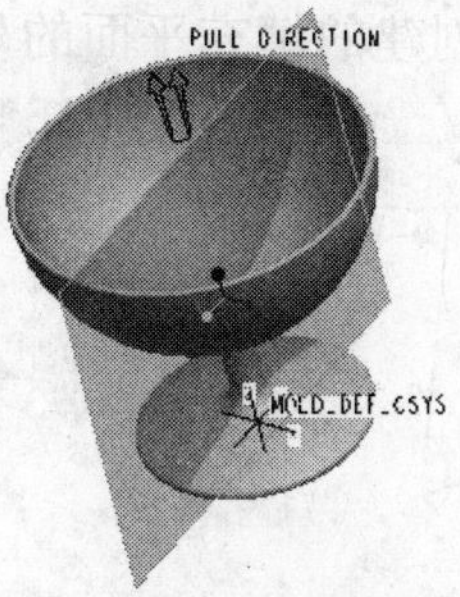


图 5-100 3 个分型面

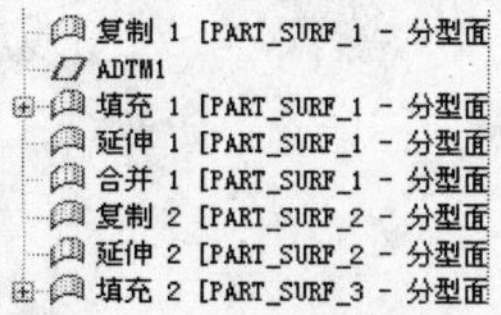


图 5-101 分型面特征

（13）单击绘图区右侧的“分割为新的模具体积块”按钮，弹出“分割体积块”菜单。选择“一个体积块”→“模具体积块”→“完成”命令，弹出“分割”对话框。同时弹出“搜索工具”对话框，如图 5-102 所示。在该对话框中选择 DOWN_1，单击 >> 按钮，再单击鼠标中键完成选择。在绘图区中选取下型芯分型面，单击鼠标中键，弹出“岛列表”菜单，选中“岛 1”复选框，如图 5-103 所示。选择“完成选取”命令，单击“分割”对话框中的“确定”按钮，弹出“属性”对话框，在“名称”文本框中输入体积块的名称为 DOWN，单击“确定”按钮。

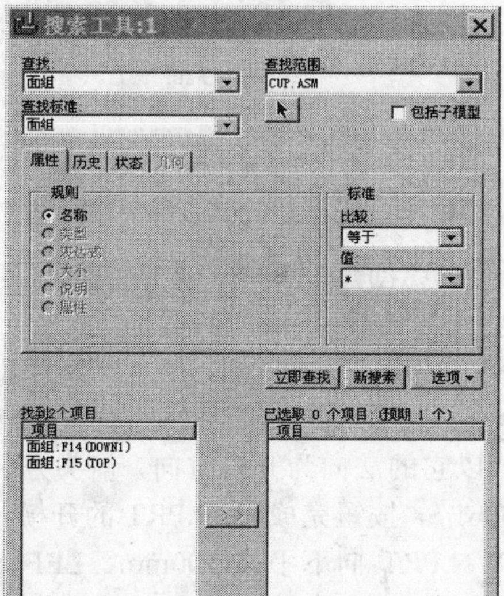


图 5-102 “搜索工具”对话框

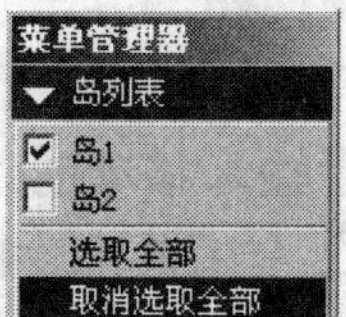


图 5-103 “岛列表”菜单

（14）单击绘图区右侧的“分割为新的模具体积块”按钮，弹出“分割体积块”菜单。选择“两个体积块”→“模具体积块”→“完成”命令，弹出“分割”对话框，同时弹出“搜索工具”对话框。在该对话框中选择 DOWN_1，单击 >> 按钮，再单击鼠标中键完成选择。在绘图区中选取填充平面分型面，单击鼠标中键，再单击“分割”对话框中的“确定”按钮。弹出“属性”对话框，在“名称”文本框中输入体积块的名称为 LEFT，单击“确定”按钮；再次弹出“属性”对话框，在“名称”文本框中输入体积块 2 的名称为 RIGHT，单击“确定”按钮。至此，所有体积块已经创建完毕。单击绘图区顶部的“显示/隐藏”按钮，除了体积块以外的所有项目都将被隐藏，效果如图 5-104 所示。

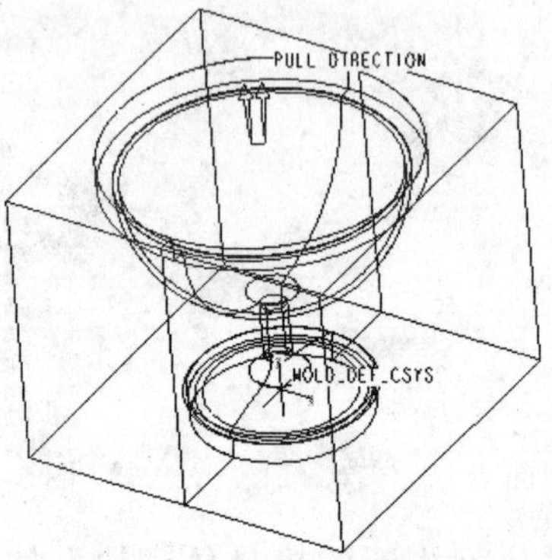

图 5-104　模具体积块

（15）单击绘图区右侧的“抽取”按钮，弹出“创建模具元件”对话框，如图 5-105 所示。单击该对话框中的按钮，选择对话框中的 4 个体积块作为元件抽取对象，单击“确定”按钮，完成模具元件的创建。模型树上添加了 4 个模具零件，如图 5-106 所示。

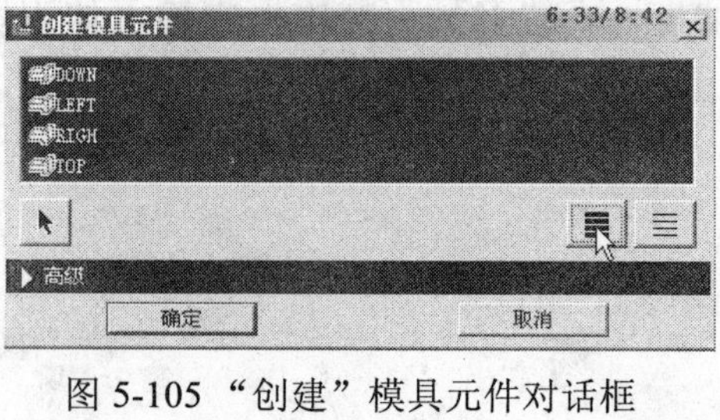

图 5-105 “创建”模具元件对话框

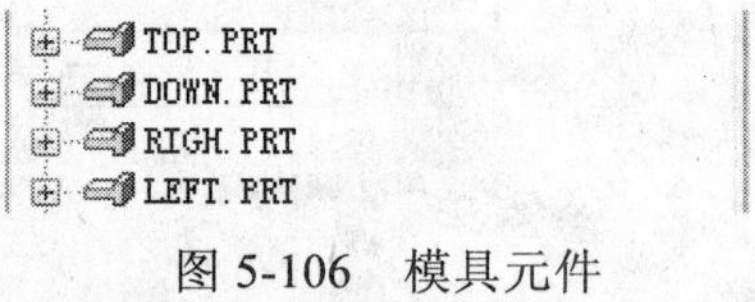

图 5-106　模具元件

（16）选择“铸模”菜单中的“铸模”→“创建”命令，系统信息区提示输入零件名称，单击✔按钮，默认的名称 PRT0001 将作为铸模零件的名称。

（17）单击绘图区右侧的“执行模具开口分析”按钮，弹出“模具孔”菜单。选择菜单中的“定义间距”→“定义移动”命令，然后选择绘图区中的 TOP.PRT 模具元件，单击鼠标中键。再选择 TOP.PRT 的上表面，以它的法向为开模方向，箭头方向为正方向，在系统信息区提示输入移动的距离为 150，单击✔按钮完成 TOP.PRT 的开模定义。用同样的方法定义另外 3 个模具元件的开模，DOWN.PRT 向下平移 100mm，LEFT.PRT 向左平移 100mm，RIGHT.PRT 向右平移 100mm。选择“模具孔”菜单中的“完成”命令，完成开模定义，效果如图 5-107 所示。

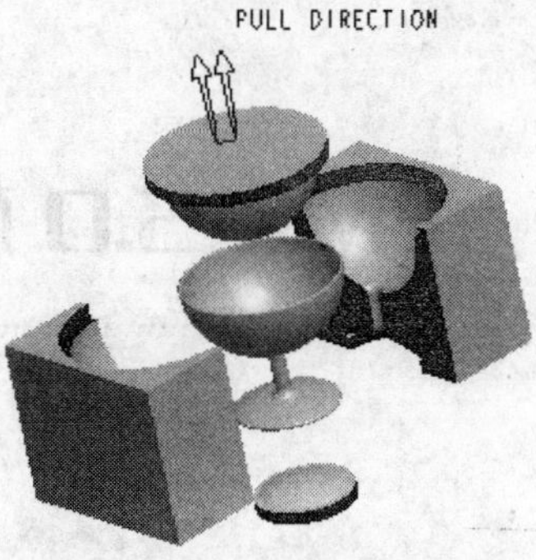


图 5-107　开模效果

**提示**　本实例应用了分型面法进行模具设计，但与前面例子相比，多了型芯的设计。型芯的设计方法与上、下模的设计方法基本一致，需要注意的是要创建型芯的分型面，如本实例中的 TOP 和 DOWN 的分型面，需要先利用分型面分割出型芯的体积块，再创建其他的模具元件。

## 5.5　本章小结

本章前面部分以同一个零件为例，使用在 Pro/ENGINEER 中最常用的 3 种模具设计方法进行模具设计，它们分别是组件法、分型面法和体积块法。3 种方法有各自的优点：组件法，它的优点是在 Pro/ENGINEER 的装配模式下进行的，它的操作方法比较接近零件设计，所以对模具设计初学者来说比较容易接受和理解，而且它在处理一些简单的产品模具设计时效率不逊色于其他的模具设计方法；分型面法，它的优点是能设计出产品的分型面，模具元件的设计就变得十分简单，利用 Pro/ENGINEER Wildfire 强大的曲面建模工具，通过一系列的编辑可以设计出绝大多数产品的分型面；体积块法，它的优点是当分型面不好设计时能利用体积块法进行体积块的设计，利用设计出的体积块再创建出模具元件，虽然步骤比较繁琐，但也不失为一种好方法。

在本章最后应用了一个比较综合的实例，而且该实例还涉及模具型芯的设计。从整个产品来说并不复杂，主要是确定型芯的设计，然后设计型芯的分型面。

本章通过实例详细地介绍了 Pro/ENGINEER 中 3 种较常用的模具设计方法，希望读者能体会这 3 种方法的优缺点，在以后的工作中针对不同的情况选择最好的方法进行模具设计，以提高工作效率和模具的质量。

## 5.6　课后习题

创建一电子产品外壳部分的分模，效果如图 5-108 所示。

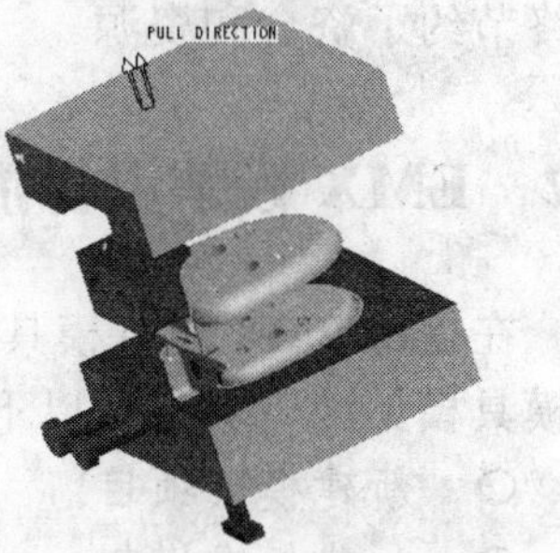


图 5-108　模具参照零件

# 第6章 EMX 5.0 模架设计

本章导读

本章主要介绍 Pro/ENGINEER 注射模具设计的整个过程，与前面章节不同的是本章将重点介绍使用 EMX 5.0 设计模具模架。因为模具设计中除了模腔设计外，还必须选择合适的模架与设计的模具配套。因此，本章将通过一个实例介绍使用 EMX 5.0 设计模架的方法。

通过本章的学习，读者应实现如下目标：

- ❑ 了解 EMX 5.0 在模具设计中的作用
- ❑ 掌握使用 EMX 5.0 设计模具模架的技能

## 6.1 EMX 介绍

EMX（Expert Moldbase Extension，注塑模具设计专家），是 Pro/ENGINEER 提供的一个基于知识库的框架装配插件。

利用该模具库，家用电器、玩具和汽车零件制造商们将可以在模具开发制造方面有效地控制成本。该模具库不只是一个标准的 3D 模具库，其“智能式”的设计还可以让工程师轻松实现 3D 环境下的零件装配和修改，从而减少设计误差及公式化和费时的工序。另外，只需要若干次的鼠标单击，用户便可以从模具库内抽出所需部分，然后安装出一个完整的模具。由于模具库内的所有零件部件均为 3D 格式，并能够对它们进行快速及实时预览，因此，工程师能够及早发现设计误差。这一特征可以大幅减少最后时刻的设计变更，最终节约了资金和资源。

## 6.2 EMX 模架设计流程

在使用 EMX 进行模具模架设计前需要先设计产品的模具，然后根据模具使用 EMX 设计模具模架。一般包括以下的流程。

- ❍ 新建模架项目。
- ❍ 加载标准模架。
- ❍ 添加浇铸系统。
- ❍ 添加标准元件。

- 添加侧抽心机构。
- 加载推出机构。
- 模具后期处理。
- 开模运动模拟。

以上是 EMX 中模架设计的流程，下面的例子将详细介绍在 EMX 5.0 中设计模具的方法。

## 6.3　EMX 模具模架设计实例

在 Pro/MOLDESIGN 模块中设计型腔，它的设计方法与前面注射模具设计的方法是相同的。下面将该模具型腔导入到 EMX 中，然后进行模架的设计，最终得到如图 6-1 所示的效果。

图 6-1　模架效果

### 6.3.1　新建模架项目

（1）把光盘\素材\第 6 章的文件复制到硬盘上，并在硬盘的素材\第 6 章指定目录下新建一个文件夹，并命名为 6-2。选择主菜单中的“文件”→“设置工作目录”命令，设置该文件夹为工作目录并将 6-1 文件夹中的模具文档复制到该文件夹中。

（2）选择主菜单中的“EMX 5.0”→“项目”→“新建”命令，弹出“项目”对话框，输入项目名称为 back_cover_emx，前缀为 B_C，单位选择“毫米”，如图 6-2 所示。单击该对话框中的“确定”按钮，完成 EMX 项目的创建。

（3）单击绘图区右侧的“添加元件”按钮，弹出“打开”对话框，选择 back_cover_mold.asm 文件，单击“打开”按钮，元件显示在绘图区中，在“装配”操作面板的“约束集”列表中选择以“默认”方式装配元件，单击按钮完成元件的装配。

（4）选择主菜单中的“EMX 5.0”→“项目”→“分类”命令，弹出“分类”对话框，设置每一个加载元件的类型，如图 6-3 所示。

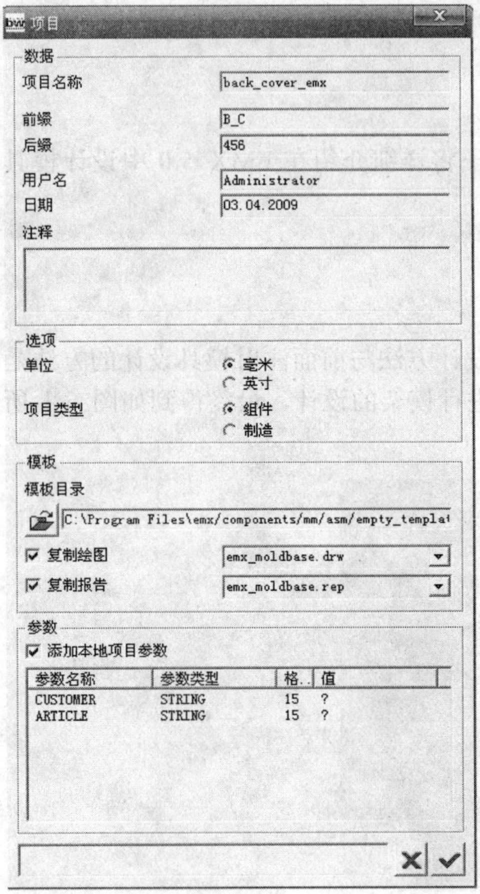


图 6-2 “项目”对话框

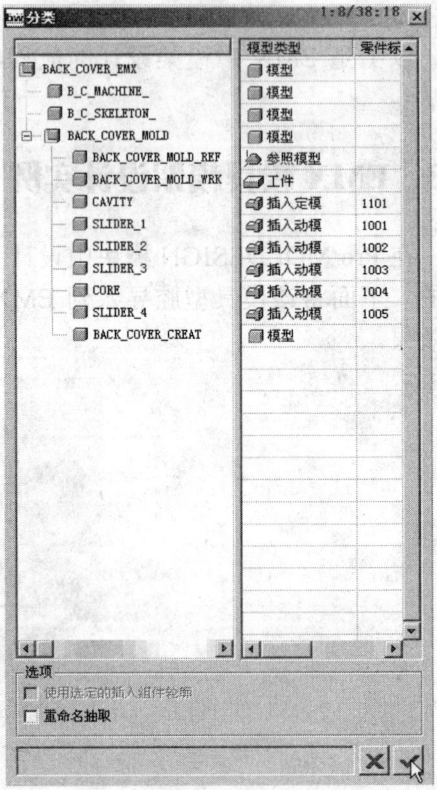


图 6-3 “分类”对话框

### 6.3.2 加载标准模架

（1）选择主菜单中的“EMX 5.0”→“模架”→“组件定义”命令，弹出“模架定义”对话框。在“模架定义”对话框中单击“从文件载入组件定义”按钮，弹出“载入 EMX 组件”对话框，在“模架系列”列表中选择 emx_tutorial_komplett 选项，并取消选中“保留尺寸和模型数据”复选框，如图 6-4 所示。

（2）单击“载入 EMX 组件”对话框中的“从文件载入组件定义”按钮，将所选的模架加载到“模架定义”对话框的视图中，单击“载入 EMX 组件”对话框中的按钮，模板加载到绘图区中，在“模架定义”对话框厂商列表中选择 hasco，在尺寸列表中选择尺寸规格为 246×396，弹出如图 6-5 所示的对话框，单击按钮。

（3）经过一段时间模板加载后，“模架定义”对话框设置如图 6-6 所示，同时绘图区域显示如图 6-7 所示的模架。

（4）使用鼠标右键单击“模架定义”对话框中如图 6-8 所示 A 板，弹出“板”对话框，修改板的厚度值为 36，如图 6-9 所示，单击按钮确定修改，绘图区会自动进行更新。

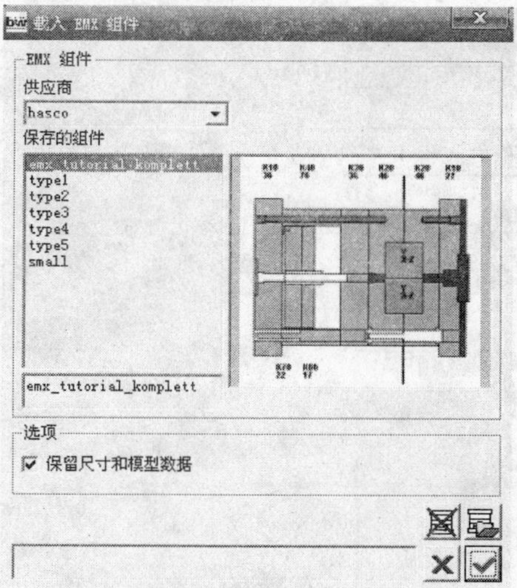


图 6-4 “载入 EMX 组件”对话框

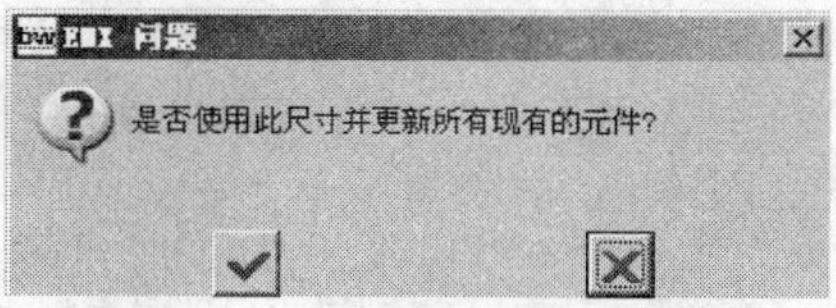


图 6-5 “EMX 问题”对话框

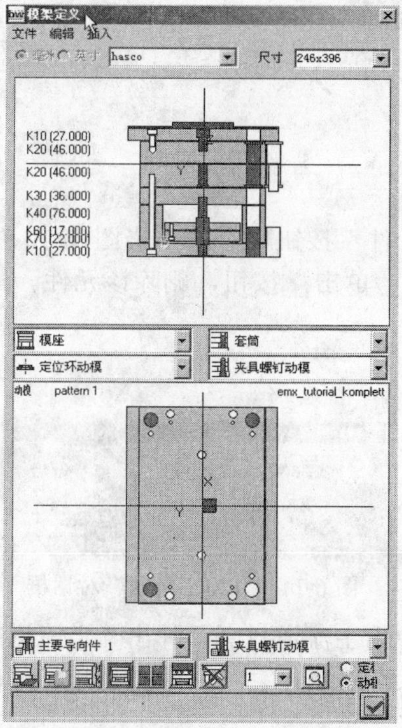


图 6-6 “模架定义”对话框

图 6-7 加载模板

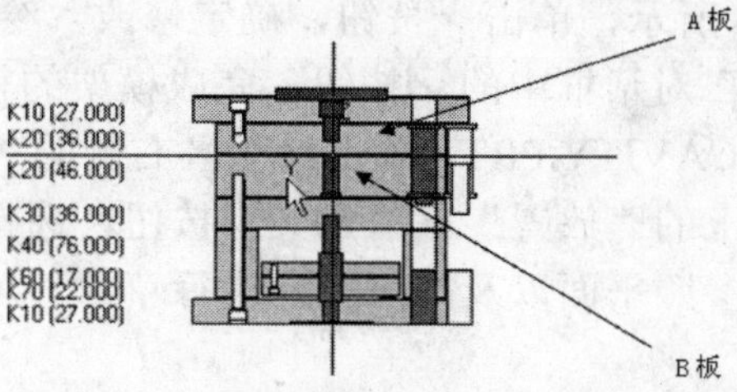


图 6-8 模架正视图

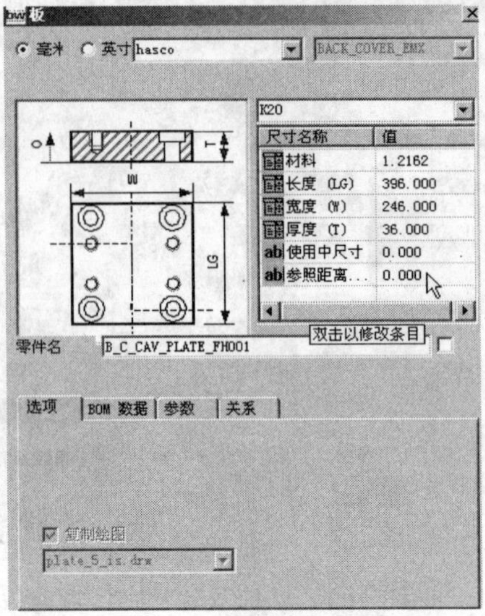


图 6-9 “板”对话框

（5）用同样的方法修改 B 板的厚度为 36。

### 6.3.3 添加浇铸系统

（1）单击“模架定义”对话框下方的“删除元件”按钮，再单击图 6-10 中的支撑衬套，弹出如图 6-11 所示的“EMX 问题”对话框，单击按钮，删除该元件。

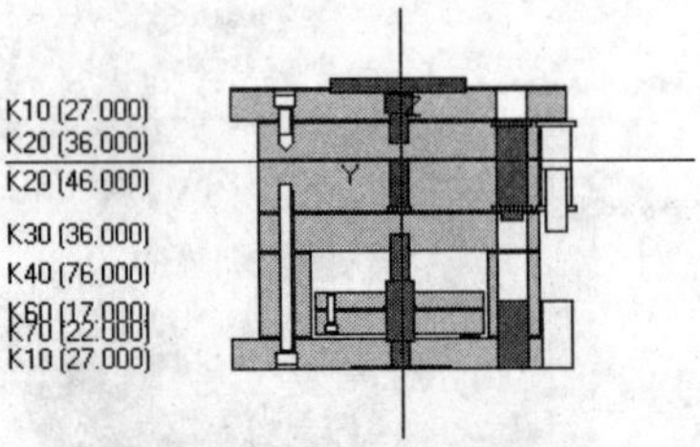


图 6-10 选择支撑衬套

图 6-11 “EMX 问题”对话框

（2）使用鼠标右键单击“模架定义”对话框中的主流道衬套，弹出“主流道衬套”对话框，选择型号为 Z512r，修改长度值为 46，如图 6-12 所示，单击按钮确定修改，绘图区会自动进行更新。

（3）使用鼠标右键单击“模架定义”对话框中的定位环，弹出“定位环”对话框，修改直径值为 90，如图 6-13 所示，单击按钮，确定修改，绘图区会自动进行更新。

（4）单击“模架定义”对话框中的按钮，完成模架的初步定义。

（5）在模型树上隐藏 CAVITY.PRT，单击绘图区右侧的“拉伸”按钮，弹出“拉伸”操作面板，单击操作面板上的“放置”→“定义”按钮，选择铸件的上表面的平面为绘图平面，以系统自动选择的参照平面以及参照方向进行草绘，单击“草绘”对话框中的“草绘”按钮进入草绘界面。

（6）绘制如图 6-14 所示的草绘，单击按钮，完成草绘的绘制。

（7）在操作面板上选择拉伸方式为，单击“相交”按钮，在弹出的上滑面板上取消选中“自动更新”复选框，在“相交的模型”列表中删除 B_C_SPRUEBUSH5 以外的选项，如图 6-15 所示。单击操作面板上的按钮，完成主流道衬套的修改。

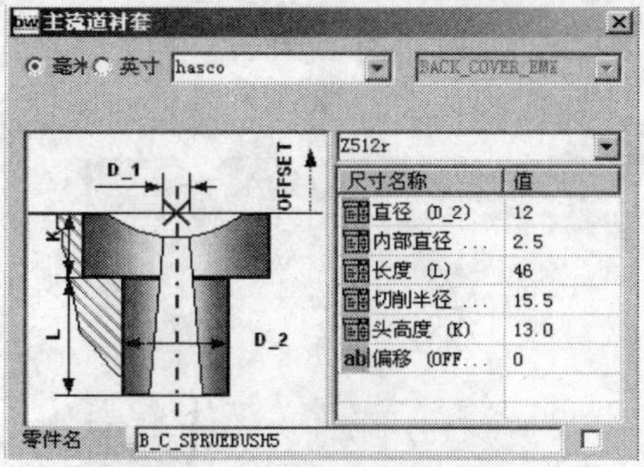


图 6-12 “主流道衬套”对话框

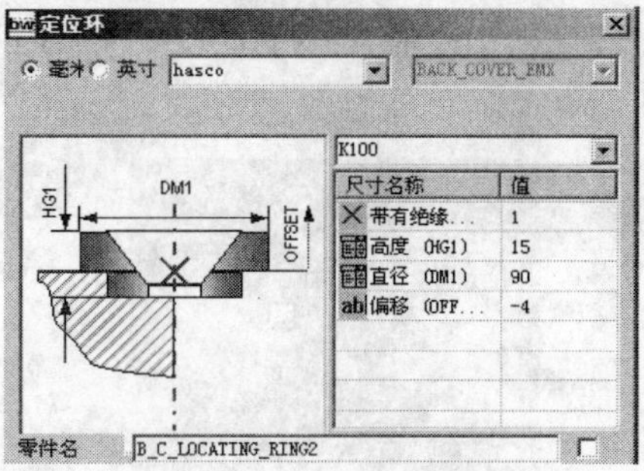


图 6-13 “定位环”对话框

图 6-14　绘制草绘

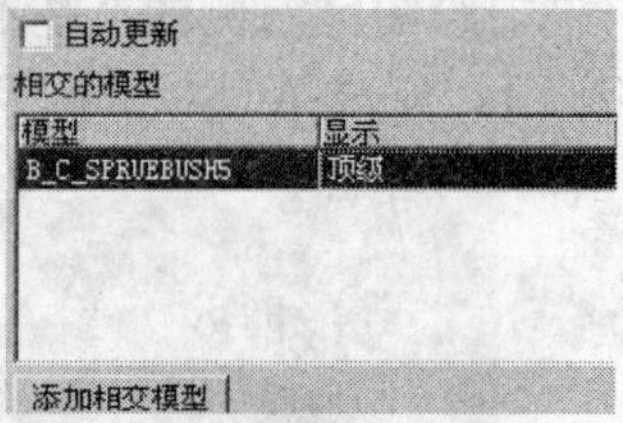


图 6-15 “相交”上滑面板

## 6.3.4　添加标准元件

选择主菜单中的“EMX 5.0”→“模架”→“元件状态”命令，弹出“元件状态”对话框，单击按钮选中全部选项，如图 6-16 所示。单击该对话框中的按钮，系统自动更新绘图区的模型，模架会出现导柱、导套、拉杆、螺旋和复位元件，如图 6-17 所示。

图 6-16 “元件状态”对话框

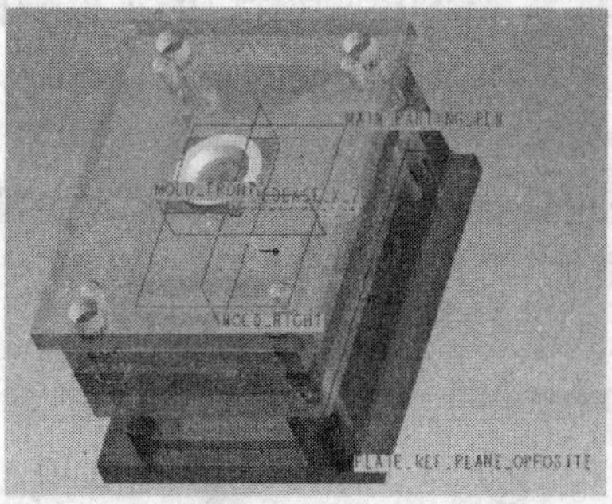


图 6-17　添加元件效果

### 6.3.5 添加侧抽心机构

（1）在模型树上右击打开 BACK_COVER_MOLD.ASM 组件，单击绘图区右侧的“基准点”按钮，创建 APNT0～APNT 3 四个基准点，分别是 4 个滑块的中点，如图 6-18 所示。

图 6-18　创建基准点

（2）单击绘图区右侧的“基准平面”按钮，按住 Ctrl 键选择 APNT0 和图 6-19 中高亮显示滑块的侧面，并且平行于该平面。

（3）单击绘图区右侧的“基准坐标系”按钮，按住 Ctrl 键依次选择如图 6-20 所示的 3 个参照平面，完成 ACS0 坐标系的创建。

图 6-19 “基准平面”对话框

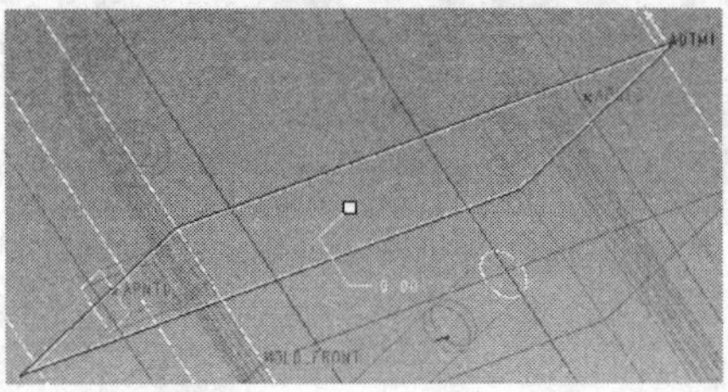

图 6-20　选择参照平面

（4）用同样的方法创建 ACS1-ACS3，必须保证 X 方向向外，Z 方向向上，如果不是向上可以在坐标系的位置单击鼠标右键，在弹出的如图 6-21 所示的快捷菜单中调整方向。

（5）单击绘图区右侧的“定义滑块”按钮，弹出如图 6-22 所示的“滑块”对话框，单击“坐标系”按钮，选取刚才创建的坐标系 ACS0 作为滑块的定位坐标系；单击按钮，系统自动更新绘图区的模型，模架上添加滑块机构及其切口，如图 6-23 所示。

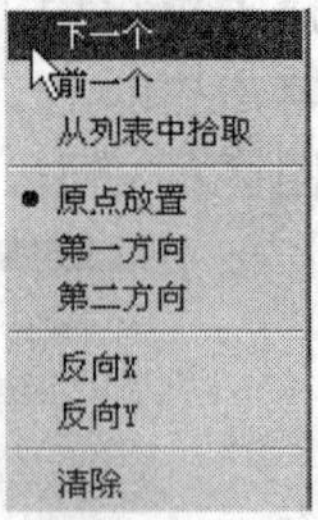


图 6-21 “坐标系”快捷菜单

（6）使用同样的方法创建其余 3 个滑块机构。滑块机构生成的切口是用曲面面组切割模板得到的，可以通过隐藏 00_BUW_CUTQUILTS 图层隐藏曲面面组，效果如图 6-24 所示。

（7）单击绘图区顶部工具栏的“视图管理器”按钮，弹出“视图管理器”对话框，激活视图列表中的 01_Moving_Half 选项，如图 6-25 所示。系统只显示动模侧的模板以及模具元件，如图 6-26 所示。

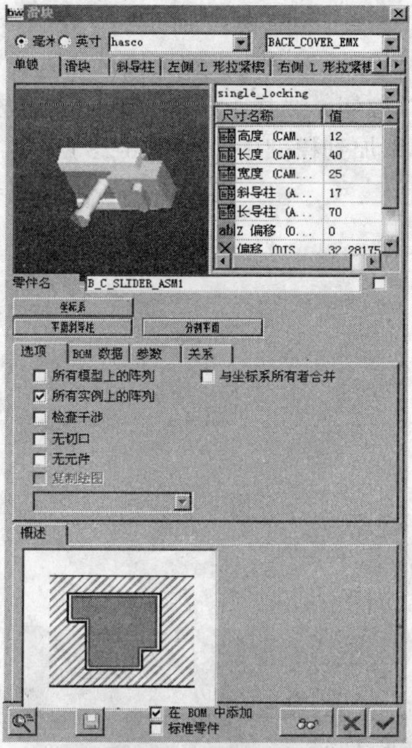


图 6-22 “滑块”对话框

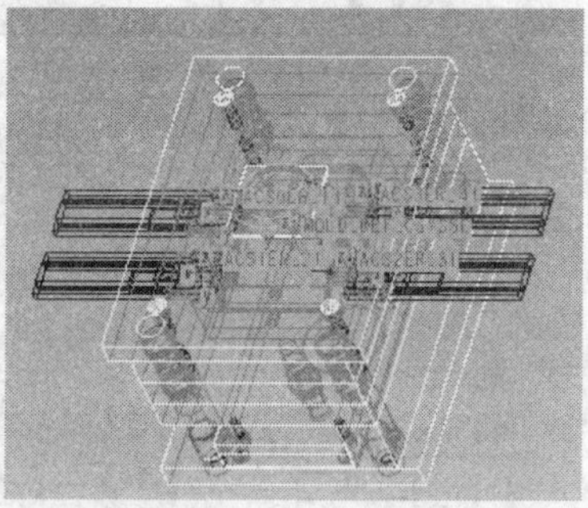

图 6-23 创建滑块

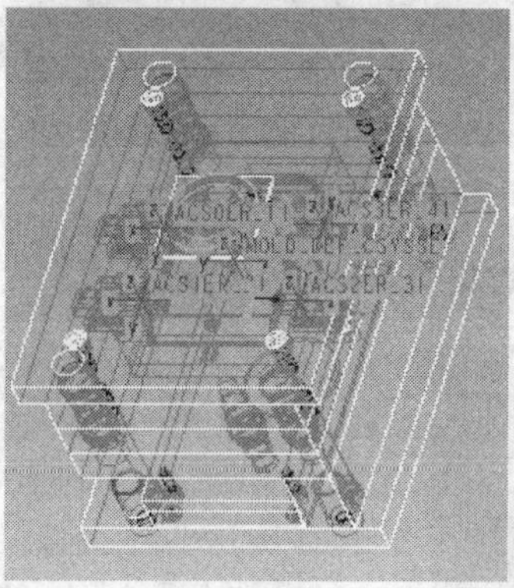

图 6-24 隐藏曲面

图 6-25 “视图管理器”对话框

图 6-26 动模侧视图

（8）单击绘图区右侧的“定义螺钉”按钮，弹出如图 6-27 所示的“螺钉”对话框。在“选项”选项卡中选中“沉孔”复选框，单击“点/轴”按钮，在绘图区中选择一个滑块机构上压块定位点 AUTOSCREW1；单击“曲面”按钮，选择上压块上表面作为放置平面；单击按钮，系统自动更新绘图区的模型，螺钉添加到模架中，如图 6-28 所示。

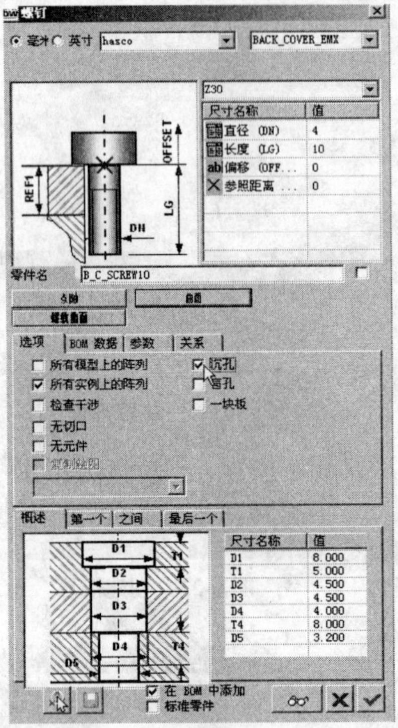

图 6-27 “螺钉”对话框

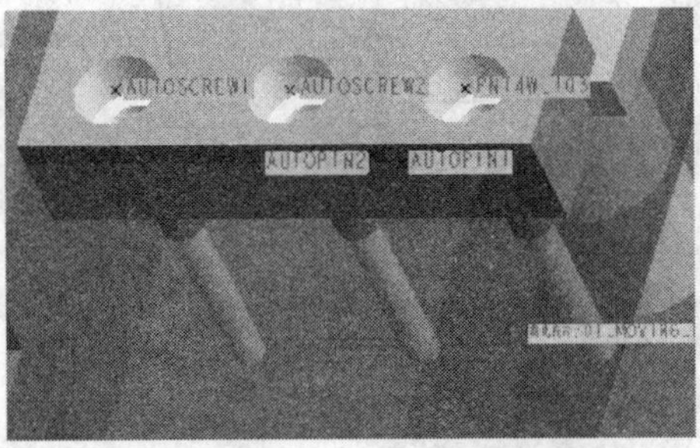

图 6-28 添加螺钉

（9）使用同样的方法创建其余的螺钉组，得到的效果如图 6-29 所示。

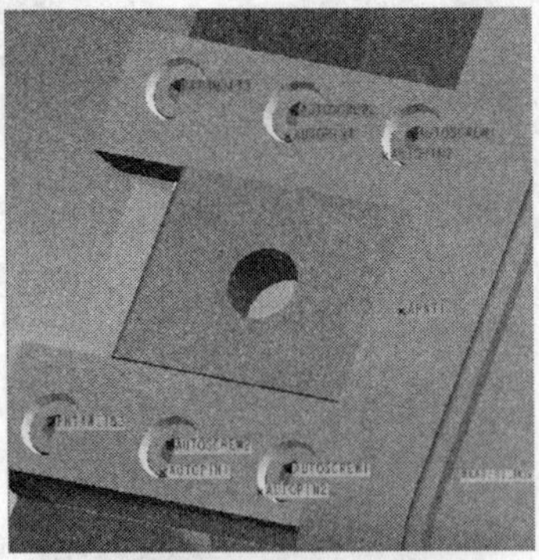
图 6-29 添加其余螺钉

（10）单击绘图区右侧的“定义定位销”按钮，弹出“定位销”对话框，选择长度值为 12，偏移值为 6，如图 6-30 所示。单击该对话框中的“点/轴”按钮，选择一个滑块机构上压块的定位点 AUTO_PIN；单击“曲面”按钮，选择如图 6-31 鼠标所指高亮显示的平面；单击按钮，系统自动更新绘图区的模型，将定位销添加到框架中。

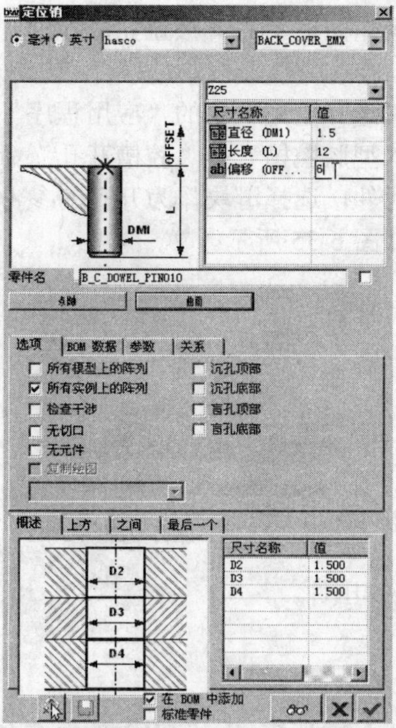


图 6-30 “定位销”对话框

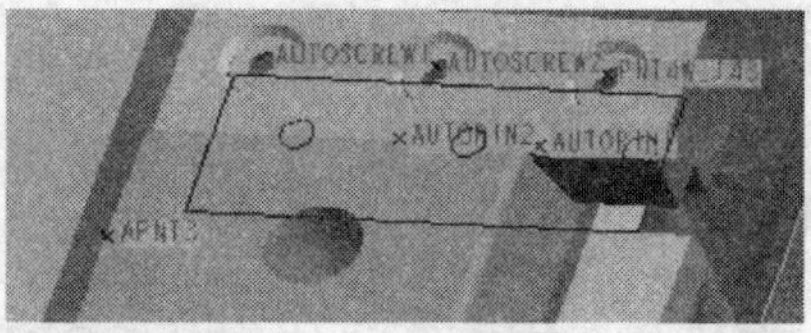


图 6-31 选取参照平面

（11）用同样的方法创建其余的定位销。

（12）由于滑块没有能与抽心机构相连的结构，因此需要在滑块树中打开滑块零件 SLIDER_1.PRT，进入零件模式。

（13）单击绘图区右侧的“拉伸”按钮，弹出“拉伸”操作面板，单击操作面板上的“放置”→“定义”按钮，选择滑块的侧面为绘图平面，以系统自动选择的参照平面以及参照方向进行草绘，单击“草绘”对话框中的“草绘”按钮进入草绘界面。

（14）提取如图 6-32 所示的草绘，单击按钮完成草绘的绘制。

（15）在操作面板上输入拉伸深度为 5，单击操作面板上的按钮完成拉伸。

（16）单击绘图区右侧的“拉伸”按钮，弹出“拉伸”操作面板，单击操作面板上的“放置”→“定义”按钮，选择滑块的侧面为绘图平面，以系统自动选择的参照平面以及参照方向进行草绘，单击“草绘”对话框中的“草绘”按钮进入草绘界面。

（17）提取如图 6-33 所示的草绘，单击按钮，完成草绘的绘制。

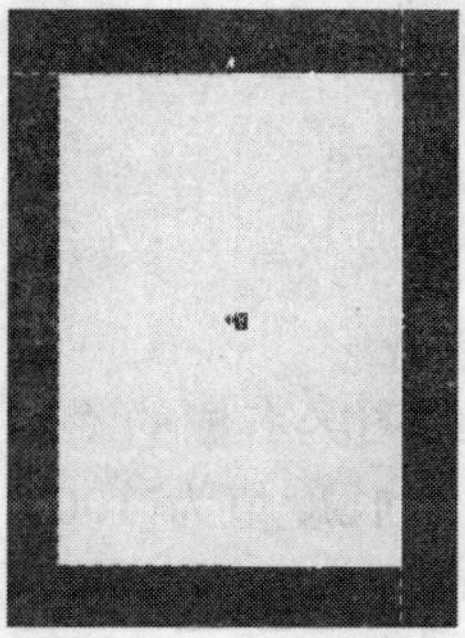

图 6-32 提取草绘

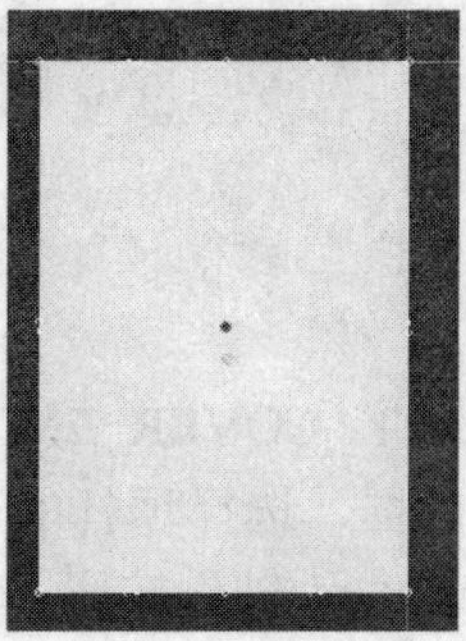

图 6-33 提取草绘

（18）在操作面板上输入拉伸深度为 5，单击操作面板上的✔按钮完成拉伸，如图 6-34 所示。

（19）回到 BACK_ COVER_EMX.ASM 窗口，选择主菜单中的“应用程序”→“模具布局”命令，在弹出的“模具布置”菜单中选择“型腔腔槽”→“腔槽开孔”命令。选择修改过的滑块对应的抽心机构的压块作为开孔的元件，选择滑块作为开孔的参考图元，选择“参考”→“完成”命令，添加了开孔的压件如图 6-35 所示。

图 6-34　修改后的滑块

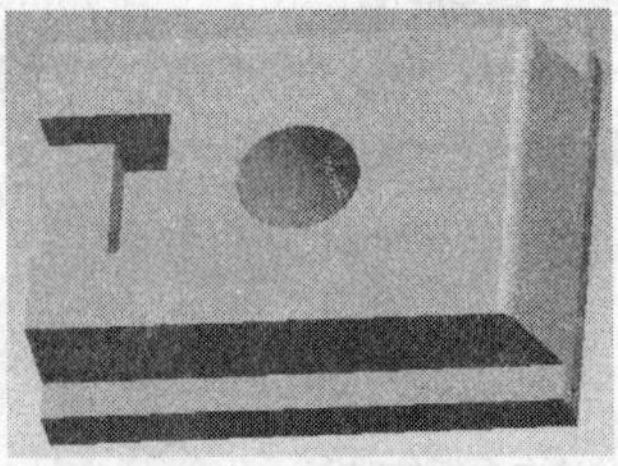

图 6-35　添加开孔的压件

（20）用同样的方法修改其余的滑块以及对应的压件。

### 6.3.6　加载推出机构

（1）在模型树中打开滑块零件 CORE.PRT，进入零件模式。发现零件中有多余的切除特征，应该删除。

（2）单击绘图区右侧的“草绘基准点”按钮，选择零件的上表面作为绘图平面，以系统自动选择的参照平面以及参照方向进行草绘，单击“草绘”对话框中的“草绘”按钮进入草绘界面。

（3）绘制如图 6-36 所示的 4 个基准点，单击✔按钮，完成草绘的绘制。

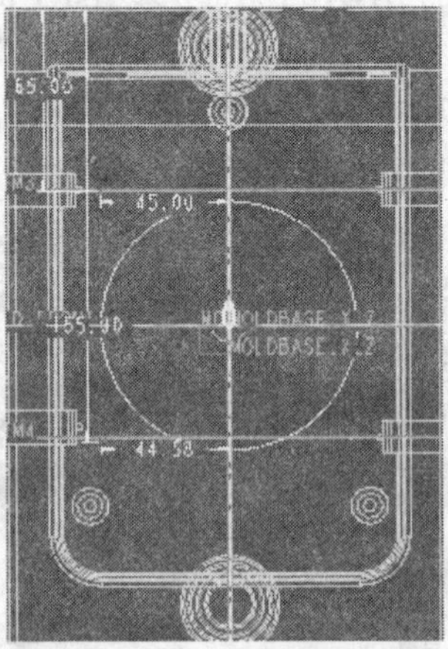

图 6-36　绘制基准点

（4）回到 BACK_COVER_EMX.ASM 窗口，单击绘图区右侧的“定义顶杆”按钮，弹出“顶杆”对话框，选择顶杆的直径值为 4.0，顶杆的长度值为 100，如图 6-37 所示。单击该对话框中的“点/轴”按钮，选取刚才建立的基准点为参考；单击✔按钮，系统自动更新绘图区的模型，将顶杆添加到框架中，如图 6-38 所示。

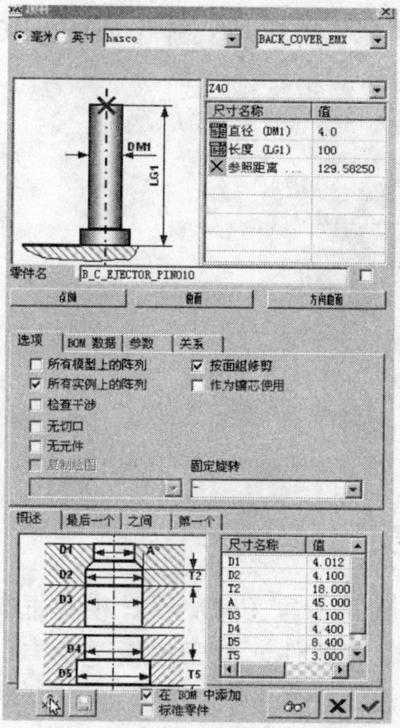

图 6-37 “顶杆”对话框

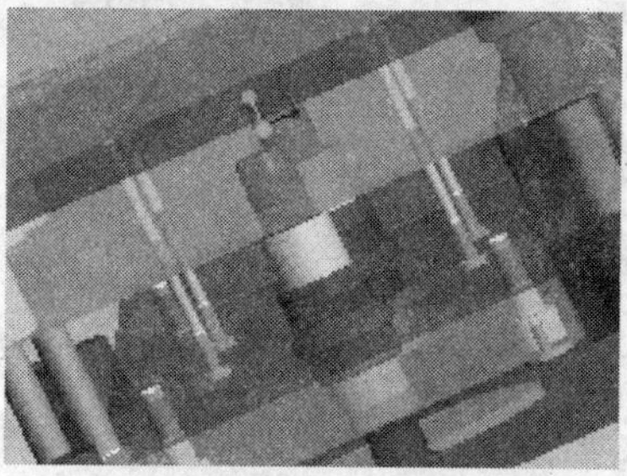
图 6-38 添加顶杆

## 6.3.7 开模运动模拟

EMX 提供开模运动模拟，可以通过模拟观察开模的情况。

（1）单击绘图区右侧的“框架开模模拟”按钮，弹出“模架开模模拟”对话框。输入开模宽度值为 4，在“模拟组”列表框中选中所有选项，单击“计算新结果”按钮，系统经过计算后会列出结果步骤，如图 6-39 所示。

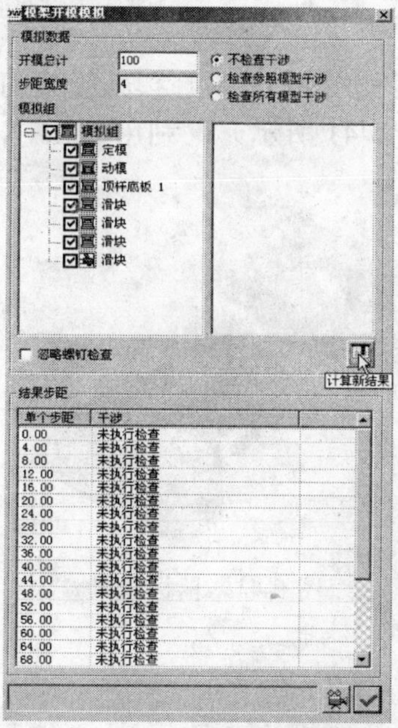

图 6-39 “框架开模模拟”对话框

（2）在“模架开模模拟”中单击“运行开模模拟”按钮，弹出如图 6-40 所示的“动画”对话框。单击按钮，绘图区的模具开始动画演示。

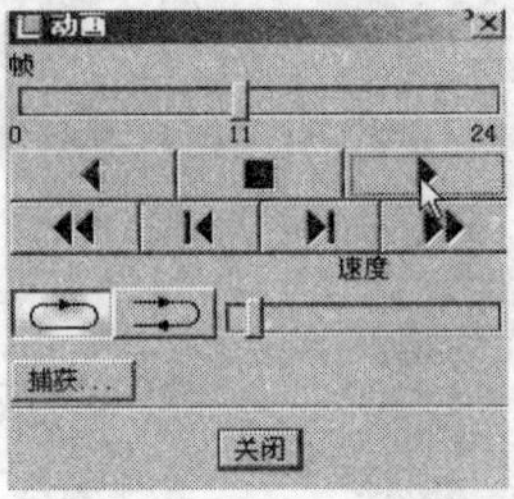


图 6-40 “动画”对话框

## 6.4 本章小结

本章主要介绍在 Pro/ENGINEER 下使用注塑模具专家 EMX 设计模具框架的方法。当模具型腔设计好后，设计人员需要为模具设计模板等元件，由于模板是由专门的厂家提供的，因此 PTC 就将各种不同厂商和规格的框架做成一个数据库，然后包装成为一个设计框架的插件，这就是 EMX。

**提示**

本章的主要实例介绍了使用 EMX 5.0 设计模架的基本方法，需要注意的问题有以下几点。

（1）根据模腔的尺寸以及模具的结构选择模架的厂商以及型号。

（2）由于 EMX 提供的都是标准件，需要进行必要的修改。

（3）由于 ENX 中还存在一些问题，可能会导致一些错误，应该根据实际需要进行修改。

## 6.5 课后习题

通过本章的学习，初步掌握了使用 EMX 设计模具模架的方法，打开光盘\素材\第 6 章\6-5 文件夹下的鼠标模具文件（如图 6-41 所示），利用 EMX 对鼠标模具进行框架设计。

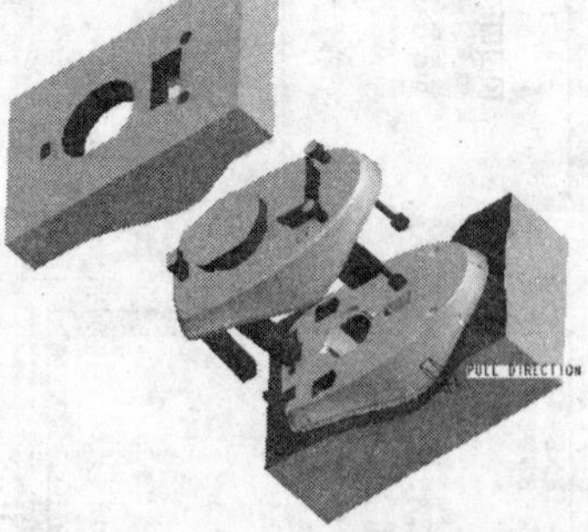


图 6-41 鼠标模具

# 第7章 数控加工基础

本章导读

本章主要结合 Pro/E 介绍数控加工的基本知识。学习数控加工主要应掌握 4 个基本方面的内容：机床、刀具、工艺、编程。数控机床是采用计算机控制的高效能自动化加工设备。数控机床上用的刀具应满足安装调整方便、刚性好、精度高、耐用度好等要求。制定加工工艺方案是数控加工的一项重要工作，其主要内容包括分析零件的工艺性、选择加工内容及所设计零件的加工工艺等。数控加工程序是数控机床运动与工作过程控制的依据。数控编程是数控加工的重要内容。

通过本章的学习，读者应实现如下目标：

- ❑ 了解数控机床的特点
- ❑ 掌握刀具补偿的计算方法
- ❑ 掌握加工工艺的制定方法
- ❑ 掌握加工程序的编制步骤和方法

## 7.1 数控加工技术发展概述

数控加工技术是制造工业现代化的重要基础，是自动控制在生产中的具体应用，是一个国家工业现代化水平高低的重要标志。近年来，由于计算机技术的迅速发展，数控技术的发展也相当迅速。传统的制造技术及制造模式正在被虚拟制造、柔性制造等先进制造技术取代。

虚拟制造技术主要包括产品设计过程仿真和加工过程仿真。由于 CAD/CAM 软件的不断推出和更新，许多软件都具备了虚拟制造技术的功能，其中 Pro/ENGINEER 能够很好地实现这一点。使用 Pro/ENGINEER 进行开发设计，比使用其他软件要快得多。利用该软件可以直接进行二维和三维模型之间的相互转换。它具有统一的产品数据库管理功能，在零件设计、模具设计、加工制造等各环节对数据的修改，都可自动地反映到其他相关环节中，从而保证整个设计和制造过程中各个环节数据的统一。

利用 Pro/ENGINEER 进行虚拟仿真加工时，首先根据现实中的加工模型相应地在三维实体模式下建立实体模型，然后在制造模式下规划加工 NC 序列，进行自动编程，最终在计算机上进行加工过程仿真。

## 7.2 数控机床

### 7.2.1 数控机床加工的特点

数控加工与普通机床加工相比具有以下特点。

- 加工的零件精度高。数控机床在整体设计中考虑了整机刚度和零件的制造精度，又采用高精度的滚珠丝杠传动副，机床的定位精度和重复定位精度都很高。特别是有的数控机床具有加工过程自动监测和误差补偿等功能，因而能可靠地保证加工精度和尺寸的稳定性。
- 生产效率高。数控机床在加工中零件的装卡次数少，一次装卡可加工出很多表面，省去了画线找正和检测等许多中间环节。据统计，普通机床的净切削时间一般占总切削时间的 15%～20%，而数控机床可达 65%～70%，可实现自动换刀的带刀库数控机床甚至可达到 75%～80%。加工复杂零件时，效率可提高 5～10 倍。特别适合加工复杂的轮廓表面，如复杂的回转表面和空间表面。
- 有利于实现计算机辅助制造。目前在机械制造业中，CAD/CAM 已经被广泛应用，数控机床及其加工技术正是计算机辅助制造系统的基础。
- 初始投资大，加工成本高。数控机床的价格一般是普通机床的若干倍，机床配件的价格也高。另外，加工前需要进行编程、调试程序和试加工，时间较长，零件的加工成本高于普通机床。

### 7.2.2 数控机床加工的适用范围及内容

数控机床是一种可编程的通用加工设备，但因其设备费用高，故数控机床有一定的适用范围。一般来说，数控机床特别适用于加工零件形状比较复杂、精度要求高、产品更新频繁、生产周期要求短的场合。

根据应用实践，最适宜采用数控加工的零件有以下几类。

- 用通用机床加工时，要求设计制造复杂的专用夹具或需要长时间调整的零件。
- 小批量生产（100 件以下）的零件。
- 轮廓形状复杂、加工精度要求高或必须用数字方法确定的复杂曲线、曲面零件。
- 要求精密复杂的零件。
- 预备多次改型设计的零件。
- 钻、镗、铰、攻螺纹及铣削加工联合进行的零件，如箱体零件、壳体零件等。
- 成本高的零件，如飞机大梁等零件，此类零件虽不多，但如果因为加工中出现差错而造成零件报废，将造成巨大的经济损失。

### 7.2.3 数控机床的坐标系

数控机床的坐标系统包括坐标系、坐标原点和运动方向。对于数控加工及编程，坐标系是一个十分重要的概念。每一个数控编程员和数控机床的操作者，都必须对数控机床的坐标系有一个完整、正确的理解；否则，程序编制将发生混乱，操作时更容易发生事故。

为了保证数控机床的正确运动，避免工作不一致，简化编程和便于培训编程人员，Pro/E 统一规定了数控机床坐标轴的代码及其运动的正、负方向。JB3051—82《数字控制机床坐标和运动方向的命名》对数控机床的坐标、各运动方向均作了明确规定。

机床原点是指在机床上设置的一个固定的点，即机床的坐标系的原点，它在机床装配、调试时就已确定下来了，是数控机床进行加工运动的基准参考点。在数控铣床上，机床原点一般取在 X、Y、Z 3 个直线坐标轴正方向的极限位置上。

数控机床的坐标轴命名规定是，机床的直线运动采用笛卡尔直角坐标系，其坐标命名为 X、Y、Z，使用右手定律判定方向，如图 7-1 所示。右手的大拇指、食指和中指互相垂直时，则拇指的方向为 X 轴的正向，食指为 Y 轴的正向，中指为 Z 轴的正向。以 X、Y、Z 坐标轴线或以与 X、Y、Z 坐标轴平行的轴线为中心的旋转运动，分别称为 A、B、C。A、B、C 正方向按右手螺旋定律确定，图 7-1 所示为数控机床坐标确定法则。

- Z 坐标的运动。传递切削力的主轴规定为 Z 坐标轴。对于铣床、镗床和攻螺纹机来说，转动刀具的轴称为主轴。而车床、磨床等则以转动工件的轴称为主轴。如果机床上有几个主轴，则选其中一个与工件装夹基面垂直的轴为主轴。若机床没有主轴，则选垂直于工件装夹面的轴为主轴（例如刨床）。
- X 坐标的运动。X 坐标是水平的，它平行于工件的装夹面。对于工件旋转的机床（如车床、磨床等），取平行于横向滑座的方向（工件的径向）为 X 坐标，因此安装在横刀架上的刀具离开工件旋转轴方向为 X 正方向；对于刀具旋转的机床（例如铣床、镗床），当 Z 轴为水平时，沿刀具主轴向工件的方向看，向右方向为 X 轴正方向；当 Z 轴为垂直时，对单立柱机床，面向刀具主轴向立柱看，向右方向为 X 轴正方向。
- Y 坐标轴运动。Y 坐标轴垂直于 X 及 Z 坐标。按右手直角笛卡尔坐标系统判定其正方向。

以上都是取增大工件和刀具远离工件的方向为正方向。例如钻、镗加工，以切入工件的方向为 Z 坐标的负方向。

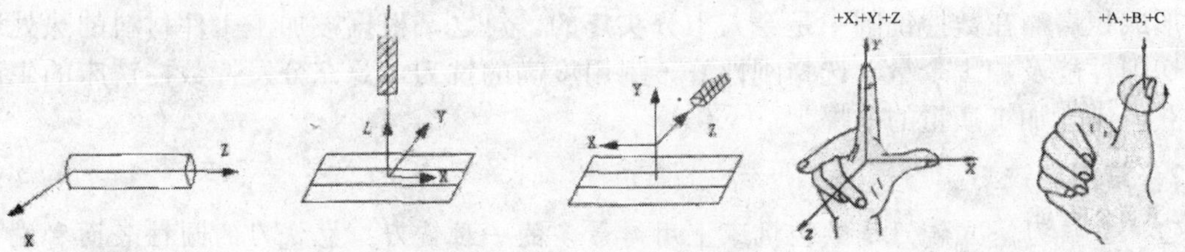


a）数控车床　b）立式数控镗铣床　c）卧式数控镗铣床　d）右手螺旋定律

图 7-1　数控机床坐标系确定法则

为了编程的方便，不论数控机床的具体结构是工件固定不动刀具移动，还是刀具固定不动工件移动，确定坐标系时，一律按照刀具相对于工件运动的情况。当实际刀具固定不动，工件移动时，工件（相对于刀具）运动的直角坐标相应为 X'、Y'、Z'。但由于二者是相对运动，尽管实际上是工件运动，仍以刀具相对运动 X、Y、Z 进行编程，结果是一样的。

除了 X、Y、Z 方向的直线运动外，还有其他的与之平行的直线运动，可分别命名为 U、

V、W 坐标轴，称为第二坐标系。如果再有与之平行的直线运动，可用 P、Q、R 表示。如果在旋转运动 A、B、C 之外还有其他旋转运动，则可用 D、E、P 表示。

另外，数控机床运动轨迹的坐标点以固定的坐标原点计量，称作绝对坐标。运动轨迹的终点坐标值，以其起点计量的坐标称作增量坐标系（或相对坐标系）。常用代码表中的第二坐标系 U、V、W 表示，U、V、W 分别与 X、Y、Z 平行且同向。

数控机床的进给运动是相对运动，有的是刀具相对于工件的运动（如车床），有的是工件相对于刀具的运动（如铣床）。为方便用户编程，国际标准确定如下一个原则：刀具相对于静止的工件而运动。即编程时，可假定工件不动，刀具相对于工件作进给运动。根据这一原则，编程人员在不知道是刀具移近工件还是工件移近刀具的情况下，就可依据零件图编制出正确的程序。

## 7.3 刀具与刀具补偿

### 7.3.1 刀具

数控机床上用的刀具应满足安装调整方便、刚性好、精度高、耐用度好等要求。这里根据本书的特点主要讨论铣削加工用刀具。

**1．对刀具的基本要求**

- 刚性要好。数控铣床的加工过程中难以调整切削用量，所以要求铣刀刚性要好，同时从生产效率方面考虑，为了采用大切削用量也需要铣刀的刚性要好。
- 耐用度要高。在数控机床上经常是使用一把铣刀加工很多的内容，所以如果刀具不耐用而很快磨损，就会影响工件的表面质量与加工精度。如果在加工过程中因刀具磨损而换刀，就会增加因换刀而引起的对刀次数，降低生产率，同时也会使工件的被加工表面留下因对刀误差而形成的接刀痕，从而降低了零件的表面质量。

除上述两点之外，铣刀切削刃的几何角度参数的选择及排屑性能等也非常重要。切屑粘刀形成积屑瘤在数控铣削中是令人十分头疼的。总之，根据被加工工件材料的热处理状态、切削性能及加工余量，选择刚性好、耐用度高的铣刀，是充分发挥数控铣床的生产效率和获得满意加工质量的前提。

**2．常用的铣刀**

- 立铣刀。立铣刀是数控机床上用得最多的一种铣刀。立铣刀的圆柱表面和端面上都有切削刃，它们可同时进行切削，也可单独进行切削。立铣刀圆柱表面的切削刃为主切削刃，端面上的切削刃为副切削刃。主切削刃一般为螺旋齿，这样可以使切削加工更加平稳，从而提高加工精度。粗齿立铣刀的齿数一般为 3 或 4 齿，细齿立铣刀的齿数一般为 5～8 齿，由于一般的立铣刀端面中心没有切削刃，所以不能进行铣刀的轴向进给。立铣刀的长度一般较长，可以加工一些较深的沟槽。

常用的立铣刀都有带柄形式，$\phi$2～$\phi$71mm 的立铣刀的刀柄做成直柄，$\phi$6～$\phi$63mm 的立铣刀的刀柄做成莫氏锥柄，$\phi$25～$\phi$80mm 立铣刀的刀柄做成 7:24 的锥柄。为了适应一些数控铣床的自动换刀装置，可以由刀具厂家按照一定的规格设计制造出统一形式、统一尺寸的刀柄，以便实现快速的刀具自动装卸。

- 模具铣刀。模具铣刀由立铣刀发展而成，可分为圆锥形立铣刀（圆锥半角a/2=3°、5°、7°、10°）、圆柱形球头立铣刀和圆锥形球头立铣刀 3 种，其柄部有直柄、削平型直柄和莫氏锥柄。它的结构特点是球头或端面上布满切削刃，圆周刃与球头刃圆弧连接，可以作径向和轴向进给。铣刀工作部分用高速钢或硬质合金制成，国家标准规定直径为4～63mm。
- 键槽铣刀。键槽铣刀有两个刀齿，圆柱面和端面都有切削刃，端面刃延至中心，既像立铣刀，又像钻头。加工时先轴向进给达槽深，然后沿键槽方向铣出键槽全长。

按国家标准规定，直柄键槽铣刀直径为2～22mm，铣柄键槽铣刀直径为14～50mm。由于键槽铣刀的圆周切削刃仅在靠近端面的一小段长度内发生磨损，所以重磨时，只需刃磨端面切削刃，重磨后铣刀直径不变。

- 鼓形铣刀。鼓形铣刀的切削刃分布在半径为R的圆弧面上，端面无切削刃。加工过程中控制改变鼓形铣刀的上下位置，相应改变刀刃的切削部位，可以在工件上切出由负到正的不同斜角。R越小，鼓形铣刀所能加工的斜角范围越广，同时由于刀的曲率小，其加工出的工件的表面质量也就越差。这种刀具的缺点是刃磨困难，切削条件差，而且不适于加工有底的轮廓表面。
- 成型铣刀。成型铣刀自身有一定的外形，所以一般都是为加工某种特定形状的工件或加工内容专门设计制造的，如燕尾槽、T形槽和角度面等。

**3．铣刀选择**

选取刀具时，要使刀具的尺寸与被加工工件的表面尺寸相适应。刀具直径的选用主要取决于设备的规格和工件的加工尺寸，还需要确保刀具所需功率应在机床功率范围之内。

生产中，平面零件周边轮廓的加工，常采用立铣刀；铣削平面时，应选端铣刀或面铣刀；加工凸台、凹槽时，选高速钢立铣刀；加工毛坯表面或粗加工孔时，可选用镶硬质合金刀片的玉米铣刀；对一些立体型面和变斜角轮廓外形的加工，常采用球头铣刀、环形铣刀、锥形铣刀和盘形铣刀。

平面铣削应采用硬质合金端铣刀、立铣刀或可转位面铣刀。一般采用二次走刀，第一次走刀最好用端铣刀粗铣，沿工件表面连续走刀。选好每次走刀的宽度和铣刀的直径，使接痕不影响精铣精度。因此，加工余量大而且不均匀时，铣刀的直径要小些。粗加工时，铣刀的直径要小些。精加工时，铣刀直径要大些，最好能包容加工面的整个宽度。表面要求高时，还可以选择使用具有修光效果的刀片。在实际的加工中，平面的精加工一般用可转位密齿铣刀即可以达到理想的表面加工质量，甚至可以实现以铣代磨。密布的刀齿使进给速度大大提高，从而提高切削效率。精切平面时，可以设置6～8个刀齿，直径大的刀具甚至可以有超过10个的刀齿。

加工空间曲面和变斜角轮廓外形时，由于球头刀具的球面端部切削速度为零，而且在走刀时，每两行刀位之间加工表面不可能重叠，总存在没有被加工去除的部分。每两行刀位之间的距离越大，没有被加工去除的部分就越多，其高度（通常称为“残余高度”）就越高，加工出来的表面与理论表面的误差就越大，表面质量也就越差。加工精度要求越高，走刀步长和切削行距越小，编程效率就越低。因此，应在满足加工精度要求的前提下，尽量加大步长和行距，以提高编程和加工效率。而在 2 轴及 2.5 轴加工中，为提高效率，应尽量采用端铣刀，因为在相同的参数设置情况下，利用球铣刀会留下较大的残留高度。因此，在保证不发生干涉和工件不被过切的前提下，无论是曲面的粗加工还是精加工，都应优先选择平头刀或 R 刀。不过，为了避免干涉，建议使用球头刀，调整好加工参数也可以达到较好的加工效果。

镶硬质合金刀片的端铣刀和立铣刀主要用于加工凸台、凹槽和箱口面。为了提高槽宽的加工精度，减少铣刀的种类，加工时采用直径比槽宽小的铣刀，先铣槽的中间部分，然后再利用刀具半径补偿功能对槽的两边进行铣加工。

对于要求较高的细小部位的加工，可使用整体式硬质合金刀，它可以取得较高的加工精度，但是注意刀具悬升不能太大，否则刀具不但让刀量大，易磨损，而且会有折断的危险。

铣削盘类零件的周边轮廓一般采用立铣刀。所用的立铣刀的刀具半径一定要小于零件内轮廓的最小曲率半径，一般取最小曲率半径的 0.8～0.9 倍即可。零件的加工高度（Z 方向的背吃刀量）最好不要超过刀具的半径。若铣毛坯面时，最好选用硬质合金波纹立铣刀，它在机床、刀具、工件系统允许的情况下，可以进行强力切削。

钻孔时，要先用中心钻或球头刀打中心孔，用以引正钻头，先用较小的钻头钻孔至所需深度。在进行较深的加工时，特别要注意钻头的冷却和排屑问题，一般利用深孔钻削循环指令 G83 进行编程，钻进一段后，钻头快速退出工件进行排屑和冷却，再钻进，再进行冷却和排屑直至孔深钻削完成。

加工中心机床工具是一个较复杂的系统，如何根据实际情况进行正确选用，并在 CAM 软件中设置正确的参数，是数控编程人员必须掌握的。只有对加工中心刀具结构和选用有充分的了解和认识，并且不断积累经验，在实际工作中才能灵活应用，提高工作效率和生产效益，并保证安全生产。

### 7.3.2 刀具的半径补偿

在数控铣床上进行轮廓的铣削加工时，由于刀具半径的存在，刀具中心（以下简称刀心）轨迹和工件轮廓不重合。如果数控系统不具备刀具半径自动补偿功能，则只能按刀心轨迹进行编程，即在编程时给出刀具的中心轨迹，其计算相当复杂，尤其当刀具磨损、重磨或换新刀而使刀具直径变化时，必须重新计算刀心轨迹并修改程序，这样既繁琐，又不易保证加工精度。当数控系统具备刀具半径补偿功能时，数控编程只需按工件轮廓进行，数控系统会自动计算刀心轨迹，使刀具偏离工件轮廓一个半径值，即进行刀具半径补偿。

数控系统的刀具半径补偿就是将计算刀具中心轨迹的过程交由 CNC 系统执行。编程员假设刀具的半径为零，直接根据零件的轮廓形状进行编程，因此这种编程方法也称为对零件的编程，而实际的刀具半径则存储在一个可编程刀具半径偏置寄存器中。在加工过程中，CNC 系统根据零件程序和刀具半径自动计算刀具中心轨迹，完成对零件的加工。当刀具半径发生变化时，不需要修改零件程序，只需修改存放在刀具半径偏置寄存器中的刀具补偿半径值，或者选用存放在另一个刀具半径偏置寄存器中的刀具半径所对应的刀具即可。

现代 CNC 系统一般都设置有若干（16、32、64 或更多）个可编程刀具半径偏置寄存器，并对其进行编号，专供刀具补偿之用。进行数控编程时，只需调用所需刀具半径补偿参数（刀具长度、刀具半径等）所对应的寄存器编号即可。加工时，CNC 系统将该编号对应的刀具半径偏置寄存器中存放的刀具半径取出，对刀具中心轨迹进行补偿计算，生成实际的刀具中心运动轨迹。

铣削加工刀具半径补偿分为刀具半径左补偿（用 G41 定义）和刀具半径右补偿（用 G42 定义）。编程时，使用非零的 D##代码选择正确的刀具半径补偿偏置寄存器号。根据 ISO 标准，当刀具中心轨迹沿前进方向位于零件轮廓右边时称为刀具半径右补偿；反之称为刀具半径左补偿。当不需要进行刀具半径补偿时，则用 G40 取消刀具半径补偿功能。

为了简化零件的数控加工编程，应使数控程序与刀具形状和刀具尺寸尽量无关。现代 CNC 系统除了具有刀具半径补偿功能外，还具有刀具长度补偿功能。刀具长度补偿使刀具在垂直于走刀平面的方向上偏移一个刀具长度修正值，因此在数控编程过程中，一般无须考虑刀具长度。这样就避免了加工运行过程中由于要经常换刀而每把刀具长度的不同给工件坐标系的设置带来的困难。可以预见，如果第一把刀具正常切削工件，而更换一把稍长的刀具后如果工件坐标系不变，零件将被过切。

刀具长度补偿要视情况而定。一般而言，刀具长度补偿对于 2 坐标和 3 坐标联动数控加工是有效的；但对于刀具摆动的 4、5 坐标联动数控加工，刀具长度补偿则无效，在进行刀位计算时可以不考虑刀具长度，但后置处理计算过程中必须考虑刀具长度。

刀具长度补偿在发生作用前，必须先进行刀具参数的设置。设置的方法有机内试切法、机内对刀法和机外对刀法。对数控铣床而言，较好的方法是采用机外对刀法。不管采用哪种方法，所获得的数据都必须通过手动数据输入（MDI）方式将刀具参数输入数控系统的刀具参数表中。这里需要声明，对于平铣刀来说，刀具长度由端面中心算起（即由刀尖算起），而球头铣刀，其长度是由球面中心算起（即由刀心算起）。

对于数控铣床，刀具长度补偿指令由 G43 和 G44 实现：G43 为刀具长度正补偿或离开工件补偿；G44 为刀具长度负补偿或趋向工件补偿。使用非零的 H##代码选择正确的刀具长度偏置寄存器号。取消长度补偿用 G49 指定。

当刀具长度补偿有效时，程序运行，数控系统根据刀具长度定位基准点使刀具自动离开工件一个给定的距离，从而完成刀具长度补偿，使刀尖（或刀心）运行于程序要求的运动轨迹，这是因为数控程序假设的是刀尖（或刀心）相对于工件运动。而在刀具长度补偿有效之前，刀具相对于工件的坐标是机床上刀具长度定位基准点 E 相对于工件的坐标。

在加工过程中，为了控制切削深度或进行试切加工，也经常使用刀具长度补偿。采用的方法是：加工之前在实际刀具长度上加上退刀长度，存入刀具长度偏置寄存器中，加工时使用同一把刀具调用加长后的刀具长度值，从而可以控制切削深度，而不用修正零件加工程序（控制切削深度也可以采用修改程序原点的方法）。

值得进一步说明的是，机床操作者必须十分清楚刀具长度补偿的原理和操作（应参考机床操作手册和编程手册）。数控编程员则应记住：零件数控加工程序假设的是刀尖（或刀心）相对于工件的运动，刀具长度补偿的实质是将刀具相对于工件的坐标由刀具长度基准点（或称刀具安装定位点）移到刀尖（或刀心）的位置。

## 7.4 加工工艺基础

### 7.4.1 加工工艺分析

**1．工艺分析**

（1）数控铣床的工艺分析

制定零件的数控铣削加工工艺时，首先要对零件图进行工艺分析，其主要内容是数控铣削加工内容的选择。数控铣床的工艺范围比普通铣床宽，但其价格较普通铣床高得多，因此，选择数控铣削加工内容时，应从实际需要和经济性两个方面考虑。通常选择下列加工部位为其加工内容。

- 零件上的曲线轮廓，特别是由数学表达式描绘的非圆曲线和列表曲线等曲线轮廓。
- 已给出数学模型的空间曲面。
- 形状复杂、尺寸繁多、画线与检测困难的部位。
- 用铣床加工难以观察、测量和控制进给的内外凹槽。
- 位置精度要求高的孔或面。
- 能在一次装夹中顺带铣出来的简单表面。
- 采用数控铣床能成倍提高生产率，大大减轻体力劳动强度的一般加工内容。

（2）加工中心工艺分析

制定加工中心加工工艺方案是数控加工的一项重要工作，其主要内容包括分析零件的工艺性，选择加工中心的加工内容及所设计零件的加工工艺等。

- 零件的工艺分析是制定加工中心加工工艺的首要工作，其任务是分析零件图的完整性、正确性和技术要求，选择加工内容，分析零件的结构工艺性和定位基准等。
- 加工内容选择是指零件选定之后，选择零件上适合加工中心加工的表面。这里的表面通常是指尺寸精度要求较高的表面，相互位置精度要求较高的表面，不便于普通机床加工的复杂曲线、曲面，能够集中加工的表面。

**2．定位和装夹**

（1）定位基准分析

定位基准有粗基准和精基准两种。用未加工过的毛坯表面作为定位基准，则该基准为粗基准，用加工过的表面作为定位基准称为精基准。除第一道工序采用粗基准外，其余工序都应使用精基准。

选择定位基准要遵循基准重合原则，即力求设计基准、工艺基准和编程基准统一，这样做可以减少基准不重合产生的误差和数控编程中的计算量，并且能有效地减少装夹次数。

零件的定位基准一方面要能保证零件经多次装夹后其加工表面之间相互位置的正确性，如多棱体、复杂箱体等在卧式加工中心上完成四周加工后，要重新装夹加工剩余的加工表面，用同一基准定位可以避免由基准转换引起的误差；另一方面要满足加工中心工序集中的特点，即下次安装尽可能完成零件上较多表面的加工。定位基准最好是零件上已有的面或孔，若没有合适的面或孔，也可以专门设置工艺孔或工艺凸台等作为定位基准。

（2）装夹

在确定装夹方案时，只需根据已选定的加工表面作为定位基准，确定工件的定位夹紧方式，并选择合适的夹具。此时主要考虑以下几点。

- 夹紧机构或其他元件不得影响进给，加工部位要敞开。要求夹持工件后夹具等一些组件不能与刀具运动轨迹发生干涉。
- 必须保证最小的夹紧变形。工件在加工时切削力大，需要的夹紧力也大，但又不能把工件夹压变形。因此，必须慎重选择夹具的支撑点、定位点和夹紧点。如果采用了相应措施仍不能控制零件变形，只能将粗加工和精加工分开，或者粗、精加工采用不同的夹紧力。
- 装卸方便，辅助时间尽量少。由于加工中心加工效率高，装夹工件的辅助时间对加工效率影响较大，所以要求配套夹具在使用中也要装卸快而方便。对小型零件或工序时间不长的零件，可以考虑在工作台上同时装夹几件进行加工，以提高加工效率。
- 夹具结构力求简单。由于零件在加工中心上加工大都采用工序集中的原则，加工的部位较多，同时批量较小，零件更换周期短，夹具的标准化、通用化和自动化对加工效率的提高及加工费用的降低有很大影响。因此，对批量小的零件应优先选用组合夹具。对形状简单的小批量生产的零件，可选用通用夹具，如三爪卡盘、机用虎钳等。只有对批量较大、周期性投产、加工精度要求较高的关键工序才设计专用夹具，以保证加工精度和提高装夹效率。
- 夹具应便于与机床工作台及工件定位表面间的定位元件连接。加工中心工作台面上一般都有基准 T 形槽，转台中心有定位圈，台面侧面有基准挡板等定位元件。固定方式一般用 T 形块或工作台面上的紧固螺孔，用螺栓或压板压紧。夹具上用于紧固的孔和槽的位置必须与工作台的 T 形槽和孔的位置相对应。

### 7.4.2　加工工艺路线的确定

#### 1．加工方法的选择

通常使用数控铣或加工中心加工零件的表面有平面、曲面、轮廓、孔和螺纹等，主要要考虑到所选加工方法要与零件的表面特征、所要求达到的精度及表面粗糙度相适应。

平面、平面轮廓及曲面在镗铣类加工中心上唯一的加工方法是铣削。经粗铣的平面，尺寸精度可达 IT12～IT14 级，表面粗糙度可达 *Ra*12.5～*Ra*25。经粗、精铣的平面，尺寸精度可达 IT7～IT9 级，表面粗糙度可达 *Ra*1.6～*Ra*3.2。

孔加工的方法比较多，有钻削、扩削、铰削和镗削等。

（1）孔的加工

对于直径大于 $\phi$30mm 的已经铸造出或锻造出的毛坯孔的加工，一般采用粗镗—半精镗—孔口倒角—精镗的加工方案。孔径较大的可采用立铣刀粗铣—精铣加工方案。有退刀槽时可用锯片铣刀在半精镗之后、精镗之前铣削完成，也可用镗刀进行单刀镗削，但单刀镗削效率较低。

对于直径小于 $\phi$30mm 的无毛坯孔的加工，通常采用锪平端面—打中心孔—钻孔—扩孔

—孔口倒角—铰孔的加工方案。对于有同轴度要求的小孔，采用锪平端面—打中心孔—钻孔—半精镗—孔口倒角—精镗（或铰）的加工方案。为提高孔的位置精度，在钻孔工步前需安排锪平端面和打中心孔工步。孔口倒角安排在半精加工之后、精加工之前，以防孔内产生毛刺。

螺纹的加工根据孔径的大小，一般情况下，直径在 M6～M20mm 之间的螺纹，通常采用攻螺纹的方法加工；直径在 M6mm 以下的螺纹，在加工中心上完成基孔加工再通过其他手段攻螺纹，因为加工中心上攻螺纹不能随机控制加工状态，小直径丝锥容易折断；直径在 M20mm 以上的螺纹，可以采用镗刀进行镗削加工。

（2）平面轮廓加工

平面轮廓一般由直线和圆弧或各种曲线构成，通常采用 3 坐标数控铣床进行 2.5 轴加工。

- 固定斜角平面加工。固定斜角平面是指与水平面成固定夹角的斜面，常用的加工方法为：
- 当零件尺寸不大时，可用斜垫板垫平后加工；如果机床主轴可以摆角，则可以摆成适当的定角，用不同的刀具来加工。当零件尺寸很大时，斜面加工后会留下残留面积，需要用钳修方法加以清除，用 3 坐标数控立铣加工飞机整体壁板零件时常用此法。当然，加工斜面的最佳方法是采用 5 坐标数控铣床，主轴摆角后加工，可以不留残留面积。
- 可用专用的角度成型铣刀加工，其加工效果比采用 5 坐标数控铣床主轴摆角后加工的效果要好。
- 变斜角面加工。常用的加工方法有下列 3 种。
- 对曲率变化较小的变斜角面，选用 X、Y、Z 和 A 轴 4 坐标联动的数控铣床，采用立铣刀（但当零件斜角过大超过机床主轴摆角范围时，可用角度成型铣刀加以弥补）以差补方式摆角加工。
- 对曲率变化较大的变斜角面，用 4 坐标联动加工难以满足加工要求，最好用 X、Y、Z、A 和 B 轴（或 C 转轴）的 5 坐标联动数控铣，以圆弧插补方式摆角加工。
- 采用 3 坐标数控铣床 2 坐标联动，利用球头铣刀和鼓形铣刀，以直线或圆弧插补方式进行分层铣削加工，加工后的残留面积用钳修的方法清除。由于鼓形铣刀的鼓径可以做得比球头铣刀的球径大，所以加工后的残留面积高度小，加工效果比球头铣刀好。

（3）曲面轮廓加工。立体曲面的加工应根据曲面形状、刀具形状以及精度要求来用不同的铣削加工方法，如 2.5 轴、3 轴、4 轴及 5 轴等联动加工。

对曲率变化不大和精度要求不高的曲面的粗加工，常用 2.5 轴坐标的“行切法”加工。所谓“行切法”是指刀具与零件轮廓的切点轨迹是一行一行的，而行间的距离是按零件的加工精度的要求确定。这里就是 X、Y、Z 3 轴中任意 2 轴作联动插补，第三轴做单独的周期进给。在“行切法”中，要根据轮廓表面粗糙度的要求及刀头不干涉相邻表面的原则选取行距。球头铣刀的刀头半径应选得大一些，有利于散热，但刀头半径应小于内凹曲面的最小曲率半径。

对于曲率变化较大和精度要求较高的曲面的精加工，常用 X、Y、Z 3 坐标联动插补的“行切法”加工。

**2．加工顺序的划分**

加工顺序又称工序，工序安排得科学与否将直接影响到零件的加工质量、生产效率和加工成本。在数控机床上加工零件常用划分工序的方法如下。

- 按粗、精加工划分工序。根据零件的形状、尺寸精度及刚度和变形等因素，按粗、精加工分开的原则划分工序，即先粗加工，后精加工，以保证零件的加工精度和表面质量。
- 按先面后孔的原则划分工序。当零件上既有面加工又有孔加工时，应该先加工面，后加工孔，这样可以保证孔的加工精度。
- 按先加工基准面的原则划分工序。零件上用来作为精基准的表面应先加工，然后再以该平面作为其他加工面的精基准，对其他加工面进行加工。
- 按所用刀具划分工序。在数控加工过程中，用一把刀加工完相应各部位以后，再换另一把刀，加工其他相应部位。这样可以减少换刀次数，提高生产效率，同时可以减少因换刀引起的刀具的定位误差。

除上述方法以外，还应注意每道工序尽量减少刀具的空行程移动量，按最短路线安排加工表面的加工顺序。

确定零件的加工顺序时可参照如下的加工顺序：粗铣大平面—粗镗孔、半精镗孔—立铣刀加工—加工中心孔—钻孔—攻螺纹—平面和孔的精加工（精铣、铰、镗等）。根据零件的特点，可以适当增加或删减部分工步。

**3．加工路线的确定**

数控加工中，刀具或者说是刀位点相对于工件的运动轨迹和方向称为走刀路线或加工路线。即刀具从对刀点开始运动起，直至结束加工所经过的轨迹，包括切削加工的轨迹及刀具空行程的轨迹。走刀路线的确定首先必须保证被加工零件的尺寸精度和表面质量，其次考虑数值计算简单，走刀路线尽量短，效率高等其他因素。

确定数控机床的走刀路线应把握以下几点。

- 为保证工件的加工精度和表面质量，铣削零件轮廓表面时，刀具要与工件光滑过渡。当铣削平面类零件的外轮廓时，一般采用立铣刀侧刃切削。
- 当铣削封闭的内轮廓时，如果工件的内轮廓中有足够的空间，保证刀具的切入和切出可以沿轮廓的法线方向进行，则按上述方法确定。如果内轮廓曲线不允许外延，刀具只能沿法线方向切入切出，此时刀具的切入和切出点应尽量选择在零件内轮廓曲线中两个几何元素的交点处。
- 同时，在铣削过程中应尽量避免进给停顿；否则，会因为刀具铣削力的突然变化，而引起在工件该点产生刀痕。
- 应使走刀路线最短。为了提高生产率，在确定加工路线时，应尽量使加工路线最短。

由于数控机床在点位加工时，点与点之间的运动通常是沿 X、Y 两个坐标同时运动。这里需要注意，如果使用的数控机床的控制系统是闭环，即有位置检测装置，那么在设计加工路线时，可以遵循加工路线最短的原则。但如果使用的数控机床的控制系统是开环，即没有位置检测装置，那么在设计加工路线时，还要考虑丝杠间隙问题。也就是说，当精度要求较高时，不能单单从加工路线最短这一个方面出发。

使用“行切法”铣削曲面。铣削曲面时，常用球头刀采用“行切法”进行加工。对于边界敞开的曲面可采用两种加工路线。

### 7.4.3 加工工艺参数

数控编程时，编程人员必须确定每道工序的切削用量，并以指令的形式写入程序中。切削用量包括主轴转速、背吃刀量及进给速度等。对于不同的加工方法，需要选用不同的切削用量。切削用量的选择原则是：保证零件加工精度和表面粗糙度，充分发挥刀具切削性能，保证合理的刀具耐用度并充分发挥机床的性能，最大限度地提高生产率，降低成本。

**1．主轴转速的确定**

主轴转速应根据允许的切削速度和工件（或刀具）的直径来选择。其计算公式为

$$n=1000v/(\pi D)$$

式中，$v$——切削速度，单位为 m/min，由刀具的耐用度决定。

$n$——主轴转速，单位为 r/min。

$D$——工件或刀具直径，单位为 mm。

计算的主轴转速 $n$ 最后要根据机床说明书选取机床有的或较接近的转速。

**2．进给速度的确定**

进给速度 F 是数控机床切削用量中的重要参数，主要根据零件的加工精度和表面粗糙度要求以及刀具、工件的材料性质选取。最大进给速度受机床刚度和进给系统的性质限制。在轮廓加工中，在接近拐角处应适当降低进给量，以克服由于惯性或工艺系统变形在轮廓拐角处造成“超程”或“欠程”现象。

确定进给速度的原则如下。

- 当工件的质量要求能够得到保证时，为提高生产效率，可选择较高的进给速度。一般在 100～200mm/min 范围内选取。
- 在切断、加工深孔或用高速钢刀具加工时，宜选取较低的进给速度，一般在 20～50mm/min 范围内选取。
- 当加工精度、表面粗糙度要求高时，进给速度应选小些，一般在 20～50mm/min 范围内选取。
- 刀具空行程时，特别是远距离“回零”时，可以选择该机床数控系统给定的最高进给速度。

## 7.5 数控编程

数控编程涉及的是从零件图纸到获得数控加工程序的全过程。它的主要任务是计算加工走刀中的刀位点（Cutter Location point，CL 点），刀位点一般取为刀具轴线与刀具表面的交点，多轴加工中还要给出刀轴矢量。它的核心工作是生成刀具轨迹，然后将其离散成刀位点，经后置处理产生数控加工程序。

为了解决数控加工中的程序编制问题，降低编程的工作难度、提高编程效率，减少和避免数控加工程序的错误，人们发展了计算机辅助数控编程技术。20 世纪 50 年代，美国麻省理工学院（MIT）就设计了一种专门用于机械零件数控加工程序编制的语言，称为 APT（Automatically Programmed Tool）。其后，APT 经过不断发展，形成了诸如 APTII、APTIII（立体切削用）、APT-AC（Advanced Contouring）（增加切削数据库管理系统）和 APT-SS（Sculptured Surface）（增加雕塑曲面加工编程功能）等版本。采用 APT 语言编制数控程序的优点在于：它的程序简练、走刀控制灵活，使数控加工编程从面向机床指令的“汇编语言”级上升到面向几何元素。但是 APT 仍有许多不便之处，例如，采用语言定义几何形状，难以描述复杂的几何形状，缺乏几何直观性：缺少对零件形状、刀具运动轨迹的直观图形显示和刀具轨迹的验证手段；难以和 CAD 数据库和 CAPP 系统有效连接；不容易实现高度的自动化、集成化。

针对 APT 语言的缺点，1978 年，法国达索飞机公司开始开发集三维设计、分析、加工于一体的系统，称为 CATIA。随后很快出现了像 EUCLID、UG II、INTERGRAPH、Pro/ENGINEER、Master CAM 及 NPU/GNCP 等系统，这些系统都有效地解决了几何造型、零件几何形状的显示，交互设计、修改及刀具轨迹生成，走刀过程的仿真显示、验证等问题，推动了 CAD 和 CAM 向一体化方向发展。到了 20 世纪 80 年代，在 CAD/CAM 一体化概念的基础上，逐步形成了计算机集成制造系统（CIMS）及并行工程（CE）的概念。目前，为了适应 CIMS 及 CE 发展的需要，数控编程系统正向集成化和智能化方向发展。在集成化方面，以开发符合 STEP（Standard for the Exchange of Product Model Data）标准的参数化特征造型系统为主，目前已进行了大量卓有成效的工作，是国内外开发的热点，智能化方面技术的研究也正开始起步。

## 7.6 数控编程术语介绍

**1．数字控制**（Numerical Control）

它是指用数字化信号对机床的运动及其加工过程进行控制的一种方法，简称数控（NC）。

数控机床（NC Machine）是指装备了数控系统的机床。

**2．计算机数控系统**（Computerized Numerical Control System）

它是指由装有数控系统程序的计算机、输入输出设备、可编程控制器、存储器、主轴驱动及进给驱动装置等部分组成的数控系统，简称为 CNC 系统。

**3．数控加工**（NC Machining）

根据零件图样及工艺要求等原始条件编制数控加工程序，输入数控系统，控制数控机床中的刀具与工件的相对运动从而完成零件的加工。

**4．数控编程**（NC Program）

它是指生成控制数控机床进行零件加工的数控程序的过程。

**5．机床原点（Machine Origin 或者 Home Position）**

机床制造商设置在机床的一个物理位置，其作用是使机床与控制系统同步，建立测量机床运动坐标的起始点。

**6．机床参考点（Reference Point）**

它是指机床上与机床原点相对应的一个固定点，一般来说，加工中心的机床参考点就是机床的自动换刀位置。

**7．程序原点（Program Origin）**

它是指数控编程过程中定义的工件上的几何基准点，也称为工件原点，在Pro/ENGINEER Wildfire 中称为坐标原点。

## 7.7 数控编程技术基础

在数控编程中，使用准备功能指令—G 代码，辅助功能指令—M 代码及 F、S、T 指令代码描述加工工艺过程和数控系统的运动特征，如数控机床的启停、冷却液开关等辅助功能以及进给速度、主轴转速等。

**1．准备功能 G**

G 指令是由字母 G 和其后两位数字组成，从 G00～G99。该指令主要是命令数控机床进行何种运动，为控制系统的插补运算作好准备。所以，它们一般都位于程序段中坐标数字指令的前面。G 指令分为模态指令（又称续效指令）和非模态指令。模态指令表示该指令一经在一个程序段中指定，直到出现同组的另一个 G 指令时才失效。非模态指令只在它所在的程序段有效，下一段程序需要时必须重写。常用的 G 指令有：坐标快速定位（G00）与插补（G01、G02 和 G03）指令。这是一组模态指令，同时只能一个有效，默认为 G00。

- G00 或 G0：快速点定位指令。它命令刀具以点位控制方式从刀具所在点快速移动到下一个目标位置。如 G0 X0. Y0. Z100. 使刀具快速移动到（0，0，100）的位置。它只是快速定位，而无运动轨迹要求。
- G01 或 Gl：直线插补指令。使机床进行 2 坐标（或 3 坐标）联动的运动，在各个平面内切削出任意斜率的直线。G01 X10. Y20. Z20. 使刀具从当前位置移动到（10，20，20）的位置。
- G02 或 G2、G03 或 G3：圆弧插补指令。G02 为顺时针圆弧插补指令，G03 为逆时针圆弧插补指令。使用圆弧插补指令之前，必须应用平面选择指令指定圆弧插补的平面。
- G17、G18、G19：坐标平面选择指令。G17 指定零件进行 XY 平面上的加工，G18、G19 分别为 ZX、YZ 平面上的加工。在进行圆弧插补、刀具补偿时必须使用这些指令。这是一组模态指令，默认为 G17。
- G40、G41、G42：刀具半径补偿指令。这是一组模态指令，默认为 G40。数控装置大都具有刀具半径补偿功能，为编程提供了方便。当铣削零件轮廓时，不需计算刀具中心运动轨迹，只需按零件轮廓编程，使用刀具半径补偿指令。同时，并在控制面板上使用刀具拨码盘或用键盘人工输入刀具半径，数控装置便自动计算出刀具中心轨迹，并按刀具中心轨迹运动。当刀具磨损或重磨后，刀具半径变小，这时只需要人工输入改变后的刀具半径，而不必修改已编好的程序。

G41 和 G42 分别为左（右）偏刀具补偿指令，即沿刀具前进方向看（假设工件不动），刀具位于零件的左（右）侧时刀具的半径补偿。

G40 为刀具半径补偿撤销指令。使用该指令后 G41、G42 指令无效。

- G43、G44、G49：刀具长度补偿指令。其中 G43 为刀具长度正补偿，G44 为刀具长度负补偿，G49 为取消刀具长度补偿。这是一组模态指令，默认为 G49。
- G54～G59：选择程序原点 1＃～6＃。这些代码在已存储程序原点偏置量的 6 个工件坐标系中选择一个，以后的各轴坐标位置都是相对于所选择的工件坐标系。这是一组模态指令，没有默认方式。如果程序没有用 G92 设定工件坐标系，也没有用 G54～G59 选择程序原点，或没有用自动坐标系设定，那么 CNC 系统默认的程序原点为机床参考点。
- G90、G91：绝对坐标尺寸及增量坐标尺寸编程指令。G90 表示程序段的坐标值按绝对坐标编程；G91 表示程序段的坐标值按增量坐标编程。这是一组模态指令，默认为 G90。
- G92 或 G50：设定工件坐标系。按照刀具当前位置与工件原点位置的偏差，设置当前刀具位置坐标。该指令建立工件坐标系，只改变刀具当前位置的用户坐标，不产生任何机床运动。
- G73～G89：固定循环加工。包括钻孔、攻螺纹、镗孔等循环加工功能。

**2．辅助功能 M**

辅助功能指令亦称 M 指令，由字母 M 和其后的两位数字组成，从 M00～M99 共 100 种。这些指令与数控系统的插补运算无关，主要是为了数控加工、机床操作而设定的工艺性指令及辅助功能，它们是数控编程必不可少的。常用的辅助功能指令如下。

- M00：程序停止。在执行完 M00 指令程序段后，主轴停转、进给停止、冷却液关闭、程序停止。此时可执行某一手动操作，如工件调头、手动变速等，如果重新按下控制面板上的“循环启动”按钮，则继续执行下一程序段。
- M01：选择程序停止。该指令与 M00 相类似。所不同的是，必须在操作面板上预先按下“任选停止”按钮，才能使程序停止，否则 M01 将不起作用。当零件加工时间较长，或在加工过程中需要停机检查、测量关键部位尺寸以及交换班等情况时，使用该指令。
- M02：程序结束。当全部程序结束时使用该指令，它使主轴停转、进给停止、冷却液关闭，并使机床复位。
- M03、M04、M05：主轴顺时针旋转（正转）、主轴逆时针旋转（反转）及主轴停指令。
- M06：换刀指令。
- M08：冷却液开。
- M09：冷却液关。

- M30：程序结束并返回。在完成程序段的所有指令后，使主轴停转、进给停止、冷却液关闭，将程序指针返回到第一个程序段并停下来。在有工作结束指示灯的机床上，该指示灯点亮。
- M98：子程序调用指令。
- M99：子程序返回到主程序指令。

**3．其他功能**

- F 功能：进给速度/进给率功能。它是模态指令，通常有两种表示方法：一种是直接表示法，F 后面的数字就是进给速度的大小，例如 F100 表示进给速度是 100mm/min。现在大多数数控机床采用这种表示方法；另一种表示方法是代码表示法，用 F 后跟两位数字表示，这些数字不直接表示进给速度的大小，而表示进给速度的序号，这一数列可以是算术级数，也可以是几何级数。
- S 功能：主轴转速功能。它是模态指令，用来指定主轴的转速，单位为 r/min。指定方法同 F 指令。
- T 功能：刀具功能。在自动换刀的数控系统中，该指令用来选择所需的刀具序号。表示方法是 T 符号后跟两位数字，以表示刀具的编号。有时 T 后跟 4 位数字，后两位数字表示刀具补偿的序号。

## 7.8 数控加工程序的结构与格式

**1．程序的结构**

一个完整的程序由程序号、程序段和程序结束 3 部分组成。以下为某一道加工程序。

```
O0001
N001 G00 X0 Y0 Zl
N002 G01 X5.5 Y-6 F100 S300 T1010 M03
N003     X10 Y30
N013 G00 X0 Y0 Z8
N014 M02
```

由该例可看出，程序的开头写有程序 O0001（程序名），以便于与其他程序加以区别。它由程序号地址码（O）及 4 位十进制数表示的程序编号（0001）组成。不同的数控系统，程序号地址码是有差别的。FANUC 6M 为 O，SMK 8M 系统则用%等。

程序段是整个程序的核心，它组成加工程序的全部内容和机床的停/开信息，该程序由 14 个程序段组成。程序结束是以程序结束指令 M02 或 M03 作为整个程序结束的符号，用来结束零件加工。

**2．程序段格式**

零件的加工程序由程序段组成。程序段格式是指程序段中符号、字母和数字的规定排列形式。每个程序段由若干个数据字组成，每个字是控制系统的具体指令。常见的程序段格式有字地址可变程序段格式、分隔符程序段格式和固定顺序程序段格式。

- 字地址可变程序段格式。目前国内外广泛采用字地址可变程序段格式。所谓可变程序段即程序段的长度是可变的。

- 分隔符程序段格式。该程序格式是用分隔符将字分开，每个字的顺序及其代表的功能是固定不变的。
- 固定顺序程序段格式。这种程序段格式既无地址也无分隔符，字的顺序即为地址的顺序。程序段中字的数量、各字的顺序及位数是固定的。重复的字不能省略，因此每个程序段的长度是一样的。这种程序阅读起来不直观，目前很少用。

## 7.9　Pro/ENGINEER Wildfire 4.0 数控加工简介

Pro/ENGINEER Wildfire 4.0 的 CAD/CAM 系统模块中，除了提供建立计算机几何模型的辅助设计工具（CAD）外，还提供了在设计加工制造流程时所需的辅助制造工具（CAM），工作人员可以在产品设计、产品制造、生产流程上实现系列化、流线化，使设计人员在设计产品时得心应手，加工制造过程的设计更加快捷，生产秩序更加有序，产品质量更有保证。

Pro/ENGINEER Wildfire 4.0 在设计 NC 加工制造流程上，提供了功能强大的辅助制造工具——Pro/NC 加工制造模块。利用 Pro/NC 加工制造模块可以将设计产品时的计算机几何模型与计算机辅助加工制造进行集成结合，利用加工制造过程中所用到的各项参数，如参考模型、工具、夹具、刀具、机床以及进给速度、主轴转速、跨距等加工参数，进行产品加工制造的设计。

使用 Pro/NC 加工制造模块，加工制造的设计人员可以针对不同类型的产品选用各类机床以及不同的加工方法，Pro/NC 加工制造模块会根据设计人员所设计的加工制造流程、加工对象以及加工制造参数，计算出刀具相对于加工坐标系的运动轨迹，这里的刀具运动轨迹数据便是 CL DATA（CUTTER LOCATION DATA）。生成刀具轨迹数据以后，可以利用 Pro/NC-CHECK 功能在计算机上进行切除材料的模拟加工制造，检查加工制造的正确性及加工工艺上的合理性。如果结果不正确，则需要对加工制造过程中用到的参数进行修改，直到正确合理，接着将 CL 数据经过后置处理器（POST PROCESSOR）转换为数控机床的机器码，驱动机床进行加工。Pro/NC 加工制造模块中包含的各类机床加工模块及其应用范围如表 7-1 所示。

表 7-1　Pro/NC 模块及其应用范围

| 模 块 名 称 | 执行的功能 |
|---|---|
| Pro/NC-MILL | 通过定位执行“2.5 轴铣削”<br>通过定位执行“3 轴铣削”和“孔加工” |
| Pro/NC-TURN | 执行“2 轴车削”和中心线钻孔<br>执行“4 轴车削”和中心线钻孔 |
| Pro/NC-WEDM | 执行 2 轴和 4 轴的“线切割”NC 序列 |
| Pro/NC-ADVANCED | 执行 2.5 轴到 5 轴“铣削”和“孔加工”<br>执行 2 轴和 4 轴“车削”及“孔加工”<br>在“铣削/车削”中心执行“铣削”、“车削”和“孔加工”NC 序列<br>执行 2 轴和 4 轴的“线切割”NC 序列 |

## 7.10 Pro/ENGINEER 数控加工操作界面介绍

进入 Pro/NC 加工制造模块有两个途径：一个是建立一个新的 Pro/NC 文件，另一个是打开一个已经存在的 Pro/NC 文件。具体方法如下。

### 1. 新建一个 Pro/NC 文件

启动 Pro/ENGINEER Wildfire 4.0 以后，选择菜单栏中的“文件”→“新建”命令或单击“文件”工具栏中的“新建”按钮，弹出如图 7-2 所示的“新建”对话框。

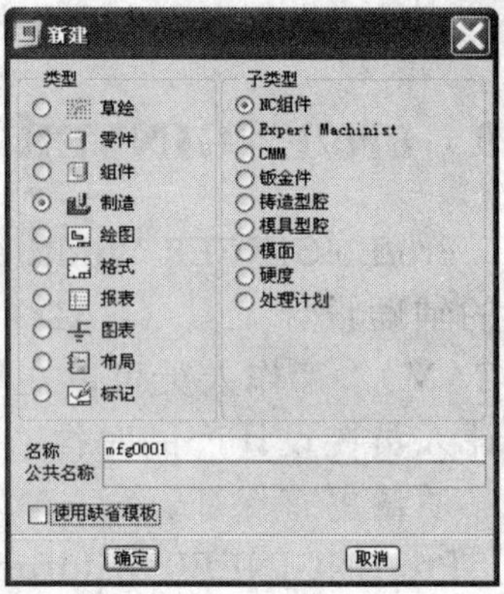


图 7-2 “新建”对话框

在“新建”对话框中显示出可以使用 Pro/ENGINEER 模块文件类型，在“类型”选项组中选中“制造”单选按钮，在“子类型”选项组中显示 NC 组件、Expert Machinist、CMM、钣金件、铸造型腔、模具型腔、模面、硬度、处理计划等选项。要建立 Pro/NC 文件，则可选中“NC 组件”及“Expert Machinist”等单选按钮，再在“名称”文本框中输入新建立的文件名称，系统默认为 mfg0001.mfg，最后单击 确定 按钮新建一个 Pro/NC 文件。

### 2. 打开已存在的 Pro/NC 文件

如果要打开已经存在的 Pro/NC 文件，可选择菜单栏中的“文件”→“打开”命令或直接单击“文件”工具栏中的“打开”按钮，弹出如图 7-3 所示的“文件打开”对话框。

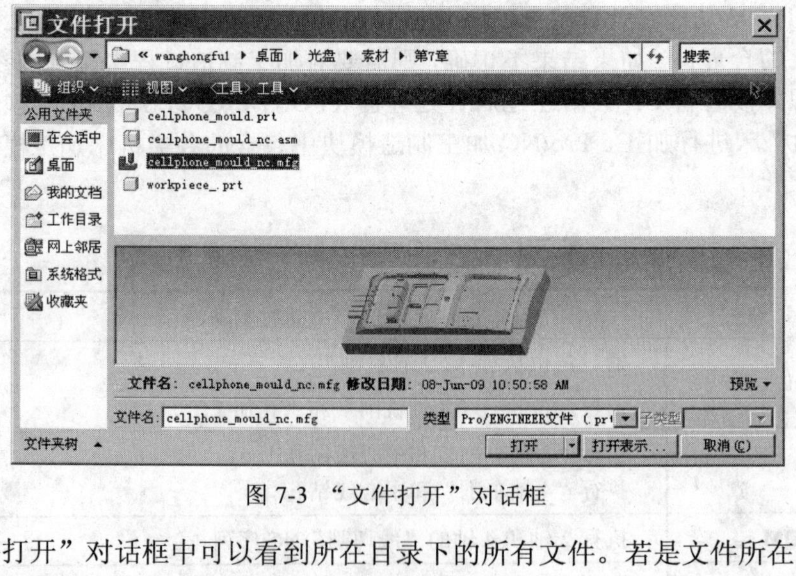


图 7-3 “文件打开”对话框

在“文件打开”对话框中可以看到所在目录下的所有文件。若是文件所在目录下文件数目太多，则可在“类型”下拉列表框中对所显示的文件进行文件格式过滤设置，以避免显示过多的文件而造成选取上的不便。设置显示文件格式的过滤后，可以进一步设置在“子类型”下拉列表框显示的文件类型，从而能更精确显示所有打开的文件。在“文件打开”对话框中选择要打开的文件后，单击 打开(O) 按钮打开已存在的文件。

新建或打开一个 Pro/NC 文件后，便进入了 Pro/NC 加工设计模块，屏幕上会出现 3 个窗口，分别为主窗口、菜单管理器以及导航区。

**3．主窗口**

主窗口是设置 Pro/NC 各项控制操作及数据和图形显示的区域，其中有文件标题栏、菜单栏、工具栏、信息区、图形区及提示区等。用户可以在主窗口进行文件管理、显示控制、系统设置及读取各项信息，如图 7-4 所示。

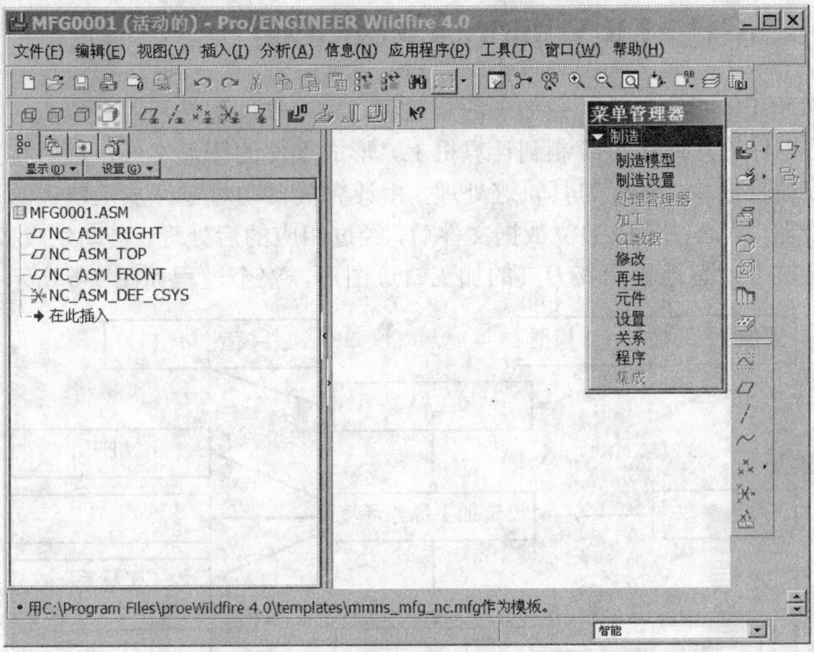


图 7-4　主窗口

同普通模块相比，Pro/NC 模块多出了菜单管理器。菜单管理器会在用户的操作过程中，以下拉菜单的方式提供加工所需的各项设置选项，进行各种数据的设置。如图 7-5 所示为制造模式下的菜单管理器。其中各选项介绍如下。

- 制造模式：用于进行制造模型的相关操作，包括在加工装配中装配、拆卸、替换和简化模型。
- 制造设置：进行加工的制造设置，包括工作机床、刀具、夹具设置等。
- 加工：用于定义、校验和处理每个操作的刀具轨迹。
- CL 数据：加工刀具路径数据的整合、输出、显示及数据转换等各种管理及应用。
- 修改：用于修改或重新定义加工模型、模型特征及加工操作环境等参数。

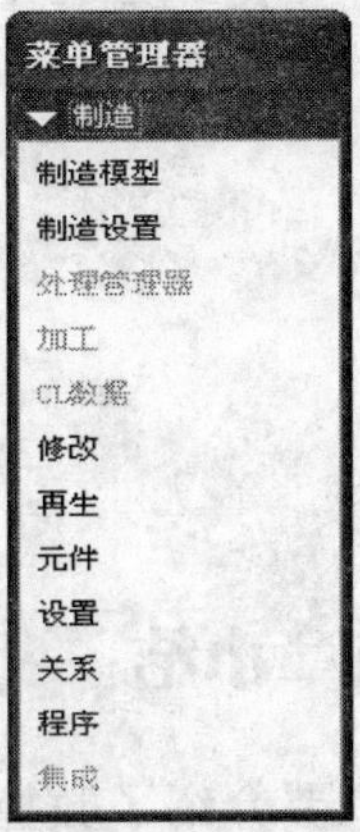


图 7-5　制造模式下的菜单管理器

- 再生：对于修改后的加工模型及加工操作环境参数，重新进行运算以得到修改后的正确参数。
- 元件：用于处理装配元件。
- 设置：用于设置附加装配信息。
- 关系：用于进行环境查看参数表并增加/编辑的约束方程。
- 程序：显示菜单以使用 Pro/PROGRAM 功能。
- 集成：用于处理源模型和目标模型之间的差异。

## 7.11 Pro/ENGINEER Wildfire 4.0 制造过程

Pro/ENGINEER 能够生成数控加工的全过程。其工作过程是利用计算机（CAD）的图形编辑功能，将零件的几何图形绘制到计算机上，形成零件的图形文件，然后直接调用计算机内相应的数控编程模块，进行刀具轨迹处理，由计算机自动对零件加工轨迹的每个节点进行计算和数学处理，从而在生成刀位数据文件后，经过相应的后处理，自动生成数控加工程序，并同时在计算机上动态地显示其刀具的加工轨迹图形。整个过程如图 7-6 所示。

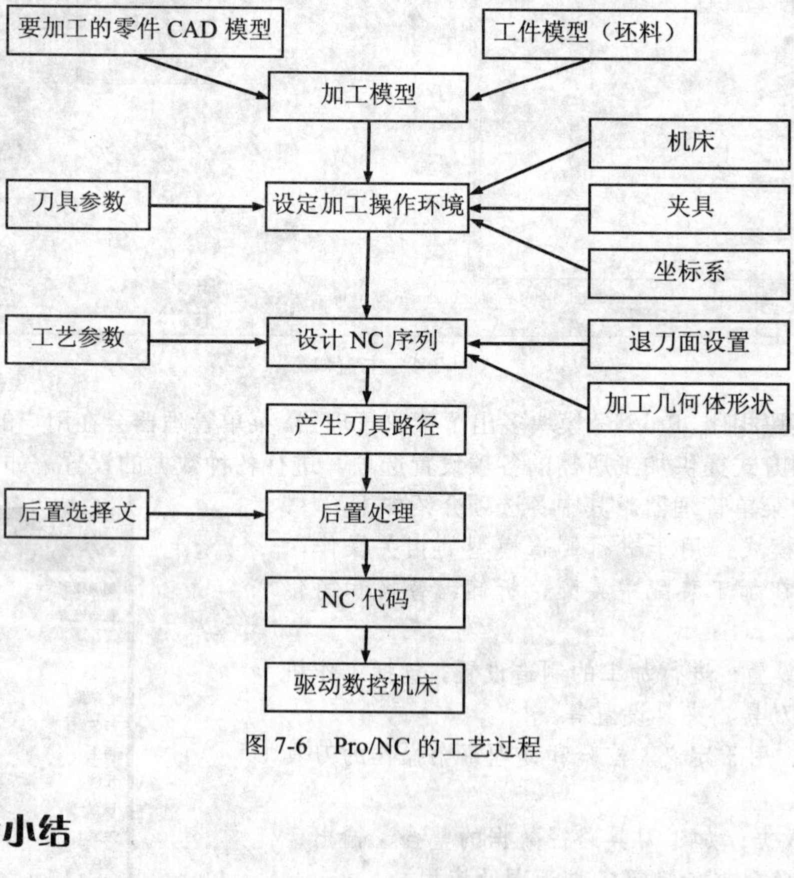


图 7-6 Pro/NC 的工艺过程

## 7.12 本章小结

本章主要介绍了数控加工的基本知识，包括数控加工技术发展概述、数控加工原理与特点、数控机床的组成与分类、数控加工程序编制的内容与步骤、数控加工工艺参数的设置、数控加工坐标系的设定、数控加工术语及Pro/ENGINEER数控加工介绍等。后续章节学习的是数控基本知识和创建制造模型的方法。

## 7.13　课后习题

（1）数控加工的一般流程是什么？各流程有什么作用？

（2）数控加工中有哪几类坐标系？如何区分？

（3）数控编程常用的指令有哪些？

# 第8章　加工操作设置

本章导读

根据第 7 章图 7-6 可知，Pro/ENGINEER Wildfire 4.0 进行数控加工编程的第一步就是建立 NC 制造模型，制造模型的建立过程同模具设计中的制造模型建立过程类似，就不再单独设立一章讲解。没有掌握的读者可在后面的实例练习中通过实例操作掌握。本章讲解 Pro/ENGINEER Wildfire 4.0 进行数控加工编程的第二步：制造设置。制造设置主要包括数控机床、刀具、夹具及其他数据。本章通过具体实例讲解设置操作数据的具体方法和步骤。

通过本章的学习，读者应实现如下目标：

- ❑ 理解和掌握设置机床的方法
- ❑ 理解和掌握设置刀具的方法
- ❑ 理解和掌握设置夹具的方法

## 8.1 “操作设置”对话框

在 Pro/ENGINEER 数控加工的制造模型操作界面中，设置操作数据一般是通过如图 8-1 所示的“制造设置”菜单实现的。

在菜单管理器中选择“制造设置”命令，弹出如图 8-2 所示的“操作设置”对话框，在其中可以新建数控操作或者删除已经建立的数控操作。

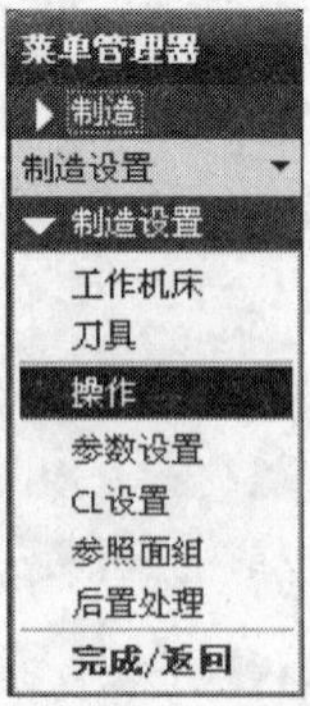


图 8-1 “制造设置”菜单

图 8-2 “操作设置”对话框

操作名称是指对新建操作的命名，以方便使用。如图 8-2 中的 OP010 便是操作名称。用户在新建操作设置输入用户名时可以输入任意字符，也可以使用类似于 OP010 的系统默认名称，那么当用户建立下一个操作设置时，操作名称也默认更改为 OP020，依次类推。

提示：为了在实际使用操作设置时方便起见，建议根据预新建操作设置的特点确定操作名称。例如，设置机床时，可以将其命名为 MACHINE TOOL，这样在需要执行相关操作设置时，能方便地了解该操作设置的内容。若在设置机床前没有定义任何其他机床，则"NC 机床"下拉列表框处于非激活状态，不能使用。一般地，在数控加工过程中需要定义很多操作，某时刻能够有一个操作为当前操作。这些已经定义的操作都将在"操作名称"下拉列表框中显示，用户在需要调用相关设置时，只需在下拉列表框中选择相应操作的名称，在"操作设置"对话框中单击"确定"按钮，即可将选中的操作设置为当前操作。

## 8.2 工作机床的设置

在如图 8-2 所示的"操作设置"对话框中单击按钮，弹出如图 8-3 所示的"机床设置"对话框。利用该对话框可以新建机床或者修改当前显示在"NC 机床"下拉列表框中的已定义机床。

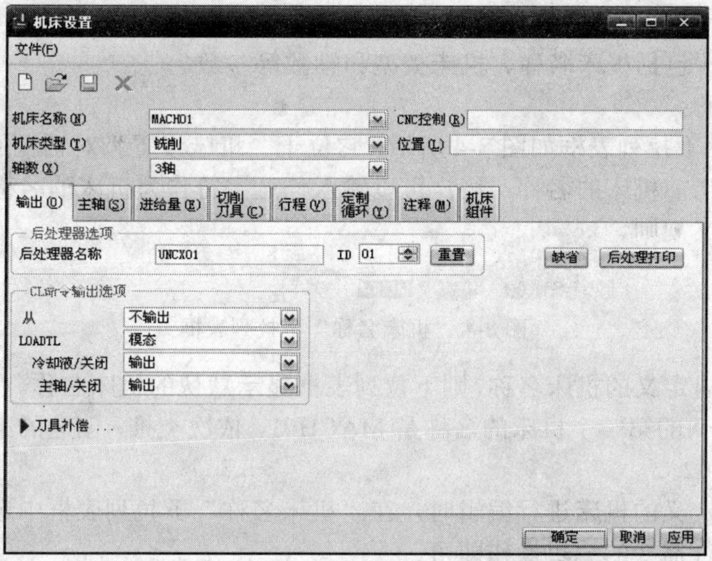


图 8-3 "机床设置"对话框

提示：打开"机床设置"对话框的快捷方式是在如图 8-1 所示的"制造设置"菜单中选择"工作机床"命令。机床的定义主要包括机床数据定义和机床数据管理等内容。下面详细介绍这些内容的定义方法。

### 8.2.1 机床数据定义

机床数据定义包括以下几方面内容。

- 机床名称。
- 机床类型。
- 轴数。
- CNC 控制。
- 位置。
- 方向。
- “输出”选项卡。
- “主轴”选项卡。
- “进给量”选项卡。
- “切削刀具”选项卡。
- “行程”选项卡。
- “定制循环”选项卡。
- “注释”选项卡。
- “机床组件”选项卡。

机床数据定义的所有内容都可以在“机床设置”对话框中完成，下面分别介绍各种数据定义的方法。

**1．机床基本设置**

机床基本设置包括机床名称、机床类型和轴数等参数。

（1）机床名称

“机床名称”下拉列表框如图 8-4 所示，它位于“机床设置”对话框的最上部，在下拉列表框中显示了当前机床的名称，用户可以输入任意字符作为机床的名称，并没有特别严格的机床名称定义规则。

图 8-4 “机床名称”下拉列表框

若没有使用自定义的机床名称，则下拉列表框显示默认的机床名称。在 Pro/ENGINEER Wildfire 4.0 中默认的第一个机床的名称是 MACH01，依次类推，创建的第二个机床的默认名称便为 MACH02。

在需要对已定义的机床进行编辑时，在“机床名称”下拉列表框中选择需要编辑的机床名称，对其进行需要的编辑操作即可。

（2）机床类型

在“机床设置”对话框的“机床类型”下拉列表框中可以显示机床的类型。机床类型有铣削、车床、铣削/车削及 Wedm（电火花加工）4 种，如图 8-5 所示。

（3）轴数

机床轴数是指数控加工中可以同时使用的控制轴的数目，机床轴数的选择主要用于设置 NC 序列时选定可选范围。

设置当前机床的轴数可以通过在如图 8-6 所示的“轴数”下拉列表框中选择轴数来实现。

机床的轴数与选择的机床类型密切相关。各种机床类型下可选择的机床轴数如下。

- 铣削：3 轴、4 轴和 5 轴。
- 车床：1 个塔台和 2 个塔台。
- 铣削/车削：2 轴、3 轴、4 轴和 5 轴。
- Wedm：2 轴和 4 轴。

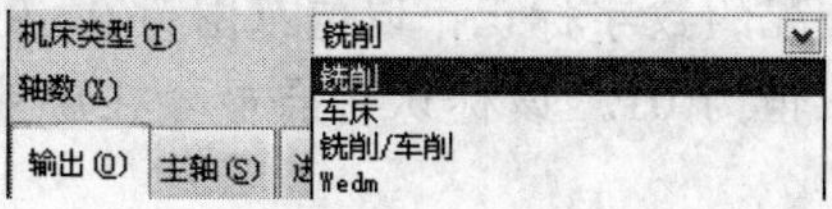


图 8-5 机床类型

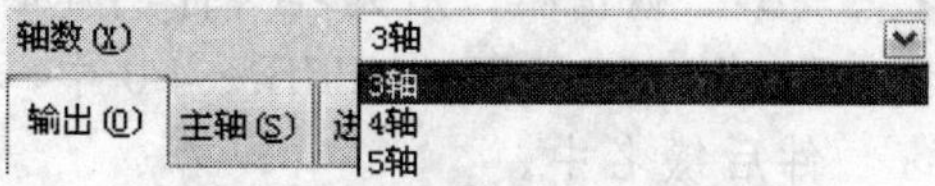


图 8-6 “轴数”下拉列表框

（4）CNC 控制

“CNC 控制”文本框如图 8-7 所示，是指各个机床所配置的控制系统的名称。若需要，可以在“CNC 控制”文本框中输入控制器的名称。

（5）位置

若需要，可在“位置”文本框中输入机床的相关位置说明信息。

（6）方向

若在“机床类型”下拉列表框中选择“车床”或“铣削/车削”选项，则“机床设置”对话框会显示如图 8-8 所示的“方向”下拉列表框。

图 8-7 “CNC 控制”文本框

图 8-8 “方向”下拉列表框

“方向”下拉列表框中有“水平”和“竖直”两个可选项。

- 水平：机床坐标系的 Z 轴正方向为水平向右，而 X 轴正方向则垂直向上。
- 竖直：机床坐标系的 Z 轴正方向为垂直向上，而 X 轴正方向则水平向右。将“水平”方向逆时针旋转 90°即为“竖直”方向。

**2．“输出”选项卡**

打开“机床设置”对话框，系统默认的选项卡即为如图 8-9 所示的“输出”选项卡。

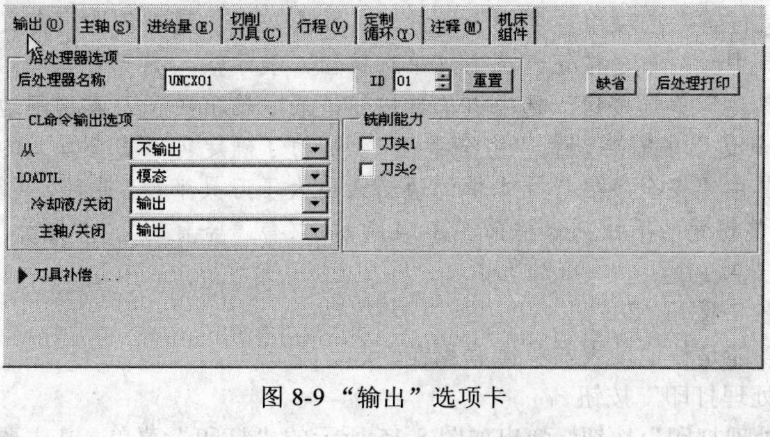


图 8-9 “输出”选项卡

“输出”选项卡包括“后处理器选项”、“CL 命令输出选项”和“刀具补偿”3 个选项组，以及“缺省”和“后处理打印”等按钮。

（1）“后处理器选项”选项组

- “后处理器名称”文本框：主要用于输入与机床相关联的后处理文件名称，在 Pro/ENGINEER Wildfire 4.0 中，默认的后处理文件名称为 UNCX01，它也与设置的机床类型有关。
- “ID”数值框：后处理文件创建时被系统分配的数字标识，取值范围为 0～99。在 Pro/ENGINEER Wildfire 4.0 中，系统默认值为 01。该标识将会显示在后处理文件后缀名中。
- “重置”按钮：用于将“ID”值恢复为 01。

（2）“CL 命令输出选项”选项组

- “从”下拉列表框：如图 8-10 所示，用于设置“从”命令在 CL 文件中的输出形态。该下拉列表框有“不输出”、“仅在起点”和“在每个序列”3 个可选项。
- “LOADTL”下拉列表框：如图 8-11 所示，用于设置 LOADTL 命令在 CL 文件中的输出形态。该下拉列表框有“模态”和“非模态”两个可选项。

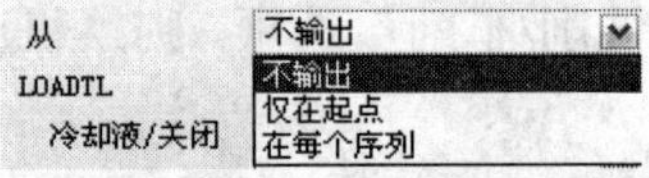


图 8-10 “从”下拉列表框

图 8-11 “LOADTL”下拉列表框

- “冷却液/关闭”下拉列表框：如图 8-12 所示，用于设置“冷却液/关闭”命令在 CL 文件中的输出形态。该下拉列表框有“输出”和“不输出”两个可选项。
- “主轴/关闭”下拉列表框：如图 8-13 所示，用于设置“主轴/关闭”命令在 CL 文件中的输出形态。该下拉列表框有“输出”和“不输出”两个可选项。

图 8-12 “冷却液/关闭”下拉列表框

图 8-13 “主轴/关闭”下拉列表框

（3）“刀具补偿”选项组

“输出刀具位置”选项组主要用于设置刀具补偿数据。其中各选项含义如下。

- “刀具中心”单选按钮：选中该单选按钮，表示输入关于刀具中心的刀位数据。
- “刀具边”单选按钮：选中该单选按钮，表示输出关于刀具切削边的刀位数据。“刀具边”中需要设置“安全半径”，是为了确定可以安全加工的最小凹拐角半径，其中“安全半径”文本框的值必须稍大于刀具半径。此外，还需要调整拐角，“调整拐角”下拉列表框如图 8-14 所示，它有“竖直的”、“圆角”和“自动”3 个可选项。

（4）“缺省”按钮

该按钮的功能是使地址表与机床联系在一起。

（5）“后处理打印”按钮

单击“后处理打印”按钮，弹出如图 8-15 所示的“打印”菜单。其主要用于设置后处理过程中需要输出的加工参数。

图 8-14 “调整拐角”下拉列表框

图 8-15 “打印”菜单

**3．“主轴”选项卡**

在“机床设置”对话框中单击“主轴”标签，显示如图 8-16 所示的“主轴”选项卡。

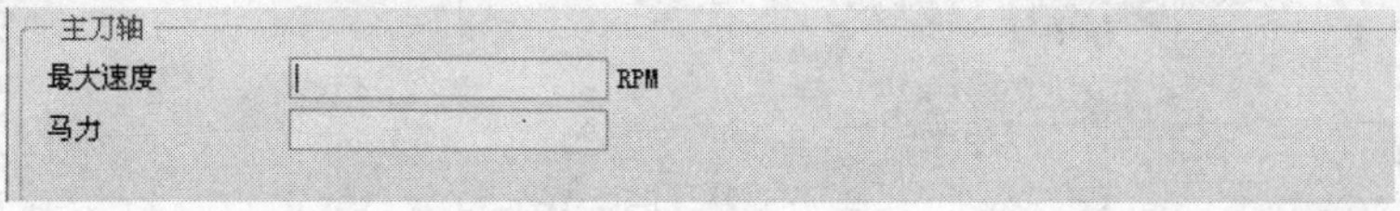


图 8-16 “主轴”选项卡

“主轴”选项卡的功能是设置机床的“最大速度”和“马力”，用户只需在“最大速度”和“马力”文本框中输入具体数值即可。

**4．“进给量”选项卡**

在“机床设置”对话框中单击“进给量”标签，显示如图 8-17 所示的“进给量”选项卡。

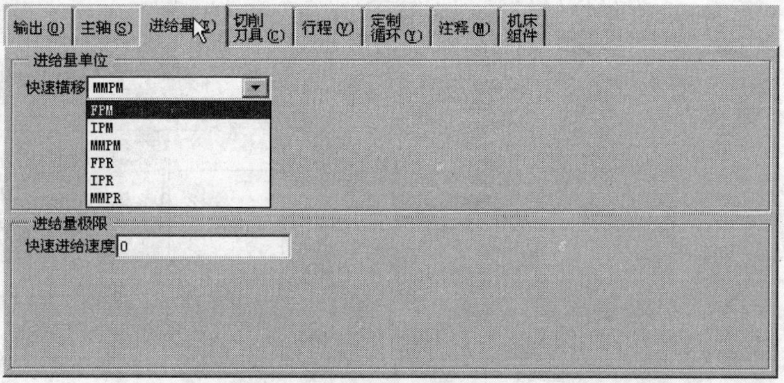


图 8-17 “进给量”选项卡

“进给量”选项卡由“进给量单位”选项组和“进给量极限”选项组组成。

- “快速横移”下拉列表框：如图 8-18 所示，可用来选择进给量单位。
- “快速进给速度”文本框：用于设置快速进给速度，用户可以直接输入具体数值，如 5000。快速进给速度的单位与“快速横移”下拉列

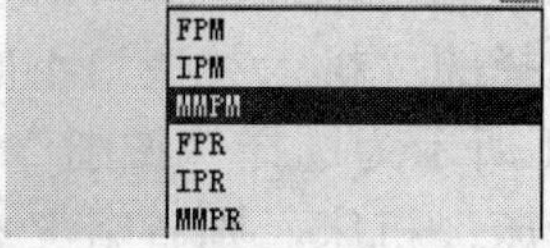


图 8-18 “快速横移”下拉列表框

表框中选中的单位匹配。

### 5. “切削刀具”选项卡

在“机床设置”对话框中单击“切削刀具”标签，显示如图 8-19 所示的“切削刀具”选项卡。其主要用于设定换刀时间和刀具。

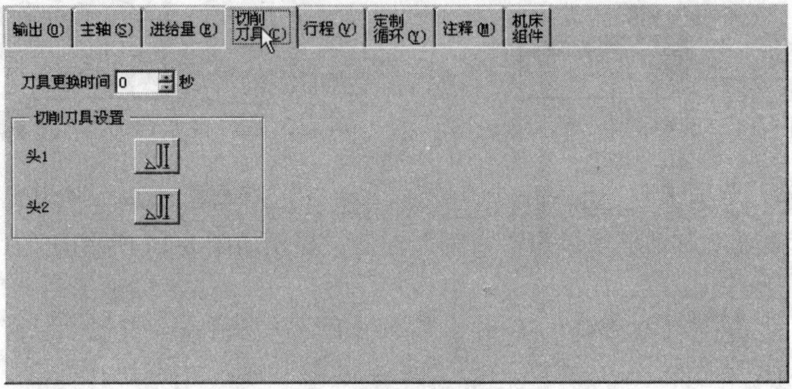


图 8-19 “切削刀具”选项卡

设定换刀时间可以通过在“刀具更换时间”数值框中直接输入数值或单击上三角、下三角符号来实现。

设定刀具的方法是：单击按钮，弹出如图 8-20 所示的“刀具设定”对话框，在该对话框中可以设置刀具的名称、类型、材料等。

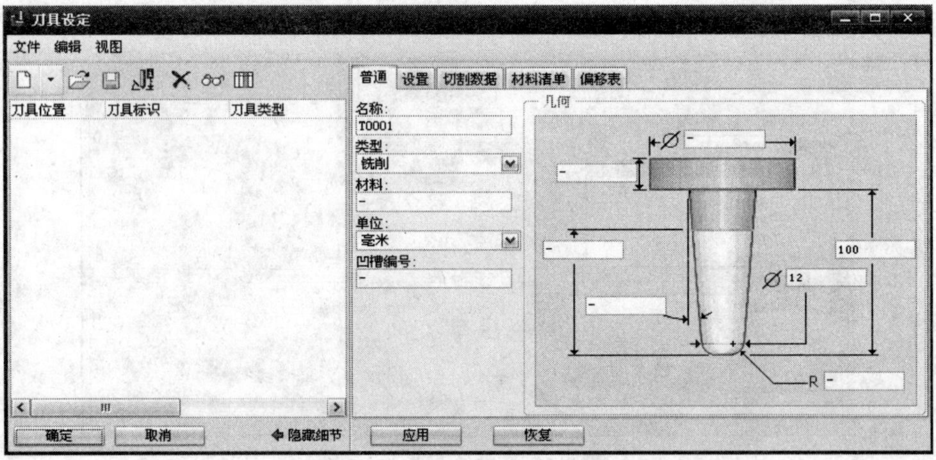


图 8-20 “刀具设定”对话框

### 6. “行程”选项卡

在“机床设置”对话框中单击“行程”标签，显示如图 8-21 所示的“行程”选项卡。

选择的“机床类型”不同，“行程”选项卡中可以设置行程的坐标轴个数有所不同。图 8-21 所示为选择“铣削”、“铣削/车削”和“Wedm”机床时的“行程”选项卡。若选择“车床”机床，则省略 Y 轴行程。

“行程”选项卡主要用于设置数控机床在加工过程中各个坐标轴方向上的行程极限。

若不设置行程极限，则系统不会对加工程序进行行程检查。

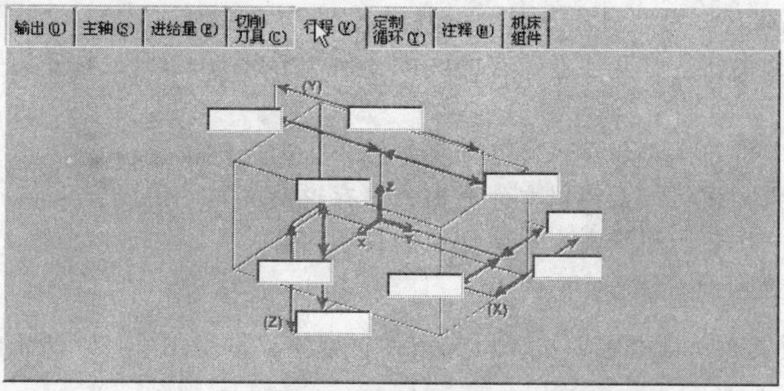


图 8-21 “行程”选项卡

**7．“定制循环”选项卡**

在“机床设置”对话框中单击“定制循环”标签，显示如图 8-22 所示的“定制循环”选项卡。

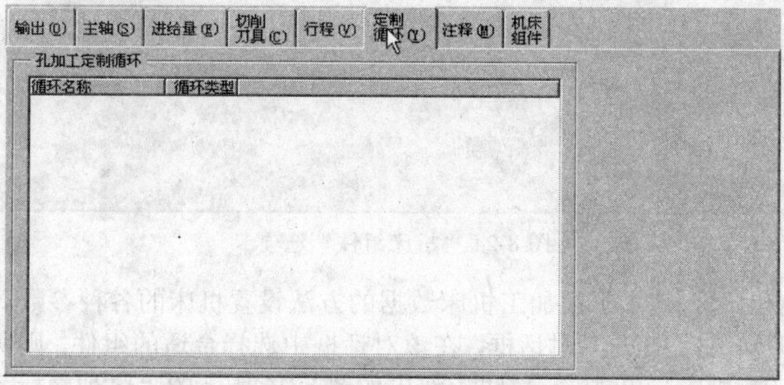


图 8-22 “定制循环”选项卡

“孔加工定制循环”选项卡主要用于加工孔类特征时，创建“循环名称”和“循环类型”。

**8．“注释”选项卡**

在“机床设置”对话框中单击“注释”标签，显示如图 8-23 所示的“注释”选项卡。

图 8-23 “注释”选项卡

“注释”选项卡用于对创建的机床设置进行说明。其主要由以下几部分内容组成。

- 文本编辑区：显示机床设置的说明内容。
- “打开”按钮：打开已经保存的文本文件（后缀为 txt），打开的文件将作为说明内容。
- “插入”按钮：添加文本文件到文本编辑区的光标位置。
- “另存为”按钮：系统以文件的形式保存说明文本中的内容。
- “清除”按钮：删除文本编辑区中的说明内容。

**9．“机床组件”选项卡**

在“机床设置”对话框中单击“机床组件”标签，显示如图 8-24 所示的“机床组件”选项卡。

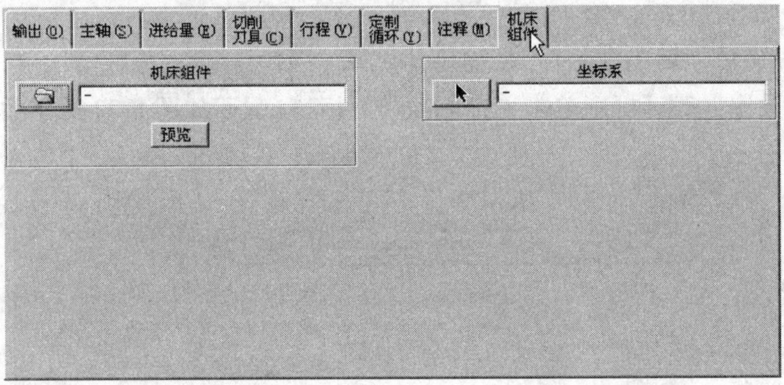


图 8-24 “机床组件”选项卡

该选项卡使用调入基本阶段加工机床数据的方法设置机床的各种参数。单击按钮，弹出如图 8-25 所示的“打开”对话框，在该对话框中选择合适的组件，则所选组件的机床设置被加载到当前机床。单击按钮，弹出如图 8-26 所示的“序列坐标系”菜单，提示用户在绘图区选择已有坐标系或创建新的坐标系为机床加工的参考坐标系。

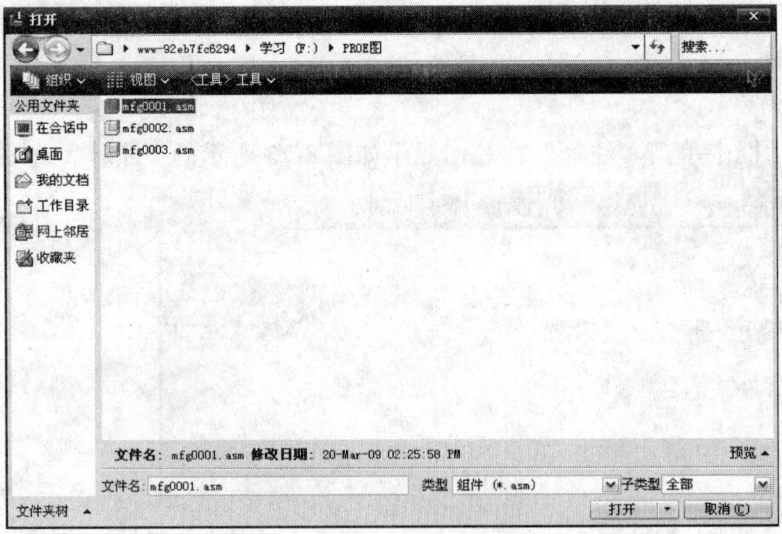


图 8-25 “打开”对话框

图 8-26 “序列坐标系”菜单

本节讲述了机床数据定义的基本方法，定义了机床数据后，经常需要对机床数据进行编辑操作，下面讲述数控机床数据的管理方法。

### 8.2.2 机床数据管理

机床的数据管理包括新建、保存、删除及重命名等。其中，新建、保存等操作是通过“机床设置”对话框上部的按钮或在“机床设置”对话框中单击“文件”按钮，在弹出的如图 8-27 所示的“文件”菜单中选取相关命令来实现的。

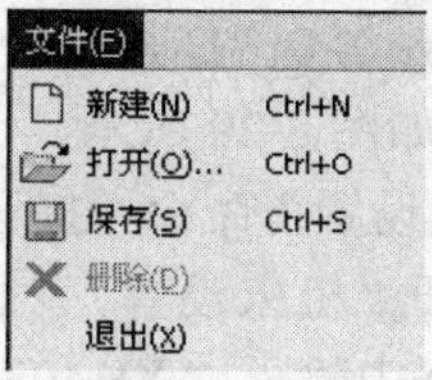


图 8-27 “文件”菜单

**1．新建机床**

新建机床可以通过在“机床设置”对话框中单击按钮，或在该对话框的“文件”菜单中选择“新建”命令来实现，这样新建的机床的每个选项都是系统的默认值。用户可以根据需要设置各种选项的值。

**2．打开机床设置数据**

打开机床设置数据可以通过在“机床设置”对话框中单击按钮，或在该对话框的“文件”菜单中选择“打开”命令来实现，这样可以导入已经创建的机床设置数据。

**3．保存机床设置数据**

保存机床设置数据要可以通过在“机床设置”对话框中单击按钮，或在该对话框的“文件”菜单中选择“保存”命令来实现，该操作可将已经定义的机床设置数据文件保存到当前工作目录中，保存后文件的扩展名为“.gph”，保存的机床设置数据可以在其他数控加工过程中使用。

**4．删除当前机床**

删除当前机床可以通过在“机床设置”对话框中单击按钮，或在该对话框的“文件”菜单中选择“删除”命令来实现，这样当前设置的机床将被删除。

**5．退出机床设置**

在“文件”菜单中选择“退出”命令或单击“关闭”按钮可以退出机床设置。

以上几种功能是在“机床设置”对话框中进行的相关操作，除了这些管理，还有对机床的重命名、编辑定义等。

在制造模型树中用鼠标右键单击“机床名称”按钮，在弹出的如图 8-28 所示的快捷菜单中可以进行重命名等操作。

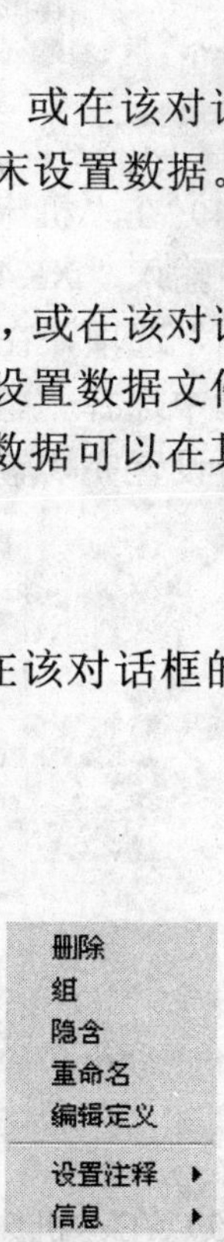


图 8-28 快捷菜单

- 重命名：选择该命令，可以在名称文本框中输入新的机床名称。

- 编辑定义：选择该命令，弹出“机床设置”对话框，该对话框与定义机床时定义的“机床设置”对话框最大的区别是“新建”、“保存”等机床数据管理选项为非激活状态。

### 8.2.3 实例

本节通过实例介绍设置机床的基本步骤。

（1）启动 Pro/ENGINEER Wildfire 4.0，打开光盘\素材\第 8 章\8-2\machine_setup.mfg 文件，如图 8-29 所示。

图 8-29 制造模型

（2）在菜单管理器中选择“制造设置”命令，打开“操作设置”对话框，单击按钮，打开“机床设置”对话框。

（3）在“机床名称”下拉列表框中输入“XK4035”作为机床名称，在“机床类型”下拉列表框中选择“铣削”选项，在“轴数”下拉列表框中选择“3 轴”选项，在“CNC 控制”下拉列表框中输入“SIMENSE”，如图 8-30 所示。

图 8-30 设置基本数据

（4）在“机床设置”对话框的“输出”选项卡中设置各数据。在“后处理器名称”文本框中输入“XK4035”，在“ID”数值框中选择 01，在“从”下拉列表框中选择“在每个序列”选项，在“LOADTL”下拉列表框中选择“模态”选项，在“冷却液/关闭”下拉列表框中选择“输出”选项，在“主轴/关闭”下拉列表框中选择“输出”选项。图 8-31 所示为设置完“输出”选项卡内容的效果。

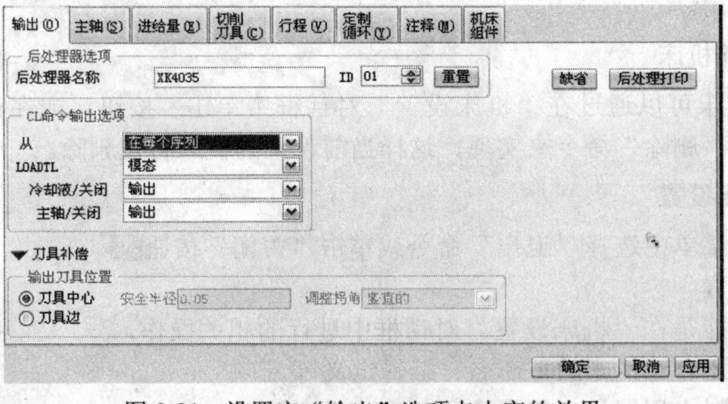


图 8-31 设置完“输出”选项卡内容的效果

（5）在“机床设置”对话框中单击“主轴”标签，在“主轴”选项卡的“最大速度”文本框中输入“8000”，在“马力”文本框中输入“8.5”。图 8-32 所示为设置完“主轴”

选项卡内容的效果。

图 8-32 设置完“主轴”选项卡内容的效果

（6）在“机床设置”对话框中单击“进给量”标签，在“进给量”选项卡的“快速横移”下拉列表框中选择 MMPM 选项在“快速进给速度”文本框中输入“1000”。图 8-33 所示为设置完“进给量”选项卡内容的效果。

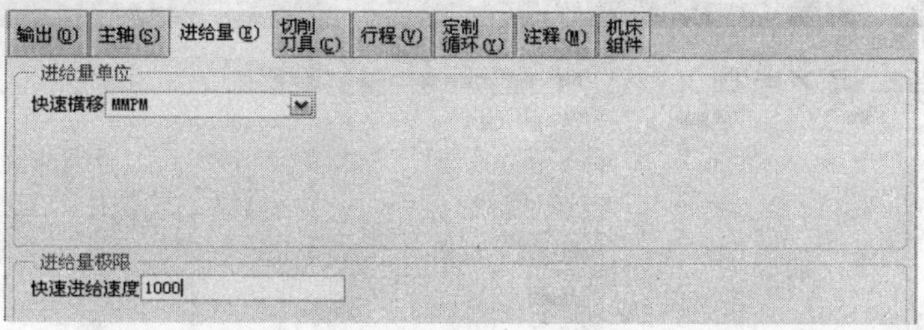


图 8-33 设置完“进给量”选项卡内容的效果

（7）在“机床设置”对话框中单击“切削刀具”标签，在“切削刀具”选项卡的“刀具更换时间”数值框中选择 2。图 8-34 所示为设置完“切削刀具”选项卡内容的效果。

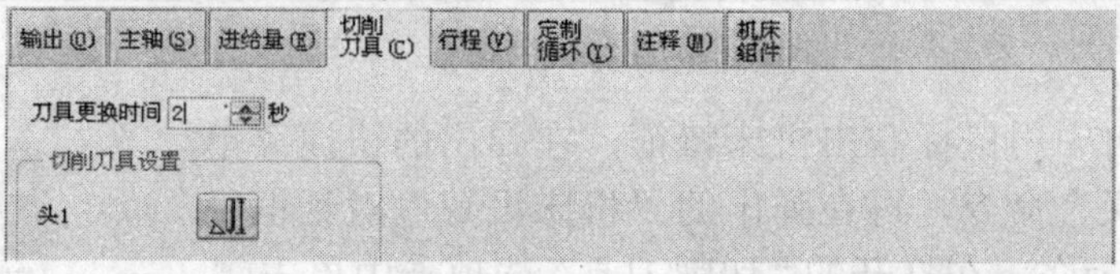


图 8-34 设置完“切削刀具”选项卡内容的效果

（8）在“机床设置”对话框中单击“行程”标签，在“行程”选项卡的“X 轴行程”文本框中输入“−100～100”，在“Y 轴行程”文本框中输入“−100～100”，在“Z 轴行程”文本框中输入“−200～80”。输入各轴的正、负行程后，系统自动加载该轴的总行程，不必手动输入。图 8-35 所示为设置完“行程”选项卡内容的效果。

（9）如果有必要，可以设置“定制循环”和“注释”选项卡的内容。

（10）在“机床设置”对话框中单击“确定”按钮，完成机床的设置。

在模型树中可以看到新设置的机床“XK4035”，如图 8-36 所示。

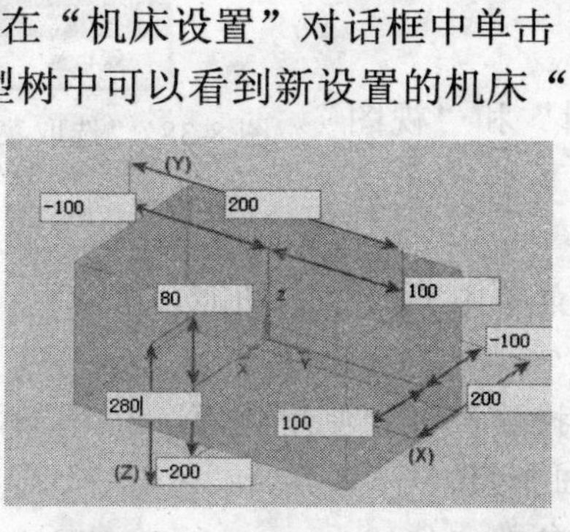


图 8-35 设置完“行程”选项卡内容的效果

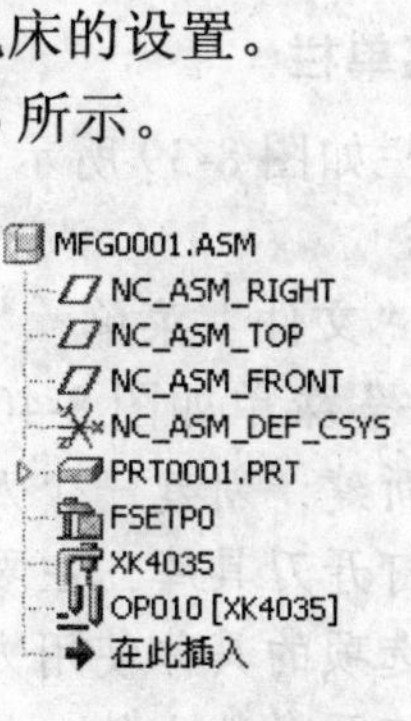


图 8-36 模型树

## 8.3 刀具设置

在数控加工过程中，机床类型不同，所选择的刀具类型也有所不同。刀具的设置在数控加工过程中发挥着很重要的作用，因此需要对刀具进行定义。

### 8.3.1 刀具设定

刀具设定可以通过如图 8-37 所示的“刀具设定”对话框来完成。

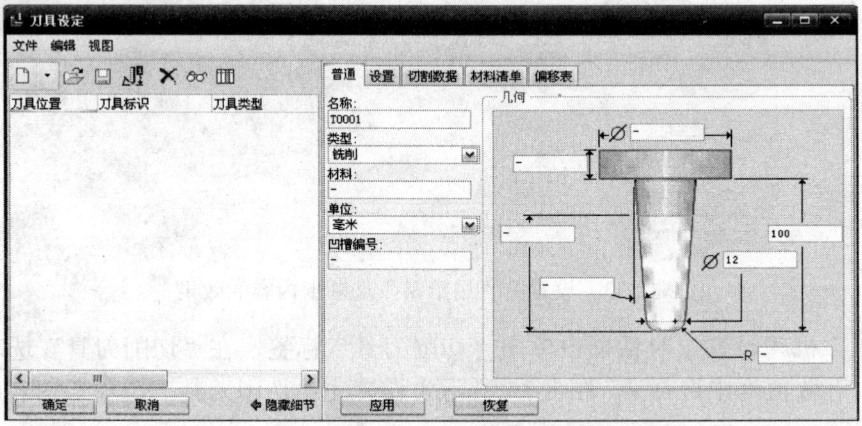


图 8-37 “刀具设定”对话框

在制造模型树中用鼠标右击机床特征，在弹出的快捷菜单中选择“编辑定义”命令，再在弹出的“机床设置”对话框中单击“切削刀具”标签，在打开的“切削刀具”选项卡中单击按钮，打开“刀具设定”对话框。

用户还可以在“制造设置”菜单中选择“刀具”命令，在弹出的如图 8-38 所示的“选取菜单”菜单中选择已经定义的机床，系统也打开“刀具设定”对话框。

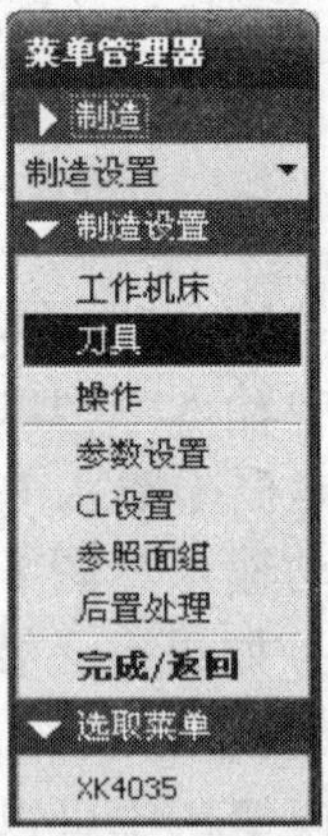


图 8-38 “选取菜单”菜单

“刀具设定”对话框由菜单栏、工具栏、刀具列表框和选项卡等组成。下面分别介绍各部分的功能。

**1. 菜单栏**

菜单栏如图 8-39 所示，由“文件”、“编辑”和“视图”菜单组成。

（1）“文件”菜单

“文件”菜单如图 8-40 所示，下面简单介绍菜单中各命令的功能。

- 新建：新建一个刀具。
- 打开刀具库：主要有“按参照”、“按拷贝”、“使用轮廓”3 个选项，这 3 个选项的具体使用方法将在 8.3.3 节中详细介绍。
- 打开参数文件：打开已经保存过的刀具参数文件。

- 保存刀具：保存新定义的刀具文件。
- 完成：选择该命令，系统弹出如图 8-41 所示的“刀具对话框确认”对话框，单击“是”按钮将应用新定义的刀具。
- 退出：关闭“刀具设定”对话框。

（2）“视图”菜单

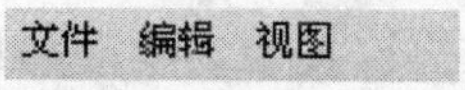


图 8-39 菜单栏

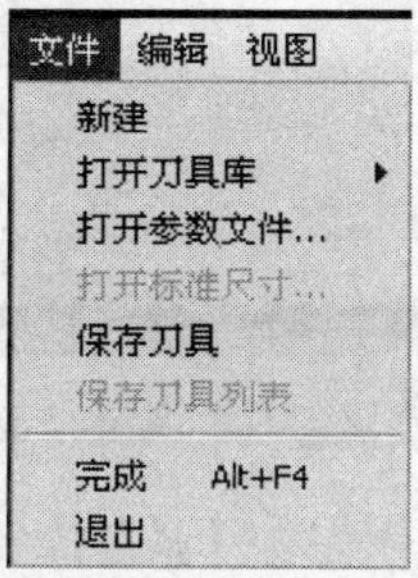


图 8-40 “文件”菜单

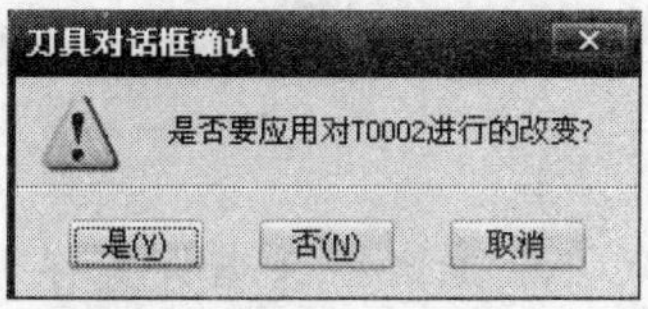


图 8-41 “刀具对话框确认”对话框

在“视图”菜单中选择“所有刀具”命令，弹出如图 8-42 所示的“信息窗口”界面，该对话框显示了每个刀具的基本参数。

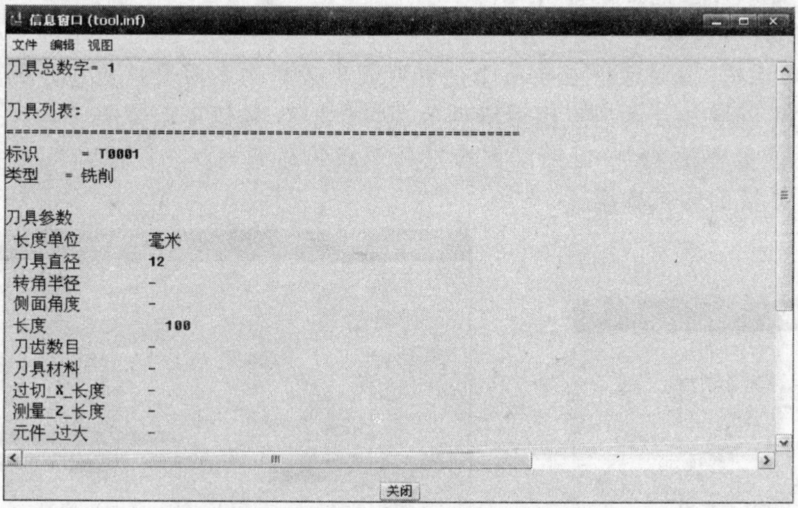


图 8-42 “信息窗口”界面

“编辑”、“视图”菜单的其他命令将在 8.3.2 节中进行介绍。

**2．工具栏**

工具栏如图 8-43 所示，其中的按钮功能与菜单栏中对应命令的功能一致。下面介绍工具栏中独特的几个按钮的功能。

图 8-43 工具栏

- “显示刀具信息”按钮：单击此按钮，在软件绘图区显示如图 8-44 所示的设置刀具的具体信息，该信息主要包括刀具的各个参数名称及具体数值。

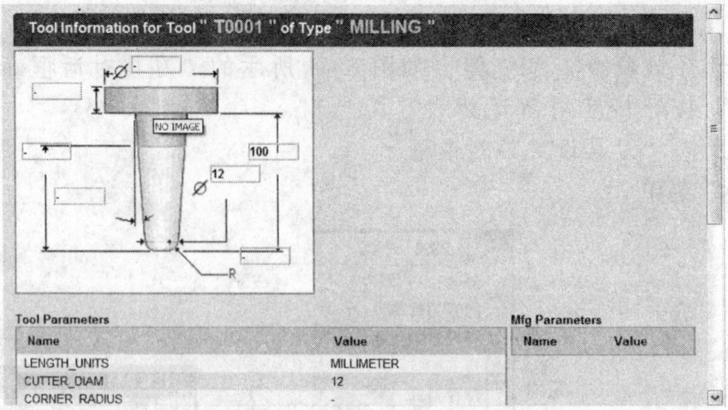


图 8-44 设置刀具的具体信息

- “根据当前数据设置在单独窗口中显示刀具”按钮：单击该按钮，弹出如图 8-45 所示的刀具预览窗口。若要在预览窗口中平移刀具模型，则需要同时按下 Shift 键和鼠标中键，并且拖动鼠标。若要在预览窗口中放大和缩小刀具模型，则需要同时按下 Ctrl 键和鼠标中键，并且拖动鼠标。若要旋转刀具模型，则需要按下鼠标中键，并且拖动鼠标。
- “定制刀具参数列”按钮：单击此按钮，弹出如图 8-46 所示的“列设置创建程序”对话框。该对话框主要用于设置刀具列表框中各刀具所应显示的参数。单击 >> 按钮可以增加刀具列表框中所列的项，单击 << 按钮可以减少刀具列表框中所列的项，单击或按钮可以更换刀具参数的显示顺序。“宽度”数值框用于定义刀具参数的字符宽度。

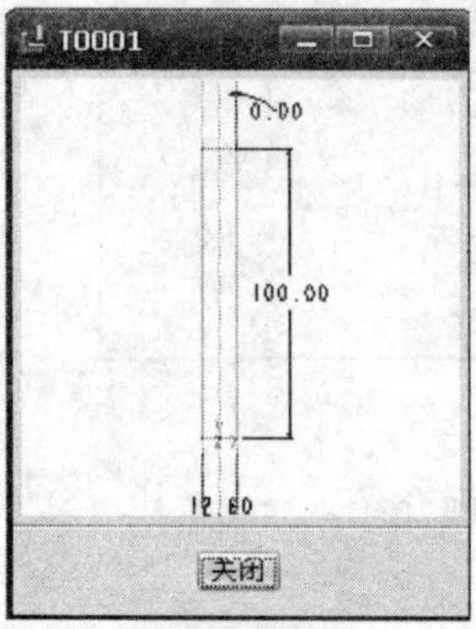


图 8-45 刀具预览窗口

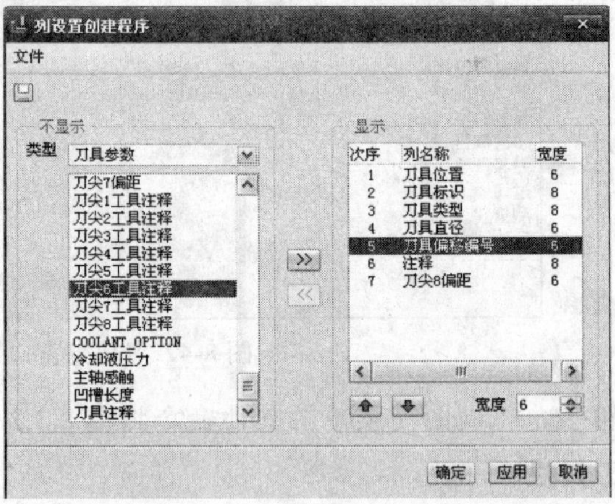


图 8-46 “列设置创建程序”对话框

### 3．刀具列表框

刀具列表框如图 8-47 所示，它主要显示在机床上已经定义的刀具信息，包括刀具位置、刀具标识、刀具类型、CUTTER_DIAM、刀具编移号和注释。在实际加工过程中用户可以根据需要选择合适的刀具。

图 8-47 刀具列表框

**4. “普通”选项卡**

打开“刀具设定”对话框后，系统默认的是“普通”选项卡，如图 8-48 所示。

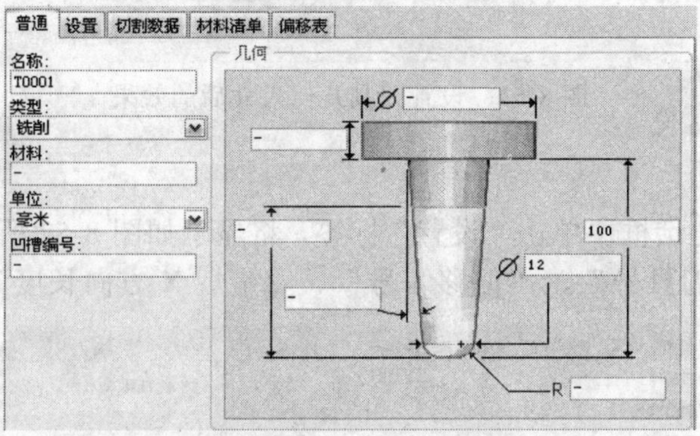


图 8-48 “普通”选项卡

“普通”选项卡主要用于显示和编辑刀具的名称、类型、材料等基本信息。

- “名称”文本框：显示刀具的名称，用户可以在该文本框中输入新定义刀具的名称，名称应做到言简意赅，字符长度不能超过 32 个整型数据的长度，也不能包含“-”字符，但是可以使用“_”字符。若用户没有输入自己定义的名称，则系统接受默认设置，即第一个刀具名称为 T0001，第二个为 T0002，依次类推。
- “类型”下拉列表框：如图 8-49 所示，它显示了所有刀具的类型，刀具类型的选择主要取决于机床的类型。
- “材料”文本框：用于设定刀具的材料，材料类型主要有钢、硬质合金等，选择什么材料与制造模型的硬度等特性有很大关系。
- “单位”下拉列表框：设置刀具的尺寸时使用的单位，如图 8-50 所示，主要有“英寸”、“英尺”、“毫米”和“厘米”4 个可选项。

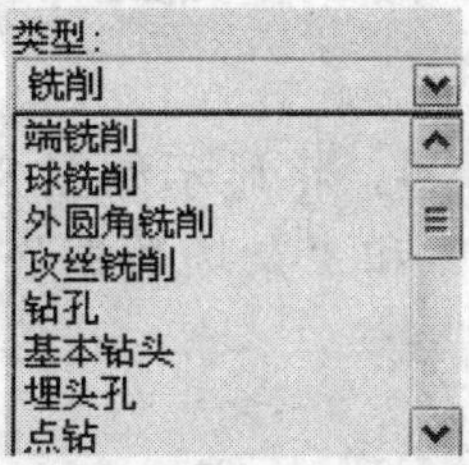


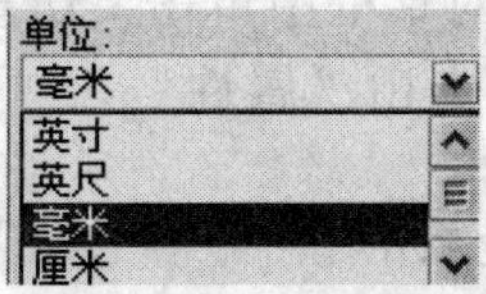


图 8-49 “类型”下拉列表框　　图 8-50 “单位”下拉列表框

- “几何”选项组：设置刀具的各种尺寸，如长度、刀头半径等。图 8-51 所示为设置刀具几何尺寸后的效果。

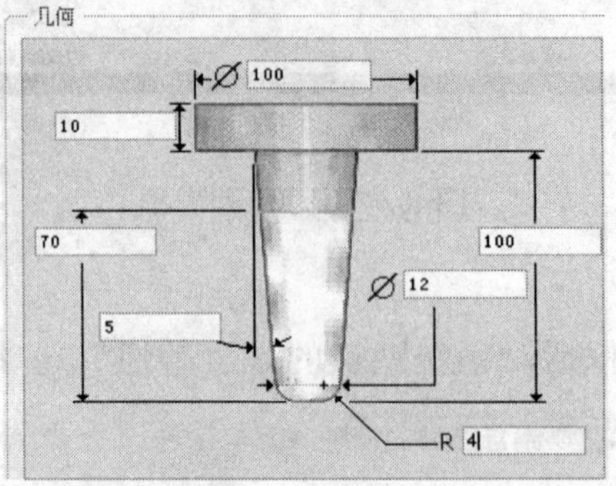


图 8-51　设置刀具几何尺寸后的效果

**5．“设置”选项卡**

在“刀具设定”对话框中单击“设置”标签，将显示如图 8-52 所示的“设置”选项卡。该选项卡主要包括“刀具号”、“偏移编号”、“量规 X 方向长度”等设置项。

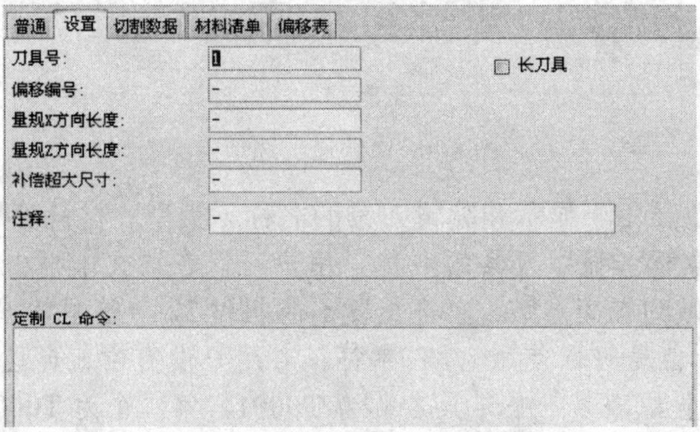


图 8-52　“设置”选项卡

- “刀具号”文本框：设置定义的刀具在刀具列表框的序号。
- “偏移编号”文本框：刀具列表框中的刀具偏移号。
- “补偿超大尺寸”文本框：若切削刀具的实际直径大于切削刀具的编程直径，则使用补偿超大尺寸值进行过切检测。
- “注释”文本框：对定义的刀具进行说明，增加可读性。

**6．“切割数据”选项卡**

在“刀具设定”对话框中单击“切割数据”标签，将显示如图 8-53 所示的 “切割数据”选项卡。该选项卡由“属性”、“切削数据”和“杂项数据”选项组组成，分别介绍如下。

（1）“属性”选项组

- “应用程序”下拉列表框：用于选择定义的刀具是用于粗加工还是精加工。
- “坯件材料”下拉列表框：用于选择材料，默认材料选项为在“操作设置”对话框中定义的坯件材料。
- “公制/英制”单选按钮：选择其一决定切割数据的单位。

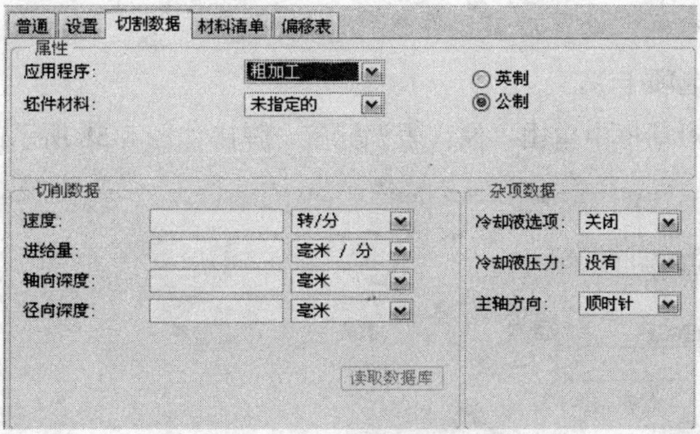


图 8-53 “切割数据”选项卡

（2）“切削数据”选项组

- “速度”文本框：用于设置刀具的转速，单位可选项为“转/分”或“米/分”。
- “进给量”文本框：用于设置刀具的进给量，单位可选项为“毫米/分”或“毫米/齿”。
- “轴向深度”文本框：用于设置轴向进给深度。
- “径向深度”文本框：用于设置径向进给深度。

（3）“杂项数据”选项组

- “冷却液选项”下拉列表框：如图 8-54 所示，用于设置采用何种冷却方式，以及冷却液的开关。
- “冷却液压力”下拉列表框：如图 8-55 所示，用于设置冷却液压力的有无或大小。
- “主轴方向”下拉列表框：如图 8-56 所示，用于设置主轴的转动方向，可选项有“顺时针”和“逆时针”。

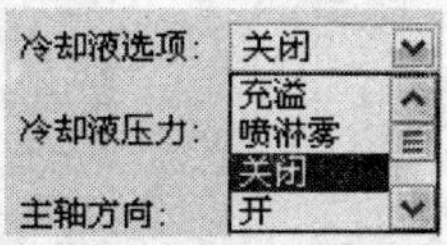


图 8-54 “冷却液选项”下拉列表框

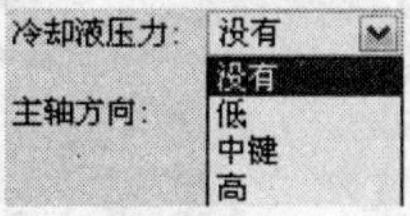


图 8-55 “冷却液压力”下拉列表框

图 8-56 “主轴方向”下拉列表框

### 7. “材料清单”选项卡

在“刀具设定”对话框中单击“材料清单”标签，将显示如图 8-57 所示的“材料清单”选项卡。该选项卡主要用于设置刀具模型使用的所有零件和组件。

- “插入元件”按钮：单击该按钮在元件列表框中新增元件。
- “删除元件”按钮：用于删除所选中的元件。
- “删除所有元件”按钮：用于删除列表框中所有的元件。

元件列表框中用于显示刀具元件的名称、类型、数量等。

- “元件名称”文本框：用于编辑元件的名称。
- “类型”文本框：用于选择元件类型，有“插入”、“适配器”、“刀架”和“一般”。
- “数量”文本框：设置元件的数量。

- “注释”文本框：设置对该元件进行的说明。

**8．“偏移表”选项卡**

在“刀具设定”对话框中单击“偏移表”标签，弹出如图 8-58 所示的“偏移表”选项卡。

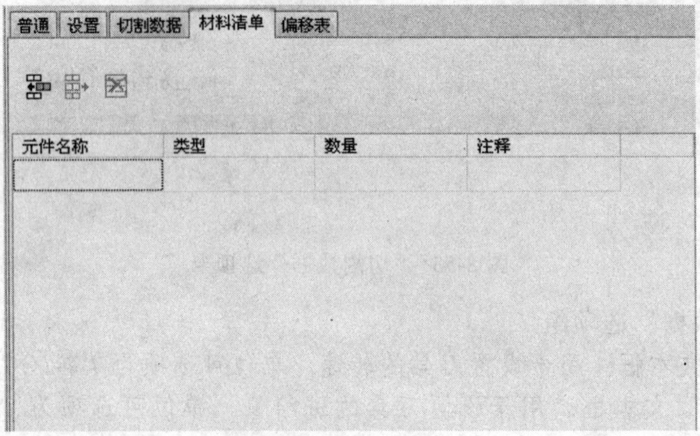


图 8-57 “材料清单”选项卡

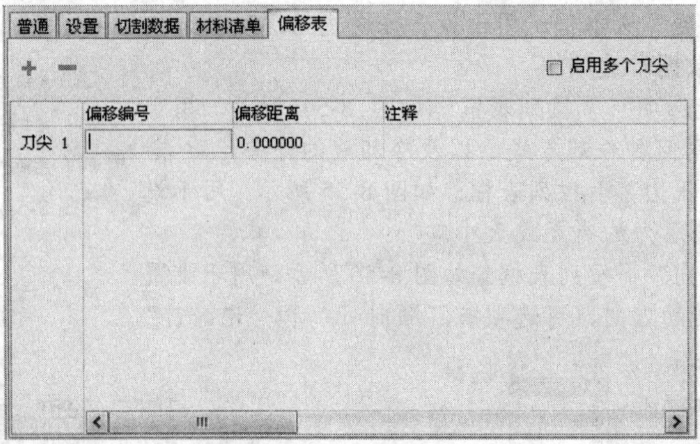


图 8-58 “偏移表”选项卡

- “启用多个刀尖”复选框：选中该复选框，可以增加刀尖，“+”和“−”按钮便处于激活状态，这两个按钮用于添加或删除刀尖。
- “刀尖”列表框：每个刀尖可以定义“偏移编号”、“偏移距离”和“注释”选项。只有刀尖的数量大于 1 时，才能够设置偏移距离。

**9．“应用”、“恢复”、“确定”、“取消”按钮**

- “应用”按钮：主要用于在完成刀具的每个特征数据定义后，将定义的刀具添加到刀具列表框中。编辑已经定义的刀具后，若需要保存编辑内容，也要单击“应用”按钮。
- “恢复”按钮：单击该按钮可以将刀具定义的数据恢复到上次定义的值。
- “确定”按钮：单击该按钮完成刀具定义，退出“刀具设定”对话框。
- “取消”按钮：单击该按钮取消刀具定义。

### 8.3.2　草绘刀具

草绘刀具是定义刀具的一种重要方法，主要用于绘制一些特殊的刀具。

在“刀具设定”对话框中选择“编辑”→“草绘”命令，则“普通”选项卡中会出现如图 8-59 所示的“草绘器”按钮。

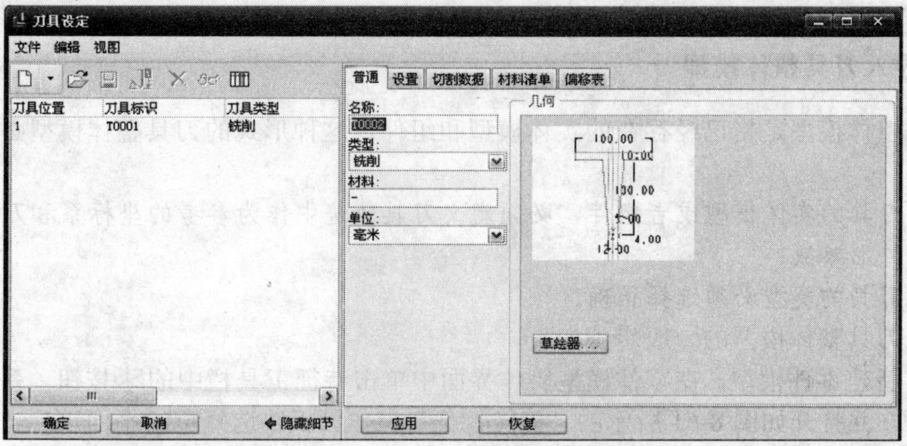

图 8-59　“草绘器”按钮

在“普通”选项卡中单击“草绘器”按钮，系统进入如图 8-60 所示的草绘刀具操作界面。该操作界面与零件建模中二维草图绘制的界面基本一致。草绘刀具操作界面标题栏的默认名称为 T0001。

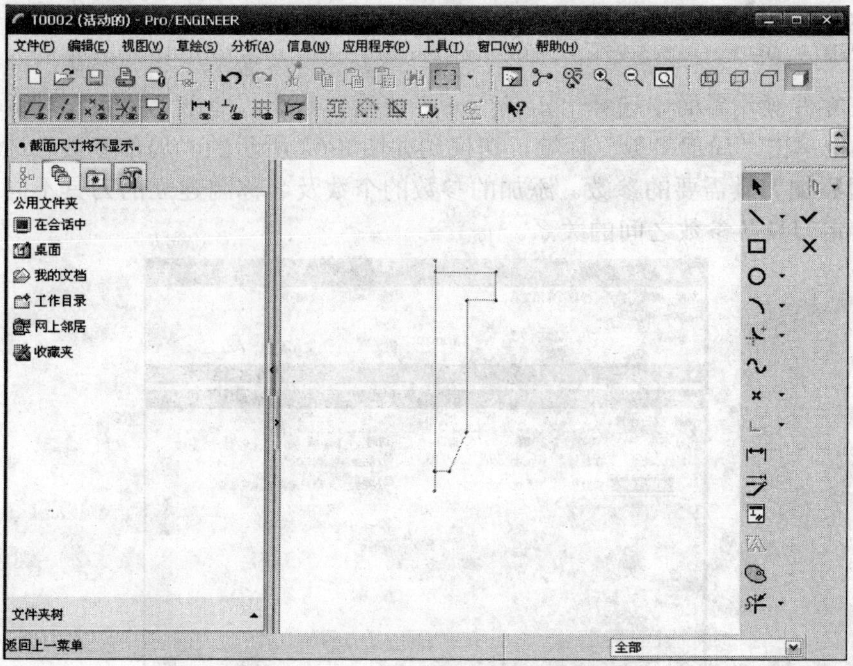

图 8-60　草绘刀具操作界面

若绘制如图 8-60 所示的钻孔刀具后，单击草绘界面工具栏中的✓按钮，则返回到“普通”选项卡，该刀具即添加到“普通”选项卡中。

**提示** 在草绘刀具操作界面中绘制刀具模型时，需遵守创建旋转实体时草绘图形的规则，即需要绘制一条中心线作为旋转轴，绘制的模型只能位于中心线的一侧，同时需要定义一个坐标系作为轨迹参考。“草绘器”按钮只有在选择轨迹车削和轮廓铣削的条件下才能被激活。

### 8.3.3 导入刀具整体模型

刀具整体模型是指已经存在的实体模型和组件。这种形式的刀具整体模型必须符合以下两个条件。

- 刀具的实体模型或者组件，必须定义刀具轨迹中作为参考的坐标系和刀具的几何外形参数。
- 刀具的类型必须选择正确。

导入刀具整体模型的一般步骤如下。

（1）新建零件模型，在零件模型操作界面中单击特征工具栏中的按钮，系统将建立旋转特征，并打开如图 8-61 所示的“旋转特征”操作面板，选择草绘平面以后，在草图绘制界面中绘制旋转截面和旋转轴，单击✓按钮，完成刀具的草绘。

图 8-61 “旋转特征”操作面板

（2）完成草图绘制后，在“旋转特征”操作面板中单击“应用”按钮✓，完成旋转特征的创建。

（3）在零件操作界面中选择“工具”→“关系”命令，弹出“关系”对话框。在“关系”对话框中单击“局部参数”标签，切换到如图 8-62 所示的“局部参数”选项卡。通过单击+按钮添加刀具需要的参数。添加的参数的个数及名称因建立的刀具不同而异。若需要，还可设定刀具各参数之间的关系。

图 8-62 “局部参数”选项卡

（4）在“关系”对话框中单击“关系”标签，切换到如图8-63所示的“关系”选项卡。在文本区设置刀具参数表达式。

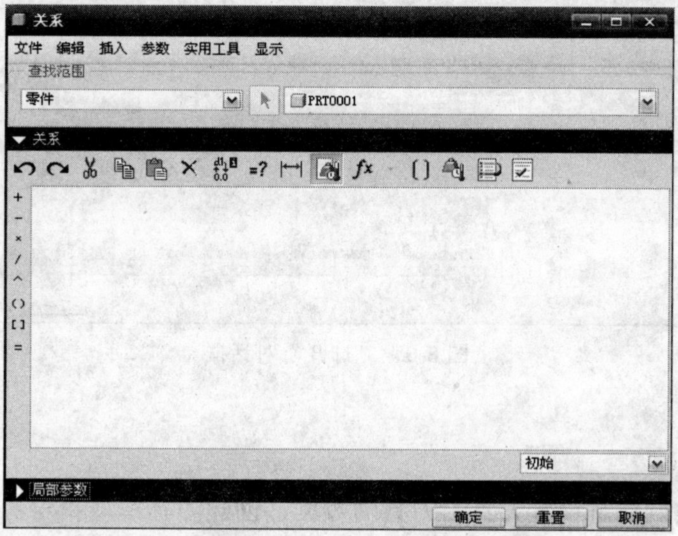


图8-63　“关系”选项卡

（5）设置完刀具参数后，单击“确定”按钮，保存新建的刀具模型。

（6）将操作界面切换到制造模型操作界面，弹出“刀具设定”对话框。在该对话框的菜单栏中选择“文件”→“打开刀具库”命令，弹出如图8-64所示的“打开刀具库”子菜单。子菜单中的各命令的含义如下。

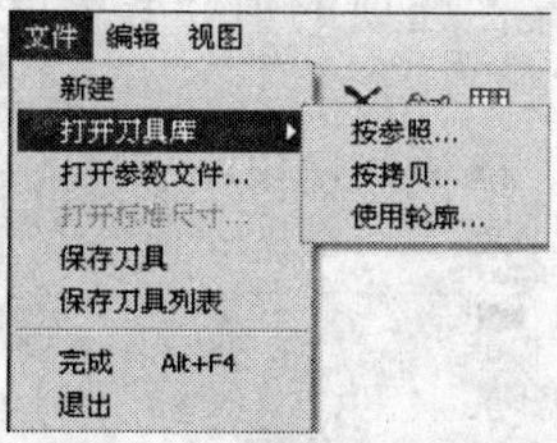


图8-64　“打开刀具库”子菜单

- 按参照：导入刀具的各个几何外形参数与原模型相关联。若选择此命令，则导入的刀具参数不能在“刀具设定”对话框中做改变。但是，若刀具原模型的参数或相应组件参数改变，则相应的刀具也会发生改变。
- 按拷贝：只把刀具实体模型和组件的参数复制到制造模型中。若选择此命令，则导入的刀具参数可以在“刀具设定”对话框中做改变。但是，当刀具原模型的参数或相应组件参数改变时，相应的刀具不会发生改变。
- 使用轮廓：选择此命令，打开如图8-65所示的“打开”对话框，选择合适的刀具模型后将其导入制造模型中。

通过以上步骤，就可以将刀具整体模型导入到制造模型中，该刀具模型在具体加工中将作为一种可以选择的刀具。

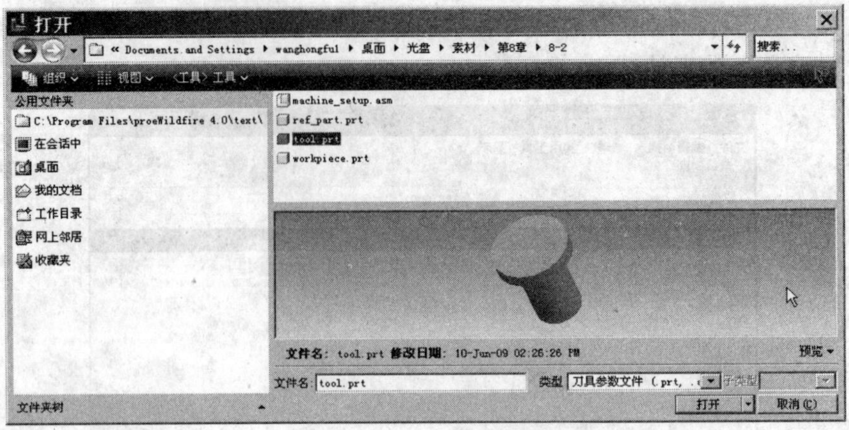


图 8-65 “打开”对话框

### 8.3.4 实例

本节将结合实例讲解设置刀具、刀具的数据，创建刀具模型和导入刀具整体模型的具体方法。用户在实际使用过程中需要设置刀具时，可以此例作为参考。

**1．设置刀具**

（1）运行 Pro/ENGINEER Wildfire 4.0 后，打开光盘\素材\第 8 章\8-3\machine_setup.mfg 文件，在菜单管理器中选择“制造设置”→“刀具”命令，在弹出的如图 8-66 所示的“选取菜单”菜单中选择 XK4035 选项，弹出“刀具设定”对话框。

（2）在“普通”选项卡中设置各选项的值，设置完成后的“普通”选项卡如图 8-67 所示。

图 8-66 “选取菜单”菜单

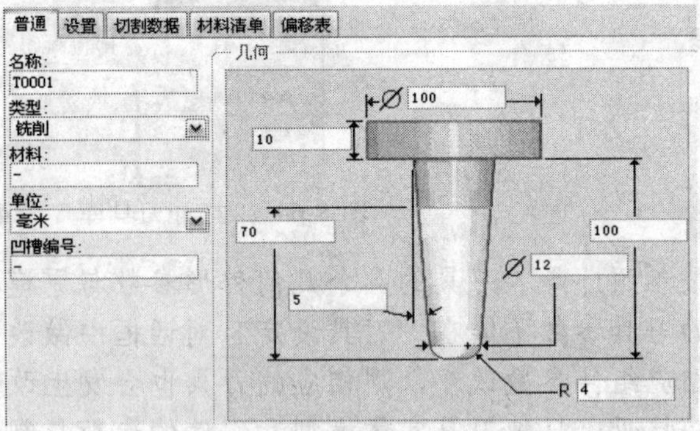


图 8-67 “普通”选项卡

**提示** 当“几何”选项组中的“刀具几何参数”文本框中为“-”时，表示刀具的该参数可以不进行设置，如该例中的夹具长度、夹具直径和凹槽长度等。

（3）单击“切割数据”标签，切换到“切割数据”选项卡，在该选项卡中设置如图 8-68 所示的各参数值。

（4）若需要，设置“刀具设定”对话框中其他选项卡的参数，对刀具的参数做改变后，单击“应用”按钮，弹出如图 8-69 所示的“刀具对话框确认”对话框，单击“是”按钮保存对刀具进行的改变。

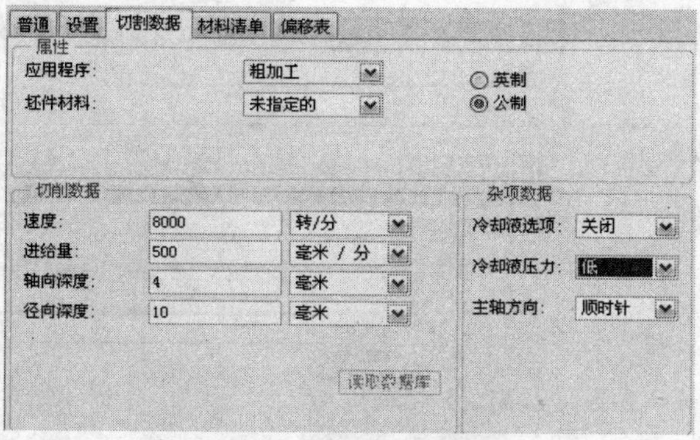

图 8-68　切割数据设置

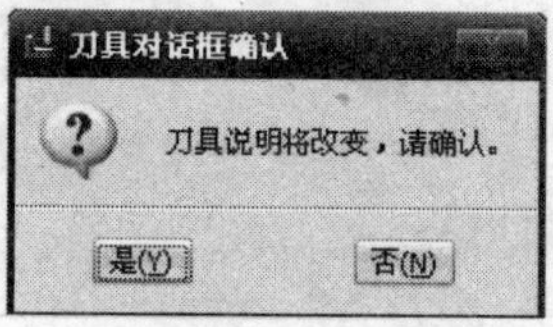

图 8-69　“刀具对话框确认”对话框（一）

（5）设置完成后，单击“确定”按钮，若有未进行设置的刀具必备参数，则弹出如图 8-70 所示的“刀具对话框错误”对话框，提示用户还需要设置必备参数才能完成。

（6）对刀具的必备参数完全设置以后，再次单击“确定”按钮，弹出如图 8-71 所示的“刀具对话框确认”对话框，用户确认对刀具的设置改变后单击“是”按钮，则新设定的刀具加载到刀具列表框中。系统退出“刀具设定”对话框，完成对刀具的定义。

图 8-70　“刀具对话框错误”对话框

图 8-71　“刀具对话框确认”对话框（二）

**2．导入刀具整体模型**

导入刀具整体模型需要先建立刀具模型，在其中绘制刀具并设置刀具参数，然后在制造模型的“刀具设定”对话框中将该刀具模型导入。操作步骤如下。

（1）在菜单栏中选择“文件”→“新建”命令，弹出如图 8-72 所示的“新建”对话框，在“类型”选项组中选中“零件”单选按钮，在“子类型”选项组中选中“实体”单选按钮，取消选中“使用缺省模板”复选框，在“名称”文本框中输入“tool”。

(2)单击“确定”按钮，弹出“新文件选项”对话框，选择如图 8-73 所示的 mmns_part_solid 选项，单击“确定”按钮，进入实体建模操作界面。

（3）在操作界面中单击“旋转特征”按钮，打开如图 8-74 所示的“旋转特征”操作面板，在面板中单击“位置”图标，弹出“放置”选项卡。

（4）单击“定义”按钮，弹出“草绘”对话框，在绘图区选择“TOP 平面”作为草绘平面，此时“草绘”对话框如图 8-75 所示。单击“草绘”按钮，进入草绘界面。

（5）在草绘界面中绘制如图 8-76 所示的草图，单击按钮，完成刀具的草绘。在“旋转特征”操作面板中单击按钮，完成旋转特征的创建，效果如图 8-77 所示。

（6）在零件操作界面中选择“工具”→“关系”命令，打开“关系”对话框。在“关系”对话框中单击“局部参数”标签，切换到“局部参数”选项卡，添加参数 length 和 diameter 后该对话框如图 8-78 所示。

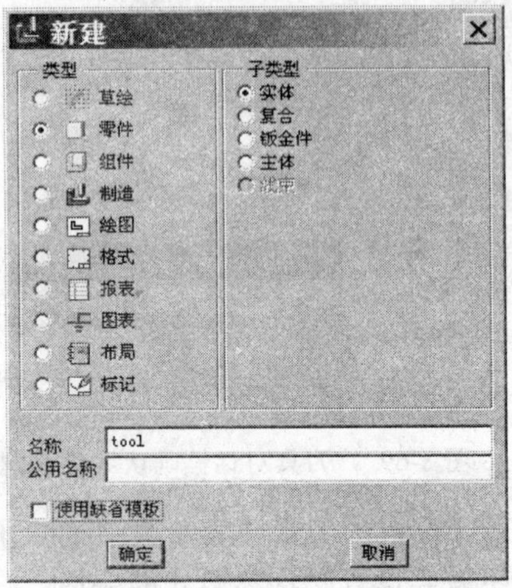


图 8-72 “新建”对话框

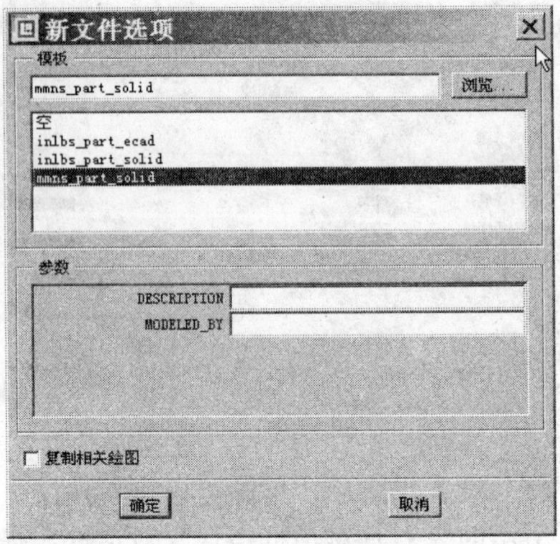


图 8-73 “新文件选项”对话框

图 8-74 “旋转特征”操作面板

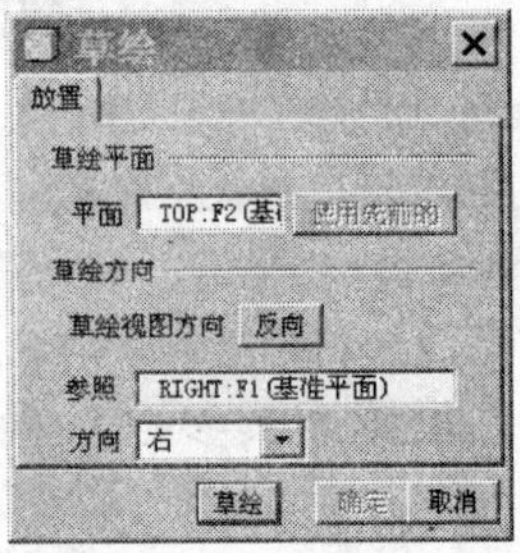


图 8-75 “草绘”对话框

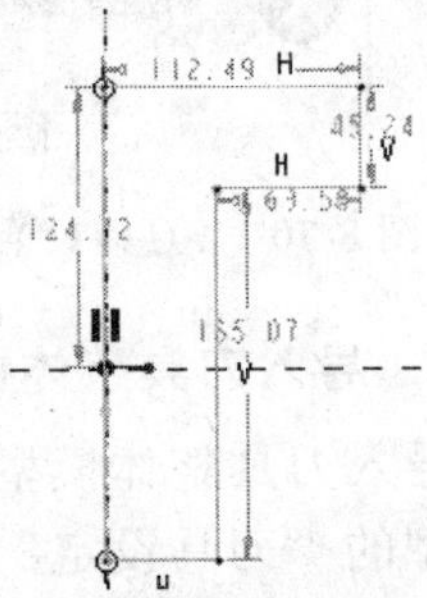


图 8-76 绘制草图

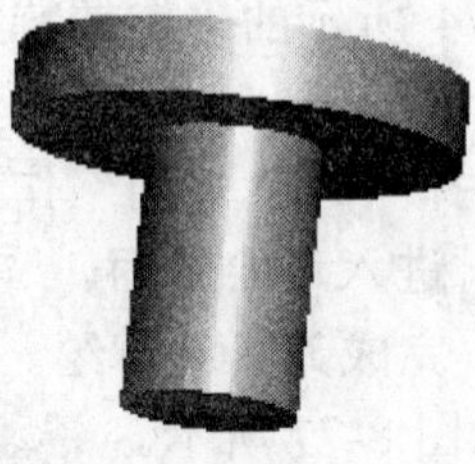

图 8-77 完成旋转特征的创建

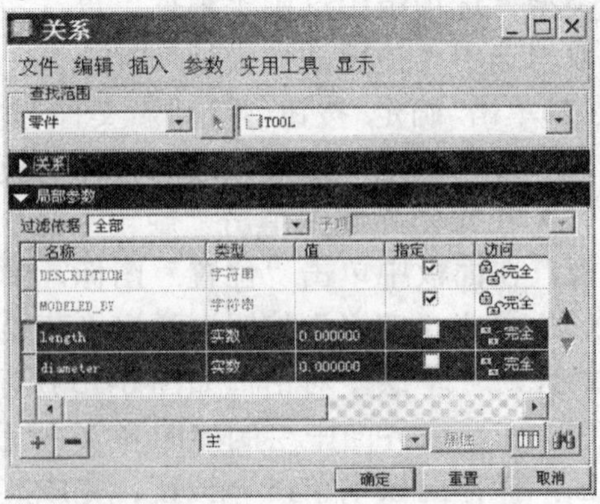


图 8-78 设置局部参数

（7）在“关系”对话框中单击“关系”标签，切换到如图 8-79 所示的“关系”选项卡。单击按钮，在绘图区中单击零件模型，则零件模型显示如图 8-80 所示。

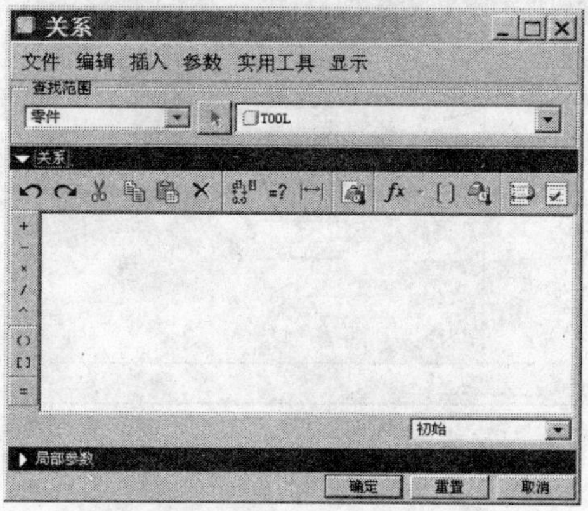


图 8-79 “关系”选项卡

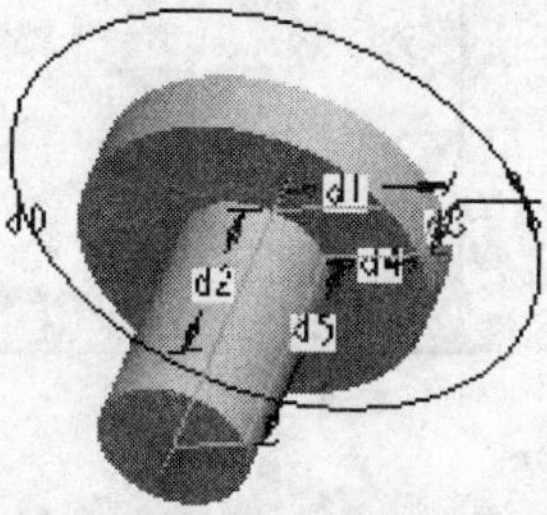


图 8-80 零件模型显示

（8）在文本区设置刀具参数表达式，设置完成后的“关系”选项卡如图 8-81 所示。

（9）单击“确定”按钮，完成刀具模型参数设置，将其保存到工作目录下。

**3．导入创建的刀具模型**

（1）切换工作界面到制造模型，打开“刀具设定”对话框。在菜单栏中选择“文件”→“打开刀具库”→“按拷贝”命令。

（2）弹出“打开”对话框，如图 8-82 所示选择 tool.prt 模型，单击“打开”按钮，将模型导入到“刀具设定”对话框，结果如图 8-83 所示。

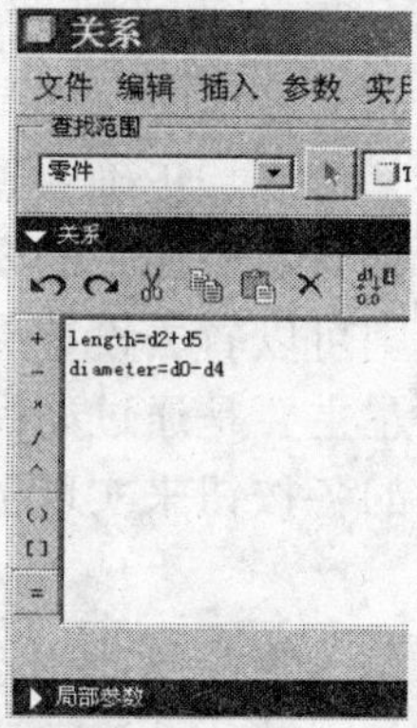


图 8-81 设置完成后的“关系”选项卡

（3）也可以使用“按参照”方法导入刀具模型，方法与上述类似，用户可以创建刀具后实践，在此不再赘述。

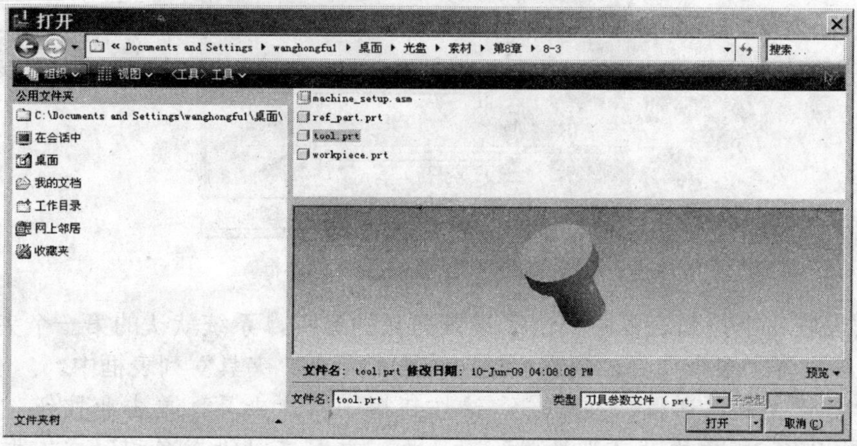


图 8-82 选择“tool.prt”模型

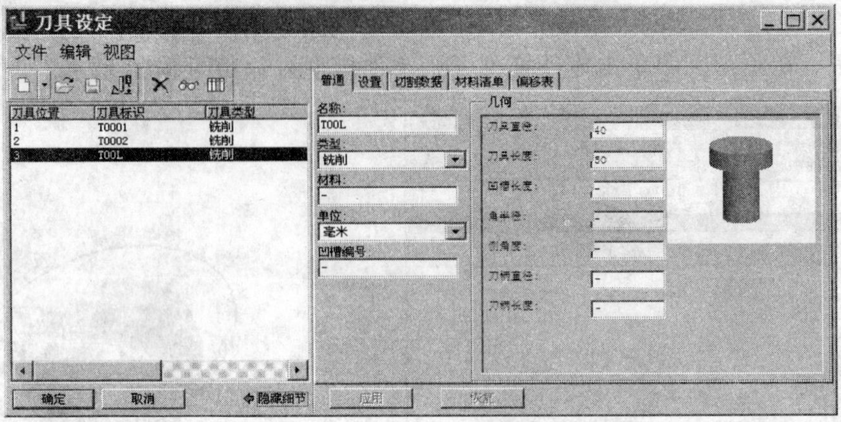

图 8-83　导入刀具模型

## 8.4　夹具设置

在数控加工过程中，夹具主要用来对工件施加一定的夹紧力。使用夹具的主要目的是为了保证加工精度，正确放置工件，使数控加工过程中刀具和机床始终处于正确的位置。

夹具设置在数控加工的操作数据设置中不是必需的，若是否设置夹具不会影响数控加工的进程，则可以省去设置夹具操作。

夹具设置主要是通过如图 8-84 所示的“操作设置”对话框中的“夹具设置”下拉列表框及其右侧的各按钮来实现的。

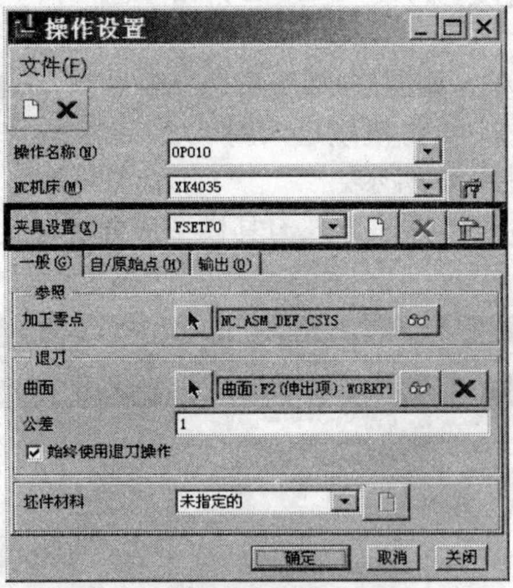

图 8-84　“操作设置”对话框

“夹具设置”下拉列表框中列出了设置刀具的名称，系统默认的第一个夹具的名称是 FSETP0，若设置了多个夹具，则它们的名称会显示在“夹具”列表框中。

- “打开夹具对话框”按钮：该按钮用于新建夹具，单击此按钮，系统打开如图 8-85 所示的“夹具设置”对话框，并且在“设置名称”文本框中显示了夹具的默认名称 FSETP0。用户也可以根据需要输入其他词语作为夹具的名称。新建的夹具也显示在如图 8-86 所示的“夹具”列表框中。

- “删除”按钮：单击该按钮，可以删除当前激活的夹具。
- “打开夹具对话框以重定义夹具设置”按钮：单击此按钮，打开如图 8-85 所示的“夹具设置”对话框，在该对话框中可以对夹具进行编辑操作。

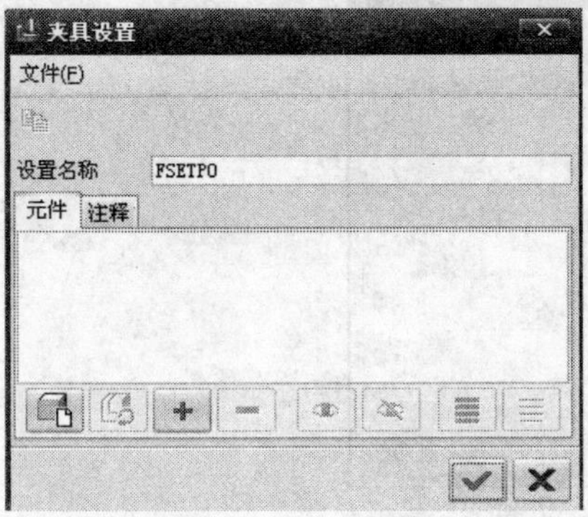


图 8-85 “夹具设置”对话框

图 8-86 “夹具”列表框

**提示** 若用户建立了多个夹具，则在任意时刻只能有一个夹具处于激活状态，即在同一个时刻只能有一个夹具被用户使用。

### 8.4.1 设置元件

设置元件主要是通过如图 8-87 所示的“元件”选项卡来实现的。该选项卡由元件列表及各个按钮组成。下面简单介绍各部分的功能。

元件列表：用于显示夹具设置中包括的所有元件及其可见性状态。

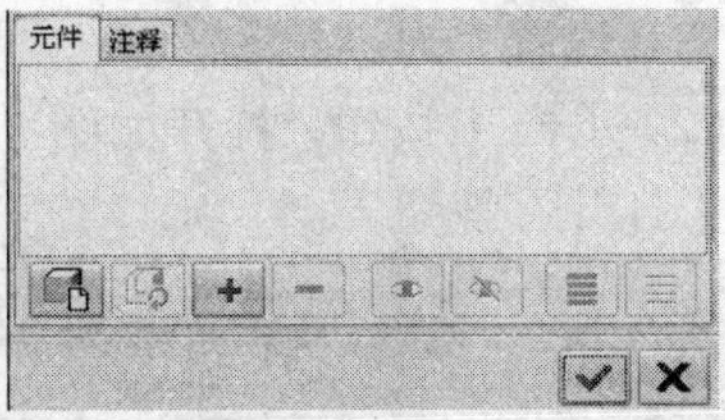


图 8-87 “元件”选项卡

- “创建元件”按钮：以新建零件的方式创建新的夹具元件。
- “重定义选定元件的组件约束”按钮：在元件列表中选中元件，激活该按钮，它主要用于重定义选定元件的组件约束。
- “添加元件”按钮：单击该按钮，将以装配的方式添加夹具组件。
- “移除选定元件”按钮：在元件列表中选中某个元件后，单击该按钮，将把该元件删除。
- “使所选元件可见”按钮：在元件列表中选中某个状态为“不可见”的元件，单击该按钮，则选中的元件将变为“可见”状态，并显示在工作区中。
- “使所选元件不可见”按钮：在元件列表中选中某个状态为“可见”的元件，单击该按钮，则选中的元件将变为“不可见”状态，并不显示在工作区中。
- “选取所有元件”按钮：单击该按钮，将选中元件列表中的所有元件。
- “取消选取所有元件”按钮：单击该按钮，取消选择所选中的各个元件。

### 8.4.2 设置注释

设置注释是通过“注释”选项卡实现的。在“夹具设置”对话框中单击“注释”标签，切换到如图 8-88 所示的“注释”选项卡，可以输入用户对定义的夹具的注释。

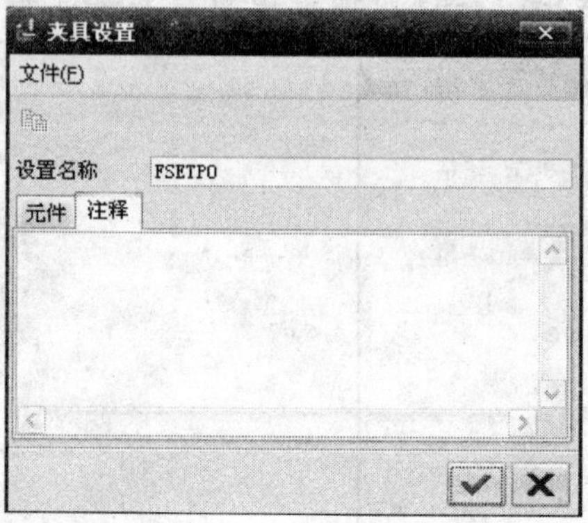


图 8-88 “注释”选项卡

### 8.4.3 实例

本节通过实例介绍数控加工中夹具在制造模型中的设置方法。夹具设置的一般步骤如下。

（1）运行 Pro/ENGINEER Wildfire 4.0 后，打开光盘\素材\第 8 章\8-4\fixsetup.mfg 文件，在菜单管理器中选择“制造设置”命令，在弹出的“操作设置”对话框中单击按钮，打开“夹具设置”对话框。

（2）单击 + 按钮，打开如图 8-89 所示的“打开”对话框，在工作目录下选中 fix_1.prt，单击“打开”按钮。

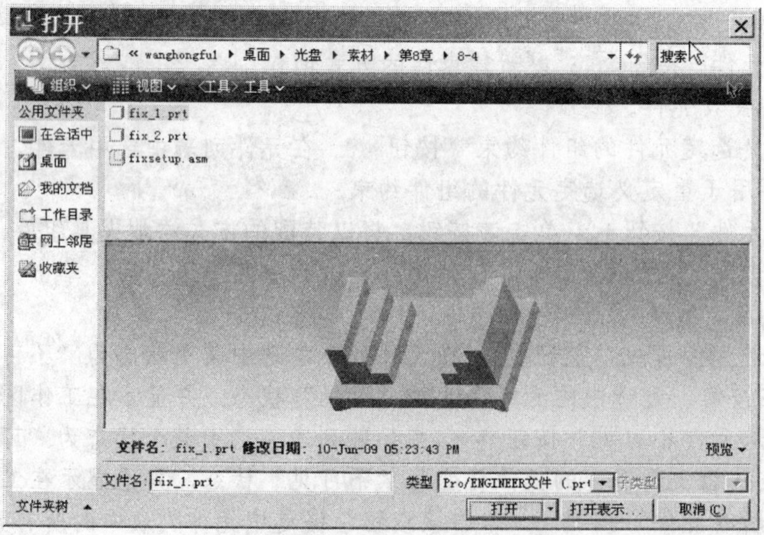


图 8-89 “打开”对话框

（3）工作区中显示了如图 8-90 所示的夹具模型，操作界面下方显示了如图 8-91 所示的“元件放置”操作面板。

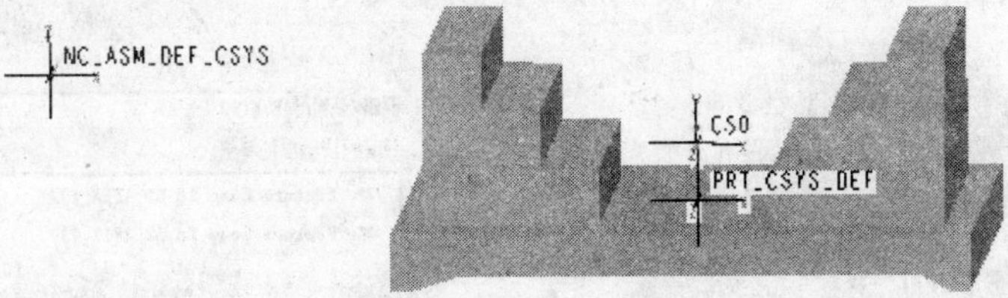


图 8-90　夹具模型

图 8-91　“元件放置”操作面板

（4）单击“放置”按钮，弹出如图 8-92 所示的“放置”选项卡，在“约束类型”下拉列表框中选择“坐标系”约束类型。

（5）同样的方法将 fix_2.prt 零件用默认的约束装配，在绘图区中显示如图 8-93 所示。

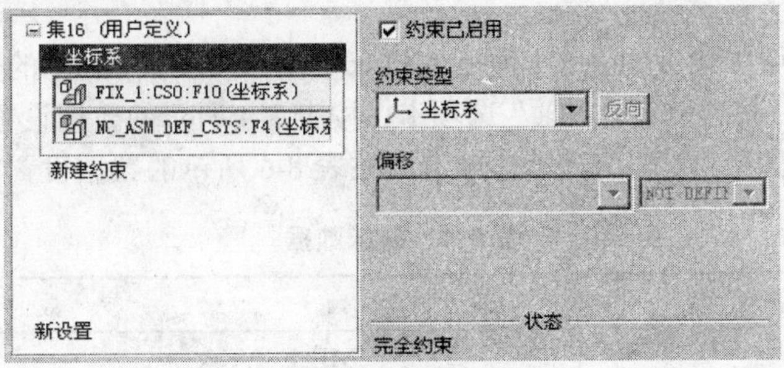


图 8-92　“放置”选项卡

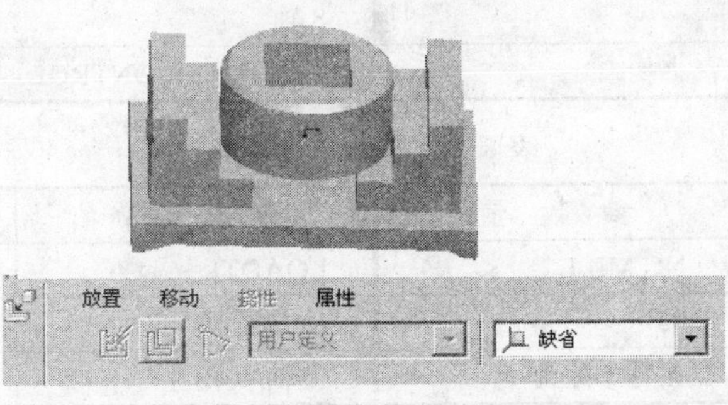


图 8-93　装配 fix_2.prt

（6）在制造模型操作界面的工作区中已经显示了加入的夹具，如图 8-94 所示。同时，该夹具也显示在“夹具设置”对话框中，如图 8-95 所示。

（7）若需要，在“夹具设置”对话框中单击“注释”标签，在打开的“注释”选项卡的文本区中输入注释信息，单击✔按钮，即完成夹具的设置。

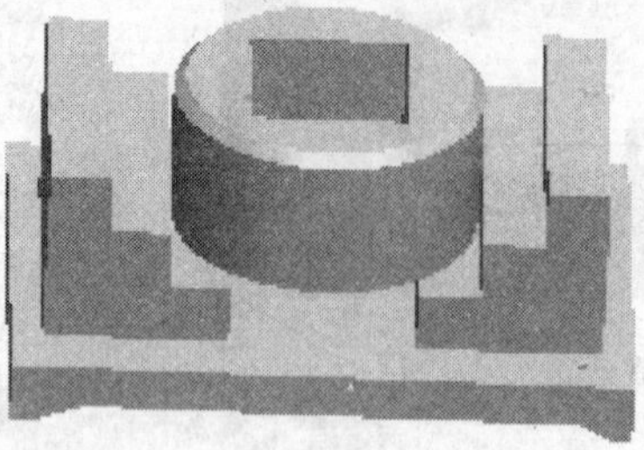
图 8-94　加入的夹具

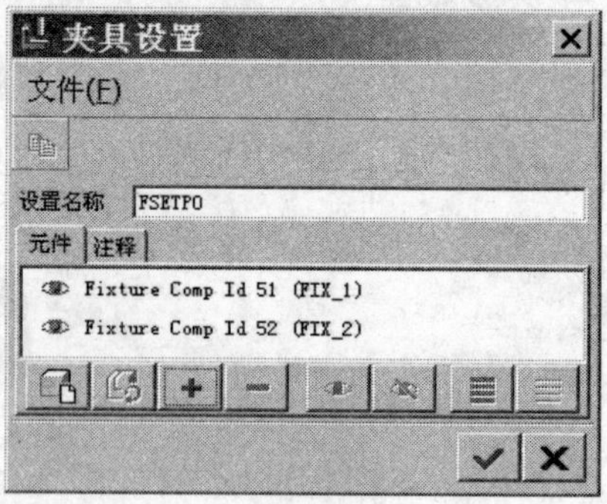

图 8-95　“夹具设置”对话框

## 8.5　本章小结

本章介绍了数控加工中需要设置的各种数据，例如机床、刀具、夹具及其他数据的方法，并通过实例讲解了设置这些数据的基本步骤。

## 8.6　课后习题

（1）在制造模型块中定义如表 8-1 所示的机床数据；按表 8-2 所示的数据设置“输出”选项卡，按表 8-3 所示的数据设置“主轴”选项卡，按表 8-4 所示的数据设置“进给量”选项卡，按表 8-5 所示的数据设置“切削刀具”选项卡，按表 8-6 所示的数据设置“行程”选项卡。

表 8-1　机床数据

| 机床参数名称 | 参 数 值 |
|---|---|
| 机床名称 | MILL-TJK |
| 机床类型 | 车削/铣削 |
| 轴数 | 8 轴 |
| CNC 控制 | FANUC6MCONTROL |

表 8-2　“输出”选项卡

| 参 数 名 称 | 参 数 值 | 参 数 名 称 | 参 数 值 |
|---|---|---|---|
| 后处理器名称 | NC MILL | LOADTL | 模态 |
| ID | 03 | 冷却液/关闭 | 输出 |
| 从 | 在每个序列 | 主轴/关闭 | 输出 |

表 8-3　“主轴”选项卡

| 参 数 名 称 | 参 数 值 |
|---|---|
| 最大速度 | 8000r/min |
| 马力 | 5kW |

表 8-4 “进给量”选项卡

| 参数名称 | 参数值 |
| --- | --- |
| 快速横移 | MMPM |
| 快速进给速度 | 800 |

表 8-5 “切削刀具”选项卡

| 参数名称 | 参数值 |
| --- | --- |
| 刀具更换时间 | 3s |

表 8-6 “行程”选项卡

| 参数名称 | 参数值 |
| --- | --- |
| X 轴行程 | -300～300 |
| Y 轴行程 | -300～300 |
| Z 轴行程 | -100～100 |

（2）按表 8-7 所示的数据设置刀具的“普通”选项卡，按表 8-8 所示的数据设置“设置”按项卡，按表 8-9 所示的数据设置“切割数据”选项卡。

表 8-7 “普通”选项卡

| 刀具基本参数 | 参数值 | 刀具基本参数 | 参数值 |
| --- | --- | --- | --- |
| 名称 | MILL-GS | 刀具柄直径 | 2 |
| 类型 | 攻丝铣削 | 机械刀具的减材料部分长度 | 7 |
| 材料 | HSS | 在工件和刀具鼻间的角度 | 10 |
| 单位 | Mm | 拐角半径 | 0.5 |
| 凹槽编号 | 01 | 切刀直径 | 1 |
| 夹具直径 | 8 | 刀具长度 | 10 |
| 夹具长度 | 2 | | |

表 8-8 “设置”选项卡

| 参数名称 | 参数值 | 参数名称 | 参数值 |
| --- | --- | --- | --- |
| 刀具号 | 8 | 量规 Y 方向长度 | 80 |
| 偏移编号 | 8 | 补偿超大尺寸 | 300 |
| 量规 X 方向长度 | 100 | 注释 | 编辑刀具的基本参数 |

表 8-9 “切割数据”选项卡

| 参数名称 | 参数值 | 参数名称 | 参数值 |
| --- | --- | --- | --- |
| 应用程序 | 精加工 | 径向深度 | 100mm |
| 坯件材料 | 钢 | 切割单位制 | 公制 |

（续）

| 参 数 名 称 | 参 数 值 | 参 数 名 称 | 参 数 值 |
|---|---|---|---|
| 速度 | 3000r/min | 冷却液选项 | 开 |
| 进给量 | 500mm/min | 冷却液压力 | 中 |
| 轴向深度 | 200mm | 主轴方向 | 逆时针 |

（3）选择如图 8-96 所示的点 NC_ASM_DEF_CSYS 为加工零点，并设置如图 8-97 所示的退刀曲面。

图 8-96 设置加工零点

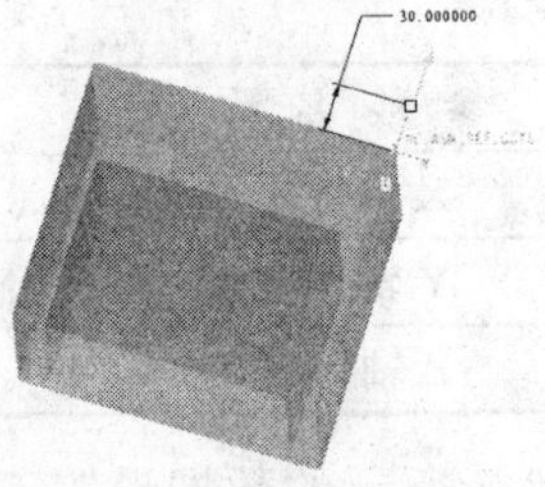

图 8-97 设置退刀曲面

（4）设置如图 8-98 中所示的点为操作的起始点，以如图 8-99 所示的点为操作的终止点。

图 8-98 设置起始点

图 8-99 设置终止点

# 第9章 NC路径管理

本章导读

在数控加工中，为了满足不同的铣削加工，需要多种设计加工轨迹的工具。加工轨迹的设置主要是通过“加工”菜单来实现的，NC 路径管理中最重要的 3 个内容是演示轨迹、NC 检测和过切检测。本章主要介绍 NC 路径管理，包括加工菜单设置及对设计的数控加工轨迹的显示方法。

通过本章的学习，读者应实现如下目标：

- ❑ 掌握“加工”菜单中各命令的使用方法
- ❑ 掌握屏幕演示中演示轨迹的使用方法
- ❑ 掌握 NC 检测的操作方法
- ❑ 掌握过切检测的操作方法

## 9.1 “加工”菜单

在制造模型操作界面中完成操作数据设置之后，在如图 9-1 所示的菜单管理器中选择“加工”命令，弹出如图 9-2 所示的“加工”菜单，NC 序列的设置都可以通过“加工”菜单中的各命令来实现。“加工”菜单包括“操作”、“NC 序列”、“材料切减材料”、“自动钻孔”、“CL 数据”、“输出顺序”、“同步化”、“CL 命令”、“子程序”、“制造设置”与“工具”等命令。

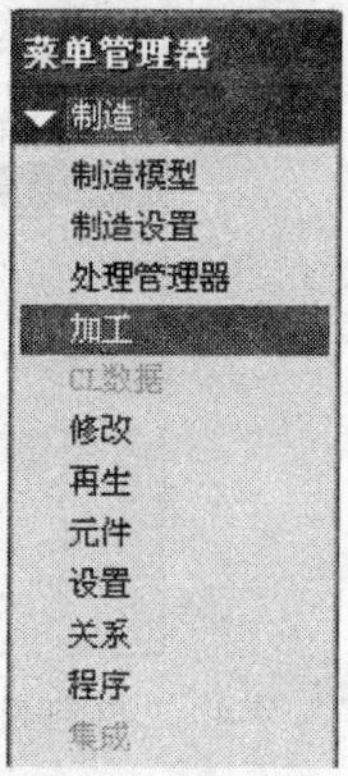


图 9-1　菜单管理器

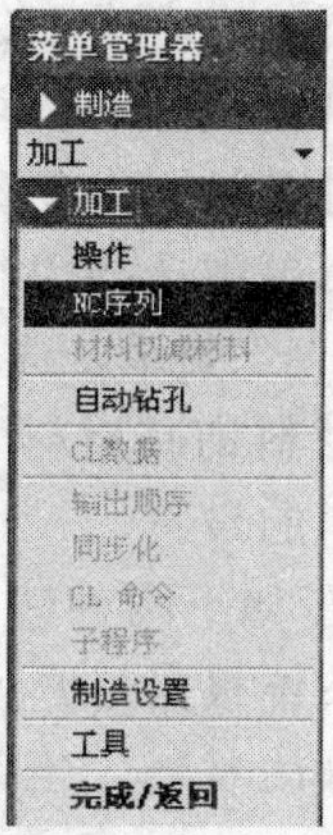


图 9-2　“加工”菜单

### 9.1.1 操作

“操作”命令主要用于根据数控加工环境中各项数据的设置需要进行操作设置。

若用户没有在设置 NC 序列之前进行第 8 章所述的操作数据设置，则在“加工”菜单中首先需要进行操作数据设置。选择“加工”命令时，系统会自动进入如图 9-3 所示的“操作设置”对话框中设置操作数据。

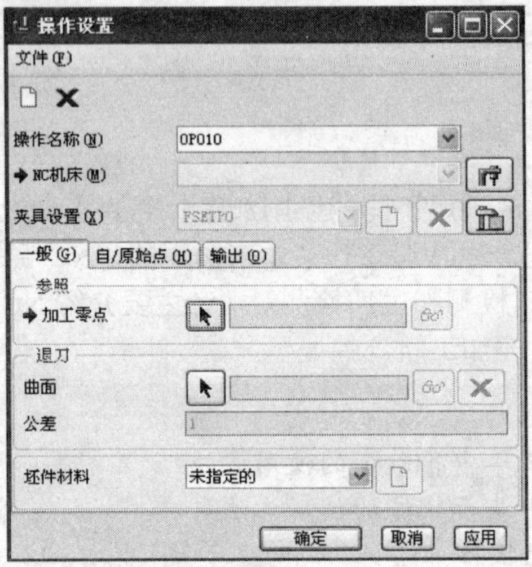


图 9-3 “操作设置”对话框

若需要设置的操作数据有多项，可以在“加工”菜单中选择“操作”命令，进行操作数据的选择和新操作数据的设置。设置的内容有机床、刀具、夹具、加工零件、退刀面、坯件材料等。这些操作数据的定义方法已经在第 8 章中进行了详细介绍，在此不再赘述。

### 9.1.2 材料切减材料

制造模型的规划一般都会包含工件模型，各阶段的 NC 序列刀具加工轨迹规划完成后，利用“加工”菜单中的“材料切减材料”命令将各阶段加工结果定义为体积切除的几何特征，将完成 NC 序列加工后的材料移除量及结果表现在制造模型上，可更合理地依照顺序进行各阶段的 NC 序列规划，并查看每一次 NC 序列结果。

在“加工”菜单中选择“材料切减材料”命令，将弹出“NC 序列列表”菜单，选择一个 NC 序列，弹出如图 9-4 所示的“材料切减材料”菜单。通过该菜单可以进行材料切减材料的设置。

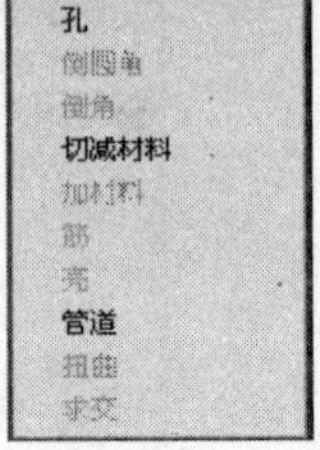


图 9-4 “材料切减材料”菜单

Pro/NC 提供了如下两种建立材料取出特征的方法。

- 自动：系统根据用户所选择的 NC 序列自动计算所去除的材料，但是“自动”设置项不是对于任何形式的NC序列都可用。

- 创建：要用户按照建立的实体特征的方法自行建立材料去除特征。

### 9.1.3 CL数据

规划NC序列后会得到加工刀具轨迹数据，将NC序列加工刀具轨迹数据作进一步的处理，或进行后处理以应用在实际加工制造过程中。可以通过“加工”菜单中的“CL数据”命令来完成。

在“加工”菜单中选择“CL数据”命令，弹出如图9-5所示的“CL数据”菜单。在该菜单中可以针对NC序列进行刀具轨迹数据的各种编辑，如输入、输出、编辑、NC检测、后置处理等。选择某个选项之后选择“完成/返回”命令，即可进行具体设置。当完成NC序列的设置后，利用“CL数据”菜单提供的功能可以将NC序列转换成刀位轨迹文件，或者进行后处理操作，还可以演示加工轨迹并进行检测。

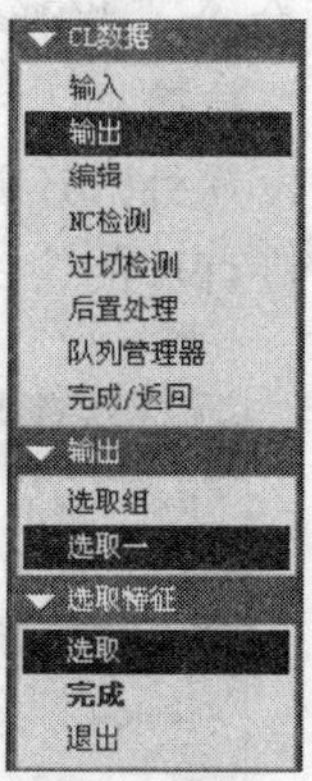


图9-5 “CL数据”菜单

### 9.1.4 制造设置

在“加工”菜单中选择“制造设置”命令，可进行各种加工数据的设置，如工作机床、刀具、操作环境及各种参数设置数据，以提供足够的加工数据设置，进行NC序列的刀具轨迹数据规划。选择“制造设置”命令，将弹出如图9-6所示的“制造设置”菜单。在该菜单中可以进行具体的设置。

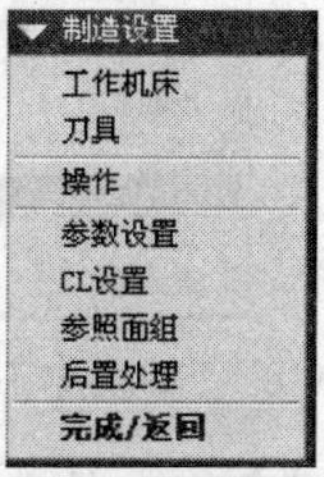


图9-6 “制造设置”菜单

制造设置选项的设置可以在“制造”菜单中选择“制造设置”命令完成基本数据的设置，具体设置方法参考第8章的内容；也可根据需求在“加工”菜单中通过选择“制造设置”命令作进一步的规划与设置。

### 9.1.5 工具

在“加工”菜单中选择“工具”命令，弹出如图9-7所示的“制造工具”菜单。

“制造工具”菜单主要提供对特征进行编辑的命令，如“修改”、“删除”、“重定义”、“重新排序”和“复制”等。

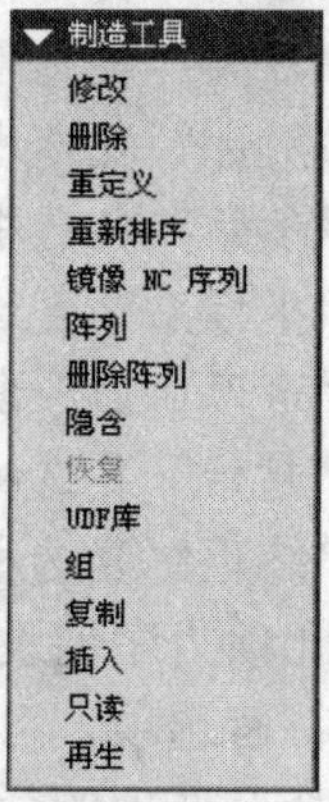


图9-7 “制造工具”菜单

### 9.1.6 数控加工序列

在“加工”菜单中选择“NC 序列”命令，弹出如图 9-8 所示的“辅助加工”菜单。

在“辅助加工”菜单中可以定义各种类型的 NC 序列。选择 NC 序列类型，然后选择“完成”命令，将弹出如图 9-9 所示“NC 序列”菜单。在“NC 序列”菜单中选择“序列设置”命令，将弹出如图 9-10 所示的“序列设置”菜单。

在铣削数控加工序列的定义中都会进行序列设置。不同的铣削 NC 序列除具有相同的公共序列设置外，还具有各自不同的选项。下面以体积块为例介绍 NC 序列设置中的公共项和各自特有项的含义。

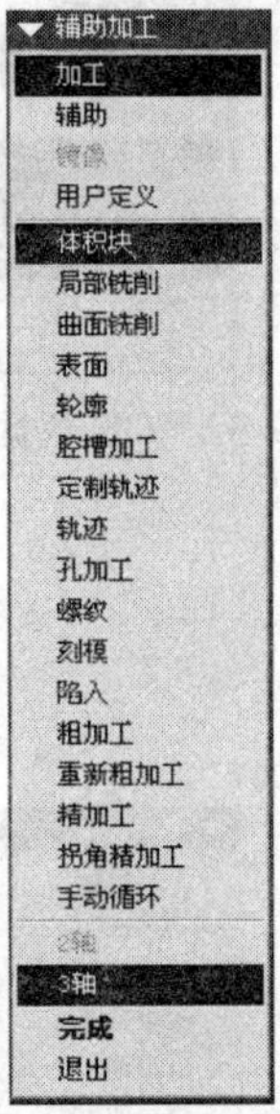


图 9-8 “辅助加工”菜单

图 9-9 “NC 序列”菜单

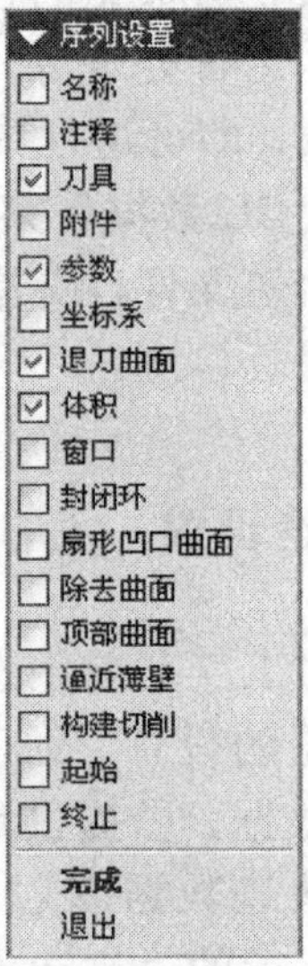


图 9-10 “序列设置”菜单

- “名称”复选框：选中该复选框，表示需检测并指定一个 NC 序列的名称。
- “注释”复选框：选中该复选框，表示需检测并指定 NC 序列注释。
- “刀具”复选框：选中该复选框，表示需检则并指定 NC 序列所用刀具。
- “附件”复选框：选中该复选框，表示需指定或修改附加项。
- “参数”复选框：选中该复选框，表示需检测并指定此 NC 序列的参数。
- “坐标系”复选框：选中该复选框，表示需检测并指定 NC 序列坐标系。
- “退刀曲面”复选框：选中该复选框，表示需检测并指定 NC 序列退刀曲面。
- “起始”复选框：选中该复选框，表示需指定 NC 序列的起点。
- “终止”复选框：选中该复选框，表示需指定 NC 序列的终点。

以上几项为序列设置的公共选项，基本上每个 NC 序列都有，意思也很简单明确。其他选项为特有选项，可参考 Pro/ENGINEER 帮助系统查阅相关含义。下面介绍体积块 NC 充列中的特有选项的含义。

- 体积：创建或选取铣削体积块。
- 窗口：创建或选取铣削窗口，使用平面轮廓作为加工对象。
- 封闭环：为“窗口”指定封闭环。
- 扇形凹口曲曲：如果在制造参数设置中要指定参数“侧壁扇形高度”或“底部扇区高度”，则应选中此复选框。它用于选取从扇形计算排除的曲面。
- 除去曲面：指定从轮廓中排除的体积块曲面，不在此曲面产生刀具路径。
- 顶部曲面：指定体积块的顶部曲面。该曲面是可以在创建刀具路径时被刀具穿透铣削体积块的曲面。此选项仅在体积块的某些顶部曲面与退刀平面不平行时才必须使用。当选中“窗口”复选框时，此项不可用。
- 逼近薄壁：指定通过其进入或退出的曲面，让刀具在侧面外进刀或退刀。
- 构建切削：指定构建切削元素，如进刀、退刀等。

规划各种类型NC序列所需的加工设置条件不尽相同，因此各类型NC序列的“序列设置”菜单显示的设置项也会有所差异。“序列设置”菜单中显示的设置项并非全部需要设置，初次进行序列设置时，系统会自动选中必要的选项，如“刀具”、“参数”、“退刀曲面”及加工类型等。若要进行其他的数据设置，以改善NC序列的刀具轨迹数据规划结果，可选中相应的设置项。确定规划设置项后，选择“完成”命令，系统会依照所选择的设置项依次进行各设置程序。

### 9.1.7 制造工具栏

制造工具栏如图9-11所示，它位于模型树的上方。

图9-11 制造工具栏

在屏幕中演示加工轨迹时，单击制造工具栏中的按钮，弹出如图9-12所示的“制造信息”对话框。

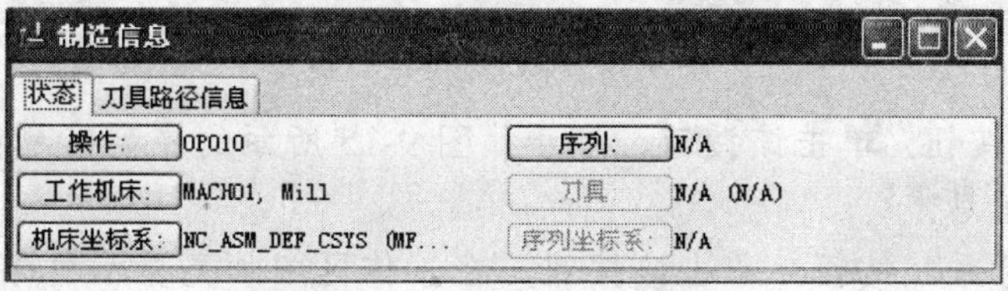


图9-12 “制造信息”对话框

“制造信息”对话框包括“状态”和“刀具路径信息”两个选项卡。下面分别介绍这两个选项卡的内容。

（1）“状态”选项卡

“状态”选项卡如图9-12所示，主要用于显示数控加工序列的一些基本要素的信息，每个按钮后面显示了相关信息的名称。

- “操作”按钮：单击该按钮，打开如图9-13所示的操作信息窗口。

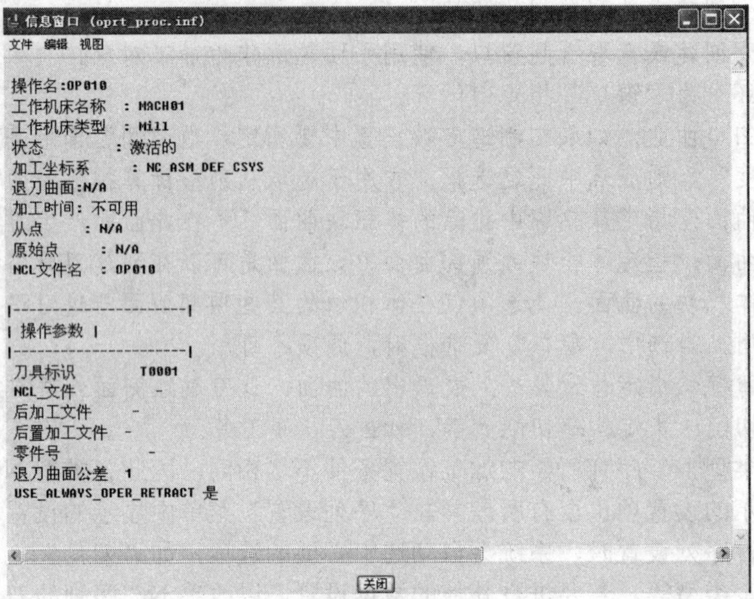


图 9-13 操作信息窗口

- “刀具”按钮：单击该按钮，打开如图 9-14 所示的“刀具设定”窗口。

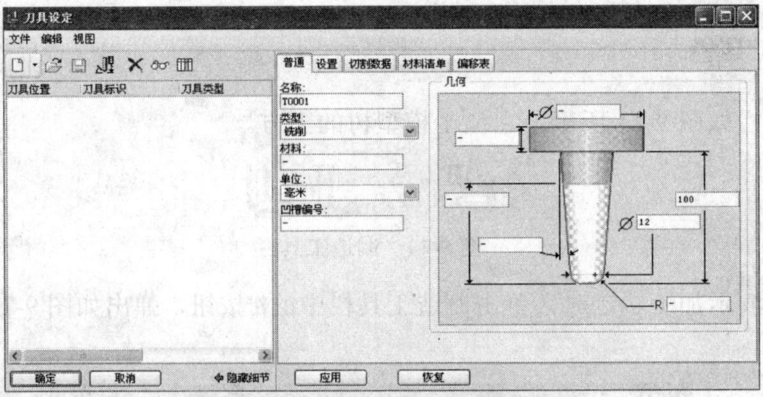


图 9-14 “刀具设定”窗口

- “序列”按钮：单击该按钮，打开如图 9-15 所示的序列信息窗口，显示加工序列的相关信息。
- “机床坐标系”按钮：单击该按钮，在工作区中加亮显示机床坐标系。
- “序列坐标系”按钮：单击该按钮，在工作区中加亮显示序列坐标系。

（2）“刀具路径信息”选项卡

在“制造信息”对话框中选择“刀具路径信息”选项，如图 9-16 所示。在轨迹演示的过程中，该选项卡中的显示会随着刀具的移动发生变化。

在演示轨迹或编辑 NC 序列时，按钮将会变为激活状态。单击该按钮，打开如图 9-17 所示的“编辑序列参数‘体积块铣削’”窗口。

在制造工具栏中单击按钮，将打开“刀具设定”窗口。

在制造工具栏中单击按钮，将打开如图 9-18 所示的“制造工艺表”窗口。该窗口中列出了所有的加工要素，如机床、操作和 NC 序列等，用户可以自动添加要素，也可以更改现有的加工要素。

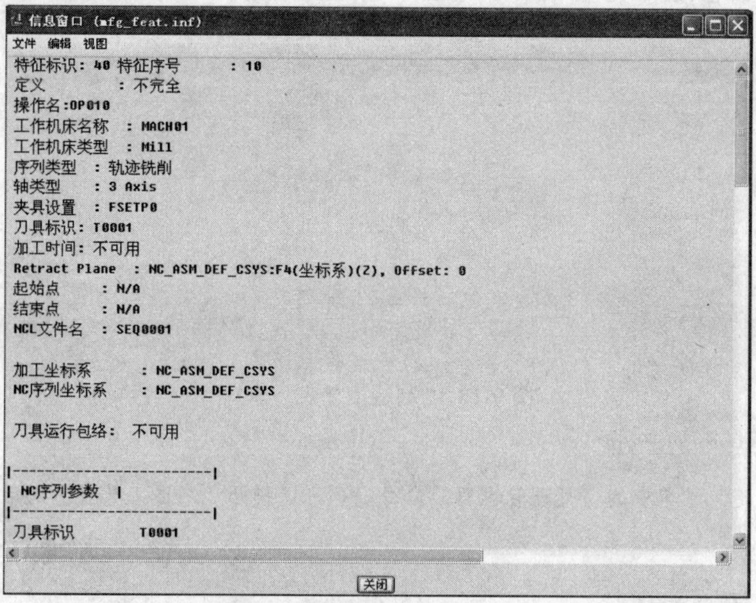


图 9-15 加工序列信息窗口

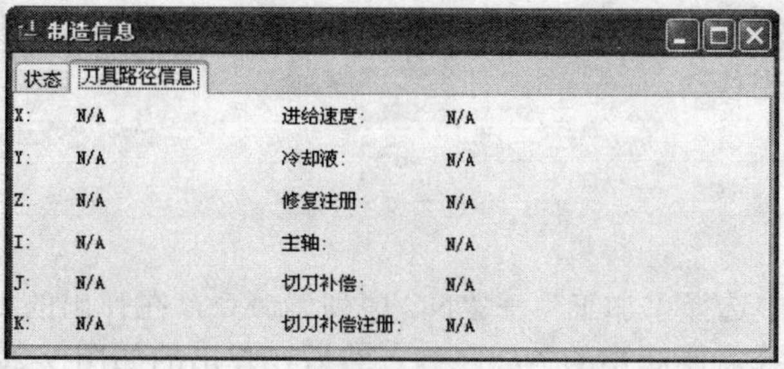


图 9-16 “刀具路径信息”选项卡

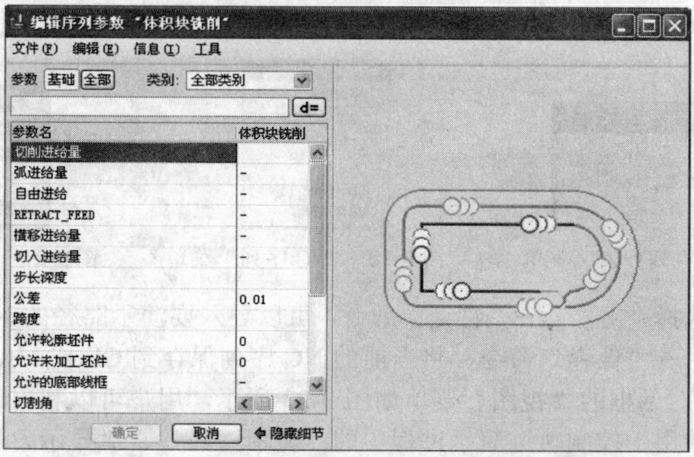


图 9-17 “编辑序列参数‘体积块铣削’”窗口

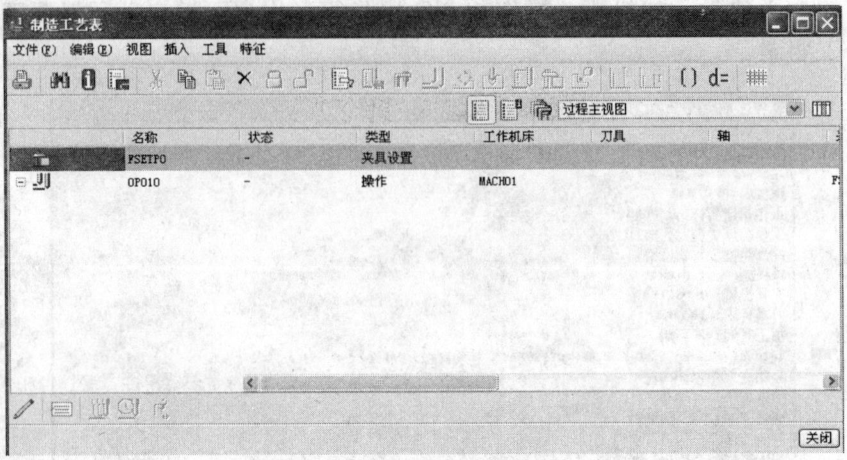


图 9-18 “制造工艺表”窗口

**提 示**

选择“制造”菜单中的“处理管理器”命令，也可以打开“制造工艺表”对话框。

## 9.2 演示轨迹

当完成了 NC 序列的设置以后，用户可以利用屏幕演示功能来观察所设定的 NC 序列，刀具可以沿着加工轨迹移动。

### 9.2.1 屏幕演示

在“制造”菜单中选择“加工”→“NC 序列”命令，在弹出的如图 9-19 所示的“NC 序列列表”菜单中选择需要观察的 NC 序列。然后在弹出的如图 9-20 所示的“NC 序列”菜单中选择“演示轨迹”命令，弹出如图 9-21 所示的“演示路径”菜单。选择“屏幕演示”命令，弹出如图 9-22 所示的“播放路径”对话框。

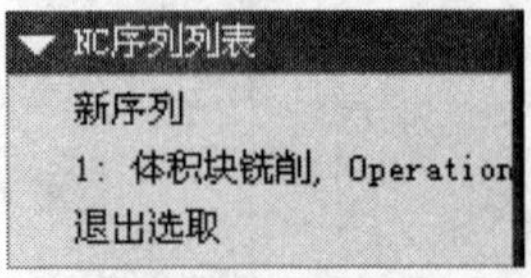


图 9-19 “NC 序列列表”菜单

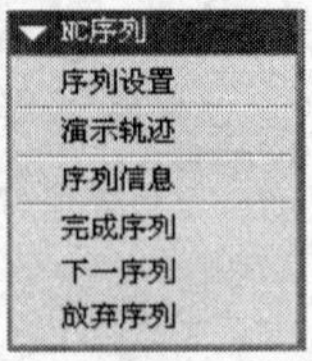


图 9-20 “NC 序列”菜单

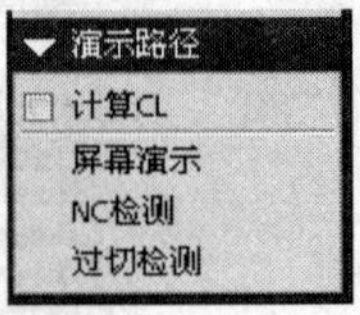


图 9-21 “演示路径”菜单

在菜单栏中选择“文件”→“打开”命令，可以导入要演示路径的 NCL 文件数据。也可以选择“文件”→“保存”命令，将当前的 NC 序列保存到 CL 或 MLD 文件中。

“播放路径”对话框的“视图”菜单如图 9-23 所示，用户可以利用该菜单设置刀具的显示状态。该菜单用于控制轨迹演示过程中的“显示刀具”、“显示刀具尖”、“显示刀具切痕”、“着色工具”等选项。

图 9-22　“播放路径”对话框

图 9-23　“视图”菜单

如果在“演示路径”菜单中选中“计算 CL”复选框，在“播放路径”对话框中单击“CL 数据”标签，将在该对话框中显示如图 9-24 所示的刀具轨迹数据区。这些数据会随着刀具的移动显示刀具的当前位置。

“播放路径”对话框中各按钮的功能如下。

- “向前播放”按钮：单击该按钮，刀具从当前位置沿既定轨迹向前运动。
- “停止”按钮：单击该按钮，刀具运运暂停。
- “回放”按钮：单击该按钮，刀具从当前位置沿轨迹和后运动。
- “文件中前一个 CL 记录”按钮：单击该按钮，跳转到上一个刀具位置。
- “文件中下一个 CL 记录”按钮：单击该按钮，跳转到下一个刀具位置。
- “快速前进至刀具路径的终点”按钮：单击该按钮，快速前进至刀具路径的终点。
- “退回到刀具路径的起点”按钮：单击该按钮，退回到刀具路径的起点。
- “刀具间隙”按钮：单击该按钮，弹出如图 9-25 所示的“测量”菜单，用户可以在该菜单中进行刀具间隙的设置。

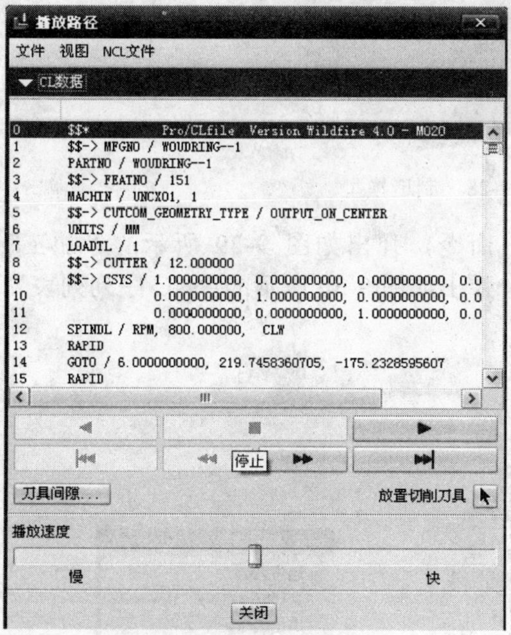


图 9-24　刀具轨迹数据区

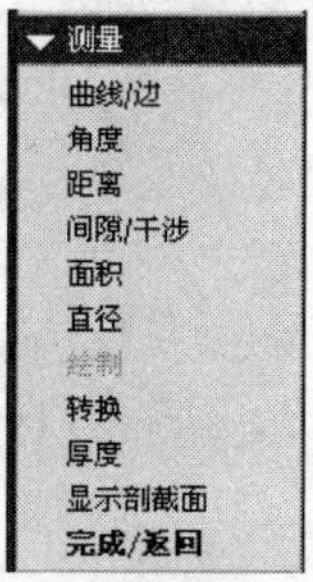


图 9-25　“测量”菜单

❍ “放置切削刀具”按钮：单击该按钮，然后在如图 9-26 所示的刀具轨迹上选择某个位置点，刀具将移动到如图 9-27 所示的点上。

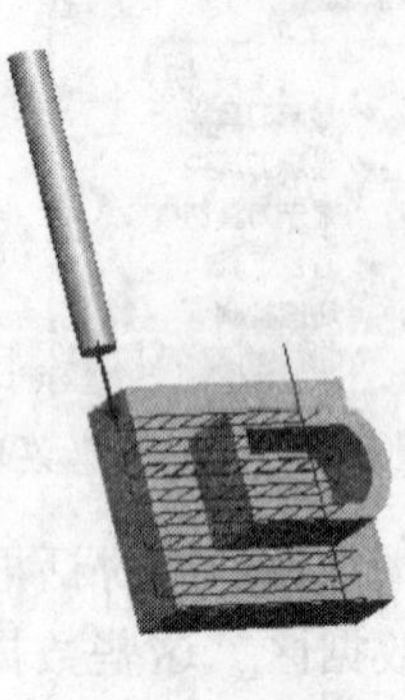

图 9-26　选择位置点

图 9-27　刀具新位置点

❍ “播放速度”滑块：利用鼠标拖动该滑块可以控制轨迹仿真动画中刀具移动的速度。向左边拖动滑块减缓播放速度，向右边拖动滑块加快播放速度。

### 9.2.2　屏幕演示实例

本节将介绍屏幕演示轨迹的具体操作步骤。

（1）启动 Pro/ENGINEER Wildfire 4.0，在菜单栏中选择“文件”→“打开”命令，打开光盘\素材\第 9 章\9-2\9-2.mfg 文件，进入制造模型操作界面。制造模型如图 9-28 所示。

图 9-28　制造模型

（2）在菜单管理器中选择“加工”命令，弹出如图 9-29 所示的“加工”菜单。在“加工”菜单中选择“NC 序列”命令，弹出如图 9-30 所示的“NC 序列列表”菜单。

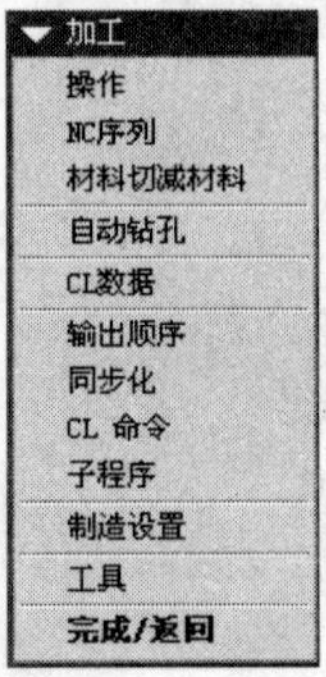


图 9-29 “加工”菜单

图 9-30 “NC 序列列表”菜单

（3）在“NC 序列列表”菜单中选择“体积块铣削 NC 序列”命令，弹出“NC 序列”菜单。在“NC 序列”菜单中选择“演示轨迹”命令，弹出“演示路径”菜单。

（4）“演示路径”菜单中有“屏幕演示”、“NC 检测”和“过切检测”3 个命令。如果选中“计算 CL”复选框，则将强制系统按照最新的 NC 序列参数来计算刀具轨迹，防止演示的轨迹与实际输出不一致。

（5）在“演示路径”菜单中选择“屏幕演示”命令，弹出如图 9-31 所示的“播放路径”对话框。

（6）在“播放路径”对话框中选择“文件”→“保存”命令，保存刀具路径文件体积块铣削 nc 序列.nc19。在屏幕演示之前，可以选择“视图”→“显示刀具切痕”命令，观察刀具切痕，此项系统默认是不选择的。如图 9-32 所示为显示刀具切痕的效果图。

图 9-31 “播放路径”对话框

图 9-32　显示刀具切痕的效果图

（7）单击 ▶ 按钮，开始进行屏幕演示，刀具起刀位置如图 9-33 所示，此时结果如图 9-34 所示。若在“演示路径”菜单中选中“计算 CL”复选框，则在屏幕演示的过程中，单击“CL 数据”标签，则在如图 9-35 所示的“CL 数据”对话框中实时显示刀具数据。

（8）演示完毕，单击“关闭”按钮，然后在“NC 序列”菜单中选择“完成序列”命令，退出 NC 序列。演示完毕后，刀具停在如图 9-36 所示的位置。

（9）在主工具栏上单击按钮，保存制造模型。也可以在模型树中右键单击 NC 序列，在弹出的如图 9-37 所示的快捷菜单中选择“演示轨迹”命令，弹出“播放路径”对话框，进行屏幕演示。

（10）在模型树菜单中还可以对新建的 NC 序列进行删除、隐含和编辑等操作，操作方法与前面讲述的体积块等的操作方法相似。

图 9-33　刀具起刀位置

图 9-34　显示刀具切痕屏幕演示

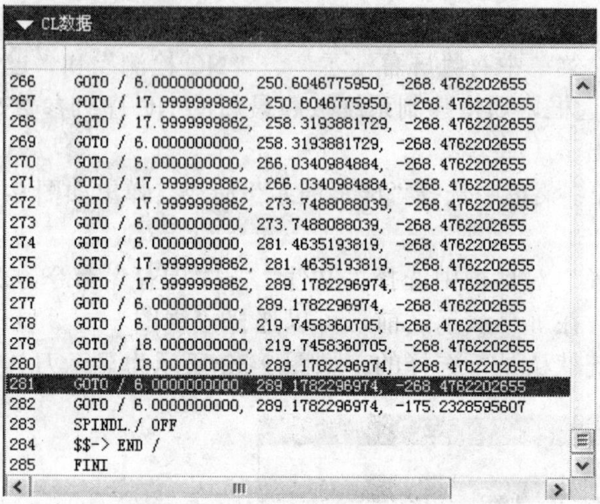


图 9-35 “CL 数据”对话框

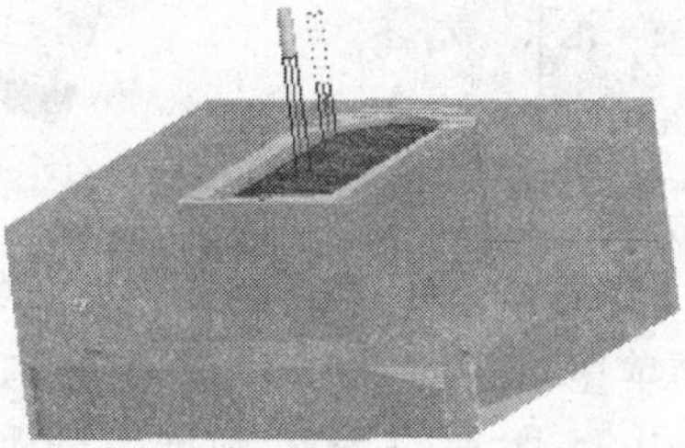

图 9-36 刀具终点

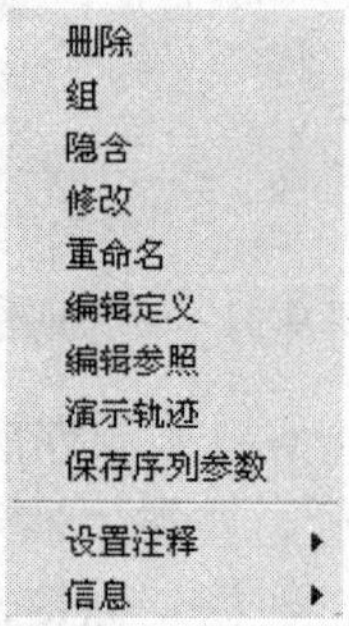


图 9-37 快捷菜单

### 9.2.3 数控加工检测

数控加工检测是在计算机屏幕上对材料去除进行动态模拟。通过它可以按刀具切削工件的实际过程逐步查看对材料去除的模拟。

在进行数控加工（以下简称 NC）检测前，需要理解以下几点。

- NC 检测的程序由系统参数 ncchеck_type 来控制。该参数值为 vericut 时，系统将使用 VERICUT 程序来进行仿真；当该参数值为 nccheck 时，系统将使用 Pro/NC-CHECK 程序来进行仿真。VERICUT 程序是系统默认设置，本书将分别介绍两种 NC 检测软件的使用方法。
- 如果没有设置工件，或者将工件模型隐藏了，则将不会有动态去除工件材料的过程。
- NC 检测只是仿真材料去除，并不会改变工件。

**1．在 VERICUT 程序中设置解析度**

解析度也叫分辨率，可以通过修改分辨率的值，进而改变 NC 检测的显示速度。

（1）在“演示路径”菜单中选择“NC 检测”命令，打开如图 9-38 所示的 VERICUT 程序界面。

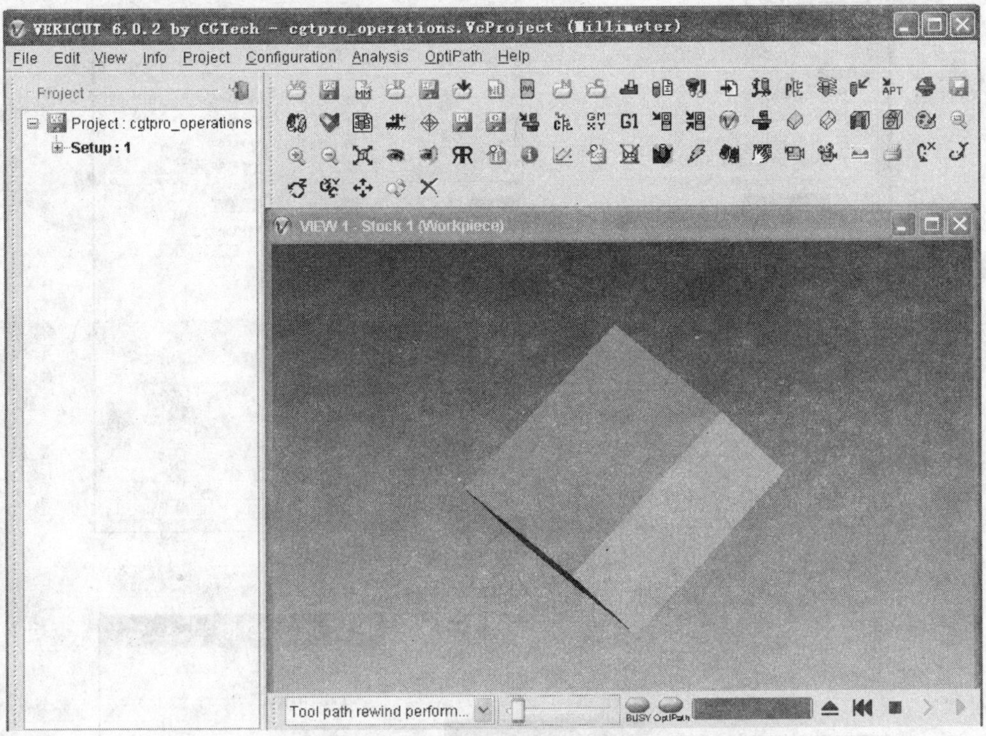


图 9-38　VERICUT 程序界面

（2）在 VERICUT 程序界面的菜单栏中依次选择 File（文件）→Properties（属性）命令，在 Display Resolution（显示分辨率）下拉列表框中设置解析度，主要有 Auto（自动）和 Standard（标准）选项。

（3）选择分辨率之后，单击 Apply（应用）按钮即可完成设置。

**2．在 Pro/NC-CHECK 程序中设置解析度**

在 Pro/NC-CHECK 程序中设置解析度的具体步骤如下。

（1）在菜单栏中选择“工具”→“选项”命令，弹出如图 9-39 所示的“选项”对话框，在其中将 nccheck_type 参数设置成 nccheck。

（2）在“演示路径”菜单中选择“NC 检测”命令，将弹出如图 9-40 所示的“NC 检测”菜单。

（3）在“NC 检测”菜单中选择“解析度”命令，弹出如图 9-41 所示的 NC CHK RESOL 菜单。在该菜单中设置仿真过程中的图像分辨率，分辨率以“数字×数字”的形式表示，表示图像变化过程中水平和垂直方向同时有多少个像素被一次处理。第一个数字表示水平方向，第二个数字表示垂直方向。1×1 分辨率将生成质量最好的图像，但是速度是最慢的。

（4）在 NC CHK RESOL 菜单中选择“1×1 pix”命令，完成解析度的设置。

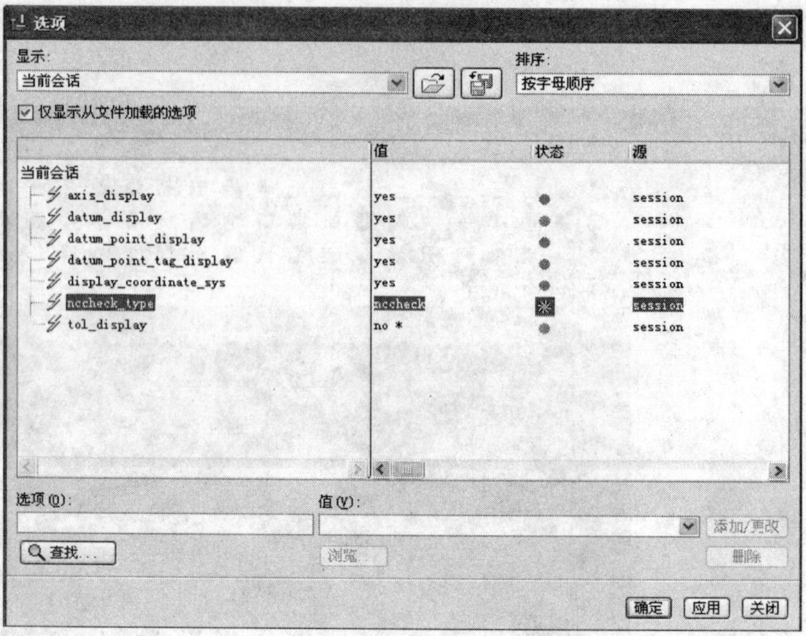


图 9-39 “选项”对话框

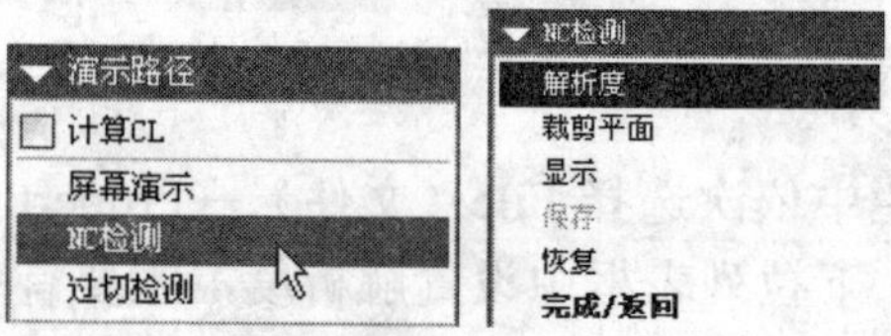


图 9-40 “NC 检测”菜单

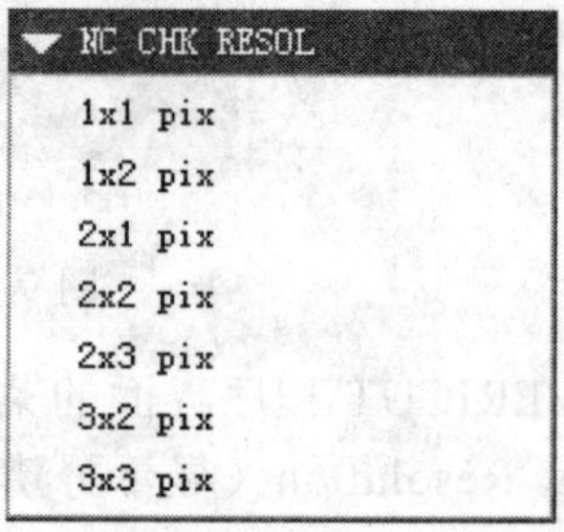


图 9-41 NC CHK RESOL 菜单

### 3. 在 VERICUT 程序中设置裁剪平面

“裁剪平面”功能主要用于创建或选取基准平面来切削操作区域。创建裁剪平面以后，在加工中仅显示模型在“修剪”平面后面的部分，这样可打开模型从内部检查切削过程。“修剪”平面可在模型边界限制内平行自身移动。

在 VERICUT 程序中设置裁剪平面的具体步骤如下。

（1）启动 Pro/ENGINEER Wildfire 4.0 后，在菜单栏中选择“文件”→“打开”命令，打开光盘\素材\第 9 章\9-2\9-2.mfg 文件后，进入制造模型操作界面。

（2）在菜单管理器中选择“加工”命令，弹出“加工”菜单，在“加工”菜单中选择“NC 序列”命令，弹出“NC 序列列表”菜单。

（3）在“NC 序列列表”菜单中选择“铣削体积块 NC 序列”命令，弹出“NC 序列”菜单。

（4）在“NC 序列”菜单中选择“演示轨迹”命令，弹出“演示路径”菜单。

（5）在“演示路径”菜单中选择“NC 检测”命令，弹出如图 9-38 所示的 VERICUT

程序界面。

（6）在 VERICUT 程序界面的菜单栏中选择 View（查看）→Section（修剪）命令，弹出如图 9-42 所示的 Section（修剪）对话框。

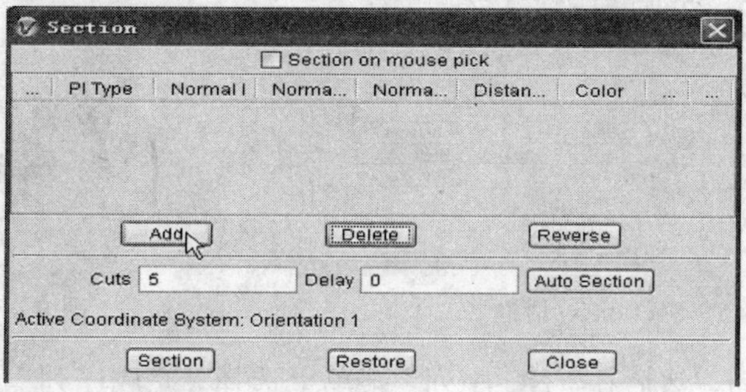


图 9-42 “Section（修剪）”对话框（一）

该对话框中的主要选项介绍如下。

- PI Type（PI 类型）文本框：用于设置修剪平面法向轴线方向，可设置为 NEGX、NEGY 或 NEGZ。
- Normal I 文本框：设置修剪平面沿 I 方向的法向距离。
- Normal J 文本框：设置修剪平面沿 J 方向的法向距离。
- Normal K 文本框：设置修剪平面沿 K 方向的法向距离。
- Distance（距离）文本框：设置修前平面离坐标系的距离。
- Color 文本框：设置修剪平面颜色。
- Add（添加）按钮：增加修剪平面。
- Delete（删除）按钮：删除修剪平面。
- Reverse（反向）按钮：更改修剪平面法线方向。
- Section（修剪）按钮：执行修剪操作。

（7）单击 Add（添加）按钮，增加一个修剪平面，在模型上用鼠标单击调节 Distance（距离）大小，单击 Reverse（反向）按钮调整修剪方向。修剪平面如图 9-43 所示。

（8）单击 Add（添加）按钮，增加如图 9-44 所示的第二个修剪平面，在模型上用鼠标单击调节 Distance（距离）大小，单击 Reverse（反向）按钮调整修剪方向，单击 PI Type（PI 类型）项下的 NEGX 选项，选择 NEGY 选项，调整为 Y 轴的修剪平面，在如图 9-45 所示的 Section 对话框中列出了添加的修剪面。

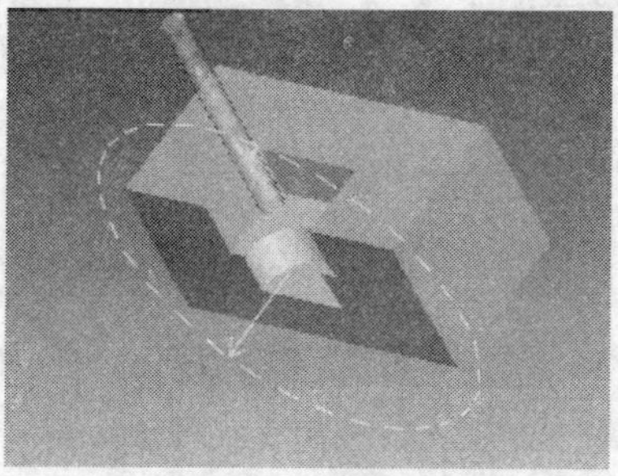

图 9-43 修剪平面

图 9-44 第二个修剪平面

（9）依次单击 Section（修剪）→Close（关闭）按钮，查看修剪结果，如图 9-46 所示。

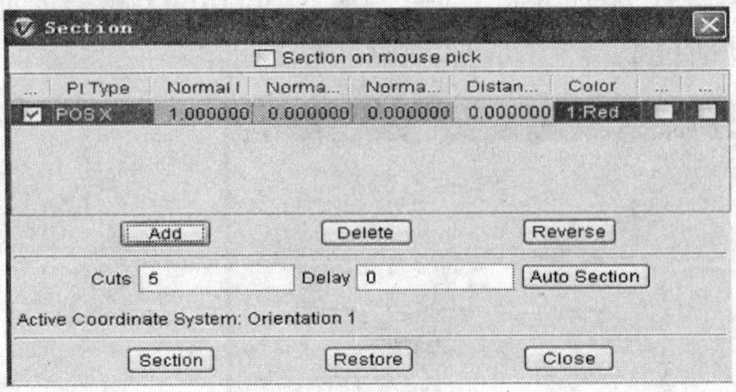


图 9-45　Section 对话框（二）

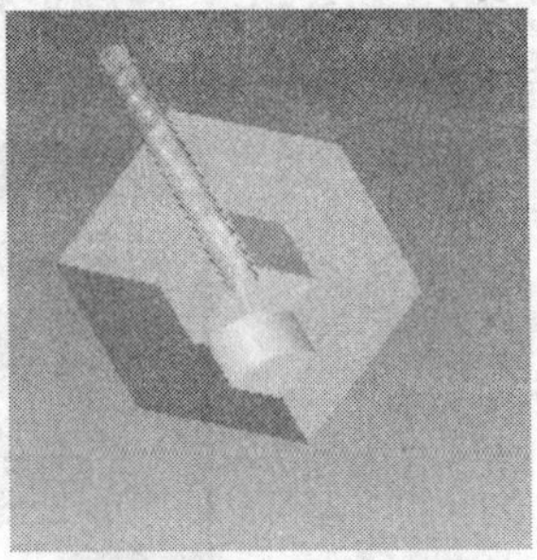

图 9-46　修剪结果

（10）单击 按钮，然后在“NC 序列”菜单上选择“完成序列”命令，退出 NC 序列。

**4．在 Pro/NC-CHECK 程序中设置解析度实例操作**

下面通过实例讲述在 Pro/NC-CHECK 程序中设置解析度的具体操作步骤。

（1）启动 Pro/ENGINEER Wildfire 4.0 后，在菜单栏中选择“文件”→“打开”命令，打开光盘\素材\第 9 章\9-2\9-2.mfg 文件后，进入制造模型操作界面。

（2）在菜单栏中选择“工具”→“选项”命令，弹出如图 9-39 所示的“选项”对话框，在其中将 nccheck_type 参数设置成 nccheck。

（3）在菜单管理器中选择“加工”命令，弹出“加工”菜单。在“加工”菜单中选择“NC 序列”命令，弹出“NC 序列列表”菜单。

（4）在“NC 序列列表”菜单选择“铣削体积块 NC 序列”命令，弹出“NC 序列”菜单；在“NC 序列”菜单中选择“演示轨迹”命令，弹出“演示路径”菜单。

（5）在“演示路径”菜单中选择“NC 检测”命令，弹出“NC 检测”菜单；在“NC 检测”菜单中选择“裁剪平面”命令，弹出如图 9-47 所示的“裁剪平面”菜单。

（6）在“裁剪平面”菜单中选择“创建修剪”命令，弹出如图 9-48 所示的“选取”对话框。

图 9-47　“裁剪平面”菜单

图 9-48　“选取”对话框

（7）在制造模型中选择如图 9-49 所示的 NC_ASM_RICHT 作为基准平面，弹出如图 9-50 所示的“方向”菜单。在“方向”菜单中选择“正向”命令。

图 9-49　选择基准平面

图 9-50　“方向”菜单

（8）在“NC 检测”菜单中选择“显示”命令，弹出如图 9-51 所示的“NC 显示”菜单。

（9）在“NC 显示”菜单中选择“运行”命令，执行 NC 检测，如图 9-52 所示，只显示修剪平面一侧的检测情况。

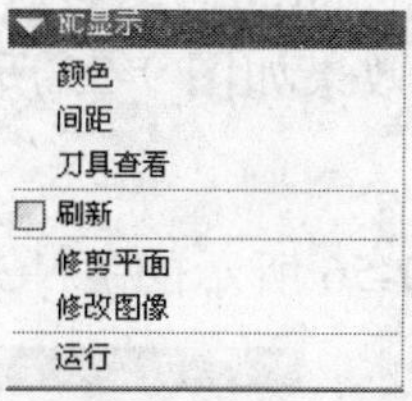


图 9-51　“NC 显示”菜单

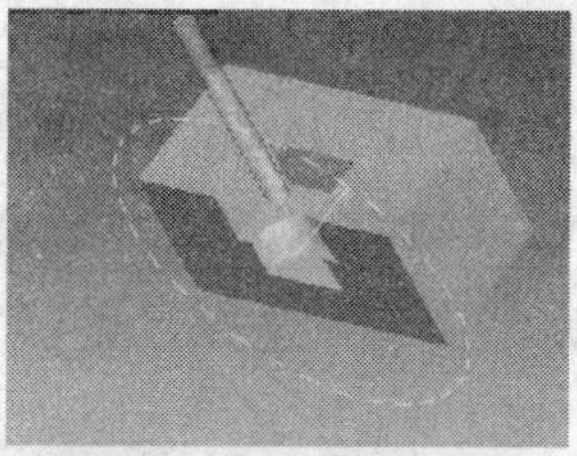

图 9-52　执行 NC 检测

（10）在“NC 检测”菜单上选择“完成/返回”命令，退出 NC 检测。

（11）在“NC 序列”菜单上选择“完成序列”命令，退出 NC 序列。

（12）在主工具栏上单击按钮保存制造模型。

**5．在 VERICUT 程序中改变背景颜色**

设置显示主要包括改变默认系统颜色、选取刀具查看选项等内容。设置的显示仅对当前“NC 检测”进程激活，再次单击“NC 检测”后，所有选项都将恢复到系统默认设置。

在 VERICUT 程序中改变背景颜色的具体步骤为：在菜单栏中选择 File（文件）→Colors（颜色）命令，在弹出的对话框中单击 Shaded Background（阴影背景）右边的如图 9-53 所示的颜色下拉列表，选择颜色“5：Magenta”（粉色），然后单击 Apply（应用）按钮。此时背景颜色由绿色（Green）变成 Magenta（粉色），效果如图 9-54 所示。

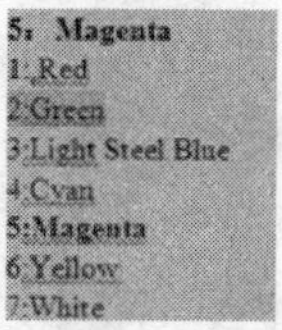


图 9-53　颜色下拉列表

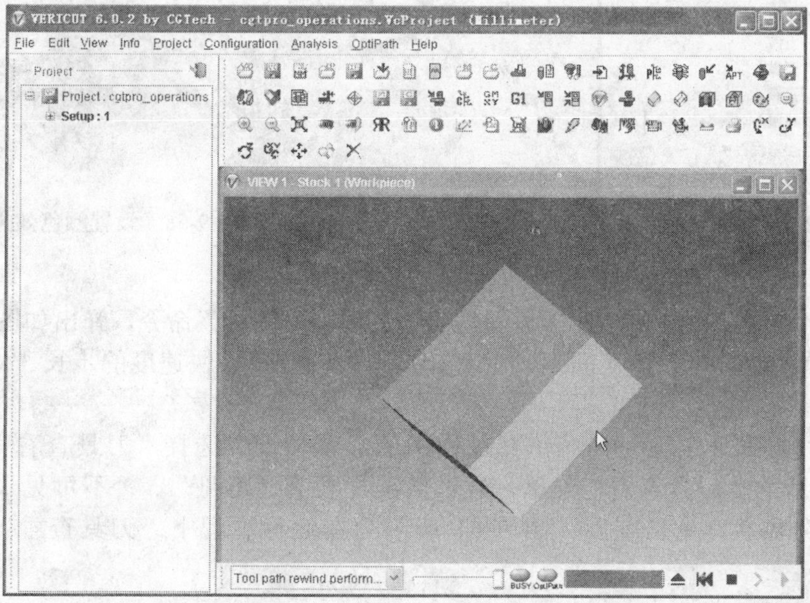


图 9-54　改变背景颜色效果

**6．在 VERICUT 程序中改变刀具颜色**

在 VERICUT 程序中改变刀具颜色的具体步骤如下。

（1）在菜单栏中选择 File（文件）→Colors（颜色）命令，弹出 Colors（颜色）对话框。

（2）单击 Tool（工具）右边的下拉列表，选择颜色“1：Red”，然后单击 Apply（应用）按钮。此时刀具颜色由 Cut Color 变成红色（Red），效果如图 9-55 所示。

**7．在 Pro/NC-CHECK 程序中设置显示**

在“NC 检测”菜单中选择“显示”命令，弹出如图 9-56 所示的“NC 显示”菜单。

图 9-55　改变刀具颜色效果

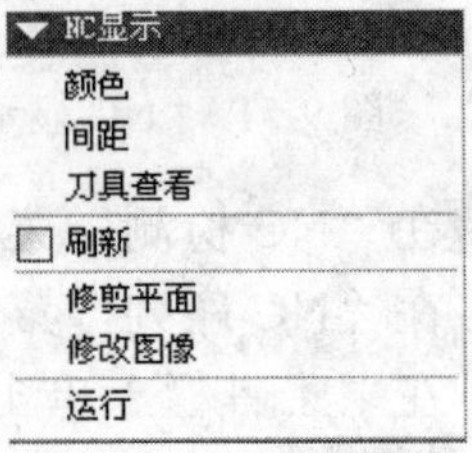


图 9-56　“NC 显示”菜单

“NC 显示”菜单主要包括“颜色”、“间距”、“刀具查看”、“刷新”、“修剪平面”、“修改图像”和“运行”7 个命令。下面简要介绍各个命令的含义。

（1）颜色

该命令主要用来设置仿真图像中各个加工要素的显示颜色。在“NC 显示”菜单中选择“颜色”命令，弹出如图 9-57 所示的“NC 颜色”菜单。该菜单主要用于设置“NC 序列”、“参考零件”、“工件”、“刀具”、“夹具”和“过渡”的颜色。图 9-58 所示为设置刀具颜色为黄色，参考零件颜色为深红色的效果图。

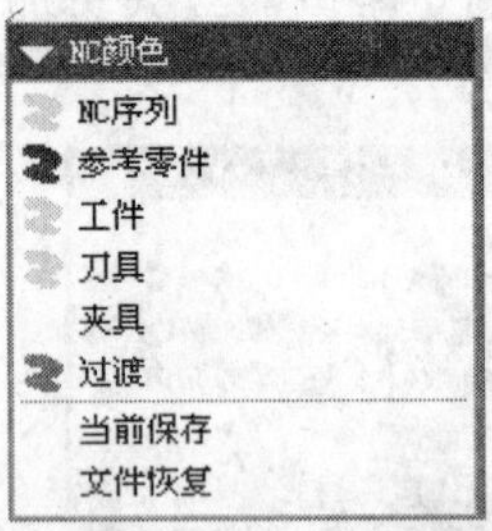


图 9-57　“NC 颜色”菜单

图 9-58　设置颜色效果图

（2）间距

该命令用于设置控制刀具连续显示的步长。选择“间距”命令，弹出如图 9-59 所示的“间距”菜单，用户可以输入间距，也可让系统自动计算最快速度的步长。

（3）刀具查看

该命令主要用来定义刀具在仿真过程中的显示情况。选择“刀具查看”命令，弹出如图 9-60 所示的“刀具查看”菜单，显示情况主要有“可见”、“不可见”、“透明”、“穿透零件”和“可见长度”。图 9-61 所示为在运行过程中“刀具查看”各选项的效果图。

图 9-59 “间距”菜单

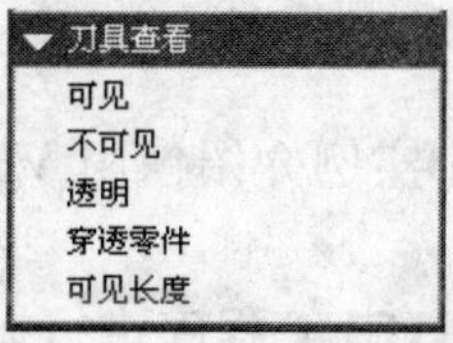


图 9-60 “刀具查看”菜单

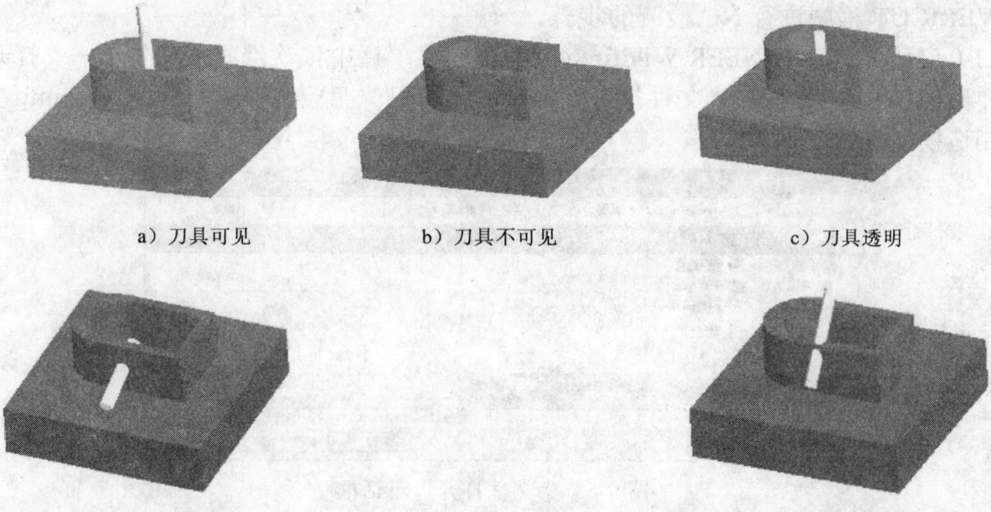

a）刀具可见　b）刀具不可见　c）刀具透明

d）刀具穿透零件　e）刀具可见长度为 40

图 9-61 “刀具查看”各选项的效果图

（4）“刷新”复选框

选中该复选框表示仿真过程将去除先前仿真的结果重新开始；不选中该复选框表示仿真过程将在先前仿真图像的基础上进行。如果要观测几个连续的 NC 序列，则不选中该复选框。

（5）修剪平面

其功能类似于“裁剪平面”，主要用于观测某个平面处的加工情况。选择“修剪平面”命令，在弹出的“夹平面”菜单中包括移动平面、删除修剪和删除全部修剪 3 个命令。

- 移动平面：用一个基准面修剪图像。
- 删除修剪：从活动的修剪平面列表中删除一个基准。
- 删除全部修剪：删除全部修剪平面。

（6）修改图像

该命令用于对仿真后的结果图像进行编辑。选择“修改图像”命令，弹出如图 9-62 所示的“改变图像”菜单。该菜单主要包括“视图反向”、“设置中心”、“重设尺寸”、“显示差别”和“初始”4 种编辑方法。

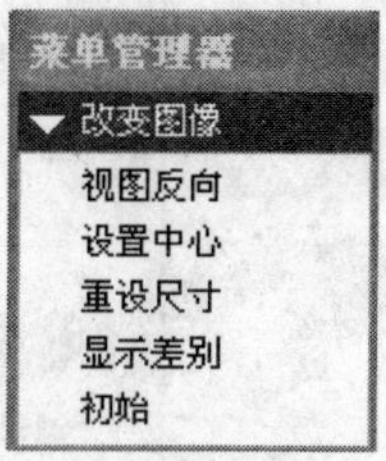


图 9-62 “改变图像”菜单

（7）运行

开始仿真过程。

### 9.2.4 数控加工检测实例

下面通过两个实例介绍使用 VERICUT 程序和 Pro/NC-CHECK 程序进行数控检测的基本步骤。

**1．使用 VERICUT 程序进行数控加工检测**

VERICUT 程序是系统 Pro/NC 进行 NC 检测时默认调用的程序。下面通过实例来介绍使用 VERICUT 程序进行 NC 检测的步骤。

（1）启动 Pro/ENGINEER Wildfire 4.0 后，在菜单栏中依次选择“文件”→“打开”命令，弹出如图 9-63 所示的“文件打开”对话框。打开光盘\素材\第 9 章\9-2\9-2.mfg 文件，进入制造模型操作界面。

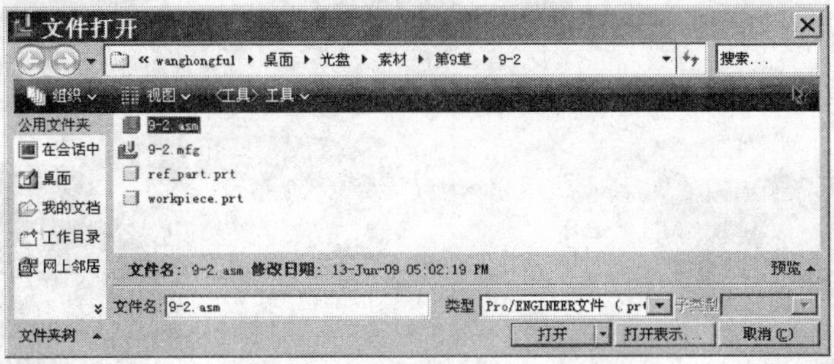


图 9-63 “文件打开”对话框

（2）在菜单管理器中选择“加工”命令，弹出“加工”菜单。在“加工”菜单中选择“NC 序列”命令，弹出“NC 序列列表”菜单。

（3）在“NC 序列列表”菜单中选择 OP010 命令，此时弹出“NC 序列”菜单。

（4）在“NC 序列”菜单中选择“演示轨迹”命令，弹出“演示路径”菜单。在“演示路径”菜单中选择“NC 检测”命令，弹出如图 9-64 所示的 VERICUT 程序界面。

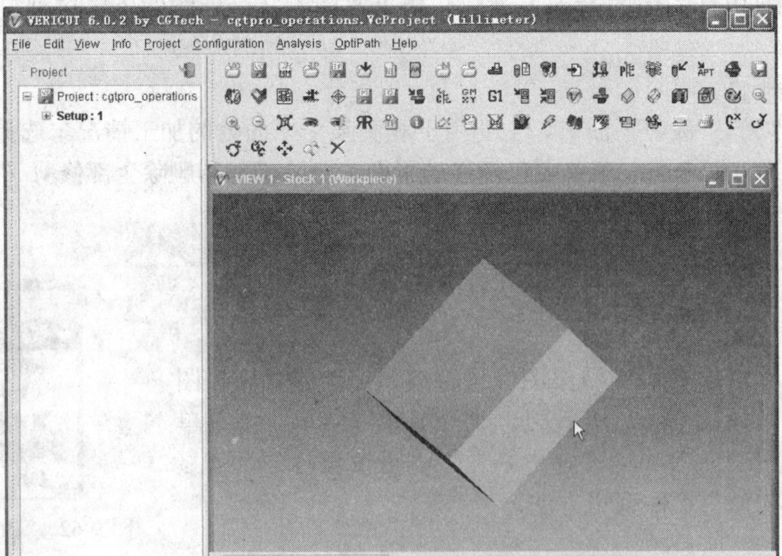


图 9-64 VERICUT 程序界面

**提示**

也可在“制造”或“加工”菜单中选择“CL 数据”→“NC 检测”→“显示”命令来进行 NC 检测。

运行 NC 检测程序时，必须保证制造模型包含工件模型，而且工件模型不能隐藏。

在使用该程序进行数控加工检测时需要使用以下按钮进行操作控制。下面简单介绍一下控制按钮的作用。

- ▶：连续播放刀具切削过程。
- ＞：单步播放刀具切削过程。
- ■：停止播放刀具切削过程。
- ⏮：转到开始播放位置。
- ⏏：重新设置模型，回到起始状态。

（5）在 VERICUT 程序界面中单击▶按钮，即可运行仿真程序进行 NC 检测，检测结果如图 9-65 所示。

（6）在 VERICUT 程序界面的菜单栏中选择 File（文件）→Properties（属性）命令，在弹出对话框的 Display Resolution（显示分辨率）选项右方的下拉列表框中选择 Auto（自动）选项，再单击 Apply（应用）按钮完成解析度设置。

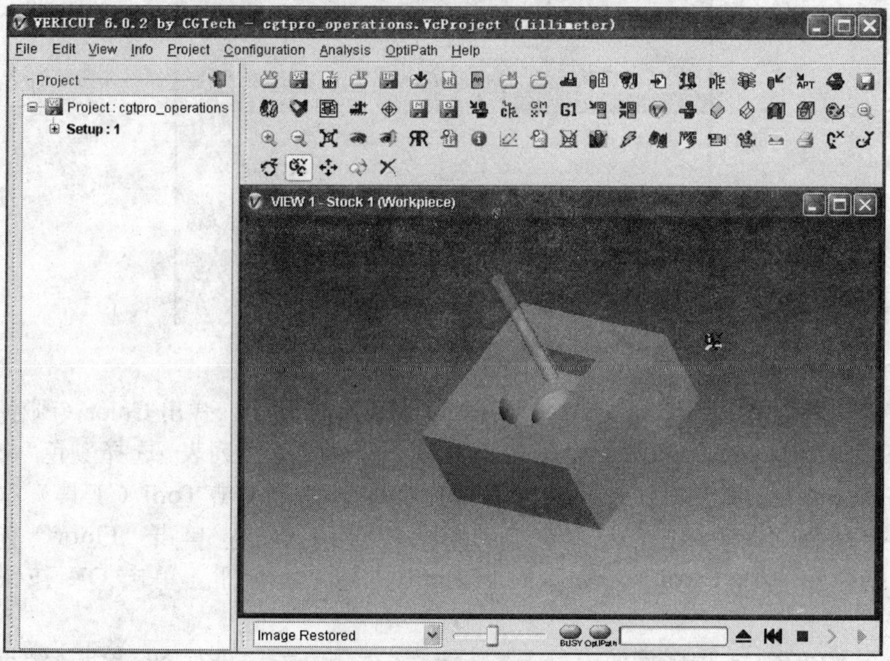


图 9-65 NC 检测结果

（7）在 VERICUT 程序界面中，在菜单栏中依次选择 View（查看）→Section（修剪）命令，弹出 Section（修剪）对话框。

（8）单击 Add（添加）按钮，增加一个修剪平面，在模型上用鼠标单击调节 Distance

（距离）大小，单击 Reverse（反向）按钮调整修剪方向，单击 Color 文本框选择颜色“4.Cyan”。结果如图 9-66 所示。

（9）单击 Add（添加）按钮，增加第二个修剪平面，在模型上用鼠标单击调节 Distance（距离）大小，单击 Reverse（反向）按钮调整修剪方向，单击 PI Type（PI 类型）项下的 NEGX 选项，选择 NEGY 选项，调整为 Y 轴的修剪平面，单击 Color 文本框选择颜色“2.Green”，如图 9-67 所示。添加完成以后的 Section（修剪）对话框如图 9-68 所示。

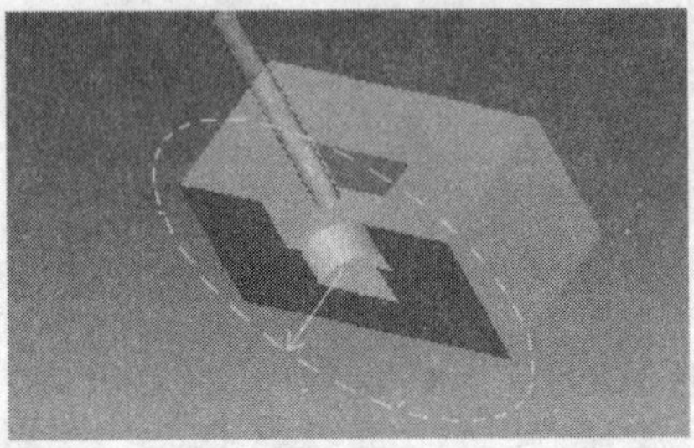
图 9-66　修剪平面 NEGX（一）

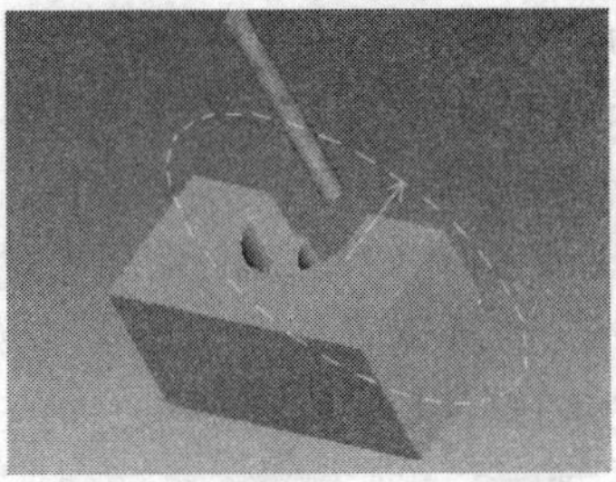
图 9-67　修剪平面 NEGY（二）

（10）依次单击 Section（修剪）→Close（关闭）按钮，查看修剪结果，修剪后模型变小很多，如图 9-69 所示。

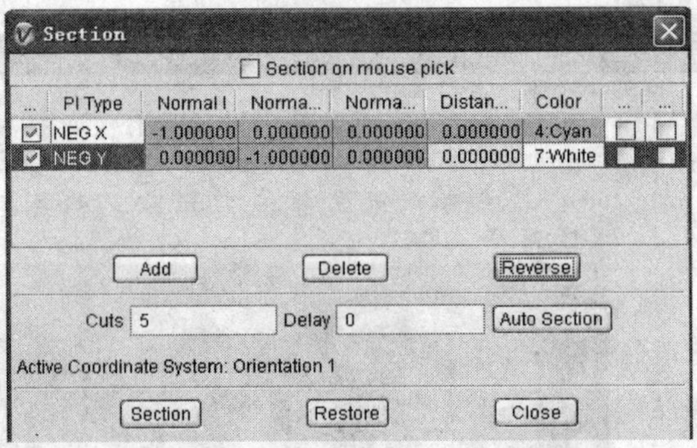

图 9-68　Section（修剪）对话框

（11）在菜单栏中选择 File（文件）→Colors（颜色）命令，弹出 Color（颜色）对话框。

（12）单击“Shaded Background”（阴影背景）右边的下拉列表，选择颜色“6:Yellow”，然后单击 Apply（应用）按钮，此时背景颜色变成黄色；单击 Tool（工具）右边的下拉列表，选择颜色“1：Red”，然后单击 Apply（应用）按钮；单击“Floor”右边的下拉列表，选择颜色“4：Cyan”，然后单击 Apply（应用）按钮。单击 OK 按钮，完成颜色设置。

（13）在 VERICUT 程序界面中单击▶按钮，运行仿真程序进行 NC 检测。结果如图 9-70 所示。

（14）NC 检测完毕，单击☒按钮关闭 VERICUT 程序，在“保存”对话框中单击 Yes 按钮，然后在“NC 序列”菜单中选择“完成序列”命令，退出 NC 序列。在主工具栏上单击“保存”按钮，保存制造模型。

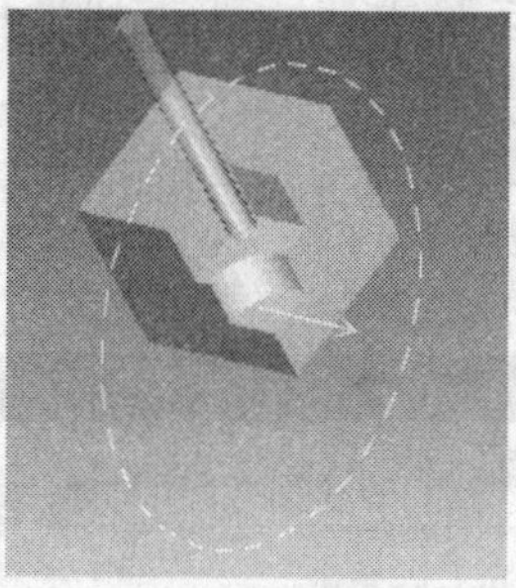

图 9-69 修剪后的模型

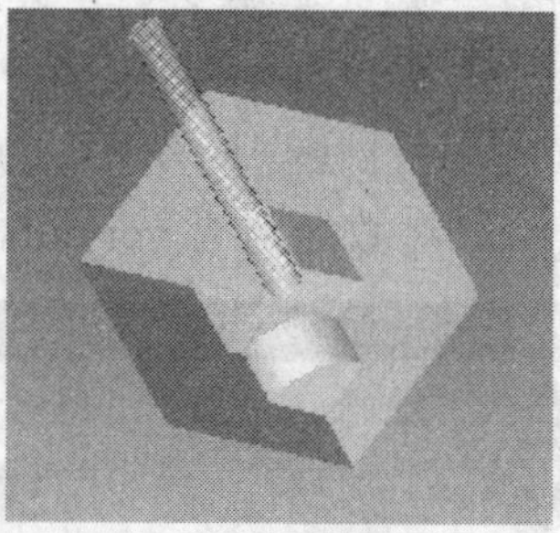

图 9-70 NC 检测结果

**2．使用 Pro/NC-CHECK 程序进行数控加工检测**

要使用 Pro/NC-CHECK 程序，首先要把系统参数 nccheck_type 由默认值 vericut 改变为 nccheck，然后才能在 NC 检测时调用 Pro/NC-CHECK 程序。下面介绍如何更改系统参数 nccheck_type 和利用 Pro/NC-CHECK 程序进行 NC 检测。

（1）启动 Pro/ENGINEER Wildfire 4.0 后，在菜单栏中依次选择“文件”→“打开”命令，打开光盘\素材\第 9 章\9-2\9-2-2.mfg 文件，进入制造模型操作界面。制造模型如图 9-71 所示。

图 9-71 制造模型

（2）在制造模型操作界面的菜单栏中选择“工具”→“选项”命令，弹出如图 9-72 所示的“选项”对话框。在当前进程区域并没有显示 nccheck.type 参数。

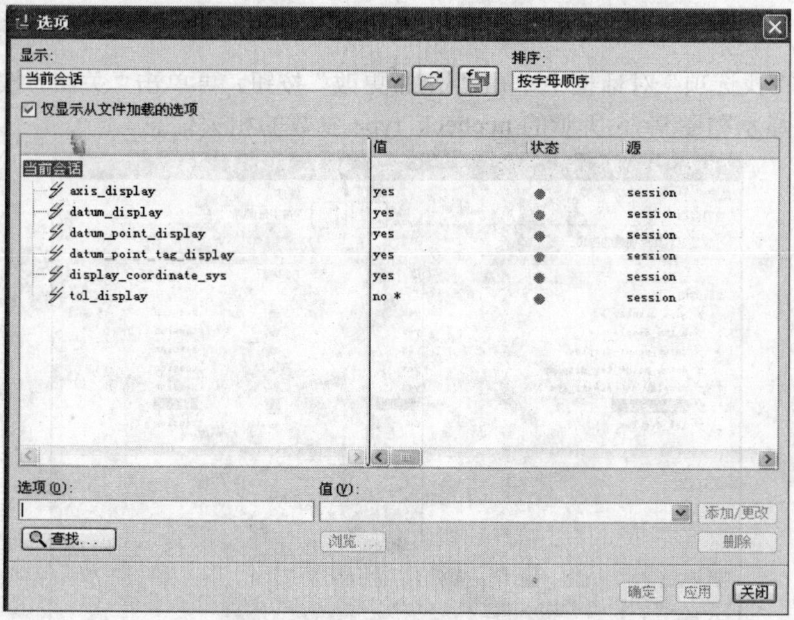


图 9-72 “选项”对话框

（3）在“选项”对话框中单击“查找”按钮，弹出如图 9-80 所示的“查找选项”对话框。

（4）在“输入关键字”文本框中输入 nccheck_type，然后单击“立即查找”按钮，查找结果显示在如图 9-73 所示的“查找选项”对话框的“选择选项”区域中。

（5）单击查找到的结果，则在如图 9-74 所示“设置值”下拉列表框中显示当前 nccheck_type 参数的值为 vericut。

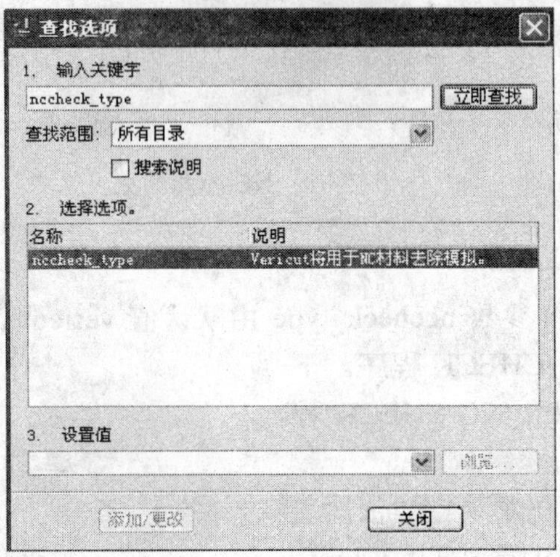


图 9-73 “查找选项”对话框

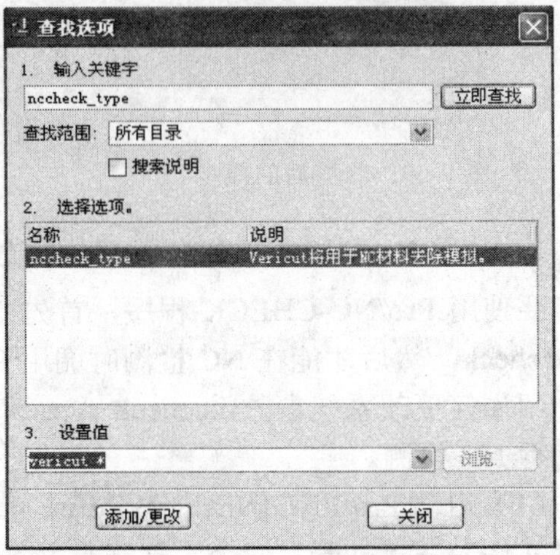


图 9-74 显示设置值

（6）在“设置值”下拉列表框中选择 nccheck 参数，如图 9-75 所示。

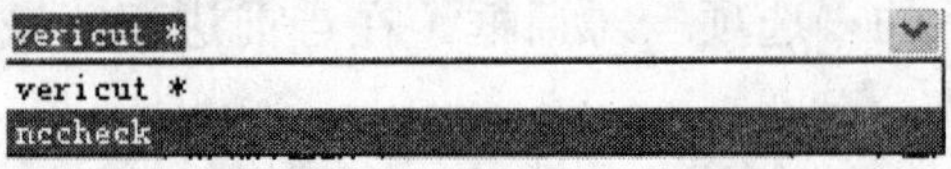


图 9-75 选择 nccheck 参数

（7）在“查找选项”对话框中单击“添加/更改”按钮，再单击“关闭”按钮，则在“选项”对话框中显示如图 9-76 所示的 nccheck_type 参数的相关信息。

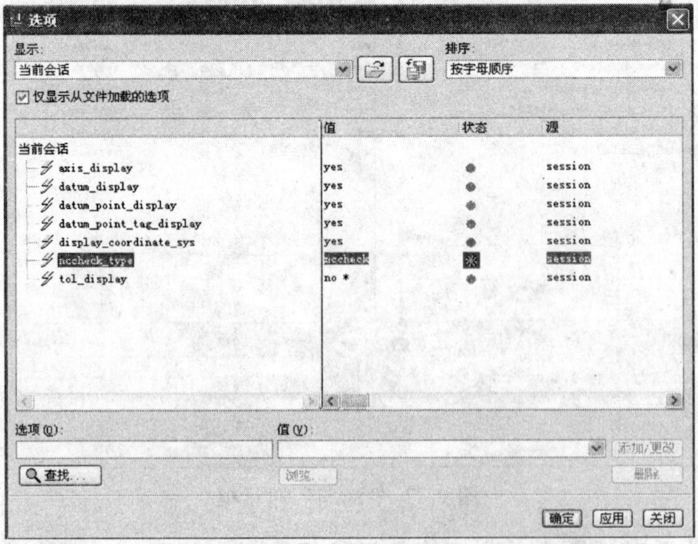


图 9-76 nccheck_type 参数的相关信息

（8）在“选项”对话框中依次单击“应用”→“关闭”按钮，完成 nccheck_type 参数的更改。若进行数控加工检测，系统将调用 Pro/NC-CHECK 程序。

（9）在“演示路径”菜单中选择“NC 检测”命令，弹出“NC 检测”菜单；在“NC 检测”菜单中选择“解析度”命令，弹出 NC CHK RESOL 菜单；在 NC CHK RESOL 菜单中选择“1×1 pix”命令，完成解析度的设置。

（10）在“NC 检测”菜单中选择“裁剪平面”命令，弹出“裁剪平面”菜单，然后选择“创建修剪”命令，弹出“选取”对话框。选取 NC_ASM_FRONT 作为修剪平面，此时弹出“方向”菜单，选取“正向”命令。

（11）在“NC 显示”菜单中选择“运行”命令，开始 NC 检测，结果如图 9-77 所示。

（12）在“NC 检测”菜单中选择“完成/返回”命令，返回“演示路径”菜单，选择“NC 检测”命令，再次弹出“NC 检测”菜单。

（13）在“NC 检测”菜单中选择“显示”命令，弹出“NC 显示”菜单；在“NC 显示”菜单中选择“颜色”命令，弹出“NC 颜色”菜单。

（14）在“NC 颜色”菜单中选择“工件”命令，弹出如图 9-78 所示的“NC 颜色”菜单，选择“颜色 6”命令。

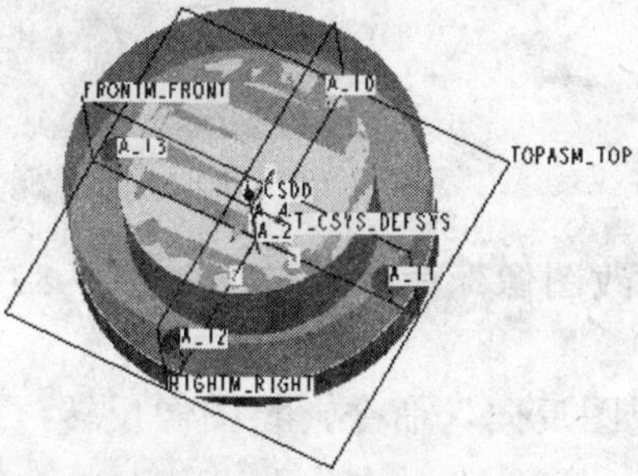


图 9-77 NC 检测结果（一）

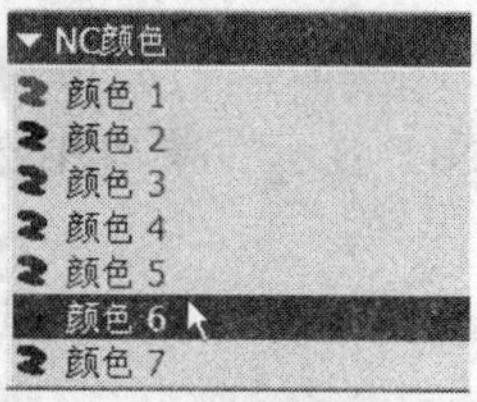


图 9-78 “NC 颜色”菜单

（15）在“NC 显示”菜单中选择“间距”命令，弹出“间距”菜单，选择“自动”命令，完成间距设置。

（16）在“NC 显示”菜单中选择“刀具查看”命令，弹出“刀具查看”菜单，选择“可见”命令，完成刀具显示设置。

（17）在“NC 显示”菜单中选择“运行”命令，开始 NC 检测，结果如图 9-79 所示。

（18）在“NC 显示”菜单中选中“刷新”复选框，选择“修剪平面”命令，弹出“夹平面”菜单。

（19）接着选择“移动平面”命令，在“搜索工具”对话框的“找到 5 个项目”栏中选择“ADTM2：F12（基准平面）”，然后单击≫按钮，则“ADTM2：F12（基准平面）”被添加到“选定的 1 项目”区。此时平面 ADTM2 在制造模型中高亮显示，如图 9-80 所示。

（20）单击“关闭”按钮，弹出“方向”菜单。选择“反向”命令，再选择“正向”命令，在“离散/连续”对话框中选择“离散”命令。此时在信息区弹出信息框，输入 0，然后单击“应用”按钮✔，修剪效果如图 9-81 所示。

（21）如果选择“连续”命令，单击其中的红色箭头所在的标尺可改变切减的位置，效果如图 9-82 所示。

图 9-79　NC 检测结果（二）

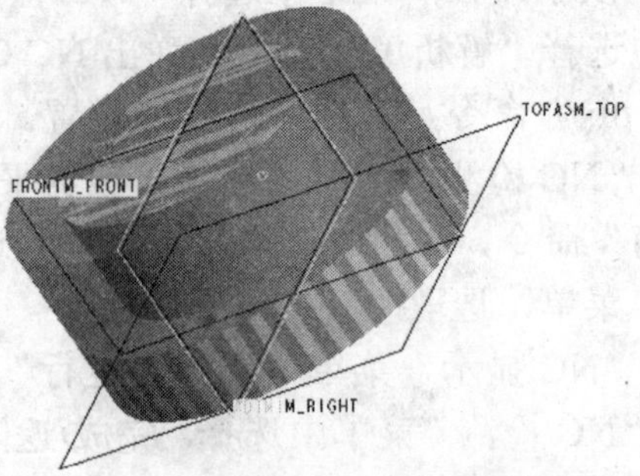


图 9-80　修剪平面和方向

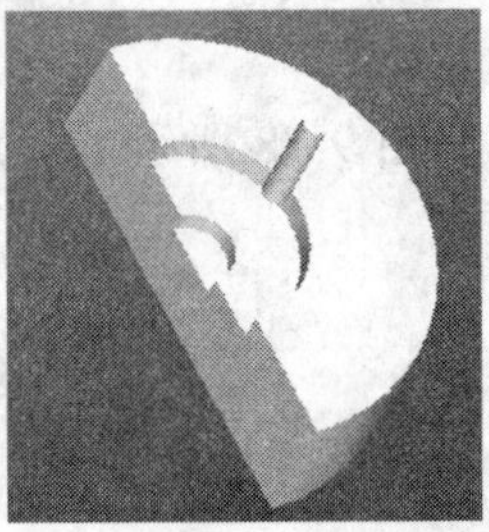

图 9-81　离散修剪效果

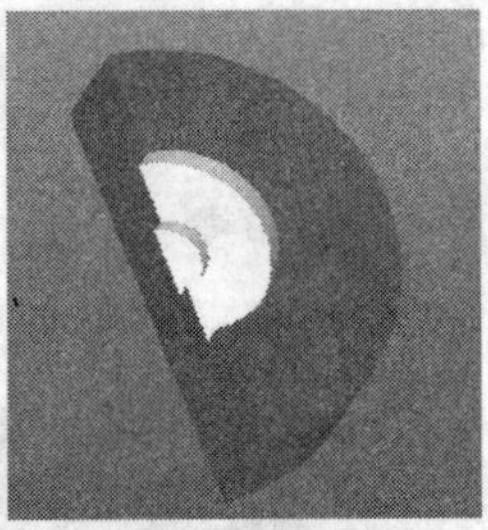

图 9-82　连续修剪效果

（22）在“NC 显示”菜单中选择“修改图像”命令，弹出如图 9-83 所示的“改变图像”菜单。

（23）在“改变图像”菜单中选择“视图反向”命令，将图像反转，如图 9-84 所示。

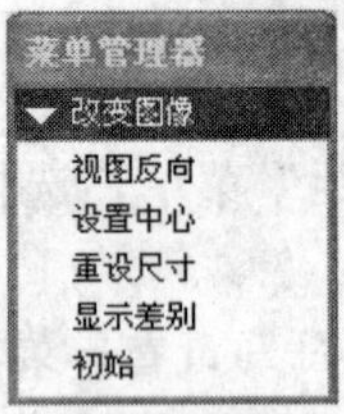


图 9-83　“改变图像”菜单

图 9-84　图像反转

（24）在“改变图像”菜单中选择“重设尺寸”命令，在弹出的“重设尺寸”菜单中选择×2 命令，将图像放大为原来的 2 倍。

（25）在“改变图像”菜单中选择“显示差别”命令，显示工件与参照模型之间的差别。

（26）在“改变图像”菜单中选择“初始”命令，显示原始结果图像，即未修改之前的图形。

（27）在“NC 检测”菜单中选择“完成/返回”命令，返回到“演示路径”菜单。

（28）在“NC 序列”菜单中选择“完成序列”命令，退出 NC 序列。

（29）在主工具栏上单击按钮，保存制造模型。

### 9.2.5 过切检测

Pro/NC 生成的刀具路径有可能对零件产生过切行为。过切行为是指刀具切除了参照模型上的材料，这将导致严重的后果，如零件报废或刀具损坏。Pro/NC 提供了过切检测功能。下面通过实例介如如何进行过切检测。

（1）启动 Pro/ENGINEER Wildfire 4.0 后，在菜单栏中选择“文件”→“打开”命令，打开光盘\素材\第 9 章\9-2\9-2-3.mfg 文件，进入制造模型操作界面。制造模型如图 9-85 所示。

（2）在“NC 序列”菜单中选择“演示轨迹”命令，弹出“演示路径”菜单。

（3）在弹出的“演示路径”菜单中选择“过切检测”命令，依次弹出“制造检测”菜单、“曲面零件选择”菜单、“选取曲面”菜单和“选取”对话框。“选取曲面”菜单如图 9-86 所示。

“选取曲面”菜单包括“曲面”和“零件”两个命令。

- 曲面：选取面组的个别或全部曲面。
- 零件：选取一个零件上的全部曲面。

图 9-85 制造模型

图 9-86 “选取曲面”菜单

（4）选取如图 9-87 所示的参照模型上表面，然后依次在“选取曲面”菜单和“曲面零件选择”菜单中选择“完成/返回”命令，弹出如图 9-88 所示的“过切检测”菜单。

图 9-87 选取参照模型上表面

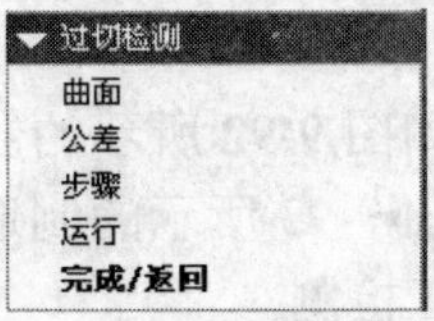


图 9-88 “过切检测”菜单

下面对该菜单中的各命令进行简要说明。

- 曲面：指定进行过切检测的曲面。
- 公差：指定进行过切检测的公差。
- 步骤：指定过切检测的步骤。
- 运行：执行过切检测。

（5）在“过切检测”菜单中选择“运行”命令，此时系统执行过切检测，如图 9-89

所示。

（6）同时，弹出“显示过切”菜单，如图 9-90 所示。下面对菜单中的各命令进行简要介绍。

- 显示全部：显示全部发现的过切。选择该命令，系统显示全部的过切，如图 9-91 所示。

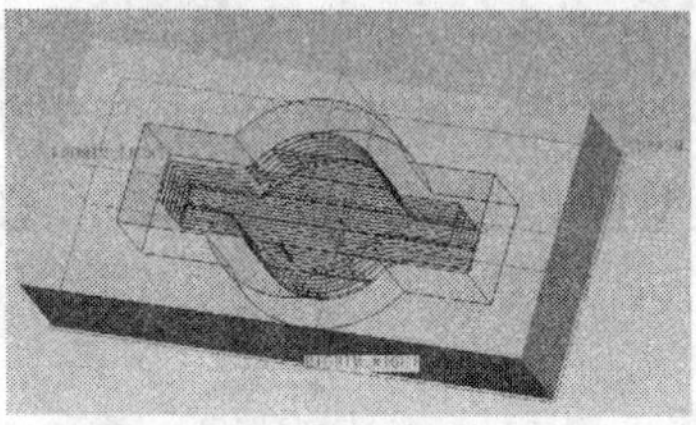
图 9-89 执行过切检测

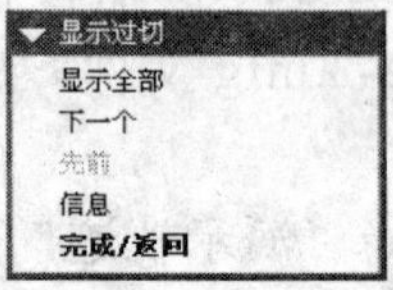

图 9-90 “显示过切”菜单

图 9-91 显示全部过切

- 下一个：显示下一个发现的过切。
- 先前：显示先前发现的过切。
- 信息：选择该命令，弹出信息窗口，显示过切信息，其中过切距离为–1.0。

（7）在各个菜单中依次命令“完成/返回”命令，完成过切检测。

（8）在各个菜单中依次命令“完成/返回”命令，直到返回到“演示路径”菜单。

（9）在“NC 序列”菜单中命令“完成序列”命令，退出 NC 序列。

（10）在主工具栏上单击“保存”按钮，保存制造模型。

## 9.3 本章小结

本章讲述了“加工”菜单中各命令的含义和使用方法；接着介绍了创建 NC 序列以后对 NC 序列进行屏幕演示的方法，重点介绍了屏幕演示中的演示轨迹；在数控加工检测方法中介绍了“VERICUT 程序”和“Pro/NC-CHECK 程序”两种方法，并通过具体实例讲述了利用这两种方法进行数控加工检测的具体步骤；最后介绍了数控加工中的过切检测。

## 9.4 课后习题

（1）演示如图 9-92 所示的制造模型中已经创建的 NC 序列的轨迹。

（2）对如图 9-93 所示的制造模型中已经创建的车削序列，使用“VERICUT 程序”方法进行数控加工检测。

图 9-92 制造模型（一）

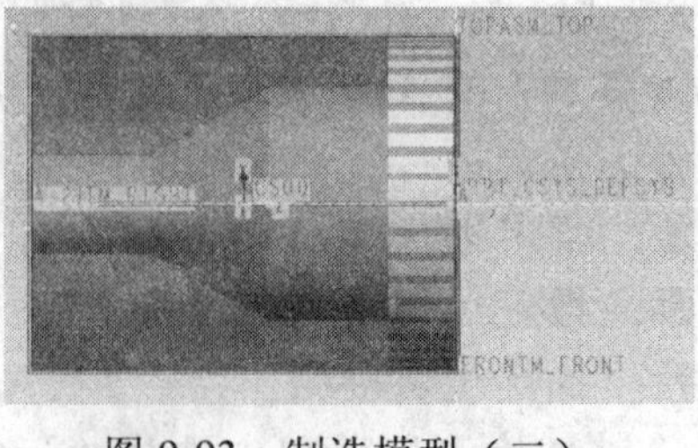
图 9-93 制造模型（二）

（3）对如图 9-94 所示的制造模型中已经创建的铣削序列，使用“Pro/NC-CHECK 程序”方法进行数控加工检测。

（4）对如图 9-95 所示的制造模型，请读者自行设置刀具等参数，然后进行过切检测的演示。

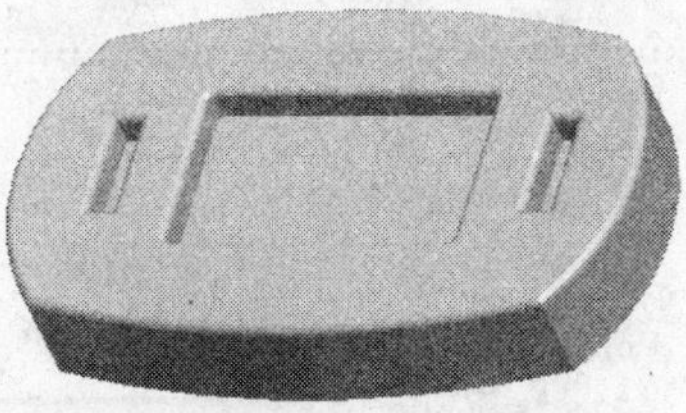

图 9-94　制造模型（三）

图 9-95　制造模型（四）

# 第 10 章　数控铣削加工

本章导读

铣削数控加工是机械加工中最常用的加工方法之一，它主要用于加工平面、孔、盘、套和板类等基本零件，也可用于加工复杂的曲面零件、整体叶轮类和模具类零件，因此广泛应用于实际加工中。Pro/NC 中提供了如体积块铣削、局部铣削、曲面铣削、表面铣削、轮廓铣削、腔槽加工铣削、轨迹铣削、螺纹铣削、刻模铣削和陷入铣削等多种加工方法。本章首先分别讲述创建几种铣削数控加工序列的基本方法，然后通过实例讲述其方法的具体步骤。

通过本章的学习，读者应实现如下目标：

- 掌握体积块铣削数控加工序列的定义方法
- 掌握局部铣削数控加工序列的定义方法
- 掌握曲面铣削数控加工序列的定义方法
- 掌握表面铣削数控加工序列的定义方法
- 掌握孔加工数控加工序列的定义方法
- 掌握螺纹铣削数控加工序列的定义方法

## 10.1　体积块铣削

体积块销铣削数控加工序列主要用于大量切除材料体积块的粗加工过程中，在创建体积块铣削数控加工之前必须铣削体积或铣削窗口。

体积块 NC 序列会根据序列设置的加工几何范围数据，如铣削体积块和铣削窗口，配合刀具几何数据、加工数据及制造参数设置，以等高分层的方式产生刀具路径数据将加工几何范围的工件材料切除，计算产生的刀具轨迹数据。

### 10.1.1　体积块铣削 NC 序列定义

体积块 NC 序列的定义是通过在菜单管理器中选择如图 10-1 所示的“辅助加工”菜单中的“加工”→“体积块”→“3 轴”→“完成”命令，在打开的如图 10-2 所示的“NC 序列”菜单和如图 10-3 所示的“序列设置”菜单中进行相关设置来完成的。

体积块 NC 序列的“序列设置”菜单中包含了许多设置选项名称、注释、刀具、附件、参数、坐标系、退刀曲面、体积、窗口、封闭环、扇形凹口曲面、除去曲面、顶部曲面、逼近薄壁、生成切削、起始和终止等。

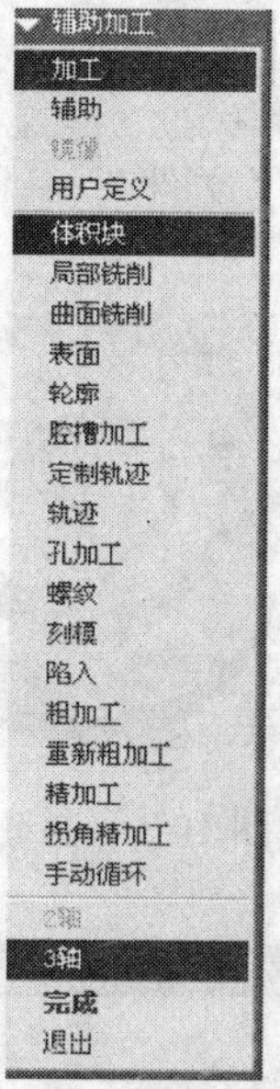


图 10-1 “辅助加工”菜单

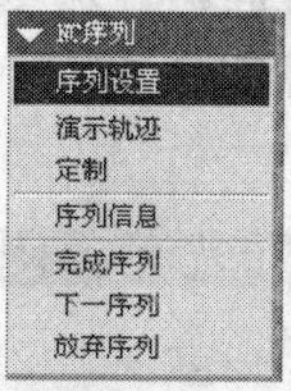


图 10-2 “NC 序列”菜单

图 10-3 “序列设置”菜单

在设置加工参数时，打开如图 10-4 所示的“编辑序列参数‘体积块铣削’”对话框，在该对话框中完成对加工过程中各种所需参数数值的设置。

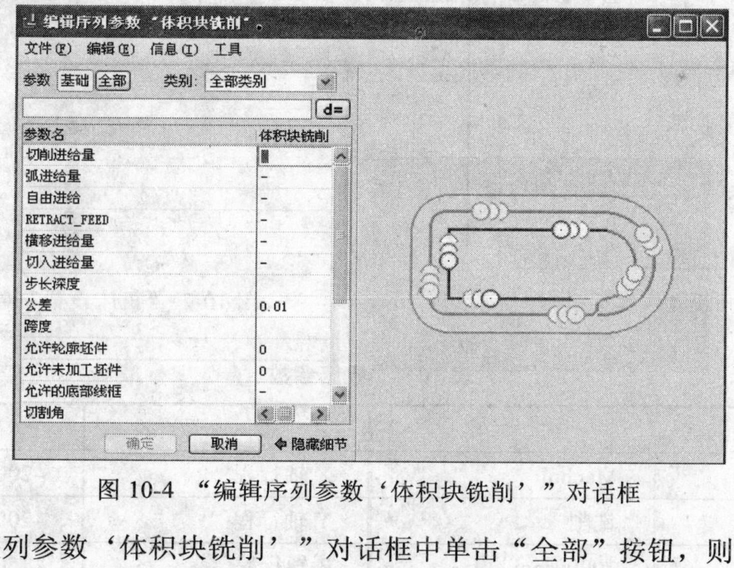


图 10-4 “编辑序列参数‘体积块铣削’”对话框

在“编辑序列参数‘体积块铣削’”对话框中单击“全部”按钮，则在参数列表中列出加工序列中所有可以设置的参数。一般来说，如果没有特殊要求，在“基础”模式下列出的参数设置完成后，就可以生成相应的数控加工序列。

“编辑序列参数‘体积块铣削’”对话框是 Pro/ENGINEER Wildfire 4.0 中不同于以前版本的一种新对话框，因此有必要介绍该对话框的使用方法。该对话框主要包括菜单栏、工具栏、“参数列”选项区域和“参数”预览区域。

### 10.1.2 实例

下面通过实例来介绍体积块铣削数控加工序列的定义方法与步骤。

（1）启动 Pro/ENGINEER Wildfire 4.0 后，在菜单栏中依次选择“文件”→“打开”命令，打开光盘\素材\第 10 章\10-1\10_1.mfg 文件，进入制造模型操作界面。制造模型如图 10-5 所示。

图 10-5 制造模型

（2）在菜单管理器中选择“加工”命令，此时系统自动弹出如图 10-6 所示的“操作设置”对话框，用户在该对话框中进行操作环境设置。

（3）在“操作设置”对话框中单击“定义机床”按钮，弹出如图 10-7 所示的“机床设置”对话框。各选项的设置数值如表 10-1 所示，没有列出的选项保持默认设置。设置完各选项后的结果如图 10-7 所示。

图 10-6 “操作设置”对话框

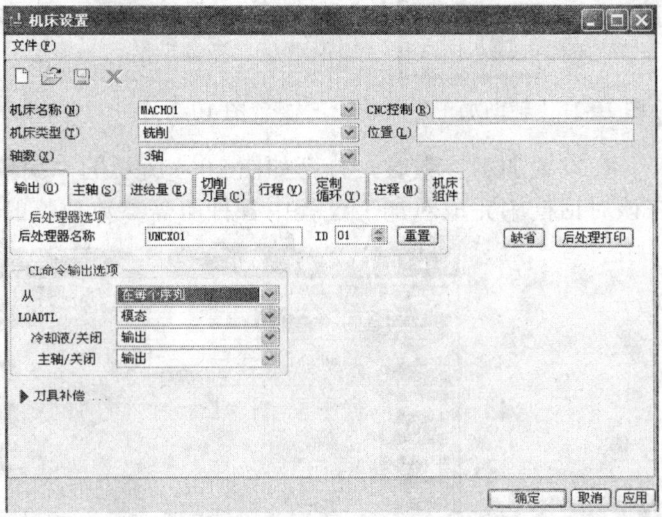


图 10-7 “机床设置”对话框

表 10-1 机床参数

| 参　　数 | 内　　容 | 参　　数 | 内　　容 |
|---|---|---|---|
| 机床名称 | Machol | X 轴行程 | –200～200 |
| 机床类型 | 铣削 | Y 轴行程 | –200～200 |
| 主刀最大速度 | 10000rpm | Z 轴行程 | –150～150 |

（4）在“机床设置”对话框中单击“确定”按钮完成机床设置。

（5）在“操作设置”对话框中单击“加工零点”按钮，然后选择制造模型中的坐标系 NC_ASM_DEF_CSYS，完成加工零点的设置。结果如图 10-8 所示。

（6）在“操作设置”对话框中单击“确定”按钮，完成操作设置。此时自动弹出“辅助加工”菜单。

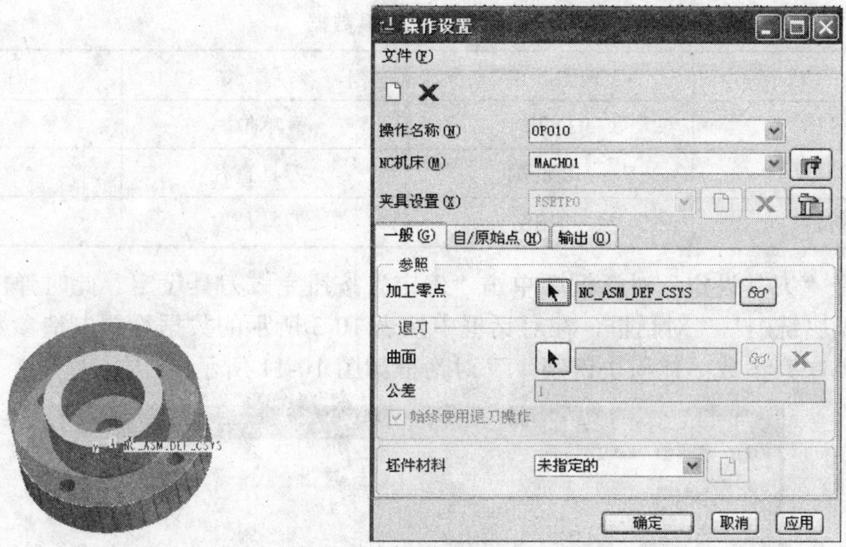


图 10-8　设置加工零点

（7）在“辅助加工”菜单中依次选择“加工”→“体积块”→“3 轴”→“完成”命令，弹出“NC 序列”菜单和“序列设置”菜单。在“序列设置”菜单中选中“名称”、“刀具”、“参数”、“退刀曲面”和“体积”复选框，然后选择“完成”命令，弹出如图 10-9 所示的输入消息提示框。

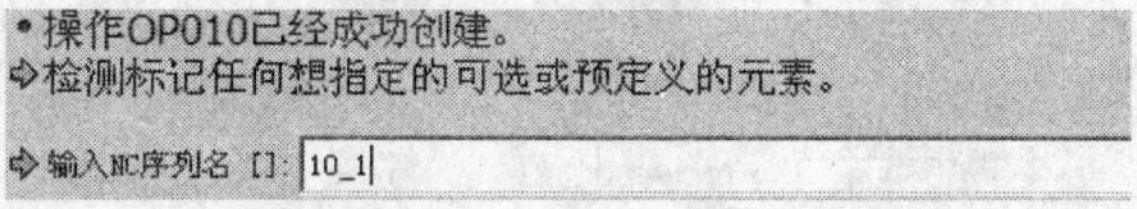


图 10-9　输入消息提示框

（8）在输入消息提示框中输入 NC 序列名称 10_1，然后单击☑按钮完成名称设置，此时弹出“刀具设定”对话框。刀具设定完成后的“刀具设定”对话框如图 10-10 所示。各选项的设置数值如表 10-2 所示。

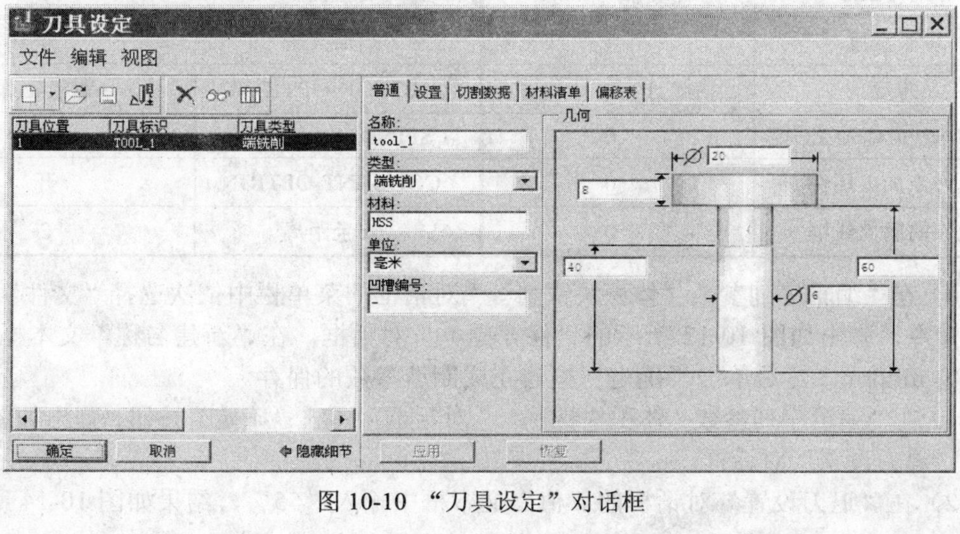


图 10-10　“刀具设定”对话框

表 10-2　刀具数据

| 参　数 | 内　容 | 参　数 | 内　容 |
|---|---|---|---|
| 名称 | TOOL_1 | 单位 | 毫米 |
| 类型 | 端铣削 | 刀具直径 | 6 |
| 材料 | HSS | 刀具长度 | 60 |

（9）在“刀具设定”对话框中单击“确定”按钮完成刀具设定。此时弹出“编辑序列参数‘体积块铣削’”对话框，在对话框中按表 10-3 所示的数据设置制造参数。设置完成后的“编辑序列参数‘体积块铣削’”对话框如图 10-11 所示。

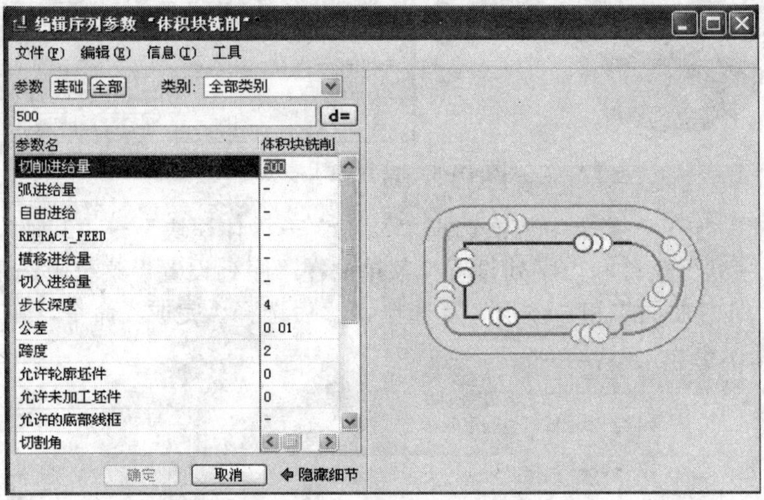


图 10-11　“编辑序列参数‘体积块铣削’”对话框

表 10-3　制造参数

| 参　数 | 内　容 | 参　数 | 内　容 |
|---|---|---|---|
| CUT-FEED | 500 | 切割角 | 0 |
| 步长深度 | 4 | 扫描类型 | 类型 3 |
| 跨度 | 2 | ROUGH-OPTION | 粗糙轮廓 |
| PROF-STOCK-ALLOW | 0 | SPINDLE-OPTION | 1000 |
| 允许未加工坯件 | 0 | COOLANT-OPTION | 开 |
| 允许的底部线框 | 0 | 安全距离 | 2 |

（10）在“编辑序列参数‘体积块铣削’”对话框的菜单栏中依次选择“文件”→“另存为”命令，弹出如图 10-12 所示的“保存副本”对话框。在“新建名称”文本框中输入文件名为 milprm，然后单击“确定”按钮完成制造参数的保存。

（11）在“编辑序列参数‘体积块铣削’”对话框中单击“确定”按钮，弹出如图 10-13 所示的“退刀设置”对话框。

（12）在“退刀设置”对话框的“值”文本框中输入“55”，结果如图 10-14 所示。

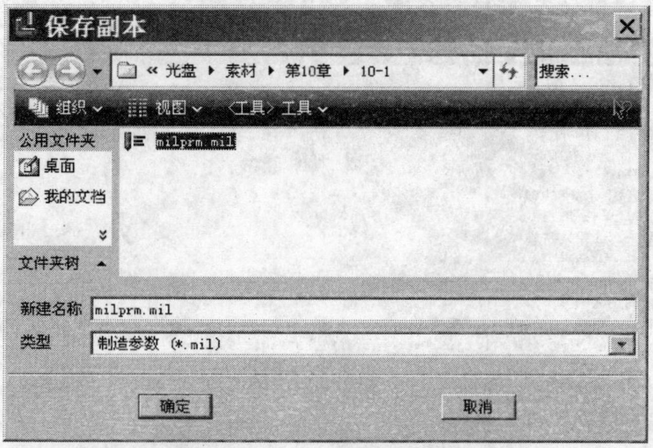


图 10-12　保存参数

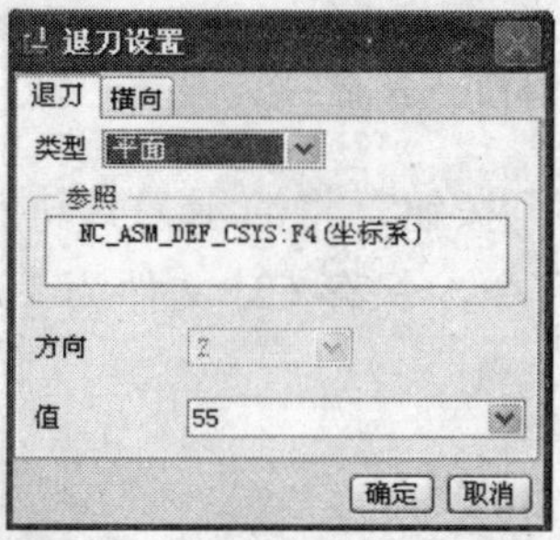


图 10-13 “退刀设置”对话框

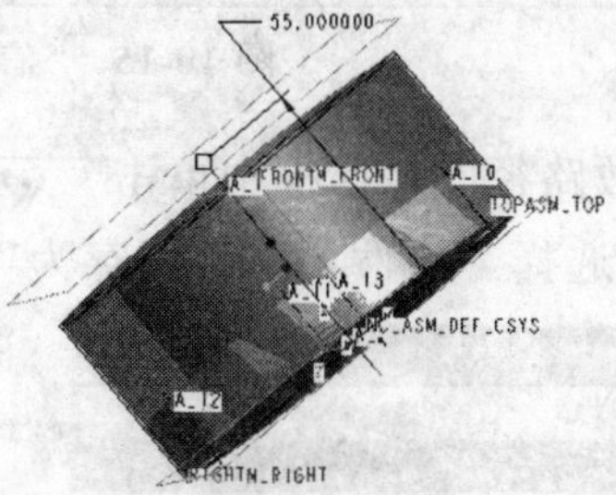


图 10-14　退刀平面

（13）在“退刀设置”对话框中单击“确定”按钮，完成退刀平面的设置，弹出“选取”对话框，提示选取先前创建的铣削体积块。

（14）在模型树中选取先前创建的铣削体积块 Mill_vol_1_铣削体积块，弹出“NC 序列”菜单，选择“完成序列”命令完成 NC 序列的创建。

“NC 序列”菜单中各个命令的含义如下。

- 序列设置：设置或修改刀具、参数、坐标系、退刀面和几何形状参考。
- 演示轨迹：在屏幕上显示轨迹。
- 定制：定制路径。
- 序列信息：显示设置的 NC 序列信息。
- 完成序列：完成 NC 序列的创建。
- 下一序列：创建下一序列。
- 放弃序列：放弃序列的创建。

（15）在“NC 序列”菜单中选择“序列信息”命令，弹出“信息列表”菜单，在“信息列表”菜单中选择“选取全部”→“完成选取”命令，弹出如图 10-15 所示的“信息窗口”界面，显示创建的 NC 序列的信息。

（16）在“NC 序列”菜单中选择“演示路径”命令，弹出“演示路径”菜单；在“演示路径”菜单中选中“计算 CL”复选框，然后选择“屏幕演示”命令，弹出如图 10-16 所示的“播放路径”对话框。

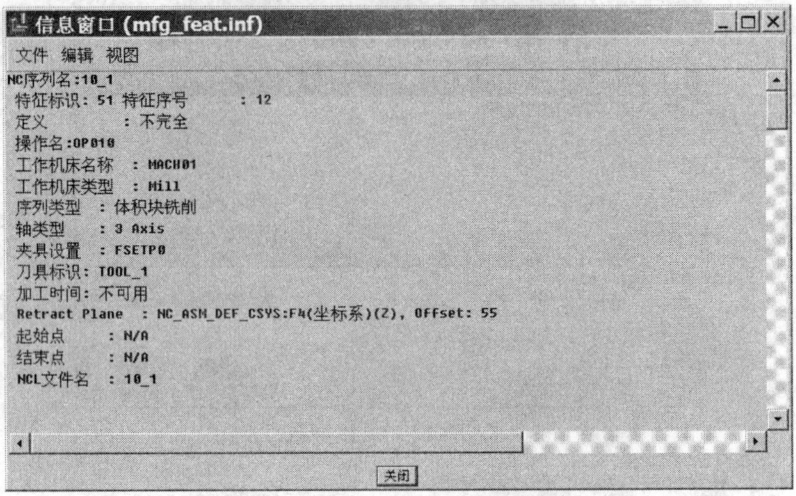


图 10-15 “信息窗口”界面

（17）在“播放路径”对话框中单击按钮，将演示刀具轨迹，效果如图 10-17 所示。在菜单栏中选择“文件”→“另存为”命令，保存 CL 文件为 10_1.ncl。

图 10-16 “播放路径”对话框

图 10-17 刀具轨迹演示

（18）在“播放路径”对话框中单击“关闭”按钮关闭路径播放。

（19）在“NC 序列”菜单中选择“演示轨迹”命令，弹出“演示路径”菜单；在“演示路径”菜单中选中“计算 CL”复选框，然后选择“NC 检测”命令，弹出 VERICUT 界面。单击“播放”按钮，开始 NC 检测，结果如图 10-18 所示。

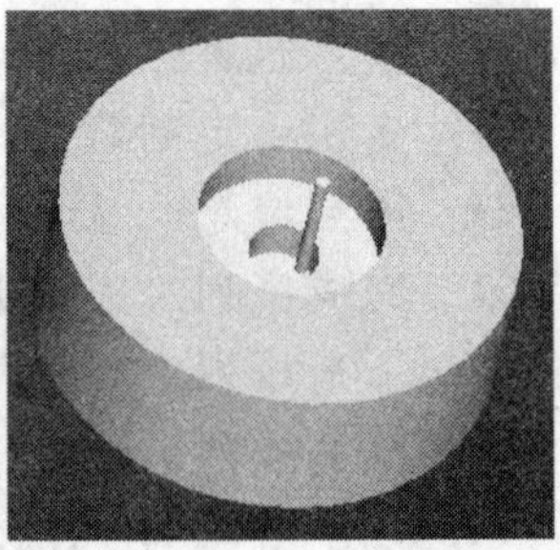

图 10-18 NC 检测结果

（20）NC 检测完毕，关闭 VERICUT 界面，然后在“NC 序列”菜单中选择“完成序列”命令，在弹出的“加工”菜单中选择“完成/返回”命令以退出“加工”菜单，完成体积块铣削数控加工序列的定义。

（21）在菜单栏中选择“文件”→“保存”命令，保存制造模型。

## 10.2　局部铣削

局部铣削数控加工序列是指加工已经完成的 NC 序列中未被清除的材料、角落的残料及因为刀具的使用而残留未清除的材料，该序列将以直径较小的刀具，配合制造参数的设置，针对无法加工的范围再加工一次。局部铣削经常用于二次粗加工和清角加工。图 10-19 所示为局部铣削 NC 序列与 NC 检测的示意图。

进行局部铣削数控加工序列的定义时，在“辅助加工”菜单中选择“加工”→“局部铣削”→“3 轴”→“完成”命令，弹出如图 10-20 所示的“局部选项”菜单。局部铣削 NC 序列有 4 种加工方式可以选择：“NC 序列”、“拐角边”、“根据先前刀具”和“铅笔描绘踪迹”。

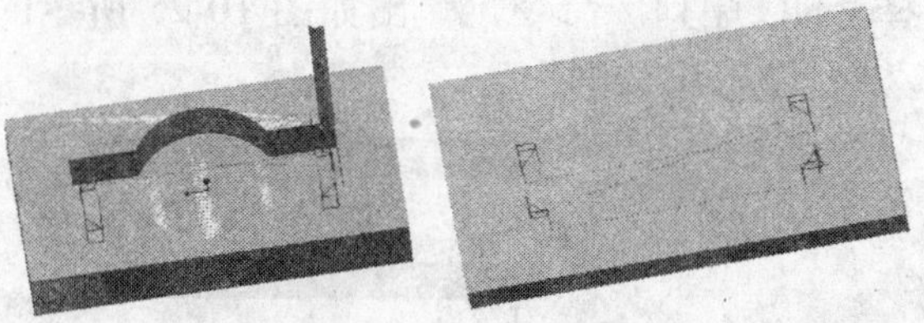

图 10-19　局部铣削 NC 序列与 NC 检测的示意图

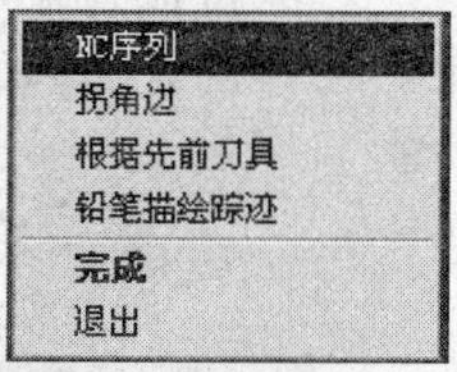


图 10-20　“局部选项”菜单

本节只介绍利用 NC 序列方法创建局部铣削的内容。NC 序列方法是指以 NC 序列中无法完全加工的部分作为加工目标，以较小的加工刀具进行残料清除的加工序列。该方法主要用于去除“体积块”、“轮廓”、“曲面”等 NC 序列之后剩下的材料，通常需使用较小的刀具。

下面以一个实例来具体介绍 NC 序列方法创建局部铣削 NC 序列的过程与内容。

（1）启动 Pro/ENGINEER Wildfire 4.0，在菜单栏中选择“文件”→“打开”命令，打开光盘\素材\第 10 章\10-2\10_2.mfg 文件，进入制造界面。制造模型如图 10-21 所示。

图 10-21　制造模型

**提 示**

在创建局部铣削数控加工序列之前，应该首先创建完成铣削体积块、轮廓或铣削曲面 NC 序列，否则创建加工序列将失败。

（2）在菜单管理器中选择“加工”→“NC 序列”命令，弹出“NC 序列列表”菜单，选择“新序列”命令，弹出“辅助加工”菜单。

（3）在“辅助加工”菜单中选择“加工”→“局部铣削”→“3 轴”→“完成”命令，弹出“局部选项”菜单。

（4）在“局部选项”菜单中选择“NC 序列”→“完成”命令，弹出如图 10-22 所示的“选取特征”菜单和如图 10-23 所示的“选取”对话框。

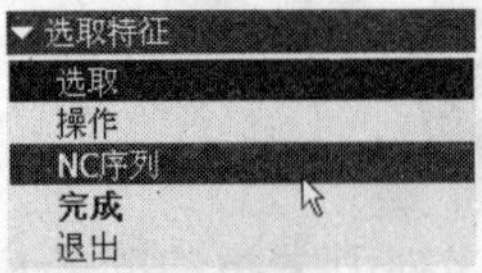


图 10-22 “选取特征”菜单

图 10-23 “选取”对话框

“选取特征”菜单中的各命令含义如下。

- 选取：在制造模型上选取特征，对特征进行局部 NC 序列定义。
- 操作：根据操作名选取操作，用鼠标单击该选项，弹出如图 10-24 所示的“选取菜单”，该菜单提示用户选取操作名。
- NC 序列：根据 NC 序列号选取 NC 序列，用鼠标单击该选项，弹出“NC 序列列表”菜单，提示选取前一步的 NC 序列。

（5）在“选取特征”菜单中选择“NC 序列”命令，弹出如图 10-25 所示的“NC 序列列表”菜单，选择已有的 NC 序列“1：体积块铣削”。

图 10-24 “选取菜单”（一）

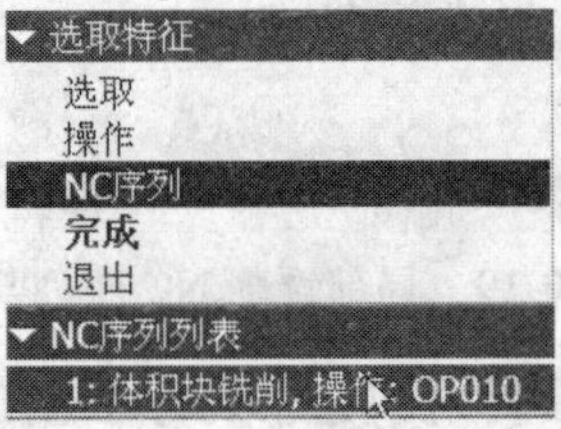


图 10-25 “NC 序列列表”菜单

（6）在弹出的如图 10-26 所示的“选取菜单”中选择“切削运动#1”命令，弹出“NC 序列”菜单和“序列设置”菜单。其中“序列设置”菜单如图 10-27 所示，该菜单和铣削 NC 序列创建过程中的序列设置菜单有所不同，除了公共选项外，还包括下列选项。

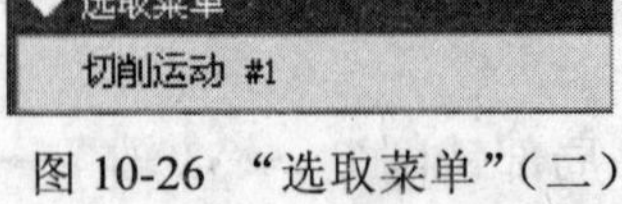


图 10-26 “选取菜单”（二）

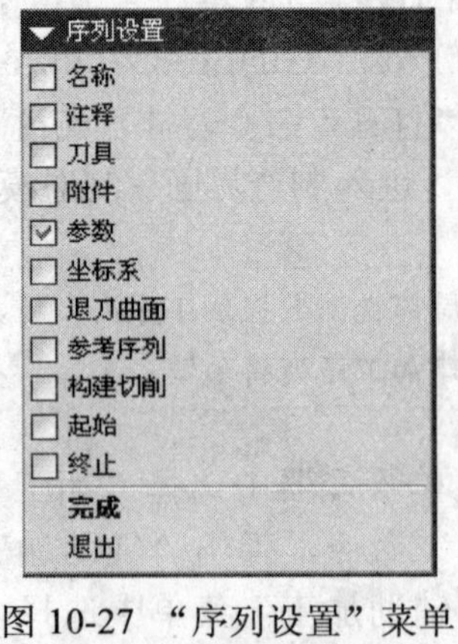


图 10-27 “序列设置”菜单

- 参考序列：选取一个参照 NC 序列，对其残余材料进行清除。可选取体积块 NC 序列、轮廓 NC 序列等。
- 构建切削：选中该复选框，表示访问“构建切削”功能，指定构建切削元素，如进刀、退刀等。

**提示**

如果选中“参考序列”复选框，系统会提示用户选取已有的NC序列进行局部铣削；如果没有选中，则系统会默认选取上一NC序列进行局部铣削。

（7）在“序列设置”菜单中分别选中“名称”、“刀具”、“参数”、“坐标系”、“退刀曲面”复选框，然后选择“完成”命令，弹出如图10-28所示的名称输入消息提示框。输入序列名称10_2_1，单击✓按钮完成名称设置，并弹出如图10-29所示的“刀具设定”对话框。刀具设置的详细方法步骤参考第8章的相关内容，刀具的基本数据如表10-4所示。

图10-28　名称输入消息提示框

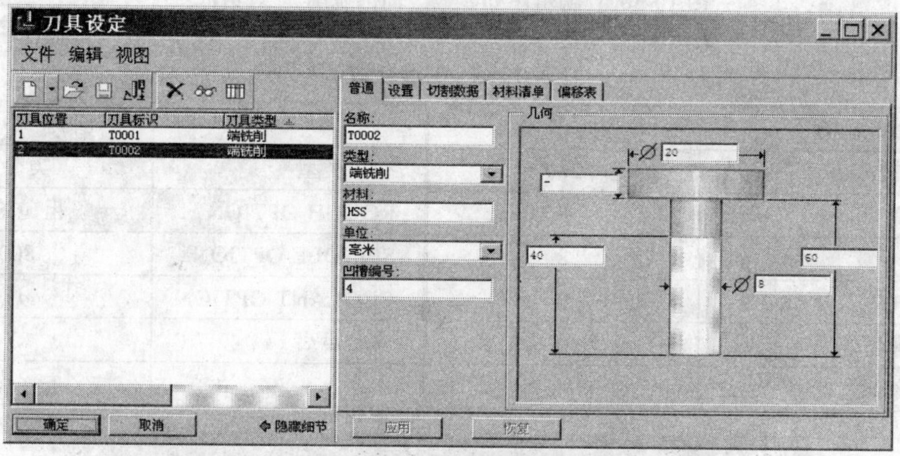


图10-29　“刀具设定”对话框

**表10-4　刀具的基本数据**

| 参　数 | 内　容 | 参　数 | 内　容 |
|---|---|---|---|
| 名称 | T0002 | 凹槽编号 | 4 |
| 类型 | 端铣削 | 刀具直径 | 8 |
| 材料 | HSS | 刀具长度 | 60 |
| 单位 | 毫米 | | |

（8）在“刀具设定”对话框中单击“确定”按钮完成刀具设定，弹出如图10-30所示的“编辑序列参数‘局部铣削’”对话框。在该对话框中按表10-5所示的数据设置制造参数，没有列出的参数保持默认设置。

（9）在“编辑序列参数‘局部铣削’”对话框的菜单栏中选择“文件”→“保存”命令，弹出如图10-31所示“保存副本”对话框。输入文件名milprm，然后单击“确定”按钮完成制造参数设置。

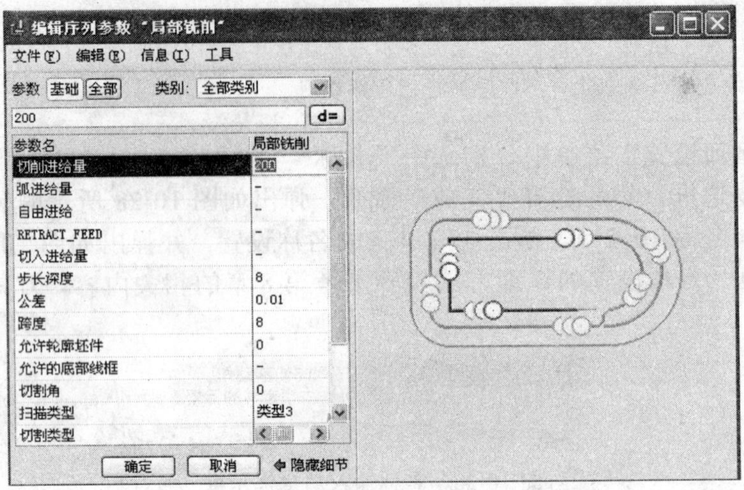


图 10-30 “编辑序列参数‘局部铣削’”对话框

**表 10-5 制造参数**

| 参　　数 | 内　　容 | 参　　数 | 内　　容 |
|---|---|---|---|
| CUT-FEED | 200 | 扫描类型 | 类型 3 |
| 步长深度 | 8 | ROUGH-OPTION | 粗糙轮廓 |
| 跨度 | 8 | SPINDLE-OPTION | 800 |
| PROF-STOCK-ALLOW | 0 | COOLANT-OPTION | 开 |
| 允许轮廓坯件 | 0 | 安全距离 | 2 |
| 允许的底部线框 | 0 | | |

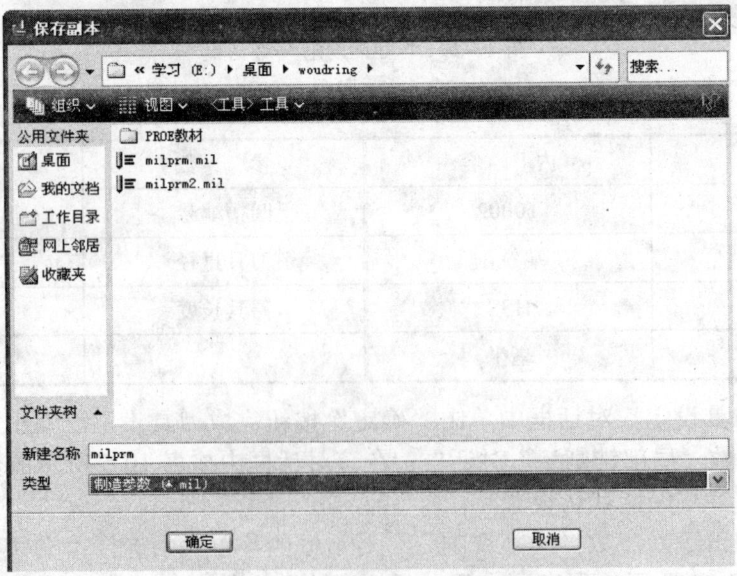


图 10-31 “保存副本”对话框

（10）在绘图区中选择如图 10-32 所示的坐标系 PRT_CSYS_DEF，弹出如图 10-33 所示的“退刀设置”对话框。

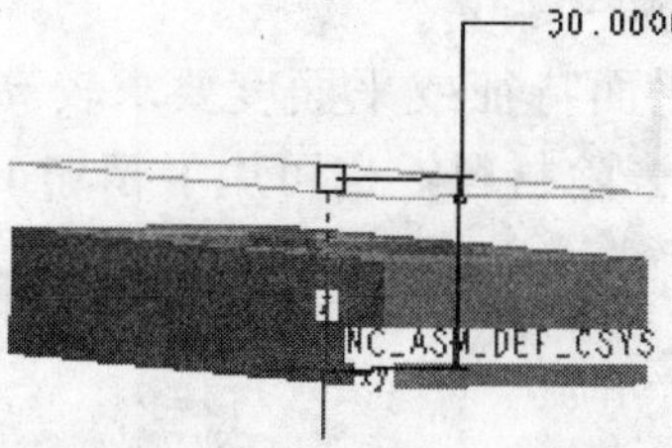


图 10-32　选取坐标系

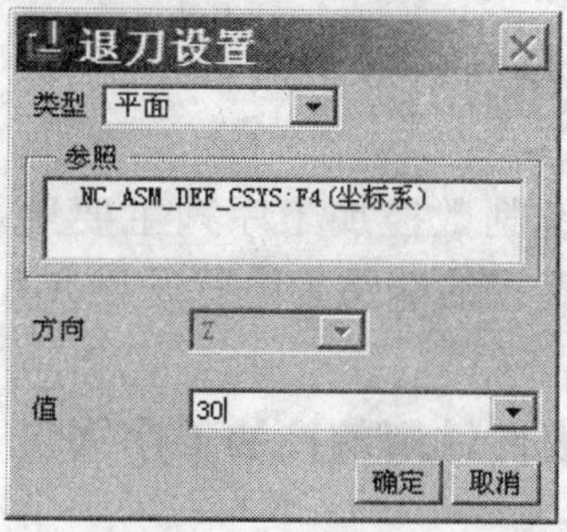


图 10-33　“退刀设置”对话框

（11）在“退刀设置”对话框的“值”文本框中输入 Z 轴深度为 30，单击“确定”按钮，完成退刀平面设置。在弹出的“NC 序列”菜单中选择“完成序列”命令，完成 NC 序列的创建。

（12）在“NC 序列”菜单中选择“演示轨迹”命令，弹出“演示路径”菜单；在“演示路径”菜单中选中“计算 CL”复选框，然后选择“屏幕演示”命令，弹出“播放路径”对话框。

（13）在“播放路径”对话框中单击▶按钮，将演示刀具轨迹，结果如图 10-34 所示。在菜单栏中选择“文件”→“保存”命令，保存 CL 文件为 10_2_1.ncl。

（14）在“播放路径”对话框中单击“关闭”按钮关闭路径播放。

（15）在“演示路径”菜单中取消选中“计算 CL”复选框，然后选择“NC 检测”命令，弹出 VERICUT 界面。单击“播放”按钮，开始 NC 检测，检测效果如图 10-35 所示。

图 10-34　演示刀具轨迹结果

图 10-35　NC 检测效果

**提示**

在 NC 检测过程中不能隐藏工件，否则在检测界面中将观察不到检测过程。

（16）NC 检测完毕。关闭 VERICUT 界面，然后在“NC 序列”菜单中选择“完成序列”命令，在弹出的“加工”菜单中选择“完成/返回”命令以退出“加工”菜单，完成 NC 序列方法创建局部铣削数控加工序列的定义。

（17）在菜单栏中选择“文件”→“保存”命令，保存制造模型。

## 10.3 表面铣削

表面铣削数控加工序列主要用于加工大面积的平面特征或平面度要求较高的平面特征，以大直径的端铣刀进行平面加工，可用于粗加工去除材料，也可用于精加工。

### 10.3.1 表面铣削数控加工序列定义

在创建表面铣削数控加工序列的过程中需要设置如图 10-36 所示的“序列设置”菜单，该菜单包含了很多表面铣削序列的设置项，如名称、注释、刀具、附件、参数、坐标系、退刀曲面、曲面、起始点、构建切削、起始和终止。下面只介绍特殊选项“起始点”的含义，其余选项的含义与前面菜单相同。

○ 起始点：选取从加工表面指定的拐角点开始加工。

图 10-36 表面铣削数控加工“序列设置”菜单

### 10.3.2 实例

下面通过实例来介绍表面铣削数控加工序列的定义方法与内容。

（1）启动 Pro/ENGINEER Wildfire 4.0，在菜单中选择“文件”→“打开”命令，打开光盘\素材\第 10 章\10-3\10_3_1.mfg 文件，进入制造界面。制造模型如图 10-37 所示。

图 10-37 制造模型

（2）在菜单管理器中选择“加工”命令，系统自动弹出“操作设置”对话框，提示用户进行操作环境设置。

（3）在“操作设置”对话框中单击“定义机床”按钮，弹出“机床设置”对话框，按第 8 章的相关方法设置机床。

（4）在“机床设置”对话框中单击“确定”按钮完成机床设置。

（5）在“操作设置”对话框中单击“加工零点”按钮，然后选择制造模型中的坐标系 NC_ASM_DEF_CSYS，完成加工零点的设置。

（6）在“操作设置”对话框中单击“确定”按钮，完成操作设置。此时自动弹出“辅助加工”菜单。

（7）在“辅助加工”菜单中选择“加工”→“表面”→“3 轴”→“完成”命令，弹出“NC 序列”菜单和“序列设置”菜单。在“序列设置”菜单中选中“名称”、“刀具”、“参数”、“退刀曲面”和“曲面”复选框，然后选择“完成”命令，弹出如图 10-38 所示的输入消息提示框。

图 10-38　输入消息提示框

（8）在输入消息提示框中输入 NC 序列名称 10_3，然后单击按钮完成名称设置，此时弹出“刀具设定”对话框。加工刀具的基本数据如表 10-6 所示，设置完成后的“刀具设定”对话框如图 10-39 所示。

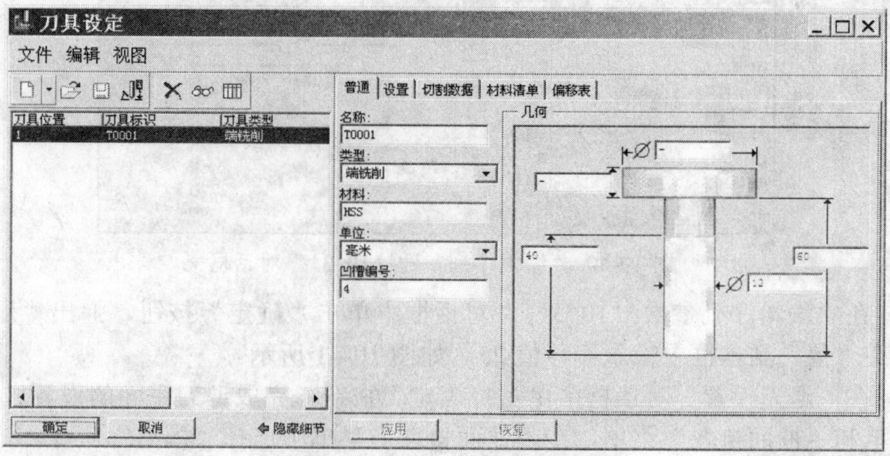


图 10-39 “刀具设定”对话框

**表 10-6　加工刀具的基本数据**

| 参　数 | 内　容 | 参　数 | 内　容 |
|---|---|---|---|
| 名称 | T0001 | 凹槽编号 | 4 |
| 类型 | 端铣削 | 刀具直径 | 12 |
| 材料 | HSS | 刀具长度 | 60 |
| 单位 | 毫米 | | |

（9）在“刀具设定”对话框中单击“确定”按钮完成刀具设定，弹出“编辑序列参数 10_3”对话框。

（10）在“编辑序列参数 10_3”对话框中按表 10-7 所示的数据设置制造参数，设置完成后的对话框如图 10-40 所示。

（11）在“编辑序列参数 10_3”对话框中选择“文件”→“另存为”命令，弹出“保存副本”对话框，输入文件名为 milprm，然后单击“确定”按钮完成制造参数的设置。

**表 10-7　制造参数**

| 参　数 | 内　容 | 参　数 | 内　容 |
|---|---|---|---|
| CUT-FEED | 200 | 扫描类型 | 类型 3 |
| 步长深度 | 4 | SPINDLE-SPEED | 500 |
| 跨度 | 2 | COOLANT-OTION | 开 |
| 允许的底部线框 | – | 安全距离 | 2 |
| 切割角 | 0 | | |

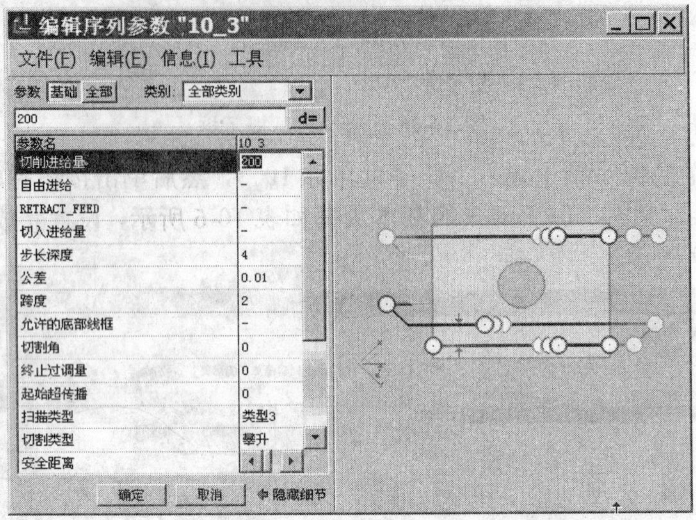


图 10-40 “编辑序列参数‘10_3’”对话框

（12）在“编辑序列参数‘10_3’”对话框中单击“确定”按钮，弹出“退刀设置”对话框，在“值”文本框中输入偏移值 25，如图 10-41 所示。

（13）在“退刀设置”对话框中单击“确定”按钮，完成退刀平面的设置，弹出“NC 序列”菜单和“曲面拾取”菜单，在“曲面拾取”菜单中选择“模型”命令。

（14）在“曲面拾取”菜单中选择“完成”命令，弹出“选取曲面”菜单和“选取”对话框。

（15）在制造模型中选择如图 10-42 所示的曲面。

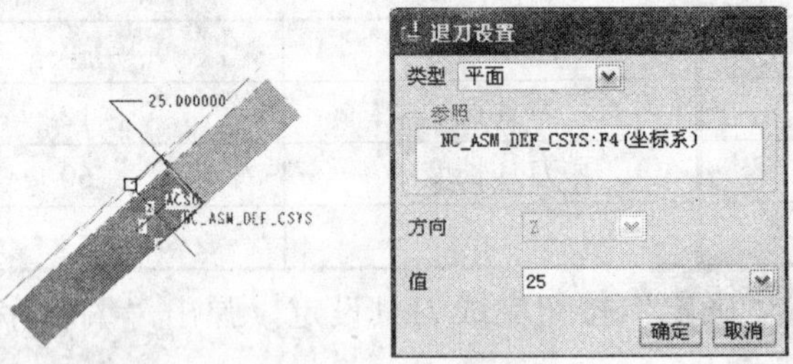


图 10-41 设置退刀曲面

图 10-42 选取曲面

（16）单击“选取”对话框中的“确定”按钮，然后在“选取曲面”菜单中选择“完成/返回”命令，进入“NC 序列”菜单，完成 NC 序列的创建。

（17）在“NC 序列”菜单中选择“演示轨迹”命令，弹出“演示路径”菜单；在“演示路径”菜单中选中“计算 CL”复选框，然后选择“屏幕演示”命令，系统将创建刀具路径数据。

（18）刀具路径数据创建完毕，弹出“播放路径”对话框。

（19）在“播放路径”对话框中单击▶按钮将演示刀具轨迹，效果如图 10-43 所示。在菜单栏中选择“文件”→“保存为”命令，保存 CL 文件为 10_3.ncl。

（20）在“播放路径”对话框中单击“关闭”按钮关闭路径播放。

（21）在“演示路径”菜单中取消选中“计算 CL”复选框，然后选择“NC 检测”命令，弹出 VERICUT 界面。单击“播放”按钮▶，开始 NC 检测，结果如图 10-44 所示。

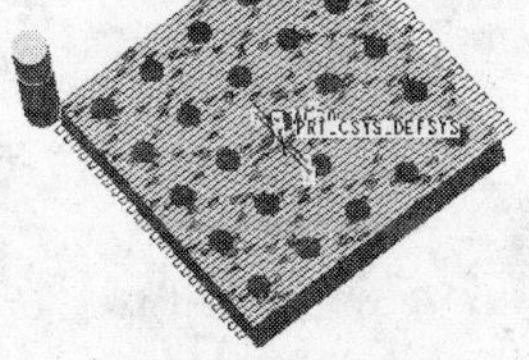

图 10-43　刀具轨迹演示效果

图 10-44　NC 检测结果

（22）NC 检测完毕，关闭 VERICUT 界面，然后在“NC 序列”菜单中选择“完成序列”命令，最后在弹出的“加工”菜单中选择“完成/返回”命令退出“加工”菜单，完成 NC 序列方法创建表面铣削数控加工序列的定义。

（23）在主工具栏中单击 按钮，保存制造模型。

## 10.4　轮廓铣削

轮廓铣削数控加工序列主要针对垂直和倾斜度不大的几何曲面，配合加工刀具和制造参数设置，以等高的方式沿着加工几何曲面分层加工，可用于外围轮廓的半精加工和精加工。

### 10.4.1　轮廓铣削数控加工序列定义

在创建轮廓铣削数控序列的过程中需要设置如图 10-45 所示的“序列设置”菜单，该菜单包含了很多轮廓铣削序列的设置项，如名称、注释、刀具、附件、参数、坐标系、退刀曲面、曲面、扇形凹口曲面、检测曲面、构建切削、起始和终止。通过完成这些设置项的定义来完成轮廓铣削数控加工序列。

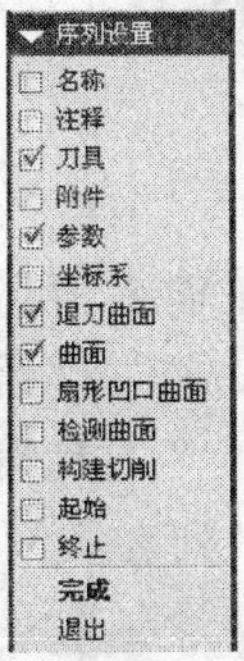


图 10-45　轮廓铣削数控加工“序列设置”菜单

### 10.4.2　实例

下面通过实例来介绍轮廓铣削数控加工序列的定义方法与内容。

光盘文件：光盘\素材\第 10 章\10-4\5-1-2.prt。

（1）启动 Pro/ENGINEER Wildfire 4.0，在菜单栏中选择“文件”→“打开”命令，进入制造界面。制造模型如图 10-46 所示。

（2）在菜单管理器中选择“加工”命令，系统自动弹出“操作设置”对话框，提示用户进行操作环境设置。

（3）在“操作设置”对话框中单击“定义机床”按钮，弹出“机床设置”对话框，按第 8 章的相关方法设置机床。

（4）在“机床设置”对话框中单击“确定”按钮，完成机床设置。

图 10-46　制造模型

（5）在“操作设置”对话框中单击“加工零点”按钮，然生选择制造模型中的坐标系 NC_ASM_DEF_CSYS，完成加工零点的设置。

（6）在“操作设置”对话框中单击“确定”按钮，完成操作设置。此时自动弹出“辅助加工”菜单。

（7）在“辅助加工”菜单中选择“加工”→“轮廓”→“3 轴”→“完成”命令，弹出“NC 序列”菜单和“序列设置”菜单。在“序列设置”菜单中分别选中“名称”、“刀具”、“参数”、“退刀曲面”和“曲面”复选框，然后选择“完成”命令，弹出如图 10-47 所示的输入消息提示框。

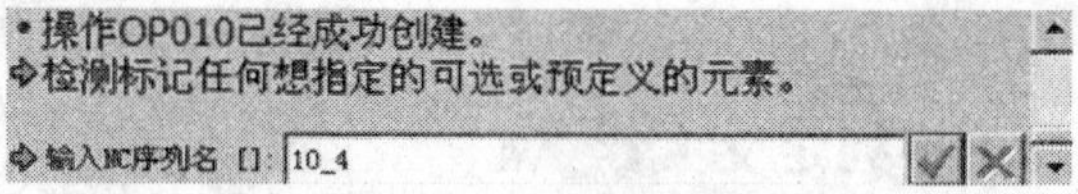


图 10-47　输入消息提示框

（8）在输入消息提示框中输入 NC 序列名称 10_4，然后单击按钮完成名称设置，弹出“刀具设定”对话框，按 10.3.2 小节的参数设置“刀具设定”对话框。

（9）在“刀具设定”对话框中单击“确定”按钮完成刀具设定，弹出如图 10-48 所示的“编辑序列参数‘10_4’”对话框。在“编辑序列参数‘10_4’”对话框中按表 10-8 所示的数据设置制造参数。

**表 10-8　制造参数**

| 参　数 | 内　容 | 参　数 | 内　容 |
|---|---|---|---|
| CUT-FEED | 300 | 侧壁扇形高度 | 0 |
| 步长深度 | 2 | SPINDLE-SPEED | 500 |
| PROF-STOCK-ALLOW | 0 | COOLANT-OPTION | 开 |
| 检测允许的曲面毛坯 | – | 安全距离 | 2 |

（10）在“编辑序列参数‘10_4’”对话框中选择“文件”→“另存为”命令，弹出“保存副本”对话框，输入文件名 milprm，然后单击“确定”按钮完成制造参数设置。

（11）系统弹出“退刀设置”对话框，在“退刀设置”对话框的“值”文本框中输入 Z 轴深度为 35，如图 10-49 所示。

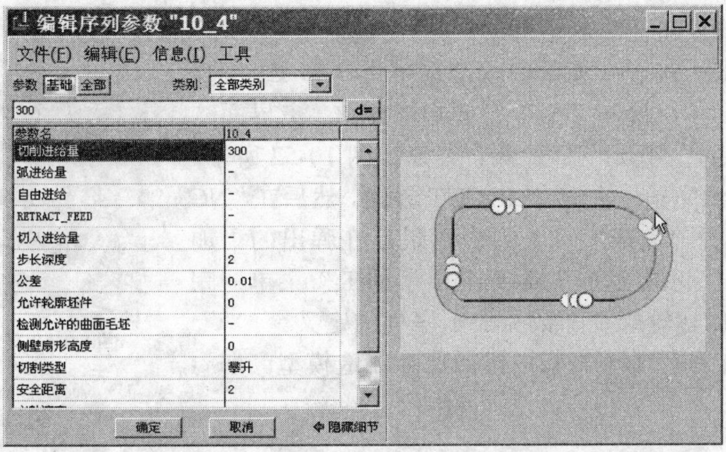


图 10-48 “编辑序列参数‘10_4’”对话框

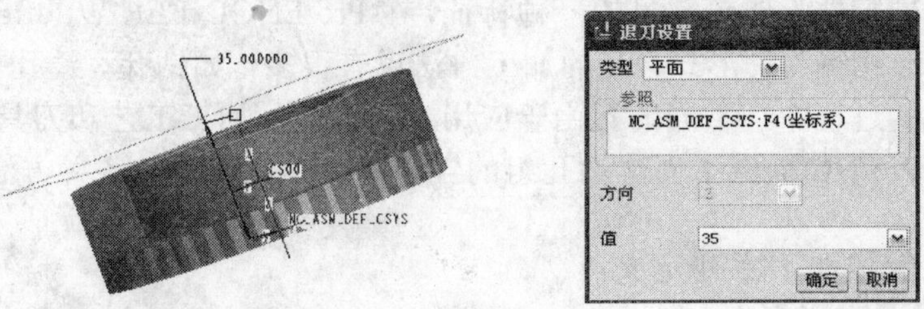


图 10-49　设置退刀曲面

（12）在“退刀设置”对话框中单击“确定”按钮，完成退刀平面的设置，弹出“NC序列”菜单和“曲面拾取”菜单，在“曲面拾取”菜单中选择“模型”命令。

（13）在“曲面拾取”菜单中选择“完成”命令，弹出“选取曲面”菜单、“曲面/环”菜单和“选取”对话框。

（14）在制造模型中选择如图 10-50 所示的曲面。

（15）在“曲面/环”菜单中选择“完成”命令，然后在“选取曲面”菜单中选择“完成/返回”命令以进入“NC 序列”菜单，完成 NC 序列的创建。

（16）在“NC 序列”菜单中选择“演示轨迹”命令，弹出“演示路径”菜单；在“演示路径”菜单中选中“计算 CL”复选框，然后选择“屏幕演示”命令，系统将创建刀具路径数据。

（17）刀具路径数据创建完毕，弹出“播放路径”对话框。

（18）在“播放路径”对话框中单击 ▶ 按钮，将演示刀具轨迹，效果如图 10-51 所示。在菜单栏中选择“文件”→“另存为”命令，保存 CL 文件为 10_4.ncl。

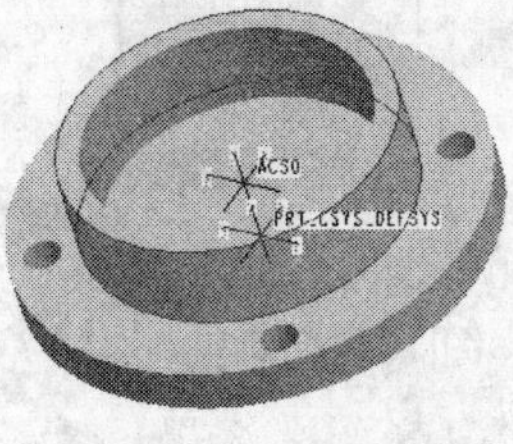


图 10-50　选择曲面

图 10-51　刀具轨迹演示效果

（19）在“播放路径”对话框中单击“关闭”按钮关闭路径播放。

（20）在“演示路径”菜单中取消选中“计算 CL”复选框，然后选择“NC 检测”命令，弹出 VERICUT 界面。单击“播放”按钮▶，开始 NC 检测，结果如图 10-52 所示。

（21）NC 检测完毕，关闭 VERICUT 界面，然后在“NC 序列”菜单中选择“完成序列”命令，最后在弹出的“加工”菜单中选择“完成/返回”命令退出“加工”菜单，完成 NC 序列方法创建轮廓铣削数控加工序列的定义。

图 10-52　NC 检测结果

（22）在主工具栏中单击按钮，保存制造模型。

## 10.5　孔加工

孔特征是机械零件上比较常见的一种特征，在 Pro/ENGINEER Wildfire 4.0 中主要有直孔、草绘孔和标准孔等几种形式。孔的加工方法也有很多，如钻孔、镗孔、铰孔和攻丝等。在进行数控加工的过程中，不同的孔由于应用方式不同，加工工艺和刀具的选择也有很大的差异。因此，Pro/NC 提供了创建钻孔组的各种方式和孔加工的各种方法。

### 10.5.1　孔加工数控加工序列定义

孔加工数控序列将以循环方式依次加工被加工零件上的各个孔。Pro/NC 提供了多种钻孔加工方式来进行孔加工规划，包括钻孔、表面、镗孔、埋头孔、攻丝、铰孔和定制。定义孔加工序列时，不同的加工方式有不同的序列设置和制造参数设置。

**1．“孔加工”菜单**

在如图 10-53 所示的“辅助加工”菜单中选择“加工”→“孔加工”→“3 轴”→“完成”命令，弹出如图 10-54 所示的“孔加工”菜单，该菜单主要分为以下 3 部分内容。

（1）第一部分：指定孔加工的类型，有“钻孔”、“表面”、“镗孔”、“埋头孔”、“攻丝”、“铰孔”和“定制”7 个命令，各命令的含义如下。

- 钻孔：用循环钻孔法钻孔。
- 表面：反向镗孔，在钻孔时可以在最终深度位置选择停顿，从而确保孔底部的曲面光洁。
- 镗孔：创建镗孔加工序列，创建具有高精度的加工直径。
- 埋头孔：创建埋头孔加工序。
- 攻丝：创建攻丝加工序列，钻螺纹孔。
- 铰孔：创建铰孔加工序列，创建精确的精加工孔。

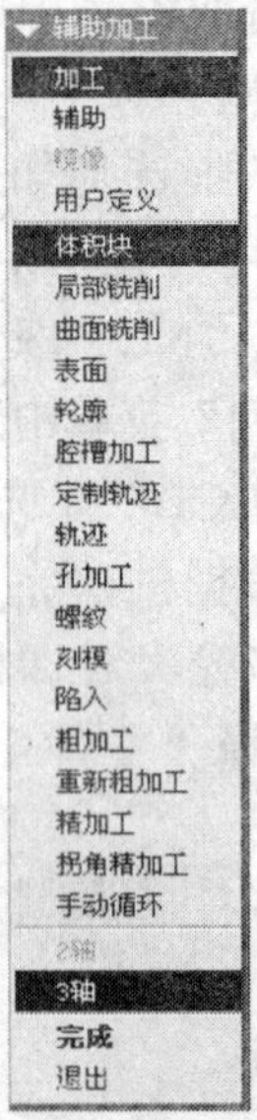


图 10-53　“辅助加工”菜单

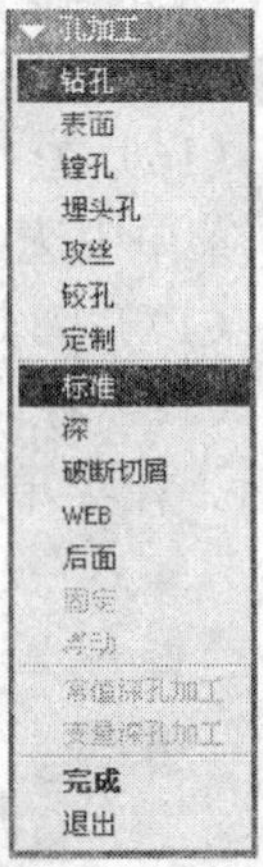


图 10-54　“孔加工”菜单

❍　定制：创建定制循环序列。

（2）第二部分：指定孔加工的循环方式，有“标准”、“深”、“破断切屑”、“WEB”、“后面”、“固定”和“浮动”7 个命令。这些命令中“标准”、“深度”、“破断切屑”、“WEB”、“后面”对应于孔加工类型中的“埋头孔”，而“固定”和“浮动”命令对应于“攻丝”。

（3）第三部分：设定钻孔深度，有“常值深孔加工”和“变量深孔加工”两个命令，用于设定加工时的步进深度。只有在第二部分中选择“深”命令时，这两个命令才可以使用。

在“孔加工”菜单中完成需要的设定后，选择该菜单中的“完成”命令，弹出如图 10-55 所示的“序列设置”菜单，该菜单包括在孔加工中所有可以设置的命令：“名称”、“注释”、“刀具”、“附件”、“参数”、“坐标系”、“退刀曲面”、“检测曲面”、“孔”、“起始”和“终止”。

**2．“编辑序列参数‘打孔’”对话框**

在“序列设置”菜单中，“参数”的设置对钻孔加工序列起着至关重要的作用，因此，有必要了解如图 10-56 所示的“编辑序列参数‘打孔’”对话框中的一些参数的设置，详细介绍如下。

图 10-55　“序列设置”菜单

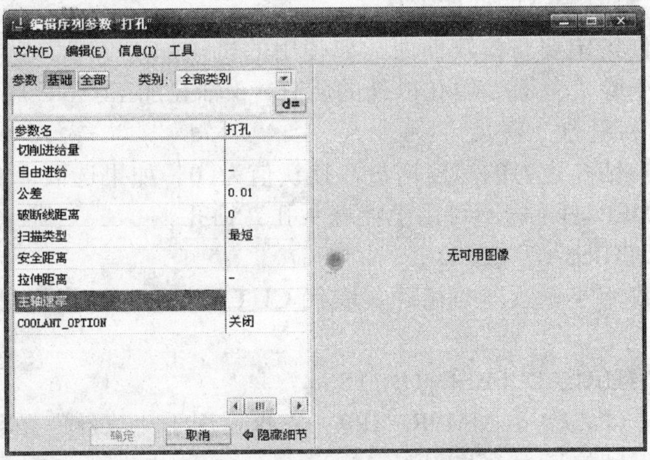


图 10-56　“编辑序列参数‘打孔’”对话框

（1）通用加工参数

❍　CUT_FEED：切削运动所使用的进给速度。未设置默认的 CUT_FEED（显示为“-1”）。

❍　CUT_UNITS：IPM（英寸每分钟，默认值），FPM（英尺每分钟），MMPM（毫米每分钟），FPR（英尺每转），IPR（英寸每转），MMPR（毫米每转）。

❍　SPINDLE_SPEED：机床主轴旋转的速度。未设置默认值（显示为“–1”）。

（2）孔加工参数

以下参数专门用于“孔加工”NC 序列。设置这些参数时，它们被列在与分支名称相对应的标题下。

1）扫描类型

有以下几种算法可用于自动创建“孔加工”刀具路径。

❍　类型 1：增加 Y 坐标并在 X 轴方向上来回移动，如图 10-57 所示。

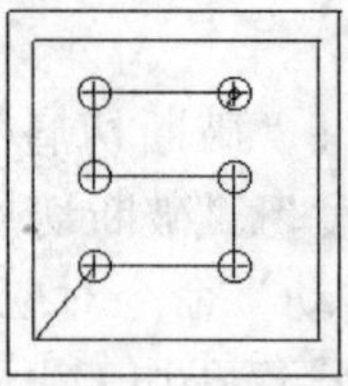

图 10-57　类型 1

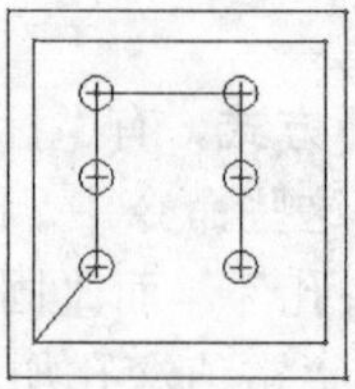

图 10-58　类型螺旋

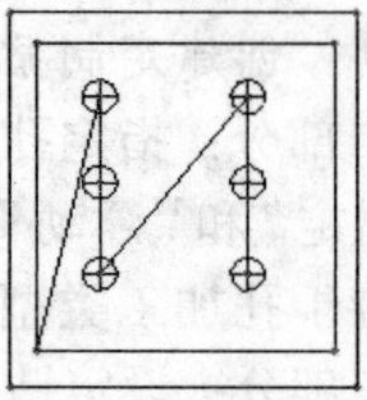

图 10-59　类型 1 方向

- 类型螺旋：从距坐标系最近的孔顺时针方向开始，如图 10-58 所示。
- 类型 1 方向：增加 X 坐标并减小 Y 坐标，如图 10-59 所示。
- 选出顺序：按孔的选取顺序钻孔。
- 最短（默认值）：系统确定采用哪种孔顺序可使加工运动时间最短。

2）破断线距离

在与使用“穿过所有”所钻孔相关，以及与使用“自动”深度选项所钻通孔相关的 CYCLE 语句中，系统将 BREAKOUT_DISTANCE 值添加到 Z 轴深度。如果在定义“孔集”时选取“破断线距离”，则可将此参数用于盲孔。它的默认值为 0。

3）检测允许的曲面毛坯

允许指定要与检测曲面一起使用的机械加工余量。默认值是“–”，即可忽略。此参数可用于除“背面”镗孔以外的所有“3 轴孔加工”NC 序列。

4）深孔加工深度

每一钻孔走刀的深度增量，默认值为 0。如果选取“深度”钻孔，则必须指定非零的 PECK_DEPTH。它不可用于“埋头孔”钻孔。

5）THREAD_FEED

它仅用于“攻丝”循环（取代 CUT_FEED）以指定进给速度。未设置默认值（显示为“–1”）。

6）THREAD_FEED_UNITS

TPI（默认），MMPR，IPR。它仅适用于“攻丝”循环，允许改变螺距名称。

7）延时

在某一深度停顿的持续时间。默认值是“–”，这种情况下没有延迟。它不适用于“攻丝”和“深度”循环。

8）延时单位

SECONDS（默认值）或 REV。

9）间隙-距离

此参数是指在 PLUNGE_FEED 结束和 CUT_FEED 开始的那个孔处，高出此孔顶部的间隙距离。未设置默认值（显示为“–1”）。

10）拉伸距离

允许刀具返回到不是由 CLEAR_DIST 定义的点。默认值是“–”，在这种情况下，不使用此参数。

如果使用默认值，则当刀具移动到下一孔时将返回到间隙距离（CLEAR_DIST），且循环语句不包括“返回”选项。如果 PULLOUT_DIST 的值设置为 0，则当刀具移动下一孔时将返回到退刀平面。

11）定向角

允许在退刀前指定非对称刀具从孔壁向后移开之前的方向。它仅适用于“镗孔”循环和背面定位钻孔。默认值是“-”，在这种情况下，不使用此参数。

12）角拐距离

允许在退刀前指定非对称刀具从孔壁向后移开的距离。它仅适用于“镗孔”循环和背面定位钻孔。默认值是“-”，达种情况下不使用此参数。

13)背面镗孔间隙

刀具与孔圆柱间的最小距离。它仅适用于背面定钻孔。

### 10.5.2　实例

#### 1. 钻孔加工序列

钻孔使用循环钻孔法钻孔，用于普通的孔加工。下面通过实例来介绍以钻孔方式定义孔加工 NC 序列的方法。

（1）启动 Pro/ENGINEER Wildfire 4.0，在菜单栏中选择“文件”→“打开”命令，打开光盘\素材\第 10 章\10-5\10-5.mfg 文件，进入制造界面。制造模型如图 10-60 所示。

图 10-60　制造模型

（2）在菜单管理器中选择“加工”命令，系统自动弹出“操作设置”对话框，提示用户进行操作环境设置。

（3）在“操作设置”对话框中单击“定义机床”按钮，弹出“机床设置”对话框。机床设置方法可参考第 8 章的相关内容。设置结果如图 10-61 所示，机床参数如表 10-9 所示。

（4）在“机床设置”对话框中单击“确定”按钮完成机床设置。

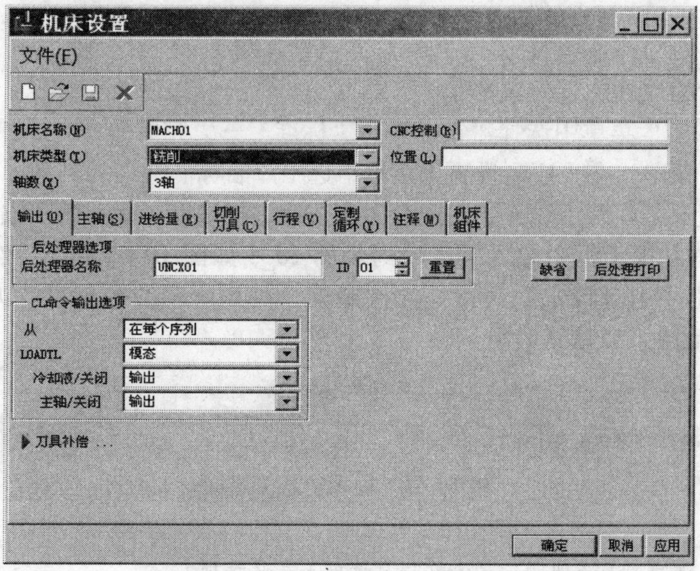


图 10-61　“机床设置”对话框

表 10-9　机床参数

| 参　　数 | 内　容 |
|---|---|
| 机床名称 | Mach01 |
| 机床类型 | 铣削 |
| 主轴最大速度 | 5000 rpm |

（5）在“操作设置”对话框中单击“加工零点”设置项后面的按钮，然后选择制造模型中的坐标系 NC_ASM_DEF_CSYS，完成加工零点的设置。完成上述设置后的“操作设置”对话框如图 10-62 所示。

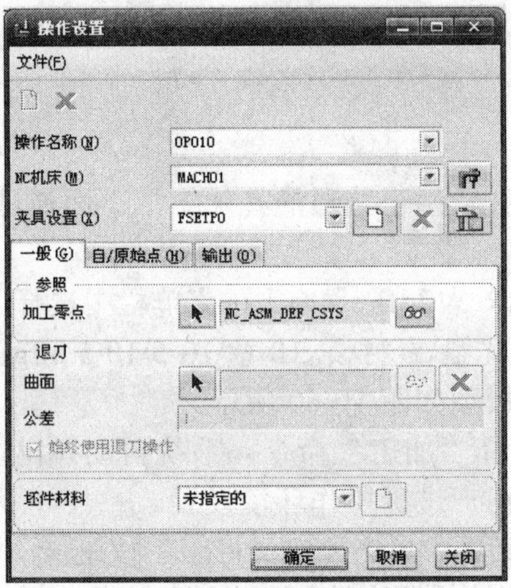


图 10-62　“操作设置”对话框

（6）在“操作设置”对话框中单击“确定”按钮，完成操作设置。此时自动弹出“辅助加工”菜单。

（7）在“辅助加工”菜单中选择“加工”→“孔加工”→“3 轴”→“完成”命令，弹出如图 10-54 所示的“孔加工”菜单。

（8）在“孔加工”菜单中选择“钻孔”→“标准”→“完成”命令，弹出“NC 序列”菜单和“序列设置”菜单。在“序列设置”菜单中选中“名称”、“刀具”、“参数”、“退刀曲面”和“孔”复选框，然后选择“完成”命令依次进行设置，此时弹出输入消息提示框。

（9）在输入消息提示框中输入 NC 序列名称 10_5 如图 10-63 所示，然后单击按钮完成名称设置，弹出“刀具设定”对话框，按照表 10-10 所示的数据设置刀具数据，该表中未列出的参数均保持系统默认设置。

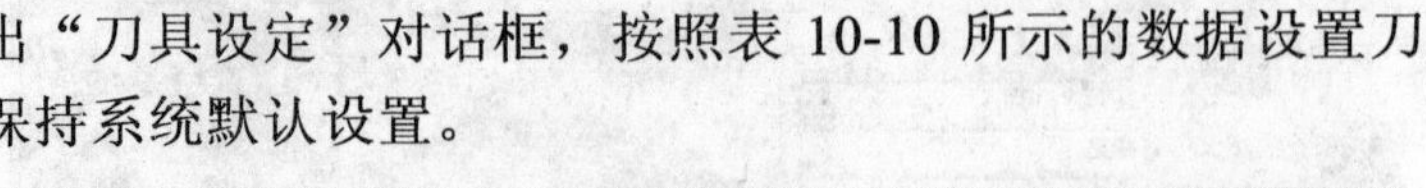


图 10-63　输入消息提示框

**提 示**

在创建铣削数控加工序列时，“名称”复选框不是必选项。

表 10-10　刀具数据

| 参　　数 | 内　　容 | 参　　数 | 内　　容 |
|---|---|---|---|
| 名称 | Tool1 | 刀具顶角 | 118 |
| 类型 | 基本钻头 | 刀具直径 | 6 |
| 材料 | HSS | 刀具长度 | 40 |
| 单位 | 毫米 | 凹槽深度 | 30 |

（10）完成刀具设定后的对话框如图 10-64 所示。在“刀具设定”对话框中依次单击“应用”、“确定”按钮完成刀具设定，弹出“编辑序列参数‘10_5’”对话框。

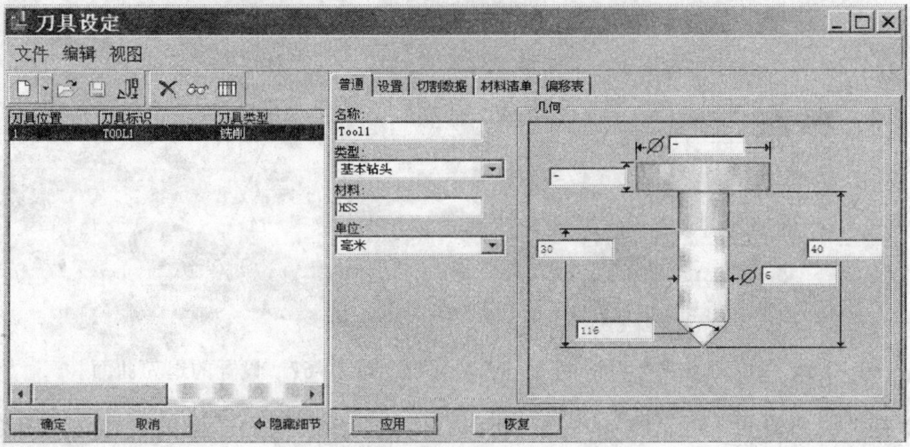

图 10-64 “刀具设定”对话框

（11）在“编辑序列参数‘10_5’”对话框中，按表 10-11 所示的数据设置制造参数，该表中未列出的制造参数均保持默认设置。设置完成后的“编辑序列参数‘10_5’”对话框如图 10-65 所示。

表 10-11　制造参数

| 参　　数 | 内　　容 | 参　　数 | 内　　容 |
|---|---|---|---|
| CUT-FEED | 500 | COOLANT-OPTION | 开 |
| 破断线距离 | 0 | 间隙-距离 | 2 |
| 扫描类型 | 最短 | 拉伸距离 | – |
| SPINDLE-SPEED | 800 | | |

（12）在“编辑序列参数‘10_5’”对话框的菜单栏中选择“文件”→“另存为”命令，弹出“保存副本”对话框。输入文件名 drlprm，将参数文件保存到工作目录下。

（13）在“编辑序列参数‘10_5’”对话框中单击“确定”按钮，弹出如图 10-66 所示的“退刀设置”对话框。

（14）在“退刀设置”对话框的“值”文本框中输入 Z 轴深度为 35，设置的退刀曲面如图 10-67 所示。

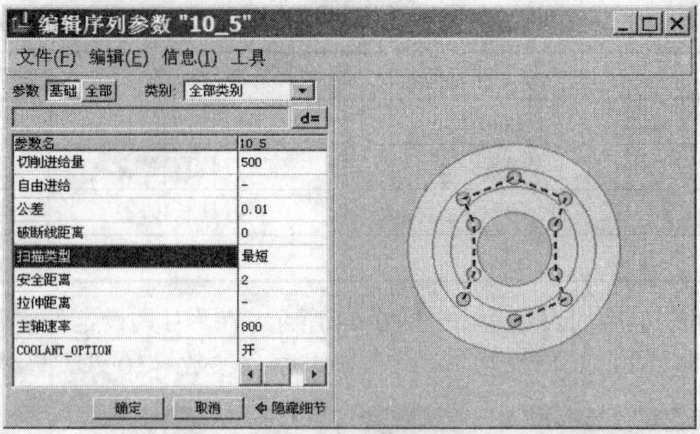


图 10-65 “编辑序列参数‘10_5’”对话框

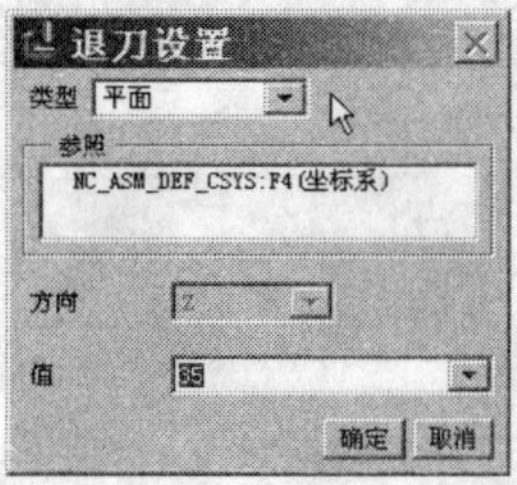


图 10-66 “退刀设置”对话框

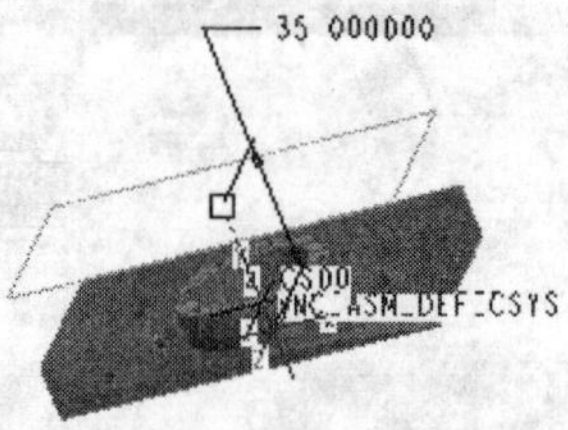


图 10-67 设置的退刀曲面

（15）在“退刀设置”对话框中单击“确定”按钮，完成退刀平面的设置，弹出如图 10-68 所示的“孔集”对话框，选取要加工的孔集。

该对话框主要由“孔选取”选项组和“选项”选项组组成。

“选项”选项组主要包括深度设置按钮、选取起始孔按钮、使用预览按钮和信息按钮。“孔选取”选项组主要由“轴”选项卡、“组”选项卡、“点”选项卡、“直径”选项卡、“曲面”选项卡和“参数”选项卡组成，比钻孔组对话框多了“组”选项卡和“点”选项卡，下面对这两个选项卡进行简要介绍。

- “组”选项卡。“组”选项卡主要以钻孔组为对象进行孔集的选择。使用“组”选项卡选择孔集的步骤：在“孔选取”选项组中单击“组”标签，进入如图 10-69 所示的“组”选项卡，然后单击“添加”按钮，弹出如图 10-70 所示的“选取钻孔组”对话框。在“选取钻孔组”对话框中选取 DRILL_GROUP_1 钻孔组，然后单击“确定”按钮，选择的钻孔组显示在“组”选项卡中。在“组”选项卡中单击“确定”按钮，完成孔集的选择。
- “点”选项卡。“点”选项卡如图 10-71 所示，主要用于通过选取点来选取要加工的孔。选择点的方式有两种，即“选取单个点”和“按特征选取点”。对孔的限制有 3 种，即“按点”、“在曲面上”和“文件”3 个选项。

（16）在“孔集”对话框中单击“组”标签，切换到“组”选项卡，单击“添加”按钮，弹出“选取钻孔组”对话框，选取已经创建的 DRILL_GROUP_1 钻孔组，然后单击“确定”按钮。该钻孔组的所有孔已经显示在“轴”选项卡的列表中，在绘图区显示如图 10-72 所示。

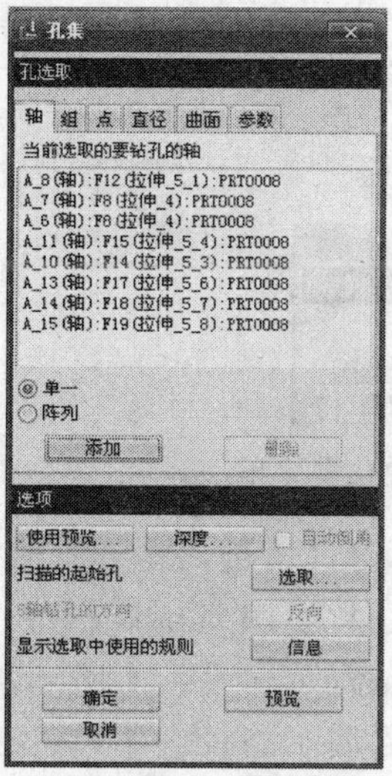

图 10-68 “孔集”对话框

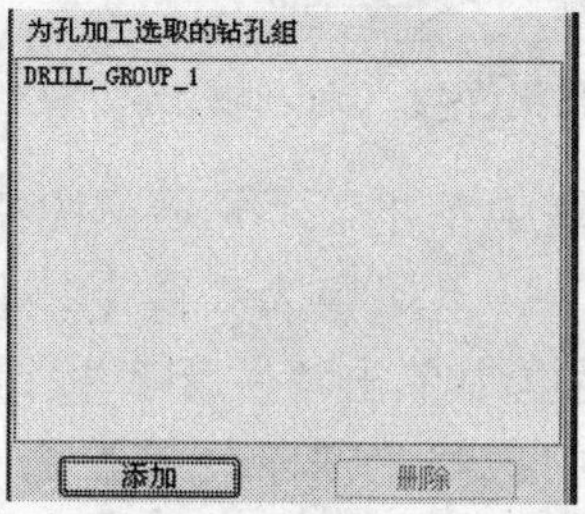

图 10-69 “组”选项卡

图 10-70 “选取钻孔组”对话框

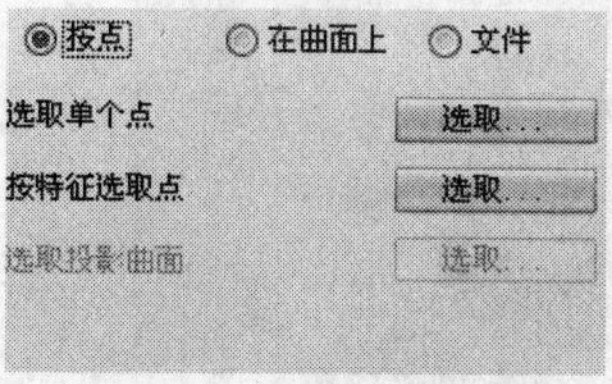

图 10-71 “点”选项卡

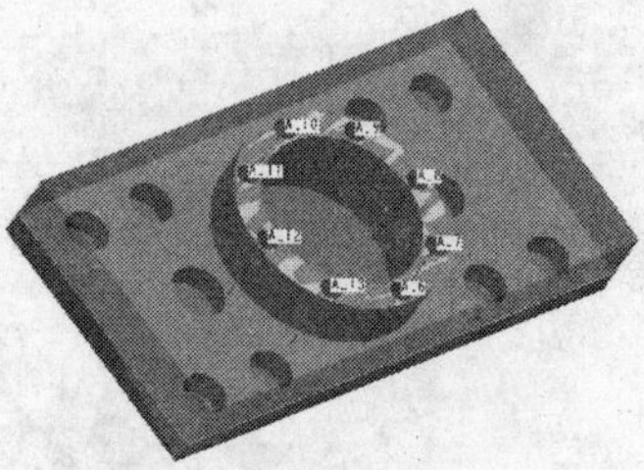
图 10-72 绘图区显示

（17）在“孔集”对话框中单击“深度”按钮，弹出如图 10-73 所示的“孔集深度”对话框。

“孔集深度”对话框主要用于设置孔的深度，其中“孔深度”有 3 个可选项。

- “盲孔”单选按钮：选中该单选按钮，进入盲孔设置界面。
- “自动”单选按钮：选中该单选按钮，进入自动设置模式，系统自动计算出孔特征的深度。
- “穿过所有”单选按钮：选中该单选按钮，表示穿过所有设置模式，自动计算完全穿透的铣削加工深度。

（18）在“孔集深度”对话框中选中“穿过所有”单选按钮，单击“选取全部”按钮，然后单击“确定”按钮，完成深度设置，进入“孔集”对话框。

（19）在“孔集”对话框中单击“选取”按钮，弹出“选取”对话框，选取轴 A_9，然后单击“选取”对话框中的“确定”按钮，完成扫描起始孔设置。

（20）在“孔集”对话框中单击“确定”按钮，弹出如图 10-74 所示的“孔”菜单。选择“完成/返回”命令，进入“NC 序列”菜单。

（21）在“NC 序列”菜单中选择“演示轨迹”命令，弹出“演示路径”菜单；在“演示路径”菜单中选中“计算 CL”复选框，然后选择“屏幕演示”命令，弹出“播放路径”对话框。

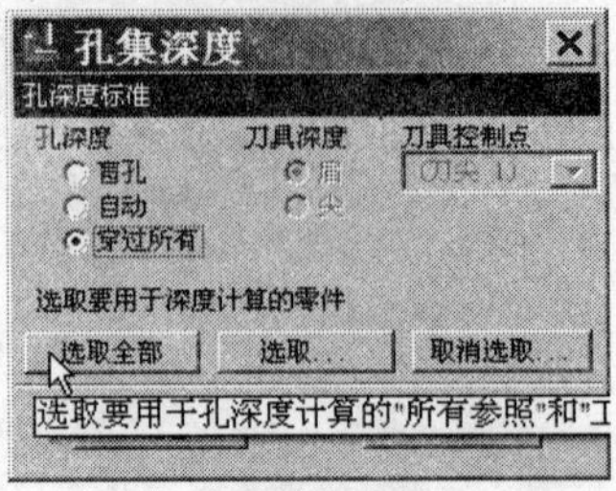


图 10-73 “孔集深度”对话框

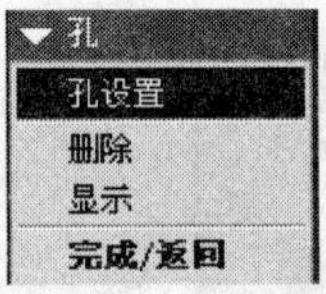


图 10-74 “孔”菜单

（22）在“播放路径”对话框中单击按钮，将演示刀具轨迹，效果如图 10-75 所示。在菜单栏中选择“文件”→“保存为”命令，保存 CL 文件为 10_5.ncl。

（23）在“播放路径”对话框中单击“关闭”按钮关闭路径播放。

（24）在“NC 序列”菜单中选择“演示轨迹”命令，弹出“演示路径”菜单；在“演示路径”菜单中取消选中“计算 CL”复选框，然后选择“NC 检测”命令，弹出 VERICUT 界面。单击“播放”按钮，开始 NC 检测，结果如图 10-76 所示。

图 10-75 刀具轨迹演示效果

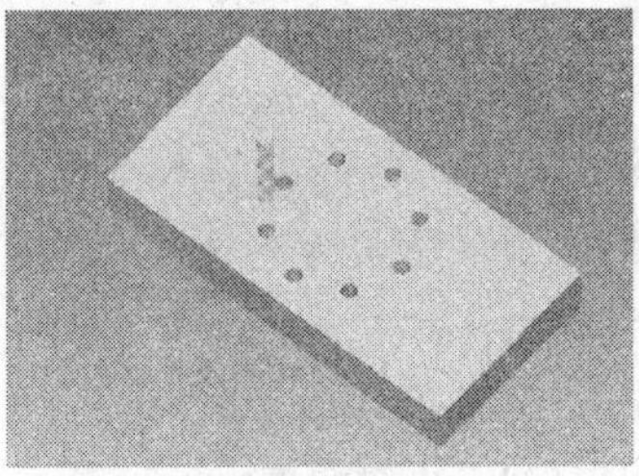

图 10-76 NC 检测结果

（25）NC 检测完毕，关闭 VERICUT 界面，然后在“NC 序列”菜单中选择“完成序列”命令，在弹出的“加工”菜单中选择“完成/返回”命令，退出“加工”菜单，完成钻孔加工序列的定义。

## 10.6 螺纹铣削

螺纹铣削数控加工序列使用螺纹铣削刀具配合加工数据和制造参数，针对孔和轴等特征进行加工，可以铣削内螺纹和外螺纹。

### 10.6.1 螺纹铣削数控加工序列定义

在创建轨迹铣削数控序列的过程中需要设置如图 10-77 所示的“序列设置”菜单，该菜单包含了很多螺纹铣削序列的设置项，如名称、注释、刀具、附件、参数、坐标系、退刀曲面、定义切割、起始和终止。通过完成这些设置项的定义来完成螺纹铣削数控加工序列。

在选中“定义切割”复选框时会打开如图 10-78 所示的“螺纹铣削”对话框，利用该对话框设置一些螺纹加工中重要的加工参数。下面具体介绍该对话框的内容。

图 10-77　螺纹铣削数控加工“序列设置”菜单

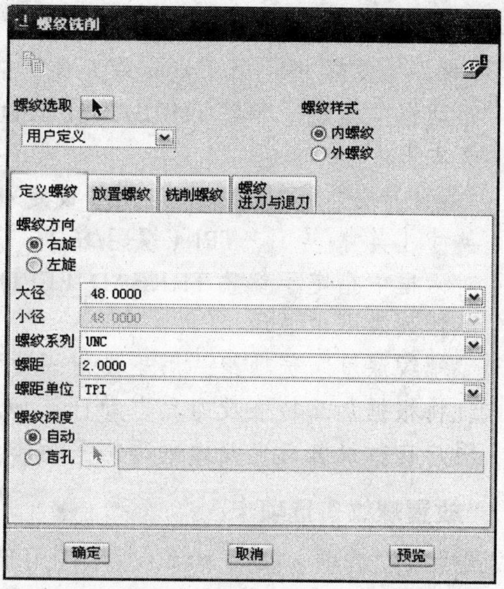


图 10-78　“螺纹铣削”对话框

- “从以前定义的螺纹铣削特征复制规则”按钮：单击该按钮可以从前一个螺纹数控加工序列设置中复制螺纹加工特征选择规则。
- “显示此选取中当前使用的规则”按钮：显示当前的加工特征选择规则。
- “螺纹样式”选项组：用于设置加工的螺纹为内螺纹还是外螺纹，其中内螺纹用于孔，外螺纹用于轴。

**1. “定义螺纹”选项卡**

“定义螺纹”选项卡如图 10-79 所示，用于设定螺纹的属性，下面介绍该选项卡中各选项的含义。

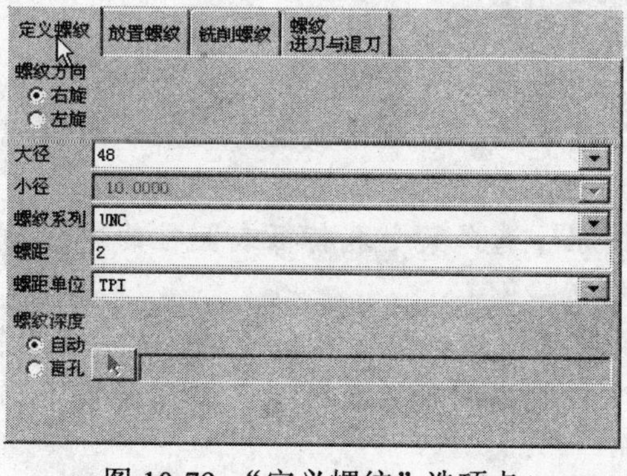


图 10-79　“定义螺纹”选项卡

- “螺纹方向”选项组：设定螺纹是左旋还是右旋。
- “大径、小径”下拉列表框：当铣削内螺纹指定“大径”时，铣削外螺纹指定“小径”。若在设定加工参数时，在“序列参数设置”对话框中指定了参数“螺纹直径”的数值，则该数值将作为默认值在“大径、小径”下拉列表框中显示。
- “螺纹系列”下拉列表框：用于设置螺纹的精度，可以设置为 UNC、UNF、M 粗牙和 M 细牙。

- “螺距”文本框：用于设定螺距值。若在设定加工参数时，在“序列参数设置”对话框中指定了参数 THREAD_FEED 的数值，则该数值将作为默认值在“螺距”文本框中显示。
- “螺距单位”下拉列表框：用于设定螺距单位。螺距单位可以是 mm（毫米/转）、英寸（英寸/转）、TPI（螺距/转）。若在设定加工参数时，在“序列参数设置”对话框中指定了参数 THREAD_FEED 的数值，则该数值将作默认值在“螺距单位”下拉列表框中显示。
- “螺纹深度”选项组：用于设定螺纹的加工距离，若选中“自动”单选按钮，系统将根据加工特征及刀具自动计算加工距离；若选中“盲孔”单选按钮，则需要用户自行设置与退刀面平行的平面作为加工起始或终止平面。

**2．“放置螺纹”选项卡**

“放置螺纹”选项卡如图 10-80 所示，用于定义加工特征的选取规则。

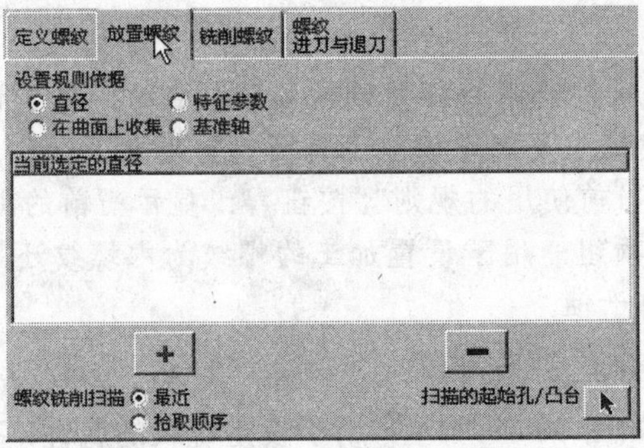


图 10-80 “放置螺纹”选项卡

- “直径”单选按钮：设定加工孔特征和圆柱轴特征的直径，设定直径孔特征和圆柱作为加工特征。
- “在曲面上收集”单选按钮：选择模型上的某个曲面，将该曲面上的各个孔特征和圆柱作为加工特征。
- “基准轴”单选按钮：选择某个孔特征或圆柱的中心轴，拥有该轴的孔特征和圆柱将作为加工特征。
- “特征参数”单选按钮：按特征参数条件选择孔特征和圆柱特征作为加工特征。
- “螺纹铣削扫描”、“扫描的起始孔/凸台”：用于设定选择多个加工特征作为加工特征。
- “添加直径”按钮 + 、“删除直径”按钮 − ：单击 + 按钮，弹出如图 10-81 所示的“选取孔直径”对话框，在其中选择列出的直径，拥有该直径的孔将被加工；单击 − 按钮，则将“当前选定的直径”列表中的已经加载的直径删除，拥有该直径的孔将不被加工。

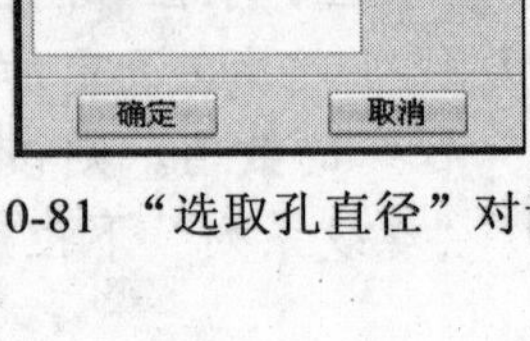


图 10-81 “选取孔直径”对话框

### 3. “铣削螺纹”选项卡

“铣削螺纹”选项卡如图 10-82 所示，用于设定螺纹加工过程的参数。

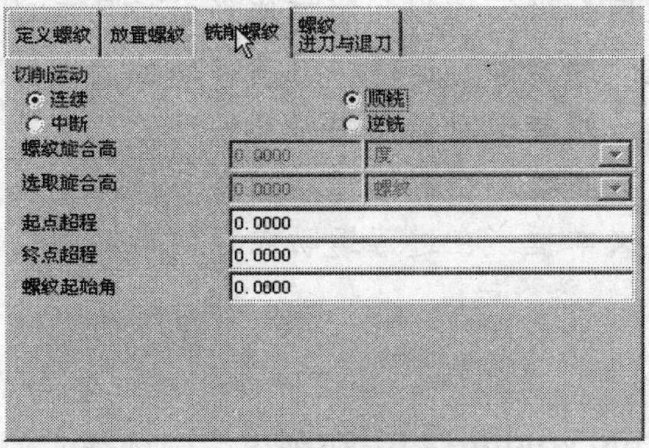


图 10-82 “铣削螺纹”选项卡

- “切削运动”选项组：用于定义加工过程的性质，“连续”表示刀具一次连续运动加工；“中断”表示用于加工多头螺纹；“顺铣”表示机床主轴顺时针旋转时，材料在刀具的左侧；“逆铣”表示机床主轴逆时针旋转时，材料在刀具的右侧。
- “起点超程”文本框：用于指定在刀具轨迹的起始点时，刀具高于加工起始曲面的高度值。
- “终点超程”文本框：用于指定在刀具轨迹的终止点时，刀具低于加工终止曲面的高度值。
- “螺纹起始角”文本框：由于孔或轴的横截面是个圆，该角度用于设定螺丝在该圆开始的位置，则刀具将由此处开始加工螺纹。

### 4. “螺纹进刀与退刀”选项卡

“螺纹进刀与退刀”选项卡如图 10-83 所示，用于设定加工开始前刀具接近加工过程和加工结束后刀具远离加工特征过程中的一些参数。

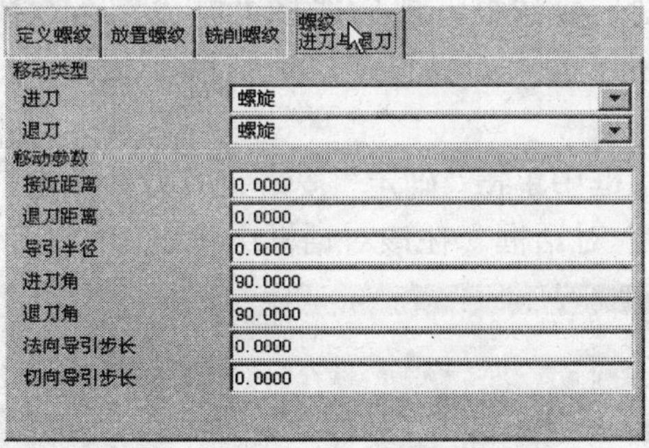


图 10-83 “螺纹进刀与退刀”选项卡

- “进刀”下拉列表框：用于设定刀具接近加工特征的运运方式。“无”表示没有接近运动，“螺旋”表示以螺旋运动进入切削，“垂直于螺旋”表示以垂直切削运动轨迹的运动进入切削。
- “退刀”下拉列表框：用于设定刀具远离加工特征（退刀）的运动方式。“无”表示没有脱离运动，“螺旋”表示以螺旋运动脱离切削，“垂直于螺旋”表示以垂直切削运动轨迹的运动脱离切削。

- “接近距离”文本框：进刀运动中刀具移动的距离。
- “退刀距离”文本框：退刀运动中刀具移动的距离。
- “导引半径”文本框：进入切削和脱离切削时刀具运动轨迹的曲率半径。
- “进刀角”文本框：螺旋进刀运动中刀具移动的角度。
- “退刀角”文本框：螺旋退刀运动中刀具移动的角度。
- “法向导引步长”文本框：在进刀运动或退刀运动中垂直方向上的运动长度。
- “切向导引步长”文本框：在进刀运动或退刀运动中切向方向上的运动长度。

### 10.6.2 外螺纹实例

（1）启动 Pro/ENGINEER Wildfire 4.0，在菜单栏中选择“文件”→“打开”命令，打开光盘\素材\第 10 章\10-6\10_6_ wai_1.mfg 文件，进入制造界面。制造模型如图 10-84 所示。

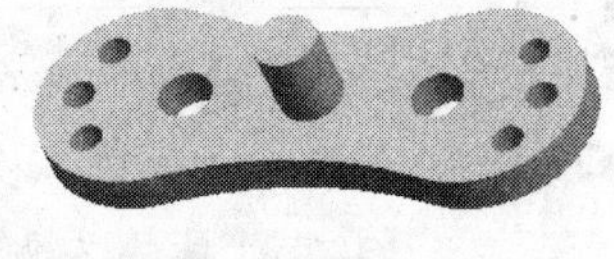

图 10-84 制造模型

（2）在菜单管理器中选择“加工”命令，系统自动弹出“操作设置”对话框，提示用户进行操作环境设置。

（3）在“操作设置”对话框中单击“定义机床”按钮，弹出“机床设置”对话框，按第 8 章的相关方法设置机床。

（4）在“机床设置”对话框中单击“确定”按钮完成机床设置。

（5）在“操作设置”对话框中单击“加工零点”按钮，然后选择制造模型中的坐标系 NC_ASM_DEF_CSYS，完成加工零点的设置。

（6）在“操作设置”对话框中单击“确定”按钮，完成操作设置，弹出“辅助加工”菜单。

（7）在“辅助加工”菜单中选择“加工”→“螺纹”→“3 轴”→“完成”命令，弹出“NC 序列”菜单和“序列设置”菜单。在“序列设置”菜单中选中“刀具”、“参数”、“退刀曲面”和“定义切割”复选框，然后选择“完成”命令依次进行设置。

（8）弹出如图 10-85 所示的“刀具设定”对话框，单击按钮新建刀具 TooL1，刀具数据如表 10-12 所示。

（9）在“刀具设定”对话框中单击“确定”按钮完成刀具设定，弹出如图 10-86 所示的“编辑序列参数‘10_6_wai_1’”对话框。在该对话框中按表 10-13 所示的数据设置制造参数。

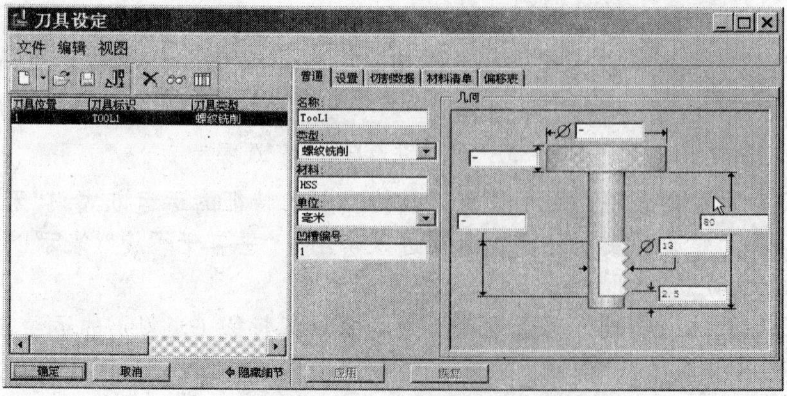


图 10-85 “刀具设定”对话框

**表 10-12　刀具数据**

| 参　　数 | 内　　容 | 参　　数 | 内　　容 |
|---|---|---|---|
| 名称 | TooL1 | 凹槽编号 | 1 |
| 类型 | 螺纹铣削 | 刀具直径 | 13 |
| 材料 | HSS | 插入长度 | 80 |
| 单位 | 毫米 | 末端偏距 | 2.5 |

**表 10-13　制造参数**

| 参　　数 | 内　　容 | 参　　数 | 内　　容 |
|---|---|---|---|
| CUT-FEED | 200 | SPINDLE-SPEED | 15 |
| THREAD-FEED | 2 | COOLANT-OPTION | 开 |
| THEAD-FEED-UNTTS | MMPR | 螺纹直径 | 48 |
| PROF-STOCK-ALLOW | 0 | | |

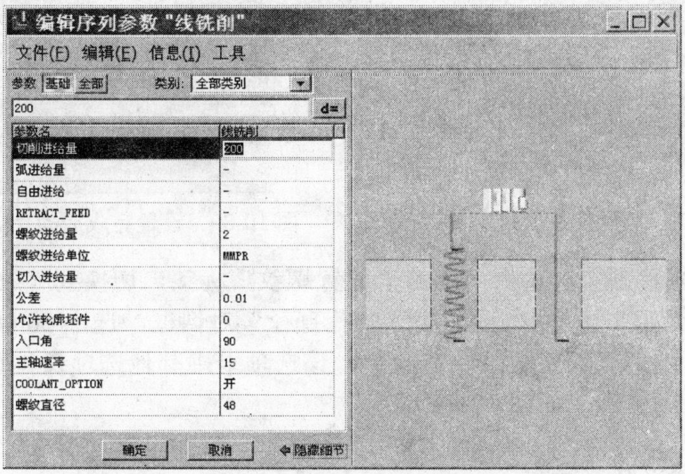


图 10-86　“编辑序列参数‘10_6_wai_1’”对话框

（10）在“编辑序列参数‘10_6_wai_1’”对话框中选择“文件”→“另存为”命令，弹出“保存副本”对话框，输入文件名 milprm，然后单击“确定”按钮完成制造参数的设置。

（11）单击“确定”按钮，弹出“退刀设置”对话框，在“退刀设置”对话框的“值”文本框中输入 Z 轴深度为 75，如图 10-87 所示。

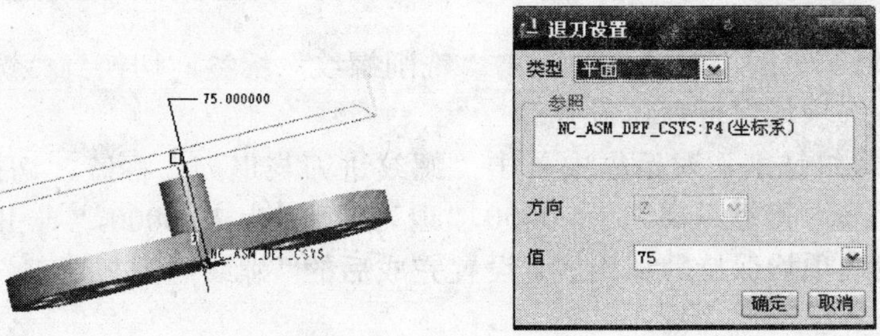


图 10-87　设置退刀曲面

（12）在“退刀设置”对话框中单击“确定”按钮，弹出“螺纹铣削”对话框，定义螺纹样式为“外螺纹”，单击“定义螺纹”标签，在“定义螺纹”选项卡中设置“螺纹方向”为“右旋”，设置“螺纹深度”为“盲孔”；单击按钮，在绘图区选择如图 10-88 所示的基准平面 ADTM1 为参考平面，“定义螺纹”选项卡中其他选项保持默认设置。设置完成后的“定义螺纹”选项卡如图 10-89 所示。

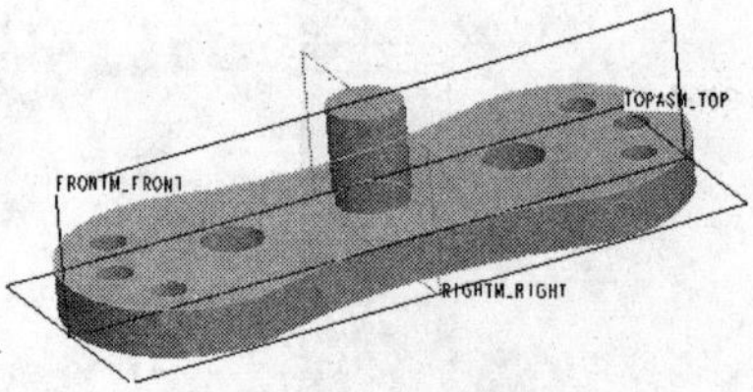


图 10-88　选择参考平面

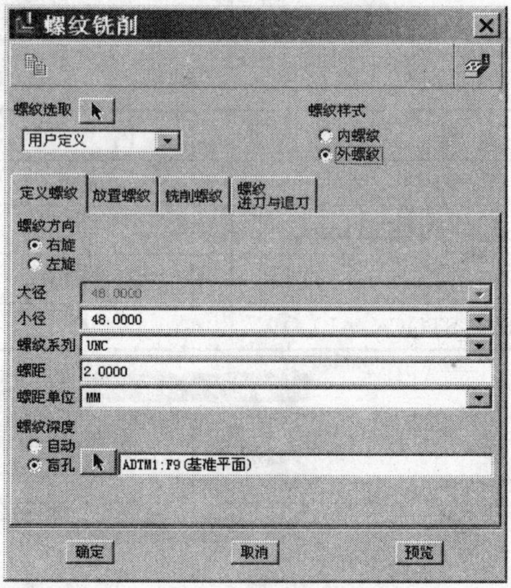


图 10-89　设置完成后的“定义螺纹”选项卡

（13）在“螺纹铣削”对话框中单击“放置螺纹”标签，切换到“放置螺纹”选项卡。单击按钮，弹出如图 10-90 所示的“选取孔直径”对话框，选中 30.000000 选项，单击“确定”按钮，返回到“放置螺纹”选项卡，该选项卡中其他选项保持默认设置。设置完成后的“放置螺纹”选项卡如图 10-91 所示。

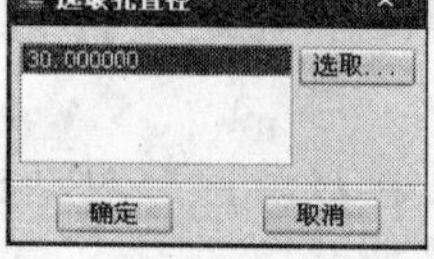


图 10-90　“选取孔直径”对话框

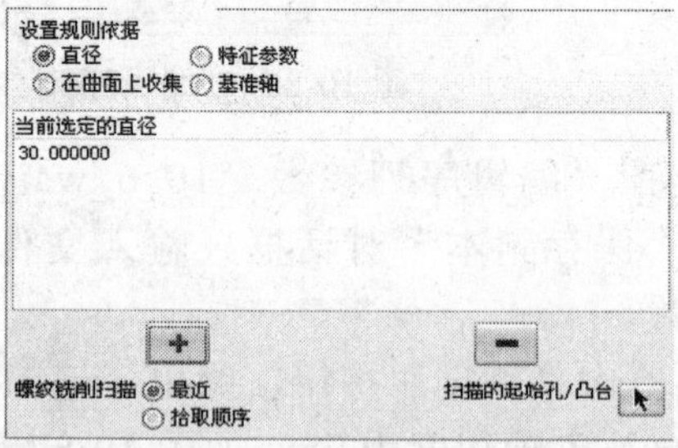


图 10-91　设置完成后的“放置螺纹”选项卡

（14）在“螺纹铣削”对话框中单击“铣削螺纹”标签，切换到“铣削螺纹”选项卡，在该选项卡中各选项均保持默认设置。

（15）在“螺纹铣削”对话框中单击“螺纹进刀与退刀”标签，切换到“螺纹进刀与退刀”选项卡，设置“接近距离”为 5.0000，“退刀距离”为 10.0000，“导引半径”为 50.0000，该选项卡中其他选项均保持默认设置。设置完成后的“螺纹进刀与退刀”选项卡如图 10-92 所示。

（16）在“螺纹铣削”对话框中单击“确定”按钮，在“NC 序列”菜单中选择“演示轨迹”命令，弹出“演示路径”菜单；在“演示路径”菜单中选中“计算 CL”复选框，然后选择“屏幕演示”命令，系统将创建刀具路径数据。刀具路径数据创建完毕后弹出“播放路径”对话框。

（17）在“播放路径”对话框中单击按钮将演示刀具轨迹，效果如图 10-93 所示。在菜单栏中选择“文件”→“保存为”命令，保存 CL 文件为 10_6_wai.ncl。

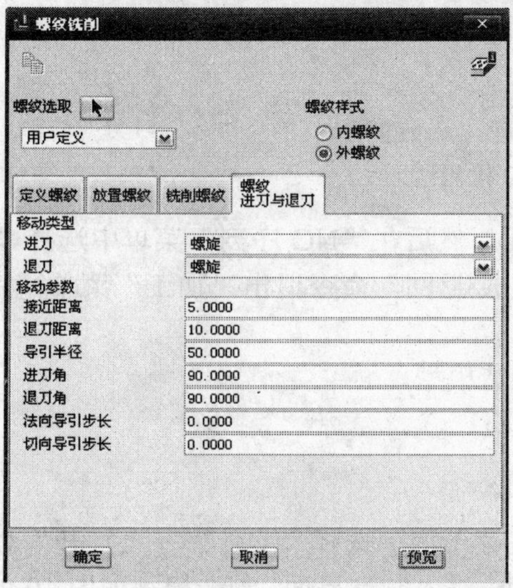


图 10-92　设置完成后的“螺纹进刀与退刀”选项卡

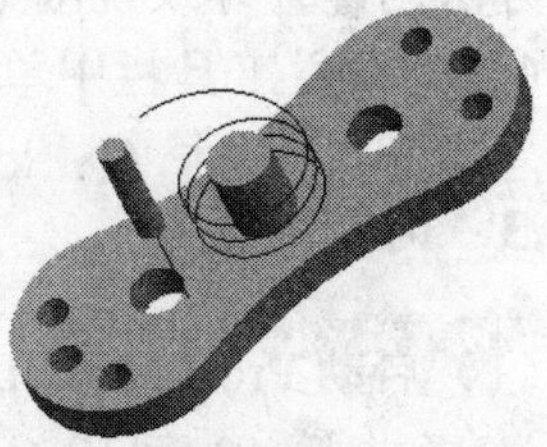

图 10-93　演示刀具轨迹效果

（18）在“序列设置”菜单中选中“定义切割”复选框，选择“完成”命令，弹出“螺纹铣削”对话框，将“螺纹进刀与退刀”选项卡中的“法向导引步长”设置为 0，将“切向导引步长”设置为 100，单击“确定”按钮，继续演示轨迹。更改切向导引步长后的刀具轨迹如图 10-94 所示。

（19）在“序列设置”菜单中选中“定义切割”复选框，选择“完成”命令，弹出“螺纹铣削”对话框，将“螺纹进刀与退刀”选项卡中的“法向导引步长”设置为 100，将“切向导引步长”设置为 0，单击“确定”按钮，继续演示轨迹。更改法向导引步长后的刀具轨迹如图 10-95 所示。

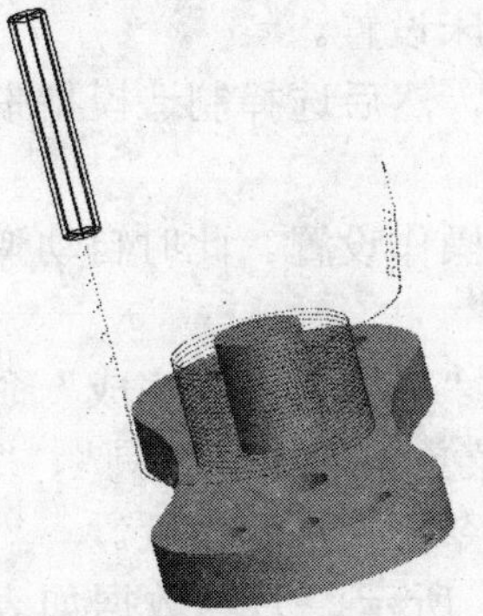

图 10-94　更改切向导引步长后的刀具轨迹

图 10-95　更改法向导引步长后的刀具轨迹

（20）在“演示路径”菜单中取消选中“计算 CL”复选框，然后选择“NC 检测”命令，弹出 VERICUT 界面。单击“播放”按钮，开始 NC 检测，结果如图 10-96 所示。

图 10-96　NC 检测结果

（21）NC 检测完毕，关闭 VERICUT 界面，然后在“NC 序列”菜单中选择“完成序列”命令，在弹出的“加工”菜单中选择“完成/返回”命令退出“加工”菜单，完成 NC 序列方法创建外螺纹铣削数控加工序列的定义。

（22）在主工具栏中单击按钮，保存制造模型。

### 10.6.3　内螺纹铣削

（1）启动 Pro/ENGINEER Wildfire 4.0，在菜单栏中选择“文件”→“打开”命令，打开光盘\素材\第 10 章\10-6\10_6_nei_1.mfg 文件，进入制造界面，制造模型如图 10-97 所示。

图 10-97　制造模型

（2）在菜单管理器中选择“加工”命令，此时系统自动弹出“操作设置”对话框，提示用户进行操作环境设置。

（3）在“操作设置”对话框中单击“定义机床”按钮，弹出“机床设置”对话框，按第 8 章的相关方法设置机床。

（4）在“机床设置”对话框中单击“确定”按钮完成机床设置。

（5）在“操作设置”对话框中单击“加工零点”按钮，然后选择制造模型中的坐标系 NC_ASM_DEF_CSYS，完成加工零点的设置。

（6）在“操作设置”对话框中单击“确定”按钮，完成操作设置。此时自动弹出“辅助加工”菜单。

（7）在“辅助加工”菜单中选择“加工”→“螺纹”→“3 轴”→“完成”命令，弹出“NC 序列”菜单和“序列设置”菜单。在“序列设置”菜单中选中“刀具”、“参数”、“退刀曲面”和“定义切割”复选框，然后选择“完成”命令依次进行设置。

（8）弹出“刀具设定”对话框，设置刀具如图 10-98 所示，刀具数据如表 10-14 所示。

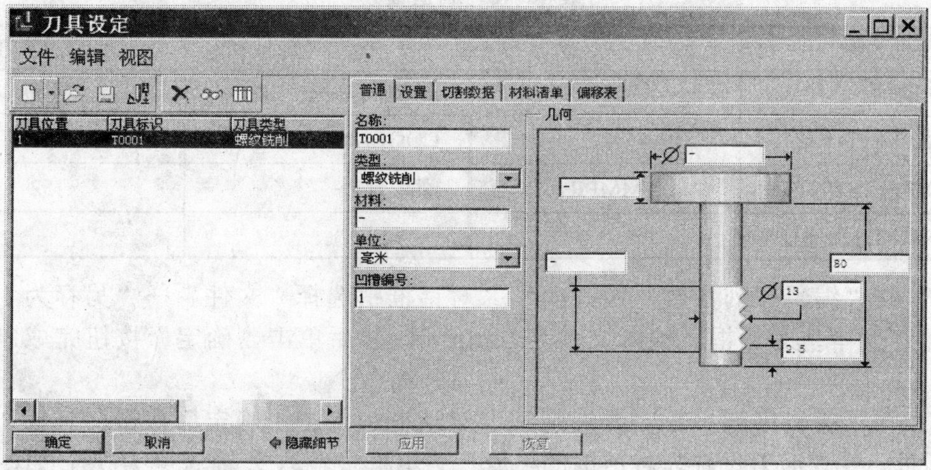


图 10-98　设置刀具

**表 10-14　刀具数据**

| 参　　数 | 内　　容 | 参　　数 | 内　　容 |
|---|---|---|---|
| 名称 | T0001 | 凹槽编号 | 1 |
| 类型 | 螺纹铣削 | 刀具直径 | 13 |
| 材料 | HSS | 插入长度 | 80 |
| 单位 | 毫米 | 末端偏距 | 2.5 |

（9）在“刀具设定”对话框中依次单击“应用”→“确定”按钮完成刀具设定。此时弹出“编辑序列参数‘线铣削’”对话框。在该对话框中按表 10-15 所示的数据设置制造参数。设置完成后的“编辑序列参数‘线铣削’”对话框如图 10-99 所示。

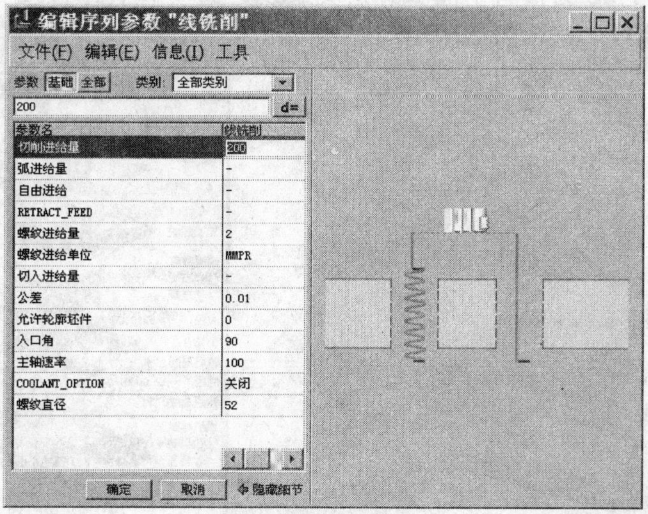


图 10-99　“编辑序列参数‘线铣削’”对话框

表 10-15　制造参数

| 参　数 | 内　容 | 参　数 | 内　容 |
|---|---|---|---|
| CUT-FEED | 200 | SPINDLE-SPEED | 100 |
| THREAD-FEED | 2 | COOLANT-OPTION | 开 |
| THEAD-FEED-UNTTS | MMPR | 螺纹直径 | 52 |
| PROF-STOCK-ALLOW | 0 | | |

（10）在“编辑序列参数‘线铣削’”对话框中选择“文件”→“另存为”命令，弹出“保存副本”对话框，输入文件名 milprm，然后单击“确定”按钮完成制造参数的设置。

（11）在“编辑序列参数‘线铣削’”对话框中单击“确定”按钮，弹出“退刀设置”对话框。在“退刀设置”对话框的“值”文本框中输入 Z 轴深度为 75，如图 10-100 所示。

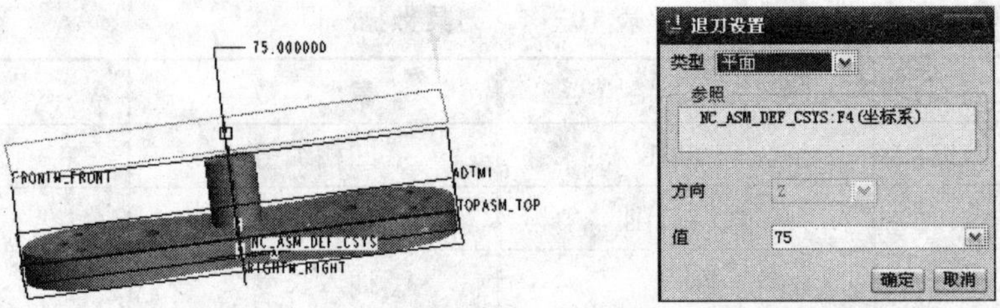


图 10-100　设置退刀平面

（12）在“退刀设置”对话框中单击“确定”按钮，弹出“螺纹铣削”对话框，定义螺纹样式为“内螺纹”；单击“定义螺纹”标签，在“定义螺纹”选项卡中设置“螺纹方向”为“右旋”，设置“螺纹深度”为“盲孔”；单击 按钮，在绘图区选择如图 10-101 所示的基准平面 ADTM2 为参考平面。“定义螺纹”选项卡中其他选项保持默认设置，设置完成后的“定义螺纹”选项卡如图 10-102 所示。

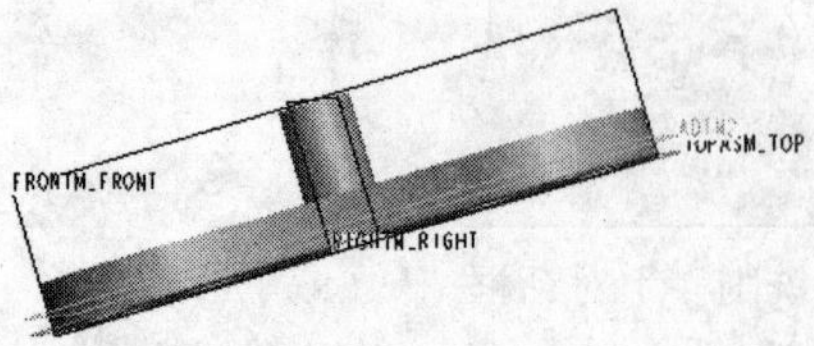


图 10-101　设置盲孔参考平面

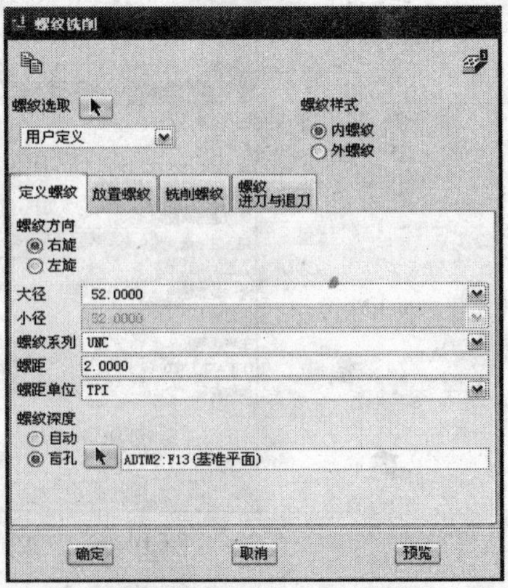


图 10-102　设置完成后的“定义螺纹”选项卡

（13）在“螺纹铣削”对话框中单击“放置螺纹”标签，切换到“放置螺纹”选项卡。单击 + 按钮，弹出如图 10-103 所示的“选取孔直径”对话框，选中 25.00 0000 选项，单击“确定”按钮，返回到“放置螺纹”选项卡。该选项卡中其他选项保持默认设置，设置完成后的“放置螺纹”选项卡如图 10-104 所示。

图 10-103　“选取孔直径”对话框

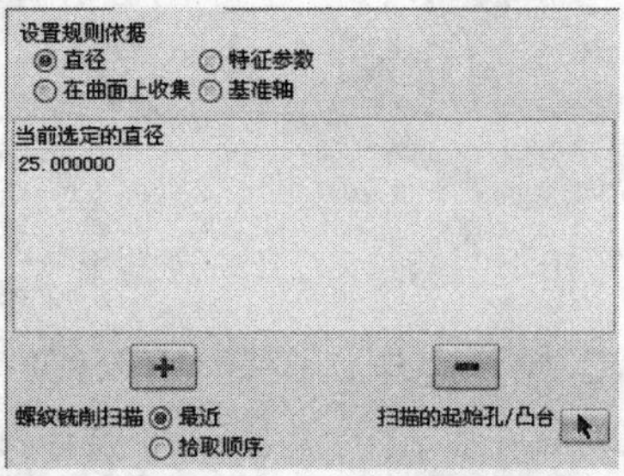


图 10-104　设置完成后的“放置螺纹”选项卡

（14）在“螺纹铣削”对话框中单击“铣削螺纹”标签，切换到“铣削螺纹”选项卡。在该选项卡中设置“切削运动”为“连续”和“逆铣”，其他选项保持默认设置，设置完成后的选项卡如图 10-105 所示。

（15）在“螺纹铣削”对话框中单击“螺纹进刀与退刀”标签，切换到“螺纹进刀与退刀”选项卡，设置“接近距离”为 10.0000，“退刀距离”为 10.0000，“导引半径”为 10.0000，该选项卡中其他选项均保持默认设置，设置完成后的“螺纹进刀与退刀”选项卡如图 10-106 所示。

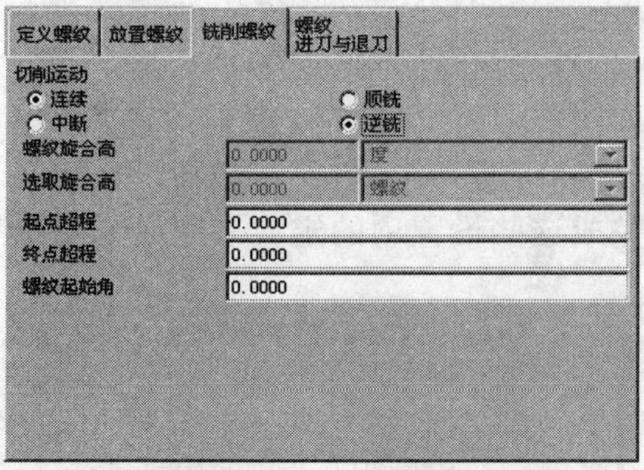


图 10-105　设置完成后的“铣削螺纹”选项卡

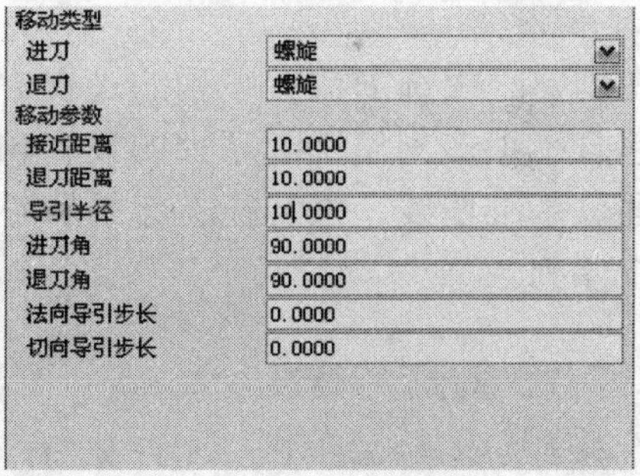


图 10-106　设置完成后的“螺纹进刀与退刀”选项卡

（16）在“螺纹铣削”对话框中单击“确定”按钮，在“NC 序列”菜单中选择“演示轨迹”命令，弹出“演示路径”菜单；在“演示路径”菜单中选中“计算 CL”复选框，然后选择“屏幕演示”命令；系统将创建刀具路径数据。刀具路径数据创建完毕，弹出“播放路径”对话框。

（17）在“播放路径”对话框中单击 ▶ 按钮将演示刀具轨迹，结果如图 10-107 所示。在菜单栏中选择“文件”→“保存为”命令，保存 CL 文件为 xx00013.ncl。

（18）在“演示路径”菜单中取消选中“计算 CL”复选框，然后选择“NC 检测”命令，弹出 VERICUT 界面。单击“播放”按钮▶，开始 NC 检测，结果如图 10-108 所示。

图 10-107　演示刀具轨迹结果

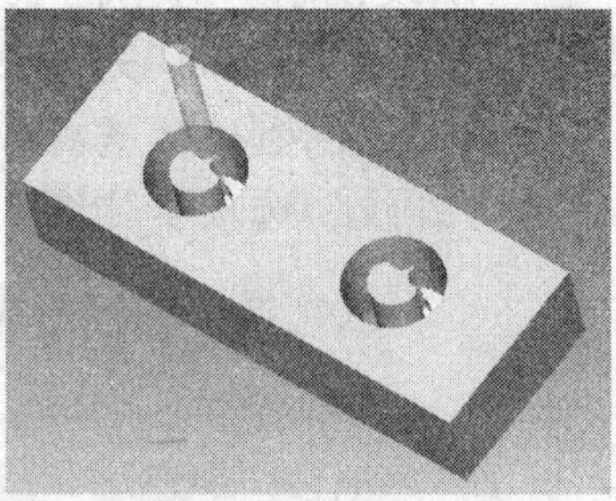

图 10-108　NC 检测结果

（19）NC 检测完毕，关闭 VERICUT 界面，然后在“NC 序列”菜单中选择“完成序列”命令，最后在弹出的“加工”菜单中选择“完成/返回”命令退出“加工”菜单，完成 NC 序列方法创建内螺纹铣削数控加工序列的定义。

（20）在主工具栏中单击 按钮，保存制造模型。

## 10.7　刻模铣削

刻模铣削数控加工序列主要用于雕刻零件表面的文字或图案，在使用刻模加工之前必须先在参照模型上以凹槽特征建立符号图形几何数据，让加工刀具沿着凹槽特征几何形状进行刻模加工。刻模文字或图案的宽度由刀具直径决定。

### 10.7.1　刻模铣削数控加工序列定义

在创建刻模铣削数控序列的过程中需要设置如图 10-109 所示的“序列设置”菜单，该菜单包含了很多刻模铣削序列的设置项，如名称、注释、刀具、附件、参数、坐标系、退刀曲面、基准曲线、槽特征、起始和终止。通过完成这些设置项的定义来完成刻模铣削数控加工序列。

图 10-109　刻模铣削数控加工“序列设置”菜单

### 10.7.2　实例

下面通过实例来介绍刻模铣削数控加工序列的定义方法与内容。

（1）启动 Pro/ENGINEER Wildfire 4.0，在菜单栏中选择“文件”→“打开”命令，打开光盘\素材\第 10 章\10-7\10_7.mfg 文件，进入制造界面。制造模型如图 10-110 所示。

图 10-110　制造模型

（2）在菜单管理器中选择“加工”命令，系统自动弹出“操作设置”对话框，提示用户进行操作环境设置。

（3）在“操作设置”对话框中单击按钮，弹出“机床设置”对话框，按第 8 章的相关方法设置机床。

（4）在“机床设置”对话框中单击“确定”按钮完成机床设置。

（5）在“操作设置”对话框中单击“加工零点”设置项后面的按钮，然后选择制造模型中的坐标系 NC_ASM_DEF_CSYS，完成加工零点的设置。

（6）在“操作设置”对话框中单击“确定”按钮，完成操作设置。系统自动弹出“辅助加工”菜单。

（7）在“辅助加工”菜单中选择“加工”→“刻模”→“3 轴”→“完成”命令，弹出“NC 序列”菜单和“序列设置”菜单。在“序列设置”菜单中选中“刀具”、“参数”、“退刀曲面”和“槽特征”复选框，然后选择“完成”命令依次进行设置。

（8）弹出“刀具设定”对话框，设置刀具如图 10-111 所示，刀具数据如表 10-16 所示。

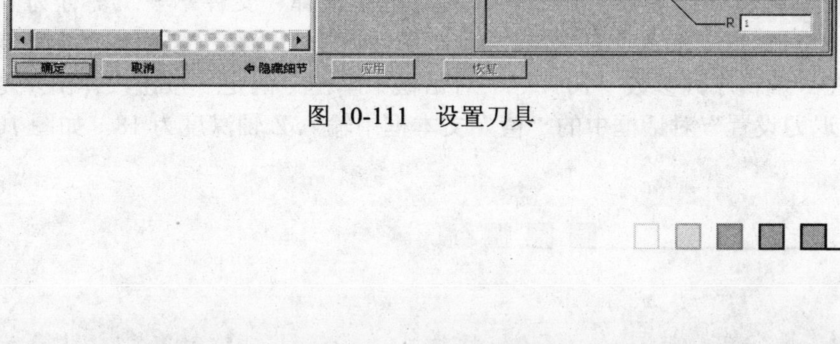


图 10-111　设置刀具

表 10-16 刀具数据

| 参　数 | 内　容 |
|---|---|
| 名称 | T0001 |
| 类型 | 坡口 |
| 材料 | HSS |
| 单位 | 毫米 |
| 刀具直径 | 2 |

（9）在“刀具设定”对话框中依次单击“应用”→“确定”按钮完成刀具设定。此时弹出“编辑序列参数 10_7”对话框，在该对话框中按表 10-17 所示的数据设置参数。设置完成后的“编辑序列参数‘10_7’”对话框如图 10-112 所示。

表 10-17 制造参数

| 参　数 | 内　容 |
|---|---|
| CUT-FEED | 200 |
| 坡口深度 | 1 |
| 步长深度 | 0.2 |
| 序号切割 | 0 |
| SPINDLE-SPEED | 500 |
| COOLANT-OPTION | 关闭 |
| 安全距离 | 0.2 |

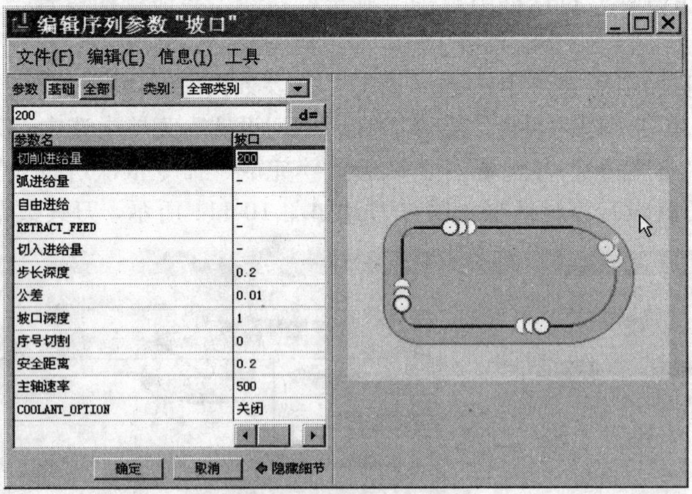


图 10-112 “编辑序列参数‘10_7’”对话框

（10）在“编辑序列参数‘10_7’”对话框中选择“文件”→“另存为”命令，弹出“保存副本”对话框，输入文件名 milprm，然后单击“确定”按钮完成制造参数设置。

（11）在“编辑序列参数‘10_7’”对话框中单击“确定”按钮，弹出“退刀设置”对话框，在“退刀设置”对话框中的“值”文本框中输入 Z 轴深度为 18，如图 10-113 所示。

图 10-113　设置退刀平面

（12）在“退刀设置”对话框中单击“确定”按钮，弹出如图 10-114 所示的 SELECT GRVS 菜单，在绘图区选择如图 10-115 所示的刻模特征，在菜单中选择 Done/Return 命令，完成序列设置。

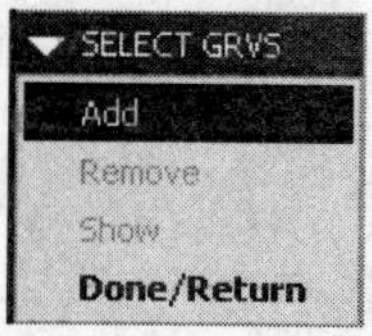


图 10-114　SELECT GRVS 菜单

图 10-115　选取刻模特征

（13）在“NC 序列”菜单中选择“演示轨迹”命令，弹出“演示路径”菜单；在“演示路径”菜单中选中“计算 CL”复选框，然后选择“屏幕演示”命令，系统将创建刀具路径数据。刀具路径数据创建完毕后弹出“播放路径”对话框。

（14）在“播放路径”对话框中单击 ▶ 按钮将演示刀具轨迹，效果如图 10-116 所示。在菜单栏中选择“文件”→“保存为”命令，保存 CL 文件为 10_7.ncl。

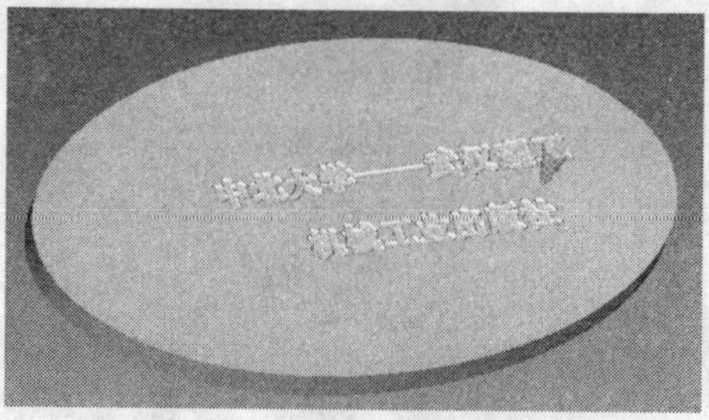

图 10-116　演示刀具轨迹效果

（15）在“NC 序列”菜单中选择“完成序列”命令，然后在弹出的“加工”菜单中选择“完成/返回”命令退出“加工”菜单，完成 NC 序列方法创建刻模铣削数控加工序列的定义。

（16）在主工具栏中单击保存按钮，保存制造模型。

## 10.8　本章小结

本章讲述了在数控加工中经常用到的一些数控加工序列的创建方法及适用范围，并针对每种数控加工序列采取技术与实例相结合的方法，讲述了每种序列创建过程中应注意的技巧及常见问题解决方法。总之，本章是整个数控加工的重点，希望读者能够多做练习，达到融会贯通的目的。

## 10.9 课后习题

（1）对如图 10-117 所示的制造模型创建铣削体积块，并对该体积块创建体积块铣削 NC 序列。

（2）对如图 10-118 所示的制造模型分别创建表面铣削数控加工序列和轮廓铣削数控加工序列。

（3）对如图 10-119 所示的制造模型分别创建内螺纹和外螺纹数控加工序列。

图 10-117　制造模型（一）

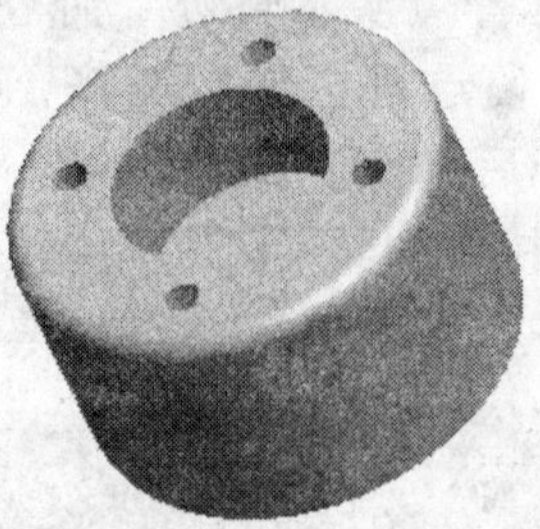

图 10-118　制造模型（二）

图 10-119　制造模型（三）

# 第 11 章　Pro/E NC 数控车削加工

本章导读

车削数控加工是数控加工中十分重要的加工方法，它适用于加工精度、表面粗糙度要求较高，而轮廓形状复杂或难以控制尺寸的旋转体零件。它能够自动完成内外圆柱面、圆锥面、球面、螺纹及孔的加工。车削加工方法主要有区域车削、轮廓车削、凹槽车削、螺纹车削和孔加工 5 种方法，可以加工各种形状的回转体零件。同铣削数控加工相似，利用 Pro/ENGINEER Wildfire 4.0 数控加工模块设计车削加工序列也要经过创建制造模型、设置操作装置、设置车削加工范围和设置加工轨迹 4 个步骤来完成。本章将首先介绍车削操作的方法，并结合具体的实例分别具体介绍车削加工范围和设置加工车削轨迹。

通过本章的学习，读者应实现如下目标：

- ❑ 理解和掌握车削轮廓的创建方法
- ❑ 掌握车削数控加工序列参数设置
- ❑ 掌握车削数控加工序列的定义方法

## 11.1　车削数控加工基础

### 11.1.1　车削轮廓

进行车削加工必须在 Pro/NC 中定义车削 NC 序列。定义车削 NC 序列的前提是创建相应的车削轮廓。车削轮廓是一种单独的特征，类似铣削体积块或铣削窗口，在 Pro/ENGINEER Wildfire 4.0 中必须在创建序列前定义。创建的车削轮廓可在不止一个的车削 NC 序列中引用。利用此功能可一次定义切削参照，然后使用该定义创建粗加工、半精加工和精加工 NC 序列。

**1．创建车削轮廓**

在 Pro/ENGINEER Wildfire 4.0 的制造模型操作界面下单击“MFG 几何特征”工具栏上的按钮，或者在菜单栏中选择“插入”→“制造几何”→“车削轮廓”命令，均可打开如图 11-1 所示的操作面板。车削轮廓的创建及创建方式的选择都是通过该面板来完成的。

图 11-1　操作面板

创建车削轮廓操作面板中提供了 5 种创建车削轮廓的方法，下面介绍经常使用的 4 种车削轮廓定义方法。

- ：使用曲面定义车削轮廓。
- ：使用曲面链定义车削轮廓。
- ：使用草绘定义车削轮廓。
- ：使用横截面定义车削轮廓。

选择不同的定义车削轮廓的方法时，单击“放置”、“轮廓”和“属性”图标，弹出的选项卡内容有所不同。在下面的实例中将具体讲解每个选项卡的使用方法。

**2．编辑车削轮廓**

对车削轮廓的编辑是通过在模型树中用鼠标右击车削轮廓，在弹出的如图 11-2 所示的“编辑”菜单中完成的。

“编辑”菜单中的许多命令与一般的模型树中的特征编辑菜单相同，这里重点介绍“编辑定义”命令的使用。

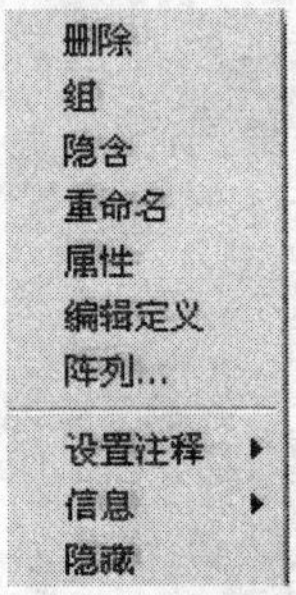


图 11-2 “编辑”菜单

选择“编辑定义”命令，弹出如图 11-3 所示的“子选项”菜单。若在菜单中选择“删除全部”命令，则弹出“确认”菜单，在“确认”菜单中选择“确认”命令，会删除该车削轮廓的所有属性；若在“子选项”菜单中选择“保留全部”命令，则在绘图区的车削轮廓变为可编辑状态，同时在绘图区下方打开操作面板，通过在绘图区单击黄色箭头改变切削方向，对车削轮廓进行必要的修改后，单击操作面板中的按钮，即可完成编辑定义。

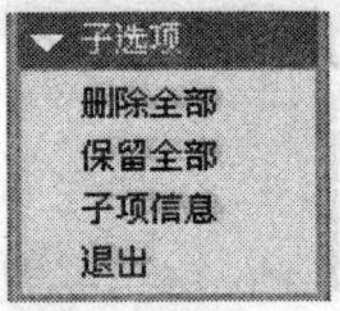


图 11-3 “子选项”菜单

在“子选项”菜单中选择“子项信息”命令，打开如图 11-4 所示的信息窗口。该窗口包含了所选车削轮廓的所有信息，如特征号、切割运动参数等。

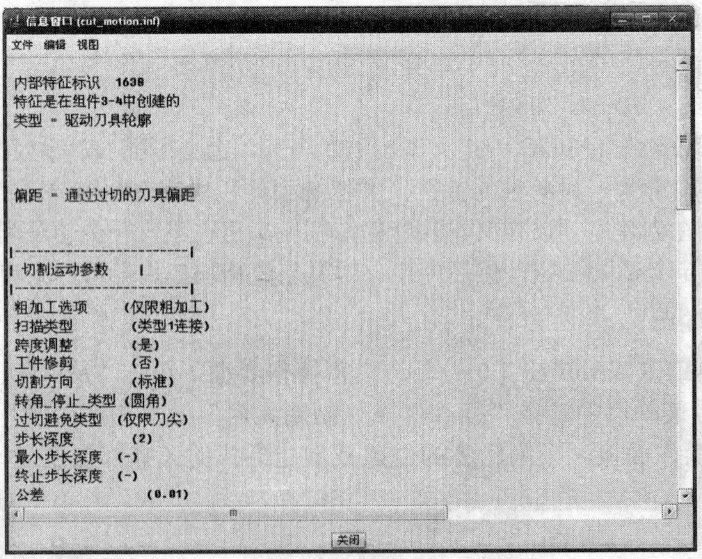


图 11-4 信息窗口

下面将通过实例分别介绍用这 4 种方法创建车削轮廓及对创建的车削轮廓进行编辑操作的方法。

### 11.1.2　车削数控加工序列

在菜单管理器的“加工”菜单中选择“NC 序列”命令，如图 11-5 所示，打开如图 11-6 所示的“辅助加工”菜单。

“辅助加工”菜单中包含了 5 种车削数控加工序列方式，分别是“区域”、“轮廓”、“凹槽”、“螺纹”和“孔加工”。这 5 种方式的说明如下。

- 区域：在参照模型剖面定义加工的区域，系统将扫描该区域生成步进行加工路径。该方式主要用于粗加工。
- 轮廓：可以控制加工的轨迹，设定偏移来产生自动切削。
- 凹槽：使用车削加工的轨迹，设定偏移来产生自动切削。
- 螺纹：用于在回转体模型内外表面加工内螺纹和外螺纹。若选择“螺纹”序列，会弹出如图 11-7 所示的“螺纹类型”菜单。该菜单中“均匀”、“Acme 类型”、“锯齿形”和“一般”命令用于设置螺纹的类型，“外侧”、“内部”和“表面”命令用于设定螺纹的位置，“ISO”和“AI 宏”命令用于设置输出类型。

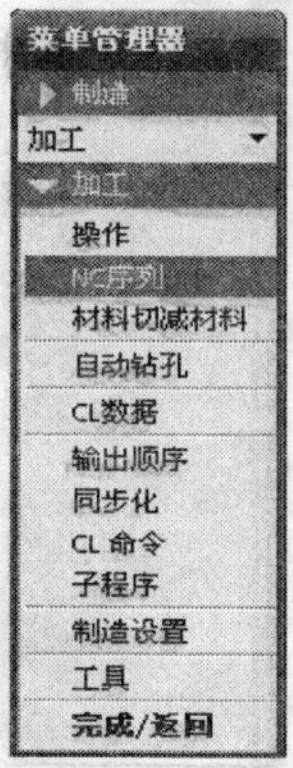


图 11-5　“加工”菜单

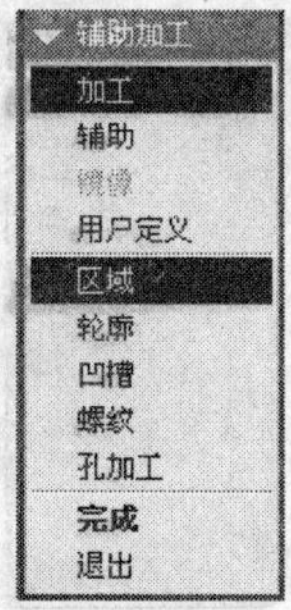


图 11-6　“辅助加工”菜单

图 11-7　“螺纹类型”菜单

- 孔加工：用于加工中心孔。

“区域”、“轮廓”和“凹槽”车削数控序列需要通过如图 11-8 所示的“定制”对话框和如图 11-9 所示的“CL 数据”窗口来设定。

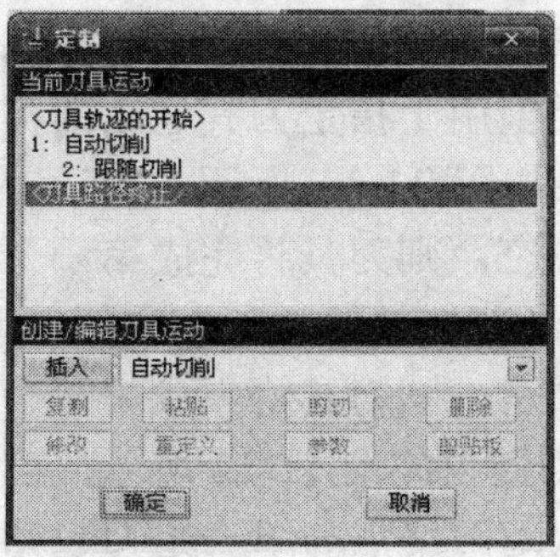


图 11-8　“定制”对话框

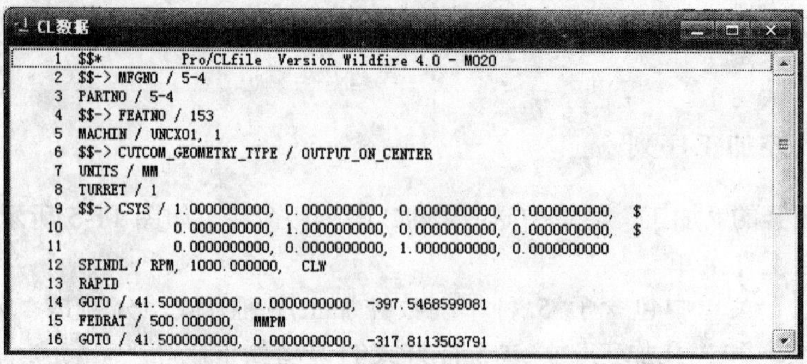


图 11-9 “CL 数据”窗口

### 11.1.3 车削数控加工序列参数设置

车削数控加工序列参数设置是通过如图 11-10 所示的“编辑序列参数‘区域车削’”窗口来实现的。

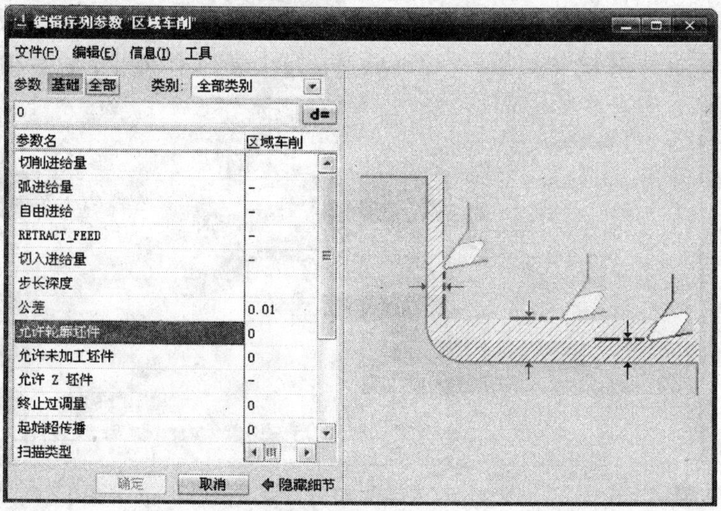


图 11-10 “编辑序列参数‘区域车削’”窗口

下面首先对车削数控加工的几个主要参数进行简单的介绍。

**1. “切削运动”类参数**

（1）“扫描类型”下拉列表框

对于“区域”车削，扫描类型用于指定刀具运动的类型和刀具扫描多步轮廓的方法。若选择“类型 1”选项，则效果如图 11-11 所示，表示刀具在一个方向上切削，然后退刀到切削的起始处，如果有多个中空，则刀具将完成第一个中空，然后再进入下一个；若选择“类型 2”选项，则表示刀具沿着切削的总长度来回切削；若选择“类型 3”选项，则表示刀具来回切削，如果有多个中空，则刀具将完成第一个中空，然后再进入下一个；若选择 TYPE_1_CONNECT 选项，则效果如图 11-12 所示，工作方式与类型 1 基本相同，不同之处在于刀具是通过铣削第一次走刀终点与下一走刀起始点之间工件的轮廓从一次走刀移动到下一次走刀的。

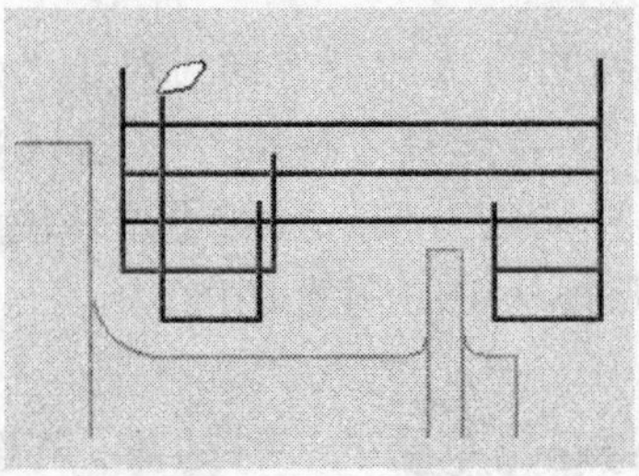

图 11-11 类型 1

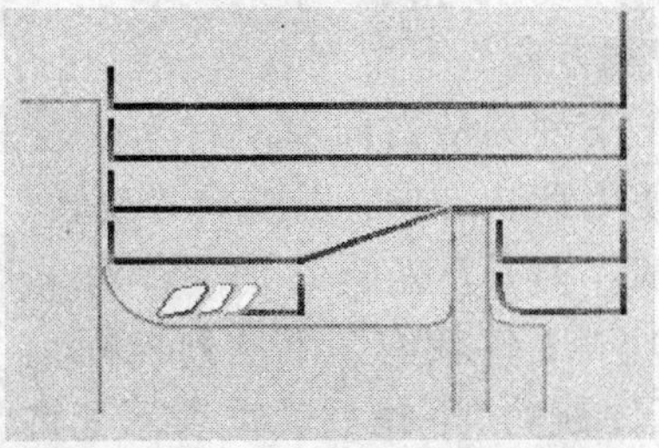

图 11-12 TYPE_1_CONNECT

对于“凹槽”车削，扫描类型用于指定刀具是从中间向凹槽两侧切削，还是从一侧向另一侧切削。若选择“类型 1”（默认）选项，则表示从中间开始，并依次在每一侧产生交互式走刀；若选择 TYPE_ONE_DIR 选项，则表示从凹槽的一侧开始，然后移动到另一侧；若选择 TYPE_1_CONNECT 选项，则表示在粗加工后，确保在凹槽各个侧面的机械加工余量一致，从凹槽最深处开始，尽量接近凹槽的中部，并依次在每一侧产生交互式走刀，必要时，在较长一侧继续产生走刀，直到到达壁，通过沿着凹槽轮廓移动，在切入走刀间进行连接运动（与“区域”车削中的 TYPE_1_CONNECT 类似）。

**提 示**

如果“凹槽”车削的 ROUGH_OPTION 参数值为 PROF_ONLY，则会忽略参数“扫描类型”。

（2）PROF_ONLY 下拉列表框

PROF_ONLY 下拉列表框用于指定在“区域”或“凹槽”NC 序列中是否有轮廓走刀。若选择 PROF_ONLY 选项，则表示不进行轮廓加工，且对于“区域”车削，刀具通过水平粗加工进行切削，对于“凹槽”车削，通过竖直加工进行切削；若选择“粗糙轮廓”选项，则效果如图 11-13 所示，表示粗车削完成后，执行轮廓走刀；若选择“配置_只”选项，则效果如图 11-14 所示，表示只执行轮廓走刀；若选择 ROUGH_&_CLEAN_UP 选项，则效果如图 11-15 所示，表示使刀具在退刀前沿着轮廓运行，直到到达末端，该选项与“配置_只”选项相似，不同之处在于“配置_只”刀具完成粗车削后立即退刀。

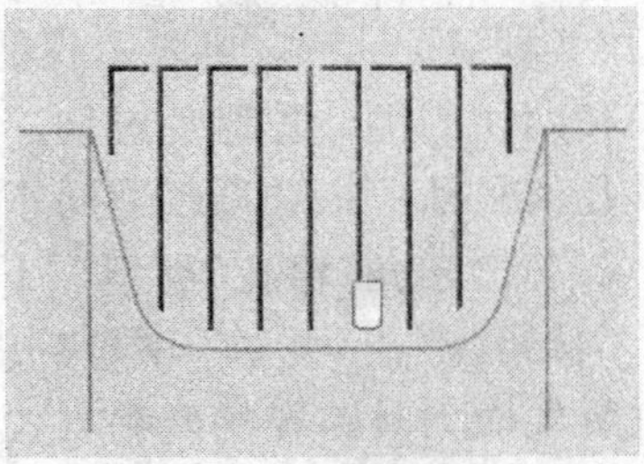

图 11-13 粗糙轮廓

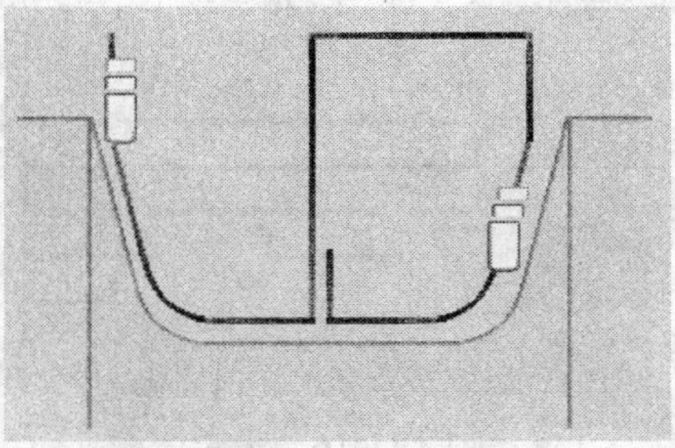

图 11-14 配置_只

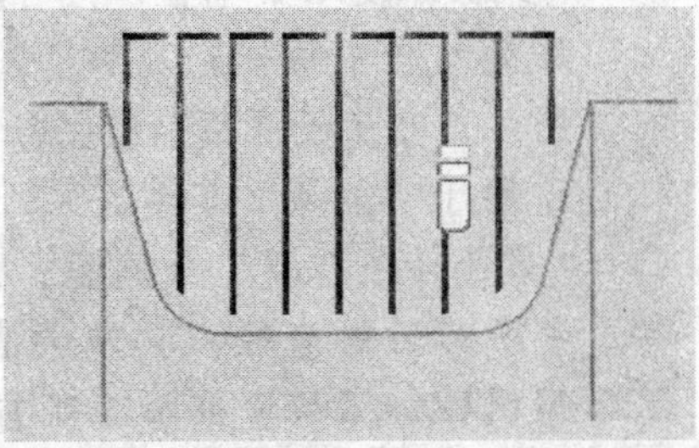

图 11-15 ROUGH_&_CLEAN_UP

（3）“切割方向”下拉列表框

“切割方向”下拉列表框表示允许反转车削 NC 序列的默认切削方向（对于“外侧”和“内侧”车削为从右向左，对于“表面加工”为向下）。若选择“标准”（默认）选项，则表示使用默认方向；若选择“反转”选项，则表示反转切削方向，且对于“外侧”和“内侧”车削，刀具从左向右切削，对于“表面加工”，刀具从中心向上切削。

（4）“工件裁剪”下拉列表框

“工件裁剪”下拉列表框表示允许将刀具路径延伸得超出草绘的工件边界。若选择“否”（默认）选项，则表示将由切削的整个草绘图形成加工区域，系统将添加一条竖直线作为右边界，添加一条水平线作为左边界；若选择“是”选项，则表示加工区域将在外侧由工件边界进行定义，穿过这些边界的延伸量很小，由 NC 制造确定。

（5）“输出点”下拉列表框

“输出点”下拉列表框表示允许从刀具上选择一点，作为 CL 输出的控制点。若选择“中心”（默认）选项，则表示刀尖半径的中心为输出点；若选择“X 偏移”选项，则表示输出点将从默认控制点向下偏移 NOSE_RADIUS 值；若选择“Z 偏移”选项，则表示输出点将从默认控制点向左偏移 NOSE_RADIUS 值；若选择“中心_右边”选项，则表示输出点与中心相同，只是在刀具的右侧（仅对“凹槽”车削而言）；若选择“X_偏距_右侧”选项，则含义与“X 偏移”选项相同，只是在刀具的右侧（仅对“凹槽”车削而言）；若选择“Z_偏距_右侧”选项，则含义与“Z_偏移”选项相同，只是在刀具的右侧（仅对“凹槽”车削而言）。

（6）“过切避免类型”下拉列表框

“过切避免类型”下拉列表框表示允许为车削 NC 序列指定过切检查的类型。若选择“只有尖”（默认）选项，则表示仅针对刀尖计算避免过切；若选择“尖侧”选项，则表示针对刀尖和两切削侧计算避免过切，刀具路径将有变化以避免过切，而材料去除模拟会反映出刀具几何尺寸，该选项仅适用于“区域”和“轮廓”车削。

（7）“转角_停止_类型”下拉列表框

“转角_停止_类型”下拉列表框用于指定当在“区域”NC 序列的轮廓走刀中通过凸拐角时所生成刀具路径的两种方式。当选择“圆角”（默认）选项时，表示刀具路径由两个用圆弧相连的直段组成；当选择“竖直的”选项时，表示刀具路径由两个一直延伸到彼此相交的直段组成。

**2.“切削深度和余量”类参数**

车削数控加工序列中主要的“切削深度和余量”类参数介绍如下。

- “步长深度”文本框：用于指定在粗切削 NC 序列过程中每一走刀的递增深度，如图 11-16 所示。“步长深度”值必须大于零。该选项仅适用于“区域”车削。
- “最小步长深度”文本框：用于指定加工中间参照零件的直径，其默认值为“-”，表示根据机械加工余量来加工所有直径。该选项仅适用于“区域”车削。

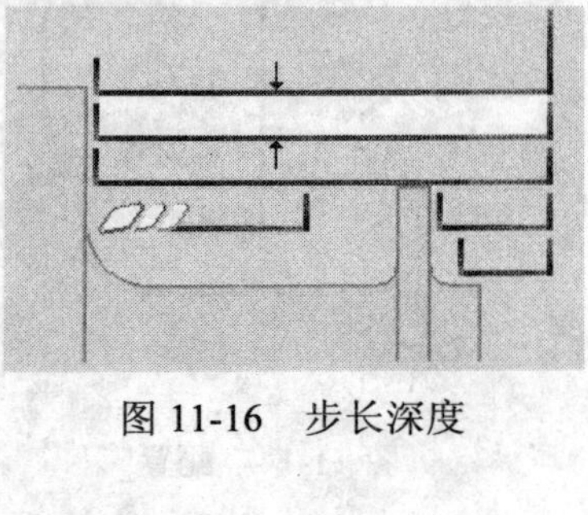

图 11-16　步长深度

- “刀具清除”文本框：用于指定当使用整体刀具轮廓线时用于避免刀架过切的距离。
- “终止步长深度”文本框：用于指定如果“终止步长深度”的值与“步长深度”的值不同，NC 序列的步长深度将以“步长深度”值为起始值，并随增加的每个层切面逐渐增加或减少，直到达到最终的层切面。在最终层切面处，“步长深度”的值与“终止步长深度”的值相同。该选项仅适用于“区域”车削。
- “允许未加工毛坯”文本框：用于指定粗切削后为精加工所留下的坯件量，效果如图 11-17 所示。该参数仅用于“粗切削”NC 序列，并为“区域”和“凹槽”NC 序列中的粗切削和轮廓切削指定不同的机械加工余量。
- PROF_STOCK_ALLOW 文本框：用于指定铣削切割后的材料量，如图 11-18 所示。其值应该小于或等于“允许未加工毛坯”的值。在自动去除材料后显示几何尺寸时，NC 制造将使用 PROF_STOCK_ALLOW。PROF_STOCK_ALLOW 的默认值为 0。

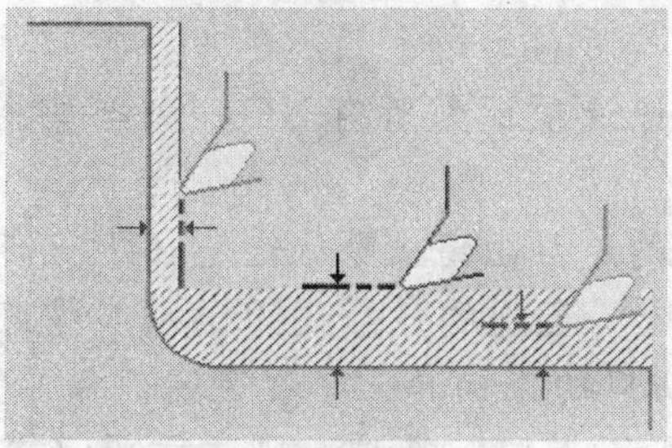
图 11-17　允许未加工毛坯

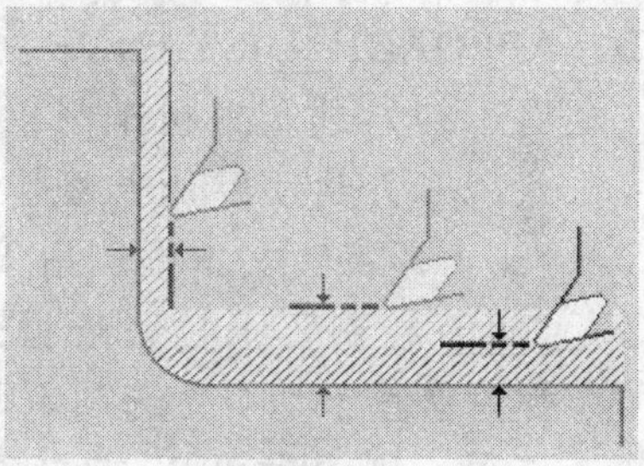
图 11-18　PROF_STOCK_ALLOW

- Z_STOCK_ALLOW 文本框：用于指定 Z 方向上的机械加工余量，可在工件直径和表面上留下不同的坯件余量，如图 11-19 所示。此参数仅适用于“粗加工”车削，默认值为“-”，在这种情况下将使用“允许未加工毛坯”的值。

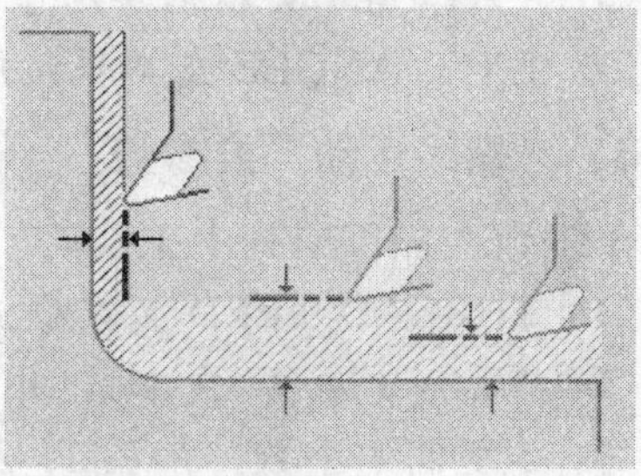
图 11-19　Z_STOCK_ALLOW

- “切割角”文本框：用于指定相对 NC 序列坐标系的切割角。对于“外侧”和“内侧”车削，切割角是相对于 Z 轴来测量的；对于“表面加工”，切割角是相对于 X 轴测量的。
- “后退_清除_角”文本框：用于指定刀具背和剩下原料间的间隙角，默认值为 5°。

### 3. “进刀/退刀运动”类参数

车削数控加工序列中主要的“进刀/退刀运动”类参数介绍如下。

- “引导半径”文本框：用于指定导入或导出时刀具的相切圆移动的半径，默认值为 0。
- “相切导引步长”文本框：用于指定与导入或导出运动相切的线性运动的长度，默认值为 0。
- NORMAL_LEAD_STEP 文本框：用于指定导入或导出动作的切向的直线距离，默认值为 0。
- “退刀半径”文本框：用于指定在按比例“STEP_DEPTH”进行车削操作时的刀

具回缩距离，默认值为 1.1。

- "插入角"文本框：用于指定刀具与材料的夹角，如图 11-20 所示。默认值是 0。
- "拉伸角"文本框：用于指定刀具移开工件时的夹角，如图 11-21 所示。默认值是 0。

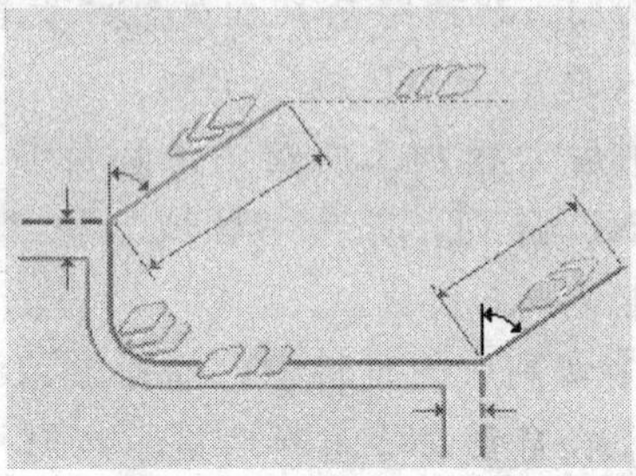

图 11-20　插入角

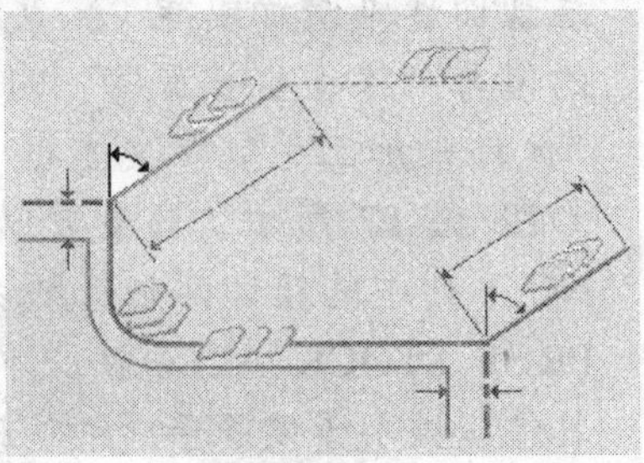

图 11-21　拉伸角

- APPOACH_DISTANCE 文本框：用于指定接近移动的长度。在"区域"车削中，用于初始进入到粗车削以及轮廓运动中。该选项还为所有 NC 序列类型指定进入"刀具运动"的长度。
- "退刀距离"文本框：用于设置构建路径中的退刀距离，默认值是"-"，即 0。
- "退刀控制"下拉列表框：用于选择"区域"车削的最后退刀运动类型。若选择"垂直于切口"选项，则表示沿垂直于切口的方向退刀；若选择"沿 X 方向"选项，则表示沿 X 方向退刀；若选择"沿 Z 方向"选项，则表示沿 Z 方向退刀；若选择"沿退出角"选项，则表示沿退出角退刀。
- "入口角"文本框：用于指定进刀运动的圆弧总度数，默认值为 90°。
- EXIT_ANGLE 文本框：用于指定退刀运动使用的圆弧总度数，默认值为 90°。

**4．"螺线运动"类参数**

车削数控加工序列中主要的"螺线运动"类参数介绍如下。

- THREAD_FEED 文本框：用于设定螺距的值，如图 11-22 所示。默认值为"-1"。
- "百分比深度"文本框：用于指定每个轧槽中所移除材料的百分比，可以设置为 0～1 之间的小数，如图 11-23 所示。

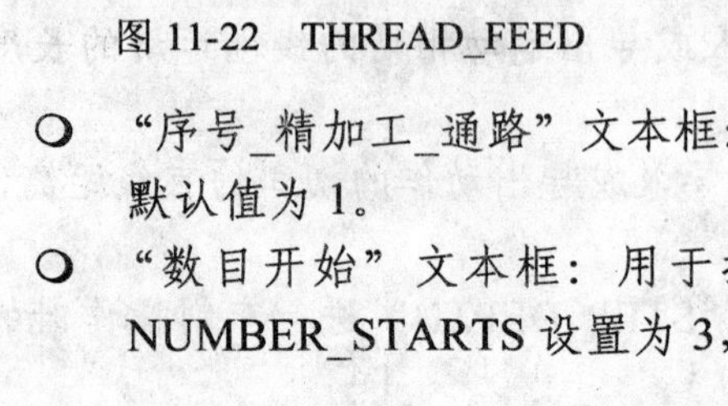

图 11-22　THREAD_FEED

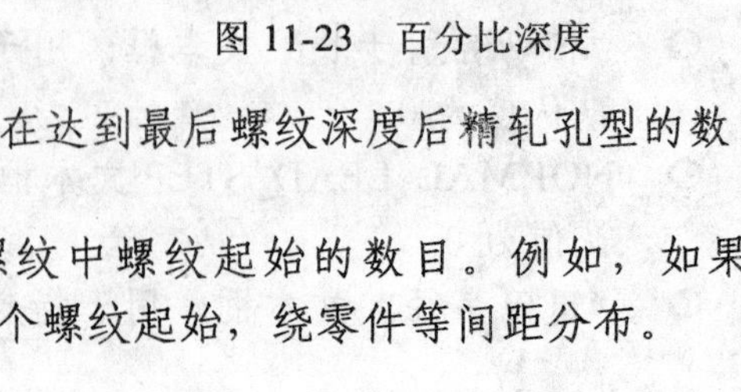

图 11-23　百分比深度

- "序号_精加工_通路"文本框：用于指定在达到最后螺纹深度后精轧孔型的数目，默认值为 1。
- "数目开始"文本框：用于指定多头螺纹中螺纹起始的数目。例如，如果将 NUMBER_STARTS 设置为 3，则将有 3 个螺纹起始，绕零件等间距分布。

- "数量_翻转_切割"文本框：用于指定完成螺纹建立每个螺纹所需要的切割次数，默认值为 1。
- "切割偏距"文本框：用于指定横向切割螺纹时的间隙，默认值为 0。
- "输出螺纹点"下拉列表框：用于选择是否输出进入和退出点到 CL 文件。
- "进给角"文本框：用于指定刀具切入螺纹时的角度，如图 11-24 所示。默认值为 0。

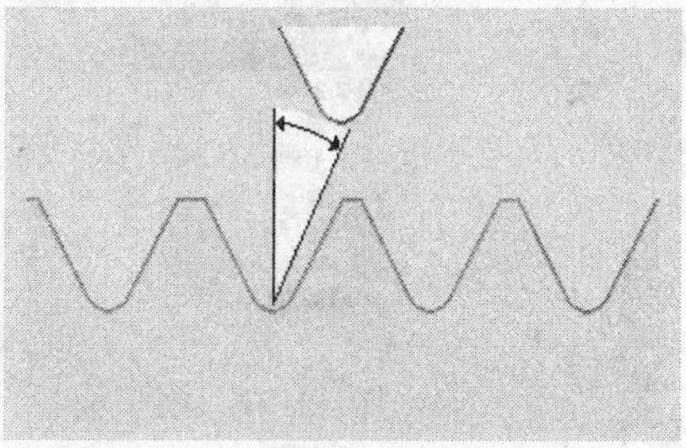

图 11-24　进给角

## 11.2　区域车削

区域车削用于加工用户所指定材料的区域。在加工中刀具按照步长深度增量切除材料。区域加工走刀方式灵活，主要用于粗切削车削。

下面通过实例介绍区域车削 NC 序列的定义过程和相关内容。

（1）启动 Pro/ENGINEER Wildfire 4.0，在菜单栏中选择"文件"→"打开"命令，打开光盘\素材\第 11 章\11-2\11_2.mfg 文件，进入制造界面。制造模型如图 11-25 所示。

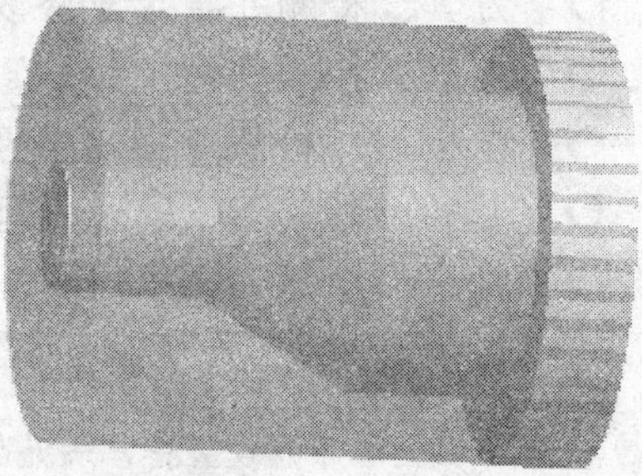

图 11-25　制造模型

**提 示**

在进行区域车削数控加工序列创建之前，需要首先创建车削轮廓。创建车削轮廓的方法请参考 11.3 节相关内容。

（2）在菜单管理器中选择"加工"命令，弹出"操作设置"对话框，在"操作名称"文本框中输入操作设置名称 OP010。

（3）单击"定义机床"按钮，进行 NC 机床设置，弹出"机床设置"对话框，设置机床。

（4）在"机床设置"对话框中单击"确定"按钮，完成机床设置，返回到"操作设置"对话框。

（5）在"参照"选项组中，单击按钮，弹出"制造坐标系"菜单和"选取"对话框。

（6）如图 11-26 所示，在制造模型上选取制造坐标系，此时"加工零点"文本框中显示刚选择的坐标系。

（7）在"操作设置"对话框中单击"确定"按钮，完成机床设置和加工零点设置。此时模型树上显示如图 11-27 所示的刚创建的机床数据，同时弹出"辅助加工"菜单。

（8）在"辅助加工"菜单中选择"加工"→"区域"→"完成"命令，进行区域车削 NC 序列设置，弹出如图 11-28 所示的"序列设置"菜单。

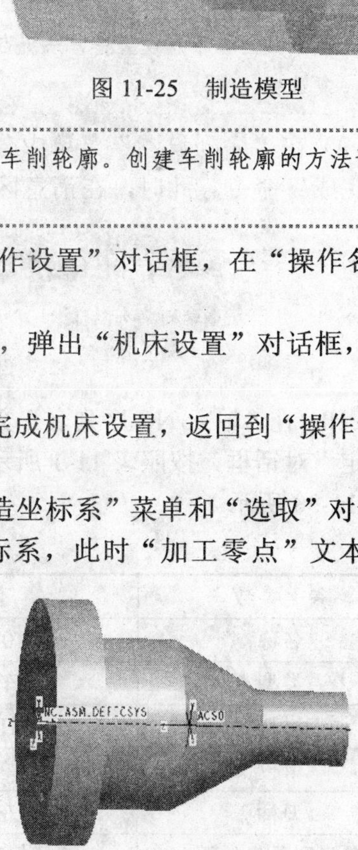

图 11-26　选取制造坐标系

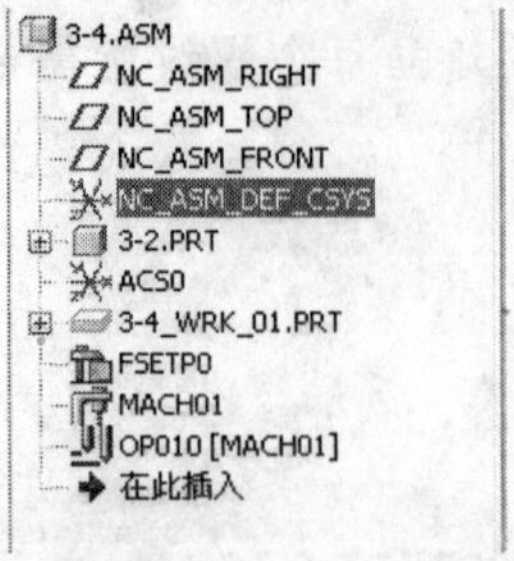


图 11-27　模型树

图 11-28　“序列设置”菜单

“序列设置”菜单中各复选框的含义如下。

- 名称：检测并指定一个 NC 序列名字。
- 注释：检测并指定 NC 序列备注。
- 刀具：检测并指定或修改刀具。
- 参数：检测并指定此 NC 序列的参数。
- 坐标系：检测并指定坐标系。
- 起始：指定 NC 序列的起点。
- 终止：指定 NC 序列的终点。

**提示**　“序列设置”菜单中的各复选框并不是都必须选中的，一般说来，系统会自动选中必须设置的选项。在区域序列设置中，系统自动选中“刀具”和“参数”复选框，一般我们会自己选中“名称”复选框。

（9）在“序列设置”菜单中分别选中“名称”、“刀具”、“参数”复选框，然后选择“完成”命令。此时，在消息区提示输入 NC 序列名，如图 11-29 所示。

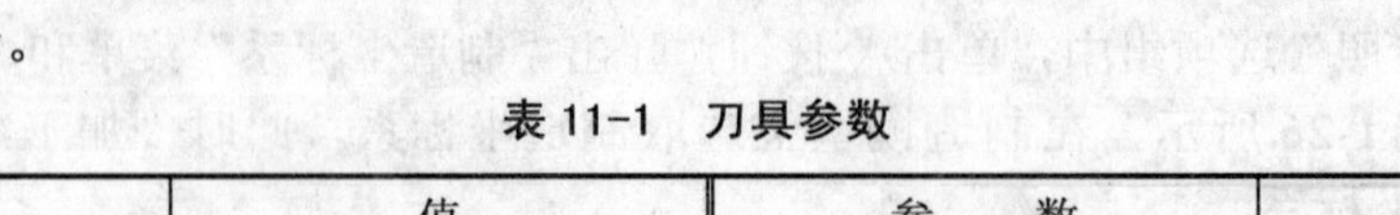


图 11-29　输入 NC 序列名

（10）在“输入 NC 序列名”文本框中输入名称 11_2，然后单击✓按钮，此时弹出“刀具设定”对话框，按照表 11-1 所示的数据设置刀具参数。设置完成后的“刀具设定”窗口如图 11-30 所示。

**表 11-1　刀具参数**

| 参　数 | 值 | 参　数 | 值 |
|---|---|---|---|
| 名称 | T0001 | 刀柄宽度 | 20 |
| 类型 | 车削 | 刀具长度 | 100 |
| 材料 | HSS | 刀鼻角 | 120 |
| 单位 | 毫米 | 尖半径 | 1.5 |
| 刀柄 | 左手 | 末端后角 | 30 |
| 柄右侧到鼻尖的距离 | 30 | | |

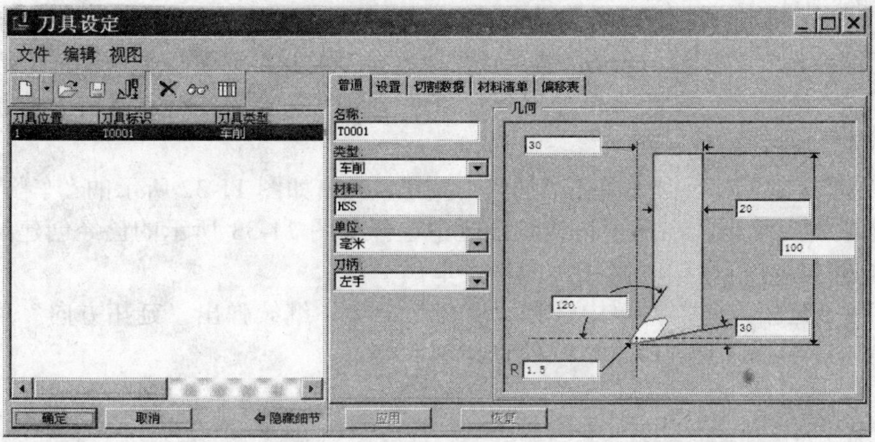


图 11-30 “刀具设定”窗口

（11）设置完毕，单击□按钮保存刀具数据。然后依次单击“应用”、“确定”按钮，完成刀具设置。此时弹出“编辑序列参数‘11_2’”窗口。

（12）在“编辑序列参数‘11_2’”窗口中按照表 11-2 所示的数据进行制造参数设置。设置后的窗口如图 11-31 所示。

表 11-2 制造参数

| 参 数 | 内 容 | 参 数 | 内 容 |
|---|---|---|---|
| ROUGH-OPTION | ROUGH-ONLY | COOLANT-OPTION | 关闭 |
| 扫描类型 | TYPE-1-CONNECT | 切割方向 | 标准 |
| CUT-FEED | 500 | 刀具定向 | 90 |
| SPINDLE-SPEED | 800 | 步长深度 | 2 |

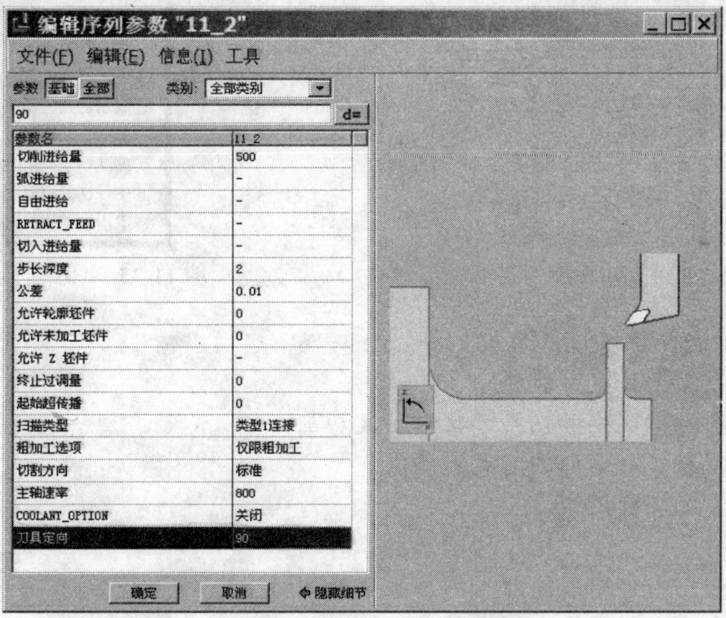


图 11-31 “编辑序列参数‘11_2’区域车削”对话框

（13）在“编辑序列参数‘11_2’”窗口中选择“文件”→“另存为”命令，弹出“保存副本”对话框，输入文件名 trnprm，然后单击“确定”按钮，完成制造参数的设置。

（14）在“编辑序列参数‘11_2’”窗口中单击“确定”按钮，弹出“定制”对话框和“CL 数据”窗口。

（15）在“定制”对话框中单击“插入”按钮，弹出如图 11-32 所示的“车削加工轮廓”菜单和“选取”对话框。在模型树或绘图区中选择如图 11-33 所示的已经创建的车削轮廓_1，弹出如图 11-34 所示的“延拓方向”菜单。

（16）在“延拓方向”菜单中选择“完成”命令，继续弹出“延拓方向”菜单，选择“完成”命令，弹出如图 11-35 所示的“切割”菜单。

图 11-32 “车削加工轮廓”菜单

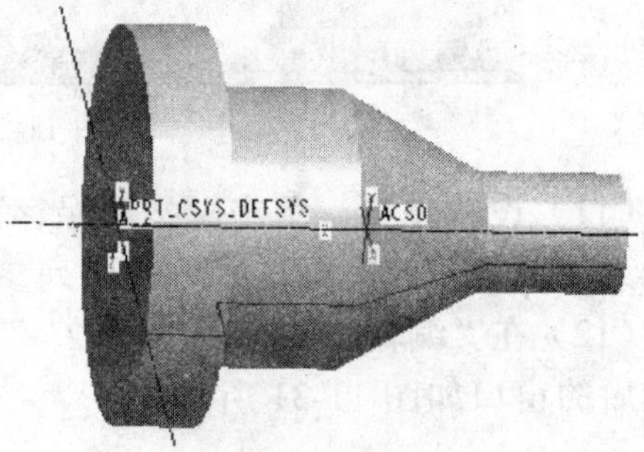


图 11-33 选择车削轮廓

图 11-34 “延拓方向”菜单

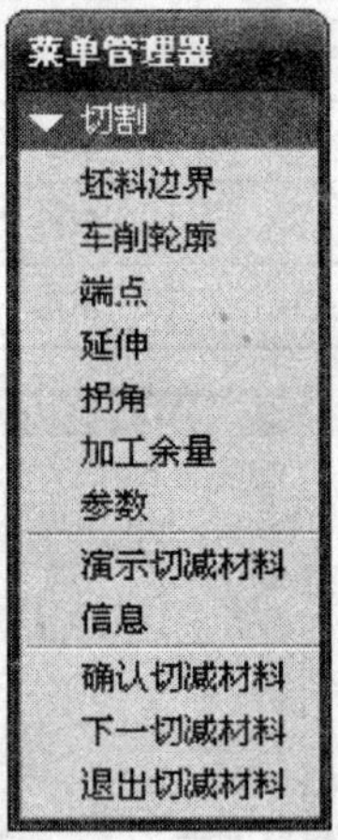


图 11-35 “切割”菜单

“切割”菜单中各命令的含义如下。

- 坯料边界：指定原料边界。
- 车削轮廓：指定参考几何形状来定义切割。
- 端点：调整切割运动的起点和终点。
- 延伸：指定切割延伸。
- 拐角：将顶角条件作用于切割运动。
- 加工余量：指定车削轮廓上的加工余量。
- 参数：为此切割动作设置参数。

- 演示切减材料：显示切削运动。
- 信息：显示此切减材料运动的参数和特征信息。
- 确认切减材料：完成切减材料动作。
- 下一切减材料：以下一个切减材料创建另一个切减材料动作。
- 退出切减材料：终止材料切减动作创建。

（17）在“切割”菜单中选择“演示切减材料”命令，弹出如图 11-36 所示的“CL 控制”菜单。同时在绘图区演示了材料的切减，如图 11-37 所示。

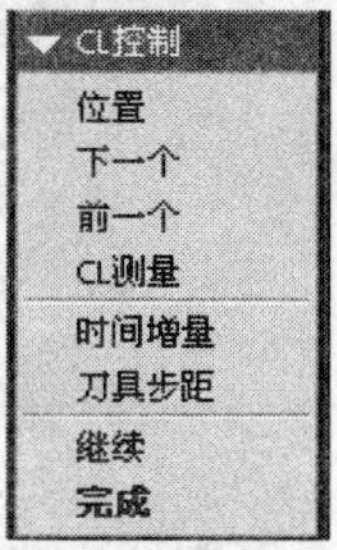


图 11-36 “CL 控制”菜单

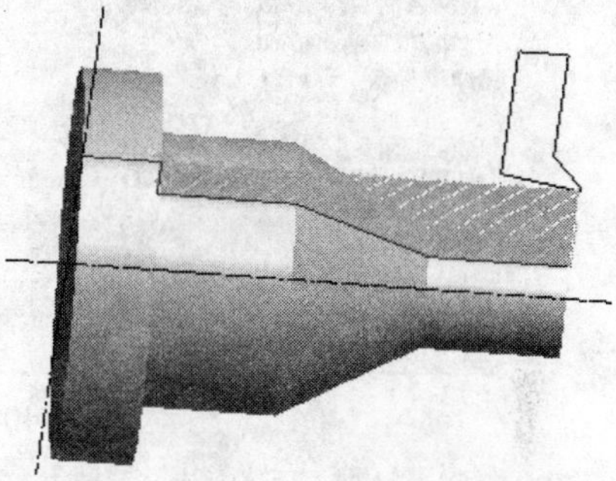

图 11-37　演示切减材料

（18）在“CL 控制”菜单中选择“完成”命令，返回“切割”菜单，选择“信息”命令，弹出如图 11-38 所示的“项目信息”菜单。在菜单中依次选择“切削运动”、“NC 序列”和“刀具”命令，分别打开如图 11-39～图 11-41 所示的信息窗口。

图 11-38 “项目信息”菜单

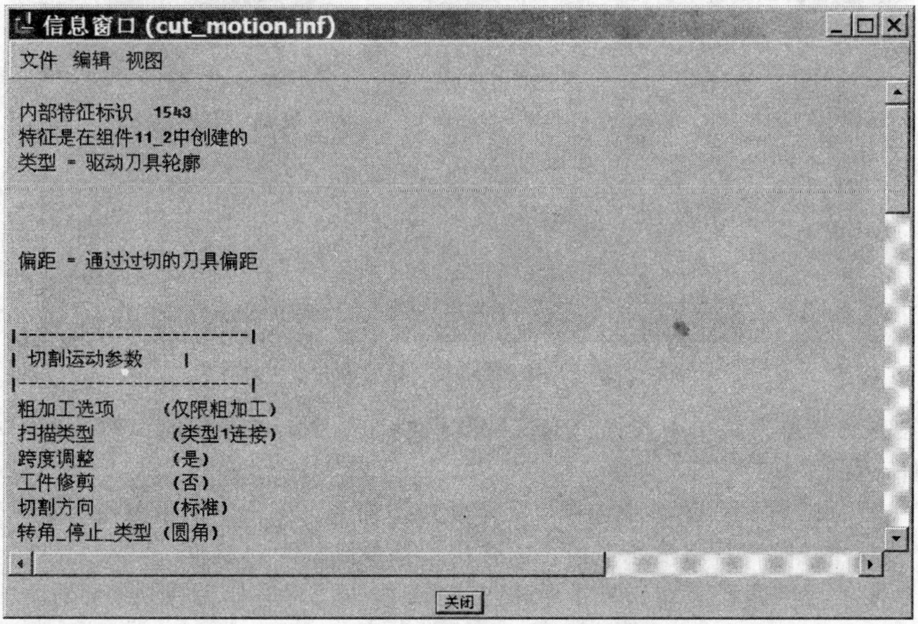


图 11-39 “切削运动”信息窗口

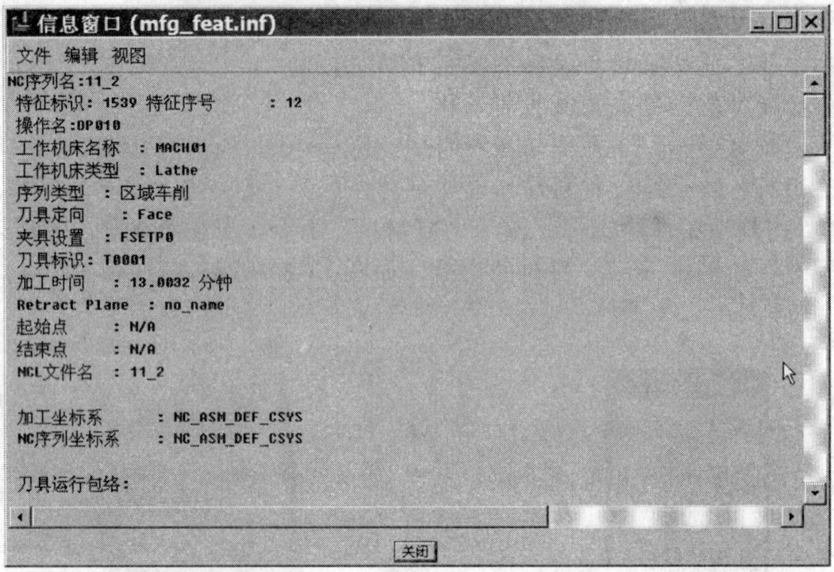


图 11-40 “NC 序列”信息窗口

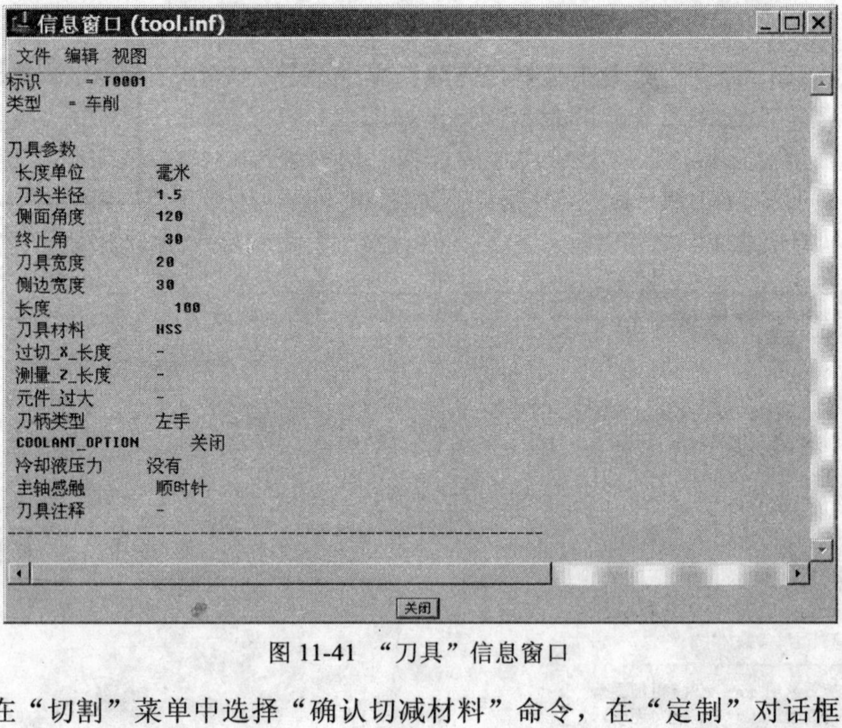


图 11-41 “刀具”信息窗口

（19）在“切割”菜单中选择“确认切减材料”命令，在“定制”对话框中单击“确定”按钮，返回“NC 序列”菜单。

（20）在“NC 序列”菜单中选择“演示轨迹”命令，弹出“演示路径”菜单。在“演示路径”菜单中选择“屏幕演示”命令，弹出“播放路径”对话框。

（21）在“播放路径”对话框中单击 ▶ 按钮，将开始刀具轨迹演示，结果如图 11-42 所示。单击 ▶ 按钮展开“CL 数据”，结果如图 11-43 所示。

（22）在“播放路径”对话框中选择“文件”→“保存为”命令，弹出“保存副本”

对话框。单击“确定”按钮，保存文件。

图 11-42 刀具轨迹演示结果

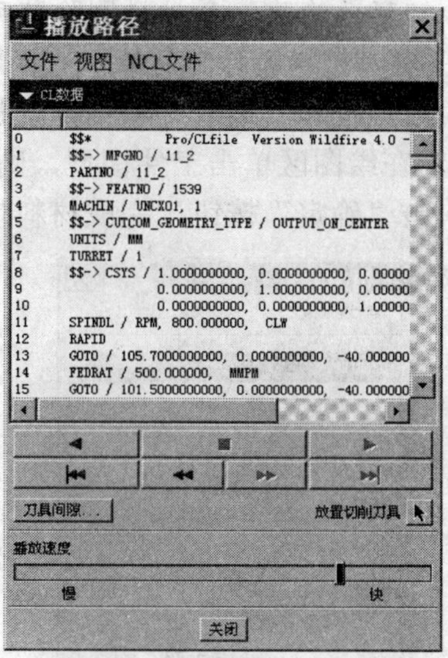


图 11-43 展开“CL 数据”

（23）在“播放路径”对话框中单击“关闭”按钮，完成屏幕演示。

（24）在模型树上右击 WORKPIECE.PRT，在弹出的快捷菜单中选择“取消隐藏”命令，取消隐藏工件。

**提 示**

NC 检测必须保持工件模型处于显示状态。

（25）在“演示路径”菜单中选择“NC 检测”命令，弹出 VERICUT 界面。

（26）在 VERICUT 界面上单击▶按钮，开始 NC 检测，效果如图 11-44 所示。

（27）单击☒按钮，关闭 VERICUT 程序。

（28）在“NC 序列”菜单中选择“完成序列”命令，完成序列设置。

（29）在菜单管理器中选择“加工”命令，进入“加工”菜单。

（30）在“加工”菜单中选择“材料切减材料”命令，弹出“NC 序列列表”菜单。选择 1: 11_2, 操作: OP010 命令，弹出如图 11-45 所示的“材料删除”菜单。“材料删除”菜单中包括“自动”和“构建”两个命令。

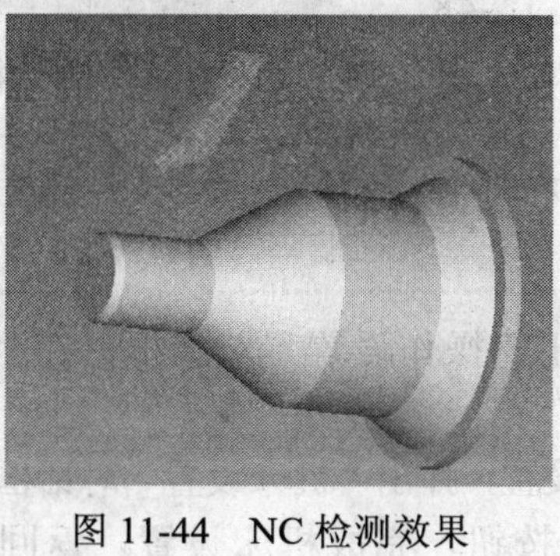

图 11-44 NC 检测效果

图 11-45 “材料删除”菜单

- 自动：默认的材料删除阵列。
- 构建：构建一个材料删除阵列。

（31）在“材料删除”菜单中选择“自动”→“完成”命令，弹出如图 11-46 所示的“相交元件”对话框和“选取”对话框，提示选取工件模型。

（32）在绘图区单击工件模型，则工件模型显示在“相交元件”对话框中，如图 11-46 所示。单击“确定”按钮，完成材料切减，效果如图 11-47 所示。

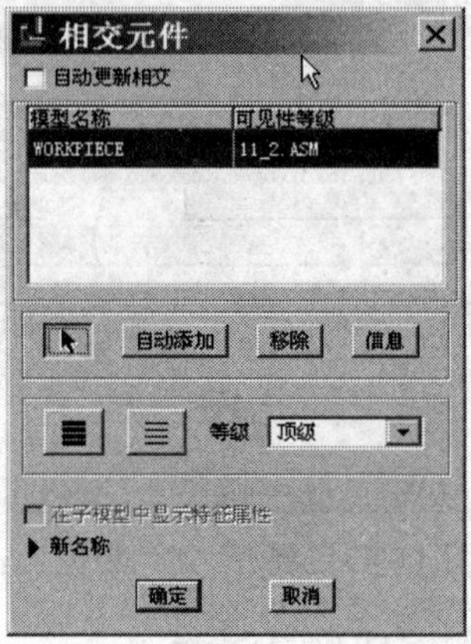

图 11-46 “相交元件”对话框

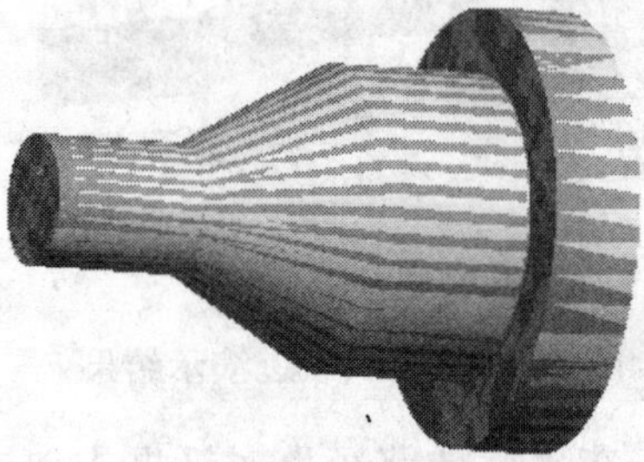
图 11-47 材料切减效果

（33）在“加工”菜单中选择“完成/返回”命令，完成所有设置。在主工具栏中单击按钮，保存制造模型，完成区域车削 NC 序列的创建。

## 11.3 轮廓车削

轮廓车削 NC 序列主要用于车削回转体零件的外形轮廓，通过草绘或使用曲面、基准曲线交互式地定义切削运动。在加工中需要通过“定制”对话框指定加工零件的外形轮廓，刀具将沿着指定的轮廓一次走刀完成所有轮廓的加工。

下面通过实例介绍轮廓车削 NC 序列的定义过程和相关内容。

（1）启动 Pro/ENGINEER Wildfire 4.0，在菜单栏中选择“文件”→“打开”命令，打开光盘\素材\第 11 章\11-3\11_3.mfg 文件，进入制造界面。制造模型如图 11-48 所示。

图 11-48 制造模型

**提 示** 在进行轮廓车削数控加工序列创建之前，需要首先创建车削轮廓。创建车削轮廓的方法请参考 11.1 节相关内容。

（2）在菜单管理器中选择“加工”命令，弹出“操作设置”对话框，在“操作名称”文本框中输入操作设置名称 OP010。

（3）单击“定义机床”按钮，进入 NC 机床设置，弹出“机床设置”对话框，设置机床。

（4）在“机床设置”对话框中单击“确定”按钮，完成机床设置，返回到“操作设置”对话框。

(5) 在“参照”选项组中，单击按钮，弹出“制造坐标系”菜单和“选取”对话框。

(6) 如图 11-49 所示，在制造模型上选取制造坐标系，此时“加工零点”文本框中显示刚选择的坐标系。

(7) 在“操作设置”对话框中单击“确定”按钮，完成机床设置和加工零点设置。此时模型树上显示刚创建的机床数据，如图 11-50 所示，同时弹出“辅助加工”菜单。

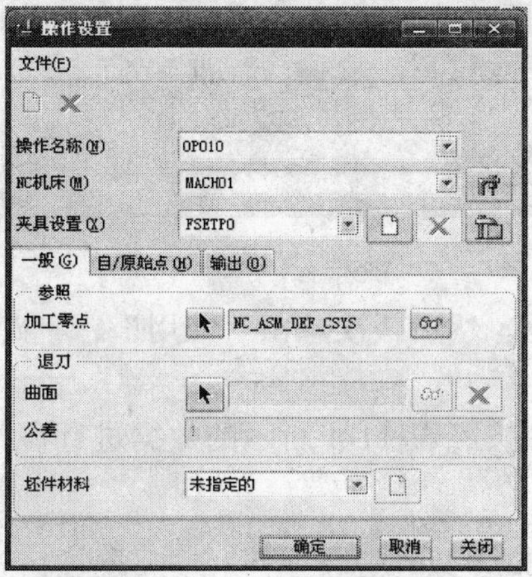


图 11-49 选择加工零点

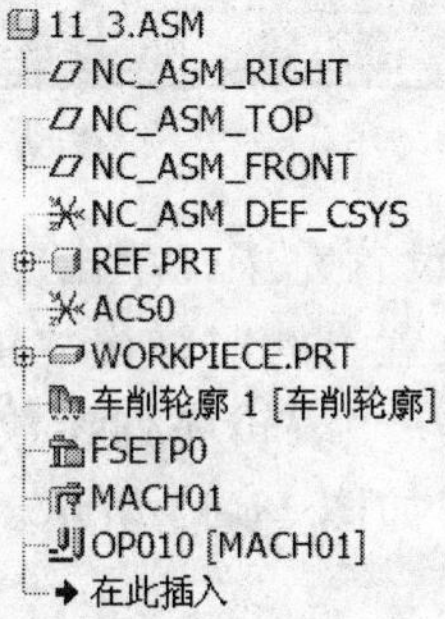


图 11-50 模型树

(8) 在“辅助加工”菜单中选择“加工”→“轮廓”→“完成”命令，进入轮廓车削 NC 序列设置，弹出如图 11-28 所示的“序列设置”菜单。

(9) 在“序列设置”菜单中选中“名称”、“刀具”、“参数”复选框，然后选择“完成”命令。在消息区提示输入 NC 序列名，如图 11-51 所示。

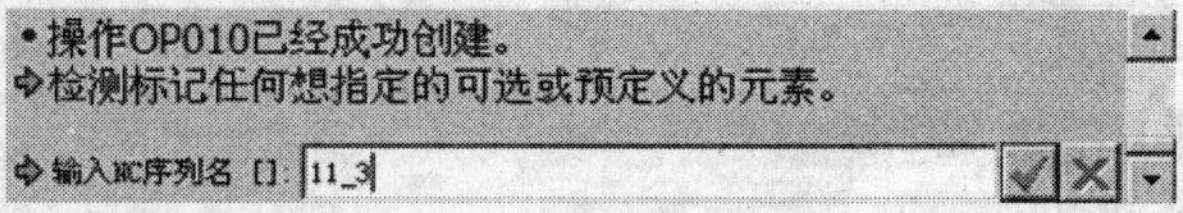


图 11-51 输入 NC 序列名

(10) 在“输入 NC 序列名”文本框中输入名称 11_3，然后单击按钮，弹出“刀具设定”对话框，按照表 11-3 所示的数据设置刀具参数。设置完成后的“刀具设定”窗口如图 11-52 所示。

**表 11-3 刀具参数**

| 参　　数 | 值 | 参　　数 | 值 |
|---|---|---|---|
| 名称 | T0001 | 刀柄宽度 | 20 |
| 类型 | 车削 | 刀具长度 | 100 |
| 材料 | HSS | 刀鼻角 | 120 |
| 单位 | 毫米 | 末端后角 | 30 |
| 刀柄 | 左手 | 尖半径 | 1.5 |
| 柄右侧到鼻尖距离 | 30 | | |

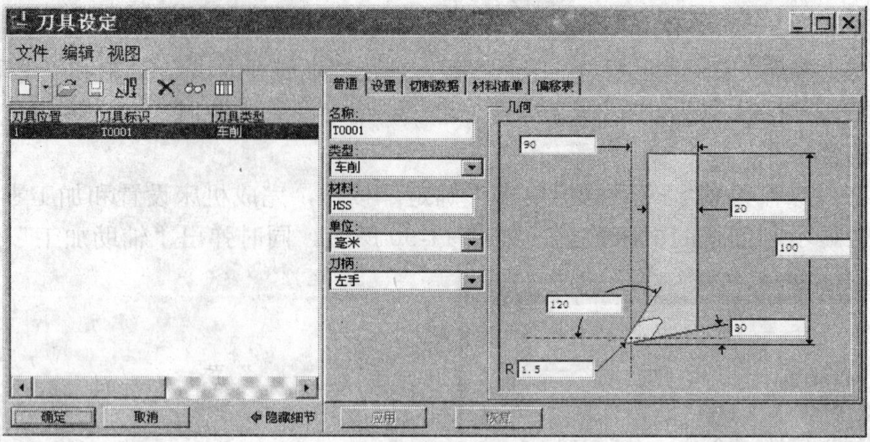


图 11-52 “刀具设定”窗口

（11）设置完毕，单击按钮保存刀具数据。然后依次单击“应用”、“确定”按钮，完成刀具设置。此时弹出“编辑序列参数‘11_3’”窗口。

（12）在“编辑序列参数‘11_3’”窗口中按照表 11-4 所示的数据进行参数设置。设置后的窗口如图 11-53 所示。

**表 11-4 制造参数**

| 制 造 参 数 | 参 数 值 |
|---|---|
| CUT-FEED | 500 |
| 切割方向 | 标准 |
| COOLANT-OPTION | 关闭 |
| 刀具定向 | 90 |
| 主轴转速 | 800 |

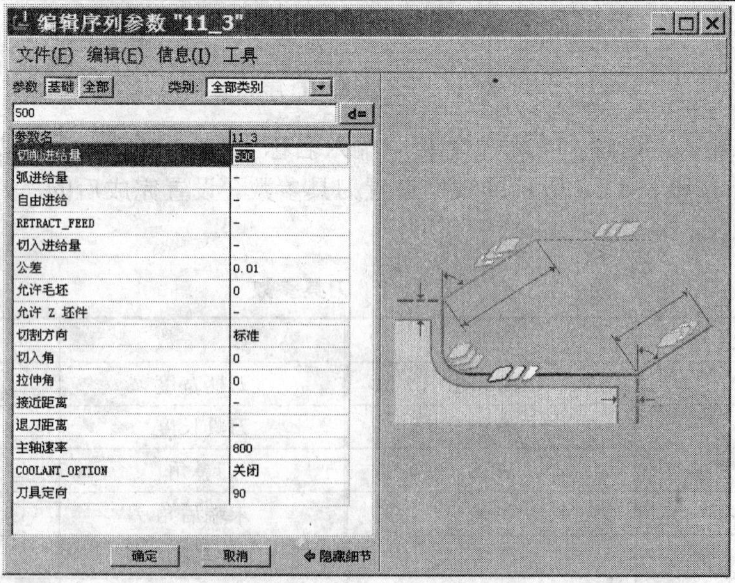


图 11-53 “编辑序列参数‘ACCX8-3’”对话框

（13）在“编辑序列参数‘11_3’”窗口的菜单栏中选择“文件”→“另存为”命令，弹出“保存副本”对话框，输入文件名 11-2trnprm，然后单击“确定”按钮，完成制造参数的设置。

（14）在“编辑序列参数‘11_3’”窗口中单击“确定”按钮，弹出“定制”对话框和“CL 数据”窗口。

（15）在“定制”对话框中单击“插入”按钮，弹出“车削加工轮廓”菜单和“选取”对话框。在模型树或绘图区中选择如图 11-54 所示的已经创建的车削轮廓_1，弹出“切割”菜单。

（16）在“切割”菜单中选择“确认切减材料”命令，绘图区中的轮廓如图 11-55 所示。在“定制”对话框中单击“确定”按钮，返回到“NC 序列”菜单。

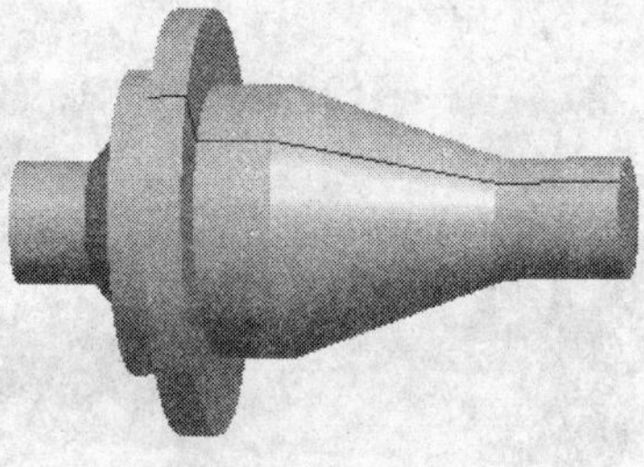

图 11-54　选择车削轮廓

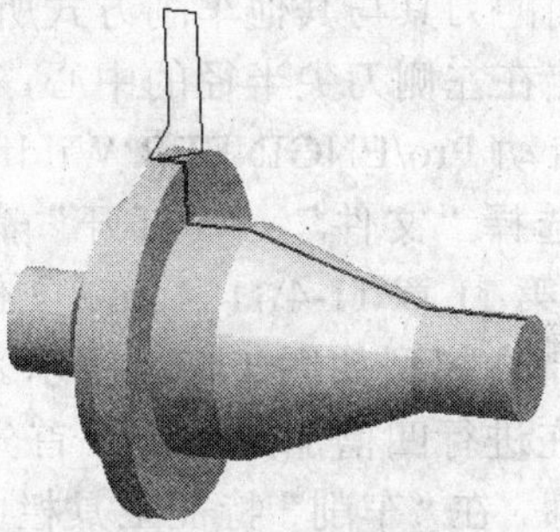

图 11-55　轮廓

（17）在“NC 序列”菜单中选择“演示轨迹”命令，弹出“演示路径”菜单。在“演示路径”菜单中选择“屏幕演示”命令，弹出“播放路径”对话框。

（18）单击“播放路径”对话框中的▶按钮，开始刀具轨迹演示，结果如图 11-56 所示。

（19）在“播放路径”对话框中选择“文件”→“另存为”命令，弹出“保存副本”对话框。单击“确定”按钮，保存文件 11_3.ncl。

（20）在“播放路径”对话框中单击“关闭”按钮，完成屏幕演示。

（21）在模型树中右击 workpiece.prt，在弹出的快捷菜单中选择“取消隐藏”命令，取消隐藏工件。

（22）在“演示路径”菜单中选择“NC 检测”命令，弹出 VERICUT 界面。

（23）在 VERICUT 界面上单击按钮，开始 NC 检测，结果如图 11-57 所示。

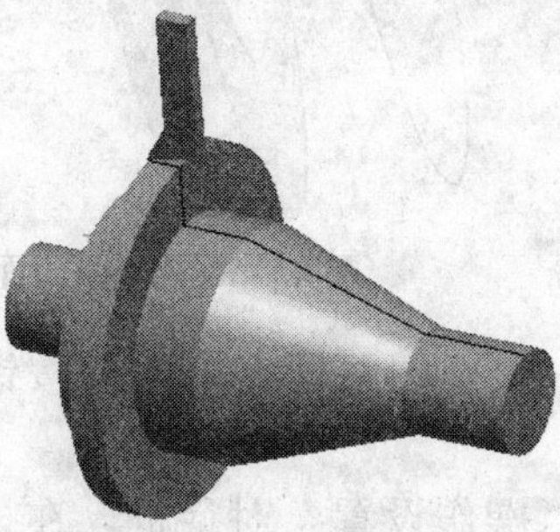

图 11-56　演示刀具轨迹结果

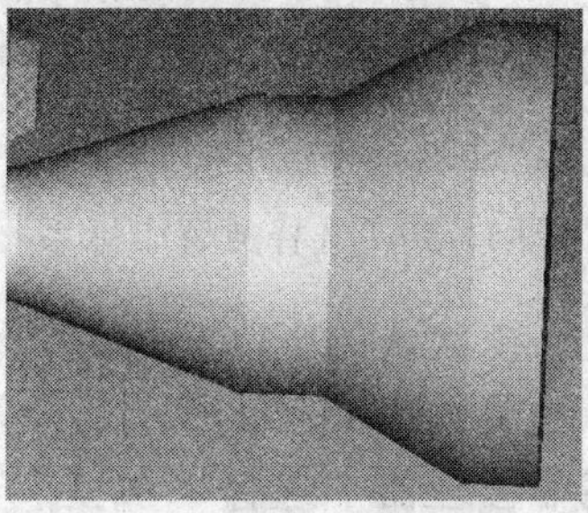

图 11-57　NC 检测结果

（24）单击按钮，关闭 VERICUT 程序。

（25）在“NC 序列”菜单中选择“完成序列”命令，完成序列设置。

（26）在主工具栏上单击按钮，保存制造模型，完成轮廓车削 NC 序列的创建。

## 11.4 凹槽车削

凹槽车削 NC 序列主要用于加工棒料的凹槽部分，使用两侧都有刃口的刀具，以步进式运动车削狭窄的凹槽。加工凹槽时，刀具切割工件的方式与其他车削方式有所不同，它是垂直于回转体的轴线进行切削的，其他车削是平行于回转体的轴线进行切削的。所以凹槽车削所用的刀具与其他车削方式所用的刀具不同，它所用的车削刀具两侧有切削刃，且刀具控制点在左侧刀尖半径的中心，故可对凹槽两侧同时进行车削。

（1）启动 Pro/ENGINEER Wildfire 4.0，在菜单栏中选择“文件”→“打开”命令，打开光盘\素材\第 11 章\11-4\11_4.mfg 文件，进入制造界面。制造模型如图 11-58 所示。

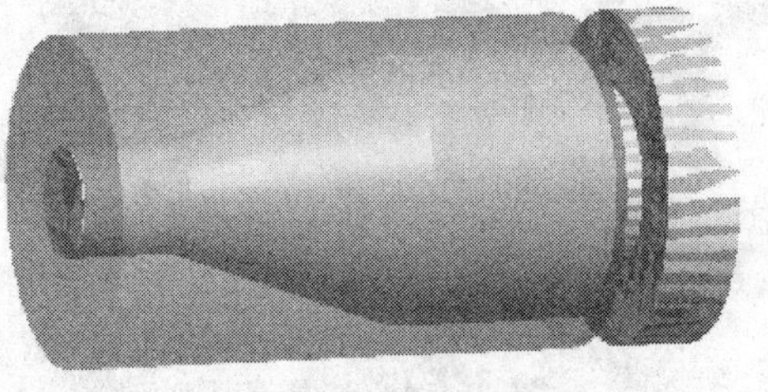

图 11-58　制造模型

（2）在进行凹槽加工之前，首先要创建凹槽车削轮廓。在“车削”特征工具栏中单击“车削轮廓刀具”按钮，在弹出的“车削轮廓刀具”操作面板中单击“曲面定义车削轮廓”按钮，切换到“曲面定义车削轮廓”面板，在绘图区选择如图 11-59 所示的坐标系作为“放置坐标系”。

（3）隐藏工件，按住 Ctrl 键不放，在绘图区选择如图 11-60 所示的两个曲面。

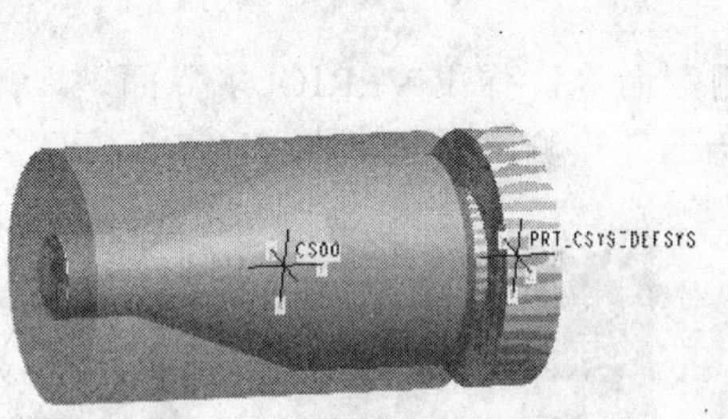


图 11-59　选择放置坐标系

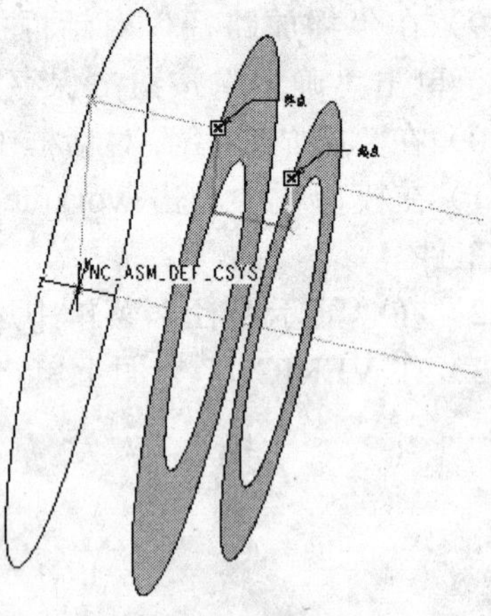


图 11-60　选择曲面

（4）接受系统默认的车削轮廓起点、终点位置，在操作面板上单击按钮，完成车削轮廓的创建，效果如图 11-61 所示。

（5）在菜单管理器中选择“加工”命令，弹出“操作设置”对话框，在“操作名称”文本框中输入操作设置名称 OP010。

（6）单击“定义机床”按钮，进行 NC 机床设置，弹出“机床设置”对话框，设置机床。

（7）在“机床设置”对话框中单击“确定”按钮，完成机床设置，返回到“操作设置”对话框。

（8）在“参照”选项组中单击按钮，弹出“制造坐标系”菜单和“选取”对话框。

（9）如图 11-62 所示，在制造模型上选取制造坐标系 NC_ASM_DEF_CSYS 作为加工零点，此时“加工零点”文本框中显示刚选择的坐标系。

图 11-61　完成车削轮廓的创建

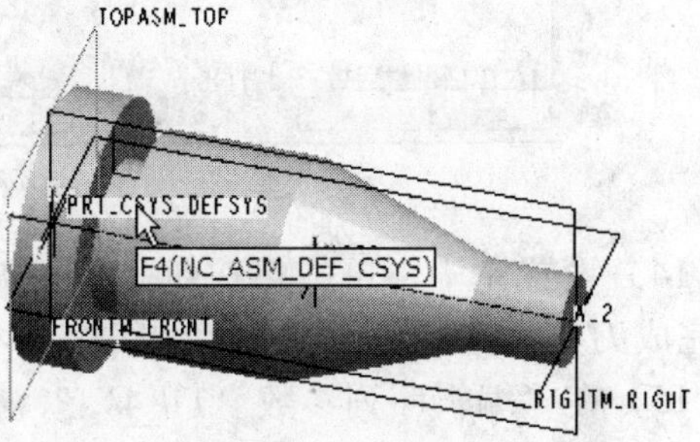


图 11-62　选取加工零点

（10）在“操作设置”对话框中单击“确定”按钮，完成机床设置和加工零点设置。此时模型树上显示刚创建的机床数据，同时弹出“辅助加工”菜单。

（11）在“辅助加工”菜单中选择“加工”→“凹槽”→“完成”命令，进行轮廓车削 NC 序列设置，弹出“序列设置”菜单。

（12）在“序列设置”菜单中选中 “名称”、“刀具”、“参数”复选框，然后选择“完成”命令。此时，在消息区提示输入 NC 序列名，如图 11-63 所示。

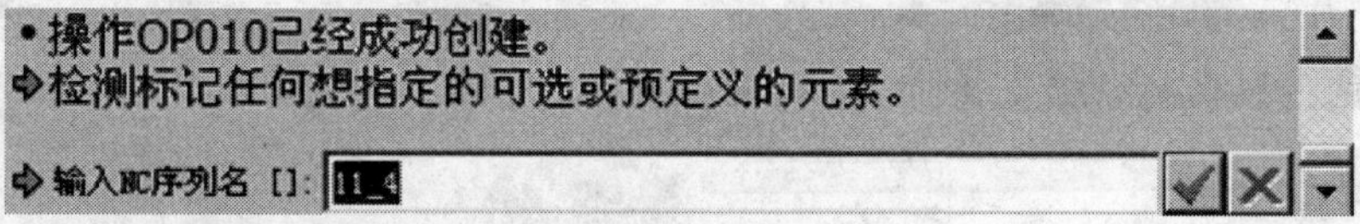


图 11-63　输入 NC 序列名

（13）在“输入 NC 序列名”文本框中输入名称 11_4，然后单击按钮，此时弹出“刀具设定”对话框，按照表 11-5 所示的数据设置刀具参数。设置完成后的“刀具设定”窗口如图 11-64 所示。

**表 11-5　刀具参数**

| 参　数 | 值 | 参　数 | 值 |
|---|---|---|---|
| 名称 | T0001 | 刀具长度 | 50 |
| 类型 | 车削坡口 | 刀鼻角 | 90 |
| 材料 | HSS | 末端后角 | 1 |
| 单位 | 毫米 | 尖半径 | 90 |
| 刀柄宽度 | 10 | | |

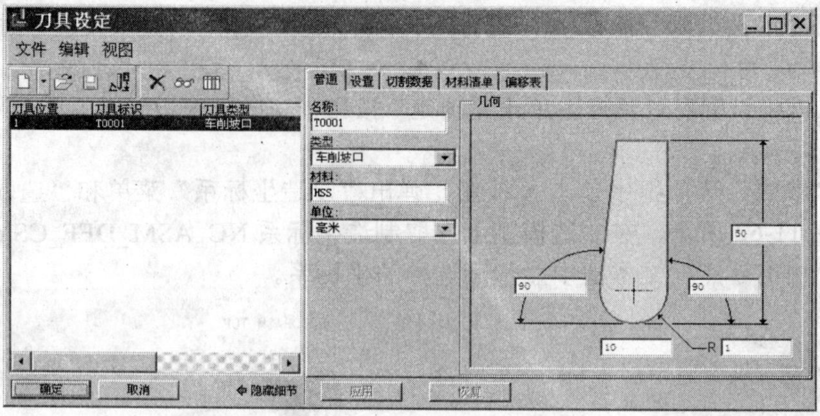

图 11-64 “刀具设定”窗口

（14）设置完毕，单击按钮，保存刀具数据。然后依次单击“应用”、“确定”按钮，完成刀具设置。此时弹出“编辑序列参数‘11_4’”窗口。

（15）在“编辑序列参数‘11_4’”窗口中按照表 11-6 所示的数据进行参数设置。设置后的窗口如图 11-65 所示。

**表 11-6 制造参数**

| 制造参数 | 值 | 制造参数 | 值 |
|---|---|---|---|
| CUT-FEEK | 300 | SPINDLE-SPEED | 500 |
| 跨度 | 5 | COOLANT-OPTION | 开 |
| 切割方向 | 标准 | 刀具定向 | 90 |

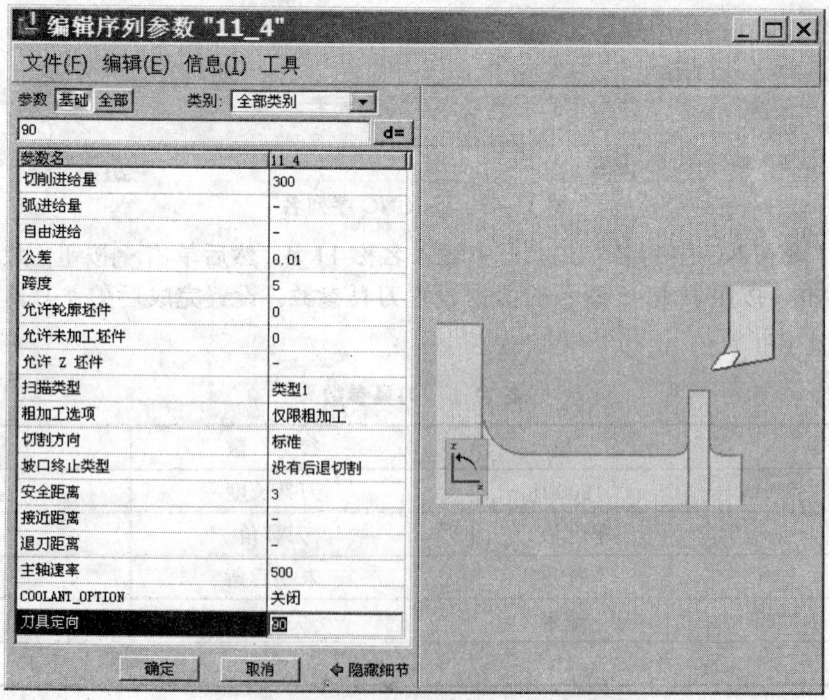

图 11-65 “编辑序列参数‘11_4’”窗口

（16）在“编辑序列参数‘11_4’”窗口的菜单栏中选择“文件”→“另存为”命令，弹出“保存副本”对话框，输入文件名 trnprm，然后单击“确定”按钮，完成制造参数的设置。

（17）在“编辑序列参数‘11_4’”窗口中单击“确定”按钮，弹出“定制”对话框和“CL 数据”窗口。

（18）在“定制”对话框中单击“插入”按钮，弹出“车削加工轮廓”菜单和“选取”对话框。在模型树或绘图区中选择已经创建的车削轮廓_1，弹出“延拓方向”菜单。

（19）在“延拓方向”菜单中选择“X 正向”→“完成”命令，继续弹出“延拓方向”菜单，与上步做同样的选择后，弹出“切割”菜单。选择“演示切减材料”命令，弹出“CL 控制”菜单，同时在绘图区演示，效果如图 11-66 所示。

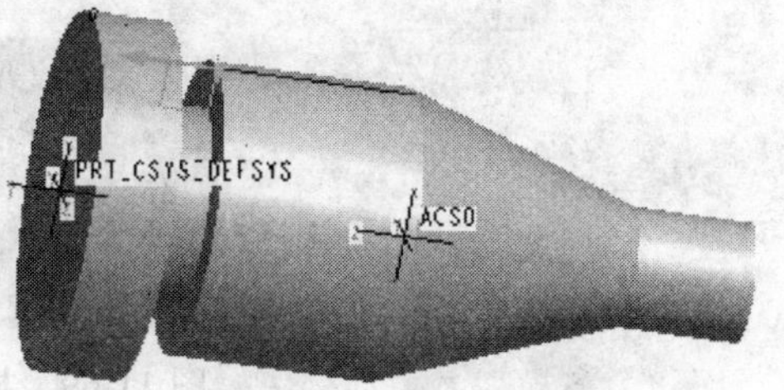


图 11-66 演示切减材料

（20）在“CL 控制”菜单中选择“完成”命令，返回到“切割”菜单，选择“确认切减材料”命令，返回到“定制”对话框，单击“确定”按钮，弹出“NC 序列”菜单。

（21）在“NC 序列”菜单中选择“演示轨迹”命令，弹出“演示路径”菜单。在“演示路径”菜单中选择“屏幕演示”命令，弹出“播放路径”对话框。

（22）在“播放路径”对话框中单击 ▶ 按钮，开始刀具轨迹演示，结果如图 11-67 所示。

（23）在“播放路径”对话框的菜单栏中选择“文件”→“保存为”命令，弹出“保存副本”对话框，单击“确定”按钮，保存文件 11_4.ncl。

（24）在“播放路径”对话框中单击“关闭”按钮，完成屏幕演示。

（25）在模型树上右击 workpiece.prt，在弹出的快捷菜单中选择“取消隐藏”选项，取消隐藏工件。

（26）在“演示路径”菜单上选择“NC 检测”命令，弹出 VERICUT 界面。

（27）在 VERICUT 界面上单击▣按钮，开始 NC 检测，效果如图 11-68 所示。

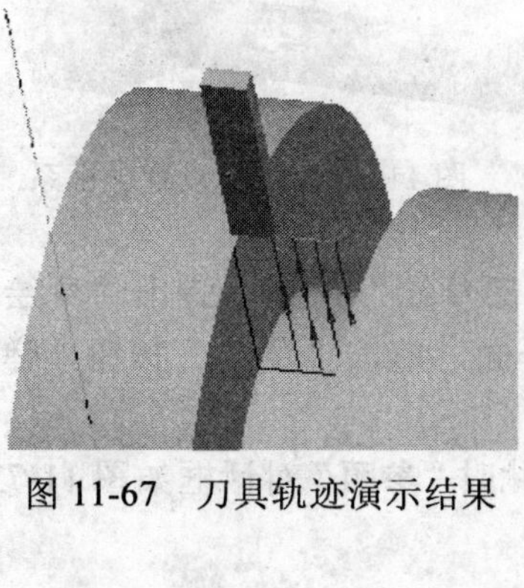

图 11-67 刀具轨迹演示结果

图 11-68 NC 检测效果

（28）单击☒按钮，关闭 VERICUT 程序。

（29）在“NC 序列”菜单中选择“完成序列”命令，完成序列设置。

（30）在主工具栏上单击▣按钮，保存制造模型，完成凹槽车削 NC 序列的创建。

**提 示**

本例只创建了凹槽车削序列，若要完整加工该参照模型，还需要创建区域车削数控加工序列。

用户可以自行对凹槽车削 NC 序列进行材料切减材料模拟，这里只给出材料切减后的制造模型，如图 11-69 所示。

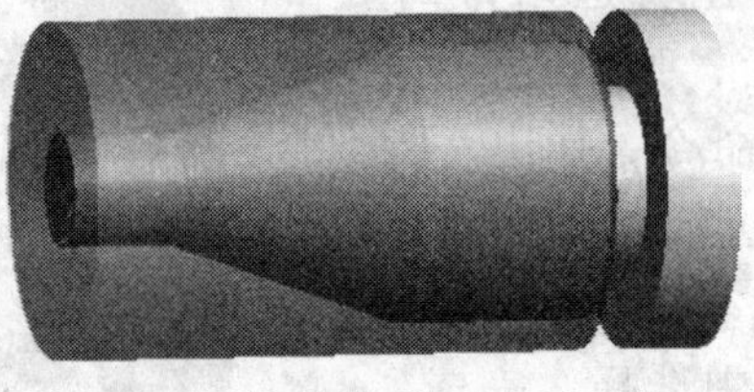

图 11-69　材料切减后的制造模型

## 11.5　螺纹车削

螺纹车削数控加工序列主要用于加工内螺纹和外螺纹。加工内螺纹时，需要通过草绘或选取的方式定义螺纹的内径轮廓；加工外螺纹时，需要通过草绘或选取的方式定义螺纹的外径轮廓。该 NC 序列不从屏幕上切除任何材料，只是产生适当的刀具轨迹。

下面通过实例介绍外螺纹车削 NC 序列的定义过程和相关内容。

### 11.5.1　外螺纹车削

具体操作步骤如下。

（1）启动 Pro/ENGINEER Wildfire 4.0，在菜单栏中选择“文件”→“打开”命令，打开光盘\素材\第 11 章\11-5\11_5_wai.mfg 文件，进入制造界面。制造模型如图 11-70 所示。

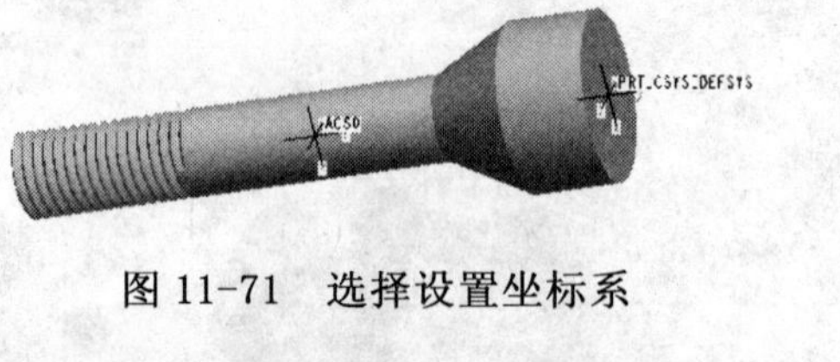

图 11-70　制造模型

（2）在进行外螺纹加工之前，首先要创建螺纹车削轮廓。在“车削”特征工具栏中单击“车削轮廓刀具”按钮，在弹出的“车削轮廓刀具”操作面板中单击“草绘定义车削轮廓”按钮▧，切换到“草绘定义车削轮廓”面板，在绘图区选择如图 11-71 所示的坐标系作为“放置坐标系”。

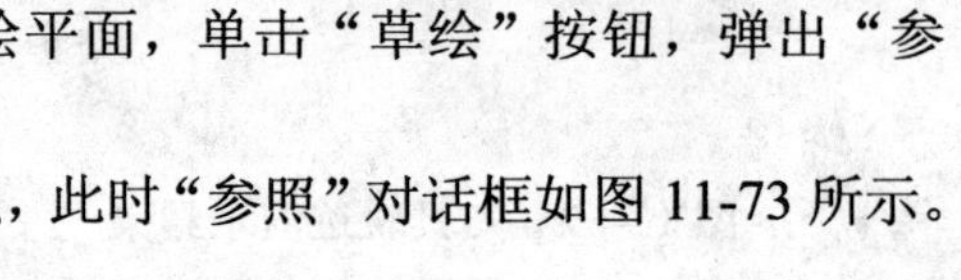

图 11-71　选择设置坐标系

（3）在“草绘定义车削轮廓”面板中单击“定义内部草绘”按钮，弹出“草绘”对话框。在绘图区选择 NC_ASM_FRONT 基准面作为草绘平面，单击“草绘”按钮，弹出“参照”对话框。

（4）在绘图区选择如图 11-72 所示的线段作为参照，此时“参照”对话框如图 11-73 所示。

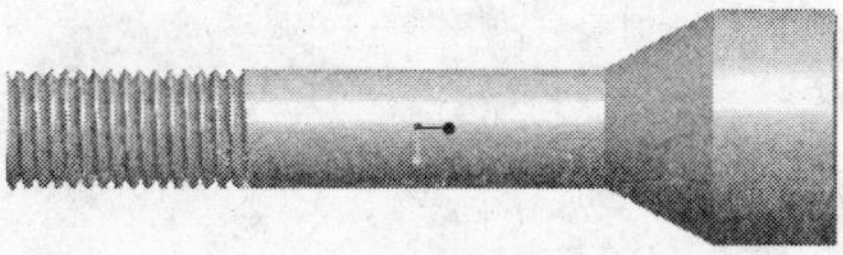

图 11-72　选取参照

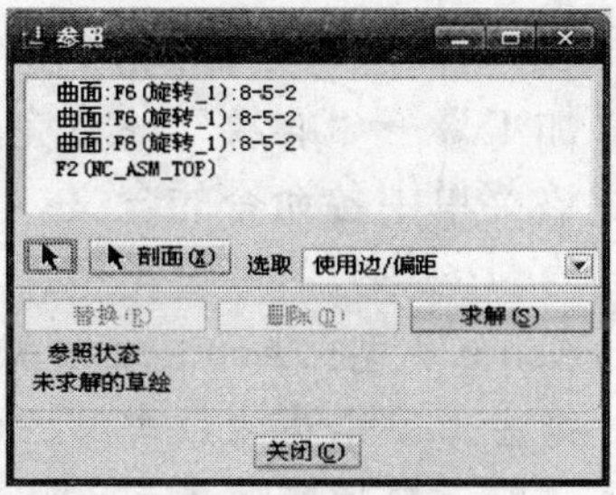


图 11-73 “参照”对话框

（5）单击“关闭”按钮，使用基本绘图工具在绘图区绘制如图 11-74 所示的车削轮廓。

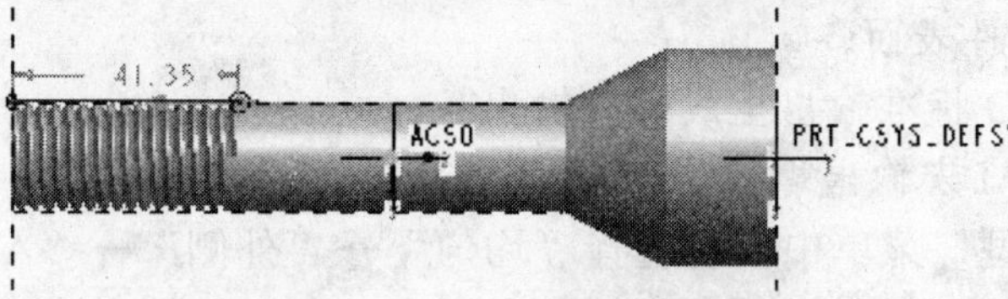


图 11-74　绘制车削轮廓

（6）单击按钮，草绘轮廓如图 11-75 所示。该图中已经定义了轮廓的起点、终点等默认属性。

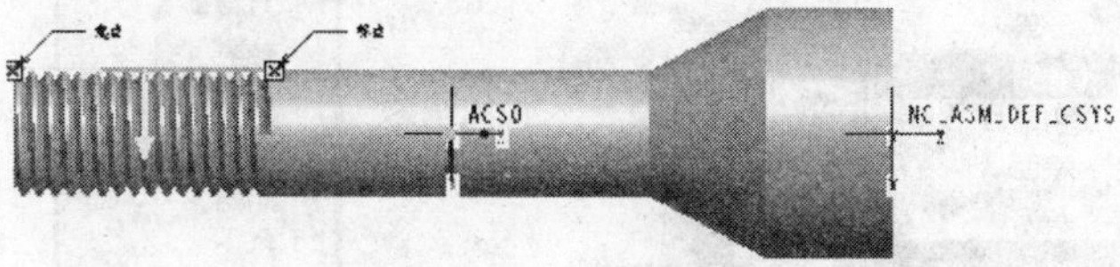


图 11-75　草绘轮廓

（7）在“车削轮廓刀具”操作面板中单击按钮，完成草绘轮廓的创建，效果如图 11-76 所示。

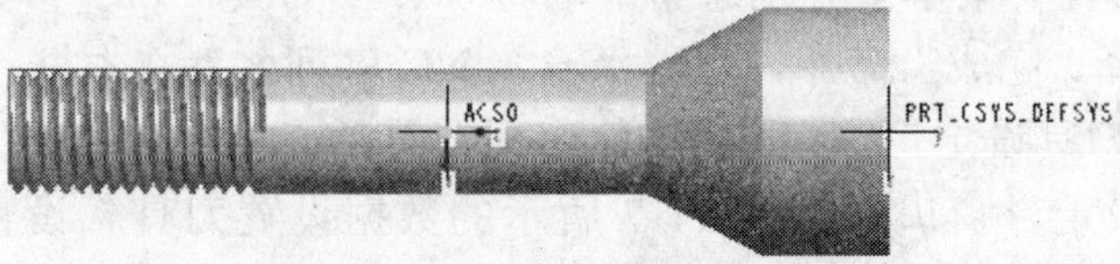


图 11-76　完成草绘轮郭的创建

（8）在菜单管理器中选择“加工”命令，弹出“操作设置”对话框，设置操作名称为 OP010，并设置 NC 机床。单击“加工零点”按钮，在绘图区选择如图 11-77 所示的坐标系作为加工零点。

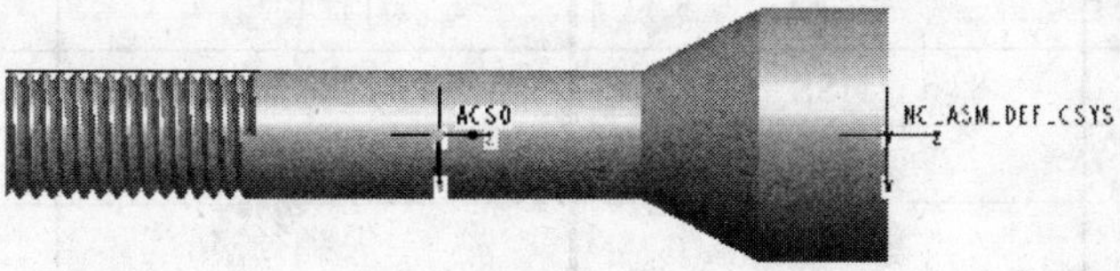


图 11-77　选取加工零点

（9）在“操作设置”对话框中单击“关闭”按钮，弹出“辅助加工”菜单。在该菜单中选择“加工”→“螺纹”→“完成”命令，弹出如图 11-78 所示的“螺纹类型”菜单。下面介绍该菜单中各命令的含义。

- 均匀：均匀的螺纹类型。
- Acme 类型：Acme 螺纹类型。
- 锯齿形：锯齿螺纹类型。
- 一般：普通螺纹类型。
- 外侧：在径向外侧加工零件，加工外螺纹。
- 内部：在径向内侧加工零件，加工内螺纹。
- 表面：加工零件表面。
- ISO：使用 ISO 标准输出生成螺纹输出。
- AI 宏：使用 AI 宏输出螺纹信息。

（10）在“螺纹类型”菜单中依次选择“均匀”→“外侧”→“AI 宏”→“完成”命令，弹出如图 11-79 所示的“序列设置”菜单。

图 11-78 “螺纹类型”菜单

图 11-79 “序列设置”菜单

（11）在“序列设置”菜单中分别选中“名称”、“刀具”、“参数”和“车削加工轮廓”复选框，然后选择“完成”命令，弹出“输入 NC 序列名”文本框。输入“11_5_wai”，单击按钮，弹出“刀具设定”窗口和“NC 序列”菜单。

（12）在“刀具设定”窗口中按表 11-7 所示的数据设置刀具。设置完成后的“刀具设定”窗口如图 11-80 所示。

**表 11-7 刀具参数**

| 参　数 | 值 | 参　数 | 值 |
|---|---|---|---|
| 名称 | T0001 | 刀柄宽度 | 8 |
| 类型 | 车削 | 刀具长度 | 40 |
| 材料 | HSS | 刀鼻角 | 120 |
| 单位 | 毫米 | 末端后角 | 15 |
| 刀柄 | 右手 | 尖半径 | 1.5 |
| 柄右侧到鼻尖距离 | 10 | | |

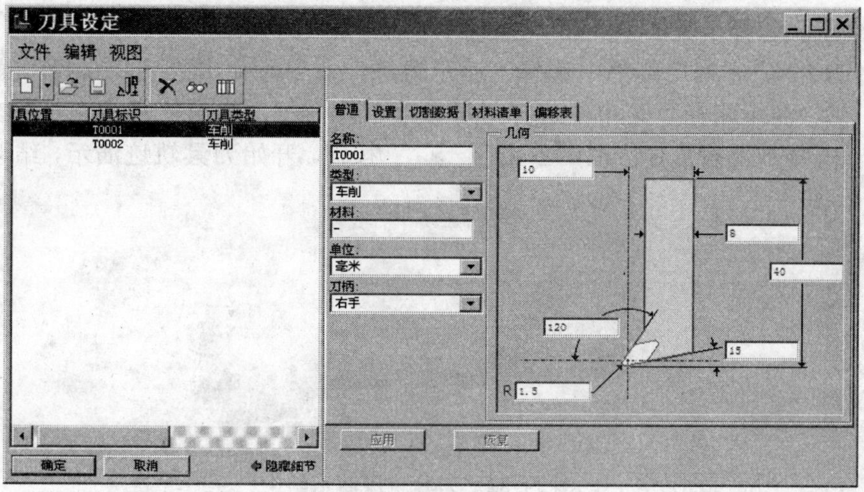


图 11-80 “刀具设定”窗口

（13）设置完毕，单击按钮，保存刀具数据。然后依次单击“应用”、“确定”按钮，完成刀具设置。此时弹出“编辑序列参数 11_5_wai”窗口。

（14）在“编辑序列参数 11_5_wai”窗口中按表 11-8 所示数据设置制造参数，设置后的“编辑序列参数 11_5_wai”窗口如图 11-81 所示。

**表 11-8 编辑制造参数**

| 制造参数 | 值 | 制造参数 | 值 |
|---|---|---|---|
| THREAD-FEEK-UNITS | MMPR | COOLANT-OPTION | 开 |
| 允许毛坯 | 0 | 刀具定向 | 90 |
| THREAD-FEED | 0.5 | 间隙距离 | 2 |
| CUT-FEED | 300 | 百分比深度 | 0.2 |
| SPINDLE-SPEED | 500 | 进给角度 | 0 |

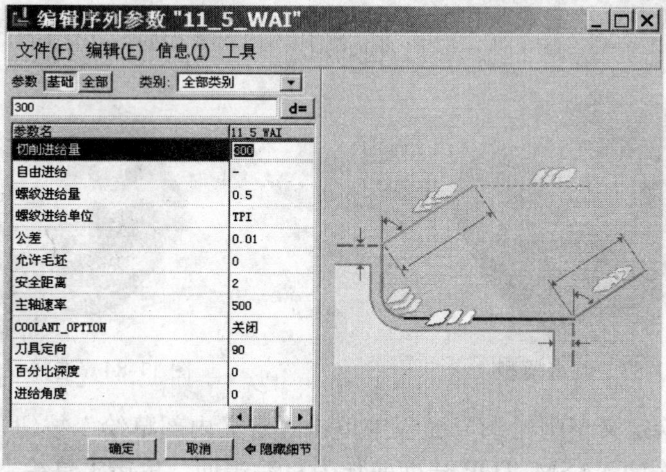


图 11-81 “编辑序列参数 11_5_wai”窗口

（15）在“编辑序列参数 11_5_wai”窗口中单击“确定”按钮，弹出“车削加工轮廓”

菜单，在绘图区选择步骤 2～步骤 7 创建的车削轮廓 1。

（16）在“NC 序列”菜单中选择“演示轨迹”命令，弹出“演示路径”菜单。

（17）在“演示路径”菜单中选择“屏幕演示”命令，弹出“播放路径”对话框。

（18）在“播放路径”对话框中单击▶按钮，开始刀具轨迹演示，结果如图 11-82 所示。

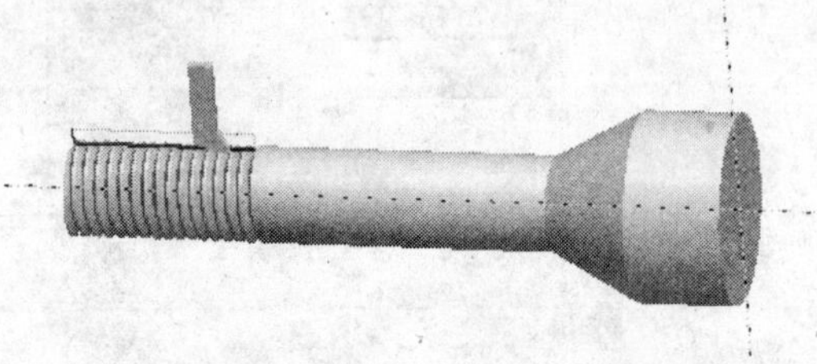

图 11-82　刀具轨迹演示结果

（19）在“播放路径”对话框的菜单栏中选择“文件”→“保存为”命令，弹出“保存副本”对话框。单击“确定”按钮，保存文件 11_5_wai.ncl。

（20）在“播放路径”对话框中单击“关闭”按钮，完成屏幕演示。

（21）在“NC 序列”菜单中选择“完成序列”命令，完成序列设置。

（22）在主菜单栏中单击按钮，保存制造模型，完成外螺纹车削 NC 序列的创建。

### 11.5.2　内螺纹车削

具体操作步骤如下。

（1）启动 Pro/ENGINEER Wildfire 4.0，在菜单栏中选择“文件”→“打开”命令，打开光盘\素材\第 11 章\11-5\11_5_nei.mfg 文件，进入制造界面。制造模型如图 11-83 所示。

（2）在进行内螺纹加工之前，首先要创建螺纹车削轮廓。在“车削”特征工具栏中单击“车削轮廓刀具”按钮，在弹出的“车削轮廓刀具”操作面板中单击“草绘定义车削轮廓”按钮，切换到“草绘定义车削轮廓”面板，在绘图区选择如图 11-84 所示的坐标系作为“放置坐标系”。

图 11-83　制造模型

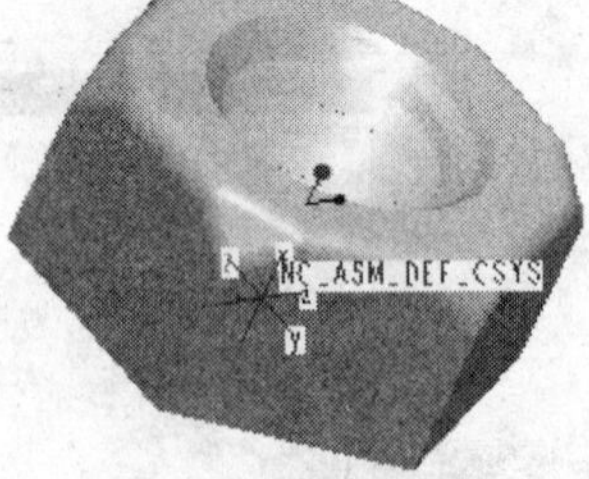


图 11-84　选择设置坐标系

（3）在“草绘定义车削轮廓”面板中单击“定义内部草绘”按钮，弹出“草绘”对话框。在绘图区选择 NC_ASM_TOP 基准面作为草绘平面，单击“草绘”按钮，弹出“参照”对话框。

（4）在“标准”工具栏中单击“隐藏线”按钮，然后在绘图区选择如图 11-85 所示的线段作为参照。此时“参照”对话框如图 11-86 所示。

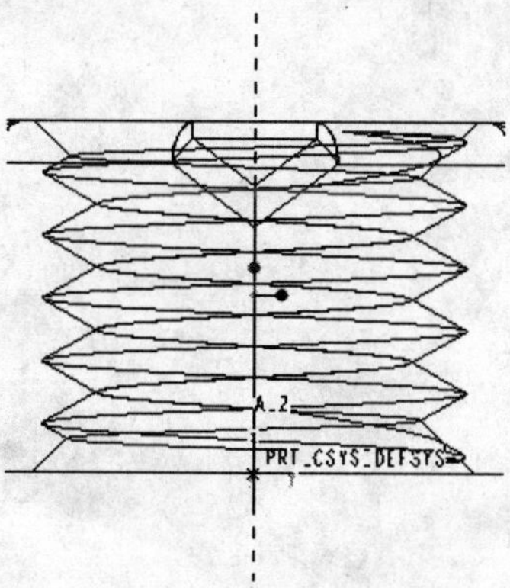


图 11-85　选取参照

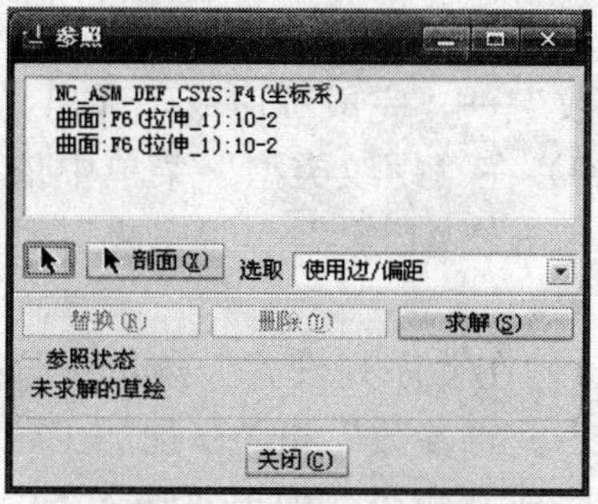


图 11-86　“参照”对话框

（5）单击“关闭”按钮，使用基本绘图工具在绘图区绘制如图 11-87 所示的车削轮廓。

（6）单击✔按钮，草绘轮廓如图 11-88 所示。该图中已经定义了轮廓的起点、终点等默认属性。

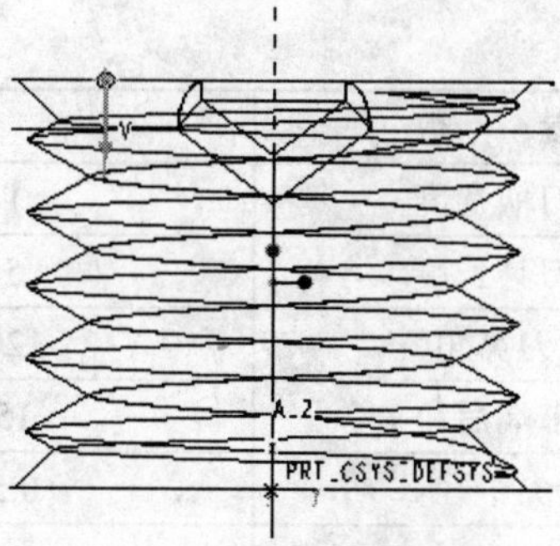


图 11-87　绘制车削轮廓

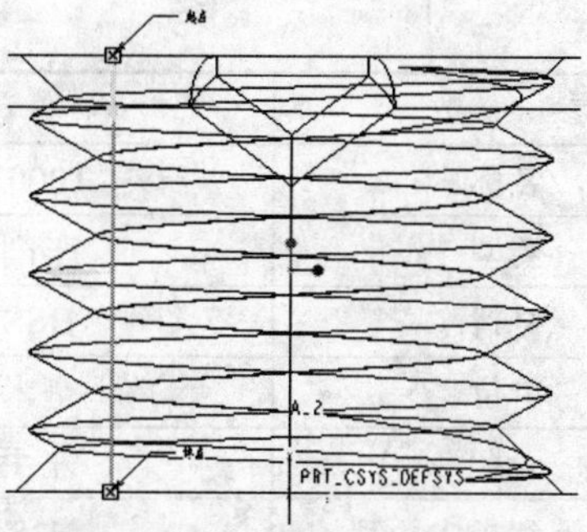


图 11-88　草绘轮廓

（7）在绘图区单击水平方向箭头，改变材料侧方向，效果如图 11-89 所示。继续在“车削轮廓刀具”操作面板中单击✔按钮，完成草绘轮廓创建，效果如图 11-90 所示。

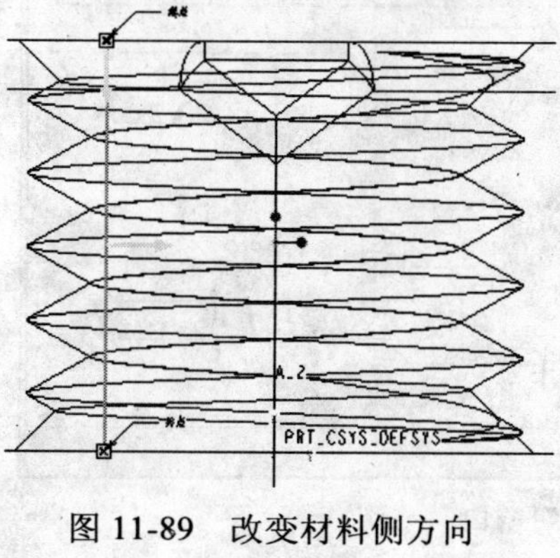


图 11-89　改变材料侧方向

图 11-90　完成草绘轮廓创建

（8）在菜单管理器中选择“加工”命令，弹出“操作设置”对话框，设置操作名称为

11_5_nei，并设置 NC 机床。单击“加工零点”按钮，在绘图区选择如图 11-91 所示的坐标系作为加工零点。

（9）在“操作设置”对话框中单击“关闭”按钮，弹出“辅助加工”菜单。在该菜单中依次选择“加工”→“螺纹”→“完成”命令，弹出“螺纹类型”菜单。

（10）在“螺纹类型”菜单中依次选择“均匀”→“内部”→“AI 宏”→“完成”命令，弹出“序列设置”菜单。

（11）在“序列设置”菜单中分别选中“名称”、“刀具”、“参数”和“车削加工轮廓”复选框，然后选择“完成”命令，弹出“输入 NC 序列名”文本框。输入“OP010”，单击按钮，弹出“刀具设定”窗口和“NC 序列”菜单。

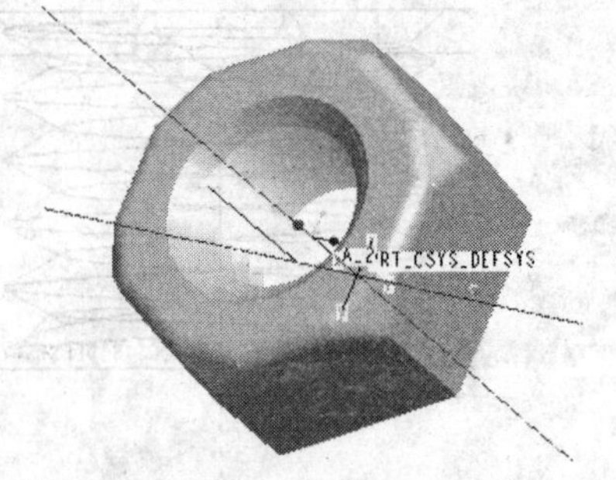


图 11-91　选择加工零点

（12）在“刀具设定”窗口中按表 11-9 所示的数据设置刀具参数。设置完成后的“刀具设定”窗口如图 11-92 所示。

**表 11-9　刀具参数**

| 参　数 | 内　容 | 参　数 | 内　容 |
|---|---|---|---|
| 名称 | T0001 | 刀柄宽度 | 1 |
| 类型 | 车削 | 刀具长度 | 5 |
| 材料 | HSS | 刀鼻角 | 120 |
| 单位 | 毫米 | 末端后角 | 15 |
| 刀柄 | 左手 | 尖半径 | 0.5 |
| 柄右侧到鼻尖距离 | 1.5 | | |

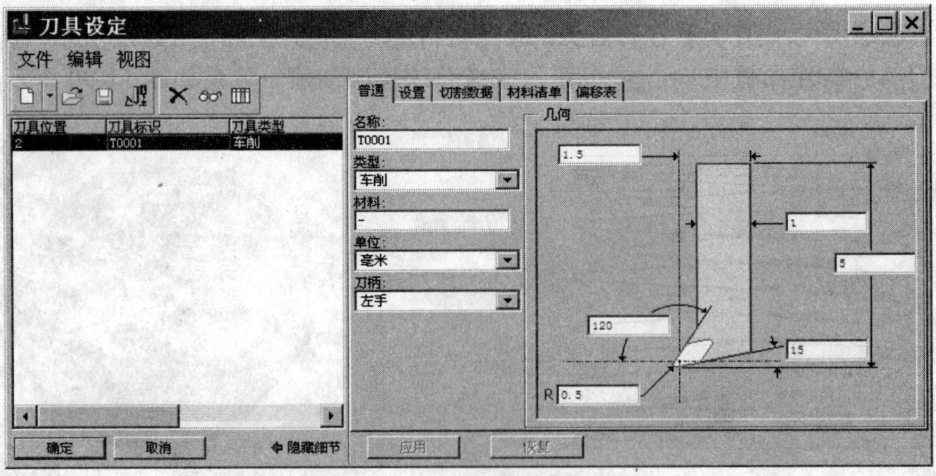


图 11-92　“刀具设定”窗口

（13）设置完毕，单击按钮，保存刀具数据。然后依次单击“应用”、“确定”按钮，完成刀具设置。此时弹出“编辑序列参数‘11_5_nei’”窗口。

（14）在“编辑序列参数‘11_5_nei’”窗口中按表 11-10 所示数据设置制造参数。设置后的“编辑序列参数‘11_5_nei’”窗口如图 11-93 所示。

表 11-10　编辑序列参数

| 制 造 参 数 | 值 | 制 造 参 数 | 值 |
|---|---|---|---|
| THREAD-FEED | 0.2 | 允许毛坯 | 0 |
| THREAD-FEEK-UNITS | MMPR | 安全距离 | 1 |
| CUT-FEED | 200 | 刀具定向 | 90 |
| SPINDLE-SPEED | 500 | 百分比深度 | 0.2 |
| COOLANT_OPTION | 开 | 进给角度 | 0 |

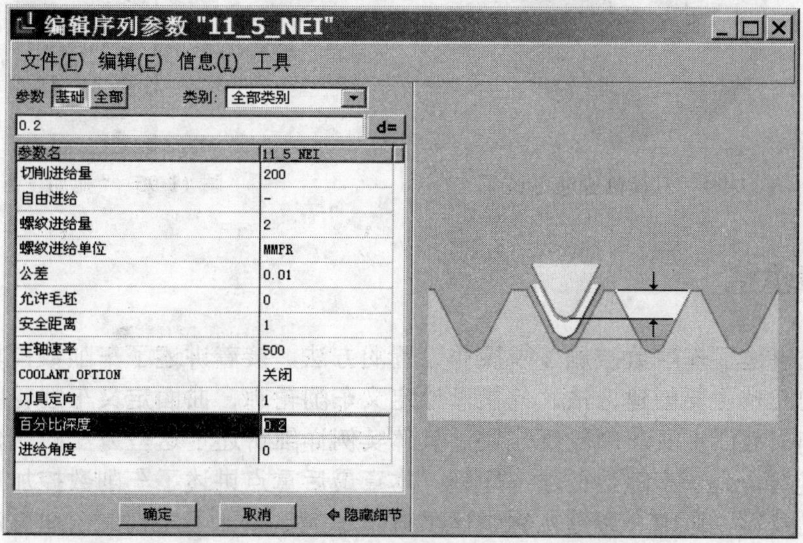


图 11-93　“编辑序列参数‘11_5_nei’窗口

（15）在“编辑序列参数‘11_5_nei’”窗口中单击“确定”按钮，弹出“车削加工轮廓”菜单，在绘图区选择步骤 2～步骤 7 创建的车削轮廓 1。

（16）在“NC 序列”菜单中选择“演示轨迹”命令，弹出“演示路径”菜单。

（17）在“演示路径”菜单中选择“屏幕演示”命令，弹出“播放路径”对话框。

（18）在“播放路径”对话框中单击按钮，开始刀具轨迹演示，结果如图 11-94 所示。

（19）在“播放路径”对话框的菜单栏中选择“文件”→“保存为”命令，弹出“保存副本”对话框。单击“确定”按钮，保存文件 11_5_nei.ncl。

（20）在“播放路径”对话框中单击“关闭”按钮，完成屏幕演示。

（21）在“NC 序列”菜单中选择“完成序列”命令，完成序列设置。

（22）在主工具栏中单击按钮，保存制造模型，完成内螺纹车削 NC 序列的创建。

除了以上讲述的几种车削数控加工序列外，还有孔加工车削数控序列。在“辅助加工”菜单中依次选择“加工”→“孔加工”→“完成”命令，弹出如图 11-95 所示的“孔加工”

菜单。该菜单与第 10 章的“孔加工”菜单完全一致，有关车削孔加工序列的定义方法请读者参考第 10 章相关内容。二者最大的区别是在进行车削数控加工时选择车床，而在钻孔时选择“铣削”机床。

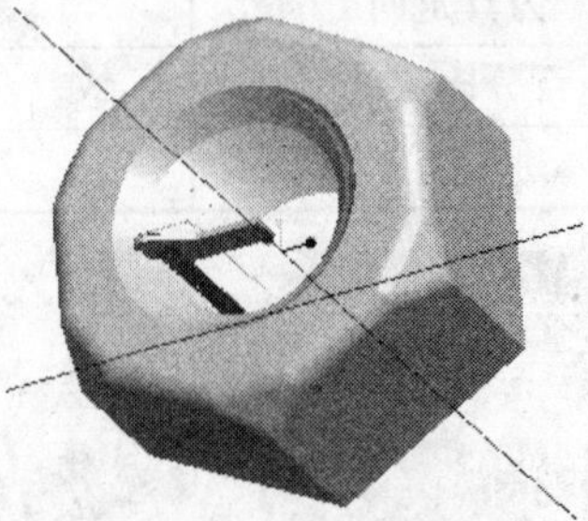

图 11-94　刀具轨迹演示结果

图 11-95　“孔加工”菜单

## 11.6　本章小结

本章首先讲述了车削数控加工中操作设置的方法，接着讲述了车削数控加工中所必需的车削轮廓的几种主要创建方法，包括草绘定义车削轮廓、曲面定义车削轮廓、曲线链定义车削轮廓和横截面定义车削轮廓，通过具体实例详细讲述了这些方法的创建过程。创建车削轮郭的目的是为了车削数控加工序列，本章最后重点讲述了车削数控加工序列加工主要参数的含义及设置原则，通过实例讲述了典型车削数控加上序列的创建方法，主要有区域车削、轮廓车削、凹槽车削和螺纹车削。通过以上内容的学习，读者对车削数控加工的知识应该有全面的掌握。

## 11.7　课后习题

（1）用几种定义车削轮廓的方法创建如图 11-96 和图 11-97 所示的车削轮廓，并为该车削轮廓创建区域车削数控加工序列。

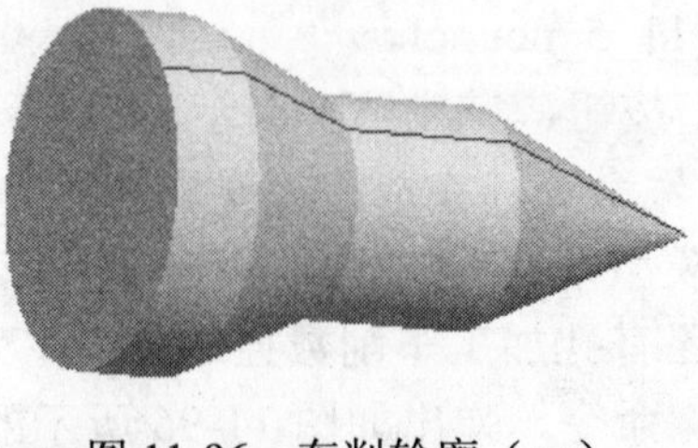

图 11-96　车削轮廓（一）

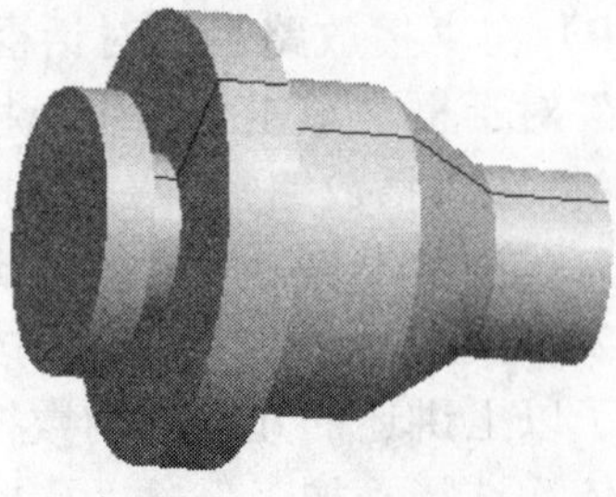

图 11-97　车削轮廓（二）

（2）用外螺纹车削的方法创建如图 11-98 所示的制造模型，并创建外螺纹的车削数控加工序列。

图 11-98　制造模型

# 第12章 Pro/E NC 数控线切割加工

本章导读

线切割加工是指线电极电火花加工，线切割加工中的机床类型为 WEDM，轴数可以分为两轴和四轴两种。在线切割加工方法设置过程中，有一些特殊的参数需要设置，在两轴线切割加工中主要有轮廓切割、无芯切割和钣金件切割 3 种类型；四轴线切割加工中主要有锥角方式和头 1/头 2 方式两种创建方法，本章将分别讲述这些内容。

通过本章的学习，读者应实现如下目标：

- 掌握线切割加工参数的设置方法
- 掌握两轴线切割加工的操作方法
- 掌握四轴线切割加工的操作方法

## 12.1 Pro/E NC 数控线切割加工基础知识

### 12.1.1 线切割加工的应用

（1）加工模具

适用于各种形状的冲模，调整不同的间隙补偿量，只需一次编程就可以切割凸模、凸模固定板、凹模及卸料板等；还可加工挤压模、粉末冶金模、弯曲模、拉丝模、塑料模、冷拔模等通常带有锥度的模具。

（2）加工电火花成形加工用的电极

可加工一般穿孔加工的电极及带锥度型腔加工的电极等。对于铜—钨、银—钨合金之类的材料，用线切割加工特别经济，同时也适合用于微细复杂形状的电极。

（3）加工零件

在试制新产品时，用线切割在板料上可直接割出零件，例如切割特殊微电机硅钢片转子铁芯、特殊碟形弹簧片等。由于不需要另行制造模具，所以可大大缩短制造周期，降低成本。

图 12-1 “辅助加工”菜单

### 12.1.2 线切割加工参数设置

线切割加工方法设置是通过如图 12-1 所示的“辅助加工”菜

单实现的。

**提 示** 只有在“机床设置”对话框的“机床类型”下拉列表框中选择 Wedm 选项，才能在“加工”菜单中选择“NC 序列”命令时弹出如图 12-1 所示的“辅助加工”菜单。

在线切割加工中有一些特殊的参数需要设置，下面分别介绍这些参数的含义及设置规则。

### 1. “切削运动”参数

在“编辑序列参数‘仿形线切割’”对话框的“类别”下拉列表框中选择“切削运动”选项，则在“参数名”区列出了该类型的所有参数，如图 12-2 所示。下面分别介绍该类型中主要参数的含义。

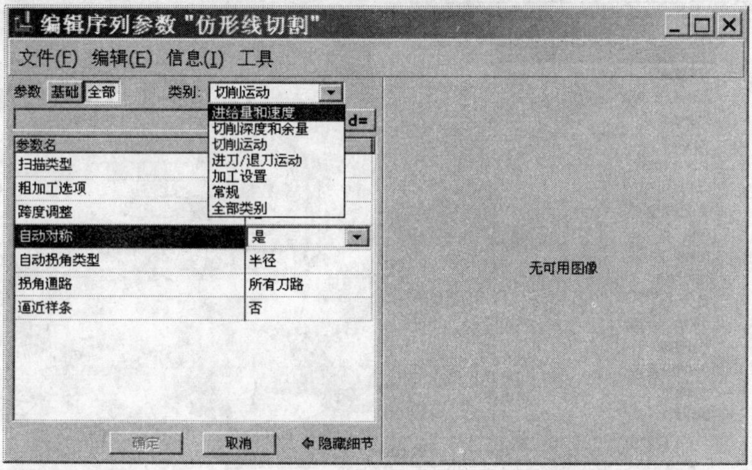


图 12-2 “切削运动”参数

- 自动对称：该参数指定是否将四轴线切割中两个头的起点和终点同步。该参数的默认选择为“是”，即两个头在每次切削的起点和终点同步。若将该参数的值设置为“否”，则上面轮廓和下面轮廓的起点和终点分别映射，且上、下两个轮廓在 XY 平面内有不同的起点和终点。
- 自动拐角类型：该参数为线切割运动在零件的拐角处指定拐角条件，以避免过切尖角。在拐角处线切割机将在切削运动中包括一个小的平行四边形，其尺寸由参数“拐角长度”和“拐角角度”决定。电极丝在定义的拐角处开始继续沿第一图元移动，沿第二图元的切线进入。“自动拐角类型”各可选项含义如下。
  - 半径：将拐角设置为圆角运动。
  - 竖直的：创建直拐角条件。
  - 倒角：其尺寸由参数 CHAMFER_DIM 定义，代表倒角每一边上的切削距离。
  - 平分：刀具径直切入材料，平分相邻边的夹角。切削长度由参数“拐角长度”定义。切削补偿在创建拐角时关闭，在继续切削时重新激活。这种类型的拐角可以使零件在随后的装配中具有柔性，能够回弹。
- 拐角通路：用于指定在哪一段轨迹上自动创建拐角。该参数的可选项有“所有通路”、“第一通路”和“最后通路”，默认选项为在“所有通路”上自动创建拐角。

- 逼近样长：用于指定在创建刀位数据输出时是否要逼近带有圆弧的样条边线，该选项默认选项为“否”，若选择“是”，则需要逼近样条边线。

**2．“切削深度和余量”参数**

在“编辑序列参数‘仿形线切割’”对话框的“类别”下拉列表框中选择“切削深度和余量”选项，则在“参数名”区列出了该类型的所有参数，如图 12-3 所示。下面分别介绍该类型中主要参数的含义。

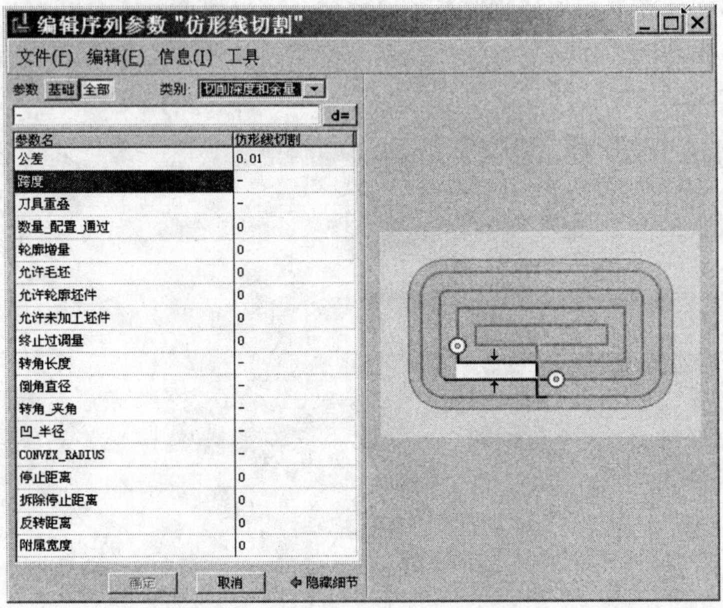


图 12-3 “切削深度和余量”参数

- 跨度：用于控制无芯切割的横向切削深度，跨度必须小于切刀直径的正值。
- 刀具重叠：用于控制无芯切割的横向切削深度的另外一种方式。该选项表示刀具应该与前一次走刀期间加工区域所重叠的量。刀具重叠量应小于刀具直径。若指定了刀具重叠，但是没有指定跨度，则切削的侧面深度应该按 CUTTER_DIAM_TOOL_OVERLAP 计算。
- 数量_配置_通过：用于指定做精加工切削运动的走刀数。
- 配置_增量：用于每一精加工走刀的增量。
- 允许毛坯：用于指定数控加工后留下的坯件余量，该选项没有默认值。
- PROF_STOCK_ALLOW：用于指定粗切削后为精加工所留下的坯件量。
- 终止过调量：用于指定超出切削运动端点的超程距离。若在切削运动过程中包括多次走刀，则将参数 END_OVERTRAVEL 的参数值应用超程距离。
- 转角长度：当指定拐角条件时，用于定义向刀具路径添加的平行四边形的边长，该选项的默认值为 0。
- 转角_夹角：若为尖角，则平行四边形的角度等于相邻图元间的夹角。
- 凹_半径：用于指定凹拐角条件的半径。
- CONVEX_RADIUS：用于指定凸拐角条件的半径。

- 停止距离：用于指定在切削运动结束前系统发出的 CL 停止命令的距离。设置该参数是为了使操作人员随意切削零件及在其落下前夹紧零件，当刀具就位后，刀具完成此轨迹。若刀具路径包含多次走刀，则停止点位于第一走刀上。
- 拆除停止距离：用于指定在分离运动结束前系统发出的 CL 停止命令的距离。
- 反转距离：用于指定当有多条轨迹时，从终点反转到下一条轨迹时的距离。
- 附属宽度：用于指定沿分界线切割时不进行切割的距离，以便在刀具的两侧留有一小块材料。

## 12.2 两轴线切割

### 12.2.1 轮廓切割实例

下面以加工如图 12-4 所示的制造模型为例介绍创建轮廓线切割数控加工序列的具体步骤。

（1）启动 Pro/ENGINEER Wildfire 4.0 后，打开光盘/素材/第 12 章/12-2-1/12-2-1.mfg 文件，显示需要进行线切割加工的制造模型。在菜单管理器中选择“加工”命令，在弹出的“加工”菜单中选择“操作”命令，弹出“操作设置”对话框。在该对话框中单击“定义机床”按钮，弹出“机床设置”对话框，在“机床类型”下拉列表框中选择 Wedm 选项，在“轴数”下拉列表框中选择“2 轴”选项，单击“确定”按钮。

（2）在“操作设置”对话框中单击“加工零点”按钮，在绘图区选择 NC_ASM_DEF_CSYS 坐标系作为加工零点。

（3）在“加工”菜单中选择“NC 序列”命令，弹出“辅助加工”菜单，依次选择“加工”→“仿形切削”→“完成”命令，弹出如图 12-5 所示的“序列设置”菜单，该菜单各选项的含义与铣削等序列相同，在此不再详述。

图 12-4 制造模型

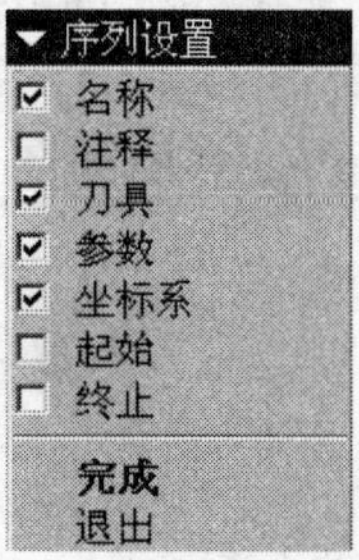


图 12-5 “序列设置”菜单

（4）在“序列设置”菜单中分别选中“名称”、“刀具”、“参数”、“坐标系”复选框以后，选择“完成”命令，弹出“输入 NC 序列名”文本框，在其中输入“12-2-1”，然后单击“确定”按钮，弹出“刀具设定”对话框，按图 12-6 所示设置刀具参数。

（5）在“刀具设定”对话框中依次单击“应用”、“确定”按钮，弹出“编辑序列参数‘12-2-1’”对话框，按图 12-7 所示设置序列参数。

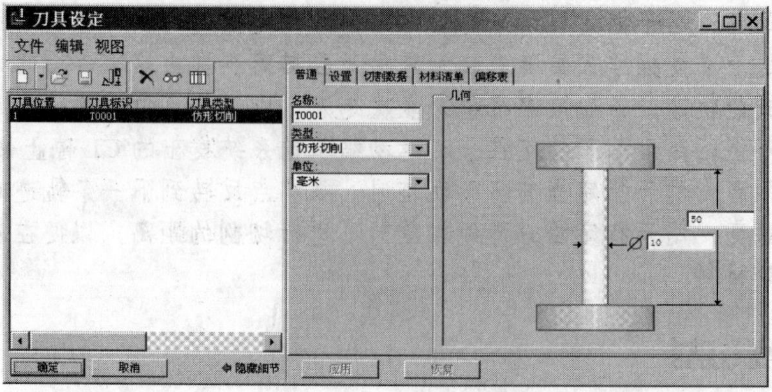


图 12-6 “刀具设定”对话框

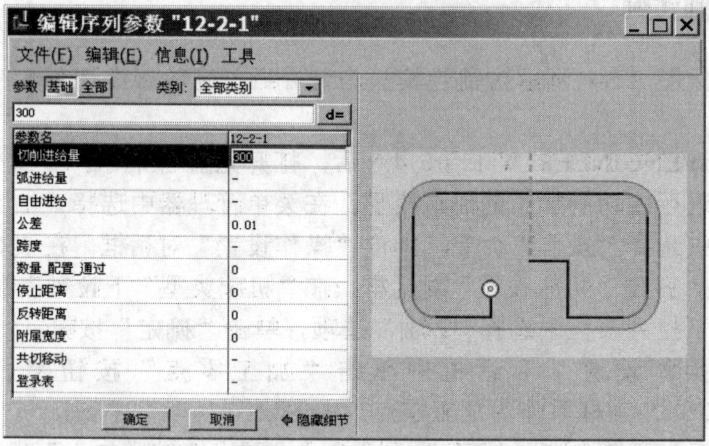


图 12-7 “编辑序列参数‘12-2-1’”对话框

（6）在“编辑序列参数‘12-2-1’”对话框中单击“确定”按钮，弹出如图 12-8 所示的“序列坐标系”菜单和“选取”对话框。

（7）在绘图区选择如图 12-9 所示的坐标系 NC_ASM_DEF_CSYS，在“选取”对话框中单击“确定”按钮，弹出如图 12-10 所示的“定制”对话框和如图 12-11 所示的“CL 数据”对话框。

图 12-8 “序列坐标系”菜单

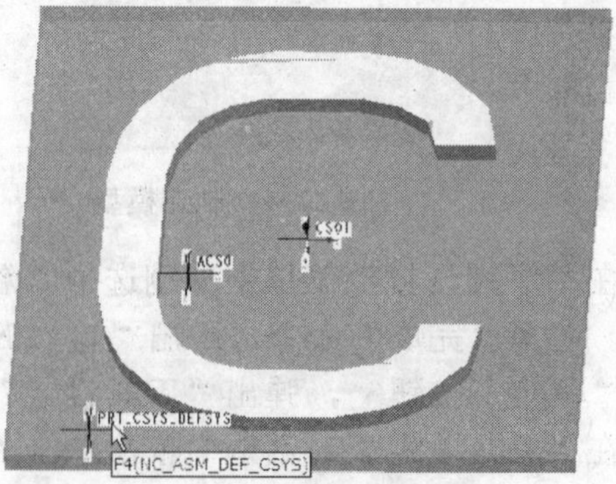


图 12-9 选取坐标系

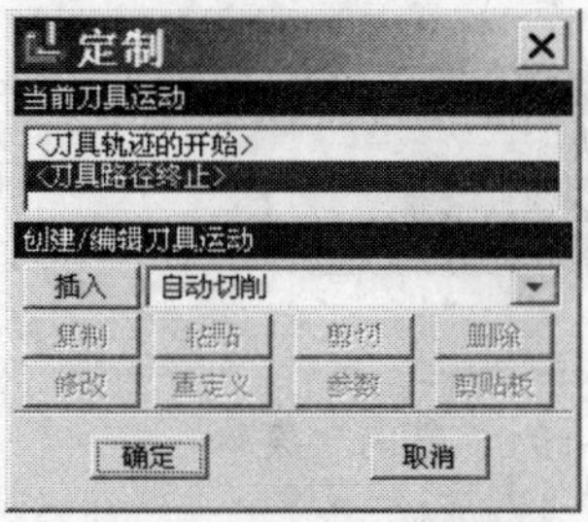


图 12-10 “定制”对话框

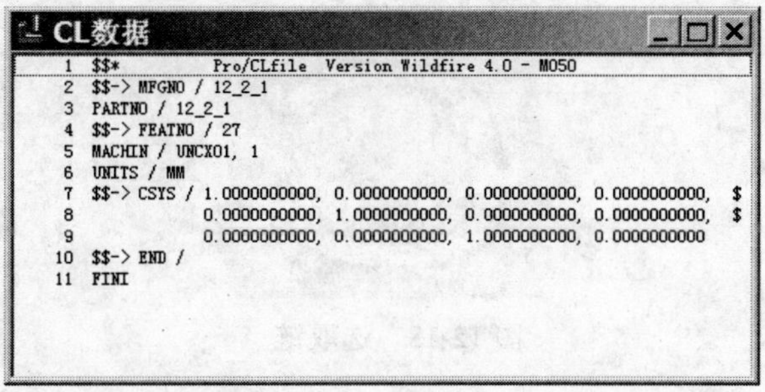


图 12-11 “CL 数据”对话框

（8）在“定制”对话框中单击“插入”按钮，弹出如图 12-12 所示的“WEDM 选项”菜单，在该菜单中选中“粗糙”复选框，然后选择“边”→“完成”命令，弹出如图 12-13 所示的“切割”菜单和如图 12-14 所示的“切减材料”菜单。

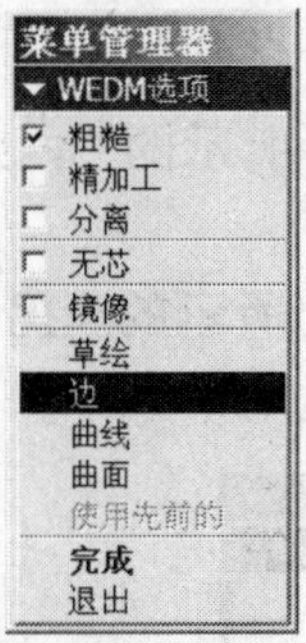


图 12-12 “WEDM 选项”菜单

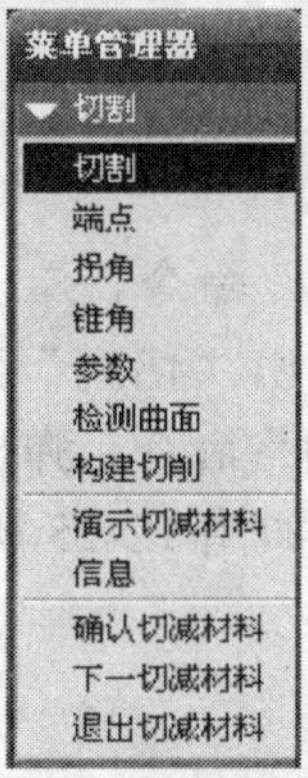


图 12-13 “切割”菜单

图 12-14“切减材料”菜单

（9）在“切减材料”菜单中选中“螺纹点”、“边”、“方向”、“偏距”和“粗糙”复选框，然后选择“完成”命令，弹出如图 12-15 所示的“定义点”菜单和“选取”对话框。

（10）在绘图区选择如图 12-16 所示的点作为切割的切入点，在“定义点”菜单中选择“完成/返回”命令，弹出如图 12-17 所示的“链”菜单和“选取”对话框。

图 12-15 “定义点”菜单

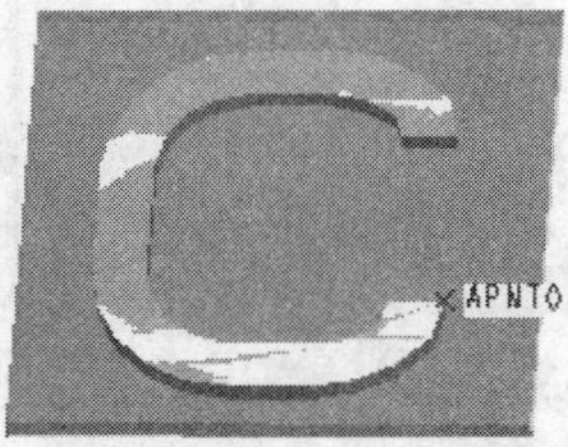


图 12-16 定义点

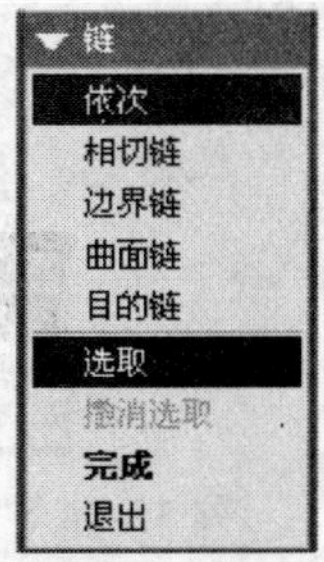


图 12-17 “链“菜单

（11）在“链”菜单中选择“选取”命令，按住 Ctrl 键不放，在绘图区选择如图 12-18 所示的参照模型的整个边界，单击“选取”对话框中的“确定”按钮，然后在菜单中选择“完成”命令，弹出如图 12-19 所示的“方向”菜单，同时绘图区出现如图 12-20 所示的初始走刀方向箭头。在“方向”菜单中选择“反向”命令，则调整走刀方向如图 12-21 所示。

图 12-18　选取链

图 12-19 “方向”菜单

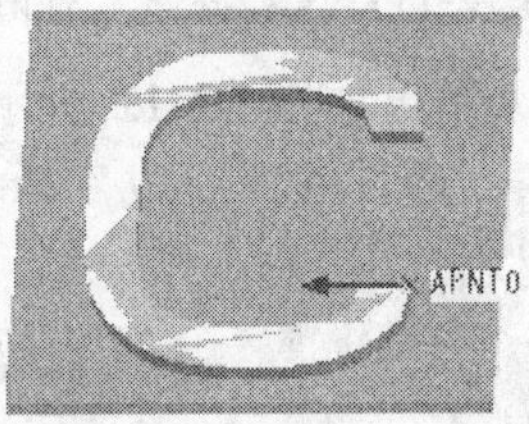


图 12-20　初始走刀方向

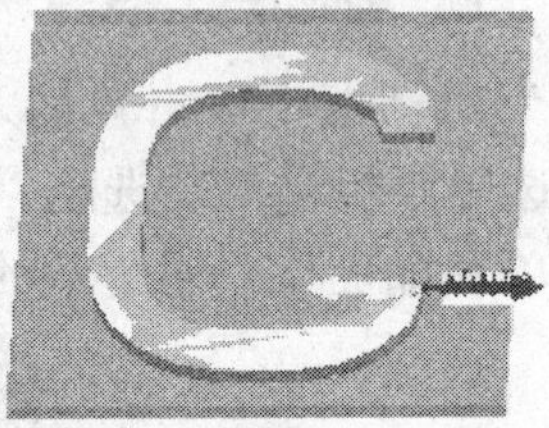

图 12-21　调整走刀方向

（12）在“方向”菜单中选择“正向”命令，弹出如图 12-22 所示的“内部减材料偏距”菜单，选择“无”→“完成”命令，弹出“切割”菜单。

（13）在“切割”菜单中选择“拐角”命令，弹出如图 12-23 所示的“拐角条件”菜单，如图 12-24 所示的“增加拐角”菜单和如图 12-25 所示的“角运动”菜单。

图 12-22 “内部减材料偏距”菜单

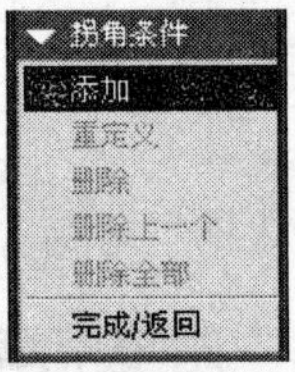


图 12-23 “拐角条件”菜单

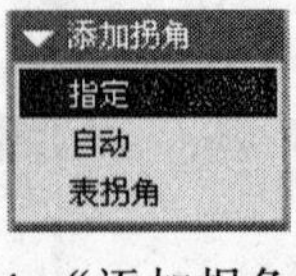


图 12-24 “添加拐角”菜单

图 12-25 “角运动”菜单（一）

（14）在“添加拐角”菜单中选择“自动”命令，弹出如图 12-26 所示的“自动选取”菜单，在该菜单中选择“修改类型”命令，弹出如图 12-27 所示的“角运动”菜单。

（15）在“角运动”菜单中选择“直的”命令，在消息区弹出如图 12-28 所示的“参数转角长度还未赋值”提示框。在提示框中输入“2”，然后单击☑按钮，继续弹出“参数转角_夹角还未赋值”提示框，在提示框中输入“3”，然后单击☑按钮，返回“自动选取”

菜单。通过本步设置了起点的类型。

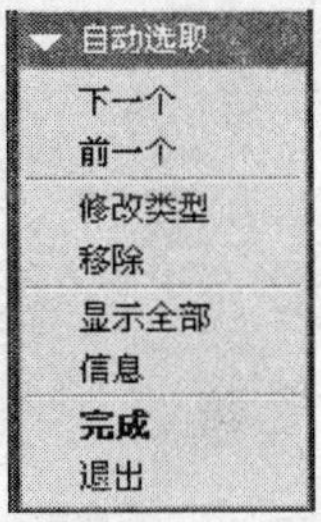


图 12-26 “自动选取”菜单

图 12-27 “角运动”菜单（二）

图 12-28 “参数转角长度还未赋值”提示框

（16）在“自动选取”菜单中选择“下一个”→“修改类型”命令，继续弹出“角运动”菜单，重复步骤 5 的操作，设置其他拐角类型。设置完成后，在“自动选取”菜单中选择“完成”命令，返回到“拐角条件”菜单。

（17）在“拐角条件”菜单中选择“完成/返回”命令，返回到“切割”菜单，在该菜单中选择“演示切减材料”命令，观察刀具轨迹如图 12-29 所示。

（18）在“切割”菜单中选择“确认切减材料”命令，弹出如图 12-30 所示的“随动切削”对话框，接受默认设置，单击“确定”按钮。接着单击“定制”对话框中的“确定”按钮，返回“NC 序列”菜单。

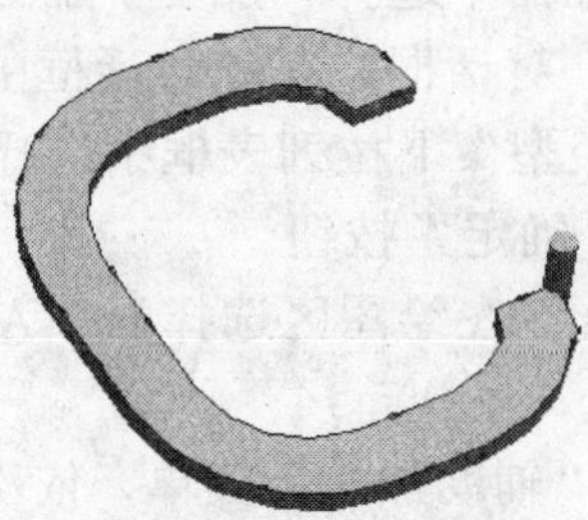

图 12-29 演示切减材料

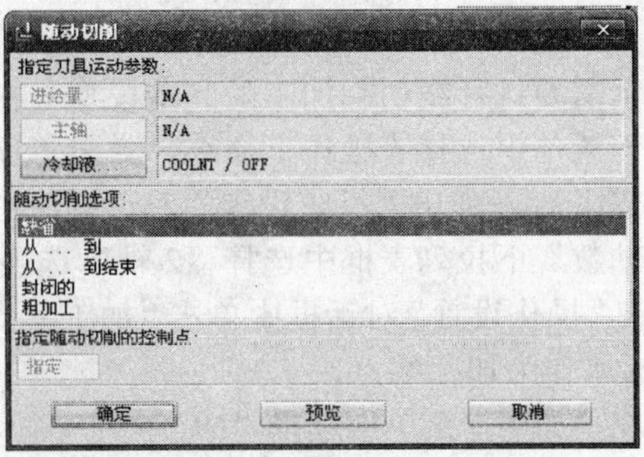


图 12-30 “随动切削”对话框

（19）在“NC 序列”菜单中选择“演示轨迹”命令，弹出“演示路径”菜单。

（20）在“演示路径”菜单中选择“屏幕演示”命令，弹出“播放路径”对话框。

（21）在“播放路径”对话框中单击按钮，开始刀具轨迹演示，结果如图 12-31 所示。

（22）在“播放路径”对话框的菜单栏中选择“文件”→“另存为”命令，弹出“保存制本”对话框，单击“确定”按钮，保存文件 12-2-1.ncl。

（23）在“播放路径”对话框中单击“关闭”按钮，完成屏幕演示。

（24）在“NC 序列”菜单中选择“完成序列”命令，完成序列设置。

（25）在主菜单栏中单击按钮，保存制造模型，完成轮廓切割 NC 序列的创建。

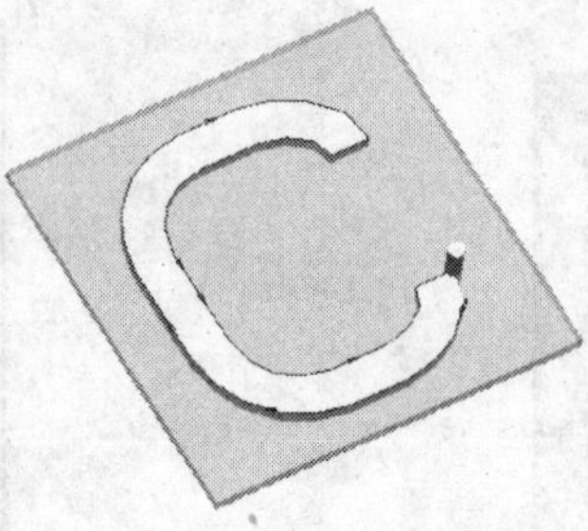

图 12-31 刀具轨迹演示结果

### 12.2.2 无芯切割实例

下面以加工如图 12-32 所示的制造模型为例介绍创建无芯线切割数控加工序列的具体步骤。

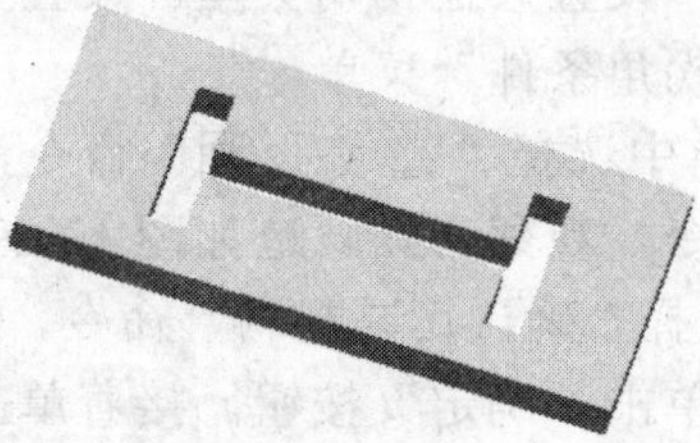

图 12-32 制造模型

（1）启动 Pro/ENGINEER Wildfire 4.0 后，打开光盘\素材\第 12 章\12-2-2\12_2_2.mfg 文件，显示需要进行线切割加工的制造模型。在菜单管理器中选择“加工”命令，在弹出的“加工”菜单中选择“操作”命令，弹出“操作设置”对话框。在该对话框中单击“定义机床”按钮，弹出“机床设置”对话框，在“机床类型”下拉列表框中选择 Wedm 选项，在“轴数”下拉列表框中选择“2 轴”选项，单击“确定”按钮。

（2）在“操作设置”对话框中单击“加工零点”按钮，在绘图区选择 NC_ASM_DEF_CSYS 坐标系作为加工零点。

（3）在“加工”菜单中选择“NC 序列”命令，弹出“辅助加工”菜单，依次选择“加工”→“仿形切削”→“完成”命令，弹出“序列设置”菜单。该菜单各命令的含义与铣削等序列相同，在此不再详述。

（4）在“序列设置”菜单中分别选择“名称”、“刀具”、“参数”、“坐标系”复选框以后，选择“完成”命令，弹出“输入 NC 序列名称”文本框，在其中输入“12_2_2”，然后单击“确认”按钮，弹出“刀具设定”对话框，按图 12-33 所示设置刀具参数。

（5）在“刀具设定”对话框中依次单击“应用”、“确定”按钮，弹出“编辑序列参数‘12_2_2’”对话框，按图 12-34 所示设置序列参数。

（6）在“编辑序列参数‘12-2-2’”对话框中单击“确定”按钮，弹出“序列坐标系”菜单和“选取”对话框。

（7）在绘图区选择如图 12-35 所示的坐标系 NC_ASM_DEF_CSYS，在“选取”对话框中单击“确定”按钮，弹出“定制”对话框和“CL 数据”对话框。

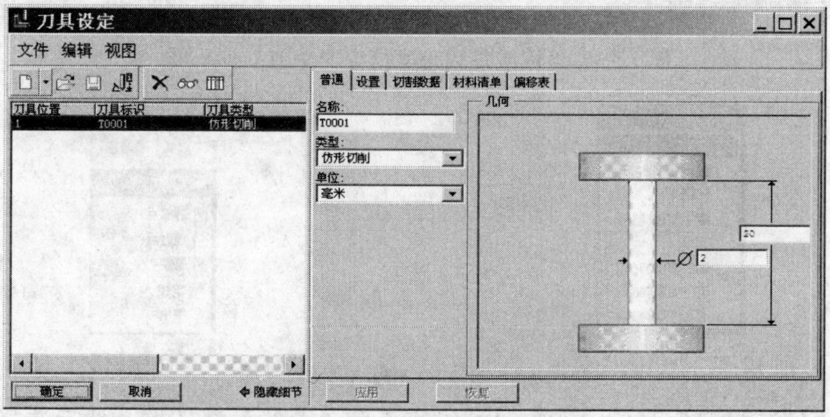


图 12-33 “刀具设定”对话框

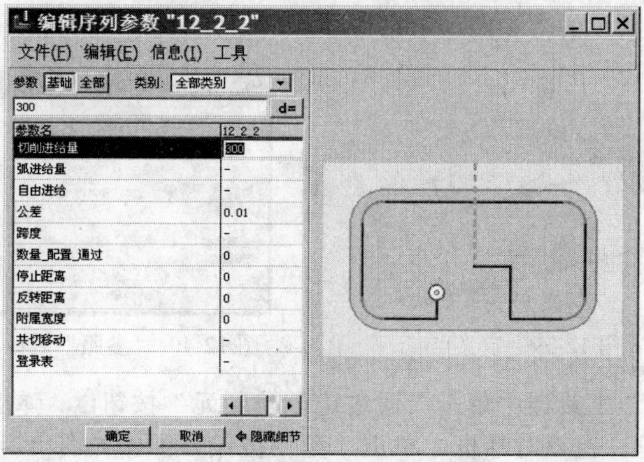


图 12-34 “编辑序列参数‘12-2WXQG’”对话框

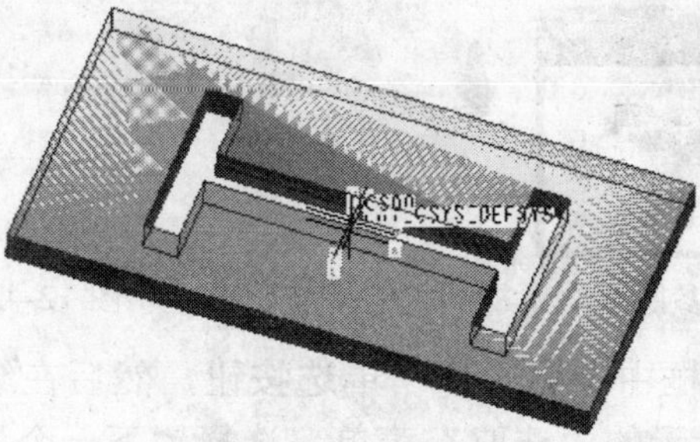

图 12-35 选择坐标系

（8）在“定制”对话框中单击“插入”按钮，弹出“WEDM 选项”菜单。在该菜单中选中“粗糙”和“无芯”复选框，然后选择“草绘”→“完成”命令，弹出如图 12-36 所示的“请给参数跨度指定非负值”提示框。在提示框中输入“1”，然后单击✔按钮，弹出如图 12-37 所示的“切割”菜单和如图 12-38 所示的“切减材料”菜单。

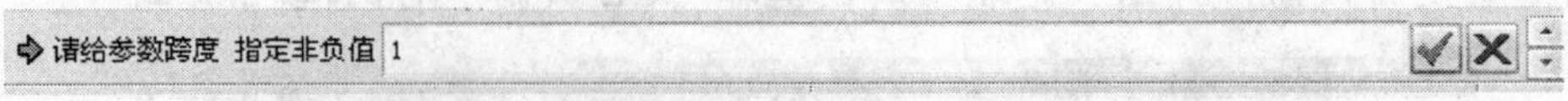


图 12-36 “请给参数跨度指定非负值”提示框

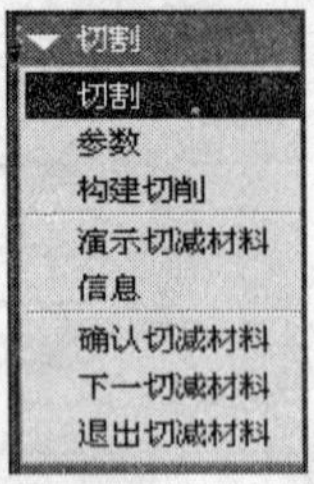


图 12-37 “切割”菜单

图 12-38 “切减材料”菜单

（9）在“切减材料”菜单中选中“螺纹点”和“草绘”复选框，然后选择“完成”命令，弹出“定义点”菜单。在绘图区选择如图 12-39 所示的点，然后选择“完成/返回”命令，弹出如图 12-40 所示的“参照”对话框。

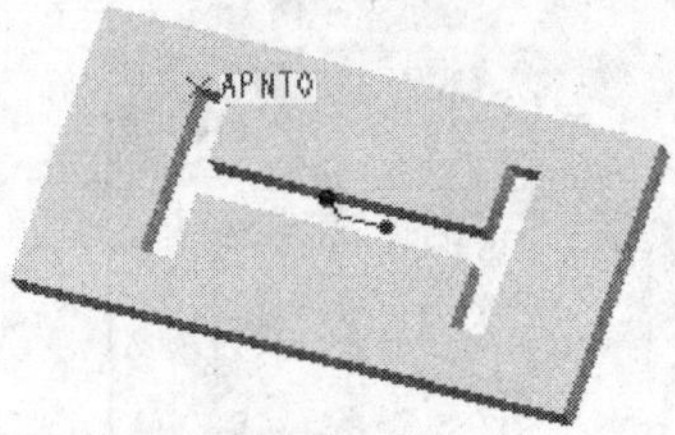


图 12-39 定义点

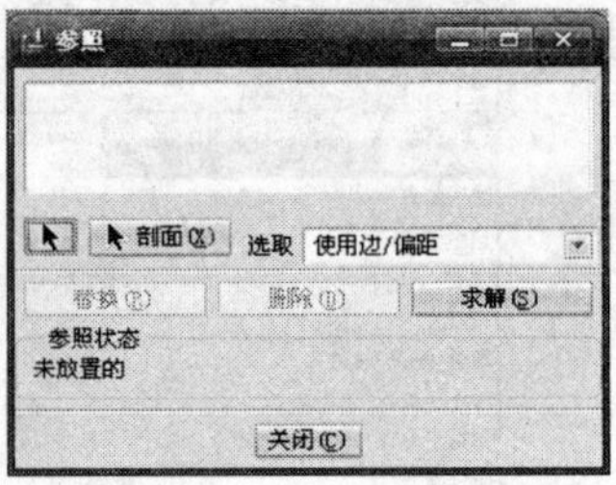


图 12-40 “参照”对话框

（10）在“草绘”工具栏中单击“通过边创建图元”按钮□，弹出如图 12-41 所示的“缺少参照”对话框。在该对话框中单击“是”按钮，弹出如图 12-42 所示的“类型”对话框。

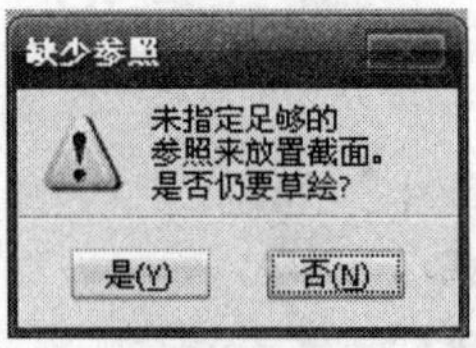


图 12-41 “缺少参照”对话框

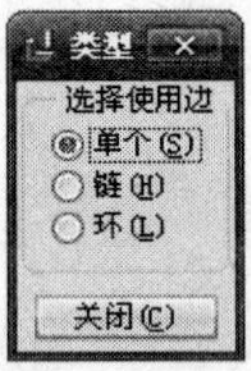


图 12-42 “类型”对话框

（11）在“类型”对话框中选中“环”单选按钮，然后在绘图区选择工件的一条边作为参照，弹出如图 12-43 所示的“选取”菜单，选择“下一个”命令，选择如图 12-44 所示的“链”作为参照，然后选择“接受”命令，所选择的链如图 12-45 所示。

（12）在“草绘”工具栏中单击✔按钮，完成链的选取。

（13）在“切割”菜单中选择“演示切减材料”命令，效果如图 12-46 所示。

（14）在“切割”菜单中选择“确认切减材料”命令，弹出如图 12-30 所示的“随动切削”对话框。

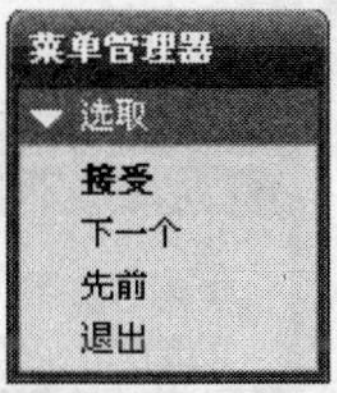


图 12-43 “选取”菜单

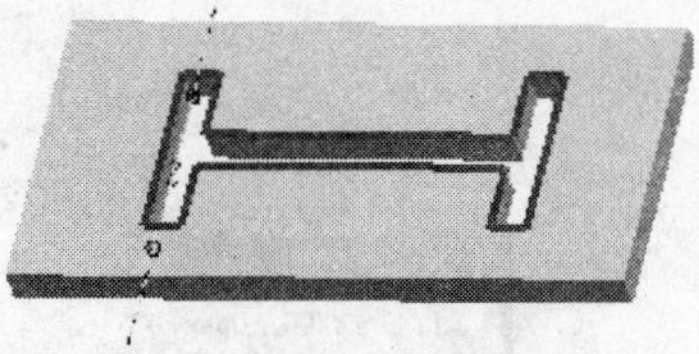

图 12-44 选取链

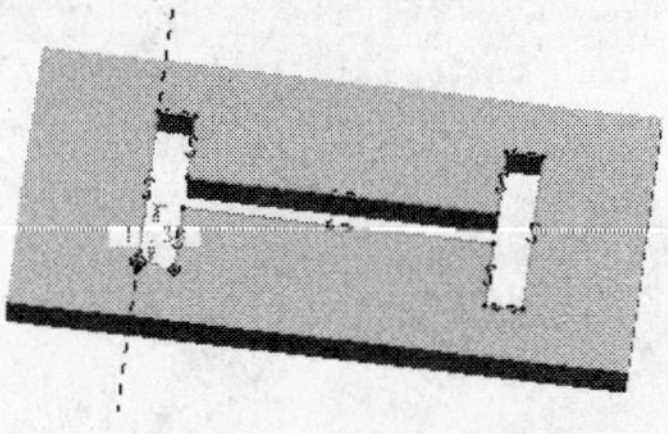

图 12-45 接受选取链

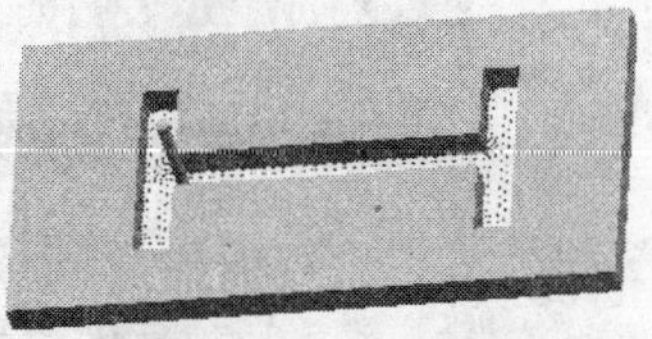

图 12-46 演示切减材料

（15）单击“确定”按钮，然后在“定制”对话框中单击“确定”按钮，返回“NC 序列”菜单。

（16）在“NC 序列”菜单中选择“演示轨迹”命令，弹出“演示路径”菜单。

（17）在“演示路径”菜单中选择“屏幕演示”命令，弹出“播放路径”对话框。

（18）在“播放路径”对话框中单击 ▶ 按钮，开始刀具轨迹演示，结果如图 12-47 所示。

（19）在“播放路径”对话框的菜单栏中选择“文件”→“保存为”命令，弹出“保存副本”对话框，单击“确定”按钮，保存文件 12_2_2.ncl。

（20）在“播放路径”对话框中单击“关闭”按钮，完成屏幕演示。

（21）取消工件的隐藏，在“NC 路径”菜单中选择“NC 检测”命令，弹出 VERICUT 界面。

（22）在 VERICUT 界面中单击按钮，开始 NC 检测。检测后的模型视图如图 12-48 所示。

图 12-47 刀具轨迹演示结果

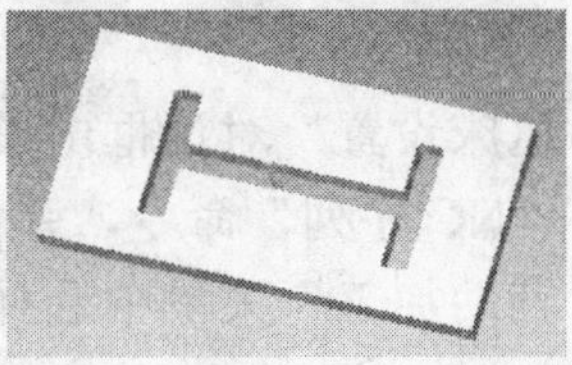

图 12-48 检测后的模型视图

（23）单击按钮，关闭 VERICUT 程序。

（24）在“NC 序列”菜单中选择“完成序列”命令，完成序列设置。

（25）在“加工”菜单中选择“材料切减材料”命令，弹出如图 12-49 所示的“NC 序列列表”菜单，选择 12_2_2 序列，弹出如图 12-50 所示的“材料删除”菜单。

（26）在“材料删除”菜单中选择“自动”→“完成”命令，弹出“相交元件”对话框。在模型树中选择工件，则工件加载到“模型名称”列表中，如图 12-51 所示。

（27）在“相交元件”对话框中单击“确定”按钮，完成材料切减，效果如图 12-52

所示。

图 12-49 “NC 序列列表”菜单

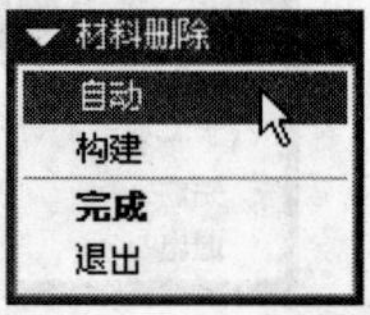


图 12-50 “材料删除”菜单

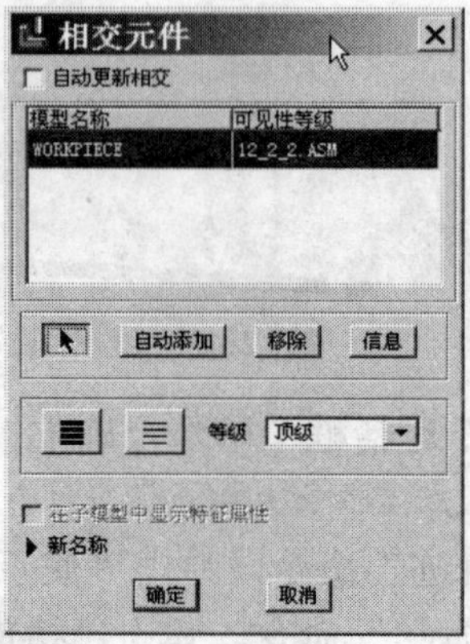


图 12-51 “相交元件”对话框

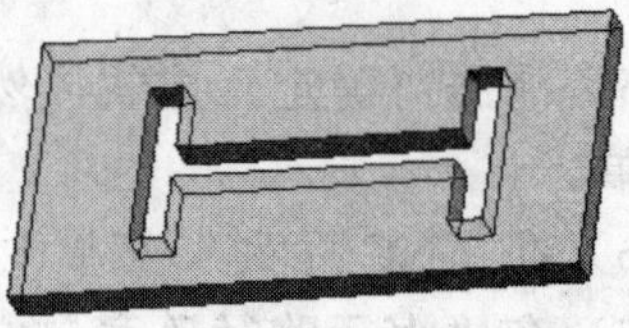

图 12-52 材料切减

（28）在主工具栏中单击按钮，保存制造模型，完成无芯切割 NC 序列的创建。

## 12.3 四轴线切割

### 12.3.1 以锥角方式创建四轴线切割加工

以锥角方式创建四轴线切割加工 NC 序列需要以 XYZ/IJK 格式使用 CL 数据输出，或者需要使用 STAN 语句，选择哪项取决于 CL_OUTPUT_MODE 参数的值。操作步骤如下。

（1）在“机床设置”对话框中设置四轴 WEDM 线切割机床，然后在菜单管理器中选择“加工”→“NC 序列”命令，弹出“辅助加工”菜单。

（2）在“辅助加工”菜单中选择“锥角”→“4 轴”→“完成”命令，弹出“序列设置”菜单。

（3）如果在操作设置时已经设置了刀具和坐标系，则不必在“序列设置”菜单中选中“刀具”和“坐标系”复选框，只需选中“参数”复选框。

（4）在“序列设置”菜单中选择合适的选项后，选择“完成”命令，弹出各命令定义的对话框，定义完成后弹出“定制”对话框。在该对话框中创建刀具路径，可以自动创建以相同轮廓作为参照的粗加工、精加工和分离移动。

（5）在“NC 序列”菜单中选择“演示轨迹”→“屏幕演示”命令，演示刀具轨迹。若符合要求，则选择“完成序列”命令完成线切割加工序列的创建。

## 12.3.2 以锥角方式创建四轴线切割加工实例

下面以加工如图 12-53 所示的参照模型为例讲述以锥角方式创建四轴线切割加工序列的方法。

图 12-53 参照模型

（1）启动 Pro/ENGINEER Wildfire 4.0 后，打开光盘\素材\第 12 章\12-3-2\12_3_2.mfg 文件，显示需要进行切割加工的制造模型。在菜单管理器中选择“加工”命令，在弹出的“加工”菜单中选择“操作”命令，弹出“操作设置”对话框。在该对话框中单击“定义机床”按钮，弹出“机床设置”对话框，在“机床类型”下拉列表框中选择 Wedm 选项，在“轴数”下拉列表框中选择“4 轴”选项，单击“确定”按钮。

（2）在“操作设置”对话框中单击“加工零点”按钮，在绘图区选择 NC_ASM_DEF_CSYS 坐标系作为加工零点。

（3）在“加工”菜单中选择“NC 序列”命令，弹出“辅助加工”菜单，依次选择“仿形切割”→“4 轴”→“锥角”→“完成”命令，弹出“序列设置”菜单。

（4）在“序列设置”菜单中分别选中“名称”、“刀具”、“参数”、“坐标系”复选框，然后选择“完成”命令，弹出如图 12-54 所示的“输入 NC 序列名”提示框。

图 12-54 “输入 NC 序列名”提示框

（5）在“输入 NC 序列名”提示框中输入序列名称“12_3_2”，然后单击按钮，弹出“刀具设定”对话框。

（6）在“刀具设定”对话框中按图 12-55 所示的数据设置刀具参数，设置完成后依次单击“应用”、“确定”按钮，弹出“编辑序列参数‘12_3_2’”对话框。

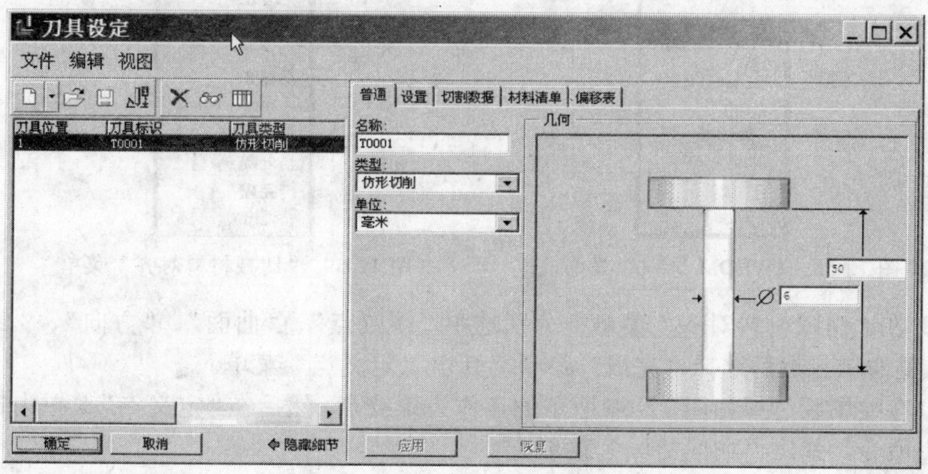


图 12-55 “刀具设定”对话框

（7）按图 12-56 所示的数值设置序列参数，设置完成后单击“确定”按钮，弹出“序列坐标系”菜单。

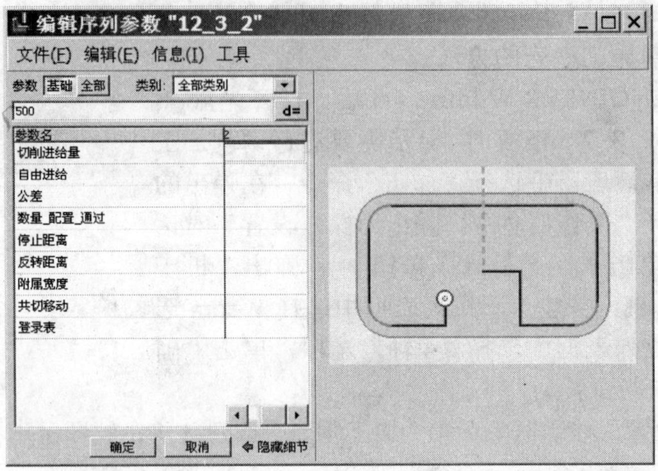


图 12-56 “编辑序列参数‘12_3_2’”对话框

（8）在绘图区选择如图 12-57 所示的坐标系作为序列坐标系，弹出“定制”对话框。

（9）在“定制”对话框中单击“插入”按钮，弹出如图 12-58 所示的“WEDM 选项”菜单，选中“粗糙”复选框，然后选择“曲面”→“完成”命令，弹出“切割”菜单和如图 12-59 所示的“切减材料对齐”菜单。

图 12-57 选择序列坐标系

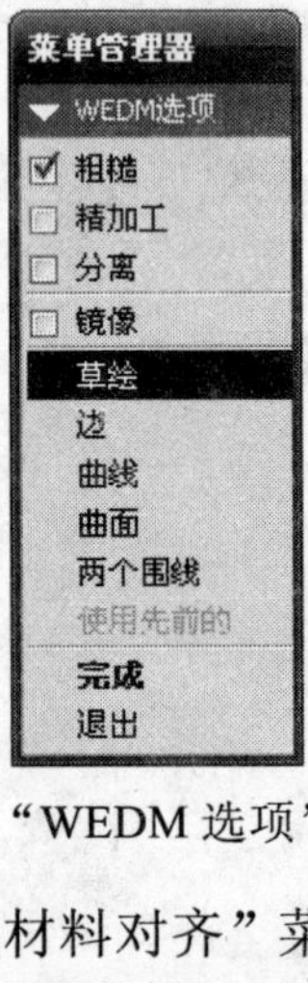


图 12-58 “WEDM 选项”菜单

图 12-59 “切减材料对齐”菜单

（10）在“切减材料对齐”菜单中分别选中“螺纹点”、“曲面”、“方向”、“高度”和“粗糙”复选框，然后选择“完成”命令，弹出“定义点”菜单。

（11）在绘图区选择如图 12-60 所示的点作为螺纹点，然后在“定义点”菜单中选择“完成/返回”命令，弹出“曲面拾取”菜单。

（12）在“曲面拾取”菜单中选择“模型”→“完成/返回”命令，在绘图区选择如图

12-61 所示的曲面作为切割曲面。

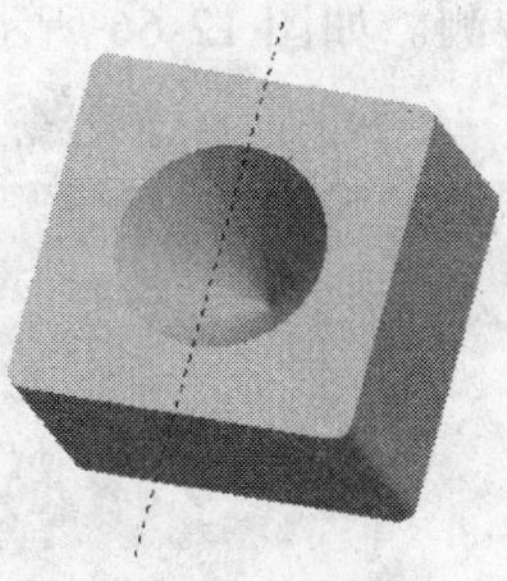

图 12-60　定义点

图 12-61　选择曲面

（13）在弹出的如图 12-62 所示的“曲面/环”菜单中选择“完成”命令，继续在“选取曲面”菜单中选择“完成/返回”命令，弹出“方向”菜单。

（14）在“方向”菜单中选择“正向”命令，弹出如图 12-63 所示的“高度”菜单和“CTM 深度”菜单。

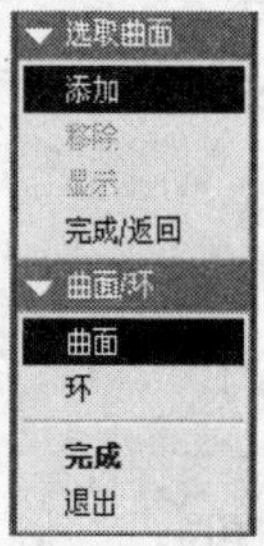


图 12-62　“曲面/环”菜单

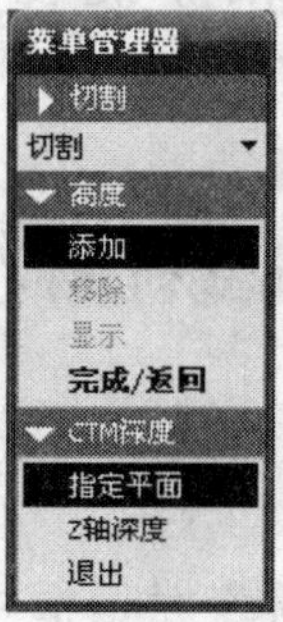


图 12-63　“高度”菜单和“CTM 深度”菜单

（15）在绘图区选择参照模型的上表面，然后在“高度”菜单中选择“完成/返回”命令，接着在“切割”菜单中选择“演示切减材料”命令，效果如图 12-64 所示。

（16）在“切割”菜单中选择“确认切减材料”命令，弹出“随动切削”对话框。

（17）单击“确定”按钮，然后在“定制”对话框中继续单击“确定”按钮，返回“NC 序列”菜单。

（18）在“NC 序列”菜单中选择“演示轨迹”命令，弹出“演示路径”菜单。

图 12-64　演示切减材料

（19）在“演示路径”菜单中选择“屏幕演示”命令，弹出“播放路径”对话框。

（20）在“播放路径”对话框单击 ▶ 按钮，开始刀具轨迹演示，结果如图 12-65 所示。

（21）在“播放路径”对话框的菜单栏中选择“文件”→“另存为”命令，弹出“保存副本”对话框，单击“确定”按钮，保存文件 12_3_2.ncl。

（22）在“播放路径”对话框中单击“关闭”按钮，完成屏幕演示。

（23）取消工件的隐藏，在“NC 路径”菜单中选择“NC 检测”命令，弹出 VERICUT

界面。

（24）在 VERICUT 界面中单击按钮，开始 NC 检测。如图 12-66 所示为检测后的模型视图。

图 12-65　刀具轨迹演示结果

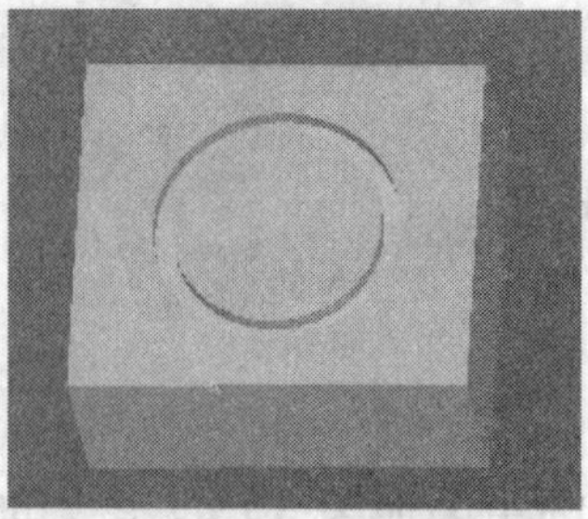

图 12-66　检测后的模型视图

（25）单击按钮，关闭 VERICUT 程序。

（26）在“NC 序列”菜单中选择“完成序列”命令，完成序列设置。

（27）在主工具栏中单击按钮，保存制造模型，完成以锥角方式创建四轴线切割加工 NC 序列的操作。

### 12.3.3　以头 1/头 2 方式创建四轴线切割加工

以头 1/头 2 方式创建四轴线切割加工主要通过以下几个步骤。

（1）在“机床设置”对话框中设置四轴 WEDM 线切割机床，然后在菜单管理器中选择“加工”→“NC 序列”命令，弹出“辅助加工”菜单。

（2）在“辅助加工”菜单中选择“仿形切割”→“4 轴”→“XY-UV 类型”→“完成”命令，弹出“序列设置”菜单，如图 12-67 所示。

图 12-67 “序列设置”菜单

“序列设置”菜单中与前面章节讲述的相比，多了“XY 平面”和“UV 平面”两个复选框，这两个选项的含义如下。

- XY 平面：指定“头 2”输出的底面。
- UV 平面：指定“头 1”输出的底面。

**提 示**　“XY 平面”和“UV 平面”的设置是模态的，即对于制造模型中的第一个 NC 序列，必须指定顶面和底面，但是在本制造模型的后续数控加工序列中，除非明确需要更改顶面和底面，否则系统将自动使用先前定义的顶面和底面。

（3）在“序列设置”菜单中选择“完成”命令，弹出“刀具设定”对话框和“编辑序列参数”对话框，设置完这两项参数后，弹出如图 12-68 所示的“CTM 深度”菜单和“选取”对话框。若在本序列之前已经创建了其他序列，则“CTM 深度”菜单如图 12-69 所示。

图 12-68 “CTM 深度”菜单（一）

图 12-69 “CTM 深度”菜单（二）

“CTM 深度”菜单中各命令的含义如下。

- 指定平面：选取或创建一个平面。
- Z 轴深度：通过输入一个相对于 NC 序列坐标系的深度值以定位平面。
- 使用先前的：使用先前的某个 NC 序列的顶面和底面。若选择此命令，则弹出“NC 序列列表”菜单，用户可以在此菜单中选择合适的 NC 序列名称，选中序列的顶面和底面将作为本序列的顶面和底面。

（4）在“CTM 深度”菜单中设置顶面和底面后，弹出“定制”对话框，单击“插入”按钮，弹出如图 12-70 所示的“切割”菜单和如图 12-71 所示的“切减材料对齐”菜单。

“切减材料对齐”菜单中主要命令的含义如下。

- 螺纹点：选取或创建一个基准点，作为线切割的载入点和刀具路径的起点位置。
- 逼进点：选取或创建一个基准点，作为刀具路径的另一起始位置，则系统将在螺纹点载入线，将其直接移动到进刀点，然后从轮廓上最接近进刀点的位置开始切削。
- 围线 1：草绘或选取切削的第一条轮廓。
- 围线 2：草绘或选取切削的第二条轮廓。

**提示**

创建切割序列时，系统尝试以草绘或选取顺序对两个轮廓上的图元进行同步化。顺序为先的是第一个围线上的第一个图元，然后是第二个围线上的第一个图元，以此类推。

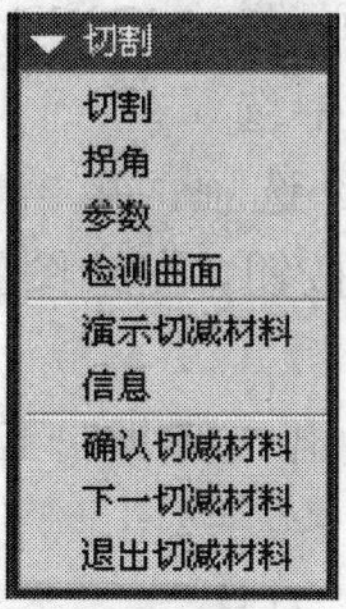


图 12-70 “切割”菜单

图 12-71 “切减材料对齐”菜单

- 侧曲面：通过选取侧曲面指出切削的轮廓。

  此命令可用来代替“围线 1”和“围线 2”命令。
- 同步：选中该复选框则打开“同步”菜单，用于指定同步“头 1”和“头 2”位置的点。
- 方向：指出刀具移动进行切削的方向。
- 偏距：指定切削运动的偏移方向。

（5）在“切减材料对齐”菜单中选择“完成”命令，弹出“定义点”菜单，选取或创建一基准点以用做螺纹点。若选中了“逼进点”复选框，则选取或创建另一基点作为进刀点。

（6）创建螺纹点和进刀点后，弹出如图 12-72 所示的“曲面拾取”菜单，在该菜单中选择加工曲面，选取曲面后弹出如图 12-73 的示的“方向”菜单。

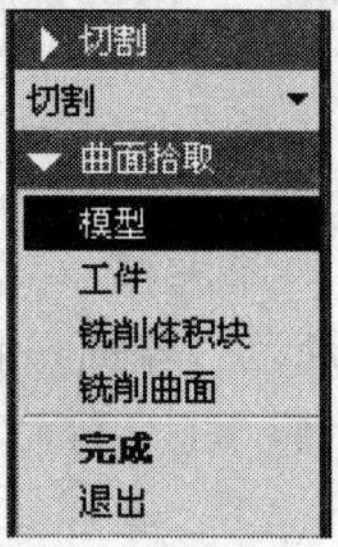


图 12-72 “曲面拾取”菜单

图 12-73 “方向”菜单

（7）在“方向”菜单中选择合适的方向后，返回“切割”菜单，选择“确认切减材料”命令，即完成以头 1/头 2 方式创建四轴线切割加工序列的操作。

### 12.3.4 以头 1/头 2 方式创建四轴线切割加工实例

利用线切割可以一次性加工出达到所需配合间隙的一副冲裁模，下面以加工如图 12-74 所示的参照模型为例讲述创建四轴线切割加工的方法。

图 12-74 参照模型

（1）启动 Pro/ENGINEER Wildfire 4.0 后，打开光盘\素材\第 12 章\12-3-4\12_3_4.mfg 文件，显示需要进行切割加工的制造模型，在菜单管理器中选择“加工”命令，在弹出的“加工”菜单中选择“操作”命令，弹出“操作设置”对话框。在该对话框中单击“定义机床”按钮，弹出“机床设置”对话框，在“机床类型”下拉列表框中选择 Wedm 选项，在“轴数”下拉列表框中选择“4 轴”选项，单击“确定”按钮。

（2）在“操作设置”对话框中单击“加工零点”按钮，在绘图区选择 NC_ASM_DEF_CSYS 坐标系作为加工零点。

（3）在“加工”菜单中选择“NC 序列”命令，弹出“辅助加工”菜单，依次选择“仿形切割”→“4 轴”→“XY-UV 类型”→“完成”命令，弹出“序列设置”菜单。

（4）在“序列设置”菜单中分别选中“名称”、“刀具”、“参数”、“坐标系”、“XY 平面”和“UV 平面”复选框，然后选择“完成”命令，弹出如图 12-75 所示的“输入 NC 序列名”提示框。

图 12-75 “输入 NC 序列名”提示框

（5）在“输入 NC 序列名”提示框中输入序列名称 12-3-4，然后单击按钮，弹出“刀具设定”对话框。

（6）在“刀具设定”对话框中按图 12-76 所示的数据设置刀具参数，设置完成后依次单击“应用”、“确定”按钮，弹出“编辑序列参数‘12-3-4’”对话框。

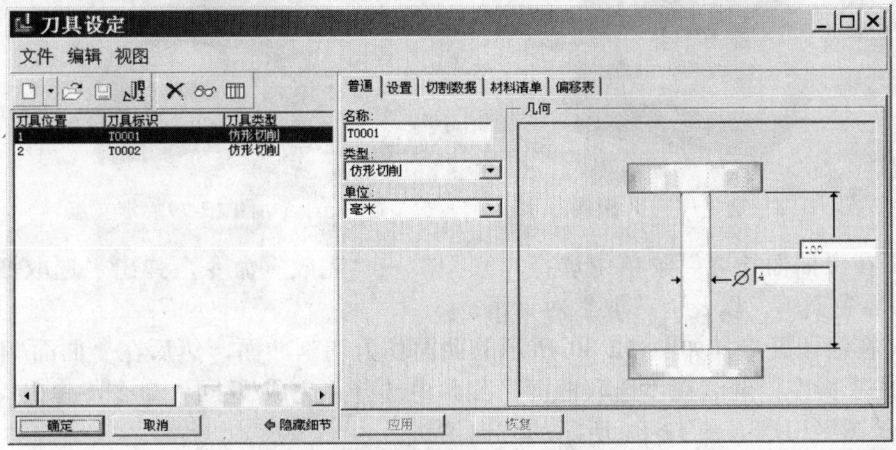


图 12-76 “刀具设定”对话框

（7）按图 12-77 所示的数值设置序列参数，设置完成后单击“确定”按钮，弹出“序列坐标系”菜单。

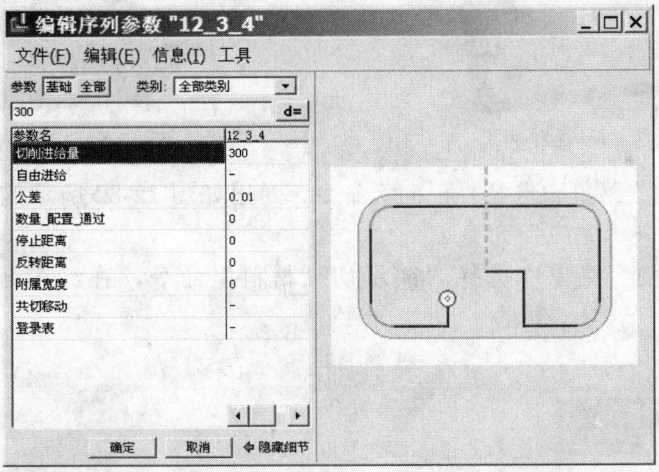


图 12-77 “编辑序列参数‘12-3-4’”对话框

（8）在绘图区选择如图 12-78 所示的坐标系作为序列坐标系，弹出“CTM 深度”菜单。

（9）在绘图区选择拔模特征的小椭圆所在的底面平面为头 1 输出指定 XY 平面，选择拔模特征的大椭圆所在的上表面平面为头 2 输出指定 UV 平面，弹出“定制”对话框。

（10）在“定制”对话框中单击“插入”按钮，弹出“切割”菜单和“切割材料对齐”菜单。在“切割材料对齐”菜单中分别选中“螺纹点”、“侧曲面”、“方向”、“偏距”和“粗糙”复选框，然后选择“完成”命令，弹出“定义点”菜单。

（11）在绘图区选择如图 12-79 所示的点作为螺纹点，然后选择“完成/返回”命令，弹出“曲面拾取”菜单。

图 12-78 选择序列坐标系

图 12-79 定义点

（12）在“曲面拾取”菜单中选择“模型”→“完成”命令，弹出“选取曲面”菜单和“曲面/环”菜单，以及“选取”对话框。

（13）在绘图区选择如图 12-80 所示的曲面作为切割曲面，然后在“曲面/环”菜单中选择“完成”命令，继续在“选取曲面”菜单中选择“完成/返回”命令，弹出“方向”菜单，同时绘图区出现如图 12-81 所示的方向箭头。

图 12-80 选取曲面

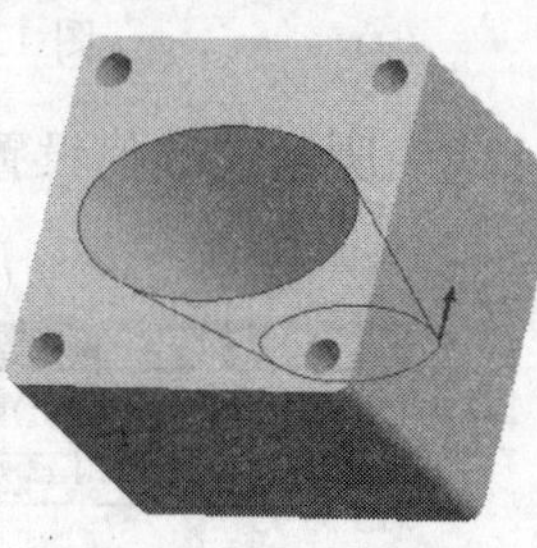

图 12-81 方向箭头

（14）在“方向”菜单中选择“正向”命令，弹出如图 12-82 所示的“内部减材料偏距”菜单，选择“无”→“完成”命令。

（15）在“切割”菜单中选择“演示切减材料”命令，在绘图区演示，如图 12-83 所示。

图 12-82 “内部减材料偏距”菜单

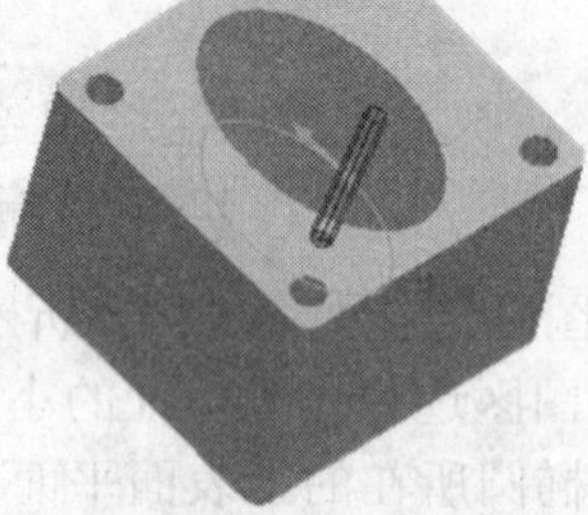

图 12-83 演示切减材料

（16）在“切割”菜单中选择“确认切减材料”命令，弹出“随动切削”对话框。

（17）单击“确定”按钮，然后在“定制”对话框中继续单击“确定”按钮，返回“NC 序列”菜单。

（18）在“NC 序列”菜单中选择“演示轨迹”命令，弹出“演示路径”菜单。

（19）在“演示路径”菜单中选择“屏幕演示”命令，弹出“播放路径”对话框。

（20）在“播放路径”对话框中单击▶按钮，开始刀具轨迹演示，结果如图 12-84 所示。

（21）在“播放路径”对话框的菜单栏中选择“文件”→“保存为”命令，弹出“保存副本”对话框，单击“确定”按钮，保存文件 12-3-4.ncl。

（22）在“播放路径”对话框中单击“关闭”按钮，完成屏幕演示。

（23）取消工件的隐藏，在“NC 路径”菜单中选择“NC 检测”命令，弹出 VERICUT 界面。

（24）在 VERICUT 界面中单击按钮，开始 NC 检测。检测后的模型视图如图 12-85 所示。

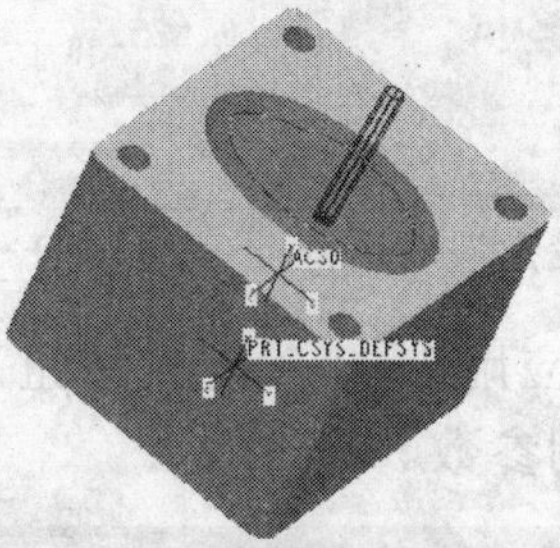

图 12-84　刀具轨迹演示结果

图 12-85　检测后的模型视图

（25）单击按钮，关闭 VERICUT 程序。

（26）在“NC 序列”菜单中选择“完成序列”命令，完成序列设置。

（27）在主工具栏中单击按钮，保存制造模型，完成以头 1/头 2 方式创建四轴线切割加工 NC 序列的操作。

## 12.4　Pro/E NC 数控线切割加工综合实例

下面以加工如图 12-86 所示的制造模型为例介绍创建钣金件切割数控加工序列的具体步骤。

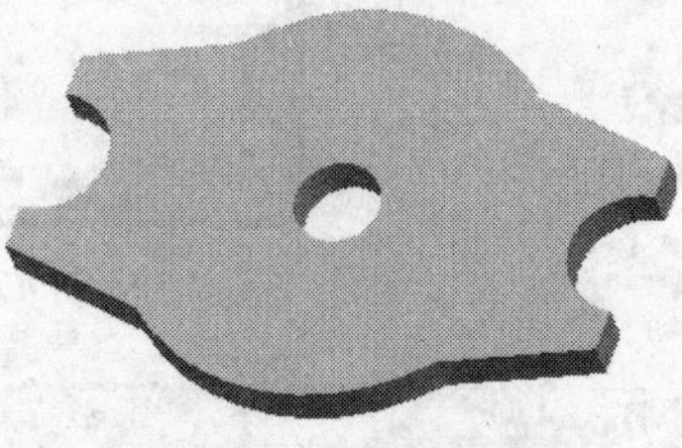

图 12-86　制造模型

（1）启动 Pro/ENGINEER Wildfire 4.0 后，打开光盘\素材\第 12 章\12-4\12_4.mfg 文件，显示需要进行切割加工的制造模型。在菜单管理器中选择“加工”命令，在弹出的“加工”菜单中选择“操作”命令，弹出“操作设置”对话框。在该对话框中单击“定义机床”按钮，弹出“机床设置”对话框，在“机床类型”下拉列表框中选择 Wedm 选项，在“轴数”下拉列表框中选择“2 轴”选项，单击“确定”按钮。

（2）在“操作设置”对话框中单击“加工零点”按钮，在绘图区选择 NC_ASM_DEF_CSYS 坐标系作为加工零点。

（3）在“加工”菜单中选择“NC 序列”命令，弹出“辅助加工”菜单，依次选择“加工”→“仿形切削”→“完成”命令，弹出“序列设置”菜单。该菜单中各命令的含义与铣削等序列相同，在此不再详述。

（4）在“序列设置”菜单中分别选择“名称”、“刀具”、“参数”、“坐标系”复选框以后，选择“完成”命令，弹出“输入 NC 序列名”文本框，在其中输入“12_4”，然后单击“确认”按钮，弹出“刀具设定”对话框，按图 12-87 所示设置刀具参数。

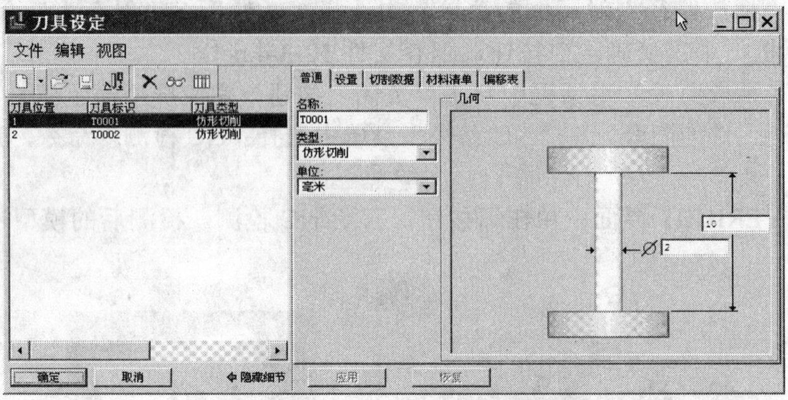


图 12-87 “刀具设定”对话框

（5）在“刀具设定”对话框中依次单击“应用”、“确定”按钮，弹出“编辑序列参数‘12_4’”对话框，按图 12-88 所示设置序列参数。

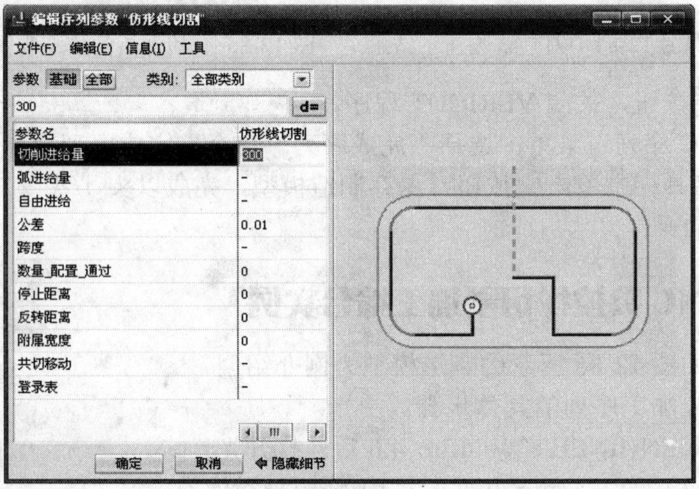


图 12-88 “编辑序列参数‘12_4’”对话框

**提 示**

只有设置参数“数量_配置_通过”大于 0，才能在“WEDM 选项”菜单中选中“精加工”复选框。

（6）在“编辑序列参数‘12_4’”对话框中单击“确定”按钮，弹出“序列坐标系”菜单和“选取”对话框。

（7）在绘图区选择如图 12-89 所示的坐标系 NC_ASM_DEF_CSYS，在“选取”对话框中单击“确定”按钮，弹出“定制”对话框和“CL 数据”对话框。

（8）在“定制”对话框中单击“插入”按钮，弹出“WEDM 选项”菜单，在该菜单中选中“粗糙”和“精加工”复选框，然后选择“边”→“完成”命令，弹出“切割”菜单和如图 12-90 所示的“切减材料”菜单。

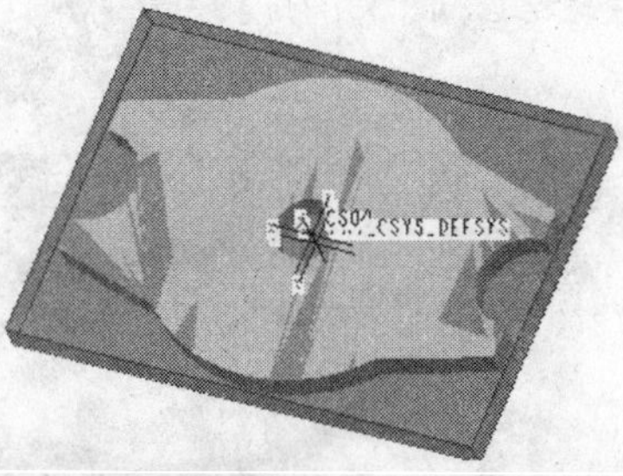

图 12-89 选取坐标系

图 12-90 “切减材料”菜单

（9）在“切减材料”菜单中选中“螺纹点”、“边”、“方向”、“偏距”、“粗糙”和“精加工”复选框，然后选择“完成”命令，弹出“定义点”菜单。在绘图区选择如图 12-91 所示的点，然后选择“完成/返回”命令，弹出如图 12-92 所示的“链”菜单。

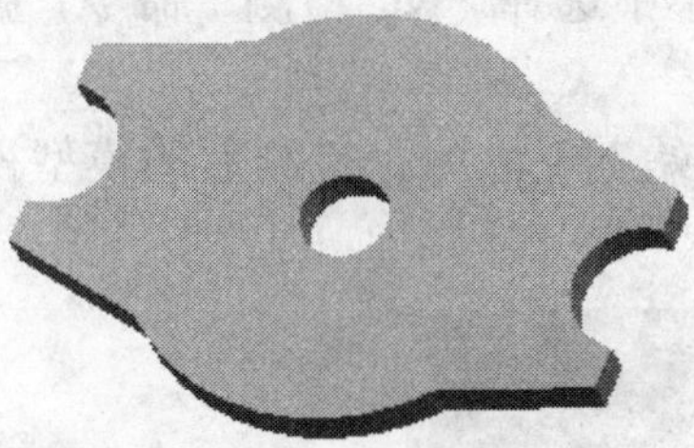

图 12-91 定义点

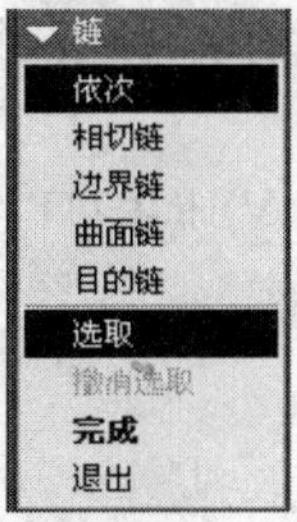


图 12-92 “链”菜单

（10）在“链”菜单中选择“依次”→“选取”命令，在绘图区选择如图 12-93 所示的边，然后选择“完成”命令，弹出“方向”菜单。

（11）在“方向”菜单中选择“正向”命令，切削方向如图 12-94 所示，并弹出“内部减材料偏距”菜单，选择“无”→“完成”命令，返回“切割”菜单。

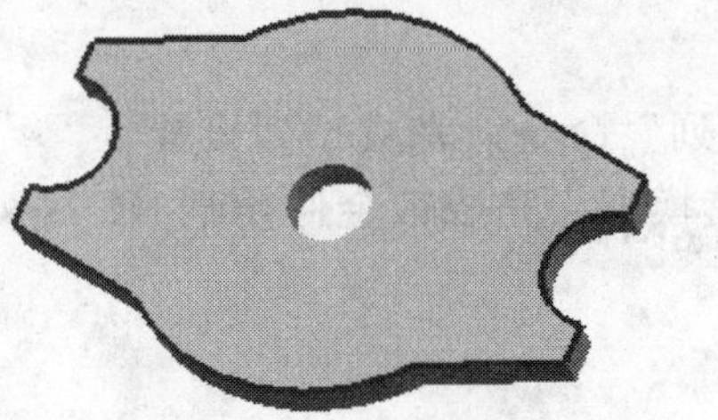

图 12-93 选取边

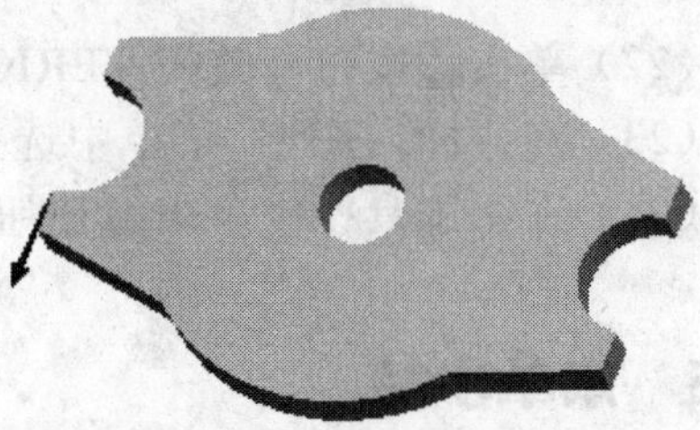

图 12-94 选择切削方向

（12）在“切割”菜单中选择“演示切减材料”命令，在绘图区演示如图 12-95 所示。

（13）在“切割”菜单中选择“确认切减材料”命令，弹出“随动切削”对话框。

（14）单击“确定”按钮，然后在“定制”对话框中单击“确定”按钮，返回“NC 序列”菜单。

（15）在“NC 序列”菜单中选择“演示轨迹”命令，弹出“演示路径”菜单。

（16）在“演示路径”菜单中选择“屏幕演示”命令，弹出“播放路径”对话框。

（17）在“播放路径”对话框中单击 ▶ 按钮，开始刀具轨迹演示，效果如图 12-96 所示。

图 12-95　演示切减材料

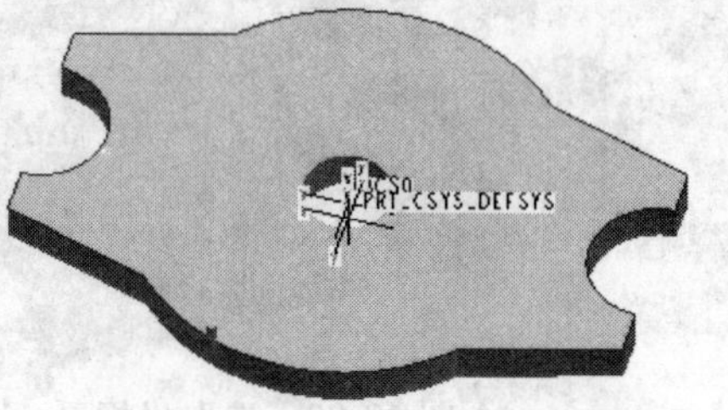


图 12-96　刀具轨迹演示效果

（18）在“播放路径”对话框的菜单栏中选择“文件”→“保存为”命令，弹出“保存副本”对话框，单击“确定”按钮，保存文件 12_4.ncl。

（19）在“播放路径”对话框中单击“关闭”按钮，完成屏幕演示。

（20）取消工件的隐藏，在“NC 路径”菜单中选择“NC 检测”命令，弹出 VERICUT 界面。

（21）在 VERICUT 界面中单击按钮，开始 NC 检测。检测后的模型视图如图 12-97 所示。

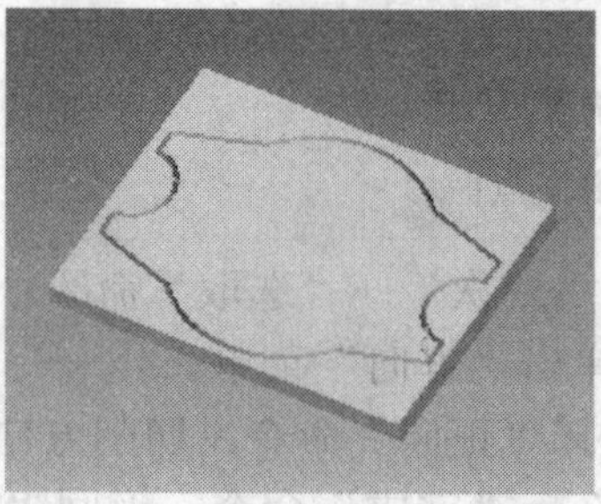

图 12-97　检测后的模型视图

（22）单击按钮，关闭 VERICUT 程序。

（23）在“NC 序列”菜单中选择“完成序列”命令，完成序列设置。

（24）在主工具栏中单击按钮，保存制造模型，完成钣金件切割 NC 序列的创建。

## 12.5　本章小结

本章讲述了数控加工中一种特殊的加工方法——线切割加工，首先讲述了该方法的基本原理、特点及应用范围，接着讲述了切割加工序列创建中一些特殊参数的含义及设置规则；在讲述了基本知识后，重点介绍了线切割加工中两种重要的加工方法，即两轴线切割加工和四轴线切割加工序列的创建方法，并通过具体实例介绍了创建线切割加工序列的具体步骤。

## 12.6　课后习题

（1）为如图 12-98 所示的制造模型创建轮廓两轴线切割数控加工序列。

图 12-98　制造模型（一）

（2）为如图 12-99 所示的制造模型创建无芯两轴线切割数控加工序列。

图 12-99　制造模型（二）

（3）对如图 12-100 所示的制造模型以锥角方式创建四轴线切割数据加工序列。

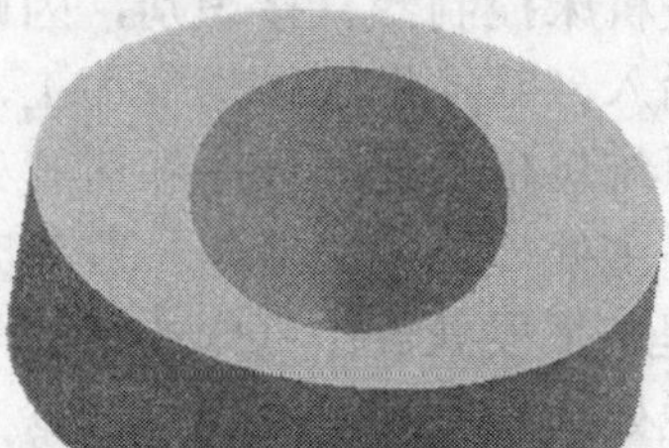

图 12-100　制造模型（三）

# 第13章 Pro/E NC后置处理

本章导读

数控加工后处理也称为加工后期处理，由数控加工序列生成的刀具轨迹运动文件并不是能够被所有的数控机床识别，因此有必要进行后置处理操作，即只有将刀具轨迹运行文件转换成机床可以识别的文件才能进行加工。本章将介绍数控加工后处理的基本知识、后处理器的模式及使用方法，以及后置处理的方法。

通过本章的学习，读者应实现如下目标：

- ❑ 理解和掌握后处理器的基本概念
- ❑ 掌握后置处理操作

## 13.1 Pro/E NC后置处理简介

在数控加工过程中，系统会生成模型加工的刀具运动轨迹文件，即刀具数控文件（CL文件），这些数据文件不能再被机床控制器直接识别，因此有必要将这些数据文件转换成机床能够识别的文件，然后再输入到数控机床中进行加工，这些过程称为后处理。

一个完整的数控自动编程系统包括主处理程序和后置处理程序两部分。其中主处理程序完全独立于具体的数控机床，主处理程序的输出一般为刀具轨迹文件，简称为刀位数据文件或刀位文件。而后置处理程序是根据数控机床的功能与数控加工编程格式的要求生成的程序，后置处理程序可以将主处理程序产生的刀位数据文件和功能信息转换成能够被数控机床控制单元所接受的数控加工程序代码。

Pro/ENGINEER Wildfire 4.0制造模块中的主处理程序是利用工艺过程代码化文件、零件几何特征数据文件及毛坯数据文件中的各种数据生成的详尽的数控加工刀具运动轨迹的程序。制造模块中生成的刀具轨迹功能首先将加工中的各种数据生成刀具轨迹文件，然后数控加工的加工模拟功能通过读取刀具轨迹文件中的数据，将整个加工过程在屏幕上进行动态模拟演示，最后，数控加工后处理器将刀具运动轨迹文件转换为机床可以直接识别的程序代码，从而驱动数控机床进行加工。

## 13.2 Pro/E NC配置文件的制作

机床的后置处理程序由于数控机床的输入格式不同而有所不同，因此不同的机床也要求有不同的后处理器。Pro/ENGINEER Wildfire 4.0为设计人员提供了一些经常使用的后置处理器，以方便用户根据实际需要选择，用户也可以根据具体需要自行创建所需的后处理器。

### 13.2.1　后处理器模式

进入 Pro/ENGINEER Wildfire 4.0 的制造模块以后，在如图 13-1 所示的“应用程序”菜单中选择“NC 后处理器”命令，或者在制造模块的菜单管理器中选择“制造设置”命令，在弹出的如图 13-2 所示的“制造设置”菜单中选择“后置处理”命令，均可进入后处理器模式，同时弹出如图 13-3 所示的 Option File Generator 对话框。

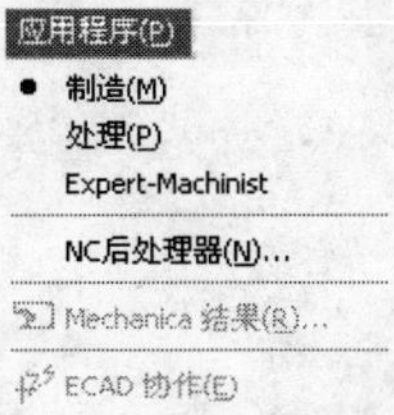


图 13-1　“应用程序”菜单

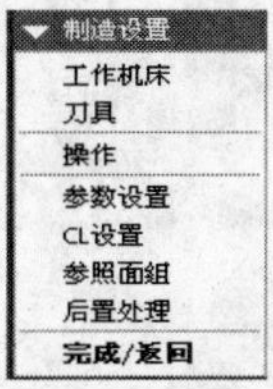


图 13-2　“制造设置”菜单

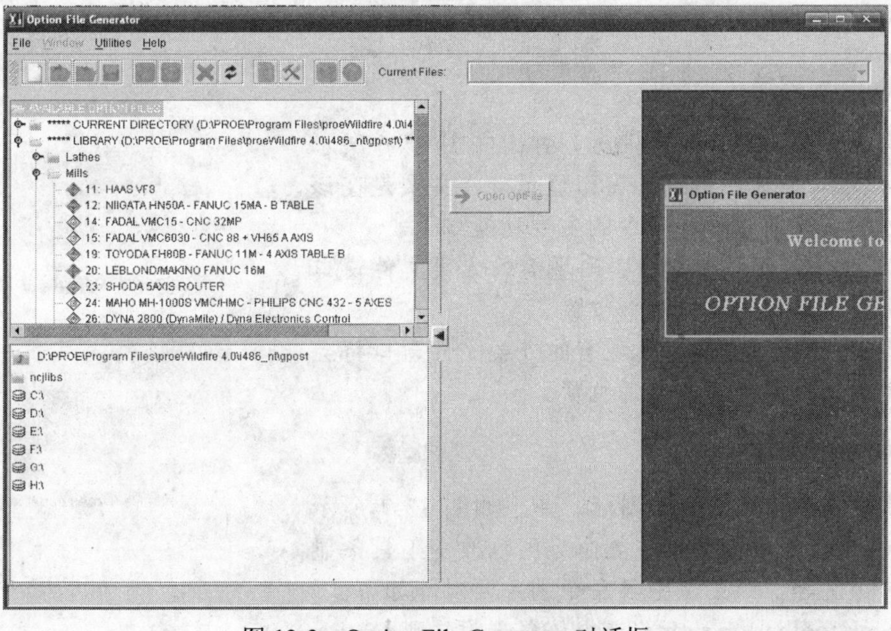


图 13-3　Option File Generator 对话框

在 Option File Generator 对话框中用户可以设置有关后处理的各项参数，进行后处理器的创建、修改和删除等操作。下面简单介绍该对话框中各菜单的功能。

**1．File 菜单**

在菜单栏中单击 File 图标，弹出如图 13-4 所示的 File 菜单，有关后处理的各种文件操作主要是在该菜单中进行的。该菜单中各命令的主要功能如下。

- New：选择该命令，表示要新建一个后处理文件，弹出如图 13-5 所示的 Define

Machine Type 对话框，在该对话框中可以定义机床的类型。有关该对话框的具体使用方法将在后面的实例中详细介绍。

- Close：选择该命令将关闭窗口中处理激活状态的方案文件。
- Open：选择该命令将打开现有的方案文件。
- Save：选择该命令将保存已有的方案文件。
- Save As：选择该命令将现有的方案文件以其他的名称保存。
- Exit：选择该命令，系统将退出 Option File Generator 对话框。

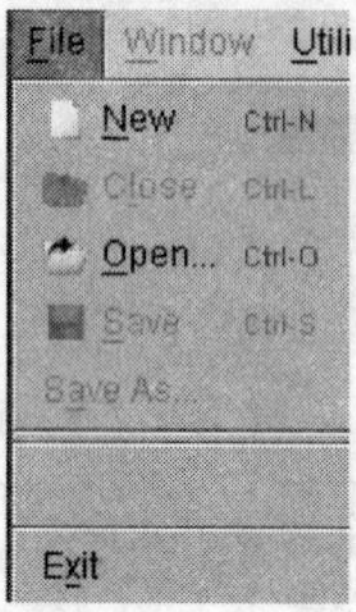


图 13-4　File 菜单

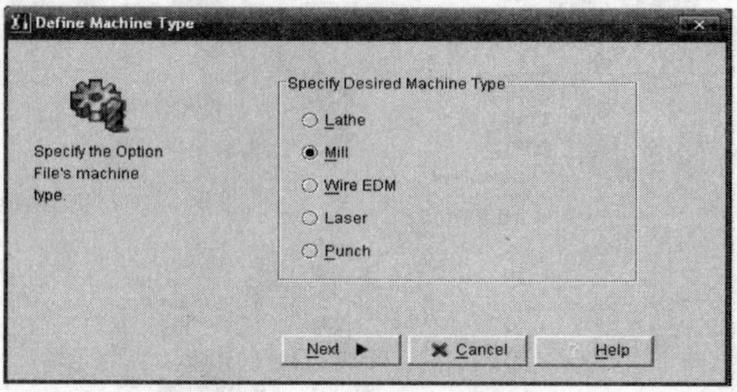


图 13-5　Define Machine Type 对话框

**2．Window 菜单**

在菜单栏中单击 Window 图标，弹出如图 13-6 所示的 Window 菜单，有关后处理的窗口显示操作主要是在该菜单中进行的。该菜单中各命令的主要功能如下。

- Cascade：选择该命令，则现有的方案文件窗口将会下落到屏幕的中心位置。
- Tile：选择该命令，则现有的方案文件窗口将会重新返回屏幕的左上角位置。

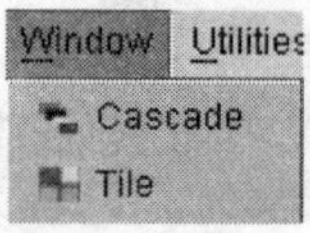


图 13-6　Window 菜单

**3．Utilities 菜单**

在菜单栏中单击 Utilities 图标，弹出如图 13-7 所示的 Utilities 菜单，使用该菜单中的命令可以改变工具条显示的位置、颜色等。该菜单中各命令的主要功能如下。

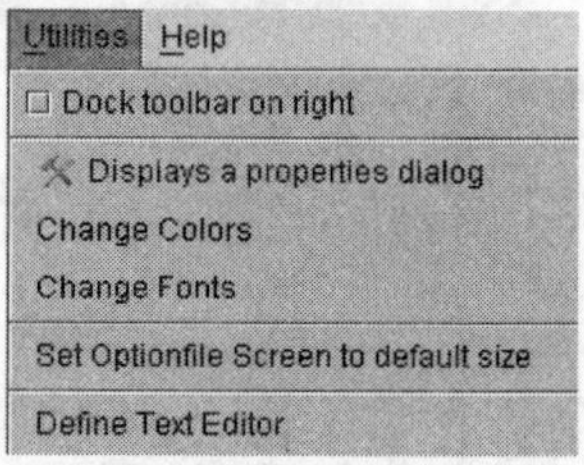


图 13-7　Utilities 菜单

- Dock toolbar on right：选中该复选框，则 Option File Generator 对话框中屏幕左侧的工具条将显示于屏幕的右侧，效果如图 13-8 所示。
- Displays a properties dialog：选择该命令，弹出如图 13-9 所示的 Option File Generator Properties 对话框。
- Change Colors：选择该命令，弹出如图 13-10 所示的 Change Colors 对话框，利用该对话框可以设置工具条背景的颜色、文本颜色、标签颜色、数据区域的背景颜色等，用户还可以对所设置的颜色进行编辑。若要对所选颜色进行编辑，系统会弹出如图 13-11 所示的 Edit Colors 对话框，在该对话框中选择需要的颜色后单击“确定”按钮，即可完成对颜色的编辑。

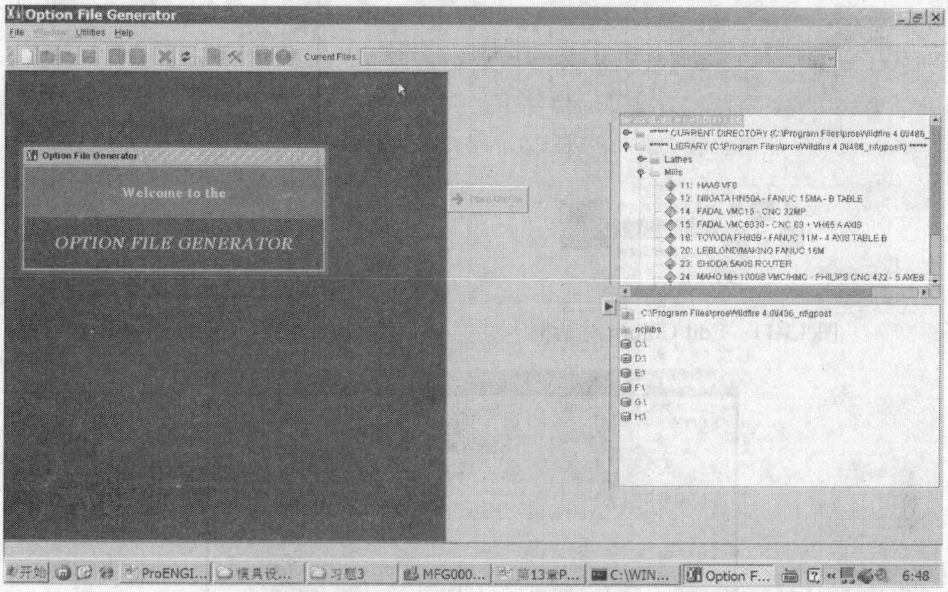


图 13-8　工具条显示于屏幕的右侧

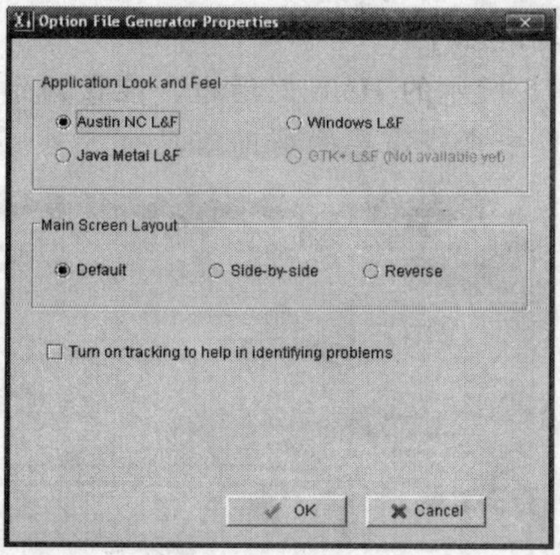


图 13-9　Option File Generator Properties 对话框

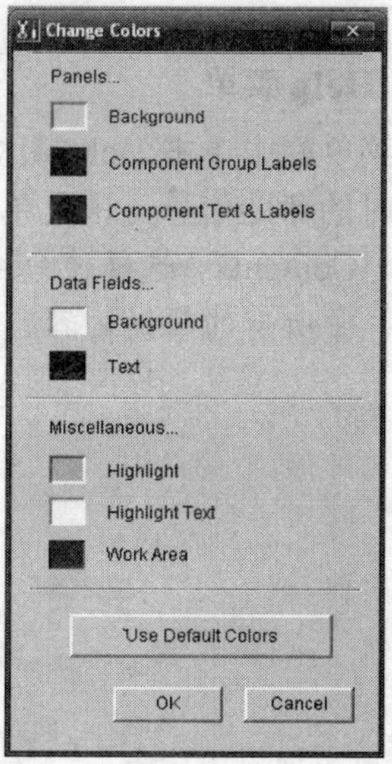


图 13-10　Change Colors 对话框

- Change Fonts：选择该命令，弹出如图 13-12 所示的 Change Fonts 对话框，利用该对话框可以设置对话框中文本的字体和大小。
- Set Optionfile Screen to default size：选择该命令，则将方案文件屏幕设置为默认尺寸。
- Define Text Editor：选择该命令，弹出如图 13-13 所示的 Specify Editor 对话框。

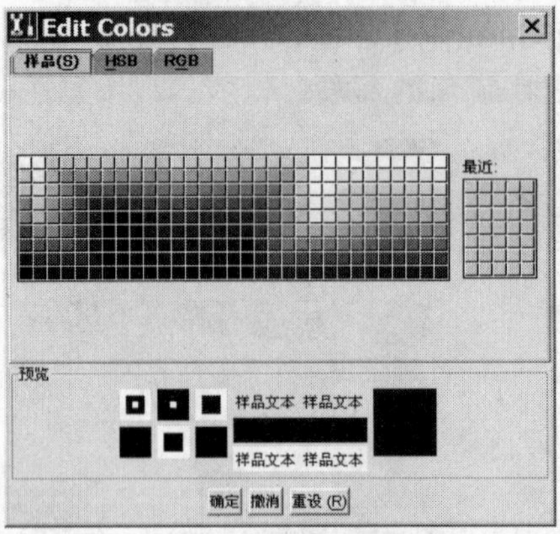


图 13-11　Edit Colors 对话框

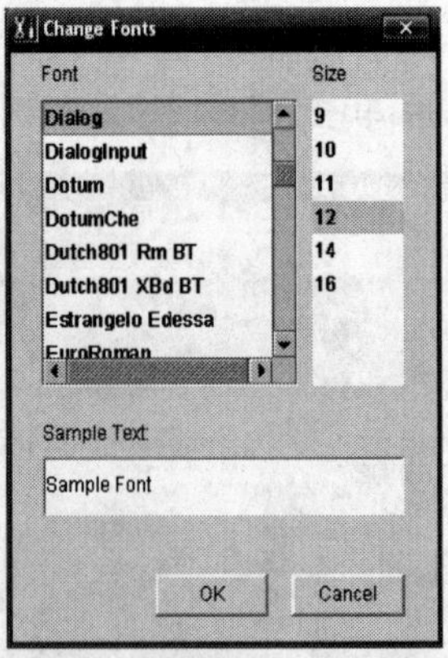


图 13-12　Change Fonts 对话框

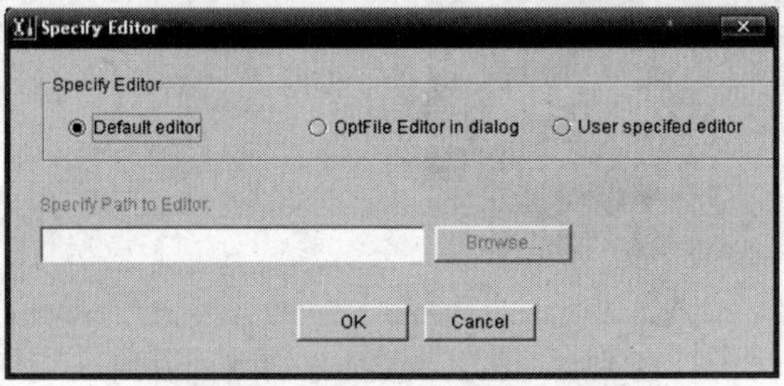


图 13-13　Specify Editor 对话框

## 4．Help 菜单

在菜单栏中单击 Help 图标，弹出如图 13-14 所示的 Help 菜单，该菜单提供了创建后处理器时的帮助信息。该菜单中各命令的主要功能如下。

- Contents：选择该命令，弹出如图 13-15 所示的 Help 对话框，在该对话框中显示了所有的帮助内容，用户可以在该窗口中查找需要的帮助信息。

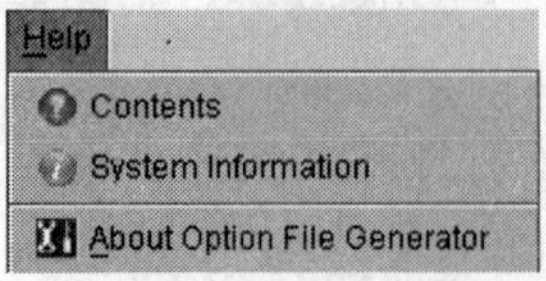


图 13-14 “Help”下拉菜单

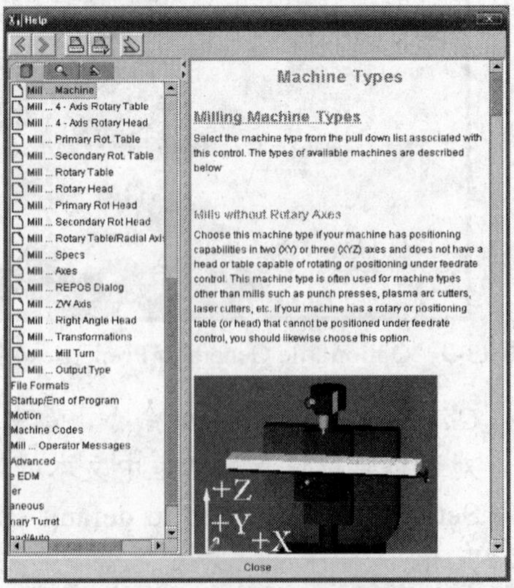


图 13-15　Help 对话框

- System Information：选择该命令，弹出如图 13-16 所示的 System Information-Option File Generator 对话框，该对话框显示了系统目录、初始目录、初始文件等有关信息。

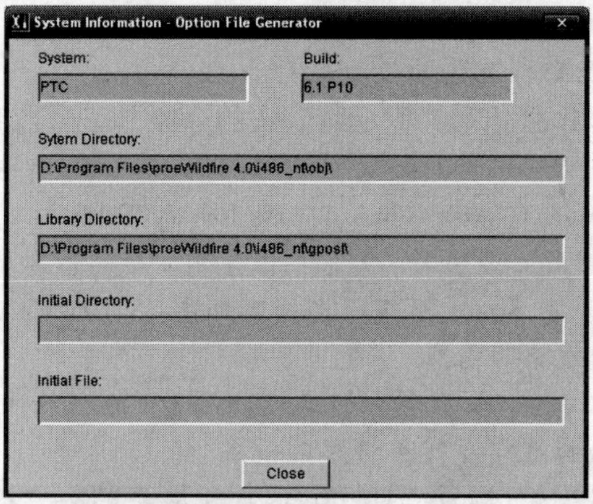


图 13-16 System Information-Option File Generator 对话框

## 13.2.2 打开后处理器

在制造模块操作界面的菜单栏中选择“应用程序”→“NC 后处理器”命令，弹出 Option File Generator 对话框；在“可选文件”列表中选择现有的方案文件“15：FADAL VMC6030-CNC88+VH65 A AXIS”后，单击 Open OptFile 按钮，则系统在 Option File Generator 对话框中显示所选中的方案文件信息，如图 13-17 所示。

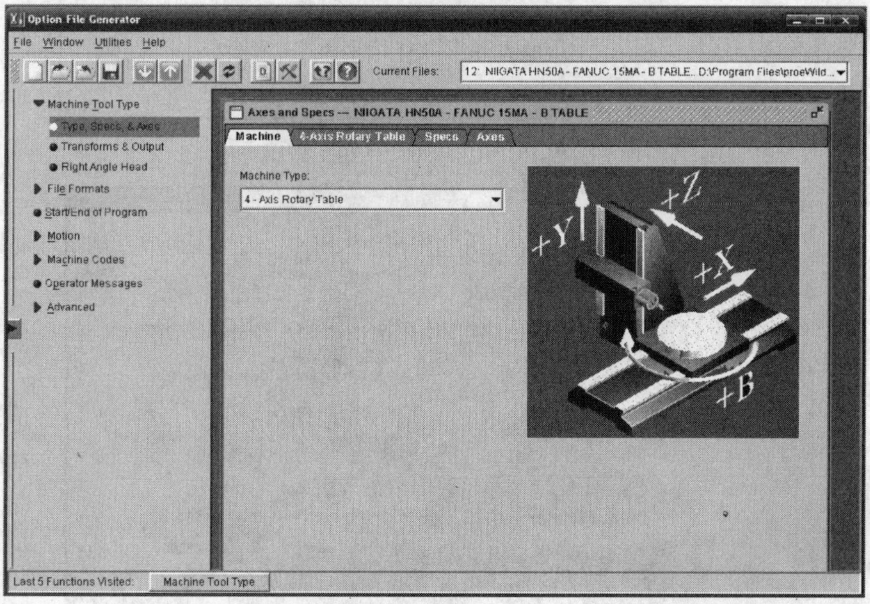


图 13-17 显示所选中的方案文件信息

Option File Generator 对话框中各项的功能如下。

### 1．Machine Tool Type

选择该选项时系统在对话框右侧的 Machine Type 下拉列表框中显示了当前的机床类型。

在 Machine Tool Type 选项组中有“Type, Specs&, Axes”、“Transforms & Output”和“Right Angle Head”3 个选项。

（1）“Type, Specs, &Axes”选项

选择该选项，对话框如图 13-17 所示，默认的选项卡即为当前机床类型的坐标系及形状显示（本处显示了 4 轴旋转工作台）。

- 4-Axis Rotary Table 选项卡：单击 4-Axis Rotary Table 标签，切换到如图 13-18 所示的 4-Axis Rotary Table 选项卡，该选项卡显示了旋转轴的类型、轮廓等信息。
- Specs 选项卡：单击 Specs 标签，切换到如图 13-19 所示的 Specs 选项卡，该选项卡显示了机床的规格等信息。
- Axes 选项卡：单击 Axes 标签，切换到如图 13-20 所示的 Axes 选项卡，该选项卡显示了机床各轴的基点及行程极限等信息。

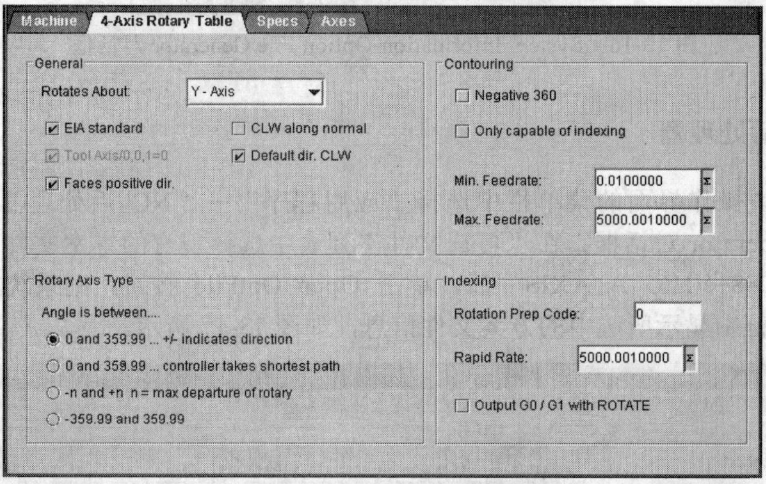


图 13-18　4-Axis Rotary Table 选项卡

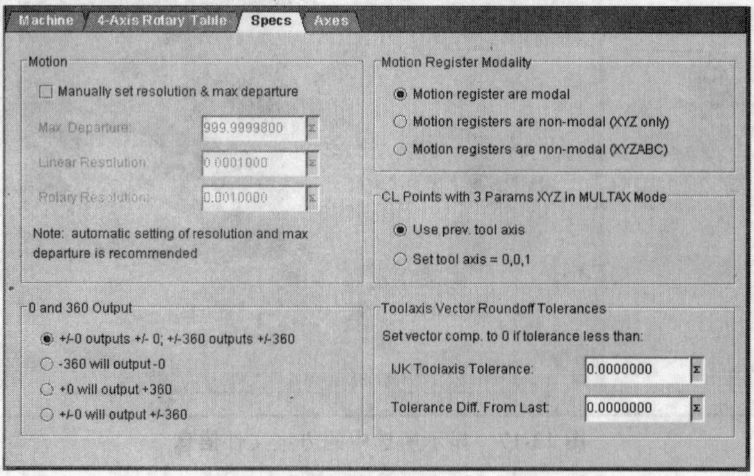


图 13-19　Specs 选项卡

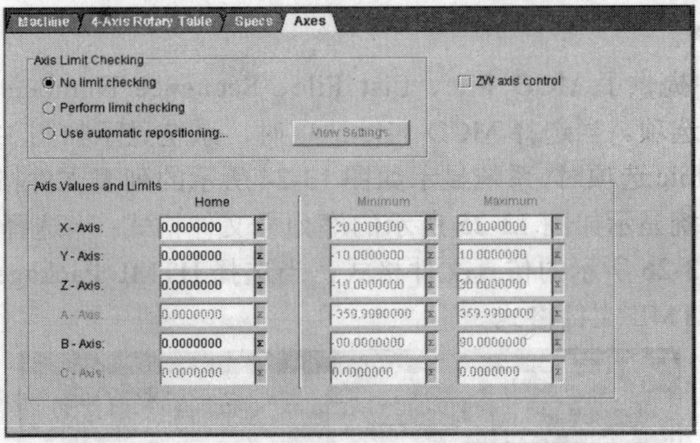


图 13-20 Axes 选项卡

（2）Transforms & Output 选项

在 Machine Tool Type 选项组中选择 Transforms & Output 选项，打开该选项面板，该面板包括 Transformation 和 Output 两个选项卡。

- Transformation 选项卡：如图 13-21 所示，该选项卡显示了刀具轨迹转换的类型及每种类型的转换方式。

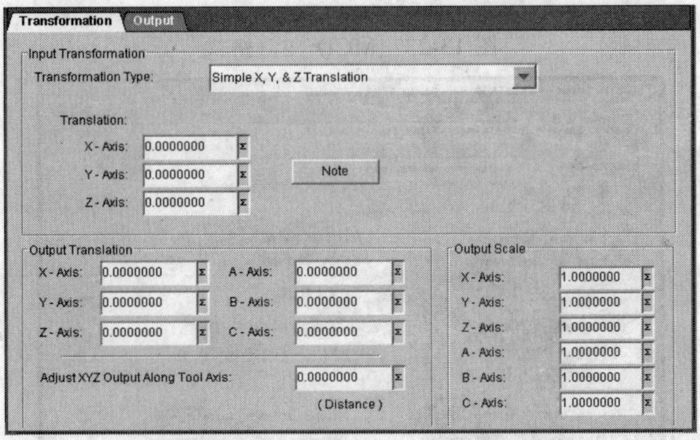


图 13-21 Transformation 选项卡

- Output 选项卡：单击 Output 标签，切换到如图 13-22 所示的 Output 选项卡，在该选项卡中可以选择输出方法。

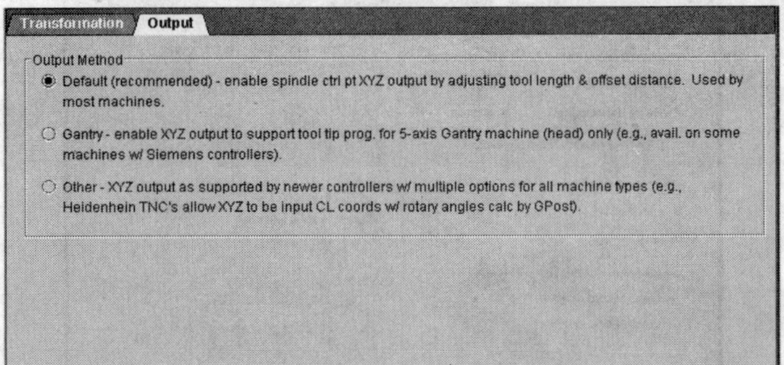


图 13-22 Output 选项卡

**2．File Formats**

在该下拉列表中提供了 MCD File、List File、Sequence Numbers、Simulation File 和 HTML Packager5 种选项。当选择 MCD File 选项时，系统显示如图 13-23 所示的 MCD 文件格式；当选择 List File 选项时，系统显示如图 13-24 所示的列表文件格式；当选择 Sequence Numbers 选项时，系统显示如图 13-25 所示的序列号文件格式；当选择 Simulation File 选项时，系统显示如图 13-26 所示的仿真文件格式；当选择 HTML Packager 选项时，系统显示如图 13-27 所示的 HTML 文件格式。

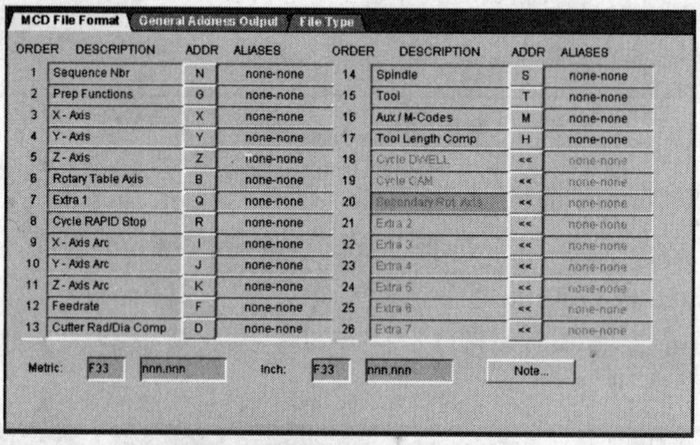


图 13-23　MCD 文件格式

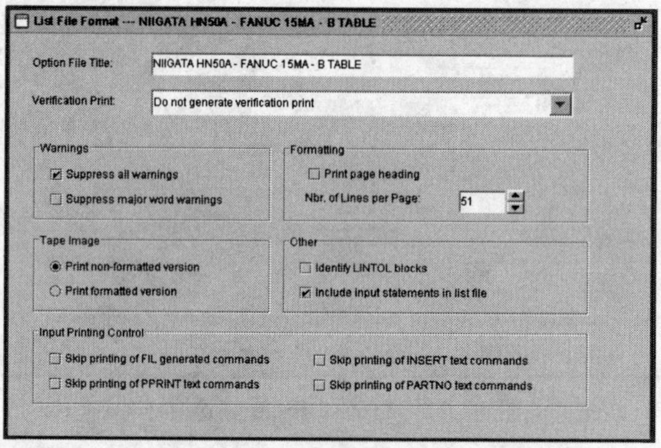


图 13-24　列表文件格式

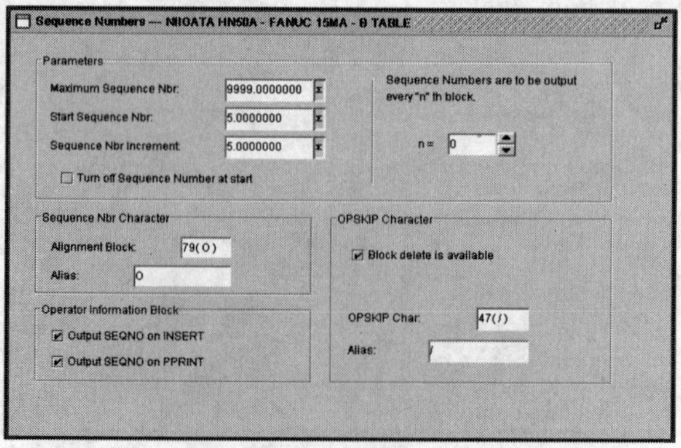


图 13-25　序列号文件格式

图 13-26　仿真文件格式

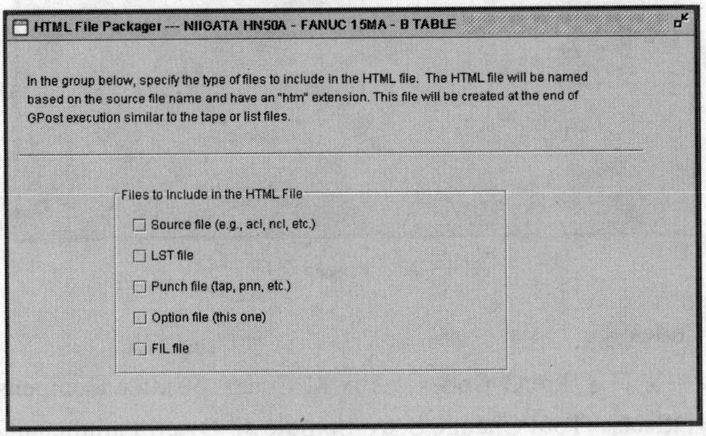


图 13-27　HTML 文件格式

### 3．Start/End of Program

选择该选项时，系统将在对话框的右侧显示如图 13-28 所示的 Program Start/End 窗口，在该窗口中显示了有关一般格式、开始程序、输出和默认预备代码等信息。

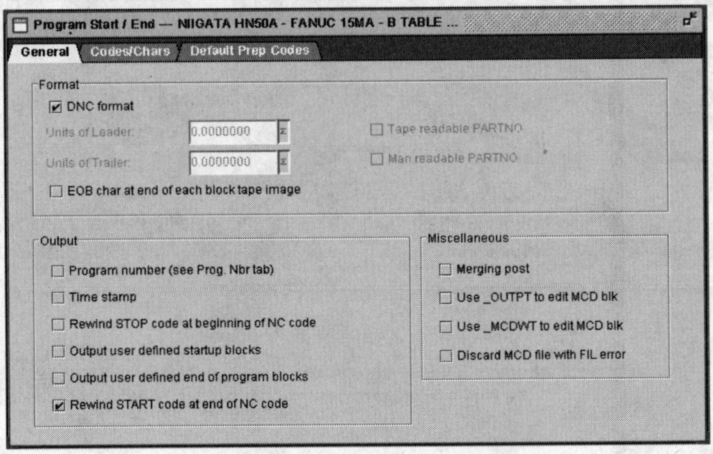


图 13-28　Program Start/End 窗口

### 4．Motion

在该下拉列表中提供了 General、Linear、Rapid、Circular、Cycles 和 Curve Fitting6 种运动类型。当选取其中一种运动类型时，在 Option File Generator 对话框的右侧窗口中会显示对应的运动类型的相关信息。

例如，当选择 Linear 选项时，在系统的右侧窗口中显示了对应的运动类型，如图 13-29 所示。

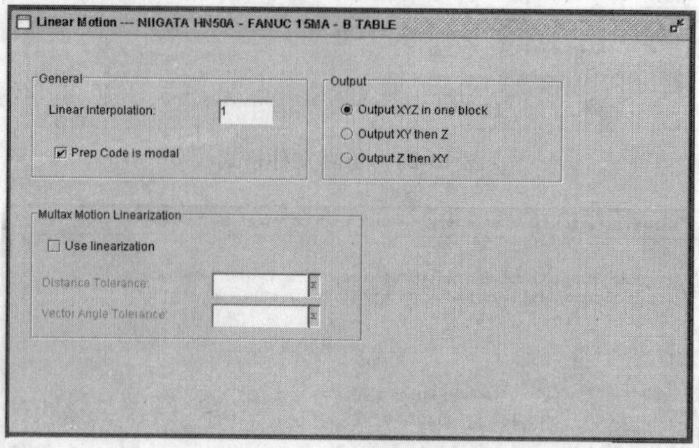


图 13-29 Linear 选项卡

### 5. Machine Codes

在该下拉列表中提供了 Pre/G-Codes、Aux/M-Codes、Cutter Compensation、Coolant、Feedrates、Fixture Offsets、Tool Change Seq、Spindle 和 Dwell Parameters9 个选项，选择不同的选项会在系统的窗口右侧显示对应的机床代码信息。如图 13-30 所示为选择 Pre/G-Codes 选项时的窗口。

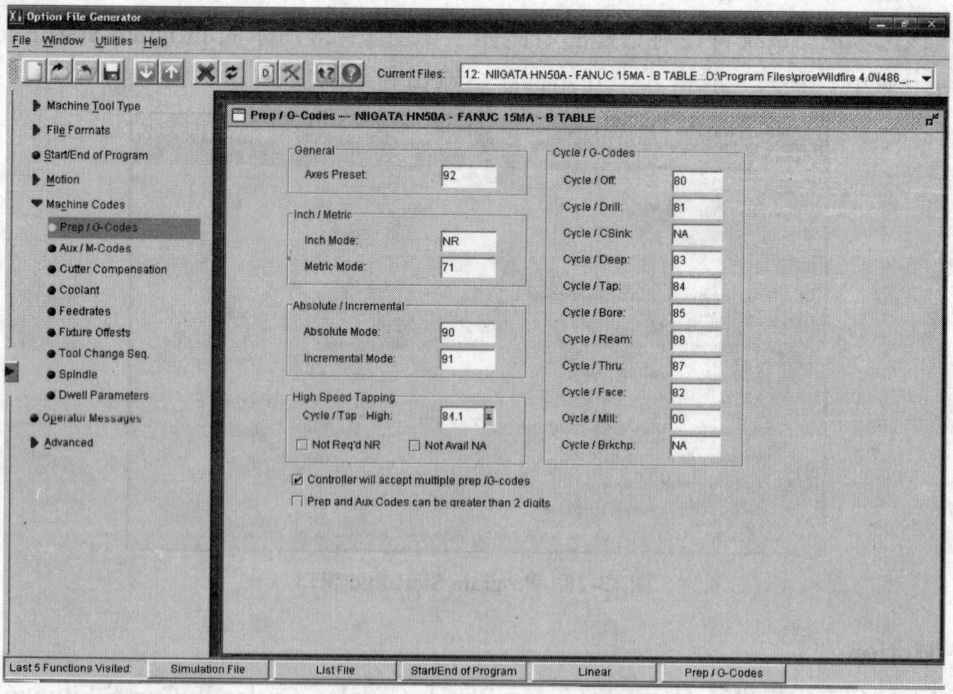


图 13-30 Pre/G-Codes 选项卡

### 6. Operator Messages

在选项列表中选择 Operator Messages 选项，系统将在对话框的右侧窗口中显示有关操作者的信息，如图 13-31 所示。

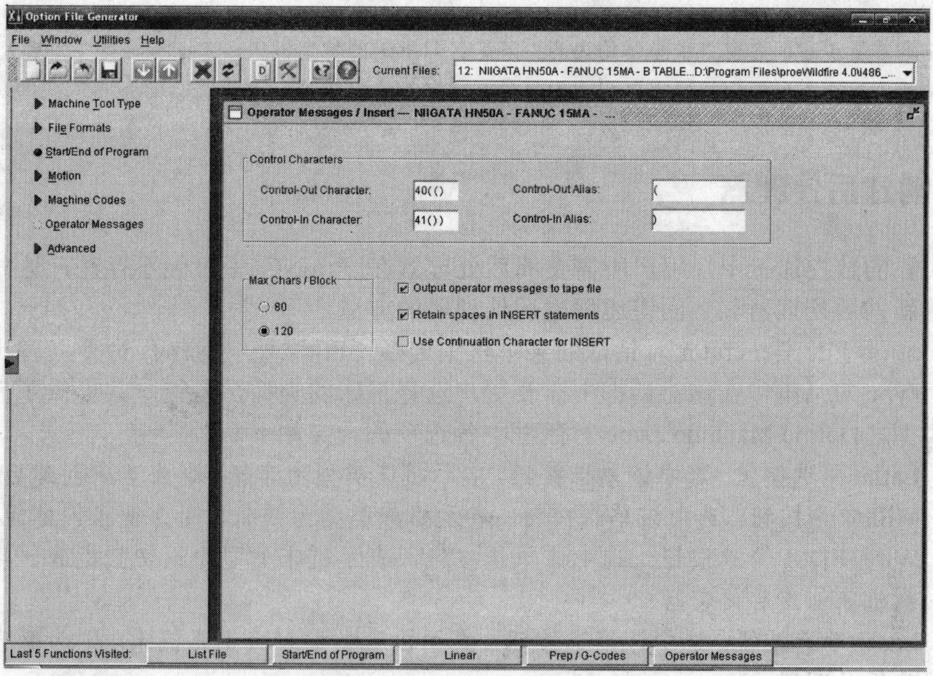

图 13-31 Operator Messages 选项卡

**7．Advanced**

在选项列表中选择 Advanced 选项，在弹出的下拉列表中提供了 FIL Fditor、Text/VTB Editor、PLABELS、Commons 和 Search5 个可选项，选择不同的选项将会在窗口右侧显示对应的编辑器。如图 13-32 所示为选择 FIL Editor 选项时在窗口右侧的显示。

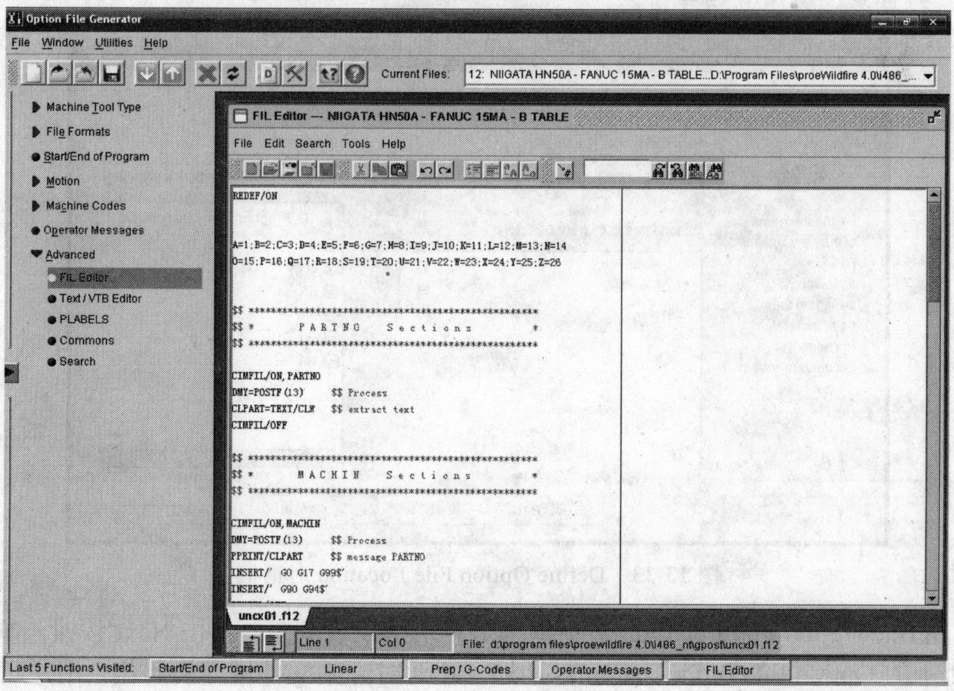

图 13-32 FIL Editor 选项卡

**提 示** 在本节所讲述的各窗口中显示的内容，只是针对所选的特定机床，选择不同类型的后处理器，各选项内容会有所不同，读者可根据需要选择合适的后处理器。

## 13.3 创建后处理器

在实际的数控加工中，用户所需要的后处理器在 Pro/NC 中可能不存在，这时就需要用户创建新的后处理器。下面讲述创建后处理器的方法。

在 Option File Generator 对话框的菜单栏中选择“File”→“New”命令，弹出 Define Machine Type 对话框，在该对话框中需要用户选择机床的类型，系统一共提供了五种可选的机床类型。Define Machine Type 对话框中各选项的含义如下。

- Lathe 单选按钮：选中该单选按钮，表示机床类型为车床，则为车床创建后处理器。
- Mill 单选按钮：选中该单选按钮，表示机床类型为铣床，则为铣床创建后处理器。
- Wire EDM 单选按钮：选中该单选按钮，表示机床类型为线切割机床，则为线切割机床创建后处理器。
- Laser 单选按钮：选中该单选按钮，表示机床类型为激光器机床，则为激光加工创建后处理器。
- Punch 单选按钮：选中该单选按钮，表示机床类型为冲压机床，则为冲压机床创建后处理器。

在 Define Machine Type 对话框中选择合适的机床后，单击 Next 按钮，弹出如图 13-33 所示的 Define Option File Location 对话框，在该对话框中可以设置后处理器的目录、机床号码等信息。

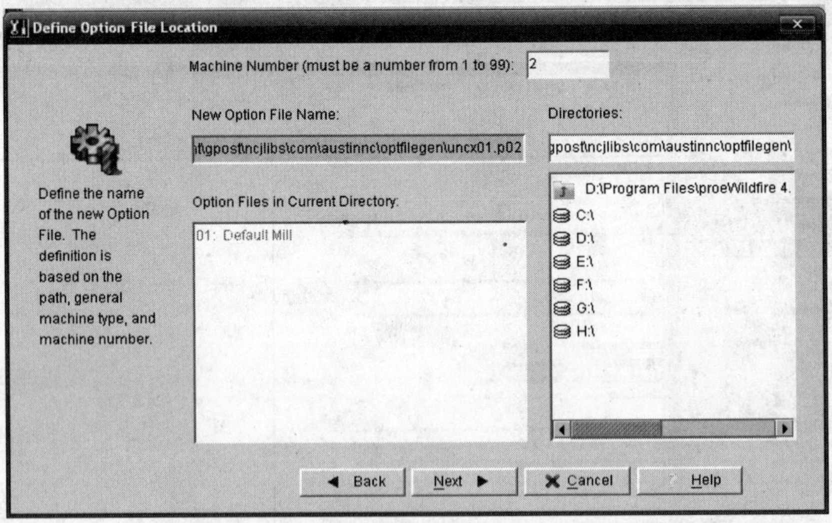


图 13-33 Define Option File Location 对话框

在 Define Option File Location 对话框中进行合适的设置后，单击 Next 按钮，弹出如图 13-34 所示的 Option File Initialization 对话框，在此对方案文件进行初始化，用户可以采用 3 种方法进行方案文件的初始化。

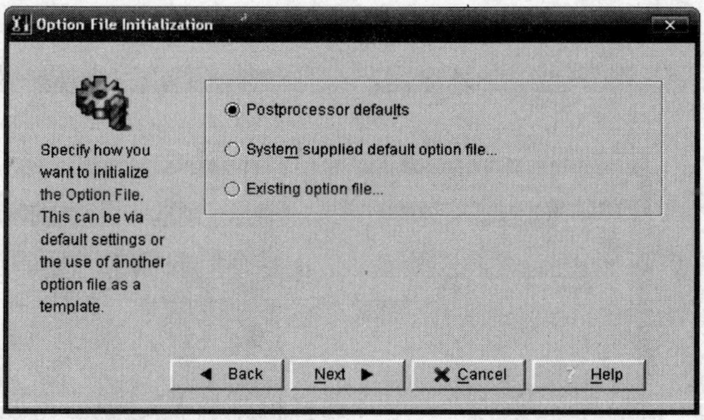


图 13-34　Option File Initialization 对话框

- Postprocessor defaults 单选按钮：选中该单选按钮，将使用系统默认的后处理器初始化方案文件。
- System supplied default option file 单选按钮：选中该单选按钮，将使用系统提供的默认方案文件。
- Existing option file 单选按钮：选中该单选按钮，则使用现有的方案文件。

在 Option File Initialization 对话框中选中 Postprocessor defaults 单选按钮，然后单击 Next 按钮，弹出如图 13-35 所示的 Option File Title 对话框。用户可以在 Option File Title 文本框中输入方案文件的标题，若没有输入，则使用系统默认的标题。

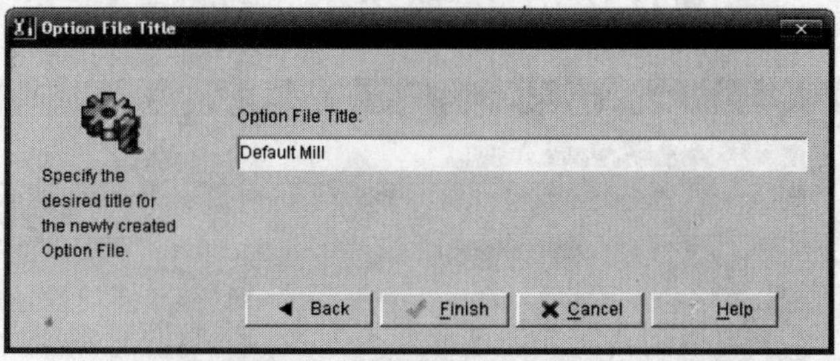


图 13-35　Option File Title 对话框

在 Option File Title 对话框中单击 Finish 按钮，完成后处理器文件的创建，此时 Option File Generator 对话框如图 13-36 所示。

用户成功创建后处理器后，就可以通过 Option File Generator 对话框对所选择的方案文件进行编辑等操作了。

下面以创建“铣床”后处理器为例讲述创建后处理器的过程，具体操作步骤如下。

（1）打开已有的 NC 制造模型，进入操作界面，在菜单栏中选择“应用程序”→“NC 后处理器”命令，系统弹出“Option File Generator”对话框。

（2）在“Option File Generator”对话框的菜单栏中选择“File”→“New”命令，弹出 Define Machine Type 对话框，选中 Mill 单选按钮，然后单击 Next 按钮。

（3）弹出 Define Option File Location 对话框，在 Machine Number 文本框中输入“05”，然后单击 Next 按钮。

（4）弹出 Option File Initialization 对话框，选中 System supplied default option file 单选

按钮，然后单击 Next 按钮，弹出如图 13-37 所示的 Select Option File Template 对话框。

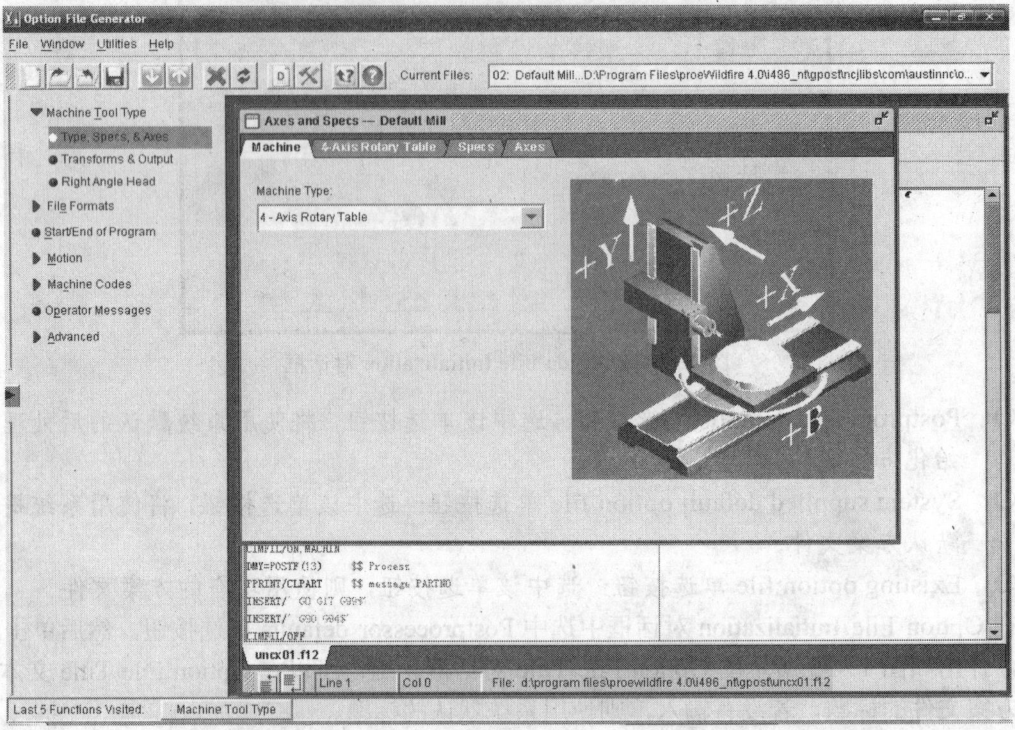

图 13-36 Option File Generator 对话框

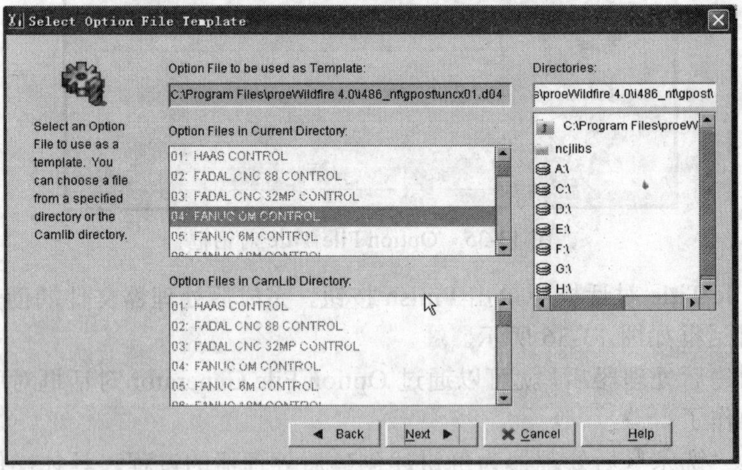

图 13-37 Select Option File Template 对话框

(5)在 Option Files in Current Directory 下拉列表框中选择“04: FANUC OM CONTROL 选项后，单击 Next 按钮。

(6) 弹出如图 13-38 所示的 Option File Title 对话框，在 Option File Title 文本框中输入 “NC MILL”，单击 Finish 按钮。

(7) 弹出如图 13-39 所示的 Option File Generator 对话框，在菜单栏中选择“File”→ “Save”命令，保存创建的后处理器 “NC MILL”，该后处理器加载到了对话框左侧的

Mills 列表中。

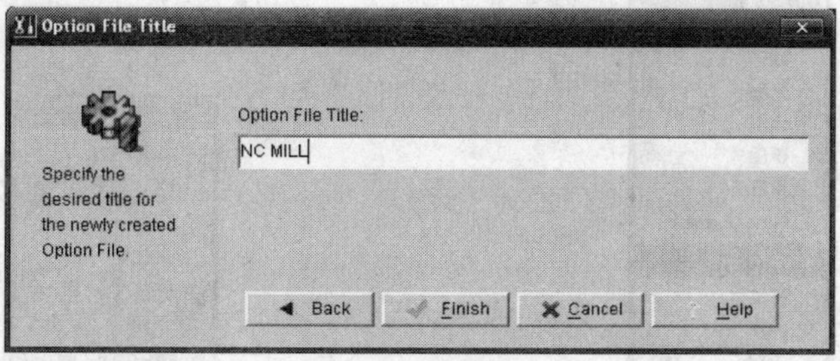


图 13-38　Option File Title 对话框

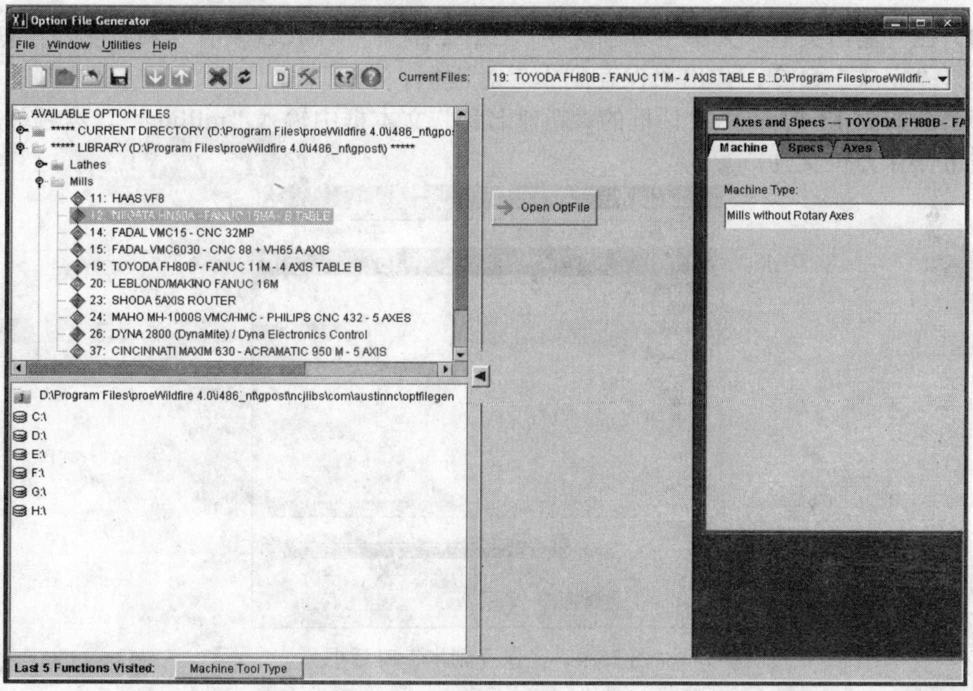


图 13-39　Option File Generator 对话框

## 13.4　Pro/E NC 后置处理实例

本节介绍创建制造模型的 CL 数据的具体步骤。

（1）启动 Pro/ENGINEER Wildfire 4.0 中文版后，打开已经创建的制造模型，进入制造模型操作界面，同时弹出“制造”菜单。在“制造”菜单中选择“CL 数据”命令。

（2）在弹出的“CL 数据”菜单中选择“输出”→“选取一”→“操作”命令，弹出如图 13-40 所示的“选取菜单”菜单，选择 OP010 命令。

图 13-40　“选取菜单”菜单

（3）弹出如图 13-41 所示的“轨迹”菜单和“演示路径”菜单，在“轨迹”菜单中选择“文件”命令，弹出如图 13-42 所示的“输出类型”菜单。

图 13-41 “轨迹”菜单和“演示路径”菜单

图 13-42 “输出类型”菜单

（4）在“输出类型”菜单中分别选中“CL 文件”、“MCD 文件”和“交互”复选框，然后选择“完成”命令，弹出“保存副本”对话框。

（5）在如图 13-43 所示对话框的“新建名称”文本框中输入“milling”，然后单击“确定”按钮保存刀位文件。

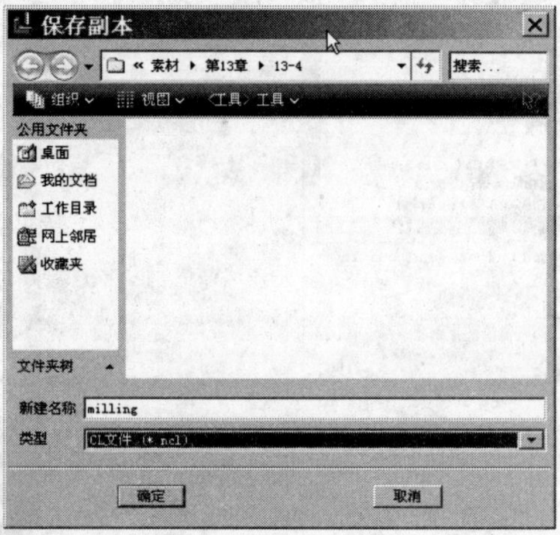


图 13-43 “保存副本”对话框

（6）弹出如图 13-44 所示的“后置期处理选项”菜单，分别选中“全部”和“跟踪”复选框后，选择“完成”命令，弹出如图 13-45 所示的“后置处理列表”菜单。

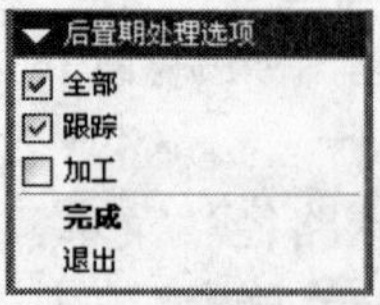


图 13-44 “后置期处理选项”菜单

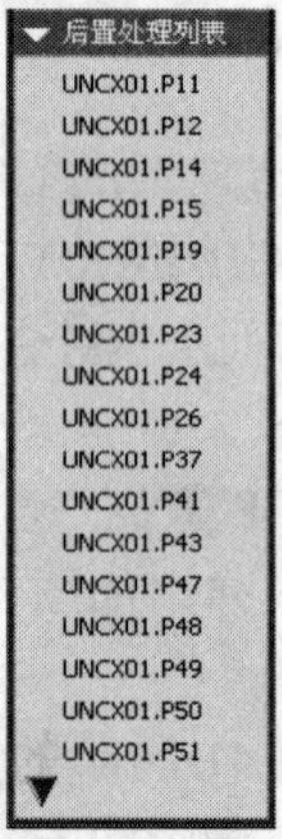


图 13-45 “后置处理列表”菜单

（7）弹出如图 13-46 所示的信息窗口，单击“关闭”按钮，完成 CL 数据的创建。

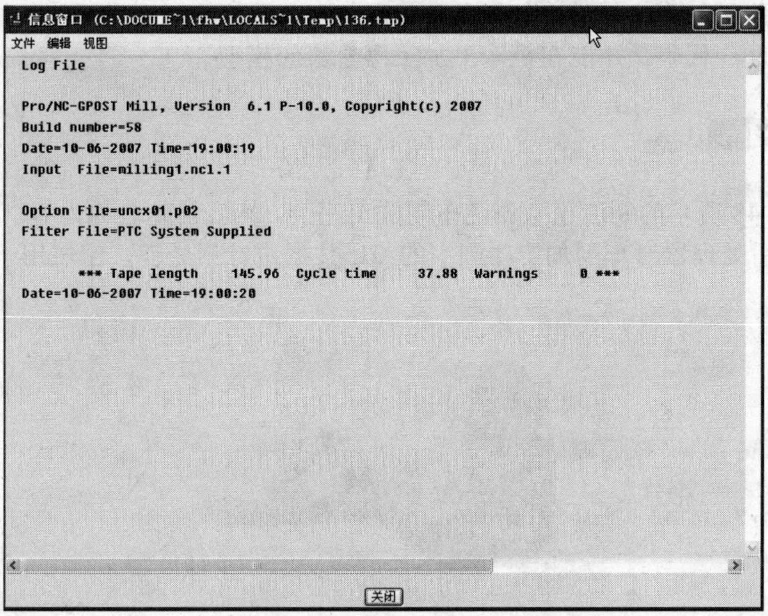


图 13-46 信息窗口

（8）在工作目录中找到“milling.tap”后，用记事本打开，可以看到已经自动生成了 G 代码文件，如图 13-47 所示。

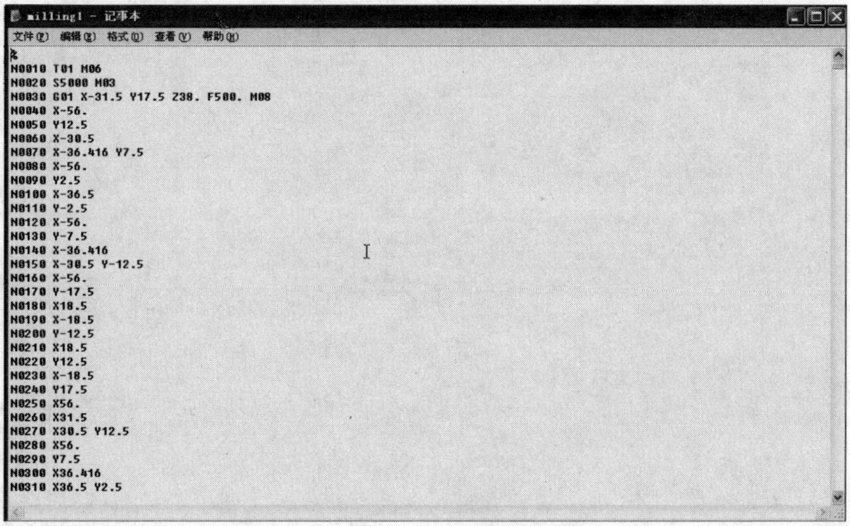


图 13-47 G 代码文件

## 13.5 本章小结

本章首先讲述了后处理器的基本概念，接着讲述了打开后处理器的方法，重点讲述了创建和编辑后处理器的方法，后处理器的不同属性直接决定了生成的 G 代码的格式。在掌握了后处理器使用方法的基础上，讲解了后置处理方法，即如何将刀位数据文件利用后处理器自动生成适合在机床上加工生产的 G 代码。这是完整的制造模型加工的最后一步，只有创建了正确的 G 代码，才能在机床上加工出合格的模型。

## 13.6 课后习题

为如图 13-48 所示的制造模型创建车削加工序列，然后创建名称为 NC LATHE 的后处理器，使用该后处理器对车削加工序列中的 CL 数据进行后处理，生成用于车床加工的 G 代码。

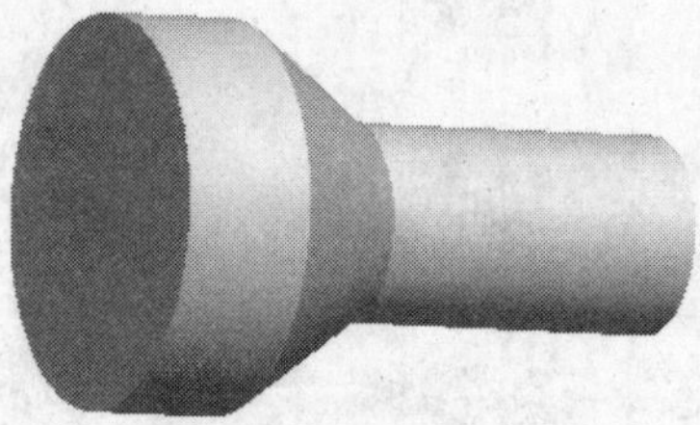

图 13-48　制造模型